世界银行贷款资助项目
上海市教育委员会组编

城市生态与城市环境

沈清基　编著

内容提要

本书第一篇“城市生态”分成两部分。第一部分为生态学概论，包括生态学的起源与发展、生物生存环境与生态因子、种群、群落及生态系统等。第二部分为城市生态学原理，包括城市生态学的起源及发展、城市生态系统构成及特征、城市生态系统的结构与功能、城市生态系统分析、城市生态规划、城市生态建设与调控等内容。

第二篇“城市环境”分成两部分。第一部分为环境概论，包括环境的基本概念、环境要素及其属性、环境功能及特征、环境问题等；第二部分为城市环境。包括城市环境组成及特点、城市环境效应、城市环境容量、城市环境问题、城市环境影响因素、城市环境污染、城市环境综合整治、城市环境质量综合评价及城市环境规划等。

本书适合作为城市规划、城市建设、城市管理等专业的教学用书，也可供从事城市规划、城市建设、城市管理及相近专业的人员参考。此外，亦可供关心城市生态环境及对这一领域问题感兴趣的各界人士阅读参考。

城市生态与城市环境

沈清基　编著

责任编辑　沈　恬　　封面设计　潘向蓁

出版发行　同济大学出版社　　www.tongjipress.com.cn

（地址：上海市四平路1239号　邮编：200092　电话：021－65985622）

经　　销　全国各地新华书店

印　　刷　江苏句容排印厂

开　　本　787mm×1092mm　1/16

印　　张　25.25

印　　数　65401—67500

字　　数　640000

版　　次　1998年12月第1版　2019年7月第20次印刷

书　　号　ISBN 978-7-5608-1936-5

定　　价　38.00元

前　言

生态学作为人类对其所居住星球上生物与环境关系认识的学科,近年来得到了迅速的发展,已成为解决所有与生命有关现象的问题的一般科学方法。国际学术界认为:生态学是联系自然科学与社会科学的桥梁;现代科学发展的趋势之一是各学科的生态学化和各学科与生态学的结合;人类在地球上的生存将依赖于生态学的进步;运用生态学方法推进各学科的研究是当代科学发展的一个重要趋势。

城市是人类的主要集聚形式及主要集聚地之一,城市生态系统与城市环境是人类生态系统及人居环境的一个重要组成部分。随着人类社会发展的进程,城市在人类进步中所起的作用日益重要,城市生态问题与城市环境问题也日益被人们所重视。

本书试图运用生态学、环境学的原理和知识,认识、分析城市生态系统及城市环境各方面的问题。作为一种尝试,无疑是很不成熟的。本书在写作过程中得到了不少学者的关心和支持;王祥荣教授审阅了初稿,提出了宝贵意见;王兰同学协助绘制了部分插图;本书参考和引用了有关文献资料,在此一并致以衷心的感谢。

编　者

1997.12

目　　录

第一篇　城市生态

第二篇　城市环境

第一篇　城市生态

第一章　生态学概论

第一节　生态学的概念、起源及发展

一、生态学概念

当今人们在人与自然关系上及经济社会发展过程中使用频率较大的一些概念，如生态环境、生态问题、生态平衡、生态危机、生态意识等，都是与具有广泛包容性的生态学密切相关的。生态学(ecology)一词是由德国生物学家赫克尔(Ernst Heinrich Haeckel)于1869年首次提出的，他并于1886年创立了生态学这门学科。ecology来自希腊语“oikos”与“logos”。前者意为house或houeshold(居住地、隐蔽所、家庭)，后者意为学科研究。赫克尔把生态学定义为研究有机体及其环境之间相互关系的科学。他指出：“我们可以把生态学理解为关于有机体与周围外部世界的关系的一般学科，外部世界是广义的生存条件。”

应该明确，生态学研究的基本对象是两个方面的关系，其一为生物之间的关系，其二为生物与环境之间的关系。据此，比较简洁的表述为：生态学是研究生物之间、生物与环境之间的相互关系的科学。

二、生态学的起源及分类

(一) 生态学的起源

生态学(尤其是基础生态学)来源于生物学，生物学是研究生物的结构、功能、发生和发展规律的科学，包括动物学、植物学、微生物学、古生物学等。

生物学所研究的“生物系统”的一部分内容，加上它们与环境之间关系的研究，即是生态学的研究内容，故生态学与生物学的渊源十分密切(图1-1)。无怪乎，英语biology兼有“生物学”与“生态学”两个含义。

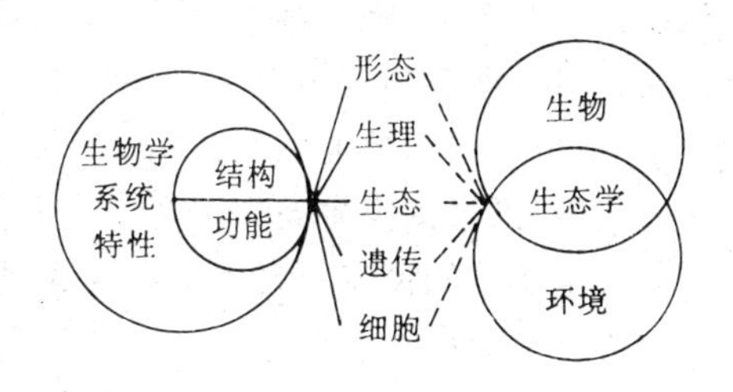

图1-1　生态学与生物学的关系
(据何强等，1994)

到目前为止，生态学的大部分分支，无论动物、植物、微生物生态，种群、群落、生态系统生态，都主要在生物学为主的基础上进行研究。但近年来，生态学迅速和地学、经济学以及其他学科相互渗透，出现了一系列新的交叉学科，如景观生态学、全球生态学、生态经济学等。当今生态问题已成为全世界关心的问题，生态学研究的范围在不断被扩大，应用的方面也日益广泛化。

(二) 生态学的分类

生态学按其研究对象的不同等级单元，按照生物栖息的不同场所等可以分成若干类型。此外，按照生态学在自然科学及社会科学领域中的运用，也可以划分出若干类型。

一般而言，基础生态学是以个体、种群、群落、生态系统等不同的等级单元为研究对象的。其中，种群、群落和生态系统均以生物的群体为研究对象，因此，又合称为群体生态学。

1. 个体生态学(autecology)　个体生态学以生物的个体为研究对象，研究它与自然环境之间的相互关系，探讨环境因子对生物个体的影响以及生物个体对环境所产生的反应。其基本内容与生理生态相当。自然环境则包括非生物因子(光、温度、气候、土壤)和生物因子(包括同种和不同种的生物)。

2. 种群生态学(population ecology)　种群是指一定时间、一定区域内同种个体的组合。在自然界中一般一个种总是以种群的形式存在，与环境之间的关系也必须从种群的特征及其增长的规律来探讨和分析。种群生态学研究的主要内容是种群密度、出生率、死亡率、存在率和种群的增长规律及其调节等。

3. 群落生态学(community ecology)　群落生态学以生物群落为研究对象。所谓群落是指多种植物、动物、微生物种群聚集在一个特定的区域内，相互联系、相互依存而组成的一个统一的整体。群落生态学研究的主要内容是群落与环境间的相互关系，揭示群落中各个种群的关系，群落的自我调节和演替等。

4. 生态系统生态学(ecosystem ecology)　生态系统生态学以生态系统为研究对象。生态系统是指生物群落与生活环境间由于相互作用而形成的一种稳定的自然系统。生物群落从环境中取得能量和营养，形成自身的物质，这些物质由一个有机体按照食物链转移到另一个有机体，最后又返回到环境中去，通过微生物的分解，又转化成可以重新被植物利用的营养物质，这种能量流动和物质循环的各个环节都是生态系统生态学的研究内容。

以生物学分类分支为研究对象，可将生态学分为普通生态学、动物生态学、植物生态学、微生物生态学、昆虫生态学、鱼类生态学、鸟类生态学及兽类生态学等。

按研究对象的生物栖息场所来划分，可分为陆地生态学和水域生态学两大类。前者包括森林生态学、草原生态学、沙漠生态学、农田生态学、城市生态学；后者包括海洋生态学、淡水生态学等。

近年来，生态学和数学相结合，利用数理分析的方法研究种群生态系统，产生了系统生态学。生态学和物理学相结合，产生了能量生态学。用热力学第二定律解释生态学系统产生了功能动态学。生态学与化学相结合，产生了化学生态学，它对认识种群的信息调节机理，指示种群与环境关系的本质有重大的意义。随着宇航事业的发展，产生了宇宙太空生态学，它是探讨太空生态因子对人类和其他生物产生影响的一门科学。

生态学的许多原理和原则在人类生产活动的许多方面得到了应用，并与其他一些应用学科及社会科学相互渗透，产生了许多应用生态学科。包括农业生态学、森林生态学、渔业生态学、自然资源保护生态学、污染生态学、环境生态学、放射生态学、人类生态学、社会生态学、人口生态学、城市生态学、经济生态学及生态工程学等等。许多人甚至认为生态学已经不是生物学的分支学科，而是生物学与环境科学的交叉学科。

三、生态学的发展

生态学的发展可划分为四个阶段。第一阶段：19世纪以前的生态学——生态学的萌芽阶段；第二阶段：19世纪的生态学——生态学的初创阶段；第三阶段：20世纪前半叶的生态学——生态学的形成阶段；第四阶段：20世纪后叶以后的生态学——生态学的发展阶段。以下，择要介绍后两阶段的情况。

（一）生态学的形成阶段

生态学的形成阶段指20世纪前半叶的生态学，是Warming，Schimper以后直至E.P.Odum（奥德姆）的《生态学基础》问世时期的生态学。

这个时期，生态学的基础理论和方法都已经形成，并在六个方面有了大的发展。

第一，地植物学或植物群落学的理论、方法和学术派别的产生、完善和发展已经到了极成熟阶段，相继出现了诸如西欧大陆学派、俄罗斯学派、英美学派，并且在区域植物群落研究中也有了很多重大的进展。

第二，动物生态学有了较大的发展。动物行为学（如Pearl，1910）、水生生物学（如Forel，1901；Welch，1935）、动物种群生态学（如Lotka-Volterra，1925，1926）等都有大的发展，Allee等（1949）的《动物生态学原理》标志着动物生态学已进入成熟阶段。

第三，提出了生态系统概论，并在生态系统研究方面有了很大发展，生态学正在由植物群落研究向生态系统研究方向迈进。生态系统的结构和功能的研究都有了最基本的发展，如Elton（1927）的能量金字塔、Lindeman（1942）的生物营养级及十分之一定律。生态系统的研究方法仍然以观察为基本方法，但引用了综合分析的手段。

第四，基本的生物生态学学科体系的建立。Odum（1953）在《生态学基础》中，已经明确提出了个体生态学、种群生态学、群落生态学和生态系统生态学的学科体系。

第五，生态学分支学科的产生。如德国的C.Troll（1939）提出“景观生态学”并发表了一系列景观生态学的论文；在美国芝加哥大学已经发展形成了人类生态学；通过R.D.Mwkenzie和R.E.Park（1925），James A.Quinn（1950）的发展，在Odum（1953）的《生态学基础》中，把生态系统定义为包括人类在内的所有生物与其环境构成的整体，说明了人类生态学是生态学的一个重要组成部分。

第六，生态学专门研究机构和学术刊物的涌现。一些有重要影响的研究机构或团体早在20世纪50年代以前就已经建立，例如，英国生态学会（1913）、美国生态学会（1915）。30年代末期建立的“地中海与阿尔卑斯山地植物学国际站（即SIGMA）”在地植物学研究和人才培养方面起着巨大作用。一些有重要影响的生态学学术刊物也是在50年代以前创办的。例如，Ecological Monographs（1931，美），Ecology（1920，美），The Journal of Ecology（1913，英），Ecological Reviews（1935，日），Vegetation（1948，荷兰），Bioscience（1951，美），Oikos（1950，丹麦）等都是在50年代以前就创办的。

（二）生态学的发展阶段

生态学的发展阶段指20世纪后半叶以后的生态学，是Odum《生态学基础》以后的生态学。

这个时期生态学的总体特征是：吸收其他学科的理论、方法及先进科学技术成就，从而拓宽生态学的研究范围和深度，同时生态学向其他学科领域扩散或渗透，促进了生态学时代的产生，以至生态学分支学科大量涌现。具体而言，有如下特征：

第一，生态学从认识自然规律走向管理自然资源，或从纯自然科学走向关心人类未来，导致了生态学时代的产生。环境恶化、资源短缺、人口膨胀等现实问题，使生态学被认为是可以提供解决这些重大问题的具体方案的科学，各国政府对生态学有了新的认识和重视。1992年6月，在巴西里约热内卢召开的联合国环境与发展大会，就是各国政府高度重视生态学的具体表现。大会的主题——“持续发展”的概念是从生态学角度提出来的，或者至少是在生态学思想影响下提出来的，是人类求生存的一种发展战略，生态学成了关系人类未来的学科。

第二，应用先进科学技术，生态学得到空前发展。观测、试验、综合、归纳一直是生态学研究的基本方法。而在这一时期，生态学者应用遥感技术部分替代实地观测，获得更准确的信息，使宏观生态学得到长足发展；应用电子显微技术使微观生态学的发展成为可能；应用计算机手段处理大型数据和建立数量模型从而推动定性经典生态学发展为定量现代生态学，生态学的研究领域得到了空前的拓宽。

第三，生态学重点发展学科的替代。前一个时期，植物生态学（尤其植物群落学）和动物种群生态学是生态学发展的主流，到了这个时期，生态系统生态学和（广义的）种群生态学成为主流。进一步考虑群落之间的关系问题，群落研究自然地进入生态系统生态学。在生态系统概念缺乏尺度界限，导致了不可操作或研究成果不可比较的同时，景观生态学、人类生态学得到了进一步重视，它的发展推出了城市生态学、全球生态学（生物圈生态学）等宏观生态学新领域。以资源管理为核心，使一度比较“软”的生态学向“硬”的方向转化。生物进化是个古老的生物学命题。在种群水平上的生态研究一直深入到物种的生理问题、遗传结构及其表现等微观层次，使研究新生代以来自然环境或人类干扰环境下的生物适应与进化得到了发展。例如，在植物种群生态学中，提出构件生物理论，无疑是对经典进化理论的挑战。

第四，国际协作加强，出现一些国际性的重点活动。例如，国际生物学计划（1964～1974）、人与生物圈计划（Man and Biosphere Programme；MAB，1971～）等国际性合作项目。

第五，学科大发展，形成一个庞大的生态学学科体系。据估计，目前冠之以“生态”名词的“学科”已经不下100门。生态学发展迄今，学科体系已基本建立。

总之，生态学是一个在同其他学科相互渗透与相互交叉的过程中迅速扩大自己学科内容和学科边界的综合性学科。它经历了向自然科学和社会人文科学交叉和渗透的发展过程。它的发展过程及其研究领域、研究范围的拓宽深刻反映了人类对环境不断关注、重视的过程。目前，生态学开始与自然资源的利用及与人类生存环境问题高度相关。从某种意义而言，生态学将朝着人和自然普遍的相互作用问题的研究层次发展，将影响人们认识世界的理论视野和思维方法，具有世界观、道德观和价值观的性质。

第二节　生物生存环境

生物的生存环境包含两个方面，其一是生物栖息地周围与之相关的理化因素的总和，即物理环境（又称非生物环境）；其二是生物环境，指包含活有机体的环境，由影响动植物生存和繁衍的其他生物所组成。对物理环境，可以将其概括归纳为能量环境和物质环境两部分，它们是生物生存环境的重要基础。

一、生物的能量环境

万物生长靠太阳，生命存在的一个重要条件是能量环境，地球上生命存在的能量来源主要来自太阳的辐射。照耀大地的阳光发挥两种不同的功能：一种是热能，它给地球送来了温暖，使地球表面土壤、水体变热，推动着水的循环，引起空气和水的流动；另一种功能是光能，它在光合作用中被绿色植物利用，形成了碳水化合物，这些有机物所包含的能量沿着食物链在生态系统中不停地流动，这就是生物的能量环境。

生物的能量环境具有如下特点：其一是唯一性，即能量环境的能量唯一来源来自太阳，太阳的功能是不可代替的；其二为区间性，即能量环境所提供的不同生物的生存环境条件具有时空上的差异，生物对于能量环境的利用也具有选择“最适区间”的内在趋势。能量环境的具体组成为光环境和温度环境。

（一）光

1. 光照强度

光照强度在地球表面有空间和时间的变化规律。空间变化包括纬度、海拔高度、地形、坡向；时间变化则有四季变化和昼夜变化。光照强度随着海拔高度的升高而增强。这是因为海拔高度升高，大气厚度则相对减少且空气密度也随之降低。坡向和坡度也影响光照强度。在北半球温带地区太阳的位置偏南，因此，南坡所接受的光照要比平地多；反之，北坡就比较少。

光照强度在时间上的变化，在一年中以夏季光照最强，冬季最弱。同样，因为太阳高度的关系，夏季温度最高，而冬季最低。就一天而言，中午光照强度最高，早晚最弱。

2. 光质

由于大气对太阳辐射的吸收和散射具有选择性，所以当太阳辐射通过大气后，不仅辐射强度减弱，而且光谱成分——光质也发生了变化。随太阳高度升高，紫外线和可见光所占比例随之增大；反之，高度变小，长波光比例增加。

3. 光照长度

地球上不同纬度日照长度的变化各不相同，呈周期性的变化。

纬度越低，最长日和最短日光照时间差距区别越小，如赤道地区分别都是 12 小时；随着纬度的增加，最长日和最短日的差距越来越大，即纬度越高日照长短的变化越为明显。

（二）温度

太阳辐射使地表受热，产生气温、水温和土温的变化。地球上的不同地区与太阳的相对位置不同，而且相对位置不断地发生变化，这样温度也发生有规律的变化，称节律性变温。不仅节律性变温对生物有影响，而且极端温度对生物的生长发育等也有十分重要的意义。

1. 温度的空间变化

(1) 纬度

与光照强度一样，纬度决定了一个地区太阳入射高度的大小及昼夜长短，也决定了太阳辐射量的多少。低纬度地区太阳高度角大，因而太阳辐射量也大，并且昼夜长短差异少，太阳辐射量的季节分配比较均匀。在北半球随着纬度北移，太阳辐射减少，温度逐步降低。纬度每增加 1 度、年平均温度大约降低 0.5℃。因此，从赤道到极地可以划分为热带、亚热带、温带和寒带。

(2) 海拔高度

高山和高原上虽然太阳辐射较强，但是由于空气稀薄，水蒸气和二氧化碳含量低，所以地面上辐射的热量散失很大。通常海拔每升 100m，相当于纬度向北推移 1 度，也就是年平均温度降低0.5～0.6℃。但是这也不是绝对的，因为温度还要受到地形、坡向等其他因素的影响。一般地说，南坡太阳辐射量大，气温、土温比北坡高。

2. 温度的时间变化

(1) 季节变化

地球绕太阳公转,太阳高度角的变化形成了一年四季温度变化的原因。一年中根据气候的冷暖、昼夜长短的节律性变化,可以分为春、夏、秋、冬四季(平均温度10～22℃为春秋季,10℃以下为冬季,22℃以上为夏季)。

由于各地纬度不同,海拔高度、海陆位置不同,地形、大气环流等条件不同,因此四季长短差别很大。例如:华南地区广州夏季长达六个半月,几乎没有冬天;相反,黑龙江省瑷珲冬天长达 240 天,没有夏天。

(2) 昼夜变化

地球自转出现昼夜之分,伴随之出现了地球表面的温度变化,日出后温度逐步上升,一般在 13∶00～14∶00 后达到最高值,以后逐步下降,一直继续到日出之前为止。日出前温度是最低值。昼夜温差随纬度、海拔高度以及海陆位置的差别而有所不同。一般地说,纬度高、海拔高以及离海洋远,昼夜温差也就大。

二、生物的物质环境

生物的物质环境由大气圈、水圈、岩石圈及土壤圈组成,它们具有两个明显的基本特征:其一是空间性,即提供了生物栖息、生长、繁衍的空间场所;其二为营养性,即提供了生物生长发育繁殖所需的各种营养物质。

(一) 大气圈

包围地球的空气层,是由多种气体组成的。它是生物物质环境的重要组成之一,其质量的好坏关系到人类和生物的健康及生存。

1. 大气的组成

大气包括恒定的、可变的和不定的三部分组分。恒定的组分氮占 78.09%,氧占 20.95%,氩占 0.93%,三者约占空气总量的 99.97%,还有微量元素氖、氦、氪、氙以及臭氧等。这些气体的含量几乎是不变的。可变的组分有二氧化碳、水蒸汽等。在正常状态下,水蒸汽的含量为0%～4%,二氧化碳的含量近年来已达到 0.035%。其含量受地区、季节、气候以及人们生活、生产活动、科学研究等因素的影响而发生变化。不定组分有尘埃、硫化氢、硫氧化物、氮氧化物等,主要由人为因素造成。如工业化、人口密集、工业布局不合理以及环境管理不善等;也可由火山爆发、森林火灾、油井燃烧、地震、海啸等因素所引起。不定组分的种类和数量与该地区的工业类别、排放的污染物,以及气象条件等多种因素有关,如在电厂、焦化厂、冶炼厂所在地区及其附近大气中的不定组分就多。当大气中不定组分达到一定浓度时,就会造成公害。

2. 大气的分层

根据温度变化情况把大气划分为四层:前三层为均质层,最后一层为非均质层。

(1) 对流层　指从地球表面到 10～20km 高度范围内的一层空气。对流层中空气对流旺盛,天气变化显著,集中了地球大气总质量的 74%以及几乎全部水汽。对流层其厚度在不同纬度是不同的:在赤道附近厚度达 16km,在两极只有 8km,在中纬度是 10～20km。

影响生物的一切气候现象如风、雨、霜、露、冰雹都发生在对流层之中。大气的污染也主要发生在这里,所以对流层与人类生产、生活关系极为密切,对生物生长繁殖和分布有很大影响。

(2) 平流层　指从对流层顶向上延伸到 50km 左右的大气层。这是一个强大的逆温层,垂直运动微弱、气流平稳,水汽和尘埃极少,除偶有贝母云、夜光云外,没有雨、雪、冰雹、雷暴、寒潮、台风等复杂的天气现象。该层集中了大气中大部分的臭氧(其最大浓度出现在20～25km附近),吸收了太阳辐射中的大部分短波紫外辐射,对于保护地球上的人类和其他生物具有重要意义。

(3) 中间层　从平流层顶至 80～85km 上下,温度自下向上骤降,并有强烈的垂直活动,顶部气温达－83℃。

(4) 热层　从中间层顶往上进入非均质层,气温急剧上升,最高可达 1100～1650℃,这是太阳辐射中的紫外线被该层大气中的氧原子强烈吸收的结果。

(二) 水圈

水圈是地球表面各种形态的水的总称。水是人类与其他生物生存必不可少的、最重要的物质,在地球上分布最广。地球上的热量输送和气候调节要靠水的作用,水是自然环境中最活跃的因素,也是参与地表物质能量转化的重要因素。

水圈由海洋、河流、湖泊、地下水、大气水、冰共同构成,其中海洋是水圈的主体,约占全球面积的 79%。水量最多的是海洋咸水,占 97%以上,淡水占 2.53%,其中 3/4 在南、北极的冰盖和冰川中;江河、湖泊等地面水约占地球总水量的1/10000;地表土壤和地下岩层中含有多层淡水。人类能够利用的淡水约占全部淡水的 20%,其中只有 0.5%的淡水能直接取用于河湖,可见淡水资源是非常有限的。

地球上的水并不是处于静止状态的。水以大气环流、海洋和河流排水等形式在地球上流动和再分配,通过蒸发、降雨、渗透等进行水分循环、不断往复,永无止境,使地球水量恒定不变,维持水分平衡。由于水分循环,不仅调节气候,而且净化了大气。

水中含有谷种化学物质、各种溶盐的矿质营养、有机营养等,可提供生物的需要。由于各地区水质的不同,构成了生物环境的生态差异。

(三) 岩石圈和土壤圈

1. 岩石圈

岩石圈是指地球表面 30～40km 厚的坚硬地壳层,是大气圈、水圈、土壤圈以及生物圈存在的牢固基础,也是土壤形成的物质基础。地壳层的质量只是地球总质量的 0.714‰,但它直接影响着生命的存在和繁衍。组成原生质的元素来源于此。

岩石圈中富含各种化学物质,除为植物生长所需要的矿物质营养外,还贮藏着丰富的地下资源,如煤炭、石油、铁矿、铜矿等各种有色金属,以及磷、氮、钾等,为人们提供了大量丰富的生产资料。由于岩石的厚度及其组分的不同,其风化过程也不同。

岩石的风化是坚硬的岩石由大块变成细小颗粒的过程,也是岩石的成分和性质发生变化的过程。风化一般要经过物理的破碎和化学的变化,而且生物也在其中起促进作用。构成地壳的原生岩石是在地壳深处的高温、高压和缺少游离氧及 CO_2,H_2O 的条件下生成的。一旦由于火山和其他地壳运动而使岩石暴露于地表,以上这些条件均随之改变,压力、温度及季节变化都会对岩石产生影响。岩石内的结晶水开始蒸发,岩石吸水膨胀,微生物活动加剧,岩石表面接触的植物根茎的下伸生长等因素均促使岩石发生碎裂。碎裂使岩石表面不断增大,更多地与H_2O和空气接触。O_2,H_2O,CO_2及水中的溶解质与岩石间进行缓慢但大规模的反应，进而使岩石的分子逐渐发生质变，使其最终所形成的土壤性质也有很大差异，从而为植物的生存创造了各种不同的土壤环境，成为植被分布的重要因素。

2. 土壤圈

土壤圈在地球陆地表面，由岩石圈表面物理风化而成的疏松层作母质，加上水和有机物质通过化学变化以及土壤母质的生物作用，经过相当长的时间才形成，它是有机界和无机界相互联系、相互作用的产物。

土壤是自然环境中介于生物界与非生物界之间的一个复杂的独立的开放性物质体系，具有独特的组分、结构和功能，是环境中物质循环和能量转化的重要环节，是岩石圈、生物圈、大气圈和水圈之间的接触、过渡地带（图 1-2）。

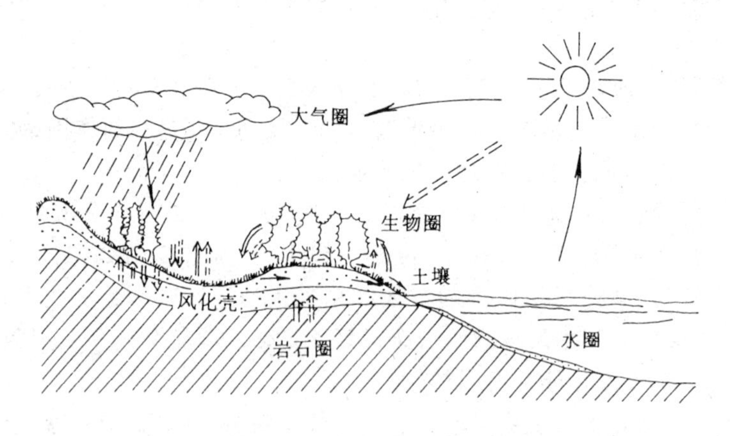

图 1-2　土壤在自然环境中的位置（引自潘树荣，1985）

土壤主要由矿物质、有机质、水分和空气四部分构成。其中矿物质是土壤的主体，是生物摇篮的骨架，一般占土壤固体部分的 95%。土壤矿物质是由岩石经过亿万年的日晒风蚀和微生物的作用风化、分解形成的。

土壤的矿物质可分为两大类，一类是原生矿物，一类是次生矿物。原生矿物基本上保持了岩石中的原始成分。在风化过程中，部分岩石只遭到破碎而没有改变成分与结构，即成为土壤中的原生矿物。次生矿物是岩石风化过程中形成的新矿物。

土壤有机质主要由植物（包括死亡的植物、腐殖质和正在生长的植物）提供，其中有碳水化合物、蛋白质、氨基酸、脂肪和种类繁多的微生物等。这些有机质中包含了作物生长必需的碳、氢、氧、氮、硫、磷和少量铁、镁等化学元素，除矿物质提供的钾、钙、镁等元素以外，它们是植物营养的主要来源。有机质的贫富是评价土壤肥瘠的重要标志。

土壤的地域分布具有一定的规律性。最基本的有纬度地带性和非纬度地带性（区域性）分异，其次是垂直性分异规律。

由于土壤类型不同，土壤的质地、水分、温度以及化学性能等对土壤生物种类及分布有很大影响。生活在土壤中的动物对土壤水、气、温的变化有明显的季节和垂直性迁移，很多动物适宜在含钙丰富的土壤中生活，过碱过酸或盐度过高，土壤动物就较贫乏。土壤动物数量很多，据调查，每平方米的土壤中蠕虫、线虫、轮虫、节肢动物等个体总数常在5000～7000万；森林土壤中每平方米节肢动物的数量有时可达 1.25 亿个。每立方厘米的土壤腐殖质层里，体积为0.2～4mm^3的各种动物数量有时可达 100 个以上。

土壤的特征一是具有肥力，能为植物、微生物、土壤动物生长提供营养和栖息场所；二是具有同化和代谢外界输入的物质的能力。土壤中生活着各种微生物和土壤动物能对外来的各种物质进行分解、转化和改造，故土壤又被人们看成是一个自然的净化系统。

土壤的这两种特性是相辅相成的。在合理的经营管理下，其肥力不仅不会因利用而损耗，反而会增加。

当土壤被污染超过土壤自净能力，就会破坏土壤自然动态平衡，引起土壤系统成分、结构和功能的变化，并导致土壤正常功能的失调。土壤质量下降，影响到作物的生长发育，使产量和质量下降；土壤污染向环境输出转化，又使大气、水体等进一步污染，最终通过食物链影响人类的健康。所以土壤污染对生态系统影响非常严重，应该予以重视。

三、生物圈

生物圈是由大气圈、水圈、岩石圈、土壤圈这几个圈层的交接的界面所组成的。这几个圈层交接的界面里有生命在其中积极活动，所以称之为生物圈(biophere)。生物圈为生物的生长和繁殖提供了必要的物质和所需要的能量。生物圈是地球上最大的生态系统，包含着无数小的生态系统。生物圈中各种生命体活质以太阳能为动力，进行大规模的能量和物质(元素)的循环。生物圈总处在不断发展变化之中，它的每个发展阶段具有历史形成的相对稳定的物质结构和组成。生物圈现阶段的物质生态平衡是生物有机体与其栖居的自然环境经过长期相互作用、协调适应共同形成的。生物圈这一概念是由奥地利地质学家E. Suess于1875年首先提出，但当时并未引起人们的重视。1926年前苏联地质学家V. I. Vernadsky发表了著名的“生物圈”演讲，才引起广泛重视。英国著名历史学家 Toyndee (1899～1975)对“生物圈”这一概念的提出给予了高度评价，他说：“‘生物圈’这个新词是科学知识和物质力量的发展已经进入了一个新阶段的产物”。

地表环境是一个多圈层的、多介质的历史自然体，生物圈是其重要的组成圈之一。在46亿年左右的地球史中，生物圈有着自己的发生、发展的演化规律。

地球形成的早期，是无生物的世界，因此不存在生物圈。地表环境的原始生物圈最早是从海洋中萌发的。约在4亿年前(泥盆纪)水生的动植菌三级生态系中的植物界开始从海洋“登陆”，生物实现了水生到陆生的飞跃，从而形成了水陆的动植菌三级生态系。从此生物圈由水域扩大到陆地，逐步形成现代的生物圈规模。第三纪末，生物圈跨入新的发展阶段，大约300多万年前出现了人类。人类在本质上不同于其他生物，人类能制造工具和使用工具，人类有意识的劳动创造了世界，干预了生物圈和生物地球化学过程。但是，在人类历史的早期，人类对生物圈性质的影响和作用是不大的。随着科学技术的发展，人类控制和支配自然界的能力不断提高，资本主义社会的出现，特别是十九世纪工业迅速发展，人类开发自然和利用自然资源的规模越来越大。这样一来，不仅沉睡在地壳中的燃料和金属矿床被大量开采而进入生物圈，而且生物圈从来没有过的许多人工合成材料、化学物质、农药、除草剂、塑料等大量地增加，源源不断地输入生物圈。据统计，有记载的化合物已达400多万种，人工合成有机物已超过50万种，其中经常使用的接近7万种，以每年增加1000种的速度投入市场，人工合成的有机物，每年约生产6千万吨。其中农药和多氯联苯(PCB)污染环境和影响生物圈最为严重。对生物圈的影响较大的是与能量生产有关的工业。由于全世界每年消费石油约27亿吨和煤28亿吨，如此巨量的燃烧，释放出大量的二氧化碳(CO_2)、二氧化硫

(SO_2)、氧化二氮(N_2O)、固体颗粒和重金属,排入环境,从而引起气候变化,形成酸雨等,最终影响生物圈的正常功能和物质平衡。总之,人类的生产活动变成了地球上影响生物圈性质的巨大力量。

关于生物圈,如下几点结论是值得重视的:

1. 生物圈在太阳系中是唯一的,或许在太阳系中从来就没有存在过第二个,以后也不会存在,它是人类唯一的真正具有现实意义的居住地。

2. 生物圈中所蕴藏的能量不是生物圈自身内部产生的,而是来自太阳和其他的宇宙射线(辐射)。对于这些辐射,生物圈能起过滤和选择的作用,可以接受养育生命的射线,排斥导致死亡的射线。

3. 从生物圈的物质构造来说,它存在着三大类成分:第一类是已经获得有机结构但始终不曾具有生命的物质,第二类是有机的生命物质,第三类是曾经一度有生命而现在仍然保留着某些有机性质和能力的无生命物质。生物圈这三类丰富的物质相互联系和相互作用,形成了一种巧妙地借助物质循环和能量转化产生自我调节和自我维持的力量,维持着生物圈的生存和进化。而生物圈的进化导致了一系列上升着的物种的出现。

4. 在人类诞生之前,植物、动物是生物圈中相对主要的物质,它们的关系体现在两个方面:一方面植物是被剥削的主人,动物是寄生食客;另一方面两者又是伙伴,保证了 O 和 CO_2 的分布与循环呈现有节奏的运动循环,使生命的长期存在成为可能。

5. 人类之前的生物物种,没有哪一种能够获得推翻生物圈具有的自我协调、平衡的力量。而人类则由于其所掌握的威力强大的科技力量,在一定程度上具有这种能力。

6. 人类诞生于生物圈,又适应于生物圈,参与生物圈的物质平衡,而且逐渐成为生物圈的主宰者。二十世纪的人类活动已开始大范围地按照人类的需要改造着生物圈,从而使生物圈发生了很大的变化。

7. 人类是生物圈的特殊居民:虽然他与所有物种一样,也必须服从自然法则;但他具有控制生物圈的能力和意识;因此可以说,人类既然具有控制生物圈的能力,对于生物圈的维持就具有一种道德责任。

第三节 生态因子及其作用

一、生态因子概念及其分类

任何一种生物都不可能脱离特定的生活环境(也称生境),生境指的是在一定时间内对生命有机体生活、生长发育、繁殖以及对有机体存活数量有影响的空间条件及其他条件的总和。这里不仅包括对生命有机体有影响的自然条件,也包括生物体种内和种间的相互影响。生物存在尽管有各种各样的条件,但归根到底不外是物质和能量两个方面。

生境是一个综合体,是由各种因素组成的。组成生境的因素称生态因子。

生态因子影响了动物、植物、微生物的生长、发育和分布,影响了群落的特征。生态因子主要有两方面因素所组成:① 非生物因素,即物理因素,如光、热、水、风、矿物质养分等;② 生物因素,即对某一生物而言的其他生物,如动物、植物、微生物,它们通过自己的活动直接或间接影响其他生物。也有一种观点认为生态因子还应包括第三方面的因素即人为因素。指人类的砍伐、挖掘、采摘、引种、驯化以及环境污染等。

在自然界，各种生态因子总是综合地起作用的。任何生物所接受的都是多个因子的综合影响，但在具体情况下，总是有一个或少数几个生态因子起主导作用。

对于这些复杂的生态因子，生态学家有各自不同的分类方法，把生态因子分成生物因子和非生物因子，这是一种传统的分法。前者包括生物种内和种间的相互关系，而后者则包括气候、土壤、水分等。这种分法的特点是简单明了，所以被不少学者采用(表 1-1)。

表 1-1　　生态因子分类

<table>
<tr><td>A. 气候因素
光
温度</td><td rowspan="4">非生物因素</td></tr>
<tr><td>相对湿度
降水</td></tr>
<tr><td>其他因素</td></tr>
<tr><td>B. 气候以外的自然因素
水域环境因素
土壤因素</td></tr>
<tr><td>C. 食物因素</td><td rowspan="3">生物因素</td></tr>
<tr><td>D. 生物因素种内的相互作用</td></tr>
<tr><td>不同种间的相互作用</td></tr>
</table>

(R. 达诺《生态学概论》，转引自郑师章等，1994)

二、生态因子作用的分析

(一) 生态因子作用的一般特征

1. 综合作用

环境中各种生态因子不是孤立的，而是彼此联系、互相促进、互相制约，任何一个单因子的变化，必将引起其他因子不同程度的变化及其反作用。生态因子所发生的作用虽然有直接和间接作用、主要和次要作用、重要和不重要作用之分，但它们在一定条件下又可以互相转化。如光和温度的关系密不可分。温度的高低不仅影响空气的温度和湿度，同时也会影响土壤的温度和湿度的变化。正是由于生物对某一个极限因子的耐度，会因其他因子的改变而变化，所以生态因子对生物的作用不是单一的而是综合的。如温度是一、二年生植物春化阶段中起决定作用的因子，但是也只能在适度的湿度和良好的通气条件下才能发挥作用，如果空气不足、湿度不适，萌芽的种子仍不能通过春化阶段；鸟卵在孵化时期，在诸多因子中一定的温度对胚胎发育起决定性作用，但在胚胎破壳过程中，充足的氧又特别重要，因为此时鸟胚的呼吸已由胚膜呼吸转变为肺呼吸。

2. 主导因子作用

在诸多生态因子中，有一个生态因子对生物起决定性作用，称为主导因子，主导因子发生变化会引起其他因子也发生变化。如以土壤为主导因子，可将植物分成多种生态类型，有喜钙植物、嫌钙植物、盐生植物、沙生植物；以生物为主导因子，表现在动物食性方面的可分为食植动物、食肉动物、食腐动物、杂食动物等。

3. 直接作用和间接作用

区分生态因子的直接和间接作用对生物的生长、发育、繁殖及分布有着十分重要的意义。环境中的地形因子，如起伏、坡度、海拔高度及经纬度等对生物的作用不是直接的，但它们能影响光照、温度、雨水等因子，因而对生物起间接的作用。这些地方的光、温度、水则对生物生长、分布以及类型起直接作用。

4. 因子作用的阶段性

由于生物生长发育不同阶段对环境因子的需求不同，因此因子对生物的作用也具有阶段性，这种阶段性是由生态环境的规律性变化所造成的。有些鱼类不是都终生定居在某一环境中，在其生活史的各个不同阶段，对生存条件有不同要求。如鱼类的洄游，大马哈鱼生活在海洋中，生殖季节就成群结队洄游到淡水河流中产卵；而鳗鲡则在淡水中生活，洄游到海洋中去生殖。

5. 生态因子的不可代替性和补偿作用

环境中各种生态因子对生物的作用虽然不尽相同，但都各具其重要性，尤其是作为主导作用的因子，如果缺少便会影响生物的正常生长发育，甚至罹病死亡。所以，从总体上说生态因子是不能代替和补偿的，但在局部是能补偿的。如在一定条件下的多个生态因子的综合作用过程中，某一因子在量上的不足，可以由其他因子来补偿，同样可以获得相似的生态效应。以植物进行光合作用为例，如果光照不足，可以增加二氧化碳的量来补足；软体动物在锶多的地方，能利用锶来补偿壳中钙的不足。但生态因子的补偿作用只能在一定范围内作部分补偿，而不能以一个因子代替另一个因子，且因子之间的补偿作用也不是经常存在的。

（二）生态因子的作用方式

1. 拮抗作用

拮抗是各个因子在一起联合作用时，一种因子能抑制或影响另一种因子起作用。以生物因子微生物为例，青霉菌产生的青霉素能抑制革兰氏阳性菌和部分革兰氏阴性菌；在酸菜、泡菜和青饲料制作过程中，由于乳酸菌的旺盛繁殖，产生大量乳酸，使环境变酸而抑制腐败细菌的生长。两种或多种化合物共同作用于生物体时，由于化合物间产生的拮抗作用，可使其毒性低于各化合物毒性之总和。如有机汞和硒同时在金枪鱼中共存时，可抑制甲基汞的毒性。

2. 协同、增强和叠加作用

这几种作用主要是非生物因子中的化合物对生物的毒性作用。

(1) 协同作用：两种或多种化合物共同作用时的毒性等于或超过各化合物单独作用时的毒性总和。当某些化合物使机体对另一种化合物的吸收减少、排泄延缓、降解受阻或产生更大的代谢物时，都可产生协同作用。

(2) 叠加作用：两种或多种化合物共同作用时的毒性为各化合物单独作用时毒性的总和。一般化学结构相近、性质相似的化合物，或作用于同一器官系统的化合物，或毒性作用机理相似的化合物共同作用时，生物效应往往出现叠加作用。

(3) 增强作用：一种化合物对某器官系统并无毒作用，但与另一种化合物共同作用时，使后者毒性增强。

3. 净化作用

净化作用是指部分生态因子具有以物理、化学和生物的方式消除水、气、土中的污染物。净化作用可分为物理净化、化学净化和生物净化三类。

物理净化作用有稀释、扩散、淋洗、挥发、沉降等。如大气中的烟尘可以通过气流的扩散、降水的淋洗和重力的沉降等作用而得到净化。物理净化作用的大小与环境的温度、风速、雨量等物理条件有密切关系,也取决于污染物本身的物理性质,如比重、形态、粘度等。

化学净化作用有氧化还原、化合和分解、吸附、凝聚、交换、络合等。如水中铅、锌、镉、汞等重金属离子与硫离子化合,生成难溶的硫化物而沉淀。影响化学净化的环境因素有酸碱度、温度、化学组成,以及污染物本身的形态和化学性质等。

生物净化作用有生物的吸收、降解作用等,使污染物的浓度和毒性降低或消失。如绿色植物能吸收二氧化碳,放出氧气;微生物氧化分解,形成各种无机物 NH_4, CO_2 等,可以被藻类利用作养料,并利用太阳光作能源合成自身的细胞,同时释放大量氧气供需氧生物利用;树木和草地对大气中的氧化硫、氧化氮、氯及氟等有毒气体和尘埃有一定的阻挡、捕集、吸收作用,植物越稠密,净化作用越大。所以,城市种植行道树,铺草种花进行绿化,对环境保护是非常重要的。净化作用因植物种类不同有很大差异,并和环境各因素状况有密切关系。藻类同化作用增加水中氧气,净化和氧化污水,清除水中的嫌气细菌,还能分解石灰岩,促进大气中碳素循环。

(三) 生态因子作用的规律

1. 限制因子规律

在诸多生态因子中使生物的耐受性接近或达到极限时,生物的生长发育、生殖、活动以及分布等直接受到限制、甚至死亡的因子称为限制因子。也可理解为是限制一种有机体或种群的分布和活动的环境因子。如温度升高到上限时会导致许多动物死亡,温度上限对动物生存成了限制因子;氧对陆地动物来说很少有限制作用,但对水生生物,尤其是鱼类来说如果缺氧就会死亡。光是植物进行光合作用的主要因素,但如果没有水、二氧化碳和一定温度,碳水化合物就不能合成;反之只有水、二氧化碳和一定温度而没有光,植物也不能进行光合作用,所以植物光合作用中的几个因子在不同情况下,任何一个因子都可以成为限制因子。此外,干旱地区的水,寒冷地区的温度,海洋中的透光层、矿物养分都是某些生物发育、生殖、活动的限制因子。

2. 最低量(最小因子)定律

最低量定律是德国化学家利比希(Liebig)在1840年提出的,他在研究谷物产量时发现,植物对某些矿物盐类的要求不能低于某一数量。当某种土壤不能供应这一最低量时,不管其他养分的量如何多,该植物也不能正常生长。利比希在进行各种因素对作物生长影响的研究时,发现作物的产量常常不是被需要量大的营养物质所限制,而是受那些只需要微量的营养物质所限制,如微量元素等。后来人们把这称为利比希最低量定律。

这与系统论中的"水桶原理"涵义一致,即一个由多块木板拼成的水桶,当其中一块木板较短时,不管其他木板多么高,木桶装水的量总是受最小木板的制约的。

在按照利比希最小因子定律考察环境的时候,必须注意因子间的相互作用。某些因子之间有一定程度的互相替代性。具体地说,即是某些物质的高浓度和高效用,或某些因子的作用,可以改变最小限制因子的利用率或临界限制值。有些生物能够以一种化学上非常相近的物质代替另一种自然环境中欠缺的所需物质,至少可以替代一部分。例如以上提到的,在锶丰富的地方，软体动物可以在贝壳中用锶代替一部分钙。有些植物生长在阴暗处比生长在阳光下需要的锌少些，所以锌对处在阴暗中的植物所起的限制作用会小一些。

3. 耐受性定律

耐受性定律是美国生态学家谢尔福德(Shelford)提出的，他认为因子在最低量时可以成为限制因子，但如果因子过量超过生物体的耐受程度时也可成为限制因子。每种生物对一种环境因子都有一个生态上的适应范围的大小，称生态幅，即有一个最低点和一个最高点，两者之间的幅度为耐性限度，生物在最适点或接近最适点才能很好生活，趋向这两端时就减弱，然后被抑制。接近有机体耐性限度的几个因素中的任何一个在质和量上的不足或过量，都可以引起有机体的衰减或死亡。死亡接近耐受极限，所以一种生物如果经常处于这种极限条件之下，生存就会受到严重危害。此即为谢尔福德的“耐受性定律”。

不同生物对一个相同因子有不同的耐受极限，同一生物在不同阶段对同一个因子也有不同耐受极限。玉米生长发育所需的温度最低不能低于9.4℃，最高不能超过46.1℃，温度耐受限度为9.4～46.1℃。

根据生物对各种因子适应的幅度，可将生物分为很多类型，如对温度因子的有狭温性和广温性；对光因子的有狭光性和广光性；对水因子的有狭水性和广水性；对盐因子的有狭盐性和广盐性；对湿度因子的有狭湿性和广湿性；对食物因子的有狭食性和广食性；对栖息地有狭栖性和广栖性等。

耐受性定律还有以下几种情况：

(1) 生物对各种生态因子的耐性幅度有较大差异，生物可能对一种因子的耐性很广，而对另一种因子耐性很窄；

(2) 在自然界中，生物并不一定都在最适环境因子范围内生活，一般说对所有因子耐受范围都很广的生物，分布也较广；

(3) 当一个物种的某个生态因子不是处在最适度状况时，另一些生态因子的耐性限度将会下降。例如，当土壤含氮量下降时，草的抗旱能力下降；

(4) 自然界中生物之所以并不在某一特定因子的最适范围内生活，其原因是种群的相互作用(如竞争、天敌等)和其他因素常常妨碍生物利用最适宜的环境；

(5) 繁殖期通常是一个临界期，此期间环境因子最可能起限制作用。繁殖期的个体、种子、胚胎、幼体的耐受限度一般要狭窄得多，较适宜的环境对它们的生存是必需的。

必须指出，生物对环境的适应和对环境因子的耐受并不是完全被动的。生物并不是自然环境的“奴隶”，进化迫使它积极地适应环境，并且改变自然环境条件，从而减轻环境因子的限制作用。生物的这种能力称为因子补偿作用，它存在于生物种内，而在具有组织结构的群落层次，其特点更明显。

在生物种内，经常可以发现，地理分布范围较广的物种常常形成地方性的种群，称为生态型。它适应特定的地方性环境条件，其耐性限度与最适度都与其他种群有所不同。动物，尤其是运动能力发达的个体较大的动物，则常常通过进化形成适应性行为，产生补偿作用以回避不利的地方性环境因子。

在生物群落层次，通过群落中各种不同种类的相互调节和适应作用，结成一个整体，从而产生对环境的因子补偿作用，这也就是所谓群落优势。例如，自然界实地观察到的生态系统的代谢率——温度曲线总比单个种的曲线平坦，也就是说，生态系统的代谢率在外界温度变化时能够保持相对稳定,这就是群落稳态的一个具体例子。而我们知道,在外界因素干扰下生态系统的稳定是有利于生物的生存的。

综上所述,一个生物或一群生物的生存与繁荣取决于综合的环境条件。任何接近或者超过耐性限度的状况都可以说是限制状况或限制因子。生物自身实际上是受这些因子以及对这些因子的耐性限度的积极适应所控制的。

限制因子和耐性限度的概念为生态学家研究复杂环境建立了一个出发点,有机体与环境的关系往往是很复杂的,很难说是什么决定了什么。幸运的是在特定的环境里,或者对特定的生物来说,不是所有的因子都具有同样的重要性。研究某个特定的环境时,经常可以发现可能存在的薄弱环节或关键环节。至少在开始时,应该集中考察那些很可能接近临界的或者"限制性的"环境条件。如果生物对某个因子的耐性限度很广,而这个因子在环境中比较稳定,数量适中,那么这个因子不可能成为一个限制因子。相反,如果生物对某个因子耐性限度是有限的,而这个因子在环境中又容易变化,这就要仔细研究该因子的情况,因为它可能是一个限制因子。

第四节　种　群

在自然界里,任何生物的单个个体都难以单独生存,而必须在一定的空间内以一定的数量结合成群体。这不仅能更好地适应环境条件变化,也是种族繁衍所必需的。

一、种群的基本概念及特征

(一) 种群的概念

种群(population)指在一定时空中同种个体的总和。也就是说种群是在特定的时间和一定的空间中生活和繁殖的同种个体所组成的群体。

population 是从拉丁语 populues 派生出来,含有人和人民的意思,一般译为人口,有人在鱼类学中将该词译为鱼口。还有其他生物学中译为虫口、鸟口……等,也就是说各类动物就有各样的"口"了,比较混乱。后来生态学家普遍译为种群。

种群概念既可以从抽象的理论意义上理解,即将其理解为个体所组成的集合群,这是一种学科划分层次上的概念;也可以应用于具体的对象上,如某地的某种生物种群。这种意义上的种群概念,其空间和时间上的界限多少是由研究是否方便而划分的,如全世界的人口种群和某一地区的人口种群等等。

(二) 种群的基本特征

1. 空间特征

种群都要占据一定的分布区,组成种群的每个有机体都需要有一定的空间进行繁殖和生长。因此,在此空间中要有生物有机体所需要的食物及各种营养物质,并能与环境进行物质交换。不同种类的有机体所需空间性质和大小是不相同的。大型生物需要较大的空间,如东北虎活动范围需300～600km^2。体型较小、肉眼不易看到的浮游生物,在水介质中获得食物和营养,需要的空间很小。种群数量的增多和种群个体生长的理论说明,在一个局限的空间中,种群中个体在空间中愈来愈接近,而每个个体所占据的空间也越来越小,种群数量的增加就会受到空间的限制,进而产生个体间的争夺,出现领域性行为和扩散迁移等。所谓领域性行为是指种群中的个体对占有的一块空间具有进行保护和防御的行为。衡量一个种群是否繁荣和发展,一般要视其空间和数量的情况而定。亦即一个种群所占有的生存空间越充足,则其发展繁衍的潜势也越大,反之也一样。

2. 数量特征

种群的数量特征是以占有一定面积或空间的个体数量,即种群密度来表示的,它是指单位面积或单位空间内的个体数目。另一种表示种群密度的方法是生物量,它是指单位面积或空间内所有个体的鲜物质或干物质的重量。

种群密度可分为绝对密度和相对密度。前者指单位面积或空间上的个体数目,后者是表示个体数量多少的相对指标。

3. 遗传特征

组成种群的个体,总体上在形态特征、生理特征方面具有共性,但在某些形态特征或生理特征方面具有差异。种群内的这种变异和个体遗传有关。一个种群中的生物具有一个共同的基因库,以区别于其他物种,但并非每个个体都具有种群中贮存的所有信息。种群的个体在遗传上不一致,种群内的变异性是进化的起点,而进化则使生存者更适应变化的环境。

二、种群数量动态参数

在种群研究中,对种群的数量动态规律始终给予高度重视。影响种群数量动态的四个基本参数为出生率、死亡率、迁入、迁出。出生率和迁入是种群增加的因素,而死亡率和迁出是种群减少的因素。此外,种群的年龄分布、性别比与内禀增长率等也与前述四个参数共同决定着种群数量的变化。

(一) 出生率和死亡率

出生率是表示种群生殖状况的指标。常用种群中每年每千个个体的出生数或每年每一个雌体的产仔数来计算。死亡率是种群中每年每千个个体中死亡的总数。

出生率和死亡率都是影响种群动态的两个因素。出生率指种群增加的固有能力,它描述任何生物产生新个体的情况,不管这些新个体是“生产的、孵化的、出芽的、分裂的”还是其他形式。

出生率常分为最大出生率和实际出生率或生态出生率。最大出生率(有时还称绝对或生理出生率)是在理想条件下(即无任何生态限制因子,繁殖只受生理因素所限制)产生新个体的理论最大数量。对某个特定种群,它是一个常数。实际出生率表示种群在某个真实的或特定的环境条件下的增长,它对种群来说,不是不变的,而是因种群的组成和大小,物理环境条件而变化的。

死亡率是出生率的反义词,它描述了种群个体的死亡情况,同出生率一样,死亡率也分为最低死亡率和实际死亡率(生态死亡率)。最低死亡率是种群在最适环境条件下,种群的个体都是因年老而死亡,即生物都活到了生理寿命后才死亡的情况。种群的生理寿命是指种群处于最适条件下的平均寿命,而不是某个特殊个体可能具有的最长寿命。实际死亡率,是在某特定条件下丧失的个体数,它同生态出生率一样,不是常数,而是随着种群状况和环境条件而改变的。

最大出生率和最小死亡率都是理论上的概念,是种群的常数。虽然它们难以测定,但它们具有的作用使我们必须重视它们,这就是它们能反映种群潜在的能力和实际能力的差距,以及在预测种群未来动态时所起到的参数作用。

(二) 迁入和迁出

迁入指生物个体或其种子从原有生活地向特定地区整群迁居的一种行为;迁出则是迁入的相反行为。迁入和迁出是生物的一种扩散行为,而扩散(dispersion)是大多数动植物生活周期中的基本现象。扩散有助于防止近亲繁殖,同时又是各地方种群(local population)之间进行基因交流的生态过程。有些自然种群持久地输出个体,保持迁出率大于迁入率,有些种群只有依靠不断的输入才能维持下去。植物种群中迁入和迁出的现象相当普遍,如孢子植物借助风力把孢子长距离地扩散,不断扩大自己的分布区。种子植物借助风、昆虫、水及动物等因子,传播其种子和花粉,在种群间进行基因交流,防止近亲繁殖,使种群生殖能力增强。对动物来说,食物因素对其迁入、迁出行为有重要的影响。

(三) 年龄结构和性别比

1. 年龄结构

一个种群的所有个体一般具有不同的年龄,各个龄级的个体数目与种群个体总体的比例,叫做年龄比例。按从小到大龄级比例绘图,即是年龄金字塔,它表示种群的年龄结构分布。

种群的年龄结构与出生率及死亡率密切相关。一般来说,如果其他条件相等,种群中具有繁殖能力的成体比例较大,种群的出生率就越高;而种群中缺乏繁殖能力的年老个体比例越大,种群的死亡率就越高。

种群中个体可分为三个生态时期:繁殖前期、繁殖期、繁殖后期。这三个年龄期的比例是有变化的,见图 1-3。

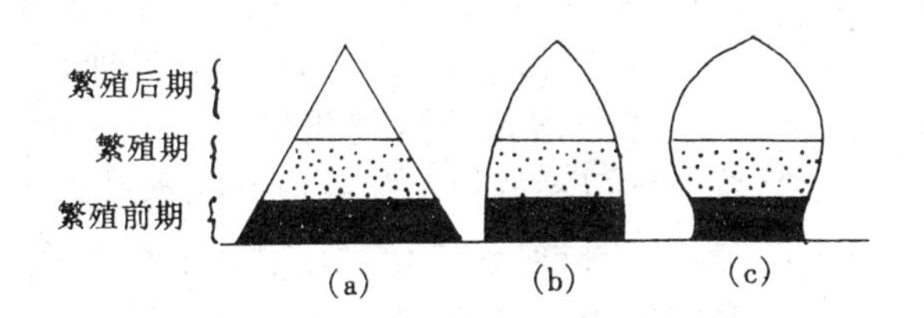

(a) 增加型; (b) 稳定型; (c) 下降型

图 1-3　年龄金字塔(引自郑师章等,1994)

利用年龄分布图(年龄金字塔)能预测未来种群的动态。图 1-3(a)是增长型种群,其年龄锥体呈典型的金字塔型,基部宽阔而顶部狭窄,表示种群中有大量的幼体,而老年个体很少。这样的种群出生率大于死亡率,是迅速增长的种群。图 1-3(b)是稳定型种群,其年龄锥体呈钟型,说明种群中幼年个体和中老年个体数量大致相等,其出生率和死亡率也大致平衡,种群数量稳定。图 1-3(c)是下降种群,其年龄锥体呈壶型,基部比较狭窄而顶部较宽,表示种群中幼体所占比例很小,而老年个体的比例较大,种群死亡率大于出生率,是一种数量趋于下降的种群。

2. 性别比

性别比(性比)是反映种群中雄性个体与雌性个体比例的参数。性别比在个体不同的生长阶段具有不同的特征。如受精卵的性比大致为 50:50,这是第一性比。到幼体出生,第一性比就会改变,这一阶段的性别比称为第二性比。此阶段后的充分成熟的个体性比称第三性比。

性比和种群的配偶关系以及个体性成熟的年龄对种群的繁殖力以至数量的变动都有着重要的影响。

(四)种群内禀增长率

以上所述的统计种群大小的数量特征参数,如出生率、死亡率、年龄结构等,都不能单独用来判断种群的动态变化趋势。在这个背景下,生态学工作者提出了种群的内禀增长率概念。

内禀增长率是指当环境是无限的(空间、食物和其他有机体等都没有限制性影响),在该理想条件下,稳定年龄结构的种群所能达到的恒定的、最大的增长率。内禀增长率反映了特定种群年龄分布的特征,也是种群增长的固定能力的唯一指标,它可以与在自然界中的实际增长能力进行比较,内禀增长率与在野外实际条件下见到的增长率之间的差值,常被看作环境阻力的量度。环境阻力就是妨碍生物潜能实现的环境因子的总和。

三、种群增长的基本模式

(一)在无限环境中的指数增长

种群不受任何食物、空间等条件的限制,则种群就能发挥其内禀增长能力,数量迅速增长,呈现指数增长(又称'J'形增长)格局(见图1-4),这种规律称为种群的指数增长规律。种群的指数增长也可理解为种群数量按某种固定不变的比率增长。

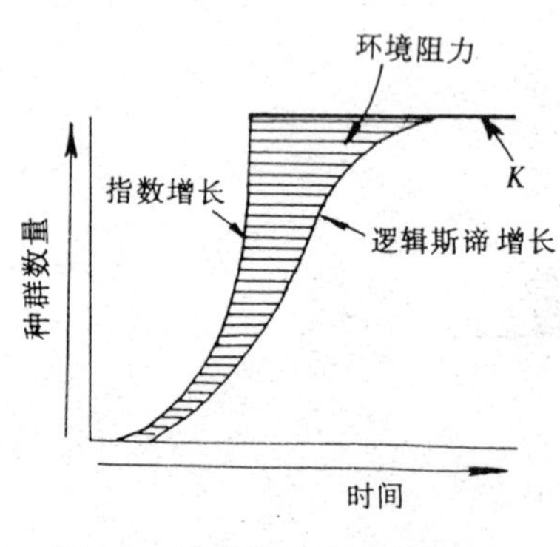

图1-4　种群增长的两种模式示意
(引自丁鸿富等,1987)

指数增长是在某种"无限环境"条件下,物种的生殖潜能充分发挥时所呈现的增长规律。例如实验室里培养的细菌、草履虫等单生物,大鼠笼中的鼠,在实验初期,食物充足,空间宽敞,都呈现指数增长,其曲线呈急剧上升的J形。

指数增长的数量倍增时间——翻一番的时间是固定的。如果种群数经过一段时间增长已经很大,而由于种种原因使种群仍以指数形式增长,那么在一个倍增时间以后种群数量仍将翻一番,在这段时间里,便有可能发生前所未有的灾难性事件。导致这种灾难性的后果是必然的,马尔萨斯在180多年前提出人口增长律时曾经指出过这一点。

但是,在大多数情况下,生态系统的调节功能会早早地发生作用,原因在于生物并非总是处于最理想的生存环境中。例如,资源与空间不足等环境因素,都将抑制种群数量的增长,这时种群呈现S形增长,即逻辑斯谛增长(logistic growth),又称阻滞增长。

(二)在有限环境中的逻辑斯谛增长

自然种群不可能长期地按几何级数增长。当种群在一个有限空间中增长时,随着密度的上升,对有限空间资源和其他生活条件利用的限制,种内竞争增加,必然会影响到种群的出生率和死亡率,从而降低了种群的实际增长率,一直到停止增长,甚至使种群下降。种群在有限环境条件下连续增长的主要形式为逻辑斯谛增长,又称"阻滞增长"(S型增长),见图1-4。

图1-4显示,S型曲线有上渐近线,即S型增长曲线渐近于K(环境条件所允许的种群数

量的最大值,又称环境容纳量或负荷量),但却不会超过最大值水平;曲线变化是逐渐的、平滑的,而不是骤然的。从曲线的斜率看,开始变化速度慢,以后逐渐加快;到曲线中心有一拐点,变化速率加快,以后又逐渐变慢,直到上渐近线。此外,S 型的逻辑增长在达到 K 值以后,并不总是稳定在这个水平上,有时候会突然出现长时期的下降,更多的是在 K 值附近出现波动。特别是处于自然条件下的具有复杂生活史的动物种群,即使环境因素相当稳定,种群数量几乎无一例外地出现波动和涨落。

1920 年美国生态学家珀尔和里德在讨论美国人口增长的论文中,将逻辑斯谛增长模型作为种群增长的普遍规律。许多生态学家在实验室里人工控制的有限环境中,验证了这个规律。

S 型的逻辑斯谛增长模型描述了种群动态增长与抑制增长这一对相反的机制。逻辑斯谛增长模型所指出的对增长的抑制与阻滞主要来自生存空间与食物资源不足,这两个因素造成了种内竞争加剧,死亡率提高而出生率降低。事实上,自然生态系统中对种群数量的调节除了种内竞争以外,还有种间竞争;除了物理化学因素以外,还有生物因素和社会性生物的组织因素。描述与表达这些因素的数学模型越复杂,越精密,则越具有普遍意义,其对人类社会及人类的社会生态系统的启迪也就可能越深刻。

四、种间关系

(一) 种间关系形式

物种混居,必须会出现以食物、空间等资源为核心的种间关系。长期进化的结果,又使各种各样的种间关系得以发展和固定。种群之间的相互作用可能是单方面的,也可能是相互发生的。从理论上讲,任何物种对其他物种的影响只可能有三种形式,即有利、有害或无利无害的中间态。这可用 +,-,〇来表示。因此,全部种间关系只是这三种作用形式的可能组合。表 1-2 列出了所有 9 种重要的相互作用类型。

表 1-2　　两物种种群关系的基本类型

相互作用类型	物种		相互作用的一般性质
	1	2	
1. 中性作用	〇	〇	两个种群彼此不受影响
2. 竞争:直接干涉型	-	-	每一种群直接抑制另一种群
3. 竞争:资源争夺型	-	-	争夺资源造成资源缺乏而间接抑制
4. 偏害作用	-	〇	种群 1 受抑制而种群 2 无影响
5. 寄生作用	+	-	寄生者 1 通常比寄主 2 的个体小
6. 捕食作用	+	-	捕食者 1 通常比猎物 2 的个体大
7. 偏利作用	+	〇	种群 1 获利而种群 2 无影响
8. 原始作用	+	+	相互作用对于两种群都有利,但不是必然的
9. 互利共生	+	+	相互依赖的有利作用,不可缺少

(转引自丁鸿富,1987)

这些形形色色的种间关系,在自然生态系统中都可以见到。对于两个具体物种来说,关系可能更为复杂。两个物种在某一时间可能是捕食作用,而在另一时间可能是偏利作用,其他时间还可能是完全的中性作用。

对于具体生态系统中种间关系的研究最有意义的是把九种基本作用归结为两类，即负相互作用和正相互作用。表1-2中，2，3，4，5，6分别属负相互作用；7，8，9为正相互作用。对各物种种群之间的数量平衡和生态系统的稳定影响最明显的就是负相互作用和正相互作用。随着生态系统的演化和趋向稳定，种间关系也进化并趋向稳定。

（二）种间竞争关系

从达尔文的时代开始，人们越来越认识到，竞争在自然界的生存斗争和进化中起到了极其重要的作用。竞争使生态系统趋向于具有某种方向的平衡状态，导致资源的充分利用，导致多样性，导致系统的稳定性和抗干扰能力的增强。

种间竞争关系就是指两个或更多物种的种群对同一对象的争夺，如空间、食物或营养物质、光线等等。如果种间作用强度不大，种间竞争的抑制作用就比种内竞争小，从而当种间关系达到平衡时，两个种群的共存是稳定的。如果两个物种之一被消灭或被驱赶的可能性很大，那就难以共存。种间竞争使亲缘关系密切或各方面都相似的物种之间产生生态上的分离，这就是竞争排斥原理或格乌司原理。

竞争排斥原理告诉我们，如果两物种相似，那么在进化过程中必然会发生激烈的种间竞争，竞争的结果从理论上讲可以向两个方向发展：其一是一个种完全排挤掉另一个种；其二是使其中一个种占有不同的空间（地理上分隔）、吃不同的食物（食性上的特化）或其他生态习性上的分隔（如运动时间分隔），通称为生态隔离（ecological separation），也可能是两个种之间形成平衡而共存。

并不是在任何情况下都出现竞争排斥现象。如当环境不稳定时，物种之间不能达到平衡，或栖息在没有资源竞争的环境中，物种之间的生态位没有重叠，则不会出现竞争排斥现象。特别值得注意的是：在一个物种被排挤掉以前，如果环境的变化使竞争方向改变，使本来被排挤的物种得以生存时，竞争排斥也不会出现。

那些在同样的环境中能够共存的物种或近缘种，由于其生态位有明显的区别，生态要求明显不同，相互之间的竞争因此而减少，如在引种实践中，引入的物种与原有物种如果生态上完全相似，则必然发生激烈的竞争，因为通常新引入物种的数量更可能处于劣势，因而往往被排挤掉，为了使移植成功，要求一次引入大量个体，或者引入适合于当地“空生态位”的种类，如澳大利亚引进中国食牛粪的蜣螂（屎克螂）即是适合于当地空生态位的种类，十分成功。

物种之间因各种原因产生生态上的分离，引出了生态位原理。

生态位（ecological niche）是生态学中的一个重要概念，它既表示生存空间的特性，也包括生活在其中的生物的特性，如能量来源、活动时间、行为以及种间关系等。

生态位作为生态学词汇已有半个世纪，然而在这个概念使用的大部分时期内，它的含义十分模糊。因此，关于生态位的定义也是多样化的。有的学者认为大致可把生态位定义归为三类：格林尼尔（Grinnell，1917）的“生境生态位”（habitat niche）。他将生态位定义为物种的最小分布单元，其中的结构和条件能够维持物种的生存；埃尔顿（Elton，1927）提出了“功能生态位”（roleniche or functional niche），他认为生态位应是有机体在生物群落中的功能作用和位置，特别强调与其他种的营养关系，他指出生态位主要是营养生态位；哈奇森（Hutchinson，1957）提出了“超体积生态位”（hypervolume niche），较前两者更为学术界所接受。要点为：

假如考察一个单一的环境因子时(如温度),那么一个物种将只有一个明确的适合度。这就是说,这个物种只有在一定温度范围内才能生存和繁殖。而这个范围就是这个物种在一维上的生态位(图 1-5a);假如我们同时考察这个物种在湿度上适合的范围时,生态位就成了二维的,并可以用面积表示(图 1-5b);假如加上第三个环境因子(如食物颗粒大小),那么生态位就成了三维的(图 1-5c)。显然,有许多生物和非生物因子影响到物种的适合度。因此,生态维数将远远多于三个,形成 n-维适合度明确的超体积。这就是 Hutchinson 的生态位概念。

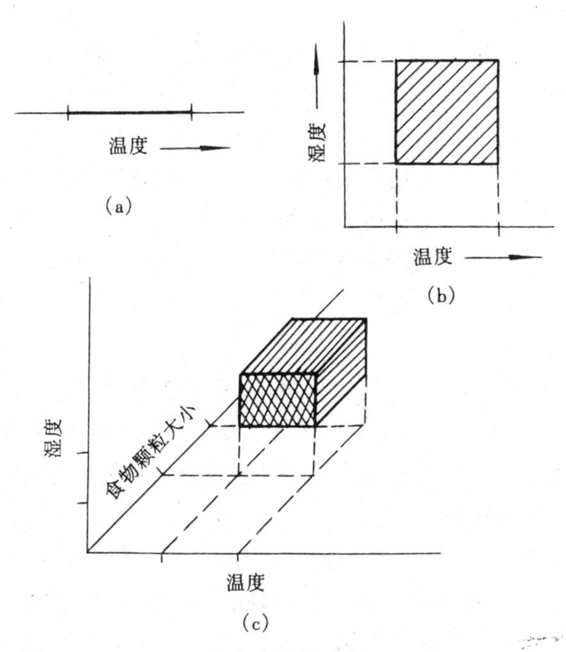

图 1-5 Hutchinson 的生态位模式图(引自郑师章等,1994)

Hutchinson 将种间竞争作为生态位的特殊的环境参数,他把没有种间竞争的物种的生态位称为基础生态位,这是物种潜在的可占领的空间,而把受竞争影响的现实的生态位称为实际生态位(realized niche),它的范围是由竞争因子所决定的。换句话说,Hutchinson 通过强调种间竞争对物种适合度的影响,表明基础生态位的一部分会由于竞争而失去。

我国学者马世骏、刘建国于 1990 年也提出了对生态位概念的理解。他们认为:生态位应包括两部分:其一为在生态因子变化范围内,能够被生态元(指具有一定生态学结构和功能的生物组织层次单元,范围从基因到整个地球)实际和潜在占据、利用或适应的部分(称为生态元的生态位);其二为不能被生态元实际和潜在占据、利用或适应的部分(称为生态元的非生态位)。这一论述,被 E.P. 奥德姆称之为"扩展的生态位理论"。

在大自然中存在着这样一种现象,即亲缘关系接近的、具有同样习性或生活方式的物种,不会在同一地方出现。如果它们在同一地方出现,它们必定利用不同的食物,或在不同的时间活动,或以其他方式占据不同的生态位。没有两个物种的生态位是完全相同的。有些物种亲缘关系接近或相似而使生态位部分重叠,这时就会出现严酷的竞争。实验研究与野外观察均证明,一个生态位只有一个物种,没有两个物种生活在同一生态位中。

因此,在自然界中,亲缘关系密切、生活需求与习性非常接近的物种,通常分布在不同的地理区域，或在同一地区的不同栖息地中，或者采用其他生活方式以避免竞争，如昼夜或季节活动上的区别、食性的区别等。相互竞争作用通过自然选择引起物种形态改变，而避免竞争使物种产生生态分离，使自然界形形色色的生物物种各就各位，达到有序的平衡。

（三）种间捕食与寄生作用

捕食指一个物种对另一个物种的取食现象。此现象对捕食者有利，对被捕食者不利，但不一定造成被捕食者的死亡。

寄生指两个有机体或物种之间的一种密切关系。其中一个从另一个中获得食物，前者称寄生者，后者称宿主。

捕食作用是连接食物链与食物网的中间环节，在生态平衡中起着重要的调节作用。捕食和寄生等负相互作用有一个基本的进化特点：在相当稳定的生态系统中，猎物和捕食者在共同进化中会使负作用趋于减少，通过自然选择使有害的影响减弱。因为负的抑制作用如果长期保持很强的话，只会导致猎物绝灭，甚至猎物与捕食者同归于尽。

在自然界，从长期生存和进化论观点来看，捕食和寄生等负作用对猎物与宿主未必是有害的。事实上，它对于缺乏自我调节的种群反而是有利的。它能防止种群过密而自生自灭，它能增加自然选择率，产生新的适应。

（四）种间合作与互利共生关系

以往生态学家对自然界的合作与互利共生关系研究得不多，但这种关系的实例已发现了不少。很多实例是在海洋生物和热带群落中发现的。如“寄居蟹”居住在螺壳内，海葵又喜欢伏在寄居蟹的房屋上，让它驮着在大海里到处游玩，寻找食物；遇到敌害时，海葵用它身上的刺细胞发出刺丝蛰敌害而保护寄居蟹。

寄生植物分为两大类。一类如热带植物中的寄生兰，它们是吸收寄主植物树干上的水分、营养物质及空气中的湿度来生活的，这一类植物仅凭借其他植物的树干为生根立足之地，至于所需要消耗的养分却由自己制造。另一类寄生植物则不但将自己的根深深地扎入到其他树种的茎内，而且还毫不客气地夺取其他树种的水与养分来生活。这些被寄生的植物叫做“寄主”。

事实上，人类和驯化动物之间的关系是最典型的合作与互利共生关系。人类驯化了动物，改变了动物，使部分动物依赖于人类而生活。而人类在这一过程中也提高了适应自然的能力，提高了自身的生存质量。

第五节　群　落

一、群落的基本概念及特征

（一）群落的基本概念

生物群落(biocoenosis)简称群落(community)，是指一定时间内居住在一定空间范围内的生物种群的集合。它包括植物、动物和微生物等各个物种的种群，共同组成生态系统中有生命的部分。群落内的各种生物并不是偶然散布的一些孤立的东西，而是相互之间存在物质循环和能量转移的复杂联系，因而群落具有一定的组成和营养结构。在时间过程中，生物群落经常改变其外貌，并具有一定的顺序状态，亦即具有发展和演变的动态特征。群落的特征决不是其组成物种的特征的简单总和，在群落内由于存在协调控制的机制，使它在绝对的变动过程中，保持了相对稳定性。然而各物种在时间和空间上还是可以相互置换的，因而功能相同的群落可能有不同的物种组成。

群落被认为是生态学研究对象中的一个高级层次。它是一个新的整体，是一个新的复合体，具有个体和种群层次所不能包括的特征和规律。在一个群落中，物种是多样的，生物个体的数量是大量的。有人曾估计4047m^{2}面积森林群落中有400多个物种、4000多万个生物，这还不包括原生动物和微生物(Williams，1941)。

生物群落可简单地分为植物群落、动物群落和微生物群落三大类；也可分为陆地生物群落与水域生物群落两种。

(二) 群落的特征

1. 群落中的优势种

群落中所有的物种，并非具有相等的重要性。在群落成百上千的物种中，往往只有少数几种，因其在大小、数量或活动上起着主要的影响和控制作用成为优势种。如陆地生物群落通常以植物为主体，在针叶林、阔叶林或针阔混交林中，往往都有几种植物处于优势地位，它们不仅决定了群落的外貌和结构，而且还在能量代谢上起重要作用。

群落中的优势种决定着群落的内部结构和特殊环境，是群落的创造者和建设者，称之为建群种。如果群落主要层的优势种由多个物种组成，这些物种称之为共建种。群落中优势度较小的物种，一般称为附属种。附属种虽然也参加群落的建设，但对群落内部环境的影响作用较小。

2. 群落的物种多样性

物种多样性包括两种含义，一是说明群落中物种的多少，即丰富度。群落中所含种类数越多，群落的物种多样性就越大。二是说明群落中各个种的相对密度，又可称为群落的异质性。它与均匀性一般成正比。在一个群落中，各个种的相对密度越均匀，群落的异质性就越大。

某一地区群落中的种类数目，在很大程度上是取决于物种所处生境(habitat)的地理位置。如从极地向热带推移，种类数是逐渐增加。如在热带森林中，每一公顷有上百种的鸟类，而在温带森林的同样面积中，只有几十种。其次，随海拔高度增加种类数则逐渐减少。污染的环境在种类数、物种均匀度和多样性等方面均受到影响。

3. 群落的种间关联性

种间关联性反映了群落物种之间的联系特征。当许多物种经常趋向于一起出现，称为正关联；当另一些物种由于竞争或对环境、资源要求的明显差异而互相排斥，不一起出现，称为负关联。

物种之间正关联关系表明物种对环境、资源的要求基本上没有大的差别，故可以一起出现；而负关联关系则表明物种对环境、资源的要求具有明显差异，无法一起出现。

4. 群落的交错区和边缘效应

不同群落的交界区域，或两类环境相接触部分，即通常所说的结合部位，称为群落交错区(ecotone)或称生态环境脆弱带。ecotone为国际生态界近年新定义的基本概念之一。在一般意义上，把ecotone译作“生态环境交错带”或“生态环境过渡带”。考虑到生态界面的实质，考虑到该空间领域的动态特征，重新将其定义为：在生态系统中，凡处于两种或两种以上的物质体系、能量体系、功能体系之间所形成的“界面”，以及围绕该界面向外延伸的“过渡带”的空间域，即称为生态环境脆弱带。它一直被视为界面理论在生态环境中的广延与发展。界面应视为相对均衡要素之间的“突发转换”或“异常空间邻接”。

群落交错区或生态环境脆弱带实际上是一个过渡地带，这种过渡地带大小不一，有的较窄、有的较宽，有的变化很突然，有的则表现为逐渐地过渡，或者两种群落交错形成镶嵌状，称为镶嵌边缘。变化很突然的称为断裂边缘(图 1-6)。

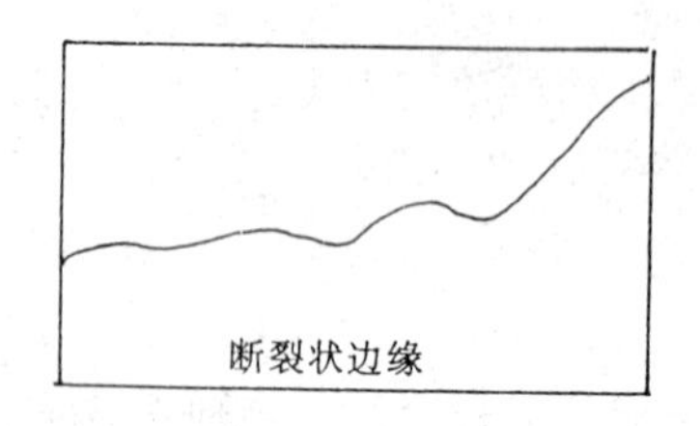

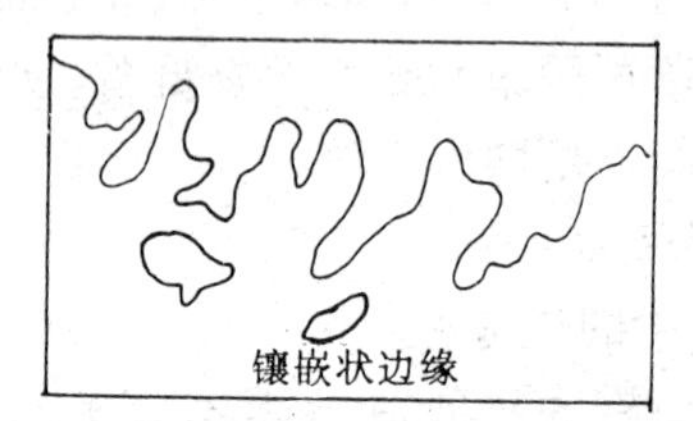

图 1-6　两种群落边缘的类型(引自金岚等，1992)

交错区形成的原因很多，如生物圈内生态系统的不均一；地形、地质结构与地带性差异；气候等自然因素变化引起的自然演替、植被分割或景观切割；人类活动造成的隔离，森林、草原遭受破坏，湿地消失和土地沙化等等，都是形成交错区的原因。群落的边缘有些是持久的，有些是暂时的。这都是环境条件所决定的。

交错区或两个群落的边缘和两个群落的内部核心区域，环境条件往往有明显的区别，在群落交错区内单位面积内的生物种类和种群密度较之相邻群落有所增加，这种现象称为边缘效应(edge effect)，其形成需要一定条件。如：两个相邻群落的渗透力应大致相似；两个群落所造成的过渡带需相对稳定；各自具有一定均一面积或只有较小面积的分割；具有两个群落交错的生物类群等。边缘效应的形成，必须在两个具有特性的群落或环境之间，还需要一定的稳定时间。因此，不是所有的交错区都能形成边缘效应。在高度遭受干扰的过渡地带和人类创造的临时性过渡地带，由于生态位简单，生物群落适宜度低及种类单一可能发生的近亲繁殖，使群落的边缘效应不易形成。

发育较好的群落交错区，其生物有机体可以包括相邻两个群落的共有物种，以及群落交错区特有的物种。这种仅发生于交错区或原产于交错区的最丰富的物种，称为边缘种。在自然界中，边缘效应是比较普遍的，如农作物的边缘产量高于中心部位的产量。

人们利用群落交错区的边缘效应，以增加边缘的长度和交错区面积的方法来提高产量。我国南方在水网地区修造的一种桑基渔塘，便是人类因地制宜建立的一种边缘效应，已有数百年的历史。一般来说，对于自然形成的边缘效应，应很好去发掘利用。对于本不存在的边缘，也应努力去模拟塑造。随着科学技术的发展，广泛运用自然边缘效应所给予的启示，将有助于对资源的开发、保护与利用。

5. 群落的稳定性

生物群落是生态系统有生命的部分，生态系统的平衡、稳定直接反映在群落组成结构的稳定性上。群落稳定性指群落在一段时间过程中维持物种互相结合及各物种数量关系的能力，以及在受到扰动的情况下恢复到原来平衡状态的能力。它有四个含义，即现状的稳定、时间过程的稳定、抗变动能力和变动后恢复原状的能力。

一个群落的稳定程度究竟如何，一般可由三个特性去考察：① 当扰动一个群落系统时，所需施加的扰动强度。所需外力越大,表明群落愈稳定;② 群落从平衡状态的位置上被扰动后,产生波动的幅度。波动幅度越小,群落越稳定;③ 群落变动后恢复到原来的平衡状态所需的时间。时间越短则越稳定。

群落在时间过程中的稳定问题,反映在三个方面。首先,在一段时间过程中物种数量和物种间的相互组合能稳定地保持下来,这是维持群落稳定性的根本。第二,在一定时间过程中物种发生的某些数量关系能稳定地保持。第三,在经外界扰动以后,群落有自我调节维持稳定的能力。

多数生态学家认为,群落多样性是群落稳定性的一个重要尺度。当一个群落具有很多物种,而且每个物种的个体数比例均匀地分布时,物种之间就形成了比较复杂的相互关系。这样,群落对于环境的变化或来自群落内部种群的波动,由于有一个较强大的反馈系统,从而得到较大的缓冲。从群落能量学分析,多样性高的群落,食物链和食物网更加趋于复杂,就是说群落内能流途径更多一些,如果某一条途径受到干扰被堵塞不通,就可能有其他的路线予以补偿。从营养关系考察,每一营养阶层的捕食者和捕食幅度既是决定群落稳定的因素,也是影响群落多样性的原因。尤其是那些物种数目多而个体数量并不太多的稀有种,在保持群落稳定性中起着重要作用。从物种多样性到能流路线复杂化来分析群落稳定性,仍有其片面之处。多样性在群落不同的发育阶段上是变动着的,早期群落的多性样一般急剧上升,而到后期由于物种数目和均匀程度的变化而有所波动,因此,多样性并不是随着自然系统的发展无止境地直线上升,而经常表现出来的都是一条拱形曲线。稳定性则在群落趋向顶极的过程中,几乎是逐步增加的。May(1973,1976)等人提出了与多数人的看法相反的观点,认为生态系统的波动是非直线的,复杂的自然系统常是脆弱的,热带雨林这一复杂系统比温带森林更易受人类的干扰而不稳定。在许多实例中,如一些沼泽地、海滨群落或羊齿类群落,都说明植物相愈趋于单一物种,这系统亦愈稳定。共栖的多物种群落经常由于其中某物种的波动而牵连到整个群落。他们提出了多样性的产生是由于自然的扰动和演化二者联系的结果,环境多变的不可预测性使物种产生了繁殖与生活型的多样化。由此可见,在多样性与稳定性的关系上,仍是尚未定论的问题。但总的趋向,还是认为高度多样性是稳定自然系统的特征之一。

二、群落与环境

生物群落与环境的相互关系是很密切的,两者相互依存。环境影响群落,群落适应环境,两者间保持相对稳定的平衡,以获得协调进化。

(一) 群落与生境

群落具体生长的环境称为生境(habitat)。它是指具有动植物物种生存繁衍完成世代生活史所要求的各种不同生存条件总和的地域空间。它是相互作用的物理因子和生物因子的综合体,为群落的生长提供条件。

以植物群落为例,地球上植被带与气候带的分布基本上是吻合的,这是植被长期演化过程中,对气候条件逐渐适应的结果。但群落也影响着生境的气候,形成其特有的小气候,而不同于群落外的大气候。如群落内某些生态因子光、空气、气温等皆与群落外有着一定的区别。了解群落内生态因子的特征,有利于保护利用和改造群落。

生境的适宜性随着群落中种群数量的增长会逐渐减弱。这是因为物种生存总是优先选择适宜性强的空间,然后选择次适宜性空间。随着生境适宜性的降低,相应种群密度也会降低。

(二) 群落对环境的指示作用

1. 植物群落的指示作用

植被的特征和组成是作用一个生境所有因素的综合影响的表达。因而,植被可以成为一种指示。成为这种指示的群落,称为指示群落。只要善于利用野生植被的特点,则野生植被就能够成为自然条件的良好指示者。现代已广泛地利用植物群落来说明自然地理和气候区带的界限,把群落的主要类型,如热带雨林、稀树草原等用来作为大气候的主要类型的指示。土壤学家常以植物群落来指示盐渍化和沼泽化的程度。在生产实践上,植物群落普遍地作为土地利用的指示:如选择农业用地、判断草地条件以及决定放牧种类、数量、时间以及放牧容量等。作为指示者不是个别种,而是植物群落。因为一个种群或整个群落比一个单独的物种作为指示指标更为可靠。利用植物群落作为环境条件的指示,不应绝对化,必须考虑植物群落与环境间的相互关系,给予正确的评价。

此外,群落中的某些生长于一个特定元素或若干元素含量较高地区的植物,它们可广泛地或局部地作为这些元素的指示者。这类植物称为指示植物。如指示硒的蝶形花科黄芪属,指示硒的锌紫罗兰等,在地球化学选矿、环境监测中具有一定的作用。

2. 生物群落对污染环境的指示作用

由于人类的各种生产活动,造成了对环境的污染。其污染的性质包括化学、物理学和生物学的污染。环境中有无污染以及污染的程度如何,除化学和物理学的判断方法外,还可采用生物学的方法。一般是采用指示生物作为指标进行判断。指示生物常采用群落中的优势种,其适应环境的范围越窄就越能起指标作用。

某种生物的存在和其存在的环境因素有严格的对应关系。各类生物包括指示生物,一般的规律是:在重污染区生物种类少,甚至没有,或者只有少量的耐污种类;在中污染区、弱污染区,其种类数量及个体数有逐渐增加的趋势。一般种数、个体数和重量大致表现出随污染程度而变动。如果进一步表示污染程度,耐污特别弱的种类,可采用重量指数。个体数和重量之间,重量能更严格的反映出污染程度的变化趋势。

如有学者将东北的二松江污染河带划分成 α 多污带、β 中污带、寡污带三个带。各带污染程度与各带的生物量(含浮游动物、浮游植物、鱼类、底栖动物)明显呈反比关系。β 中污染带的生物量为 $240g/m^2$,是 α 多污染带 $2.7g/m^2$ 的 89 倍;寡污带生物量为 $305g/m^2$,是 α 多污带的 113 倍,是 β 中污带的 1.3 倍。

又如通过湖泊中生物群落的变化,可以判断富营养化的程度。根据生物的生产力状况,可把湖泊分为贫营养型、中富营养型和富营养型等类型。在自然条件下,也可由贫营养型逐渐向富营养型转化,但要经过几千年乃至数百万年才能完成,其速度极为缓慢。现在一般所说的富营养化,是由人类把含有高浓度营养物质的废水排入湖中,而引起的人为富营养化。富营养化的指标,除物理学、化学指标外,生物学指标是很重要的。首先是各种富营养化湖泊类型中,浮游植物优势种不同。贫营养湖中小环藻、平板藻为优势种,而富营养化时盘星藻、栅藻、微韦藻等蓝藻类便大量产生。群落物种多样性指数也是富营养化的指示指标,在贫营养湖中,生活着多种多样的生物,但个体数量不多,这时多样性指数高。当产生富营养化时,不能适应环境变化的种类灭亡,种类数减少,最后只剩下能适应污染的种类。因此,多样性指数降低，而个体数则增加。还有藻类的现存量(叶绿素 α)以及藻类增殖的潜在能力等，都可作为富营养化的指标进行评价。

第六节 生态系统

自然科学不同学科的发展总是相互作用、相互影响的。和其他自然科学一样，生态学的发展同样接受同时代自然科学方法的指导。20 世纪上半叶后诞生的系统论对生态科学的发展起了重要作用，生态学领域提出了生态系统的概念，而且生态学的重心也由研究种群生态学、群落生态学转移到生态系统生态学上来。

从系统论的角度看，生态学的各个层次如个体、种群、群落都可看作是系统，又都是更高层次的子系统。每一层次又都出现前一个层次所不具有的新的特征。

一、生态系统的概念

生态系统(ecosystem)一词由英国生态学家(植物群落学家)A. G. 坦斯利(A. G. Tansley)于 1935 年首先提出。

著名生态学家 E. P 奥德姆 1971 年指出：生态系统就是包括特定地段中的全部生物和物理环境的统一体。具体说：生态系统是一定空间内生物和非生物成分通过物质的循环、能量的流动和信息的交换而相互作用、相互依存所构成的一个生态学功能单位。

生态系统实际上就是在生物群落的基础上加上非生物的环境成分(如阳光、湿度、温度、土壤、各种有机或无机的物质等)所构成的。生态系统可以形象地比喻为一部由许多零件组成的机器。这些零件之间靠能量的传递而互相联系为一部完整的机器。生态系统首先是由许多生物组成的，物质循环、能量流动和信息传递把这些生物与环境统一起来，成为一个完整的生态功能单位。

地球上有无数大大小小的生态系统，大至整个生物圈(biosphere)、整个海洋、整个大陆；小到一片森林、一片草地、一个小池塘，都可以看成是一个生态系统。生态系统的边界有的是比较明确的，有的则是模糊、人为的。它在大小和空间范围上往往依据人们所研究的对象、研究内容、研究目的或地理条件等因素而确定。

生态系统概念的提出，为研究生物与环境的关系提供了新的观点、基础及角度，生态系统已成为当前生态学领域中最活跃的一个方面。

二、生态系统的组成成分、功能及相互关系

(一) 生态系统的组成成分

生态系统的组成成分是指系统内所包括的若干类相互联系的各种要素。生态系统是由两大部分、四个基本成分组成的。两大部分就是生物和非生物环境，也称之为生命系统和环境系统或生命成分和非生命成分；四个基本成分是指生产者、消费者、还原者和非生物环境(图 1-7)。其中前三者属于生命成分部分，后者为非生命成分部分。

(二) 生态系统组成成分的功能

1. 生产者(producers)

生产者是指生物成分中能利用太阳能等能源，将简单无机物合成为复杂有机物的自养

生物。包括陆生的各种植物、水生的高等植物和藻类以及一些光能细菌和化能细菌,生产者中最主要的是绿色植物。生产者是生态系统的必要成分,它们的作用是将光能转化为化学能,以简单的无机物质为原料制造各种有机物质,不仅供给自身生长发育的需要,也是其他生物类群及人类食物和能量的来源,并且是生态系统所需一切能量的基础。生产者在生态系统中处于最重要的地位。

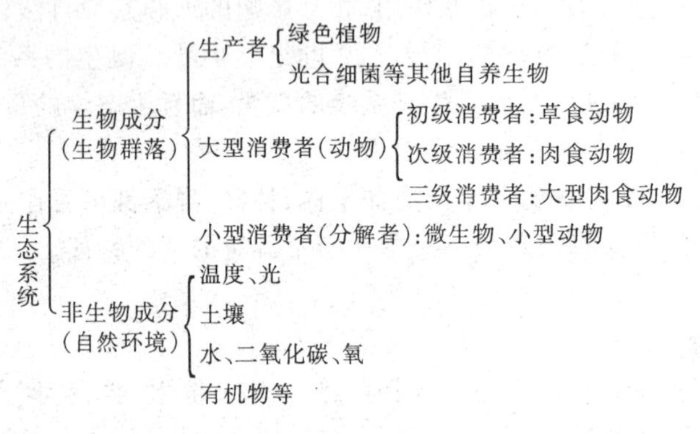

图 1-7 生态系统的组成成分

2. 消费者(consumers)

消费者是指靠自养生物或其他生物为食物而获得生存能量的异养生物,主要是各类动物。它们不能利用太阳能生产有机物,只能直接或间接从植物所制造的现成的有机物质中获得营养和能量。它们虽然不是有机物的最初生产者,但可将初级产品作为原料,制造各种次级产品,因此它们也是生态系统生命力构成中十分重要的环节。消费者包括的范围很广。其中,有的直接以植物为食,如牛、马、兔、池塘中的草鱼以及许多陆生昆虫等。这些食草动物称为初级消费者(primary consumers)。有的消费者以食草动物为食,如食昆虫的鸟类、青蛙、蜘蛛、蛇、狐狸等。这些食肉动物可统称为次级消费者(secondary consumers)。食肉动物之间又是“弱肉强食”,由此可进一步分为三级消费者、四级消费者,这些消费者通常是生物群落中体型较大,性情凶猛的种类,如虎、狮、豹及鲨鱼等。但是,生态系统中以食肉动物为食的三级或四级消费者数量并不多。消费者最常见的是杂食性消费者,如池塘中的鲤鱼,大型兽类中的熊等,它们的食性很杂,食物成分季节性变化大,在生态系统中,正是杂食消费者的这种营养特点引致了极其复杂的营养网络关系。

3. 还原者(reducers)

还原者亦称分解者(decomposers),主要是指细菌、真菌、放线菌和原生动物。它们也属异养生物,故又有小型消费者之称。它们具有把复杂的有机物分解还原为简单的无机物(化合物和元素)、释放归还到环境中去,供生产者再利用的能力与作用。如果没有分解者的作用,生态系统中物质循环就停止了。还原者体型微小,数量惊人,分布广泛,存在于生物圈的每个部分。

4. 非生物环境(abiotic environment)

非生物环境包括三个部分。其一为气候因子,如光照、热量、水分、空气等;其二为无机物质如 C,H,O_2,N_2 及矿质盐分等;其三为有机物质,如碳水化合物、蛋白质、脂肪类及腐殖质等。

生态系统四个基本成分之一的非生物环境主要具有两方面的作用和功能。一是它相当程度上提供了生物活动的空间，生物在非生物环境中得到生存和繁衍；二是它提供了生物活动、成长及生理代谢所需要的各类营养要素。

（三）生态系统组成成分的关系

生态系统的这四个基本成分，在能量获得和物质循环中各以其特有的作用而相互影响，相互依存，通过复杂的营养关系而紧密结合为一个统一整体，共同组成了生态系统这个功能单元。

生物和非生物环境对于生态系统来说是缺一不可的。倘若没有环境，生物就没有生存的空间，也得不到赖以生存的各种物质，因而也就无法生存下去。但仅有环境而没有生物成分，也就谈不上生态系统。从这个意义上讲，生物成分是生态系统的核心，绿色植物则是核心的核心。因为绿色植物既是系统中其他生物所需能量的提供者，同时又为其他生物提供了栖息场所。而且，就生物对环境的影响而言，绿色植物的作用也是至关重要的。正因为如此，绿色植物在生态系统中的地位和作用始终是第一位的。一个生态系统的组成、结构和功能状态，除决定于环境条件外，更主要的是决定于绿色植物的种类构成及其生长状况。

生态系统中的消费者既是生态系统生命力构成中的重要环节，也是生态系统中生产者进行生产活动的内在动力。马克思说："没有消费，也就没有生产。"因为在没有消费者的情况下，生产是没有目的和缺乏动力的。此外，消费者的丰富与否在一定程度上反映了生态系统质量的状况，因为消费者是生态系统食物链上的一个不可缺少的营养组群。缺少它，食物链就会断裂，更无法形成生物网，从而大大影响生态系统的生命力。

生态系统中还原者的作用也是极为重要的，尤其是各类微生物，正是它们的分解作用才使物质循环得以进行。否则，生产者将因得不到营养而难以生存和保持种族的延续，地球表面也将因没有分解过程而使动、植物尸体（残屑）堆积如山。整个生物圈就是依靠这些体型微小、数量惊人的分解和转化者消除生物残体，同时为生产者源源不断地提供各种营养原料。

三、生态系统的结构

（一）空间结构

生态系统的空间结构指生态系统中各种生物的空间配置（分布）状况，亦即生物群落的空间格局状况，包括群落的垂直结构（成层现象）和水平结构（种群的水平配置格局），这些方面的内容可见本章末"进一步阅读材料"中"6."。

（二）物种结构

物种结构是指生态系统中各类物种在数量方面的分布特征。由于各类生态系统在物种数量及规模上差异很大，如水域生态系统的生产者主要是须借助于显微镜才能分辨的浮游藻类，而森林生态系统中的生产者却是一些高达几米甚至几十米的灌木和各种乔木。而且，即使是一个比较简单的生态系统，要全部搞清楚它的物种结构也是极其困难的，甚至是不可能的。因此，在实际工作中，人们主要以群落中的优势种类，生态功能上的主要种类或类群作为物种结构研究对象。

（三）营养结构

生态系统的营养结构即食物网及其相互关系。生态系统是一个功能单位，以系统中物质循环和能量流动作为其显著特征，而物质循环及能量流动在某种程度上说又是以食物网为基础进行的。营养结构是生态系统结构的主要内容。

1. 食物链(food chain)

要理解食物网(food web)首先要从食物链谈起。食物链即生物圈中一种生物以另一种生物为食,彼此形成一个以食物联接起来的链锁关系。也可将食物链理解为生态系统中不同物质之间通过取食关系而形成的链索式单向联系。食物链示意见图 1-8。

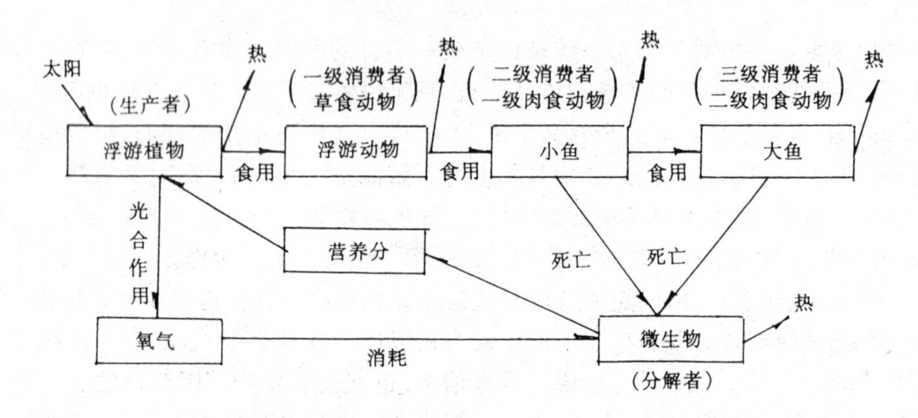

图 1-8 水生生物的生态系统的食物链(引自何强等,1994)

食物链不是固定不变的,但在人为干扰不很严重的自然生态系统中,食物链又是相对稳定的。食物链的每一环节在食物链的作用过程中都是独特的、不可代替的。因此,某一环节的变化将会影响到食物链的整个链索,甚至影响到生态系统的结构。

研究食物链的组成及其量的调节,是非常重要的,有很大的经济价值。例如,鱼类和野生动物保护,就必须明确该环境内动物、植物间的营养关系,而且还须注意食物链中量的调节,才能使该项自然资源获得稳定和保存。否则则会破坏自然界的平衡与协调,使该地区的生物群落发生改变,对社会经济产生严重影响。

食物链的突出特性就是生物富集作用(又称生物放大)。某些自然界不能降解的重金属元素或有毒物质,在环境中的起始浓度并不高,但经过食物链逐渐富集,进入人体后,可能提高到数百倍甚至数百万倍,对机体构成严重危害。20 世纪 60 年代美国人最先发现 DDT 在水生食物链中的逐级放大(富集)现象(图 1-9),以后在陆生食物链中也发现了同一现象。

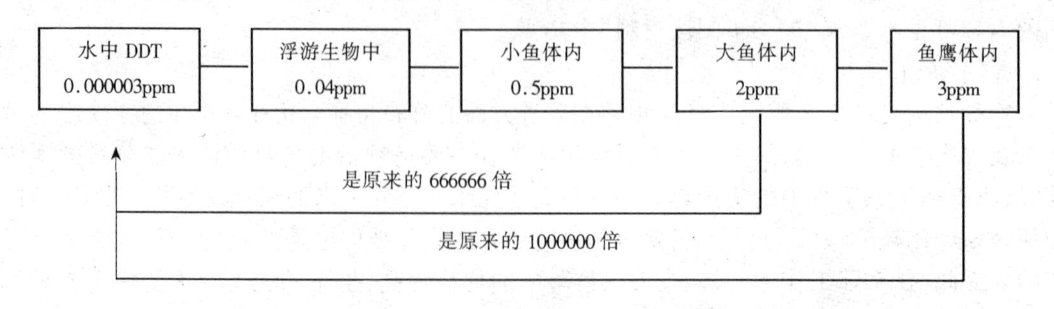

图 1-9 DDT 在水生食物链中的富集作用

注:ppm = 1 克/1000kg,是表示浓度的指标

食物链所具有的生物富集作用也可供人类进行“生物冶金”和“生物治污”。前者为利用

某些植物共有的富集金属的特性,从植物中提炼金属。如每公顷紫云英可获得2.8kg纯硒,这远比人类冶炼硒经济。后者指利用某些植物富集吸收高浓度金属的特性,让它净化被有毒金属污染的土壤。如科学家发现一种"偏爱"锌的植物,它的含锌量可占自身干重的1%。种植这种植物收割13次,可使土壤中的锌含量达到可以接受的水平。

利用生物富集治污,可兼得大量金属之利。即便不回收金属,将敛聚大量有毒重金属的植物焚烧,再放入垃圾坑填埋也比通常的方法经济。把植物灰烬投入填坑的废物量仅是目前常用方法产生废物量的数千分之一,这种廉价而简便的环保新技术,尤其适用于净化厂矿周围土地、城市道路以及使用铅涂料的农舍场院等。

应该指出,对生物富集现象的了解,将对污染程度评价、污染特性的判断以及环境保护等有实际意义。

从食物链的组成来说,食物链上每一环节称为营养级,第一营养级为生产者(自养生物);第二营养级为食草动物(异养生物),以植物为食;第三营养级为一般食肉动物(异养生物),以食草动物为食;第四营养级为顶级肉食动物(大型猛兽),以食草动物、一般食肉动物为食。各类食物链不能无限增长,通常只有以上四个营养级左右。而人类居食物链的顶端,因为人类既可以动、植物为食,又可以任一营养级为食。

2. 食物网

食物网指生态系统中各种食物链互相交错连接形成的网状结构。食物网揭示了生态系统中生物之间的食与被食的关系。

自然界中罕见有一种生物完全依赖于另一种生物而生存,常常是一种动物可以多种生物为食物,同一种动物可以占几个营养层次,如杂食动物。而且,动物的食性又因环境、年龄、季节的变化而有所不同,如青蛙的幼体在水中生活,以植物为食;而成体以陆上活动为主,并以动物为食。因此,各条多元的食物链,总是会连接成为错综复杂的食物网络。

图1-10为农田生态系统食物网示意。

四、生态系统的基本特征及类型

(一) 生态系统的基本特征

任何"系统"都是具有一定结构、各组分之间发生一定联系并执行一定功能的有序整体。从这个意义上说,生态系统与物理学上的系统是相同的。但生命成分的存在决定了生态系统具有不同于机械系统的许多特征,这些特征主要表现在下列几个方面:

1. 生态系统是动态功能系统

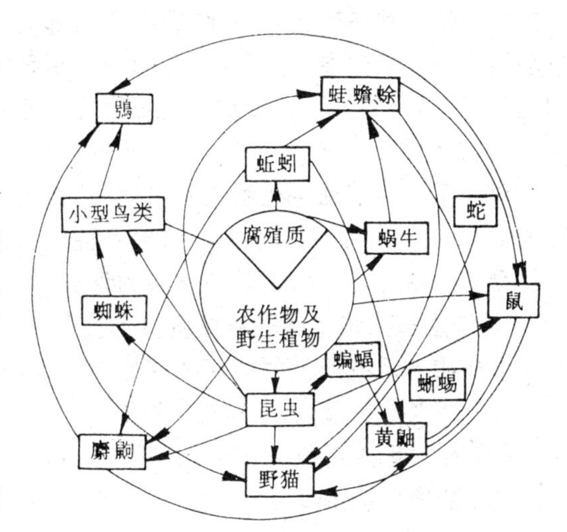

图1-10　上海郊区农田生态系统食物网络关系简图
(引自金岚等,1992)

生态系统是有生命存在并与外界环境不断地进行物质交换和能量传递的特定空间。所以,生态系统具有有机体的一系列生物学特性,如发育、代谢、繁殖、生长与衰老等。这就意味着生态系统具有内在的动态变化的能力。任何一个生态系统总是处于不断发展、进化和演变之中,这就是所说的系统的演替。人们可根据发育的状况将生态系统分为幼年期、成长期、成熟期等不同发育阶段。每个发育阶段所需的进化时间在各类生态系统中是不同的。发育阶段不同的生态系统在结构和功能上都具有各自特点。

2. 生态系统具有一定的区域特征

生态系统都与特定的空间相联系,因此它是一个包含一定地区和范围的空间概念。这种空间都存在着不同的生态条件,栖息着与之相适应的生物类群。生命系统与环境系统的相互作用以及生物对环境的长期适应结果,使生态系统的结构和功能反映了一定的地区特性。同是森林生态系统,寒温带的长白山区的针阔混交林与海南岛的热带雨林生态系统相比,无论是物种结构、物种丰度或系统的功能等均有明显的差异。这种差异是区域自然环境不同的反映,也是生命成分在长期进化过程中对各自空间环境适应和相互作用的结果。

3. 生态系统是开放的“自持系统”

物理学上的机械系统,如一台机床或一部机器,它的做功需要电源,它的保养(如部件检修、加油等)是在人的干预下完成的,所以机械系统是在人的管理和操纵下完成其功能的。然而,自然生态系统则不同。它所需要的能源是生产者对光能的“巧妙”转化,消费者取食植物,而动、植物残体以及它们生活时的代谢排泄物通过分解作用,使结合在复杂有机物中矿质元素又归还到环境(土壤)中,重新供植物利用。这个过程往复循环,从而不断地进行着能量和物质的交换、转移,保证生态系统发生功能并输出系统内生物过程所制造的产品或剩余物质和能量。生态系统功能连续的自我维持基础就是它所具有的代谢机能,这种代谢机能是通过系统内的生产者、消费者、分解者三个不同营养水平的生物类群完成的,它们是生态系统“自维持”(self-maintenance)的结构基础。

4. 生态系统具有自动调节的功能

自然生态系统若未受到人类或者其他因素的严重干扰和破坏,其结构和功能是非常和谐的,这是因为生态系统具有自动调节的功能。所谓自动调节功能是指生态系统受到外来干扰而使稳定状态改变时,系统靠自身内部的机制再返回稳定、协调状态的能力。生态系统自动调节功能表现在三个方面,即同种生物种群密度调节;异种生物种群间的数量调节;生物与环境之间相互适应的调节,主要表现在两者之间发生的输入、输出的供需调节。

(二) 生态系统的类型

对于千差万别的生态系统如何划分,目前并无统一的原则,人们可以从不同角度对其进行划分,如按生态系统能量来源和水平特点;按生态系统内含成分的复杂程度;按生态系统的等级等。常见的是以下两种类型的划分:

1. 按生态系统空间环境性质

即按生态系统所处的地理区域的空间环境性质分类。可分为:

(1) 淡水生态系统,如河流、湖泊、水库等。

(2) 海洋生态系统。

(3) 陆地生态系统。

2. 按人类对生态系统的影响程度

(1) 自然生态系统,如几乎未受到人为干扰的极地生态系统,某些原始的森林生态系统等。

(2) 人工生态系统,如城市生态系统、农业生态系统等。

综合考虑生态系统所处空间环境性质及人类对生态系统的影响程度两方面因素,生物圈中大小不等、类型各异的生态系统划分见图 1-11。

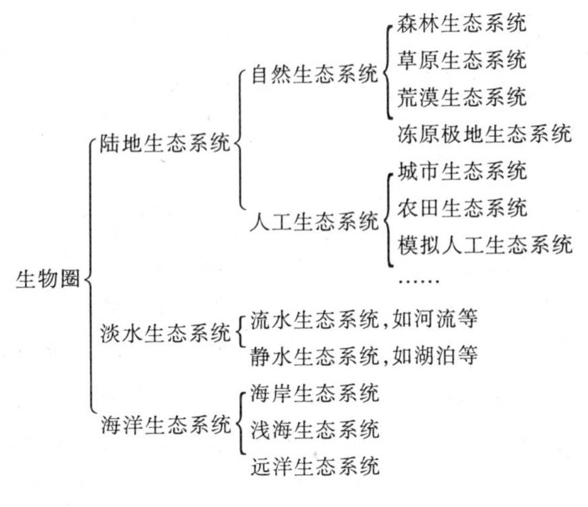

图 1-11 生态系统分类

五、生态系统的基本功能

生态系统的基本功能是由生态系统中的生命物质——生物群落来实现的。

(一) 生物生产

生态系统中的生物生产包括初级生产和次级生产两个过程。前者是生产者(主要是绿色植物)把太阳能转变为化学能的过程，故又称为植物性生产。后者是消费者(主要是动物)的生命活动将初级生产品转化为动物能，故称之为动物性生产。在一个生态系统中，这两个生产过程彼此联系，但又是分别独立进行的。

1. 生态系统的初级生产过程

生态系统初级生产的能源来自太阳辐射能，生产过程的结果是太阳能转变成化学能，简单无机物转变为复杂的有机物。初级生产实质上是一个能量的转化和物质的积累过程，是绿色植物的光合作用过程。

地球上各类生态系统的初级生产和生物量差别很大。陆地生态系统中热带雨林的初级生产量最高，并呈现出由热带雨林、北方针叶林、温带草原、荒漠而顺序减少的趋势。年均温度和年降水量是影响初级生产量的两个重要因素。

生态系统的初级生产可分为总初级生产量和净初级生产量。总初级生产量是指在测定阶段，包括生产者自身呼吸作用中被消耗掉的有机物在内的总积累量，常用 P_G 表示。净初级生产量则指在测定阶段，植物光合作用积累量中除去用于生产者自身呼吸所剩余的积累量，常用 P_N 表示。总初级生产量和净初级生产量的关系可用下式表示：

$$P_G - R_a = P_N \quad 或 \quad P_G = P_N + R_a$$

式中，R_a 为生产者自身用于呼吸的消耗量。

2. 生态系统的次级生产过程

生态系统的次级生产是指消费者和分解者利用初级生产物质进行同化作用建造自身和繁衍后代的过程。次级生产所形成的有机物(消费者体重增长和后代繁衍)的量叫做次级生产量。简单地说，次级生产就是异养生物对初级生产物质的利用和再生产过程。

生态系统净初级生产量只有一部分被食草动物所利用，而大部分未被采食或触及。真正被食草动物摄食利用的这一部分，称为消耗量。消耗量中大部分被消化吸收，这一部分称为同化量，未被消化利用的剩余部分，经消化道排出体外，称为粪尿量。被动物所固化的能量，一部分用于呼吸而被消耗掉，剩余部分被用于个体成长或用于生殖。生态系统中各种消费者的营养层次虽不相同，但它们的次级生产过程基本上都遵循与上述相同的途径。

（二）能量流动

能量指物质做功的能力。生态系统的能量流动是指能量通过食物网络在系统内的传递和耗散过程。简单地说，就是能量在生态系统中的行为。它始于生产者的初级生产，止于还原者功能的完成，整个过程包括能量形态的转变、能量的转移、利用和耗散。实际上，生态系统中的能量也包括动能和势能两种形式。生物与环境之间以传递和对流的形式相互传递与转化的能量是动能，包括热能和光能；通过食物链在生物之间传递与转化的能量是势能。所以，生态系统的能量流动也可看作是动能和势能在系统内的传递与转化的过程。

1. 能量流动过程

生态系统的能量流动过程包括四个方面。其一为能量形式的转变（由太阳能转变为化学能）；其二为能量的转移（能量由植物转移到动物与微生物身上）。以上两个方面表明，植物通过光合作用吸收太阳能转变成化学能，而固定在植物体内；动物吃植物后，能量也随之流入动物体内。动物死亡后，能量被微生物吸收。其三为能量的利用，即能量提供了各类生物成长、繁衍之需；其四为能量的耗散，即生物的呼吸及排泄皆耗去了总能量的一部分（如生物的呼吸所耗的能量占生物初级生产量的50%左右）。

2. 能量流动渠道

生态系统是通过食物关系而使能量在生物间发生转移的。这是因为生态系统生物成员之间最重要、最本质的联系是通过营养关系即食物关系实现的。食草动物取食植物，食肉动物捕食食草动物，即植物—食草动物—食肉动物，从而实现了能量在生态系统的流动。食物关系的具体体现即为食物链以及在此基础上形成的食物网。食物链彼此交错连成食物网是因为：① 生态系统的生物成员有很多是杂食性的；② 同种生物在生长的不同阶段也会出现食性的变化；③ 动物食性的季节变化；④ 食物种类、数量的季节变化。

3. 能量流动特点

生态系统能量流动具有如下特点：

（1）生产者（绿色植物）对太阳能的利用率很低，只有0.14%；

（2）能量只能朝单一方向流动，是不可逆的。其流动方向为：太阳能—绿色植物—食草动物—食肉动物—微生物；

（3）流动中能量逐渐减少，每经过一个营养级都有能量以热的形式散失掉；

（4）各级消费者之间能量的利用率不高，在4.5%～17%之间，平均约10%。即每一个营养级上的消费者，最多只能把上一个营养级所提供的食物能量中的10%转化为自身可利用的能量（亦即能量转化率为10%），这即是著名的“十分之一定律”，由美国生态学家林德曼（R. L. Lindeman）于1942年提出。这一定律证明了由于生态系统的能量转化效率并非百分之百，因而食物链的营养级不能无限增加。

（三）物质循环

生态系统中的物质主要指生物维持生命活动正常进行所必需的各种营养元素。包括近

30种化学元素，其中主要的是碳、氢、氧、氮、磷五种，它们构成全部原生质的97%以上。这些营养物质存在于大气、水域及土壤中。

生态系统中各种营养物质经过分解者分解成可被生产者利用的形式归还环境中重复利用，周而复始地循环，这个过程叫物质循环(material cycle)。

物质通过食物链各营养级传递和转化，完成生态系统的物质流动。

1. 生态系统物质循环的层次及类型

(1) 生态系统物质循环的层次

① 生物个体层次的物质循环

在这个层次上生物个体吸收营养物质建造自身，经过代谢活动(生物从外界取得生存必需的物质，并使这些物质变成生物体本身的物质，同时把体内产生的废物排出体外。这种新物质代替旧物质的过程叫做新陈代谢，简称代谢)又把物质排出体外，经过分解者的作用归还于环境。

② 生态系统层次(生态系统内)的物质循环

在初级生产者的代谢基础上，通过各级消费者和分解者把营养物质归还环境之中，又称为生物小循环或营养物质循环。

这一循环是在一个具体范围内进行的(某一生态系统内)，物质循环流速快、周期短。

生物所需要的营养物质的循环是在生态系统的四个基本成分之间进行的。另外，生态系统还可从降雨、空气流动和动物的迁入等不同途径使营养物质得到补充和更新。在生态系统营养物质的整个循环过程中，生产者、分解者、水分和大气起着尤为重要的作用。生产者使无机物转变为有机物，分解者则把复杂有机物分解为生产者可重新利用的简单无机物。水和空气起介质作用，固体物只有溶于水中才能被生产者吸收利用。一些气态物和水分则需借助空气由气孔等处进入生物体。

生态系统中营养物质再循环主要有以下几条途径：

A. 物质由动物排泄返回环境(动物生存期间所排出的物质要比死亡之后经微生物分解后排出的物质数量多好几倍)。

B. 物质由微生物分解碎屑过程返回环境。

C. 通过在植物根系中的真菌，直接从植物残体中吸收营养物质而重新返回到植物体。

D. 风化和侵蚀过程加上水循环携带营养元素进入生态系统。

E. 动、植物尸体或粪便不需任何微生物分解也能释放营养元素。

F. 人类利用化石燃料生产化肥，用海水制淡水及对金属的利用。

以上六条途径中，前五条是在自然状态下进行的，而第六条则是在人为状态下进行的，且其作用在加强，对生物圈的影响也越来越大。

③ 生物圈层次的物质循环(生物地球化学循环)

这一层次的物质循环是营养物质在各生态系统之间的输入与输出，以及它们在大气圈、水圈和土壤圈之间的交换。“生物地球化学循环”又称“生物地质化学循环”。因为生物体全部原生质约有97%以上由氧、碳、氢、氮、磷五种元素组成，它们在生物圈中的物质循环过程分属生物、地质、化学系统。这些营养物质存在于大气、水域及土壤中，如果说，生态系统能量的来源是太阳，那么，物质的来源便是生物栖身的地球，即地球上的大气圈、水圈、岩石圈及土壤圈。一个来自“天”，一个来自“地”，正是这“天”与“地”的结合，才有了生命所需要的能量和物质。

(2) 生态系统物质循环的类型

在生物地球化学循环层次上，根据物质参与循环时的形式，可将循环分为气相循环、液相循环和固相循环三种。气相循环物质为气态，以这种形态进行循环的主要营养物质有碳、氧、氮等。液相循环指水循环，是水在太阳能驱动下，由一种形式转变为另一种形式，并在气流(风)和海流推动下在生物圈内的循环。固相循环又称沉积型循环，参与循环的物质中有很大一部分又通过沉积作用进入地壳而暂时或长期离开循环。这是一种不完全的循环，属于这种循环方式的有磷、钾和硫等(碳循环、氮循环、水循环示意图分别见图1-12，图1-13，图1-14)。

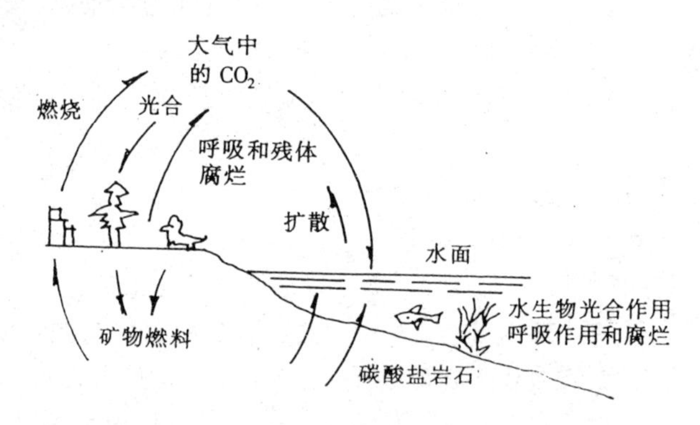

图 1-12　碳循环示意(引自何强等，1994)

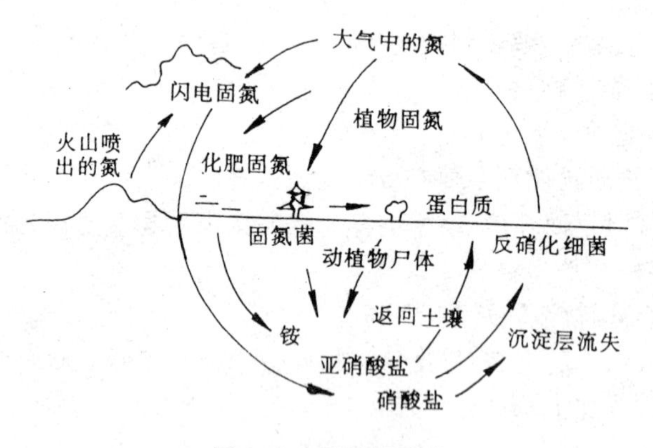

图 1-13　氮循环示意

2. 生态系统能量流动与物质循环的关系

(1) 生态系统中生命成分的生存和繁衍，既需能量，也须从环境中得到生命活动所需的营养物质。没有外界物质的输入，生命就停止，生态系统也就解体；而没有能量，物质也“无力”在生态系统中发生循环，生物也无从得到和吸收物质营养，生态系统也不能存在。

(2) 能量是物质做功的能力，这表明物质是能量的载体，没有物质，能量就会自由散失，也就不可能沿着食物链传递。离开了物质的合成、分解、转化，能量的捕捉、贮藏、运输就无法想象。故物质既是维持生命活动的结构基础，也是贮存、运载能量的工具。

(3) 生态系统的能量流和物质流紧密结合，共同运行，维持着生态系统的生长发育和进化演替，对生态系统而言，两者缺一不可(图 1-15)。

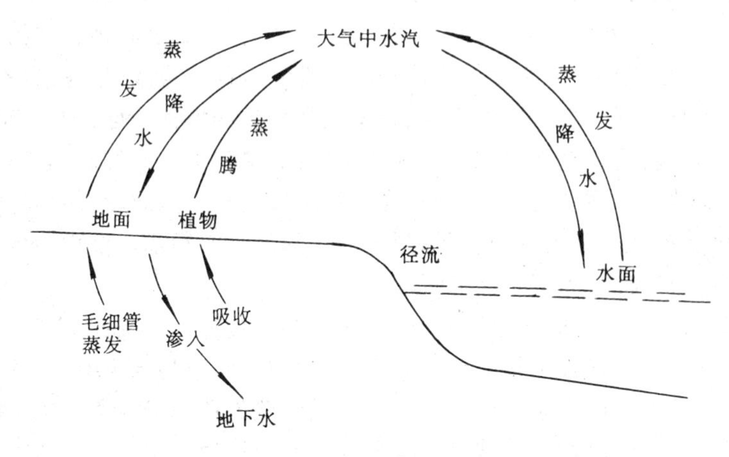

图 1-14　水循环示意

（四）信息传递

1. 信息传递的概念及类型

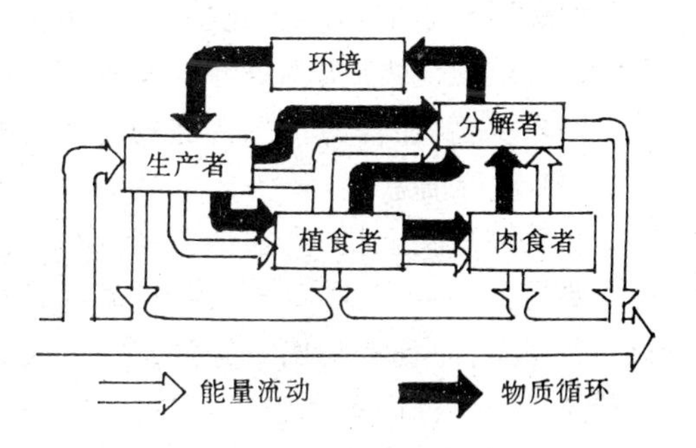

图 1-15　生态系统中能量流动与物质循环的关系
（引自金岚等，1992）

信息传递（又称信息流）指生态系统中各生命成分之间及生命成分与环境之间的信息流动与反馈过程，是生物之间、生物与环境之间相互作用、相互影响的一种特殊形式。

在生态系统中，种群与种群之间、种群内部个体与个体之间，甚至生物与环境之间都存在有信息传递。信息传递与联系的方式是多种多样的，它的作用与能流、物流一样，是把生态系统各组分联系成一个整体，并具有调节系统稳定性的作用。可以认为整个生态系统中能流和物质流的行为由信息决定，而信息又寓于物质和能量的流动之中，物质流和能量流是信息流的载体。

信息流与物质流、能量流相比有其自身特点：物质流是循环的，能量流是单向的、不可逆的；而信息流却是有来有往的、双向运行的，即既有从输入到输出的信息传递，又有从输出到输入的信息反馈。正是由于信息流，一个自然生态系统在一定范围内的自动调节机制才得以实现。

一般将生态系统的信息传递分为物理信息、化学信息、营养信息与行为信息。

（1）物理信息

以物理过程为传递形式的信息称作物理信息。声、光、色等都属于生态系统中的物理信息，鸟的鸣叫，狮虎的咆哮，蜜蜂、蝴蝶的飞舞，萤火虫的闪光，花朵艳丽的色彩和诱人的芳香都属于物理信息，这些信息对生物而言，有的表示吸引、有的表示排斥、有的表示警告、有的则是恐吓……。

（2）化学信息

生物代谢产生的一些物质，尤其是各种腺分泌的各类激素等均属传递信息的化学物质。同种动物间以释放化学物质传递信息是相当普遍的现象。有些动物没有固定的领域，但它们却可利用特定方式交换情报，以调整区域的合理利用。生物种间也存在着化学通讯联系，而且这种联系不仅见于动物与动物之间，也常见于动物与植物之间，植物与植物之间。物种在进化过程中，逐渐形成释放化学信号于体外的特性。这些信号或对释放者本身有利，或有益于信号接受者。它们影响着生物的生长、健康或物种生物特征。如，烟草中的尼古丁和其他植物碱可使烟草上的蚜虫麻痹；成熟橡树叶子含有的单宁不仅能抑制细菌和病毒，同时还使蛋白质形成不能消化的复杂物质，限制脊椎动物和蛾类幼虫的取食；胡桃树的叶表面可产生一种物质，被雨水冲洗落到土壤中，可抑制土壤中其他灌木和草本植物的生长。这些都是植物为自我保护而向其他生物所发生的化学信息。

近年来，随着"化学生态学"的迅速发展，已发现多种被称为"生态激素"的化学物质。这些物质制约着生态系统内各种生物的相互关系，使它们之间或相互吸引、促进，或相互排斥、克制。如有的生物体内会产生某些称为自体毒素的毒物及有害排泄物，就具有毒杀或抑制种群中的个体，从而限制种群数量，避免种群密度过度增长的作用。有的动物产生的外激素(或信息量)则能激发性行为，同时具有帮助生物进行群体组织和报警、防卫以及识别栖居地及各种踪迹标志的作用。此外，还有不少化学物质能在物种与物种之间传递信息，使生物具有优越的适应能力，实现信号收发等等。这些"生态激素"在生物体内含量极少，但是一旦进入生态系统，就会作为信息传递物质而使物种内和物种间关系发生显著的变化。

(3) 营养信息

从某种意义上说，食物链、食物网就代表着一种营养信息传递系统。在英国，牛的青饲料主要是三叶草，三叶草传粉受精靠的是土蜂，而土蜂的天敌是田鼠。田鼠不仅喜欢吃土蜂的蜜和幼虫，而且常常捣土蜂的窝，土蜂的多少直接影响三叶草的传粉结籽。而田鼠的天敌则是猫。一位德国科学家说："三叶草之所以在英国普遍生长是由于有猫，不难发现，在乡镇附近，土蜂的巢比较多，因为在乡镇中养了比较多的猫，猫多鼠少，三叶草普遍生长茂盛，为养牛业提供了更多的饲料。"可以看出，以上推理过程实际上也是一个营养信息传递的过程。

再以松鼠的数量消长为例，主要以云杉种子为食的松鼠数量的消长，依从于云杉种子的丰欠，每当云杉种子丰收的次年，由于食物的充沛，松鼠的数量也出现高峰；随着云杉种子2~3年欠收，松鼠的数量亦随着下降。

(4) 行为信息

许多同种动物、不同个体相遇，时常会表现出有趣的行为格式，即所谓的行为信息。这些信息有的表示识别，有的表示威胁、挑战，有的向对方炫耀自己的优势，有的则表示从属，有的则为了配对等。行为生态学已成为生态学一个独立的分支。

尽管生态系统信息流的研究还存在许多困难，但生物间的这种通讯联系的作用对生态系统的影响是十分明显的，特别是化学信息物质的作用更为重要。在一个生态系统中，化学信息物质的破坏常导致群落成分的变化，同时它们还影响着群落的营养及空间结构和生物间的彼此联系，因为各种信息的作用不是孤立的，而是相互制约、互为因果的关系。另外，通过对生物信息传递的研究，还可以获得其他的生态信息。

2. 信息传递与物流、能流的关系

生命是有序的象征，生命自身的演化历程始终与环境保持不间断的能量、物质和信息的交换。正是这种不停顿的交换与输入、输出，正是这种开放性，生态系统的有序性才得以维持和强化，系统的功能才能不断升级和进化。在生态系统的演化过程中，在整个生物界进化的悠久历史中,能量、物质和信息始终是相互交识,协同作用的。信息以物质为载体,其流动与传输又不可缺少能量的驱动,没有必要的能量与物质作为保证,要发挥信息的作用是不可想象的;而信息的传递又影响着能量、物质流动的方向与状态。在任何具体的生命体或生态系统中,能量、物质和信息总是处于不可分割的相干状态。没有这种相干状态,机体和系统的有序性就无从实现。

环境是生态系统的信息源,当系统中的自养生物——植物通过光合作用,把来自环境的太阳光以化学能的形态固定下来并输入生态系统的同时,也就把信息引进了系统。阴晴雨雪、春润秋爽、闪电雷鸣、河水涨落、海潮澎湃、水土流失和冲积等,无不体现着能量、物质时空上分布的不均匀性,无不包含着这样或那样的信息。生态系统中的各种声、光、色是物理信息,诸如人的语言,蛙的鸣叫,鸟的啼啭,兽的吼叫,蝴蝶的飞舞,花的色彩,萤火虫的闪光等等;生物体代谢过程中产生的种种物质,如酶、生长素、维生素、抗菌素、性诱激素等等物质,在系统中不断传递着化学信息;生态系统中的食物链、食物网到处充满着营养信息,正是这些信息同能量、物质的协同作用,把地球生物圈中的数万个物种连结成一个整体;生态系统中许多植物的异常表现和许多动物的异常行为所包含的行为信息,常常预示着灾变或反映着环境的变化。关于生态系统中的信息流,许多问题尚在研究过程之中,这是一个有待开拓的宽阔而又深邃的科学领域。

六、生态平衡

(一)生态平衡的概念

从生态学角度看,平衡就是某个主体与其环境的综合协调。从这一意义上说,生命的各个层次都涉及到生态平衡的问题。如种群的稳定不只受自身调节机制的制约,同时也与其他种群及许多其他因素有关。这是对生态平衡的广义理解。狭义的生态平衡就是指生态系统的平衡,简称生态平衡。

国外的生态学家对生态平衡提出了各种定义和表述,亦有许多争议。如A.G.坦斯利认为,生态平衡存在于顶级群落(指种群构成多样、复杂的生物群落),也就是生态系统的成熟期。以生态系统的输入与输出为基础最早提出生态平衡定义的E.P.奥德姆(1959)把生态平衡定义为:"生态系统内物质和能量的输入和输出两者的平衡。"麦克阿瑟(MacArthur,1955)认为,生态系统的平衡是随着群落组成成分数量的增多而增多,即"多样性增加稳定性"。

我国生态学家对生态平衡的定义也有多种表述。1981年11月中国生态学会在上海专门召开了"生态平衡"讨论会,与会专家给"生态平衡"下了一个定义:"生态平衡是生态系统在一定时间内结构与功能的相对稳定状态,其物质和能量的输入、输出接近相等,在外来干扰下,能通过自我调节(或人为控制)恢复到原初稳定状态。当外来干扰超越生态系统自我调节能力,而不能恢复到原初状态谓之生态失调,或生态平衡的破坏。生态平衡是动态的。维护生态平衡不只是保持其原初状态。生态系统在人为有益的影响下,可以建立新的平衡,达到更合理的结构,更高效的功能和更好的生态效益。"

以上这个定义内容十分丰富,包含有多方面的生态学概念,诸如:生态系统的发展、稳态;生态系统的调节;对外界干扰的抵抗和恢复能力等。

曲格平主编的《环境科学词典》(1994)认为:生态平衡是一定的动植物群落和生态系统

发展过程中，各种对立因素(相互排斥的生物种和非生物条件)通过相互制约、转化、补偿、交换等作用，达到一个相对稳定的平衡阶段。例如，水体中各种生物的种类组成和数量比例，在自然情况下，有季节性的相对的生态平衡，若水体受到污染或其他原因，水质发生变化，积累到一定程度，会导致水中生物生态平衡的破坏，对渔业或水产养殖业造成不利影响。

(二) 破坏生态平衡的因素

1. 自然因素

主要是指自然界发生的异常变化或自然界本来就存在的对人类和生物的有害因素。如火山爆发、山崩海啸、水旱灾害、地震、台风、流行病等自然灾害，都会使生态平衡遭到破坏。例如，秘鲁海域每隔6~7年就发生一次海洋变异现象，结果使一种来自寒流系的鱼大量死亡。鱼类的死亡又使吃鱼类的海鸟失去食物而无法生存。1965年发生的死鱼事件，就使1200多万只海鸟饿死。此外，海鸟的大批死亡使鸟粪锐减，又引起以鸟粪为肥料的当地农田因缺肥而减产。自然因素对生态系统的破坏是严重的，甚至可使其彻底毁灭，并具有突发性的特点。但这类因素常是局部的，出现的频率并不高。

2. 人为因素

主要指由于人类对自然资源的不合理利用，伴随着人类生产和社会活动而同时产生的有害因素。

生态平衡和自然界中一般物理和化学的平衡不同，它对外界的干扰或影响极为敏感。因此，在人类生活和生产的过程中，常常会由于各种原因引起生态平衡的破坏。人为因素引起的生态平衡的破坏，主要有三种情况：

(1) 物种改变引起生态平衡的破坏

人类有意或无意地使生态系统中某一生物消失或往其中引进某一种生物，都可能对整个生态系统造成影响。例如：秘鲁是一个盛产磷石肥料的国家，但一度因大量捕捞一种名叫鳀鱼的鱼类资源，不但使秘鲁农业中磷肥的施用量大为减少，磷肥的外贸也遭受重大损失。究其原因，原来海鸟和鸬鹚以鳀鱼为生，而海鸟和鸬鹚的粪便则是磷石肥的基本来源，由于大量捕捞鳀鱼，打乱了这条食物链，致使海鸟、鸬鹚数量锐减，它们的粪便少了，磷石肥料当然也大大减产了。又如1956年非洲蜜蜂被引入巴西后，与当地人工培育的蜜蜂交配，产生的杂种具有极强的侵袭力，被称为“杀人蜂”。这些“杀人蜂”在南美森林中，因无竞争者而迅速繁殖，每年以200~300km的速度扩散，当它们扩散到几乎全部南美洲以及美国南方的一些州时，就对人和家畜的生命构成了极大的威协。

(2) 环境因素改变引起生态平衡破坏

工农业的迅速发展使大量污染物质进入环境，从而改变生态系统的环境因素，影响整个生态系统，甚至破坏生态平衡。埃及的阿斯旺水坝，由于修筑时事先没有把尼罗河的入海口、地下水、生物群落等当作一个统一整体，充分考虑生态系统的多方面影响，尽管收到了发电、灌溉之利，但同时也带来了农田盐渍化、红海海岸被侵蚀、捕鱼量锐减、寄生血吸虫的蜗牛和传播疟疾的蚊子增加等不良后果，是生态平衡失调的突出例子。

(3) 信息系统的破坏引起生态平衡失调

许多生物在生存的过程中，都能释放出某种信息素(一种特殊的化学物质)，以驱赶天敌、排斥异种，取得直接或间接的联系以繁衍后代。例如，某些动物在生殖时期，雌性个体会排出一种性信息素，靠这种性信息素吸引雄性个体来繁衍后代。但是，如果人们排放到环境中的某些污染物质与某一种动物排放的性信息素作用相同，就会使其丧失引诱雄性个体的作用，并就会破坏这种动物的繁殖，改变生物种群的组成结构，使生态平衡受到影响。

人为因素对生态平衡的影响往往是渐进的、长效应的，破坏性程度与作用时间、作用强度紧密相关。

（三）生态平衡失调的标志

各类生态系统，当外界施加的压力（自然的或人为的）超过了生态系统自身调节能力或代偿功能后，都将造成其结构破坏，功能受阻，正常的生态关系被打乱以及反馈自控能力下降等，这种状态称之为生态平衡失调。

1. 生态平衡失调的结构标志

平衡失调的生态系统从结构上讲就是出现了缺损。缺损指生态系统一个或几个组分“失去”，从而使生态系统在结构上不完整，以至失去平衡。

如澳大利亚从我国引进蜣螂，以解决其因养牛业发展而在草原上产生的堆积如山的牛粪的出路，即是因其草原生态系统缺乏“分解者”这一组分。即系统有缺损成份。

2. 生态平衡失调的功能标志

生态平衡失调的功能标志有两个方面，其一为能量流动在生态系统内的某一个营养层上受阻。其表现为初级生产者生产力下降和能量转化效率降低。如水域生态系统中悬浮物的增加，可影响水体藻类的光合作用，减少其产量；有些污染虽不能使生产者第一性生产量减少，但却会因生境的不适宜或饵料价值的降低而使消费者的种类或数量减少，造成营养层次间能源转化与利用效率的降低。如热污染水体因增温影响，蓝、绿藻种类和数量明显增加，就初级生产力而言，除极端情况（高温季节）外均有所提高，但因鱼类对高温的回避或饵料质量的下降，鱼产量并不增高，在局部时空出现了大量的“无效能”。这是食物链关系被打乱的结果。其二为物质循环正常途径的中断。这是目前许多生态系统平衡失调的主要原因。这种中断有的是由于分解者的生境被污染而使其大部分丧失了其分解功能，更多的则是由于破坏了正常的循环过程。如农业生产中作物秸杆被用作燃料、草原上的枯枝落叶被用做烧柴等。物质输入输出比例的失调是使生态系统物质循环功能失调的重要因素。如某些污染物的排放超过了水体的自净能力而积累于系统之中。这些物质的不断释放又反过来危害着正常结构的恢复。汞污染就是一个很典型的例子。

（四）生态系统平衡的调节机制

生态平衡的调节主要是通过系统的反馈机制、抵抗力和恢复力实现的。

1. 反馈机制

生态系统平衡的调节主要是通过系统的反馈和负反馈，两者的作用是相反的。正反馈可使系统更加偏离置位点，因此它不能维持系统的稳态。生物的生长、种群数量的增加等均属正反馈。要使系统维持稳态，只有通过负反馈机制。这种反馈就是系统的输出变成了决定系统未来功能的输入。种群数量调节中，密度制约作用是负反馈机制的体现。负反馈调节作用的意义就在于通过自身的功能减缓系统内的压力以维持系统的稳定。

2. 抵抗力

是生态系统抵抗外干扰并维持系统结构和功能原状的能力，是维持生态平衡的重要途径之一。抵抗力与系统发育阶段及状况有关，其发育越成熟，结构越复杂、抵抗外干扰的能力就越强。例如，我国长白山红松针阔混交林生态系统，生物群落垂直层次明显、结构复杂，系统自身贮存了大量的物质和能量，这类生态系统抵抗干旱和虫害的能力要远远超过结构单一的农田生态系统。通常，环境容量、自净作用等都是系统抵抗力的表现形式。

3. 恢复力

是指生态系统遭受外干扰破坏后，系统恢复到原状的能力。如污染水域切断污染源后，生物群落的恢复就是系统恢复力的表现。生态系统恢复能力是由生命成分的基本属性，即生物顽强的生命力和种群世代延续的基本特征所决定的。一般恢复力强的生态系统，生物的生活世代短，结构比较简单。如杂草生态系统遭受破坏后恢复速度要比森林生态系统快得多。生物成分（主要是初级生产者层次）生活世代长，结构复杂的生态系统，一旦遭到破坏则长期难以恢复。但就抵抗力的比较而言，两者的情况却完全相反，恢复力越强的生态系统其抵抗力一般比较低，反之亦然。

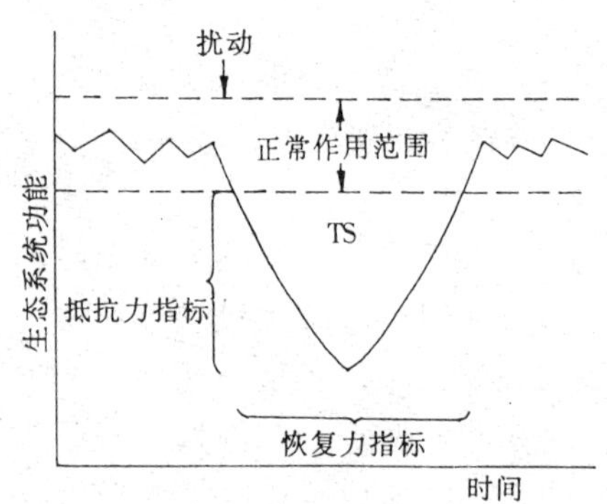

图 1-16　抵抗力与稳定性的关系

（引自金岚等，1992）

抵抗力和恢复力是生态系统稳定性的两个方面，两者间的关系可用图 1-16 形象地予以描述。图中两条虚线之间所示的是系统功能正常作用范围，偏离程度可作为衡量系统抵抗力大小的指标，恢复到正常范围所需时间则是系统恢复力的定量指标。曲线与正常范围之间所夹面积就可以作为生态系统总稳定性（TS）的定量指标。

生态系统对外界干扰具有调节能力才使之保持了相对的稳定，但是这种调节能力不是无限的。生态平衡失调就是外干扰大于生态系统自身调节能力的结果和标志。不使生态系统丧失调节能力或未超过其恢复力的干扰及破坏作用的强度称之为“生态平衡阈值”。阈值的大小与生态系统的类型有关，另外还与外干扰因素的性质、方式及作用持续时间等因素密切相关。生态平衡阈值的确定是自然生态系统资源开发利用的重要参量，也是人工生态系统规划与管理的理论依据之一。

本章小结：

生态学诞生迄今已有 100 多年的历史。它是研究生物之间、生物与环境之间的相互关系的学科。生态学起源于生物学，但其发展已与自然科学、社会人文学科广泛交叉和渗透，使得生态学对人类的生存与发展产生了重大的影响。

生物最基本的生存环境为能量环境和物质环境。生物的能量环境之所以能够构成皆因存在着来自于太阳的辐射能；生物的物质环境则提供了生物生长繁衍的空间场所和营养物质。生物圈由大气圈、水圈、岩石和土壤圈交接界面有生命活动的区间所构成，人类对生物圈的维持负有责任。

组成生境的因素称为生态因子，可以分成非生物因素生态因子和生物因素生态因子两类。各个生态因子对生物都起着重要的作用。生态因子的作用的某些特征反映了生物与环境之间相互影响、相互制约的规律。

种群是同种生物个体在一定时空中的总和。种群是生物物种存在的基本单位。种群的基本特征包括空间特征、数量特征和遗传特征。种群增长的基本模式是描述种群增长状况的参数，主要表现为在有限环境中的逻辑斯谛增长。种间关系是以食物、空间等资源为核心产生的，是生物长期进化的结果，也是生物之间以及生物与环境之间相互作用的结果。生态位是描述和反映种间关系的重要的概念。

群落是一定时间和一定空间范围内的生物种群的集合。群落中的物种组成与环境条件中营养物质的丰富程度及环境条件的适宜程度密切相关，群落中起着主要控制和影响作用的物种称之为优势种，群落的交错区在一定条件下存在边缘效应，群落与环境之间相互影响、相互依存。

生态系统是一定空间内生物和非生物成分通过物质的循环、能量的流动和信息的交换而相互作用、相互依存所构成的一个生态学功能单位。生态系统由两大部分、四个基本成分组成。营养结构是生态系统结构的主要类型之一。生态系统的基本功能是由其结构及其特征决定的，包括生物生产、能量流动、物质循环和信息传递。生态系统平衡受多种自然与人为因素的影响。

问题讨论：

1. 为何说生态学源于生物学？生态学与生物学有哪些重要的区别？
2. 大气圈、水圈、岩石圈和土壤圈是如何构成生物的物质环境的？
3. 生物圈概念的提出具有什么意义？人类对生物圈的长久维持负有哪些责任？
4. 生态因子对生物起哪些作用？
5. 生态因子作用的方式和规律有哪些？是否具有一定的普遍意义？如何理解？
6. 描述种群数量动态参数有哪些？
7. 何为种间关系？有哪些主要形式与类型？
8. 如何理解生态位的概念？
9. 群落有哪些特征？如何理解群落与环境的关系？
10. 边缘效应是否具有普遍性？
11. 生态系统的组成成分是如何发挥其作用的？
12. 如何理解生态系统的特征？生态系统的基本功能有哪些？是如何实现的？
13. 什么是生态平衡，维持生态平衡的意义何在？

进一步阅读材料：

1. 郑师章等．普通生态学——原理和应用．上海：复旦大学出版社，1994
2. 何强等．环境学导论．北京：清华大学出版社，1994
3. 吴兆录．生态学的发展阶段及其特点．生态学杂志．北京：《生态学杂志》编辑部，1994/5
4. 余正荣．生态智慧论．北京：中国社会科学出版社，1996
5. 曲格平等．环境科学词典．上海：上海辞书出版社，1994
6. 金岚等．环境生态学．北京：高等教育出版社，1992
7. 丁鸿富等．社会生态学．杭州：浙江教育出版社，1987
8. 陶永祥等．生态与我们．上海：上海科技教育出版社，1995
9. 杨培芳等．信息与我们．上海：上海科技教育出版社，1995

第二章　城市生态学及基本原理

第一节　城市生态学定义

城市生态学由芝加哥学派的创始人帕克(Robert Ezra Park,1864—1944)于 1920 年代提出,芝加哥学派(Chicago School of Human Ecology)是以美国芝加哥大学社会学系为代表的人类生态学及其城市生态学术思想的统称。兴盛于 20 世纪20～30年代,开创了城市生态学研究的先河。其代表人物有帕克、伯吉斯(E. W. Burgess)、麦肯齐(R. D. Mckenzie)等。他们以城市为研究对象,以社会调查及文献分析为主要方法,以社区即自然生态学中的群落、邻里为研究单元,研究城市的集聚、分散、入侵、分隔及演替过程、城市的竞争、共生现象、空间分布格局、社会结构和调控机理;运用系统的观点将城市视为一个有机体,一种复杂的人类社会关系,认为它是人与自然、人与人相互作用的产物,其最终产物表现为它所培养出的各种新型人格。芝加哥学派的代表作是 1925 年由帕克等人合著的《城市》,此书既有鲜明的生态学理论观点,又有详尽的城市生活中各个侧面的实例研究。其中许多生态学观点和方法至今仍不失其指导意义。

至于城市生态学的定义,Peter M. Blau(1977)认为麦肯齐(1925)最先从狭义上对它作出定义。即"城市生态学是对人们的空间关系和时间关系如何受其环境影响这一问题的研究"。当然,这一定义比较侧重于社会生态学的内容。

自那时起,许多学者对城市生态学的发展作出了贡献,对城市生态学概念的理解及其定义也日益深化。现城市生态学的定义一般为:

城市生态学是研究城市人类活动与周围环境之间关系的一门学科,城市生态学将城市视为一个以人为中心的人工生态系统,在理论上着重研究其发生和发展的动因,组合和分布的规律,结构和功能的关系,调节和控制的机理;在应用上旨在运用生态学原理规划、建设和管理城市,提高资源利用效率,改善系统关系,增加城市活力。

根据研究对象的不同,城市生态学可分为城市自然生态学、城市经济生态学和城市社会生态学三个分支。

城市自然生态学着重研究城市密集的人类活动对所在地域自然生态系统的积极和消极影响(包括城市植被、动物、微生物及城市气候、水文、土壤、景观等)以及城市生物和地理环境对城市居民的作用。

城市经济生态学的研究重点是城市代谢过程和物流能流的转化、利用效率等。

城市社会生态学着重研究城市人工环境对人的生理和心理的影响、效用及人在建设城市、改造自然过程中所遇到的城市问题,如人口、交通问题等。城市社会生态学的研究起源于 20 世纪 20 年代美国芝加哥学派的城市生态研究及德国学者的城市演替研究。前者着重于城市系统的功能,后者强调城市的影响,目前这两个学派趋于结合,形成了西方较为流行的结构功能学说。

第二节　城市生态学产生背景

由于人类生产的迅速发展和科学技术的进步，现代生态学有了较大的发展与应用。美国奥德姆(1975)认为，“今日的生态学是自然科学和社会科学的桥梁”。生态学不仅在自然科学方面得到应用，同时也被广泛地应用于社会科学，如“人类生态学”(human ecology)、“人口生态学”(human populatian ecology)和“社会生态学”等学科的出现即是明证。考察城市生态学的产生过程，可以发现如下特征。

一、城市规划理论发展需要生态思想的介入

现代城市规划理论的发展，可追朔到工业革命时期，工业革命产生了现代城市的母体。由于许多大工厂布满在城市中，严重污染了空气、河流和土地。英国议会为保护居民健康和改善城市环境，于 1848 年最早制订了《公众卫生法》。1898 年由F. 霍华德创立了“田园城市”的规划理论，影响深远。“田园城市”的概念主要是确定职业与居民的正确关系，确定优美的环境素质，土地使用模式以及城市的财政、行政与城市最优规模之间的关系，从而描绘出一个理想的城市规划方案。以后建立了由霍华德任会长的国际田园城市和城市规划协会，最后改称为：“IFHP”(国际住宅与城市规划会议)，谋求现实地解决城市问题。其中泰勒提倡的“卫星城”是很有名的；此外，还提出了大城市改造规划，城市向外围扩展的对策，以及对经济与社会关系的研究，对人的环境与文明、美好的城市建设关系的研究等。

以勒·柯布西埃等为首的建筑师则通过展览和著作提倡城市结构的彻底变革，他们关于城市构成的见解有很多宝贵的启示。勒·柯布西埃的《明日之城市》为其中的代表作。他一方面提倡小规模的交通安全的生活区构成，一方面进行城市建设实践，如纽约近郊的拉德班及纽约地区规划方案等。

从 20 世纪 60 年代开始，法国学者集中研究了“区域发展规划”，重点是研究核心城市与其外围地区的发展关系。例如，为了控制巴黎的发展，采取了“区域发展规划”方案。方案综合了自然、社会、经济、资源、交通、用地、人口等各种因素，成为较科学、合理的规划。区域发展规划理论有广泛的世界性影响，例如著名的英国“东南研究计划”(south-east study)，苏格兰的坎伯诺得(Cumbernaud)，英国中部第三期新市镇，美国的河流流域研究都进行了大规模的区域发展规划。从此，作为一门科学，城市规划已不再仅限于形态建设规划或者城市设计，规划转向侧重经济及社会的发展，而城市规划也变成了一门跨学科的专业。

近年来，国外城市规划理论转向更宽的社会科学和自然科学领域，进行新的理论探索。在全球面临五大危机(人口膨胀、粮食不足、能源短缺、资源枯竭、环境污染)的大背景下，城市环境质量也日益下降。由于空气污染，航空港和高速公路的噪声以及沿海和河流污染的严重影响，各种社会团体曾经发起运动，限制有害环境的城市发展。于是生物学家和生态学家也都介入城市规划专业，研究保护城市自然环境，使城市发展与生态环境之间形成平衡和协调状态，城市规划学者也在研究克服城市问题的同时，反思如何完善和充实城市规划理论的体系和框架，以适应新形势下的城市及人居环境发展的需要与趋势。生态学作为一门在人类生产、生活活动多方面得到广泛应用的学科，已经产生了诸多如农业生态学、森林生态学、渔类生态学、自然资源生态学、污染生态学、环境生态学、人类生态学、人口生态学、社会生态学等100余门应用生态学的学科。同时,当生态学发展到对人和自然普遍的相互作用问题研究的层次时,生态学已经具备了世界观、道德观和价值观的性质。因此,生态学与城市规划学科的结合已是大势所趋,它既有助于从新的角度和新的方面研究解决城市问题的途径,也能给城市规划理论和学科发展注入新的营养。在以上因素综合作用下,城市生态学就应运而生。

城市生态学的产生,还表明城市规划理论已开始摆脱过去在工业文明的影响下,城市规划及发展理论具有的完全出自一种片面的功利企图的状况,已开始摆脱西方科学思维中那种人类主宰自然的思想的影响,开始重新审视人与自然的关系,将城市及城市人类与自然环境的关系放在一种平等的位置上加以考虑,将城市发展放在一个生物圈的广阔的范畴和视野下加以考虑。

二、解决城市问题(包括城市环境问题)需要生态学思想

(一) 城市问题产生根源

从本质上说,之所以产生城市问题(包括城市环境问题)有两个根本原因。第一个原因是:城市是一个高度集聚与高度稀缺的统一体。城市中高度集聚的各种功能及其运转是在一个相对狭小的空间区域内以及资源、能源等较大程度的缺乏的背景下进行的。这就使得形形色色的城市问题的出现成为一种必然。第二个原因是人们对自然环境(包括城市环境)的错误认识。这种错误认识导致了人们在城市建设、城市管理、城市发展等方面的失误,使城市问题不断加剧。

1. 城市的集聚性与稀缺性

(1) 城市的集聚性

城市是社会生产力发展到一定阶段后的产物,是人类文明的集中表现。现代城市更是人类科学、技术和文化发展的最高体现,是社会政治活动和经济活动最集中的地方,又是地球上人口最密集的区域。

在城市这个只占地球面积0.3%的地区内,居住着世界全部人口的40%,城市中人口密集程度可见一斑。如从城市中人类生物量看,城市人口的高度集中性也是很明显的(表2-1)。

表2-1　城市中人与植物的生物量

城　市	人类生物量(a)(t/1000m²)	植物生物量(b)(t/1000m²)	a/b
东京(23个区)	610	60	10
北京(城区)	976	130	8
伦敦	410	250	1.6

(引自何强等,1994)

城市又是人类财富集中的区域,古今中外的战争莫不是以攻占城池、洗劫城市财富作为其显著特征之一。现代城市更是全球财富最集中的地域。

城市也是人类科学文化的集中地域。O. Spengler指出:“人类所有的伟大文化都是由城

市产生的。……世界史就是人类的城市时代史。国家、政府、政治、宗教等等,无不是从人类生存的这一基本形式——城市中发展起来并附着其上的”。城市中集中着人类的绝大部分的科研机构、大学以及文化机构,其科学文化功能是任何一个人类生存地域所无法比拟和不能代替的。

城市同时也是人类的信息中心,在这里,有关城市系统各个组成部分以及城市运动的各个阶段的信息高度汇集,并经过处理后产生巨大的能量,对城市和周围地区以及整个人类社会的发展产生重大的影响。

城市也是交通集聚之处。在城市里,铁路、公路、航空设施高度汇集,为城市生产和生活提供便利。

此外,城市也是建筑、能源、生产、消费的中心。

(2) 城市的稀缺性

城市的稀缺性指城市在多个自然环境因素方面的稀缺与紧缺特征。如城市中植被稀缺(表2-1)、生物(除人类之外)、水源、光照、清洁空气、能源、土地等均呈不同程度的稀缺状态。此外,城市生态系统中分解者组分的稀缺以及部分代替分解者职能的处理设施的不足更使得城市运转过程中产生的废物难以如同自然生态系统中那样得到有效的分解;相反,这些废物却积淀和滞留在城市及附近地域,给城市带来极大的负面作用。

城市高度的集聚性与稀缺性的结合,从某一方面来说,即是城市问题(包括城市环境问题)产生的根源之一。

2. 人们对自然环境及城市环境的错误认识

自工业革命以来,人们越来越热衷于对自然界的征服,为着不断出现的各种发明物而自鸣得意,很少有人认识到我们赖以生存的环境正随着这种文明的进程而逐渐恶化。正如奥德姆在《生态学基础》一书中所指出的,“当然,为了满足自己的直接需要,人类比任何其他生物更多地企图改变物质环境;但是在改变环境过程中,人类对自己生存所必需的生物成员的破坏性,甚至毁灭性影响,也越来越增加。因为人类是异养性和噬食性的,接近复杂的食物链的末端,无论人类的技术怎样高超,对于自然环境的依赖性仍然保留着。从空气、水和食物,即我们合适地以称之为‘生活资料’着眼,大城市仍然不过是生物圈的寄生者而已。城市越大,对周围地方的需要也越大,对自然环境(‘寄生’)的危害威胁也就越大。至今,人类是过分忙于征服自然,而很少考虑到去调节由于人类在生态系统中的双重作用—操纵者和栖居者—而产生的矛盾。”所有这些,都导致了许多城市问题的产生。

(二) 城市发展需要生态学思想

城市问题实际是人、城市与自然生态系统相互作用过程中呈现出来的不平衡、不协调现象,从城市发展的全过程看,它既具有不可避免性,又完全具有可将其调控、限制在一个微小幅度之内的可能性。生态学思想及其观点的介入,使这一可能性更加明显。要解决城市问题,应从协调城市发展与自然环境及自然生态系统的关系角度来着手。

迄今为止,人类城市规划指导思想经历了“朴素的自然中心观”—“人类中心观”的过程,前者即古代城市规划指导思想,特点是:一切以自然为中心,例如中国古代风水选址,五行八卦设计;外国古代的“最有益于健康的土地”原则等。这是因为当时城市的生产和生活消费能力远远未达到自然生态环境的承载能力,城市能在自然生态系统的慷慨支持下自由地发展。而城市发展对自然生态造成的压力与破坏基本上还未显现出来。

后者即近现代的城市规划指导思想。特点是：随着工业化与城市化互相促进，飞速发展，城市人口迅速增长（总人口数剧增，城市人口比例增大，从1850年的6.4%到100年后的28.4%）；科技的进步改变了时空尺度，导致了大城市、大都会区、城市群、城市带的出现，使人类城市在自然生态环境中所占的比重、所起的作用越来越大，相对地对自然生态环境的依赖迅速弱化。这时期，随着人类征服和改造自然能力的增强，人类的自我中心意识开始盲目地膨胀，导致了以人类为中心的城市规划观的出现。当今许多重要的大城市（主要是工业城市）都是这种规划观的物化结果。

由于这种规划观的基点是盲目的、片面的，因此给自然生态系统带来了许多无法弥补的破坏（资源的浪费与枯竭，环境的污染与破坏等），使人类陷入了难以解脱的困境，从而直接威胁到全球生态的持续发展，反过来又威胁着人类与城市的生存与发展。这种规划观的盲目性与片面性就在于：过份强调和夸大了人类的智力和能力，忽视了人不过是自然界中一种特殊的生态产物，并且同其他生态要素一样作为整个生态系统的一个组分，无论其能动性多么巨大，同样要遵从自然规律，同样要以整个生态系统作为其存在的基础，并参与整个系统的发展这一事实。

80年代以来，国内外学者开始研究和实施生态城市的规划设计，认为建立生态城市是人类解决环境危机、摆脱城市困境的根本途径。特别是1992年联合国环发大会后，在《21世纪议程》环境热潮的推动下，生态城市得到了世界各国的普遍关注和接受。而生态城市的建立，首先必然运用生态学和城市科学原理，对城市进行综合规划，利用生态工程、环境工程和社会工程等手段，合理开发、保护土地等自然资源，提高人类对城市生态系统的自我调控能力，促进城市经济和环境的协调发展。因此，用全面系统的生态学观点指导城市规划，是解决城市问题、促进城市持续发展的重要途径之一。

同时，随着对城市本质、特性更深入的认识，随着城市问题和城市环境问题的日益突出，国外不少学者认为城市问题的解决，必须从整体出发，从战略高度研究城市运动中的物质代谢及其效应；应将城市人类系统与自然生态系统和社会经济生态系统作为整体进行研究，以期在发展经济、合理利用自然资源和保护环境方面达到协调和统一，以利于城市的持续发展。

因此，1960年代末，国际上已提出城市生态系统概念，"城市生态学"这门学科也越来越受到重视。

1970年代以来，已有一些专著和科研成果产生，如美国的《城市生态系统：总体探讨》、日本的《城市环境入门》、日本的《城市生态学》（1973年）、前苏联的《人与城市环境》等。

第三节　城市生态学的发展阶段

一、萌芽阶段（20世纪之前）

城市生态学是以生态学的概念、理论和方法研究城市生态系统的结构、功能及其运动规律的生态学分支学科，即研究城市人口与自然环境和社会环境之间的相互关系的科学，属于应用生态学的范畴。尽管城市生态学在生态学领域的各个分支中还比较年轻，但城市生态学的思想却是伴随着城市的产生及城市问题的出现就已有了。由于当时尚未形成大的影响，故将20世纪以前称为城市生态学的萌芽阶段。

(一) 中国古代的生态学思想

首先，我国古代生态思想反映在人口思想、人与土地(食物)关系上。公元前390年后商鞅第一个提出了具有生态思想的认识。即：① 人口与土地必须平衡，并提出具体比例：方圆百里土地可养活5万人；生态系统的组成为山、丘陵10%，湖沼10%，溪谷、河流10%，城镇道路为10%，劣田20%，良田40%。② 主张增加农业人口，首次提出农业人口与非农业人口比例为100∶1，最多不小于10∶1，并采取一系列政策鼓励从事农业，其中还规定了不准开设旅店和不准擅自迁徙。这在一定程度上影响了城市的发展。

公元前238年，荀子则提出减少工商业人口，国家才能强盛的主张，即工商业人口的多少取决于农业生产者所能提供的剩余粮食。公元前289年后的重要著作《管子》中进一步主张商鞅的思想，土地与人口的比例改为方圆50里养1万人。公元170年崔姓学者第一个提出人口在不同地区合理分布的观点，这是早期的生态布局思想。到了近代的1885年，包世臣提出了农业和非农业劳动力比例关系，设每20个人按6个劳动力计，则士、工、商共占1/6，农占5/6。显然，非农业人口的限制影响了城市的规模。我国历史上曾多次出现人口外流、开垦，以及战争引起的大迁徙，如东汉末年人口大批南迁，安史之乱，五代十国等战争使北方大批人口流入长江以南，它奠定了我国今日城市的基本格局。由于封建统治阶级长期愚昧的统治，闭关自守，轻视科学技术以及奢侈的生活，使我国解放前的许多城市呈消费型特征，这是我国过去城市的重要生态特点，也导致了环境污染问题的出现时间相对迟于国外。

其次，在人与自然的关系上，我国古代也有一定的生态学思想萌芽。如《孟子》一书中载"数罟不入洿池，鱼鳖不可胜食"。意思是说如鱼池中不用细网打鱼，则水产吃不完。《淮南子》的"草木未落，刀斧不得入山林"，意即森林正在生长发育季节，不要上山砍伐林木。贾思勰所著的《齐民要术》一书中，生态学的观点非常突出，如"顺天时，量地理，则用力少而成功多"、"任情返道，劳而无获"、"良田宜种晚，薄田宜种早"、"良地非独宜晚，早宜无割，薄地宜早，晚必不成实也"，也说明如果种植农作物符合当地气候和土壤的生态条件，可收事半功倍之效。

第三，在城市选址、城市布局等方面，我国古代城市也有一定的生态学思想。如在选址方面，我国古代城市注重生态与自然环境条件，讲究城市位置选在依山傍水(不受淹、且取水方便)，肥田沃野(粮食高产)、森林资源丰富，宜农宜牧，气候宜人之处。我国春秋战国时代的《管子·度地篇》中就记载关于居民点的选址要："高勿近阜而水用足，低勿近水而沟防省。"

(二) 国外古代的生态学思想

2000多年前的古希腊就已有生态思想的萌芽，公元前600年，希腊地理学家美勒(Thalesole Milet)曾提出了生态区划的设想，按阳光照射引起地区温度和供水的不同，将地球分为北极带、夏热带、赤道带、冬热带和南极带等五大区。公元前300年古希腊的哲学家提奥夫拉斯特(Theophrastus)到印度的途中就注意到了各地植物分布与气候和土壤等的关系，并指出热带海边红树林等植物分布与气候、土壤之间的关系特征与类型。直至100多年前(1869年)，德国生物学家赫克尔提出了生态学的概念。

二、初级阶段

20世纪初，国外一批科学家将生态学思想运用于城市问题的研究中，如英国生物学家格迪斯《城市开发》和《进化中的城市》(1915)中就试图将生态学原理运用于城市的环境、卫生、规划、市政等综合研究中。

芝加哥学派的创始人帕克(R. E. Park)在《城市》(1925)一书中，则将生物群落的原理和观点用于研究城市社会，并取得了一些成果。以下作一简略介绍。

20世纪初，美国芝加哥大学一批社会科学家开展了人与环境关系的研究，试图用生态学中的生物学概念研究人类，建立类似的生物学理论，一般称之为人类生态学(human ecology)。虽然，当时芝加哥学派的研究不限于城市区域，而是总的人-土地关系，但是或许由于该大学地处大城市，因此，较大一部分人类生态学的研究集中于城市问题和城市环境。芝加哥学派的代表人帕克强调人类生态学家主要关心的是有形的(生物的)群体，而社会或文化属性则应属于社会心理学范畴，即按照人类活动的不同水平分为有形的和精神的两种范畴。研究有形的群体时可忽略社会因素，在这个水平上群体中成员受竞争作用支配。

芝加哥学派的主要理论是认为城市土地价值变化与植物对空间的竞争相似，土地的利用价值反映了人对最愿意和有价值地点的竞争。这种竞争作用下导致经济上的分离，按土地价值支付能力分化出不同阶层。例如，美国许多城市的内城地区通常为少数民族居住区。

帕克的追随者还应用植物优势概念解释了有形群体的发展形式，土地价值决定市民各种活动水平和形式的优势。此外还将类似植物的侵入和演替概念应用于有形群体，特别是研究特殊的种族及商业活动逐渐进入居住区附近的情况。这些概念导致1925年伯吉斯(R. W. Burgess)提出了城市的同心圆增长理论，认为城市的自然发展将形成5～6个同心圆形式，它是竞争优势及侵入演替的自然生态的结果(图2-1)。

图2-1(a)中1区为社会、商业和市民生活的中心(CBD区)，土地价值最高。2区为过渡区，围绕闹市区，在许多城市中这一区中居住条件恶化，由移民居住。当CBD区向外扩大时该区的土地价值增高，对土地价值竞争逐渐使该区发展较密的多层住宅。3区为独立的工人住宅区，这些工人已远离中心，但仍愿意生活于工厂附近，这一区的许多居民大都为第二代，因而解释了上述演替理论，该区的住宅价格低廉。4区为较好的住宅区。5区为郊区或卫星城镇，为高收入者住宅区，到市中心的距离估计最大不超过1小时路程。

著名的土地经济学家赫特(H. Hoyt)于1939年根据美国许多城市情况提出了扇形理论(图2-1(b))。他认为城市从CBD区沿主要交通干道向外发展形成星形城市，总的仍是圆形，从中心向外形成各种扇形辐射区，各扇形向外扩展时仍保持了居住区特点，其中有充分住宅出租的扇形区是城市发展的最重要因素，因为它影响和吸引整个城市沿该方向发展。虽然Hoyt理论中没有考虑历史情况和人的决策，以及必须假设具有理想的地形条件，但根据美国和加拿大当前许多城市的轮廓，其空间形式与上述理论有一定的相似性。

以后哈里斯(Harris)和厄曼(Uiman)考虑了汽车的重要影响提出了多核理论，指出许多北美城市的土地利用形式并不围绕一个中心，而围绕离散的几个中心发展，这些核有的不明显，有的在迁徙或专门化刺激下形成，最可能的或许是由于汽车增长，成为上下班的主要交通工具所致。见图2-1(c)。

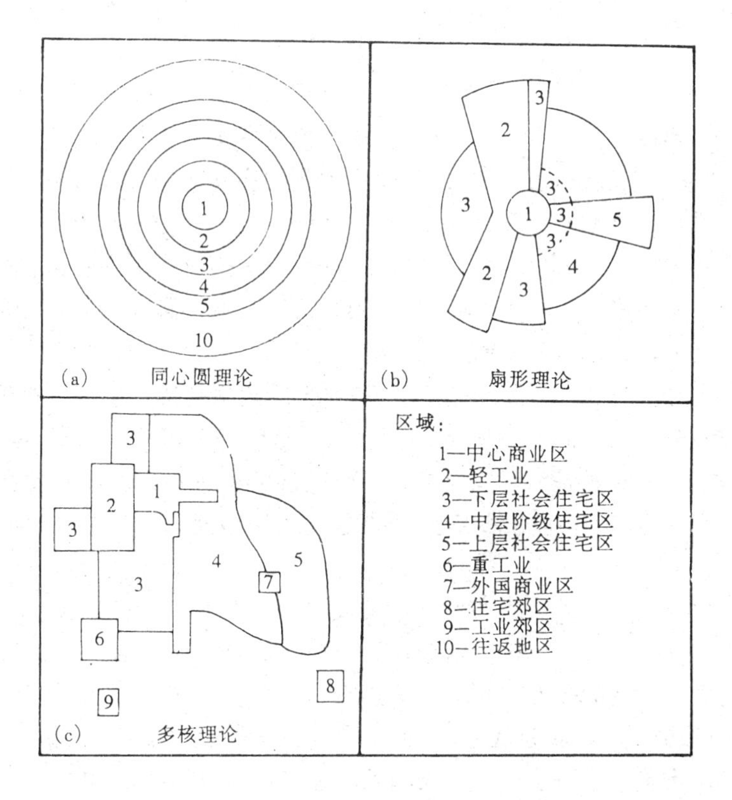

图 2-1 芝加哥学派的城市模型图解

三、蓬勃发展阶段

城市生态学的大规模发展是在 20 世纪 60 年代末和 70 年代初,联合国教科组织的"人与生物圈"(MAB)计划提出了从生态学角度来研究城市的项目,指出城市是一个以人类活动为中心的人类生态系统,开始将城市作为一个生态系统来研究。在巴黎召开的 MAB 国际协调理事会第一次会议上,确定了热带、干旱、山地、城市地区四个重点研究课题。1973 年在前德国召开了专家小组会,提出从系统的、整体的多因子角度来研究城市系统。其主要目的是"研究人类及其环境之间的复杂关系,研究城市居住区及其农副产品供应之间的相互作用,以便为合理地规划人类居住区打下基础"。此后,城市生态学研究进入了一个大规模发展阶段,其研究内容涉及到社会、经济、文化、自然环境等各个方面,在实践过程中将城市生态学理论的探讨推向了一个新的高度。

70 年代初,国际上开始重兴人类生态学的研究(1921 年人类生态学即已产生)。由于城市是人类的集中聚集地,因此,城市是人类生态学研究的重点,人类生态学的发展,使城市生态学得到更加迅速的发展和完善。1975 年巴黎"人类居住地综合生态研究"工作会议和 1977 年波兰的第 11 课题(题为:《城市系统的生态学研究》)协调会议,总结了城市生态研究的开展情况。1977 年在维也纳召开的 MAB 国际协调理事会第五次会议上,正式确认"用综合生态方法研究城市系统及其他人类居住地"。1975 年即正式列入联合国科教文组织的"人与生物圈"国际计划的"关于人类聚居地的生态综合研究"专题是该计划的重点研究内容,并出版了《城市生态学》杂志(UrbanEcology)。这标志着城市生态学研究进入了一个大规模发展阶段。

1987 年 10 月在北京召开了城市与城市生态研究及其在规划和发展中的应用国际学术讨论会,15 个国家 90 多名代表出席了会议。这次会议展示了各国在城市生态学的研究方面做的大量工作,无论在理论、方法方面,还是在课题的实际效果方面都取得了积极的成果,一些课题对城市系统的规划和决策产生了直接的影响。

德国法兰克福将城市与郊区看作是一个生态系统,用生物指示显示大气污染的情况,建立了法兰克福城市敏感度系统模型,应用这个模型可以从城市某些组成部分的变化中,预测城市的发展方向,并通过调控使城市向最优化方向发展。

意大利历史名城罗马,开展了 17 个亚课题的研究,包括从历史面貌到航空测量,从对城市的认识到建立数学模型等广泛领域,涉及了交通、能源、城市扩展、污染、动、植物区系、环境概念等各个方面。其特点是科学家、城市规划师、城市管理人员以及普通居民之间密切配合,罗马市政当局对这项工作也很感兴趣,负责建立了城市问题研究中心,协调各方面的工作。

澳大利亚国立大学在香港大学与香港中文大学的协助下,于 1972 年开始对我国香港城市生态进行研究。他们从城市的能量流动、营养物和水循环、人口动态、人们的生活状况、健康状况以及这些因素之间的相互关系等方面进行了研究,其研究结果反映在 1981 年澳大利亚国立大学出版的《The Ecology of A City and Its People:The Case of HongKong》一书中。

日本东京都城市生态系统的研究分四个阶段。第一阶段1971 ~ 1975年,研究城市环境影响下的动物、植物、微生物群落的动态以及城市环境的特征。第二阶段1974 ~ 1977年,以动物、植物为中心的多学科综合研究。第三阶段1978 ~ 1980年,是以人为中心的多学科综合研究,包括大气、土壤、水、植被、动物、人类行为、土地利用、人口统计学与健康,以及城市规划等 9 个方面。第四阶段,80 年代以来,围绕水资源及其循环完成城市生态系统结构与功能的综合研究。

我国城市生态学的研究起步稍晚,但进展甚速。京、津两市的城市生态系统的研究列入了“六五”攻关课题,他们以城市生态系统的理论为指导,应用经济生态学、系统工程学的研究方法,采用卫星照片、航测照片与遥感技术,通过大量的调研与模拟,得到一批在理论上与实践上颇有价值的结果。

“天津市城市生态系统与污染综合防治的研究”以城市生态系统理论为指导,应用经济生态学、系统工程的研究方法,通过环境与社会调查,进行大规模的野外试验、实验模拟与数学模拟,系统地揭示了天津市城市生态系统的现状及其规律,揭示了系统中经济发展、资源利用、污染三个系统之间的关系,为制定城市总体规划、城市经济发展规划、城市环境保护规划,为保持天津市城市生态系统的良性循环提供了科学的决策依据;建立了经济效益、社会效益、环境效益统一的环境综合防治模型和环境综合整治规划;发展了一系列的环境管理实用技术和多项整治技术;而且在生态学理论、环境科学理论与方法的研究方面取得了进展。

“北京市城市生态系统的研究”分为 8 个子课题,即:① 北京城市生态系统总体模拟分析及预测研究;② 北京城市水资源系统的基本特征及其与城市发展影响的预测分析;③ 北京城市生态系统能源结构研究;④ 北京工业结构、布局与环境质量关系的分析;⑤ 北京城市生态系统空间结构及特征分析研究;⑥ 北京城市郊区环境污染空间分布特征分析;⑦ 北京城市绿色空间分布特征及其在城市生态系统中的作用;⑧ 城市环境污染因素对居民健康的影响。

北京市生态系统研究的结论认为:① 由于北京的人口、经济发展、资源需求、土地利用都在增长,北京市的城市生态系统属增长型、发展型;② 从生态系统的高度看,北京市内部的生态结构与外部的输入功能都是脆弱的;③ 北京市经济发展与城市环境保护目标的矛盾相当突出。他们通过大量的工作,建立了描述北京人口、经济、社会、资源与环境随时间动态变化的模型——北京城市生态系统仿真模型。这个模型包括 163 个变量,为认识北京城市生态系统未来发展趋势、制定北京发展的政策提供了策略依据。

上海在 80 年代后期进行了城乡环境保护的生态设计的研究,即应用生态学原理,对环境区划中不同类型分区的典型代表,进行环境、生产、生活的整体全面调查分析与综合,为城乡建设与环境保护的协调发展、经济与环境效益较佳的各种可行性方案提供依据,即提供生态设计蓝图。包括下列项目:

1. 上海典型街区(中心区)和卫星工业城镇的生态设计

对典型的街区(中心区)或卫星工业城镇进行城市生态及居民生活处境的全面调查与分析综合,作出城市生态系统主要结构功能特征的定性定量描述,揭示存在问题的关键,提供对全局最有利的生态设计方案。具体包括:

(1) 能量利用和能流格局的研究;

(2) 水和物质(包括废弃物)利用循环的研究;

(3) 居民生活处境(包括营养、健康、居住、交通、文化生活水平等)的研究;

(4) 典型区域或城镇的生态设计。

2. 上海郊区乡镇的生态设计

着重研究城乡结合部具有代表性的乡镇农工商综合发展与环境生态的关系,开发优化模式,进行总体生态设计,除与城市生态设计相同的内容外,还有如下研究内容:

(1) 近郊乡镇的生态区划和发展规划的研究;

(2) 农工商复合的农村系统优化模式的开发研究;

(3) 城乡生态系统评价指标体系,预测技术和数学模型的研究。

3. 上海农牧渔副复合生态经济系统的环境工程研究

这是一种以生态平衡为前提,生产符合食品卫生标准的农牧渔副产品,畜粪及废弃物资源再利用的复合型生产模式,是一个以食物链串联起来的相互协调和促进的能流和物流平衡的生态循环体系,进行良性循环的农牧渔复合生态经济系统模式的研究。

第四节 城市生态学的学科基础、研究层次与研究内容

一、城市生态学的学科基础

(一) 生态学

城市生态学从本质上说,是在传统及现代生态学的基础上,汇聚了众多城市学相关学科的理论而发展起来的。因此,生态学作为其学科基础,是不言而喻的,除此之外,考察其学科基础,还可以发现有如下几个部分。

(二) 城市学

"城市学"一词最早见于日本矶村英一的《城市学》(1975)。城市学是以城市为研究对象,从不同角度、不同层次观察、剖析、认识、改造城市的各种学科的总称。它是一个学科群,而不是一门学科。城市学的发展,其包含与研究内容的丰富程度是伴随着城市的不断发展以及人类认识的不断深化这一过程的。早期由于社会经济发展水平低下,故城市结构简单、功能单一,人们对城市的认识也较肤浅,因而最早的城市学是依附于建筑学之中的,其独立性并不突出。工业革命后,城市增多,城市规模增大,城市结构和功能也趋于复杂化,并且出现了各种城市问题,于是社会学家参加了城市的研究,城市学也相应将社会学的内容包括其中。以后,城市地理学、城市管理学、城市经济学等相继被纳入城市学的范畴之中,加上原有的城市规划学的内容,城市学成为一个相对综合性较强、包容性较广的学科。

城市生态学作为一种理论,属于城市学及城市科学的一个基础分支;作为一种方法,与城市研究的其他学科理论相结合,则有其巨大的应用价值和理论潜力。

城市生态学广泛利用其他城市学科的研究成果,再加上其独特的基本概念和基本原理,为解决当代城市问题提供新的思维方式和途径。城市学作为城市生态学的学科基础之一,既为城市学研究领域的拓展、研究思路的更新提供了条件,也为城市生态学的"成长壮大"提供了充足的养分。

(三) 人类生态学

人类生态学是研究人与周围环境之间的相互关系及其规律的科学。即研究当代人口、资源、环境与发展的关系,研究人类生态系统中各要素之间能量、物质和信息的交换关系。其研究方法是把人口、资源、环境视为一个巨大的生态系统进行综合研究。

自从人类出现以来,人类就在生存斗争的过程中不断地积累其与环境相互关系的经验和知识。不过,生态学的早期更多的是研究其他生物与环境的相互关系,人类生态学真正成为一个独立的分支不过是五六十年的历史,美国芝加哥学派的代表人物 Park(1936)首先提出了这个科学术语。他的《城市》一文是人类生态学形成的一个初始的促因,而以生态学方法研究城市问题的最早尝试则始于 1921 年芝加哥学派的城市社会学及人类生态学理论。

人类生态学的产生和发展,是与人们对面临的生存危机的本质的认识及环境意识的提高分不开的。当今人类面临的五大危机的挑战,其核心问题是"人口爆炸",因此,人类生态学也就自然成为生态学中最引人瞩目的分支之一。随着"生态冲击"的日益突出,有关人类生态学的研究和论著与日俱增,特别是 1972 年联合国在斯德哥尔摩召开了"人类环境会议",会上提出了"只有一个地球"的口号,通过了《人类环境宣言》,它标志着人类环境意识有了重大的变化,强有力地推动着人类生态学的发展。

人类生态学具有异源性、综合性和实用性的特点。这是因为它是自然科学和社会科学的桥梁,吸引着不同学科的科学工作者的关注。生物学家、人类学家、心理学家、经济学家、地理学家……都从各自不同的角度研究和发展人类生态学。

从研究范围看,人类生态学要比城市生态学的范围宽、广。城市作为人类聚居形态的一种,建立在其上的学科研究范围要比人类生态学小些。

人类生态学注重分析人与其空间场所的相互关系,而城市生态学则更关注这种关系在城市中的表现。

从其发展历史看,传统人类生态学研究大致可以概括为三种类型。第一类是借鉴生物生态学的某些概念和原理,从竞争、演替及生态优势的角度研究和分析人类社会系统的状况,此方面的代表人物除帕克与伯吉斯之外,还有麦肯齐(R.D.Mckenzie);第二类主要是以佐尔鲍和沃尔斯(Zorbaugh & Wirth)为代表的对诸如社会区位、经济区位和居住区位等某些特定区域外部形态特征的分析;第三类如肖尔(Shaw)、法里斯(Faris)和多恩海姆(Dunham),主要是针对城市犯罪、心理失调等社会问题的探讨。

此外,一些观点认为,城市地理学也是城市生态学的学科基础之一,两者在解决城市矛盾的诸多方面存在着许多相似之外,许多重要的概念相互交叠。例如,当代城市生态学家所着重分析的一个关键问题,即人类聚居地究竟是如何组织形成并不断变迁以适应环境的变化?而同样地,现代城市地理学家也在试图解释城市的环境如何影响人们在环境中的场所及空间行为,这就表明生态学家与地理学家有着类似的基本概念,并由此而导致许多课题的研究在方法上也出现交叠的现象。如对大城市的区域研究,都建立在对行为区域和社会区域这两个方面研究的基础之上。

二、城市生态学的研究层次

城市生态学从宏观角度说,是对城市自然生态系统、经济生态系统、社会生态系统之间关系的研究,如从研究层次划分,则可分成如下三部分。

(一) 城市生物环境层次

所谓生物环境层次研究,即是从传统的生物生态学理论出发,把城市作为一种特定的生物环境,研究此种环境中各种生物生态问题。如城市的动植物区系分布,城市工业污染条件下的植物群落特点,鸟类行为变化等。这类工作如法兰克福的敏感度模型,邦卡姆(R.Bornkamm)的《城市生态学》等,后者试图以城市中植物生长及动物行为变化来揭示城市环境的状况,找出解决污染、改善环境条件的策略。严格说来,这仍属于生物生态学范畴,或属于环境科学的内容。在此基础上可将这一层次的研究范围加以拓展,即:研究不同质量的城市环境对于城市人类生存及发展的影响。

(二) 城市生态系统层次

所谓生态系统层次研究,即是把城市作为以人类活动为主体的人类生态系统来加以考察研究。生态是一种表明生物与环境相互作用的内在关系性,这种关系在一般生物界,大多表现为消极被动的适应性。而人与环境的关系则不同,往往表现为更积极主动的改造关系。这种改造的集中体现便是城市。因此,当代城市生态学的研究途径之一即是从生态系统的理论出发,研究城市生态系统的特点、结构、功能的平衡,以及它们在空间形态上的分布模式与相互关系。强调城市中自然环境与人工环境、生物群落与人类社会、物理生物过程与社会经济过程之间的相互作用。这些可以说是城市生态学研究的主导方向。

(三) 城市系统生态层次

系统生态层次的研究即是从区域和地理概念的高度来观察城市本身,站在历史发展的高度来考察城市问题。把城市作为整个区域范围内的一个有机体,通过研究城市的兴衰,揭示城市与其腹地在自然、经济、社会诸方面的相互关系,分析同一地区的城市分布与分工合作以及规模、功能各异的人类聚落间的相互关系;研究城市在不同尺度范围内的中心作用、吸引力和辐射作用;分析城市有机体在生态系统中的生态位势。这是目前世界上广为流行的一种城市和城市群研究途径。

随着城市的发展,城市化的进程也逐渐加快,世界许多地区都出现了“城市群”(megalopolis)(这一术语是1957年法国地理学家戈特曼J. Gottmann提出来的),这为从区域角度研究城市带来了新课题。法国一位专门研究城市发展的学者指出,继以伦敦为中心的英国城市群,以巴黎为中心的西欧城市群,以纽约为中心的美国东海岸城市群,以芝加哥为中心的五大湖城市群和以东京为中心的日本城市群之后,到21世纪初,以上海为中心的长江三角洲将形成第六个世界级的城市群,届时,我国也将跻身世界一流的经济强国之列。长江三角洲在$10\times10^4km^2$范围内有14座大中城市,其中像上海、南京、杭州、无锡和常州等城市,人口都在100万以上。在这些城市周围,还密布着许多县城和繁荣的江南小镇,全区人口高达7000万,平均人口密度为700人/km^2。更引人瞩目的是,长江三角洲地区经济实力雄厚,占全国1%的土地上,集聚着我国国民生产总值的15%。这里正在形成国际性的金融中心和贸易中心,建有钢铁、汽车、石油化工、造船、电子和纺织及一系列新兴产业,正在形成吸引国内外客商的一系列新兴市场,是我国最具有经济实力和最有发展潜力的地区之一。因此,从系统生态的层次和角度研究城市在地区城市群(带)中的作用及发展变化,是具有普遍而现实的意义的。

三、城市生态学的研究内容

1. 研究城市生态系统的主体——城市人口的结构、变化速率及其空间的分布特征,以阐明城市人口与城市环境问题的相互关系;

2. 研究城市物质代谢功能(物质与能量流动的特征与速率)和城市环境质量变化之间的关系;

3. 研究城市发展及其制约条件,阐明城市发展与城市环境问题的相互关系。如自然资源(土地、水、矿藏等)的开发与利用对城市环境的影响;

4. 研究城市生态系统与环境质量之间的关系,建立城市生态系统模型;

5. 研究城市环境质量与城市居民健康的相互关系;

6. 研究城市生态系统中的除人以外的生物体(包括动植物和微生物)的构成与变化,以及环境因子对生物体的影响;

7. 从区域环境质量管理的角度,研究城市生态系统与其他生态系统(如农田、河流及海洋生态系统等)的相互关系;

8. 研究社会环境对城市居民及其活动的影响;

9. 研究合理的各种环境质量指标及标准;

10. 研究城市生态规划、环境规划的内容、原理与方法。

上述各项任务的研究,是把城市在自然生态系统基础上建立起来的人工生态系统作为一个有机统一的整体进行研究,其基本意义就在于从生态学的角度去探索城市人类生存所必需的最佳环境质量;认识城市生态系统中物质与能量运动的规律,自觉地调节物质与能量运动中的不平衡状态;充分合理地利用自然资源,运用先进的科学方法和技术手段,使排出的废弃物达到最低限度(在经济条件许可的条件下);通过人工技术措施,提高自然净化能力;建立城市生态模型,为城市生态环境规划及城市总体规划提供依据;提出合理而科学的解决城市环境问题的方法与途径,以维持整个生态系统的相对平衡和协调的发展,保护环境,进一步促进工农业生产发展,造福于人类。

第五节 城市生态学基本原理

城市生态学是生态学的一个分支,研究城市生态学的基本原理,首先应明了生态学的基本规律。

一、生态学的一般规律

(一) 相互依存与相互制约规律

相互依存与相互制约,反映了生物间的协调关系,是构成生物群落的基础。生物间的这种协调关系,主要分两类。

1. 普遍的依存与制约,亦称“物物相关”规律。有相同生理、生态特性的生物,占据与之相适宜的小生境,构成生物群落或生态系统。系统中不仅同种生物相互依存、相互制约,异种生物(系统内各部分)间也存在相互依存与制约的关系;不同群落或系统之间,也同样存在依存与制约关系,亦可以说彼此影响。这种影响有些是直接的,有些是间接的,有些是立即表现出来的,有些需滞后一段时间才显现出来。一言以蔽之,生物间的相互依存与制约关系,无论在动物、植物和微生物中,或在它们之间,都是普遍存在的。

2. 通过“食物”而相互联系与制约的协调关系,亦称“相生相克”规律。具体形式就是食物链与食物网。即每一种生物在食物链或食物网中,都占据一定的位置,并具有特定的作用。各生物之间相互依赖、彼此制约、协同进化。被食者为捕食者提供生存条件,同时又为捕食者控制;反过来,捕食者又受制于被食者,彼此相生相克,使整个体系(或群落)成为协调的整体。或者说,体系中各种生物个体都建立在一定数量的基础上,即它们的大小和数量都存在一定的比例关系。生物体间的这种相生相克作用,使生物保持数量上的相对稳定,这是生态平衡的一个重要方面。当向一个生物群落(或生态系统)引进其他群落的生物种时,往往会由于该群落缺乏能控制它的物种(天敌)的存在,使该物种种群暴发起来,从而造成灾害。

(二) 微观与宏观协调发展规律

有机体不能与其所处的环境分离,而是与其所处的环境形成一个整体。来自环境的能量和物质是生命之源,一切生物一旦脱离了环境或环境一旦受到了破坏,生命将不复存在。生物与环境之间是通过食物链(网)的能量流、物质流和信息流而保持联系,构成一个统一的系统的。一旦食物链(网)发生故障,能量、物质、信息的流动出现异常,生物的存在也将受到严重威胁。地球上一切生物的生存和发展,不仅取决于微观的个体生理机能的健全,而且取决于宏观的生态系统的正常运行。个体与整体(环境)、微观与宏观只有紧密结合,形成统一体,才能取得真正意义上的协调发展。

(三) 物质循环转化与再生规律

生态系统中,植物、动物、微生物和非生物成分,借助能量的不停流动,一方面不断地从自然界摄取物质并合成新的物质,另一方面又随时分解为原来的简单物质,即所谓"再生",重新被植物所吸收,进行着不停顿的物质循环。因此,要严格防止有毒物质进入生态系统,以免有毒物质经过多次循环后富集到危及人类的程度。至于流经自然生态系统中的能量,通常只能通过系统一次,它沿食物链转移,每经过一个营养级,就有大部分能量转化为热散失掉,无法加以回收利用;因此,为了充分利用能量,必须设计出能量利用率高的系统。如在农业生产中,应防止食物链过早截断,过早转入细菌分解;不让农业废弃物如树叶、杂草、秸杆、农产品加工下脚料以及牲畜粪便等直接作为肥料,被细菌分解,使能量以热的形式散失掉;而是应该经过适当处理,例如先作为饲料,便能更有效地利用能量。

(四) 物质输入输出的动态平衡规律

又称协调稳定规律,它涉及生物、环境和生态系统三个方面。当一个自然生态系统不受人类活动干扰时,生物与环境之间的输入与输出,是相互对立的关系,生物体进行输入时,环境必然进行输出,反之亦然。

生物体一方面从周围环境摄取物质;另一方面又向环境排放物质,以补偿环境的损失(这里的物质输入与输出,包含着量和质两个指标)。也就是说,对于一个稳定的生态系统,无论对生物、对环境,还是对整个生态系统,物质的输入与输出都是相平衡的。

当生物体的输入不足时,例如农田肥料不足,或虽然肥料(营养分)足够,但未能分解而不可利用,或施肥的时间不当而不能很好地利用,必然造成作物生长不好,产量下降。

同样,在质的方面,当输入大于输出时,例如人工合成的难降解的农药、塑料或重金属元素,生物体吸收的量虽然很少,也会产生中毒的现象。即使数量极微,暂时看不出影响,但它也会积累并逐渐造成危害。

另外,对环境系统而言,如果营养物质输入过多,环境自身吸收不了,打破了原来的输入输出平衡,就会出现富营养化现象,如果这种情况继续下去,也势必毁掉原来的生态系统。

(五) 相互适应与补偿的协同进化规律

生物与环境之间,存在着作用与反作用的过程。或者说,生物给环境以影响,反过来环境也会影响生物。植物从环境吸收水和营养元素,这与环境的特点,如土壤和性质,可溶性营养元素的量以及环境可以提供的水量等紧密相关。同时,生物体则以其排泄物和尸体把相当数量的水和营养素归还给环境,最后获得协同进化的结果。例如,最初生长在岩石表面的地衣,由于没有多少土壤着"根",所得的水和营养元素就十分少。但是,地衣生长过程中的分泌物和尸体的分解,不但把等量的水和营养元素归还给环境,而且还生成不同性质的物质,能促进岩石风化而变成土壤。这样,环境保存水分的能力增强了,可提供的营养元素也增多了,从而为高一级的植物苔藓创造了生长条件。如此下去,以后便逐步出现了草本植物、灌木和乔木。生物与环境就是如此反复地相互适应和补偿。生物从无到有,从只有植物到动物、植物并存,从低级向高级发展;而环境则从光秃秃的岩石,向具有相当厚度的、适于高等植物和各种动物生存的环境演变。可是,如果因为某种原因,损害了生物与环境相互补偿与适应的关系,例如,某种生物过度繁殖,则环境就会因物质供应不足而造成生物的饥饿死亡。

(六) 环境资源的有限规律

环境资源指由某种或某些自然物质资源为载体或介质,在多种自然力的作用下而形成的具有不同环境功能的自然生态系统和自然景观。如以树木为主要载体的森林生态系统；由天然水体作介质的江河湖泊生态系统；由多种自然力相互作用后而造就的各种各样的自然景观等。生物的生存依赖各种环境资源，环境资源在质量、数量、空间和时间等等方面，都具有一定限度，不能无限制地供给。当今全球存在的生态环境危机，实际上从某种程度上而言是超负荷、超速度地开采环境资源所造成的。对每一生态系统而言，利用、开采其环境资源即是对其的一种外来干扰，每一个生态系统对任何的外来干扰都有一定的忍耐极限；当外来干扰超过此极限时，生态系统就会被损伤、破坏，以致瓦解。所以，放牧强度不应超过草场的允许承载量。采伐森林、捕鱼狩猎和采集药材时不应超过能使各种资源永续利用的产量；保护某一物种时，必须要留有足够使它生存、繁殖的空间；排污时，必须使排污量不超过环境的自净能力等。

二、城市生态学基本原理

（一）城市生态位原理

“生态位”(niche)指物种在群落中在时间、空间和营养关系方面所占的地位。一般说，生态位的宽度依据物种的适应性而改变，适应性较大的物种占据较宽广的生态位。

而城市生态位(urban ecological niche)是一个城市给人们生存和活动所提供的生态位。是城市提供给人们的或可被人们利用的各种生态因子(如水、食物、能源、土地、气候、建筑、交通等)和生态关系(如生产力水平、环境容量、生活质量、与外部系统的关系等)的集合。它反映了一个城市的现状对于人类各种经济活动和生活活动的适宜程度，反映了一个城市的性质、功能、地位、作用及其人口、资源、环境的优劣势，从而决定了它对不同类型的经济以及不同职业、年龄人群的吸引力和离心力。生态位大致可分为两大类：一类是资源利用、生产条件生态位，简称生产生态位；一类是环境质量、生活水平生态位，简称生活生态位。其中生产生态位包括了城市的经济水平(物质和信息生产及流通水平)、资源丰盛度(如水、能源、原材料、资金、劳力、智力、土地、基础设施等)；生活生态位包括社会环境(如物质生活和精神生活水平及社会服务水平等)及自然环境(物理环境质量、生物多样性、景观适宜度等)。

总之，城市生态位是指城市满足人类生存发展所提供的各种条件的完备程度。一个城市既有整体意义上的生态位，如一个城市相对于其外部地域的吸引力与辐射力；也有城市空间各组成部分因质量层次不同所体现的生态位的差异。如有学者认为，城市市中心的生态位在城市各个空间组成部分是最优越的(在特定的条件下和特定的城市发展阶段)。对城市居民个体而言，在城市发展过程中，不断寻找良好的生态位是人们生理和心理的本能。人们向往生态位高的城市地区的行为，从某种意义上说，是城市发展的动力与客观规律之一。

（二）多样性导致稳定性原理

大量事实证明，生物群落与环境之间保持动态平衡的稳定状态的能力，是同生态系统物种及结构的多样、复杂性呈正相关的。也就是说，生态系统的结构愈多样、愈复杂，则其抗干扰的能力愈强，因而也愈易于保持其动态平衡的稳定状态。这是因为在结构复杂的生态系统中，当食物链(网)上的某一环节发生异常变化，造成能量、物质流动的障碍时，可以由不同生物种群间的代偿作用加以克服。例如在物种十分丰富多样的热带雨林中，某些物种的缺失就可由于这种代偿作用而不致对整个生态系统的功能造成大的影响。反之，在仅有地衣、苔藓的北极苔原，则这些植被一旦受到破坏，就立即会使以地衣为食的驯鹿以及靠捕食驯鹿为生的食肉兽无法生存，因为结构过于简单的苔原生态系统是无法发挥物种间的代偿作用的。多样、复杂的生态系统受到了较严重的干扰，也总是会自发地通过群落演替，恢复原先的稳定状态，重建失去了的生态平衡，只是所需的时间，要比受轻微干扰的长。

在城市生态系统中，各种人力资源及多种性质保证了城市各项事业的发展对人才的需求；各种城市用地具有的多种属性保证了城市各类活动的展开；多种城市功能的复合作用与多种交通方式使城市具有远比单一功能与单一交通方式的城市大得多的吸引力与辐射力；城市各部门行业和产业结构的多样性和复杂性导致了城市经济的稳定性和整体的城市经济效益高——所有这些都是多样性导致稳定性原理在城市生态系统中的体现。

（三）食物链（网）原理

在普遍生态学里，食物链指以能量和营养物质形成的各种生物之间的联系。食物网则指一个生物群落中许多食物链彼此相互交错连接而成的复杂营养关系。

广义的食物链（网）原理应用于城市生态系统中时，首先是指可以产品或废料、下脚料为轴线，以利润为动力将城市生态系统中的生产者——企业相互联系在一起。城市各企业之间的生产原料，是互相提供的。某一企业的产品是另一些企业生产的原料；某些企业生产的“废品”也可能是另一些企业的原料。如此之间反复发生密切的联系。因而可以根据一定目的进行城市食物网“加链”和“减链”。除掉或控制那些影响食物网传递效益，利润低、污染重的链环，即“减链”；增加新的生产环节，将不能直接利用的物质、资源转化为价值高的产品，即“加链”。其次，城市食物链（网）原理反映了城市生态系统具有的这一特点，即：城市的各个组分、各个元素、各个部分之间既有着直接、显性的联系，也有着间接、隐性的联系。各组分之间是互相依赖、互相制约的关系，牵一发而动全身。

此外，城市生态学的食物链（网）原理还表明：人类居于食物链的顶端，人类依赖于其它生产者及各营养级的“供养”而维持其生存；人类对其生存环境污染的后果最终会通过食物链的作用（即污染物的富集作用）而归结于人类自身。

（四）系统整体功能最优原理

各个子系统功能的发挥影响了系统整体功能的发挥；同时，各子系统功能的状态也取决于系统整体功能的状态；城市各个子系统具有自身的目标与发展趋势，作为个体存在，它们都有无限制地满足自身发展的需要、而不顾其他个体的潜势存在。所以，城市各组分之间的关系并非总是协调一致的，而是呈现出相生与相克的关系状态。因此，理顺城市生态系统结构，改善系统运行状态，要以提高整个系统的整体功能和综合效益为目标，局部功能与效率应当服从于整体功能和效益。

（五）限制因子原理

限制因子原理具有两方面的内容，其一为李比希（Liebig）的最小因子定律（最低量定律），即生物的生长发育受它们需要的综合环境因子中那个数量最小的因子所控制。其二为谢尔福德（Shelford）的耐性定律，即生物的生长发育同时受它们对环境因子的耐受限度（不足或过多）所控制；可能达到某种生物耐性限度的各种因子中任何一个在数量上或质量上的不足或过多，都能使该生物不能生存或者衰退。

在城市生态系统中，影响其结构、功能行为的因素很多，一方面，处于最小临界量的生态因子对城市生态系统功能的发挥具有最大的影响力，有效地改善提高其量值，会极大增强城市生态系统的功能与产出；另一方面，某一生态因子在城市系统中的过度供应，既会造成浪费，也会造成环境及社会方面的种种问题。这提示人们：城市发展要素在数量或供应上的不足或过度，对城市都会产生制约作用。从这一角度而言，系统论中的"水桶理论"与"限制因子原理"具有内在的一致性。

（六）环境承载力原理

所谓环境承载力是指某一环境状态和结构在不发生对人类生存发展有害变化的前提下，所能承受的人类社会作用，具体体现在规模、强度和速度上。其三者的限制，是环境本身具有的有限性自我调节能力的量度。

环境承载力最主要的特点是客观性和主观性的结合。客观性体现在在一定的环境状态下其环境承载力是客观存在的，是可以衡量和把握的；主观性表现在环境承载力的指标及其数值将因人类社会行为内容的不同而不同，而且人类可以通过自身行为，特别是社会经济行为来改变环境承载力的大小，控制其变化方向。环境承载力的另一特点是具明显的区域性和时间性，地区不同或时间范围不同，环境承载力也可以不同。

环境承载力包括：

1. 资源承载力：含自然资源条件如淡水、土地、矿藏、生物等，也包含社会资源条件，如劳动力资源、交通工具与道路系统、市场因子、经济发展实力等。

从资源发挥作用的程度来划分，资源承载力又可分为现实的和潜在的两种类型。

现实的：指在现有技术条件下，某一区域范围内的资源承载能力；

潜在的：指技术进步，资源利用程度提高或外部条件改善促进经济腹地资源输入，从而提高本区的资源承载力。

2. 技术承载力：主要指劳动力素质，文化程度与技术水平所能承受的人类社会作用强度，它同样也包括现实的与潜在的两种类型。

3. 污染承载力：是反映本地自然环境的自净能力大小的指标。

环境承载力原理具体内容：

① 环境承载力会随城市外部环境条件的变化而变化；② 环境承载力的改变会引起城市生态系统结构和功能的变化，从而推动城市生态系统的正向演替或逆向演替。③ 城市生态演替是一种更新过程，它是城市适应外部环境变化及内部自我调节的结果。城市生态系统向结构复杂、能量最优利用、生产力最高的方向的演化称为正向演替；反之称为逆向演替。④ 城市生态系统的演替方向是与城市生态系统中人类活动强度是否与城市环境承载力相协调密切相关的。当城市活动强度小于环境承载力时，城市生态系统可表现为正向演替；反之，则相反。

本章小结：

城市生态学是研究城市人类活动与周围环境之间关系的一门学科。城市生态学的产生有着实践与理论方面的背景。它的学科基础包括生态学、人类生态学与城市学等学科。城市生态学基本原理包括：生态位原理、多样性导致稳定性原理、食物链（网）原理、系统整体功能最优原理、最小因子原理及环境承载力原理等。

问题讨论：

1. 城市生态学的产生背景有哪些?

2. 城市生态学的发展过程有哪些重要阶段?

3. 如何理解城市生态学的学科基础?

4. 城市生态学主要有哪些研究内容?

5. 如何理解城市生态学的基本原理?

进一步阅读材料：

1. 曲格平等．环境科学词典．上海:上海辞书出版社,1994

2. 崔凤军等．城市生态学基本原理的探讨．城市环境与城市生态,1993(4). 北京:中国环境科学出版社,1993~

3. (美)彼特·布劳著．王春光等译．不平等和异质性．北京:中国社会科学出版社,1991

4. 吴峙山等．城市生态系统初步探讨．环境科学理论讨论会论文集(第一集). 北京:中国环境科学出版社,1984

5. 康瑜瑾等．用生态学观点指导城市规划．环境保护,1996(8). 北京:《环境保护》编辑部,1996~

6. 郑光磊．论城市生态系统与城市规划．环境科学理论讨论会论文集(第一集). 北京:中国环境科学出版社,1984

第三章　城市生态系统的构成及特征

第一节　城市生态系统基本概念

早在1935年，当英国生态学家坦斯利提出“生态系统”这一重要的科学概念时，就有人认为这是生态学发展过程中的一个转折期的开始。“生态系统既是生态学的研究中心，也是研究环境以及环境科学的基础”。而“城市生态学”由美国芝加哥学派创始人帕克于1925年提出后，得到了迅速的发展，与自然生态系统成为生态学的研究中心一样，城市生态系统也成了城市生态学的研究中心与研究重点。对城市生态系统的理解，因学科重点、研究方向等不同，有着一定差异，以下略举几种：

(1) 城市生态系统是一个以人为中心的自然、经济与社会复合人工生态系统(马世骏)。

(2) 城市生态系统是以城市居民为主体，以地域空间和各种设施为环境，通过人类活动在自然生态系统基础上改造和营建的人工生态系统(王发曾)。

(3) 城市生态系统是城市居民与其周围环境组成的一种特殊的人工生态系统，是人们创造的自然-经济-社会复合体(金岚等)。

(4) 凡拥有10万以上人口，住房、工商业、行政、文化娱乐等建筑物占50%以上面积，具有发达的交通线网和车辆来往频繁的人类集聚的区域称为城市生态系统(何强等)。

这里，我们按《环境科学词典》(曲格平主编，上海辞书出版社，1994)将城市生态系统定义为：城市化地域内的人口、资源、环境(包括生物的和物理的、社会的和经济的、政治的和文化的)通过各种相生相克的关系建立起来的人类聚居地或社会、经济、自然的复合体。

从严格意义上说，城市是人口集中居住的地方，是当地自然环境的一部分，它本身并不是一个完整、自我稳定的生态系统。但按照现代生态学观点，城市也具有自然生态系统的某些特征，具有某种相对稳定的生态功能和生态过程。尽管城市生态系统在生态系统组分的比例和作用方面发生了很大变化，但城市系统内仍有植物和动物，生态系统的功能基本上得以正常进行，也与周围的自然生态系统发生着各种联系。另一方面，也应看到城市生态系统确实发生了本质变化，具有不同于自然生态系统的突出特点。这点将在本章第三节详述。

第二节　城市生态系统的构成

城市生态系统的构成是指该系统内包含的组成部分或子系统。它着重反映系统的空间因素及其相互作用。由于不同专业的研究角度和出发点不同，所以对城市生态系统构成的认识及划分也各不相同。以下简单介绍几种不同的城市生态系统构成。

一、社会学家提出的城市生态系统构成(图3-1)

图3-1中城市居民的结构和城市组织结构共同反映了城市的主体——人的能力、需求、活动状况等，同时也反映了城市的职能特点。

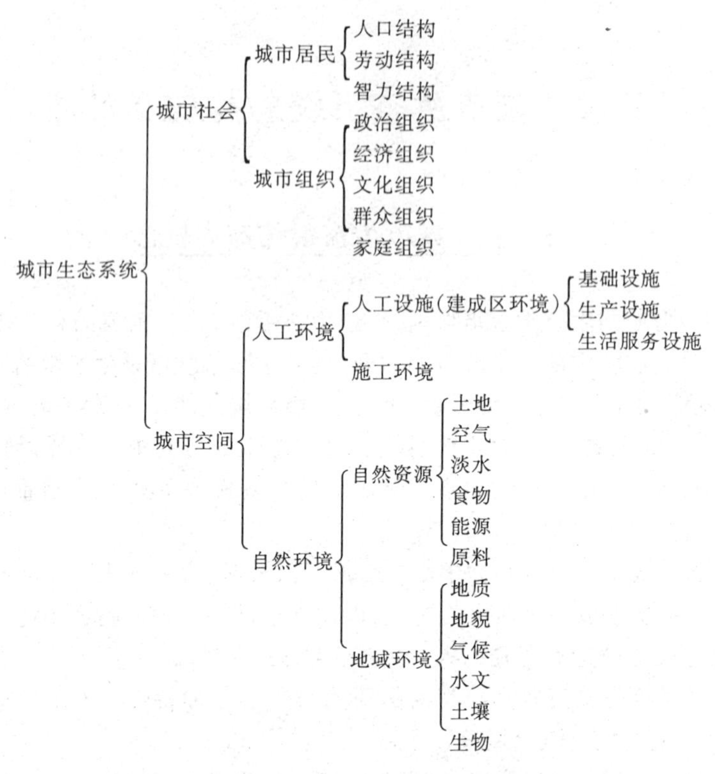

图 3-1　社会学角度的城市生态系统构成图
(引自何强等,1994)

城市空间,即城市环境,则是人工环境和自然环境两大部分的叠加。

人工环境由建成区环境和施工环境构成。城市的基础设施、生产设施和生活服务设施等一切人工设施,都是人工创造的所谓建成区环境,它又可以分为建筑物内环境和建筑物外环境,并且每一部分又可以分为工作环境和生活环境。施工环境则是即将建成的建成区环境。

自然环境可分为自然资源和地域环境两大类不同性质的环境。

自然资源的概念随着人类对自然界的认识和利用能力的提高而不断扩展。一般地讲,存在于自然界中一切对人类有用的物质,统称自然资源。自然资源又可分为可更新资源和不可更新资源。在短时间内能再生的,称可更新资源,如淡水、风能等;而像煤、石油等化石能源或各种金属矿物,是经过亿万年地质年代才形成的,称不可更新自然资源。对于可更新自然资源,也只有合理开发利用,才能使其不致枯竭。如淡水资源,无论过度开采,还是过度利用其自净能力,都将破坏其再生能力,从而失去使用该项资源的可能。

就城市而言,最重要的自然资源是:土地、淡水、空气、食物、能源和原料。这六项资源对城市的各个方面,都起着决定性作用,是城市生态系统的组成部分。但城市本身一般不能提供所需的全部资源,需要依赖周围其他系统的输入,只有当城市对资源的需求与外界所能达到的最大供应量处于平衡状态时,城市系统才能高效率运转。城市系统的活动,反过来还会影响周围地区的资源供应能力,如城市系统不合理的污水排放造成水体污染,产生“水质型污染”,从而使淡水供应量减少。值得一提的是,土地和空气这两项资源均有其特殊性。由于土地的不可输送性,城市要扩大面积,势必占用周围良田,其代价往往是难以预料的。因为土地资源本身包含着生产其他资源的潜力。城市占用了土地资源进行毁田造城,就失去了这块土地所能生产的其他资源。另外,空气资源也不是靠人力输送的,其运动状况受大气运动的影响,一旦气象条件不利时,城市上空的空气质量有可能明显恶化,直接威胁人、畜生存。

地域环境,指城市所在地区的自然环境条件,主要包括地质、地貌、气候、水文、土壤、生物等几个方面。这些环境因素影响、甚至有时控制城市系统的运转,而城市中人的活动反过来也可以改变这些因素。当人类活动对环境的改变不恰当时,有可能给人类自身带来损害。

二、环境学家提出的城市生态系统构成

图 3-2 为环境学家提出的城市生态系统构成。表 3-1 列出了各子系统的环境特点、环境问题和可采取的解决措施。

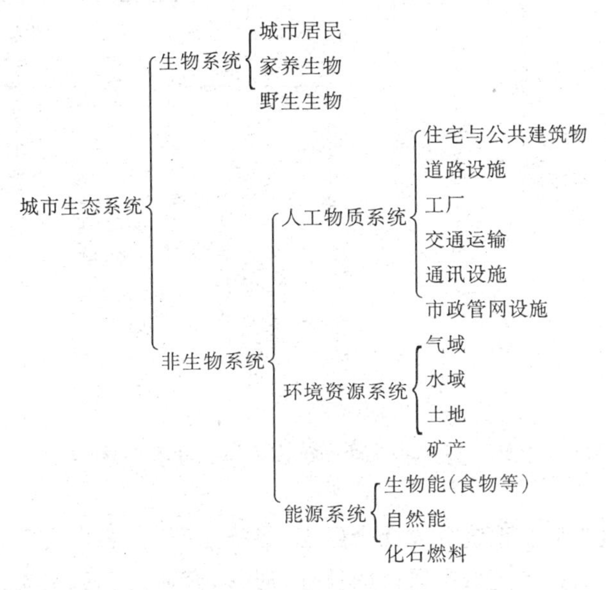

图 3-2　环境学角度的城市生态系统构成

(引自何强等,1994)

表 3-1　城市中各子系统的特点、环境问题和解决措施

子系统项目	生物系统	人工物质系统	环境资源系统	能源系统
环境特点	1. 大量增加人口密度; 2. 植物生长量比例失调; 3. 野生动物稀缺; 4. 微生物活动受限制	1. 改变原有地形地貌; 2. 大量使用资源消耗能源,排出废弃物; 3. 信息提高生产率; 4. 管网输送污物改造环境	1. 承纳污染物,改变理化状态; 2. 大量消耗资源,造成枯竭	1. 生物能转化后排出大量废物; 2. 自然能源属清洁能源; 3. 化石能源利用后排出废弃物
环境问题	使环境自净能力降低; 生态系统遭受破坏	改变自然界的物质平衡; 人工物质大量在城市中积累; 环境质量下降	破坏自然界的物质循环; 降低了环境的调节机能; 资源枯竭,影响系统的发展	产生大量污染物质,环境质量下降
措　施	控制城市人口; 绿化城市	编制城市环境规划; 合理安排生产布局; 合理利用资源; 进行区域环境综合治理; 改革工艺; 治理三废	建立城市系统与其它系统的联系; 调动区域净化能力; 合理利用资源	改革工艺设备; 发展净化设备; 寻找新能源

(引自何强等,1994)

三、其他

还有的学者将城市生态系统分成自然生态系统与社会经济生态系统两大部分，两部分又分别包括生物与非生物两方面(图 3-3)。

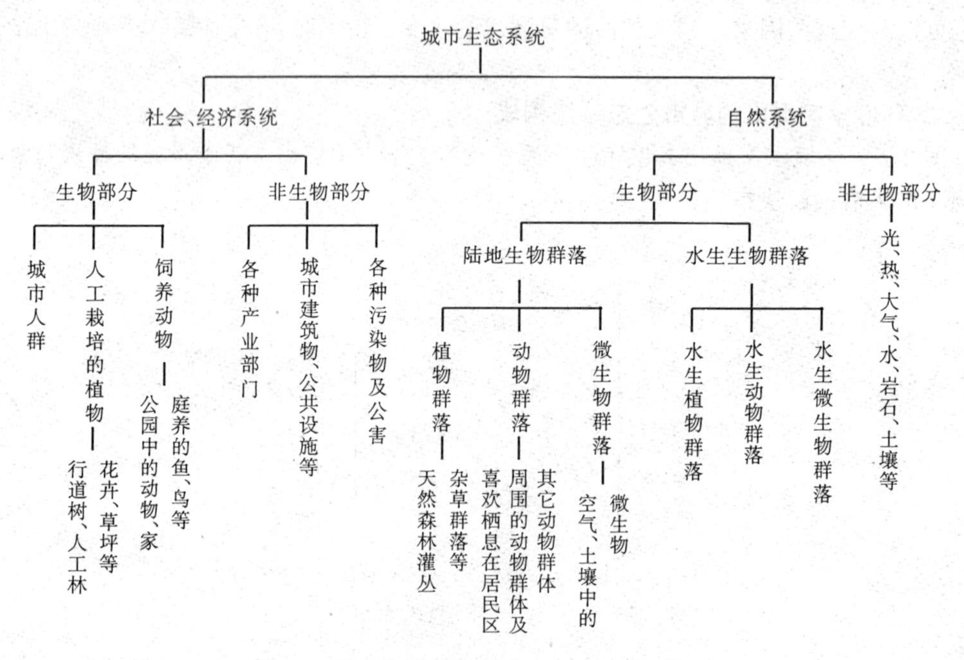

图 3-3　城市生态系统构成(引自金岚等，1992)

此外，还有将城市生态系统分成社会生态、经济生态、自然生态三个子系统。社会生态子系统以人口为中心，以满足城市居民的就业、居住、交通、供应、文娱、医疗、教育及生活环境等需求为目标，为经济系统提供劳力和智力，它以高密度的人口和高强度的生活消费为特征。经济生态子系统以资源流动为核心，由工业、农业、建筑、交通、贸易、金融、信息、科教等下一级子系统所组成，物资从分散向集中的高密度运转，能量从低质向高质的高强度集聚，以信息从低序向高序的连续积累为特征。自然生态子系统以生物结构和物理结构为主线，包括植物、动物、微生物、人工设施和自然环境等，以生物与环境的协同共生及环境对城市活动的支持、容纳、缓冲及净化为特征。

如强调城市是人类聚居、生存的环境，可将城市生态系统看成是由城市人类及其生存环境两大部分组成的统一体。其中城市人类是由不同的人口结构、劳力结构和智力结构的城市居民所组成的；而城市人类生存环境是由自然环境和经济、社会文化及技术物质环境组成的(图3-4)。

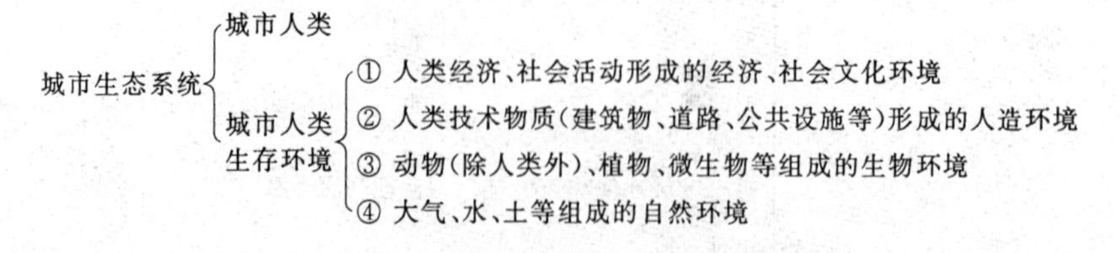

图 3-4　城市生态系统的构成

第三节 城市生态系统的特征

一、人类属性及人类生态系统的特征

按空间环境性质，城市生态系统属于陆地生态系统；而按人对生态系统的影响程度，城市生态系统属于人工生态系统。人工生态系统与人类生态系统具有内在的一致性。探讨城市这一人工生态系统的特征有必要从人类生态系统谈起。

人类的诞生，是地球发展史上最伟大的事件。地球生物圈，这个无比巨大的生态系统，也由于人类的诞生而进入了一个全新的发展时期。

关于人类起源的时间，根据迄今所知的材料，可以追溯到距今约500万年之前，这个时间虽然比以前的考古记录提前了一大段，但显然仍比地球上生态系统形成的时间晚得多，因为地球上人类出现之前的生态系统，早在30亿年前、生命产生之时就已形成了；即使从与人类同属一类的哺乳动物成为生物界的主角时算起，它也已经有了约7000万年的历史。

人类的历史虽然短暂，但自从人类出现以后，地球环境的变化之快、之大，却是空前的。在未有人类之前，地球上虽然也发生过诸如氧化性大气圈取代还原性大气圈、海陆变迁、全球降温等重大环境变化，导致了不少物种的灭绝，但其发生的频率以万亿年计，十分缓慢，而且主要都不是由于生物的作用，而是由于无机自然界自身的物理化学原因而发生的。人类产生以后，地球面貌的改变则一日千里，而且，种种全球性环境问题，如温室效应、酸雨、臭氧空洞、资源枯竭、有毒物质污染等，都是由于人类的活动而在近两三百年内发生的。

(一) 人类的两种属性

1. 人类的生物属性

人类由猿类进化而来，从南方古猿原始类人科化石的最新发现，或者是分子生物学的研究结果，都已越来越有力地证明，人和猿具有共同的祖先。

人和其他生物一样，也不能须臾离开从环境中摄取的能量和物质而生存。据测算，如果人的平均寿命以60岁计，则一生中大约需要从外界摄入食物32.4t，淡水54t，空气423t。人体代谢中产生的废物，又被排放到外界，参与包括人类在内的生物与无机环境之间的能量、物质交换，生物和环境利用是相互作用、相互依存的，这种关系一旦停止，生命就告终结。人也丝毫不能例外。

在人类诞生前的几十亿年间，由生物与环境构成的生态系统包括生产者、消费者和分解者三个生物成员。它们构成了错综复杂的食物链(网)，进行着运行不息的能量、物质和信息流动。人类诞生以后，生态系统的这种格局仍然没有改变。人类和一切动物一样，也是自己不能制造有机物质，而是最终要靠植物制造的有机物质，同时捕食多种动物为生的“消费者”。人类也不过是食物链(网)上的一个环节，是生态系统中能量、物质流和信息流的一个中转站。

这些都反映了人类身上的生物属性。人类既然并非超生物、超自然的精灵，也就不可能摆脱生态系统的制约。人类的生存和发展，仍然必然遵循生物与环境相互作用、相互依存的客观规律，这是毋庸置疑的。

2. 人类的社会属性

然而，如果把人类诞生前后的生态系统完全地等同起来，无视今天的生态系统及其运行

规律中由于人类的活动而引入的种种因素与产生的种种新特点，却也是有悖于事实的，因为人类毕竟不是一般的生物，除了生物属性，它还具有即使其他高等的动物也不具备的社会属性。

人是生物界唯一具有高级意识的物种。有人认为意识起源于变形虫；但如果把意识理解为包括感觉、知觉和思维的总和的认识，那么即使进化阶梯上最接近人类的猿类，也仍然只有很低级的意识。有这样一个实验：让一头学会了用水桶里的水灭火的黑猩猩在河边灭火，但它仍然宁可到远处去取那只水桶里的水，而不知道可以就近取河水充当灭火材料。这说明黑猩猩脑子里并未形成水的概念，因为它缺乏对客观事物进行抽象思维的能力，而这种能力却是形成高级意识的必要条件。

人类意识的物质基础是特别发达的脑。真正的脑，是从脊椎动物才开始有的。到了猿类，脑量显著增大，大脑皮层大大扩展。如大猩猩的脑量达 400～500ml，最大的甚至达 752ml，说明脑的进化已达到相当高的水平。但如以猿类中智能最高的大猩猩的脑与早期人类的脑相比，前者的发达程度仍落后得多。“北京猿人”的脑量超过 1 000ml；智人的脑量已接近现代人，达 1400ml，相当于大猩猩的 3 倍。人的大脑尤其发达，大脑皮层纵横折叠，沟回起伏，表面积达 2 600cm^2，是大猩猩的 4 倍。一个发达的大脑，就是一个精密奇妙的信息“加工厂”。有了这个“加工厂”，就可对来自外部环境的感觉信息进行加工，运用分析和综合、抽象和概括、判断和推理等思维形式，透过事物的表象，把握事物的本质和规律，使认识客观世界的能力达到一切动物所望尘莫及的水平。人类之所以能超越动物本能的局限，进行有意识有目的的活动，显然是同高度发达的大脑分不开的。

人类还是动物中唯一能制造工具的物种。一切其他动物由于都没有这种能力，它们的生存都只能以自身机体对环境的适应为条件，服从“适者生存”的客观规律，一旦环境发生变化，有的物种就会由于不能适应新的环境而活不下去。如鱼类可以在水域里优哉游哉，却不能耐受极短暂的失水环境；恐龙曾在中生代的温暖湿润气候下盛极一时，但到中生代末期气候变冷时，就由于裸子植物大批死亡而难逃灭绝的命运。

人类却是在制造工具的劳动中来到世上的。迄今所知的最早的工具发现于东非坦桑尼亚的坦噶尼喀奥杜瓦伊峡谷，是由能人制造的石器。能人是由南方古猿的一个分支发展而来，生活于 300～200 万年之前，可说是刚刚与猿类分手，而仍然“猿气”未脱的人。今天看来，由他们制造的工具当然十分粗糙简单，实际上只是对天然物（石块）作了一点点微不足道的加工，但就是这么一点点加工制作，却显示了人类所特有的改造环境的巨大潜在能力，因为制造工具本身就是对环境的一种改造。而有了工具，那怕是最粗糙简单的石器，就有可能用它来砍断干茎，挖掘块根，砸碎坚果，制服猛兽，亦即对环境中的事物作进一步的改造。这样，人类也就有可能不是依靠自身机体对环境的适应，而是依靠制造和使用工具，从环境中取得所需的生活资料了。

人类的这种能力当然是与其大脑和意识的发达程度密切有关的。有的动物也有某些类似的能力。如蜜蜂、蚂蚁和鸟类有构筑巢穴，营造栖息环境的本领，黑猩猩能使用石块，折取和修整树枝作为“工具”，去获取食物等。但它们的这些行为或者是纯属本能的表现，只能无数次地重复固定的模式（如蜂、蚁、鸟类）；或者仅仅反映了某种简单思维的萌芽，始终只能停留在极低的水平上，而不能有任何创造。人类改造环境的活动则一开始就是有意识、有目的，是在对客观世界有所认识的基础上能动地进行的；改造的实践又反过来加深了对客观世界的认识。如此相互促进,其结果导致了科学技术的不断发达和对环境的改造能力愈趋强大,物质财富也随之与日俱增。人类的这种能力,显然是一切动物所无法比拟的。

人类的生物属性,决定了作为生物界的一部分的人类,仍然必须遵循一般生态学规律才能求得生存和发展。但人类的社会属性,却必然会使生态系统及其运行规律产生某些新的特点。

（二）人类生态系统的特点

所谓人类生态系统,是指居民与生存环境相互作用的网络结构,也是人类对自然环境适应、加工、改造而建造起来的人工生态系统。在物质文明高度发达的今天,人类已经改变了自然生态系统的大部分,创造了规模不同、种类繁多的人工生态系统。在这一系统中,一方面环境以其固有的成分以物质流和能量流的形式运动着,并控制着人类活动的过程;另一方面,人类活动又对环境产生反作用,不断地改变着能量的流向与物质循环的过程;两方面互相作用而又互相制约,组成一个复杂的以人为中心的生态系统即人类生态系统。

如果把人类诞生后以人类为主体的生态系统称为人类生态系统,那么以下一些它与自然生态系统的区别是十分明显的。

1. 食物链顶端生物成分的变化

自然生态系统中的各种生物是以食物链的形式进行能量交换,从而相互联系的。它们彼此间又可按能量利用的效率排序,构成“生命金字塔”。处于食物链的终端环节,或“生命金字塔”的顶极位置的,是一些捕食能力特别强的动物,如狮子、老虎等。而在人类生态系统中,这个角色由人类取而代之了。人类的体力虽不及狮、虎,但当原始人类一开始就手执工具同其他动植物打交道的时候,即使手中只有极简陋的石器,其捕食能力也比“赤手空拳”的动物强得多。现代人类手中有了高度发达的科学技术和先进的机械装备,在自然界中更是所向无敌。因此,同样作为食物链上的一个环节,任何动物包括许多猛兽猛禽,现在都难逃被捕猎的危险;人类却可利用一切他所需要的动物和植物,而毋须经常担心其他动物对自己生存的威胁。一句话,如今人类已成了食物链的终端环节,登上了“生命金字塔”至高无上的宝座。这一状况,显然不能不促使食物链(网)的一切生产者和消费者以及通过食物链(网)运行的能量流和物质流,受到人类这个终极消费者的生存需要的强烈影响。

2. 在构成生态系统的自然环境中,出现了日益扩大的人造(工)环境

人类和其他生物一样,也必须从自然界中摄取物质、能量来满足自己的生存需要。但人类在实现这一目的的时候,总是通过对自然环境的改造,使自然环境打上人的烙印,而不是直接地利用原始的自然条件。这又使他和其他生物截然不同。当然,最初的人造环境是极其简单的,可能只包括石器之类的原始工具,保护人体免受冻害的遮身物,以及聊避风雨的洞穴等。但人类认识和改造环境的能力是不断发展的,人造环境相对于自然环境的比重也必然与日俱增。今天的人造环境,已经成为由无数具有不同功能的人造物构成的庞大系统,其中包括取代了原始手工工具的现代化机器装备,取代了天然物品的各种人造生活用品,以及精心设计的建筑物,四通八达的公路、铁路网络,性能优良的交通工具,可以远距离传递信息的通讯设备等等。一句话,人造环境也就是人类社会的物质文明。它是人的创造物,反过来又为人类服务,除了满足维持生命的基本需要外,还可使人获得愈来愈丰富多采的物质、文化享受,甚至使人的生活超越了时间(季节)和空间(距离)的限制,变得愈来愈可以随心所欲。现代城市可说是人造环境的最完备的典型。但其实,就是远离城市的广大农村,山野林

海，以至南北极地，没有打上“人造”烙印的纯粹的大自然，如今也已不多了。

人类现在生活在两种环境中：自然环境和人造环境。人类不可能脱离自然环境而生存，但由物质文明构成的人造环境却变成了人类获得所需物质和能量的更加直接的来源。这样，在人类的意识中，对自然环境的依赖性逐渐谈化，而对发展物质文明和人造环境的积极性却不断增加。当一切其他动物始终只是依靠自身对自然环境的适应来维持生命的时候，人类却在殚精竭虑地发展着物质文明和人造环境，并且因此而使自己愈来愈远地拉开了与动物界的距离。显然，只要地球上一天有人类存在，创造物质文明的活动就一天不会停止，人造环境也必然会继续不断地扩大下去。

3. 非食物的能量流和物质流的强度日益增长

生态系统结构上发生的以上两方面变化，对物质和能量流动的影响是十分巨大的。人类在生态金字塔中独一无二、至尊无上的地位，使他们有可能最大限度地利用一切可以利用的生物资源，来满足日益增长的人口和不断提高营养标准对食物的需要，其结果是空前强化了食物链(网)上的能量和物质流动。而物质文明环境的创造和不断扩大，则甚至使非食物形态的能量和物质，也被引入了生态系统。因为创造物质文明既然成了人类生存、发展的必要条件，人类就不能像一般生物一样，仅以取得食物营养为满足，他们还必须开发利用自然界的煤、石油和天然气等矿物能源，以及其他各种金属、非金属的矿物资源和水土资源等，供和平建设之用。其结果是在生态系统中出现了非食物的能量和物质流。物质文明的发展一日千里，这种能流和物质流的强度也高速增长(见图 3-5)。

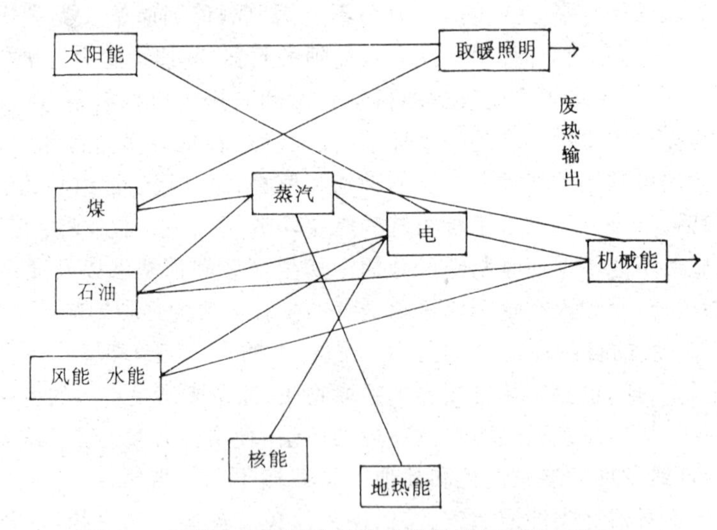

图 3-5 人类生态系统中的非食物能流(引自陶家祥等，1995)

4. 科学技术在人类生态系统中的作用日益重要

人类的影响和作用，不仅使生态系统的结构而且使它的功能也都发生了十分巨大的变化。而造成这种变化的主要因素，则是科学技术。黑格尔曾经说过，人类为“使自然界反对自然界本身”而发明了工具。与人类最初发明的工具相比，科学技术反映了人类对付自然界的更加高超的智慧和能力，它为人类提供了有意识地支配自然界、干预自然界物质运动的更有效的手段。科学技术是日新月异的，人类支配、干预自然的能力也与日俱增。正是在科学技术的帮助下，人类才能按照自己的需要，以空前的规模和速度对自然界进行开发利用，从而造成了高强度的能量和物质流动。这在人类诞生之前是决不可能的,因为那时生态系统中的能流和物质流,都只是生物自发的本能活动的结果。

总之,人类的存在已使生态系统或生物圈的发展进入了一个新的历史阶段。

二、城市生态系统的特征

任何"系统"都是一个具有一定的结构,各组分之间发生一定联系并执行一定功能的有序整体。从这个意义上说,生态系统及城市生态系统与物理学上的系统是相同的。但生命成分的存在决定了生态系统及城市生态系统具有不同于机械系统的许多特征。

自然生态系统的特征主要体现在四个方面。其一,自然生态系统具有有机体的一系列生物学特征,如发育、代谢、繁殖、生长与衰老等,这表明自然生态系统具有内在的动态变化能力;其二,自然生态系统具一定的区域特征,它与特定的空间地域相联系,使自然生态系统的结构和功能反映了一定的地区特性;其三,自然生态系统是开放的"自我维持系统",具有功能连续的代谢机能,这种代谢机能是通过系统内生产者、消费者和分解者三个不同营养水平生物类群完成的;其四,自然生态系统具有自动调节的功能。这种调节功能是指生态系统受到外来干扰而使稳定状态改变时,系统靠自身内部的机制再返回稳定、协调状态的能力。

城市生态系统与自然生态系统具有一定的相似性,因此,它也有以上自然生态系统的一般特征,如动态变化性、区域性、自我维持性与自我调节性。然而,城市生态系统作为人类生态系统的一种类型,在许多方面具有独特鲜明的特征。

(一)城市生态系统区别于自然生态系统的根本特征

1. 系统的组成成分

自然生态系统是由中心事物(生物群体)与无机自然环境构成的,其中生产者是绿色植物,消费者是动物,还原者是微生物。

城市生态系统则是由中心事物——人类与城市环境(自然环境和人工环境)构成的,其中生产者是从事生产的人类,消费者是以人类为主体进行的消费活动。城市生态系统的还原功能则是主要由城市所依靠的区域自然生态系统中的还原者以及人工造就的各类设施来完成的。

2. 系统的生态关系网络

自然生态系统的生态关系网络包括生物种群内外各种竞争、捕食、共生关系网,群落与自然环境之间的关系网等。这些网络都是自然产生的,也是自然生态系统长期进化的必然结果。

城市生态系统中的网络则大多是具有社会属性的网络,它们是人类社会发展过程中逐渐建立起来的。包括城市生态系统中的各种自然网络(已带有明显的人工色彩)和更为重要的社会关系、经济关系网络。

3. 生态位

生态位可以理解为各种网络的交结点。自然生态系统所能提供的生态位是其发展过程形成的自然生态位;而城市生态系统所能提供的生态位除了自然生态位以外,更主要的是各种社会生态位、经济生态位。

4. 系统的功能

生态系统的功能由系统中各种流在系统生态关系网络中的运行状况体现。由于自然生态系统本身就是一个从生产到还原的完整生态网络体系，并在长期演化过程中形成了多样化、多层次的营养结构及合理的空间结构，因而各种流在自然生态系统中的运转表现出高效率利用和高循环再生自净能力，使整个系统表现出极高的生态学效率。

城市生态系统中各种生态流在生态关系网络上的运转还需要依靠区域自然生态系统的支持，而城市生态系统的关系网络是不完善的，加上城市生态系统中各种流的强度远远大于自然生态系统，使得在高强度的生态流运转中伴随着极大的浪费，整个系统的生态效率极低。

5. 调控机制

自然生态系统的中心事物是生物群体，它与外部环境的关系是消极地适应环境，只能在一定程度上改造环境，因而自然生态系统的动态、演替，无论是生物种群的数量、密度的变化，还是生物对外部环境的相互作用、相互适应，均表现为“通过自然选择的负反馈进行自我调节”的特征。

城市生态系统则是以人类为中心，人类与其外部环境的关系是人积极地、主动地适应环境和改造环境，其系统行为很大程度上取决于人类所作出的决策，因而它的调控机制主要是“通过人工选择的正反馈为主”。

6. 系统的演替

自然生态系统的演替可以认为是生物群落在各种自然力的作用下，通过群落内生物种群内部和种群之间对各种资源利用过程中的相互竞争与相互作用，以实现对自然资源的最充分利用（即对自然生态环境承载容量的最充分利用）的一种自然生态过程。在各种自然资源条件保持不变的条件下（即环境承载的量值不变），系统演替的结果必定是在某一特定群落组成和结构上达到动态稳定。

城市生态系统的演替则是人类为了自身的生存和发展，通过各种生产和生活活动。对系统能动地创建、改造、拓展的结果，也是城市人类集聚的发生、发展、兴盛、衰亡的过程。在这一过程中，存在着环境承载力的提高和降低两种情况。由于人类生存和发展目标是随着人类对自然的认识程度和改造能力的不断提高（即环境承载力的提高）而提高，所以城市生态系统的演替不会达到特定的稳定状态。城市生态演替不同于自然生态演替的一个最大特点是人能改造环境、扩大城市容量，把系统从成熟期重新拉回到发展期。

（二）城市生态系统的人为性

1. 城市生态系统是人工生态系统

城市及城市生态系统是通过人的劳动和智慧创造出来的，人工控制与人工作用对它的存在和发展起着决定性的作用。大量的人工设施叠加于自然环境之上，形成了显著的人工化特点，如人工化地形、人工化土壤（沥青、混凝土）、人工化水系（给排水系统），甚至还造就了人工化气候（城市热岛）。城市生态系统不仅使原有自然生态系统的结构和组成发生了“人工化”倾向的变化（如绿地锐减、动物种类和数量发生变化，大气、水环境等物理、化学特征发生了明显的变化）；而且，城市生态系统中大量的人工技术物质（建筑物、道路、公用设施等）完全改变了原有自然生态系统的形态和结构（物理结构）。城市生态系统具有人工化的营养结构，这一是指城市生态系统不但改变了自然生态系统的营养级的比例关系，而且改变了营养关系（谁供应谁）；二是指在食物（营养）输入、生产、加工、传送过程中，人为因素起着主要作用。

2. 城市生态系统是以人为主体的生态系统

“环境中只要有人类介入，自然生态系统就发展为人类生态系统”。在城市生态系统中，人口高度密集，其他生物种类和数量都很少，人口比重极大。从城市单位土地面积上人口生存量看，人类远远超过了其他生物。如据有关资料，东京、北京、伦敦三城市的“人口生物量/植物生物量”比值分别为10,8,1.6,平均为6.5。

在城市生态系统中，主要生产者实际上已从绿色植物转化为从事经济生产的人类，而消费者也是人类，人类已成为兼具生产者与消费者两种角色为一体的特殊生物物种了。

从城市人口占全部地球上总人口比重看，城市作为人类生态系统的一个重要类型，以人为主体的特征也十分明显且历史悠久(表3-2)。

表 3-2　　一些国家城市人口比例(%)

国家＼时间	1920	1950	1960	1965	1970	1975	1980
英　国	79.3	77.9	78.6	80.2	81.6	84.4	88.3
法　国	46.7	55.4	62.3	66.2	70.4	73.7	78.3
前联邦德国	63.4	70.9	76.4	78.4	80.0	83.8	86.4
美　国	51.4	64.0	69.8	72.1	74.6	77.6	82.7
日　本	18.0	35.8	43.9	48.0	53.5	57.6	63.3
前苏联	—	39.5	49.5	53.4	57.1	69.5	65.4

(引自吴峙山等,1984)

3. 城市生态系统的变化规律由自然规律和人类影响叠加形成

自然生态系统的代谢功能，即物质—转换—合成—分解—再循环的过程反映了自然界生态平衡的本能和规律。然而在城市生态系统中，自然规律已受到人为影响，发生了许多异常。在限定的时空范围内，这种影响会使自然规律受到改变，并最终影响城市生态系统发展变化的规律。

4. 人类社会因素的影响在城市生态系统中具有举足轻重的地位

人不可能单独生存，人是组成社会的高级生物，人类社会的政治、经济、法律、文化和科学技术对城市生态系统的发展有重大的影响。目前，城市发展几乎完全取决于人类的意志，有计划、有步骤地按制订的规划实施城市建设已是普遍的原则。人类社会因素既是城市生态系统的一个组成部分，又是城市生态系统的一个重要的变化函数，直接影响城市生态系统的发展和变化。

5. 城市生态系统中的人类活动影响着人类自身

在城市生态系统中，人类活动不断地影响着人类自身，它改变了人类的活动形态，创造了高度的物质文明。这种自身的驯化过程，使人类产生了生态变异，如前额变小，脑容量变大等等。同时，城市生态系统运转进程所造成的环境变化，影响了人类的健康，引起了城市公害和所谓的“城市病”。如世界各国流行病学调查都表明城市肺癌死亡率高于农村。

(三) 城市生态系统的不完整性

1. 城市生态系统缺乏分解者

在城市中，自然生态系统为人工生态系统所代替，动物、植物、微生物失去了在原有自然生态系统中的生境，致使生物群落不仅数量少，而且其结构变得简单。城市生态系统缺乏分解者或者分解者功能微乎其微；城市生态系统中的废弃物(工业与生活废弃物)不可能由分解者就地分解,几乎全部都需输送到化粪池、污水厂或垃圾处理厂(场)由人工设施进行处理。

2. 城市生态系统"生产者"(指绿色植物)不仅数量少,而且其作用也发生了改变

城市中的植物,其主要任务已不再是像自然生态系统那样向其居住者提供食物,其作用已变为美化景观,消除污染和净化空气。与此同时,城市生态系统必须靠外部所提供植物产量(粮食)来满足城市生态系统消费者的需求。如 1982 年,输入北京的粮食达 195 万吨,而其自身生产的粮食不到从外调入的一半。

(四) 城市生态系统的开放性

1. 对外部系统的依赖性

城市生态系统不能提供本身所需的大量能源和物质,必须从外部输入。经过加工,将外来的能源和物质转变为另一种形态(产品),以提供本城市人们使用。城市规模越大,与外界的联系越密切,要求输入的物质种类和数量就越多,城市对外部所提供的能源和物质的接受、消化、转变的能力也越强。

城市生态系统除能源和物质依赖于外部系统外,在人力、资金、技术、信息方面也对外部系统有不同程度的依赖性,这可以解释当今世界各国流动人口在城市中总是大于除城市之外其他人类聚居地的原因。然而,能源与物质对外部的强烈依赖性在城市生态系统中是占有主导地位的。

2. 对外部系统的辐射性

城市生态系统除了在能源、物质等方面对外部系统的吸引力外,还具有强烈的辐射力,这即是城市生态系统的辐射性特征。这是因为城市除了是当今世界上人类一个主要的聚居地外,它更是人类一个社会经济载体,城市对人类发展具有重要的无可替代的经济社会作用。城市从外部引入能源与物质所产出的产品只是一部分供城市中人们使用,而另外一部分却向外部输送,这种向外输送的产品也包括经过城市人工加工改造后能被外部系统使用的新型能源和物质。

其次,城市也向外部系统输出人力、资金、技术、信息,使得城市外部系统的运行也相当程度上被城市系统的辐射力及其性质所影响和制约。

此外,城市向外部的辐射性还相当程度上表现在城市向外部系统输出的废物这个方面。城市生态系统在输入外部的能源与物质后,经过加工,一部分输出为产品,而另一部分为废弃物,且数量惊人。表 3-3 是美国一个百万人口城市每天典型的输入输出物质的例子(未包括输出的产品)。

表 3-3　　一个百万人口城市的代谢

输入物质	输入量(t/d)	输出物质	输出量(t/d)
水	625000	废　水	500000
食物	2000	固体废物	2000
燃料		固体尘埃	160
煤	3000	SO_2	160
油	2800	NO	100
气	2700	CO	450

(A·wolman,1966,转引自金岚等,1992)

3. 城市生态系统的开放具有层次性

城市生态系统的开放具有三个层次。

第一层次为城市生态系统内部各子系统之间的开放，即各子系统之间的交流和互相依赖、互相作用。如就城市经济活动而言，在生产、流通、分配、消费各个环节之间就有很密切的交流和开放，否则，经济活动就不能维持和进行。

第二层次为城市社会经济系统与城市自然环境系统之间的开放。这主要指城市社会经济系统要利用自然环境资源，同时在利用过程中也对自然环境施加各种影响。

第三层次指城市生态系统作为一个整体向外部系统的全方位开放。既从外部系统输入能量、物质、人才、资金、信息等，也向外部系统输出产品、改造后的能量和物质以及人才、资金、信息等。

城市生态系统第一层次的开放具有内部性，范围较小；第二层次的开放规模、强度要大于第一层次，但仍具有某些单向性的痕迹；而第三层次的开放则具有高强度，双向性及普遍性的特征。

（五）城市生态系统的高"质量"性

质量指物体中所含物质的量，亦即物体惯性的大小。城市生态系统的高质量性指的是其构成要素的空间高度集中性与其表现形式的高层次性。

1. 物质、能量、人口等的高度集中性

城市在自然界只占有很小的一部分空间（城市用地面积只占全球面积的 0.3%），却集中了大量的能源、物质和人口。大量的能源、物质在城市中高度聚集，高速转化。有人测定城市生态系统内能量转化功率为每平方米每年$(42 \sim 126) \times 10^7$J，是所有生态系统中最高的。

此外，城市中大量的人口、交通和信息流以及建立的大量的人类技术物质（建筑物、构筑物、道路、桥梁和其他设施等），也使得城市相对于自然生态系统与外部系统具有鲜明的高度密集与拥挤的特征，其单位面积上所含有的物质、能量、人口、信息等物质性要素是任何自然生态系统与外部系统无法比拟的。

2. 城市生态系统的高层次性

不仅与自然生态系统相比，而且与渔猎、农业时代的人类生态系统相比，城市生态系统都是属于迄今为止最高层次的生态系统。这种高层次性主要体现在如下几个方面：一是人们具有巨大的创造、安排城市生态系统的能力；二是城市生态系统的构成物质体现着当今科学技术的最高水平；三是为了维持城市生态系统这一复杂的人工生态系统的运行，科学技术在城市生态系统中起着关键的作用。

（六）城市生态系统的复杂性

1. 城市生态系统是一个迅速发展和变化的复合人工系统

与自然生态系统不同，城市生态系统中的这种对能源和物资的处理能力并非来自自然天赋，而是来自人们的劳动和智慧。在自然生态系统中，以生物和非生物之间的自然关系为主；而在城市这一自然-社会-经济的复合人工系统中，一定生产关系下的生产力起着主导支配作用。在自然规律之下，一种新物种的出现不知要经过多少亿万年。自然生态系统的发展变化，主要表现于在生物圈内生物数量的增减上，以及各自所占地域的扩大或缩小上。而在城市生态系统中，随着人们生产力的提高，人们在对能源和物质的处理能力上，不仅有量的扩大，而且可以不时发生质的变化。通过人工对原有能源和物质的合成或分解，可以形成新的能源和物质，形成新的处理能力。在这种情况下，城市内部以及与外部之间的生态关系需要不时加以调整和适应，形成新的生态系统。特别在生产力高度集中的大城市，随着内外关系的变化，在形成新的生态系统的同时，其覆盖面也越来越大。与自然生态系统相比，城市生态系统的发展和变化不知要迅速多少倍。

2. 城市生态系统是一个功能高度综合的系统

从本质上说，城市生态系统是人类为其生存所创造的一个人工生态系统，它是人类追求美好生存环境质量的象征和产物。城市生态系统要达到这一目标，就必须形成一个多功能的系统，包括政治、经济、文化、科学、技术及旅游等多项功能。一个优化的城市生态系统除要求功能多样以提高其稳定性外，还要求各项功能协调，系统内耗最小，这样才能达到系统整体的功能效率最高。

(七) 城市生态系统的脆弱性

1. 城市生态系统不是一个“自给自足”的系统，需靠外力才能维持

在自然生态系统中能量与物质能够满足系统内生物生存的需要，成为一个“自给自足”的系统。这个系统的基本功能能够自动建造、自我修补和自我调节，以维持其本身的动态平衡(图 3-6)。而在城市生态系统中能量与物质要依靠其他生态系统(农业和海洋生态系统等)人工地输入，同时城市生产生活所排放的大量废弃物，远超过城市范围内的自然净化能力，也要依靠人工输送系统输到其他生态系统(图 3-7)。所以城市生态系统需要有一个人工管理完善的物质输送系统，以维持其正常机能。如果这个系统中的任何一个环节发生故障，将会立即影响城市的正常功能和居民的生活，从这个意义上说，城市生态系统是个十分脆弱的系统。

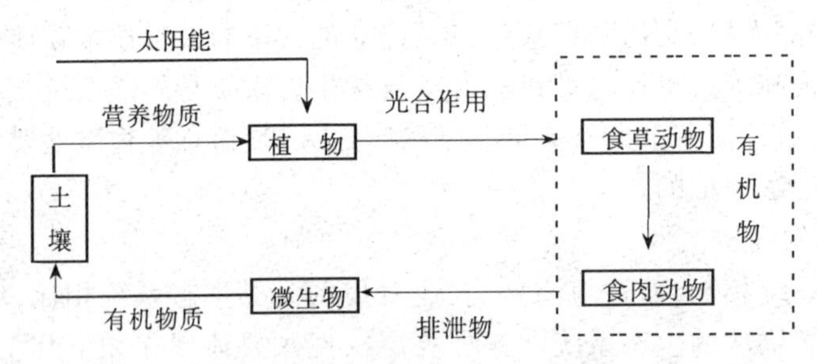

图 3-6　自然生态系统平衡关系图

2. 城市生态系统一定程度上破坏了自然调节机能

城市生态系统的高集中性、高强度性以及人为的因素，产生了城市污染，同时城市物理环境也发生了迅速的变化，如城市热岛与逆温层的产生，地形的变迁，人工地面改变了自然土壤的结构和性能，增加了不透水的地面、地面下沉等等，从而破坏了自然调节机能，加剧了城市生态系统的脆弱性。

3. 城市生态系统食物链简化，系统自我调节能力小

在城市生态系统中，以人为主体的食物链常常只有二级或三级，即植物—人；植物—食草动物—人，而且作为生产者的植物，绝大多数都是来自周围其他系统，系统内初级生产者绿色植物的地位和作用已完全不同于自然生态系统。与自然生态系统相比，城市生态系统由于物种多样性的减少，能量流动和物质循环的方式、途径都发生改变，使系统本身自我调

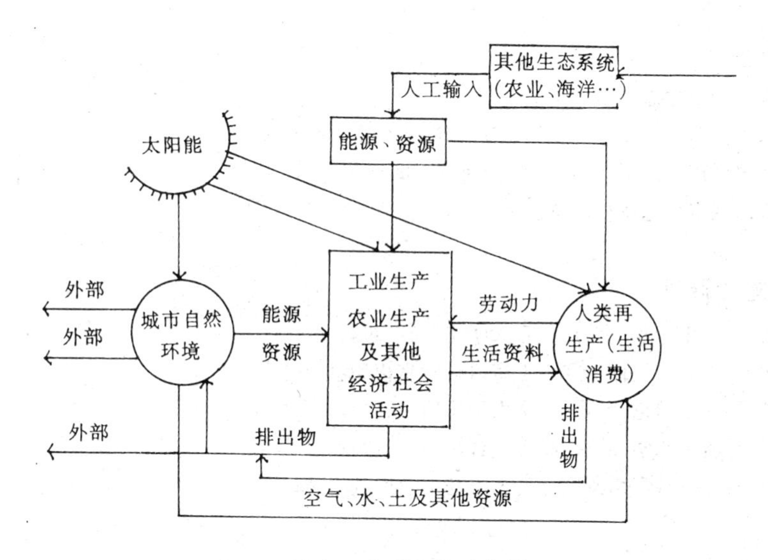

图 3-7　城市生态系统的示意图

节能力减小，而其稳定性主要取决于社会经济系统的调控能力和水平，以及人类的认识和道德责任。

4. 城市生态系统营养关系出现倒置，决定了其为不稳定的系统

城市生态系统与自然生态系统的营养关系形成的金字塔截然不同，前者出现倒置的情况，远不如后者稳定(图 3-8)。图 3-8 表明，在绝对数量和相对比例上，城市生态系统内的绿色植物远远少于城市人类。这一定程度上表明，城市生态系统是一个不稳定的系统。

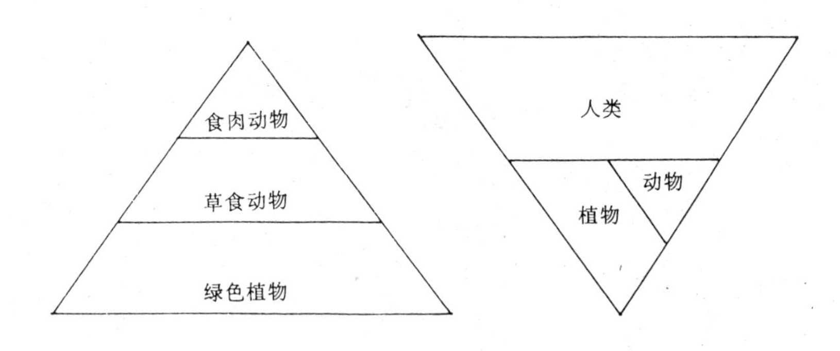

图 3-8　自然生态系统(a)与城市生态系统(b)生态金字塔比较

本章小结：

城市生态系统是由特定地域内的人口、资源、环境通过各种相生相克的关系建立起来的人类聚居地；是自然、经济、社会复合体。它是人类生态系统的一种，既具有人类生态系统的某些共性，也有独特的个性，包括：城市生态系统的人为性、不完整性、开放性、高“质量性”、复杂性、脆弱性等。

问题讨论:

1. 如何理解城市生态系统的构成?
2. 如何认识城市生态系统与自然生态系统的区别?
3. 如何认识城市生态系统与人类生态系统的联系与区别?
4. 如何认识城市生态系统的特征?

进一步阅读材料:

1. 潘纪一.人口生态学.上海:复旦大学出版社,1988
2. 陶永祥等.生态与我们.上海:上海科技教育出版社,1995
3. 何强等.环境学导论.北京:清华大学出版社,1994
4. 金岚等.环境生态学.北京:高等教育出版社,1992
5. 曲格平等.环境科学词典.上海:上海辞书出版社,1994

第四章 城市生态系统的结构与基本功能

第一节 城市生态系统的结构

生态系统的结构是系统组成要素在系统一定空间范围内和一定演化阶段内相互连接、相互影响及发生关系的方式和秩序。城市生态系统的结构有四种方式(王发曾,1997):

一、食物链结构

生态系统中生物之间的食物链关系是其营养结构的具体表现,是系统物质与能量流动的重要途径。在城市生态系统中,人类是最主要、最高级的消费者,位于食物链的顶端。城市生态系统有两种不同的食物类型(图4-1)。其一为自然——相对人工食物链,该链中绿色植物为初级生产者,植食动物与肉食动物分别为一级、二级消费者兼次级生产者,人类是杂食的高级消费者。它们之间的自然的、直接的食与被食量很小,植食动物与肉食动物大部分靠环境系统提供的人工饲料消费,人类直接食用的动、植物也须经过简单的人工加工。其二为完全人工食物链,由环境系统提供的食品、饮用品和药品供人类直接食用。该链中尽管只有一级消费者,但将环境生物转化为食品仍须经过复杂的人工加工。

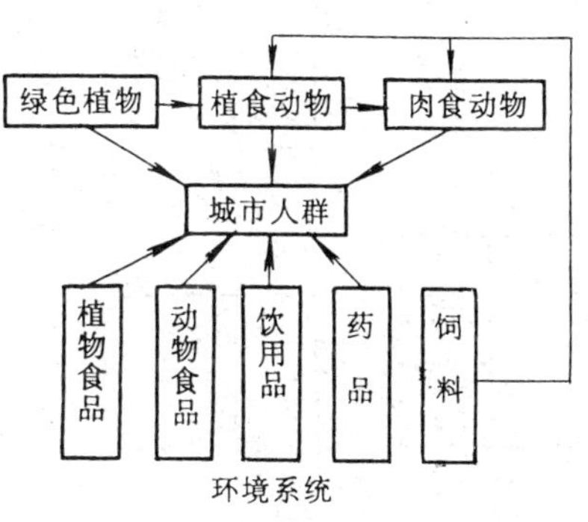

图 4-1 城市生态系统的食物链结构

二、资源利用链结构

人类除了食物的消费外,还需要大量的穿、住、行,使用消费、文化消费和社会消费等高级消费。正是这种不同于动、植物的社会需求,使城市生态系统产生了任何自然生态系统都不可能有的资源利用链结构。此种结构由一条主链和一条副链构成(图4-2)。在主链中,环境系统提供的各类资源经初步加工后生产出一系列的中间产品,再经深度加工后生产出可

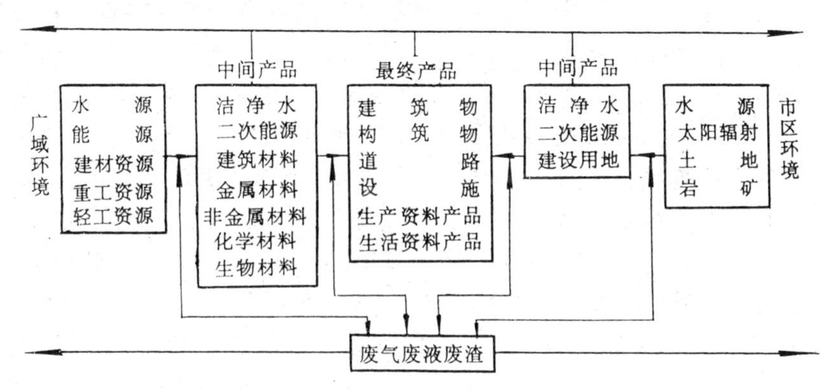

图 4-2 城市生态系统的资源利用结构

供直接消费的最终产品。最终产品的一部分存留在市区环境，一部分输出到广域环境。从图 4-2 中可看出，该链一翼强，一翼弱，最终产品所利用的资源主要来自广域环境，而市区环境所提供的资源为数不多。如市区中的水体只提供少部分洁净水，太阳辐射只提供极少量二次能源，岩矿资源基本上未被利用，土地的 50% 以上被开辟、改造为建设用地，但却与最终产品没有直接的物质、能量交换关系。

在副链中，能源转变为中间产品、中间产品转变为最终产品的过程中都会产生一定量的废弃物。经重复利用、综合利用后，部分有价值废弃物返还主链，其余被排泄入市区环境和广域环境。

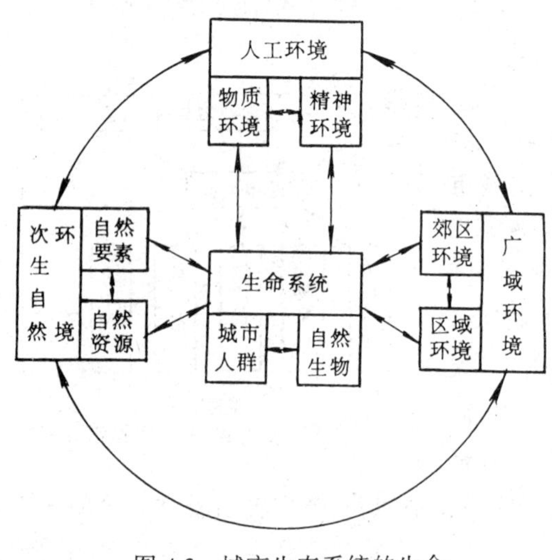

图 4-3 城市生态系统的生命——环境相互作用结构

三、生命-环境相互作用结构

城市生态系统中的生命与环境之间，各种环境之间，环境要素之间都存在一定的相互作用关系(图 4-3)。其中城市人群与环境之间的关系(即城市人地关系)是此种结构的主要内容。在生命系统内部，相对于人群，自然生物实际上也是一种环境。在市区，自然生物的生长、发育和分布在很大程度上是由人安排的，人根据自己的需要，或扶植、或引进、或消灭，“适者生存”法则操纵在人的手里。在人的干预下，自然生物种群单一，优势种突出，群落结构简单，空间分布也被局限在人为框框中。尽管如此，自然生物反过来却对人作出了巨大贡献，尤其在美化、调节环境和维护生态平衡方面发挥了重要作用。但当人类活动恶性循环，致使自然生物物种失调、数量减少，就会引起其他环境要素发生变异，从而导致灾难。

在次生自然环境中，自然要素是自然资源的母体，自然资源是自然要素中的有价值成分。人的活动改变了局部气候、地质基础和土壤结构，人的需要塑造了形形色色的微地形和按人为意愿循环的水系，人的部分生产生活废弃物排入大气、水体、地下。城市自然要素的演变适应了人的生存需要，并发挥了一定的自然净化功能，但人的无理性活动也会导致诸如气候恶化，地面沉降、环境污染等的“报复”。人口的盲目增加和人的欲望的无限膨胀引起大量占用土地、大量消耗水源，从而可能导致城市地域无序扩展、土地利用结构失调和过量开采地下水等，市区有限的资源实在无力承担人的无限需求。

人工环境是人创造的财富，其中物质环境是基础，精神环境是上层建筑。建筑物、道路和设施不仅满足了人类活动的各种要求，它们的空间组合形态也体现了人类完善城市环境的美好愿望。劳动产品是人生产、生活消费的基础，也体现了城市在区域中的实力。资金是人的个体或团体拥有财富的象征，也是人调节经济系统运转的有力工具。但当人处理物质环境的方式失当时，所引发的物质要素布局不当、资金运转不灵、人工净化能力不足，就可能会导致一系列城市病。人是精神环境的主力军，精神环境又反过来调整人的观念和行为。但精神环境的不完善也会对人产生副作用，如不良文化、教育基础薄弱、科技水平低、管理混乱、信息不畅等，是引发一系列城市问题的重要原因之一。

在广域环境中，郊区环境是区域环境的内核，区域环境是郊区的延展和补充。城市人群的需要规定了郊区的特定功能，并将部分产品，大部分废弃物，以及科技成果、管理技能等输入郊区，促使郊区的经济、社会发展与市区保持相应水平。郊区是城市人群生存的保证，也弥补了市区生态环境的不足。郊区除向市区提供水源、副食品、劳动力、建设用地、对外联系功能、休憩游览功能和自然、人工净化功能外，还发挥着调节市区次生自然环境的重要作用。城市是区域发展的中心，通过向区域输出产品、科技、信息、资金和管理技能等，带动区域经济、社会、文化和科技等全面发展。区域是城市发展的基础，除向城市输入能源、粮食、各种加工业资源、市场需求、人才、信息、资金外，也发挥着调节城市环境的作用。区域基础好，城市发展水平就高，城市-区域是一种更大尺度的有机系统。

四、要素空间组合结构

城市生态系统组成要素的空间排列组合有两种基本形式，一为圈层式结构，一为镶嵌式结构。圈层式结构(图4-4)以市区为核心，市区生命系统与环境系统为内圈，郊区环境为中心圈，区域环境为外圈。这种自然形成的自内向外呈同心圈状展示的空间结构形式体现了生命系统与各种环境要素的内在联系，是人类生存的中心聚居倾向和广域关联倾向的必然结果。

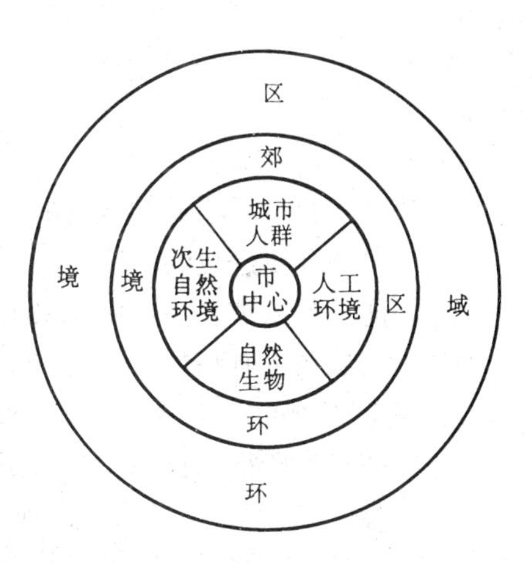

图4-4　城市生态系统空间组合的圈层式结构

镶嵌式结构有大镶嵌与小镶嵌之分。所谓大镶嵌，是指各圈层内部要素按土地利用分异所形成的团块状功能分区的空间组合形态。如在市区和郊区，有以单一要素为主的居住区、工业区、商业区、行政区、文化区，对外交通运输区、仓库区、郊区农业生产区、风景游览区以及特殊功能区等，也有以多种要素组合的工业-交通-仓库区，工业-居住-商业区，行政-居住-商业区，行政-文化-绿化区以及旧城区、新建区等。各区按各自的功能特点与要求分布在不同的位置上，形成一幅有规律的块状和条带状空间镶嵌图。所谓小镶嵌，是指各功能分区内部组成要素按土地利用分异所形成的微观空间组合形态。如在居住区内，可由道路或自然、人工界限划分为居住小区、居住生活单元。每个居住单元内，中心大多为一片公共绿地，四周集中布置生活服务设施，居住建筑群则根据日照、通风的要求以及地形、用地形状的限制，按照行列式、周边式、混合式或自由式呈组团式布置。而小片绿地、区内道路和其他设施等则分散镶嵌其中。这种结构形态是城市生态系统功能发挥的空间依托，其组建最初由于功能的无序而带有一定的盲目性。当城市发展与建设进入高级阶段后，要素的空间组合也会渐趋合理。因此，镶嵌式结构水平的高低是衡量城市规划质量与系统功能效率的一个重要标准。

以上四种结构形态间不是树枝状的并列、分支关系，而是立体网络状的互相联系、相互渗透的关系，是你中有我、我中有他的关系。交通运输和信息传递所发挥的纽带与神经中枢作用将它们结合为一个完整的结构体系，其复杂性使城市生态系统的功能发挥表现出多维、多方面、多渠道的特点。

第二节 城市生态系统的基本功能

功能是事物所发挥的有利的作用。城市生态系统的功能即是城市生态系统在满足城市居民的生产、生活、游憩、交通活动中所发挥的作用。城市生态系统的结构及其特征决定了城市生态系统的基本功能,这就是城市生态系统所具有的生产功能、能量流动功能、物质循环功能和信息传递功能。

一、生产功能

城市生态系统的生产功能是指城市生态系统具有利用域内外环境所提供的自然资源及其他资源,生产出各类"产品"(包括各类物质性及精神性产品)的能力。这一能力显然相当程度上是由其具有的基本特征之一——空间性(即具有满足包括人类在内的生物生长、繁衍的空间)所决定的。

(一) 生物生产

生物是由自然界活质构成的并具有生长、发育、繁殖等能力的物体。生物能通过新陈代谢作用与周围环境进行物质交换。人类、动物、植物、微生物都是生物。城市生态系统的生物生产功能是指城市生态系统所具有的有利于包括人类在内的各类生物生长、繁衍的作用。这种作用在层次上有高低之分,一般分成以下两种。

1. 生物初级生产

生物初级生产指绿色植物将太阳能转变为化学能的过程。绿色植物是任何一种生态系统中最主要的元素,居于最重要的地位。绿色植物所具有的绿叶素,能利用太阳能,将吸收的水、二氧化碳和无机盐类,通过光合作用,制造成初级产品——碳水化合物。绿色植物所具有的这种特殊的"生产"能力,使原来不能被各类生物直接利用的太阳能,通过这一过程转化成脂肪和蛋白质,成为包括人类在内的一切异养生物的最根本的营养物质来源。同时,生物活动所需的各种化学元素,如碳、氢、氧、硫、磷、镁、钙及各种微量元素也只有通过植物根、叶的吸收,被合成为有机物之后才能被生物所利用。

城市生态系统中的绿色植物包括农田、森林、草地、蔬菜地、果园、苗圃等皆具有以上功能。它们生产粮食、蔬菜、水果、农副产品以及其他各类绿色植物产品。然而,由于城市是以第二产业、第三产业为主的,故城市生物生产(绿色植物生产)所需的空间占城市总面积的比重并不大。如果仅从生产粮食等的耕地面积看,可以发现,城市市区耕地面积比重占全国全部耕地面积的比重是较小的,例如我国 1992 年城市的耕地面积只占全国耕地面积的 23.6%(见表 4-1)。

表 4-1　　1992 年中国 517 个城市市区部分指标占全国比重(Ⅰ)

指　标	全　国	全国城市合计		占全国比重(%)	
		地　区	市　区	地　区	市　区
土地面积(10^4km^2)	960.0	266.4	129.9	27.8	13.5
耕地面积(10^4hm^2)	9542.6	5422.3	2249.8	56.8	23.6

(引自《中国统计年鉴·1993》)

应该指出:虽然城市生态系统的绿色植物生产(生物初级生产)不占主导地位,但生物初级生产过程中所具有的吸收 CO_2,释放氧气等功能依然对人类十分有利,对城市生态环境质量的维持具有十分重要的作用。因此,保留城市郊区的农田,尽量扩大城市的森林、草地等绿地面积是非常必要的。

城市生态系统的生物初级生产与自然生态系统中的生物初级生产具有的一个很大的区别为:后者是自然生长的,处于“自生自灭”的状态;而前者却处于高度的人工干预状态之下,虽然生产效率大大高于后者,但就稳定性而言,远远不如后者。此外,城市生态系统的生物初级生产还具有人工化程度高、生产效率高、品种单调等特点。

2. 生物次级生产

一般生态系统的生物次级生产过程是指消费者和分解者利用初级生产物质建造自身和繁衍后代的过程,而城市生态系统的生物次级生产则是城市中的异养生物(主要为人类)对初级生产物质的利用和再生产过程,即城市居民维持生命、繁衍后代的过程。

从城市行政所辖范围看,城市生态系统的生物初级生产量并不能满足城市生态系统的生物次级生产的需要量。因此,城市生态系统所需要的生物次级生产物质有相当部分需要从城市外部调运进城市,见表 4-2。

表 4-2　　1992 年中国 517 个城市市区部分指标占全国比重(Ⅱ)

指　标	全　国	全国城市合计		占全国比重(%)	
		地　区	市　区	地　区	市　区
粮食(10^4t)	44266.0	29447.2	11759.4	66.5	26.6
水果(10^4t)	2440.1	1714.5	771.7	70.3	31.6
猪肉(10^4t)	2635.3	1745.9	722.0	66.3	27.4
牛羊肉(10^4t)	305.3	127.3	55.1	41.7	18.0
水产品(10^4t)	1557.0	1310.7	701.9	84.2	45.1
年底人口(万人)	117171.0	74592.8	38343.3	63.7	32.7

(引自《中国统计年鉴·1993》)

从表 4-2 可以看出,1992 年我国 517 个城市中,市区人口占全国总人口 32.7%,但城市市区粮食、水果、猪肉、牛羊肉等副食品生产量占全国比重皆低于这一百分数。

由于城市生态系统的生物次级生产所需要的物质和能源并不能仅由城市本身供应,相当部分需从城市外调入,故这一过程表现出明显的依赖性;又由于城市生态系统的生物次级生产的重要内容之一为城市居民后代的繁衍,这一过程除受非人为因素的影响外,主要是受城市人类道德、规范、文化、价值观等人为因素的制约。故城市生态系统的生物次级生产表现出明显的人为可调性,即城市人类可根据需要使其改变发展过程的轨迹。这与自然生态系统的生物次级生产中生物主要受非人为因素影响的情况有很大不同。此外,城市生态系统的生物次级生产还表现出社会性(城市人群维持生存、繁衍后代的行为是在一定的社会规范和规程的制约下进行的);城市人类的食物来源广且皆需经过加工;城市人类的自身发育周期长(较其他生物),除了身体发育外还有智力发育等特点。

为了维持一定的生存质量,城市生态系统的生物次级生产在规模、速度、强度上应与城市生态系统的生物初级生产过程取得协调。具体表现在数量、空间密度等方面。

(二) 非生物生产

城市生态系统生产功能所具有的非生物生产是其作为人类生态系统所特有的。是指其具有创造物质与精神财富(产品)满足城市人类的物质消费与精神需求的性质。城市非生物生产所生产的"产品"包括物质与非物质两类。

1. 物质生产

是指满足人们的物质生活所需的各类有形产品及服务。包括:① 各类工业产品;② 设施产品,指各类为城市正常运行所需的城市基础设施。城市是一个人口与经济活动高度集聚的地域,各类基础设施为人类生活及经济活动提供了必需的支撑体系;③ 服务性产品,指服务、金融、医疗、教育、贸易、娱乐等各项活动得以进行所需要的各项设施。

城市生态系统的物质生产产品不仅仅为城市地区的人类服务,更主要的是为城市地区以外的人类服务。因此城市生态系统的物质生产量是巨大的。其所消耗的资源与能量也是惊人的,对城市区域及外部区域自然环境的压力也是不容忽视的。

2. 非物质生产

是指满足人们的精神生活所需的各种文化艺术产品及相关的服务。如城市中具有众多人类优秀的精神产品生产者,包括作家、诗人、雕塑家、画家、演奏家、歌唱家、剧作家……,也有难以计数的精神文化产品出现,如小说、绘画、音乐、戏剧、雕塑等等。这些精神产品满足了人类的精神文化需求,陶冶了人们的精神情操。

城市生态系统的非物质生产实际上是城市文化功能的体现。刘易斯·芒福德曾指出:"城市的功能是化力为形、化能量为文化"。城市从它诞生的第一天起就与人类文化紧密联系在一起。城市的建设和发展反映了人类文明和人类文化进步的历程,城市既是人类文明的结晶和人类文化的荟萃地,又是人类文化的集中体现。从城市发展的历史看,城市起到了保存与保护人类文明与文化进步的作用。城市又始终是文化知识的"生产基地",是文化知识发挥作用的"市场",同时城市又是文化知识产品的消费空间。城市非物质生产功能的加强,有利于提高城市的品味和层次,有利于提高城市人类及整个人类的精神素养。

二、能量流动

能量是物质做功的能力。能量分动能、势能两种。动能是运动的能,如风、开动的车、光束、飞行的子弹、下落物体等。动能不易保存,因此必须在它发生时加以利用。势能则是一种能贮藏备用的能量,如拉紧了弹弓里的石子,大坝后的水,高位水池里的水,及煤、石油等,所有这些都代表了能在合适的时间里应用的一定的能量。

利用势能通常要把它转变成某种形式的能,一般为动能。燃料里的势能是自然界的一种化学能,它能够通过燃烧改变其组分的化学物质而释放出来。在这种转变中,(化学的)势能被转换成动能,特别是转变成热,热是动能的一种形式。

尽管各种形式的能量之间是可转换的,但一种形式要全部转换成另一种形式却是罕见的,总有一些要损失掉。人类的生存完全依赖于能量,食物能量是生命极为重要的必需品。

能量流动又称能量流(energy flow),是生态系统中生物与环境之间、生物与生物之间能量的传递与转化过程,是生态系统的基本功能之一。其基本特点是:① 能量沿着生产者、消费者、分解者这三大功能类群顺序流动,流动的主要渠道是食物链和食物网;② 能量流动是单向的,只能一次流过生态系统,既不能循环,更不可逆转;③ 能量流动同样遵守热力学第一定律和第二定律。生态系统中能量是沿着生产者和各级消费者的顺序逐级减少的。一般说来,上一营养级位传递到下一营养级位的能量等于前者所含能量的 1/10,亦即能量流动的有效率为 10%左右。

城市生态系统的能量流动是指能源(能产生能量的物质,亦指已知的全部能量来源)在满足城市四大功能(生产、生活、游憩、交通)过程中在城市生态系统内外的转化、传递、流通和耗散过程。

(一) 能源类型及其特点

能量是地球上生命的一个基本因素。城市中人类生活和城市的运行,离不开能量的流动,而城市生态系统中能量的流动又是以各类能源的消耗与转化为其主要特征的。所谓能源是指产生机械能、热能、光能、电磁能、化学能、生物能等各种能量的自然资源或物质。是人类赖以生存和发展工业、农业、国防、科学技术,改善人民生活所必需的燃料和动力来源。按照来源,通常分为四大类:第一类是来自太阳的能量,除了直接的太阳辐射能外,煤炭、石油、天然气、生物能(生物转化了的太阳能)、水能、风能、海洋能等,都间接来自太阳能;第二类是以热能形态蕴藏于地球内部的地热能;第三类是地球上的各种核燃料,即原子核能,它是在原子核发生裂变和聚变反应时释放出来的能量;第四类是月亮和太阳等天体对地球的相互吸引力所引起的能量,如潮汐能。按对环境影响程度,可分为清洁型能源,如水能、风能;污染型能源,如煤炭。此外,按形式,可分为一次能源和二次能源;按能否更新,可分为可更新能源和不可更新能源;按使用情况,可分为常规能源和新能源。

一次能源又称原生能源,指太阳能、生物能、核能、矿物燃料、风能、海洋能、地热能等。日常生活中的煤炭、石油、天然气均属此类。除少数(煤、天然气)可直接利用外,大多数需加工或转化后才能利用。二次能源又称次生能源,是指原生能源经过加工转化的能量形式,如电力、柴油、液化气等。二次能源一般形式单一,便于输送、贮存和使用。

可更新能源又称再生能源,是指太阳能、水能、氢能、风能、海洋能、生物能、地热能等可以再生、不会枯竭的能源。不可更新资源又称非再生性能源,是指埋藏在地下的包括煤、石油、天然气在内的化石能和以铀、锂、铌、钒为原料的核能等能源。

常规能源指与某一历史阶段的科技水平及生产技术水平相适应的能源利用类型,新能源则指相对高于社会经济某阶段发展水平的能源利用形式和种类。

人类首次掌握能源利用的标志为火的发现和利用;几千年过去后的第二次能源突破则以蒸汽机的发明和使用为标志。占据能源利用中心地位的为煤,煤而且是热源、动力源和电力源的产生者。内燃机的出现标志着石油登上了人类利用能源的舞台。现代发达国家对能源的消耗基本上依赖于石油和天然气。1970 年代爆发并推延至今的能源危机实际上就是石油危机。

表 4-3～表 4-10 为我国能源构成及利用情况(引自《中国统计年鉴》· 1993)。

表 4-3　　我国综合能源与各类能源平衡表

项目		1980年	1985年	1988年	1989年	1990	1991年
综合(10^4t标准煤)	可供消费能源总量	61557	77603	93235	95326	96138	100195
	能源消费量	60275	76682	92997	96934	98703	103783
	平衡差额	1282	921	238	-1608	-2565	-3588
煤炭($\times 10^4$t)	可供量	62601.0	82776.6	99667.8	101262.4	102221.0	105820.8
	消费量	61009.5	81603.0	99353.9	103427.0	105523.0	110432.0
	平衡差额	1591.5	1173.6	313.9	-2164.6	-3302.0	-4611.2
石油($\times 10^4$t)	可供量	8794.5	9193.7	11101.6	11585.9	11435.0	12365.2
	消费量	8757.4	9168.8	11092.5	11583.7	11485.6	12383.5
	平衡差额	37.1	24.9	9.1	2.2	-50.6	-18.3
电力($\times 10^8$kw·h)	可供量	3006.3	4117.6	5466.8	5865.3	6230.4	6804.0
	消费量	3006.3	4117.6	5466.8	5865.3	6230.4	6804.0

表 4-4　　世界部分国家能源生产和进出口(1990年)　　单位:$\times 10^4$t标准煤

国家	能源生产量	其中				库存变化	进口	出口
		固体	液体	气体	水电、核电			
世界总计	1087551	331653	455150	249367	51382	10869	351568	352513
中国	103922	77110	19745	2078	4988	-3219	1310	5875
美国	210197	78875	60590	59855	10877	4146	58808	13105
日本	4765	727	79	276	3683	347	50706	1149
前联邦德国	14550	10184	513	1783	2070	-152	23091	2609
前民主德国	8787	8424	6	188	169	20	4615	1115
英国	27868	7350	13129	6495	894	56	11548	10323
法国	6685	1235	486	401	4563	-264	19179	2541
意大利	3221	39	667	2044	471	256	20766	2684
加拿大	36455	5277	13015	13622	4540	680	6215	15134
澳大利亚	21221	14337	4028	2675	182	574	1916	10005
前苏联	235678	54645	80940	94628	5466	550	2393	38029

表 4-5　我国分行业能源消费构成

行　　业	1985 年构成（%）	1990 年构成（%）	1991 年构成（%）
一、物质生产部门	79.4	80.5	80.8
（一）农、林、牧、渔、水利业	5.3	4.9	4.9
（二）工业	66.6	68.5	68.8
（三）建筑业	1.7	1.2	1.2
（四）交通运输和邮电通讯业	4.8	4.6	4.6
（五）商业、饮食、物资供销和仓储业	1.0	1.3	1.2
二、非物质生产部门	3.2	3.5	3.8
三、生活消费	17.4	16.0	15.4

表 4-6　我国分行业煤炭消费构成

行　　业	1985 年构成（%）	1990 年构成（%）	1991 年构成（%）
一、物质生产部门	78.9	82.3	83.3
（一）农、林、牧、渔、水利业	2.7	2.0	1.9
（二）工业	71.8	76.8	78.2
（三）建筑业	0.7	0.4	0.4
（四）交通运输和邮电通讯业	2.8	2.0	1.8
（五）商业、饮食、物资供销和仓储业	0.9	1.0	0.9
二、非物质生产部门	1.9	1.9	1.9
三、生活消费	19.1	15.8	14.9

表 4-7　我国分行业电力消费构成

行　　业	1985 年构成（%）	1990 年构成（%）	1991 年构成（%）
一、物质生产部门	91.6	89.0	88.5
（一）农、林、牧、渔、水利业	7.7	6.9	7.1
（二）工业	79.7	78.2	77.3
（三）建筑业	1.7	1.0	1.1
（四）交通运输和邮电通讯业	1.5	1.7	1.7
（五）商业、饮食、物资供销和仓储业	0.9	1.2	1.3
二、非物质生产部门	3.0	3.2	3.5
三、生活消费	5.4	7.7	8.0

表 4-8 我国能源加工转换效率

年 份	总效率	发电及电站供热	炼 焦	炼 油
1981	69.28	36.68	90.89	99.06
1982	69.20	36.78	90.51	99.13
1983	69.93	36.94	91.18	99.16
1984	69.16	36.95	90.08	99.17
1985	68.29	36.85	90.79	99.10
1986	68.32	36.69	90.63	99.04
1987	67.48	36.75	90.46	98.81
1988	66.54	36.34	90.77	98.76
1989	66.51	36.74	90.30	98.57
1990	67.20	37.34	91.28	97.90
1991	65.90	37.60	89.90	98.10

表 4-9 我国每人年平均生活用能源

年 份	平均每人生活消费能源（kg 标准煤/人）	煤 炭（kg）	电 力（kw·h）	煤 油（kg）	液化石油气（kg）	天然气（m^3）	煤 气（m^3）
1980	97.7	118.0	10.7	1.0	0.4	0.2	1.4
1981	101.3	121.6	11.9	1.2	0.5	0.2	1.4
1982	102.2	123.5	12.0	1.0	0.5	0.2	1.5
1983	106.6	127.7	13.4	1.2	0.6	0.1	1.5
1984	113.5	134.9	15.3	1.4	0.6	0.5	1.5
1985	126.7	148.7	21.2	1.2	0.9	0.4	1.2
1986	127.3	148.3	23.2	1.3	1.1	0.7	1.3
1987	132.1	152.1	26.4	1.2	1.1	0.7	1.6
1988	141.0	159.1	31.2	1.1	1.2	1.4	1.5
1989	139.3	152.4	35.3	1.1	1.4	1.5	2.4
1990	139.2	147.1	42.4	0.9	1.4	1.6	2.5
1991	138.1	142.0	46.9	0.8	1.7	1.6	3.1

表 4-10　　　　我国各地区每亿元工业总产值能源、电力消费量(1991 年)

地　区	能源消费量($\times 10^4$t 标准煤)			电力消费量($\times 10^4$kw·h)		
	工　业	重工业	轻工业	工　业	重工业	轻工业
全　国	2.71	4.23	1.10	1994	3071	857
北　京	2.28	3.18	0.99	1648	1969	733
天　津	2.22	3.29	1.02	1684	2031	1016
河　北	4.05	6.07	1.56	2654	3606	1071
山　西	6.03	6.87	3.08	3833	3755	2360
内蒙古	5.59	7.81	2.31	3540	4853	1052
辽　宁	3.45	4.38	1.42	2300	2595	1159
吉　林	4.32	5.46	2.62	2957	3636	1241
黑龙江	3.66	4.41	2.12	2546	2828	1252
上　海	1.36	2.00	0.74	1217	1692	617
江　苏	1.42	2.27	0.68	1142	1544	610
浙　江	1.26	2.54	0.58	1201	1884	628
安　徽	3.20	5.54	1.05	2283	3339	879
福　建	1.69	3.47	0.68	1667	2370	979
江　西	2.90	4.23	1.37	2268	2895	1046
山　东	2.15	3.62	0.77	1658	2436	665
河　南	3.38	4.99	1.40	2768	3580	1113
湖　北	2.65	4.39	0.98	2023	2718	945
湖　南	3.42	5.06	1.43	2295	2873	1025
广　东	1.57	2.96	0.87	1439	1982	909
广　西	2.53	4.29	1.15	2360	3538	1042
海　南	1.63	4.06	0.67	2252	3875	1000
四　川	3.05	4.47	1.50	2053	2816	759
贵　州	5.72	8.59	1.34	4086	5853	635
云　南	3.38	5.63	0.96	2703	3924	827
西　藏						
陕　西	3.16	4.29	1.55	2730	3150	1257
甘　肃	4.84	6.06	1.76	4650	5471	1204
青　海	5.60	7.01	2.36	7328	9354	1213
宁　夏	6.87	8.20	2.85	6677	7694	1543
新　疆	4.63	7.43	1.99	2028	2846	905

注:本表统计范围为村及村以上工业企业,工业总产值按 1990 年不变价格计算。

(二) 城市能源结构

能源结构是指能源总生产量和总消费量的构成及比例关系。从总生产量分析能源结构,称能源的生产结构,即各种一次能源即煤炭、石油、天然气、水能、核能等所占比重;从总消费量分析能源结构,称能源的消费结构,即能源的使用途径。一个国家的能源结构是反映该国生产技术发展水平的一个标志。在中国,目前能源的生产结构为:煤炭约占70%,石油天然气约占26%,其他能源所占比重很低;能源的消费结构为:工业用能源约占63%,农业约占8.3%,商业与民用约占18%,交通运输约占2.4%。

表4-11为中国与世界部分国家能源消费结构。

表4-11　　我国与世界部分国家能源消费结构(1990年)　　(单位:$\times 10^4$t标准煤)

国家	能源消费量	其中				人均能源消费量(kg)
		固体	液体	气体	水电、核电	
世界总计	1028544	332756	397908	246272	51608	1932
中国	98703	75212	16385	2073	5034	863
美国	248169	69361	104898	63009	10901	9958
日本	51211	11477	29209	6842	3683	4148
前联邦德国	34169	10330	14123	7643	2074	5572
前民主德国	11561	8632	1802	945	182	7115
英国	28653	8465	11688	7459	1041	4988
法国	22274	2748	10949	4572	4004	3966
意大利	20985	1929	12894	5266	896	3676
加拿大	27198	3367	11042	8254	4534	10255
澳大利亚	12705	5407	4816	2301	182	753
前苏联	193130	52306	54205	81595	5025	6692

表4-12为世界一次能源消费构成。

表4-12　　世界一次能源消费构成(%)

国家	1993年					1994年				
	煤炭	石油	天然气	核能	水电	煤炭	石油	天然气	核能	水电
美国	24.6	39.6	26.3	8.3	1.2	24.3	39.8	26.3	8.6	1.1
俄罗斯	19.1	25.6	49.0	4.2	2.1	19.0	24.5	50.4	3.8	2.3
法国	6.0	38.7	12.3	40.0	2.5	6.1	39.0	11.9	40.0	3.0
德国	29.2	40.7	17.8	11.8	0.4	28.9	40.6	18.3	11.7	0.5
英国	24.4	38.4	26.4	10.5	0.2	23.1	38.2	28.0	10.5	0.3
日本	17.4	55.4	11.1	14.2	1.9	17.1	56.1	11.3	14.1	1.3
中国	76.3	19.8	2.1	0.1	1.7	76.4	19.2	2.0	0.4	1.0
世界总计	27.3	39.7	23.3	7.2	2.6	27.2	40.0	23.0	7.3	2.6

(引自《中国能源'95白皮书》)

表4-13为中国与部分国家能源利用率。

表 4-13　　　　　　　　　　　**我国与部分国家能源利用率(%)**

国　家	发　　电	工　　业	铁路交通	民　　用
日　本	30.0	76.0	22.4	75.4
美　国	30.0	75.1	25.1	75.1
中　国	23.9	35.0	15.2	25.5
差　距	6.1—6.9	40.1—41.0	7.20—9.9	49.6—49.9
潜　力	20	53	66	66

城市是一个国家消耗能源的主要区域。城市的能源结构与全国的能源生产结构、消费结构、城市所在地区的经济结构特征等密切相关。据有关资料，我国城市能源中，煤占 80% 以上。据 1990 年统计，兰州市区耗煤量为 509×10^4 t，其中工业耗煤 420×10^4 t，民用及采暖耗煤 89×10^4 t，市区能源构成中煤占总能耗的 79%。上海 1995 年全市共消耗能源 $4\,500\times10^4$ t标煤，其中煤炭 $3\,512\times10^4$ t，占 78%。重庆市这一比例达 74%。1986～1991 年，重庆市能源消耗量增加了近 16%，但是以煤炭为主的能源消耗构成几乎没有发生变化(表4-14)。城市中工业尤其是重工业是能源消耗的“大户”，如 1992 年上海的重工业消耗了全部能源的 72.5%(其中原煤超过 1/2)、几乎全部的焦炭、将近一半的汽油、83.6%的柴油和 3/4 的电力。

表 4-14　　　　　　　　　　　**重庆市一次能源消费量构成**

年　　份	占能源消费总量(%)				
	煤　炭	石　油	天然气	水　电	其　他
1985	74.28	12.50	3.10	5.59	—
1991	74.74	5.10	12.17	2.97	5.02

(转引自徐渝，1991)

城市的环境污染与城市能源的消费结构关系更为密切，这是因为，燃料(能源)的有效利用系数只有 1/3，其余 2/3 作为废物排放到环境中。据统计，80%的环境污染来自燃料的燃烧过程(表 4-15)。1960 年代以前，英国煤炭占能源比例与我国目前情况相似，达到 70%。当时英国大气污染十分严重，“伦敦烟雾事件”就发生在那个时期。1956 年，英国制定了“清洁空气法”，即实施清洁能源战略、调整能源结构、限制煤炭使用，使煤炭所占比例急剧下降，到 1980 年代末已降到 30%左右，因而大气污染状况得到相当大的改善。日本和美国也都有着类似的经历。据有关资料，沈阳市大气污染主要是由燃煤产生的。煤炭在该市燃料构成中占 60%～70%，且每年能源消耗量净增约 $13\sim14\times10^4$ t(标煤)。从 1990 年主要污染物 SO_2 和 TSP 的环境监测资料可知，沈阳市冬季 TSP 日均值是国家 TSP 日均值二级标准的两倍多；二氧化硫日均值 0.28mg/m^3 超过日均值二级标准 0.15mg/m^3 的 87%。由此可见，沈阳市这种能源结构决定了该市燃煤型大气污染的特点。

表 4-15　　　　　　　　　　几种主要污染物的来源比例(%)

污染物来源＼主要污染物	粉　尘	硫氧化物 (SO_x)	氮氧化物 (NO_x)	一氧化碳 (CO)	碳氢化物 (HC)
燃料燃烧	42	73.4	43.2	2.0	2.4
交通运输(内燃机)	5.5	1.3	49.1	68.4	60
工业过程	34.8	23	1.3	11.3	12
固体物处理	4.5	0.3	5.1	8.1	5.2
其　他	13.2	2.0	3.2	10.2	20.5

(引自余文涛,1981)

表 4-16 为我国主要城市燃气气源情况。

表 4-16　　　　　我国主要城市煤气、液化石油气、天然气情况(1992 年)

城市名称	人工煤气生产能力 ($\times 10^4 m^3$/日)	输气管道长度(km)		全年供气总量			用气人口(万人)		
		人工煤气	天然气	人工煤气 ($\times 10^4 m^3$)	液化石油气 (t)	天然气 ($\times 10^4 m^3$)	人工煤气	液化石油气	天然气
北　京		1514	754	73335	173166	6040	151.7	280.1	57.8
天　津	101.0	1632	2299	17286	45935	15058	108.0	122.8	162.6
沈　阳	63.2		1093	12275	34833	8251	3.4	89.5	175.8
长　春	52.3	1099		11867	18761		77.8	52.6	
哈尔滨	22.6	197		5028	98000		32.1	159.0	
上　海	438.0	3145		280468	70077		434.7	102.0	
南　京	26.0	338		135395	187851		56.1	104.5	
武　汉	20.0	437		45433	36538		61.0	67.1	
广　州	39.0	358		1537	53100		49.0	112.2	
重　庆					450	59643		0.1	157.3
西　安	5.0	179		9881	20658		23.9	57.6	
兰　州				9668	18133			40.0	

由表 4-16 可以发现,从燃气气源的全年供应总量看,我国城市是以液化石油气为主,人工煤气、天然气分别排第 2、第 3 位(三者占全年供气总量的比重分别为 52%,42%与 6%),从用气人口考察,结果类似。这表明从总体上看,我国城市的能源结构就供气量构成而言,尚处于一个较低的水平。因为发达国家城市的燃气气源基本上都是天然气(天然气热值高,污染少、成本低,是城市燃气现代化的主导方向)。美国早在 1950 年代初期天然气就占了燃气气源总量的 90%,而我国主要城市 1990 年代初这一比例仅为 6%。

与此相类似,电力消费在能源消费中的比重和一次能源用于发电的比例也是反映城市能源供应现代化水平的两个指标。发达国家这两个指标一般在 24%,35%左右(全国平均),城市将更高,而上海为 11.1%和 23.4%。重庆市煤电转换比例为 21.8%,我国全国水平为 25.5%。

（三）城市生态系统能量流动过程与特点

1. 城市生态系统能量流动的过程

城市生态系统的能量流动基本过程如图 4-5。

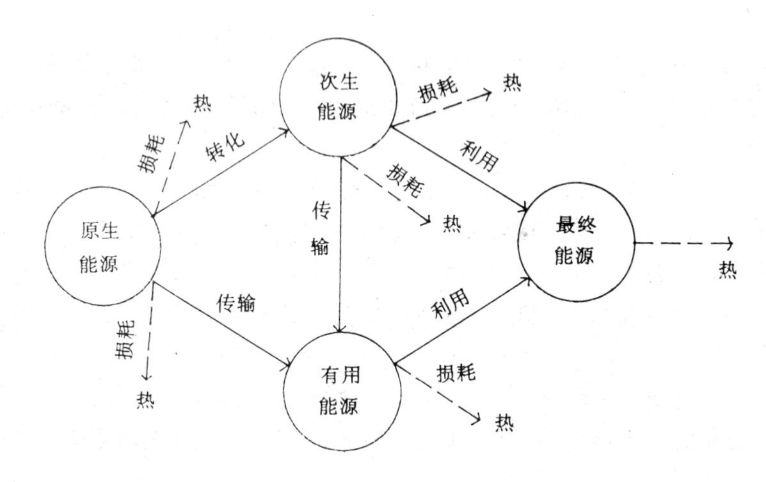

图 4-5　城市生态系统能量流动基本过程(据何强等,1994)

图 4-5 中,原生能源(又称一次能源)是从自然界直接获取的能量形式,主要包括:煤、石油、天然气、油页岩、油沙等;还有太阳能、生物能(生物转化了的太阳能)、风能、水力、潮流能、波浪能、海洋温差能、核能(聚、裂变能)和地热能等。原生能源中有少数可以直接利用,如煤、天然气等,但大多数都需要加工经转化后才能使用。

次生能源为经过加工或转化,便于输送、贮存和使用的能量形式。其形式较单一,如电力、柴油、液化气等。

有用能源指使用者为了达到使用目的,将次生能源转化为特殊的使用形式,如马达的机械能、炉子的热能、灯的光能等。

最终能源则是能量使用的最终目的,它是存在于产品中或投入到所创造的环境中的能量形式。如抽水机把机械能转变为水的势能;炼钢炉把热能转变为钢材内部的分子能;日光灯把光能投入到所创造的明亮中,最终变为热量耗散掉等。

城市生态系统中原生能源一般皆需从城市外部调入,其运输量十分惊人。如上海 1992 年煤炭消费总量达 2874×10^4t,占上海总货运量 20572×10^4t 的近 1/10。

原生能源转化为次生能源的过程(如煤、石油转化为电力、柴油),是最容易产生污染的环节。如我国最大的城市上海的工业(含电力业)耗煤量每年以 10% 的速度递增,燃煤产生的二氧化硫也以每年平均 7.7% 的速度递增。两者之间的对应关系十分明显。因此,应尽量选用清洁的原生能源如天然气、核能等。因天然气是一种不含硫、散放二氧化碳只有煤一半的洁净燃料,而核能更是一种“洁净能源”。

此外,提高次生能源向有用能源、最终能源传输、流动过程中的传输率,降低损耗,也是减少城市环境污染的途径之一。

2. 城市生态系统能量流动的特点

(1) 在能量使用上,自然生态系统和城市生态系统的显著不同之处是,前者的能量流动类型主要集中于系统内各生物物种间所进行的动态过程,反映在生物的新陈代谢过程之中;

而后者由于技术发展,大量的是非生物之间能量的变换和流转,反映在人力所制造的各种机械设备的运行过程之中。这种非生物性能量决非在城市这一相对“狭隘”的自然环境中所能满足的。随着城市的发展,它的能量、物资供应地区越来越大,从城市所在的邻近地区到整个国家,直至世界各地。

(2) 在传递方式上,城市生态系统的能量流动方式要比自然生态系统多。自然生态系统主要通过食物网传递能量,而城市生态系统可通过农业部门、采掘部门、能源生产部门、运输部门等传递能量。

(3) 在能量流运行机制上,自然生态系统能量流动是自为的、天然的,而城市生态系统能量流动以人工为主,如一次能源转换成二次能源、有用能源等皆依靠人工。

(4) 在能量生产和消费活动过程中,有一部分能量以三废形式排入环境,使城市遭受污染。如我国每燃烧一吨煤排放二氧化硫 4.9kg,烟尘 1~45kg,氧化物 3.6~9.2kg,一氧化碳 0.2~22.7kg。

(5) 能量流动在流动中不断有损耗,不能构成循环,具有明显的单向性。

(6) 除部分能量是由辐射传输外(热损耗),其余的能量都是由各类物质携带。

三、物质循环

自然生态系统中的物质主要是指维持生命活动正常进行所必需的各种营养元素。它们是通过食物链各营养级传递和转化的。

生态系统中各种有机物质(物质)经过分解者分解成可被生产者利用的形式归还到环境中重复利用,周而复始地循环,这一过程叫做物质循环(物质流)。

和能量流的单向活动不同,物质流是一种周而复始的循环。物质流涉及到生物的和非生物的动因、受到能量驱动,并且依赖于水的循环。物质流可分为两大类型:① 气相循环。如氧、二氧化碳、水、氮等的循环,把大气和水紧密地联结起来,具有明显的全球性循环的特点,是一个相当完善的循环类型;② 沉积循环。主要经过岩石的风化作用和岩石本身的分解作用,将物质变成生态系统中生物可以利用的营养物质,这种转变过程相当缓慢,可能在较长的时间内不参与循环,具有非全球性的循环特点,是一个不完善的循环类型。

城市生态系统中物质循环是指各项资源、产品、货物、人口、资金等在城市各个区域、各个系统、各个部分之间以及城市与外部之间的反复作用过程。它的功能是维持城市生存和运行,具体而言是维持居住、工作、游憩、交通四大城市功能的运行。更从基本上讲是维持城市生态系统的生产功能(生物生产和非生物生产,前者主要是人类的生存和繁衍,后者是为前者服务的,其目的是为提高人类生物生产的质量)以及维持城市生态系统生产、消费、分解还原过程的开展。

(一) 城市生态系统物质循环的物质来源

城市生态系统物质循环的物质来源有两种,其一为自然性来源,包括:日照、空气(风)、水、绿色植物(非人工性)等;其二为人工性来源,包括:人工性绿色植物,采矿和能源部门的各种物质,具体为食物、原材料、资材、商品、化石燃料等。

如从地源性看,城市生态系统的物质主要来自城市外部区域,城市本身提供的物质所占比例甚少。

（二）城市生态系统物质循环中的物质流类型

城市生态系统物质循环中物质流类型包括自然流(又称资源流)、货物流、人口流和资金流几种。

1. 自然流:即由自然力推动的物质流,如空气流动、自然水体的流动等等。自然流具有数量巨大、状态不稳定、对城市生态环境质量影响大的特征。尤其是其流动速率和强度,更是对城市大气质量和水体质量起着重要的影响作用。如北京的空气流中氧气输入为 65580×10^4t,输出为 65542×10^4t;氧气产生 3.34×10^4t,消费量为 41.5×10^4t,消费量大大多于产生量;而二氧化碳输入 130×10^4t,输出 182×10^4t;产生 57×10^4t,消费为 5×10^4t,消费量远远小于产生量。这反映了北京的绿地生物量太小了,以至 O_2-CO_2 的平衡被严重破坏。

2. 货物流:指为保证城市功能发挥的各种物质资料在城市中的各种状态及作用的集合。一般认为它是物质流中最复杂的,它不是简单的输入与输出,其中还经过生产(形态、功能的转变)、消耗、累积及排放废弃物等过程。如图 4-6。

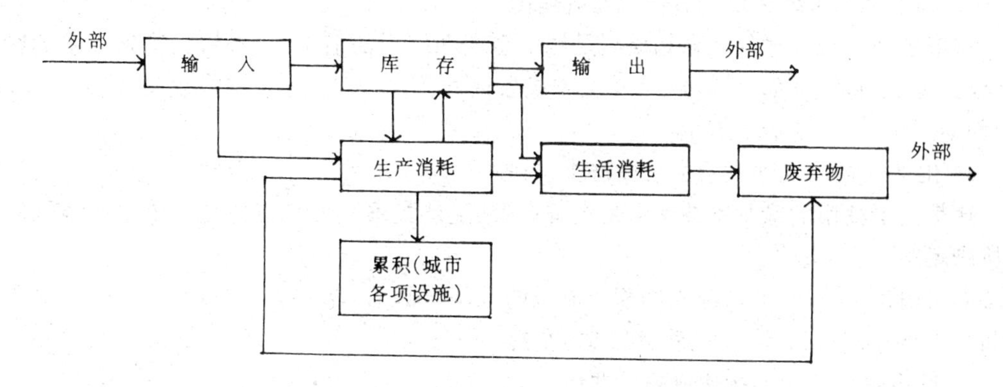

图 4-6 城市系统中货物流的流程途径

3. 人口流:这是一种特殊的物质流,包括人口在时间上和空间上的变化,前者即人口的自然增长和机械增长;后者是反映城市与外部区域之间人口流动中的过往人流、迁移人流以及城市内部人口流动的交通人流。

人口流对城市生态系统各个方面具有深刻的影响。人口流的流动强度及空间密度反映了城市人类对其所居自然环境的影响力及作用力大小,与城市生态系统环境质量密切相关。人口流的反映形式之一(静止形式)——人口密度与环境污染和资源破坏损失具有一定的对应关系,可用人口密度约束系数表示。人口密度约束系数指不同区域范围内环境污染和资源破坏损失的变化率与相对的人口密度变化率之比(人口密度为单位面积上的人口数)。它可为调控人口发展和合理分布,制定与环境保护相适应的人口政策,以及适应不同人口密度区域的环境政策和标准提供依据。

据有关资料,人口流的类型之一——旅游人口所消耗的物质和能量一般都超过了城市常住人口的水平。如桂林市调查,国外游客比城市居民排放的生活污水多 6.8 倍,生活垃圾多 9.8 倍,废气多 8 倍;国内游客比本市居民排放的生活污水多两倍,生活垃圾多 2.5 倍,废气多两倍。具体数据为,国外游客(按平均游 2.2 天计)排放生活污水 4t,垃圾 14.3kg,二氧化硫 3kg,烟尘 0.72kg。国内游客(平均按 3 天计)排放生活污水 1.35t,生活垃圾 3.6kg,二氧化硫 0.9kg,烟尘 0.23kg。

此外，人口流还包括劳力流与智力流两类。劳力流为一种特殊的人口流。它反映了劳力在时间上变化(即由于就业、失业、退休等导致劳力数量的变化)和劳力在空间上的变化(即劳力在各职业部门的分布)等情况。一定程度上反映了社会经济发展的轨迹与趋势。而智力流则为一种特殊的劳力流。它表明了智力和知识资源在时间上的变化(即智力的演进、开发以及智力结构的改变过程)和在空间上的变化(即人才在不同部门和地区的分布)。

除上述物质流类型外，人们还从经济观点出发，提出了城市的价值流、资金流，包括投资、产值、利润、商品流通和货币流通等，以反映城市社会经济的活跃程度。其实质与物质流是相同的。

(三) 城市生态系统物质循环的特点

1. 城市生态系统所需物质对外界有依赖性

绝大多数城市都缺乏维持城市的各种物质，皆需从城市外部输入城市生产、生活活动所需的各类物质，离开了外部输入的物质，城市将立即陷入困境。

2. 城市生态系统物质既有输入又有输出

城市生态系统在输入大量物质满足城市生产和生活的需求的同时，也输出大量的物质(不仅仅是‘废物’)。如上海，1992 年生产成品钢材 918×10^4 t，上海自身仅消费 343×10^4 t，有近 600×10^4 t 钢材外运。

3. 生产性物质远远大于生活性物质

这是由于城市的最基本的特点是经济集聚(生产集聚)，城市首先是一个生产集聚的区域所决定的。

如唐山市 1981～1983 年期间输入城市的农副产品为 69.37×10^4 t，而同期输入的原料产品为 1080×10^4 t，前者仅占后者的 6%左右。

4. 城市生态系统的物质流缺乏循环

自然生态系统中经过分解者的作用可使全部物质反复利用(因分解者已将‘废物’分解成生产者可以利用的形式)，反复循环。但城市生态系统中分解者的作用微乎其微(因城市生态系统是高度人工化的生态系统)，数量也很少，再加上物质循环中产生的废物数量巨大，故城市生态系统中废物难以分解、还原。物质被反复利用，周而复始地循环(利用)的比例是相当小的。

5. 物质循环在人为状态下进行

与自然生态系统的物质循环主要在自然状态下进行不同，城市生态系统的物质循环皆在人为状态下进行。人们为了增加产品种类，提高生产效率，满足物质享受，使得城市生态系统的物质循环从物质输入到物质处理、利用等过程皆由人力控制。这表明城市生态系统的物质循环受强烈的人为因素的影响。

6. 物质循环过程中产生大量废物

由于科学技术的限制以及人们认识的局限，城市生态系统物质利用的不彻底导致了物质循环的不彻底，物质循环的不彻底又导致了物质循环过程中产生大量废物。如据有关资料，唐山市 1981～1983 年输出物质中共有废渣、废水、废气、产品四类，前三类皆为废物，有用的“产品”仅占全部输出物质的 6%左右。这是由于物质在循环过程中，城市对物质的使用由于生产技术的限制并不充分，其后果之一即是排放大量废弃物，造成环境污染，降低城市环境质量。有学者指出：物质循环与城市污染关系最为密切，即反映了这一问题。

四、信息传递

(一) 信息概述

信息,最早是通讯技术上的一个名词。信息论科学诞生后,信息被解释为用符号传递的、接受者预先不知道的情况。以后,将这个定义推广,信息被表述为客观世界带有某种特性的讯号。客观世界本身就是各种信息的发射源。人们正是通过这些信息来认识世界的。

按照信息论观点,信息流是任何系统维持正常的有目的性运动的基础条件。任何实践活动都可简化为三股流:即人流、物流、信息流,其中信息流起着支配作用,它调节着人流和物流的数量、方向、速度、目标,驾驭人和物做有目的、有规则的活动。

信息具有如下特征:① 客观性。信息是客观存在的反映。即使是主观信息,如决策、指令、计划等,也有它的客观内容,也要以客观信息如初始信息、环境信息等为"原料",并受客观实践检验。② 普遍性。信息是无所不在的,物质的普遍存在决定了信息的普遍存在。信息存在于有机界,也存在于没有生命的无机界。③ 无限性。信息与其本源物质一样是无限的,用之不尽,取之不竭。信息的取得要受主客观条件的限制,但信息的存在本身却是没有限制的。④ 动态性。信息随着时间而变化,它是有"寿命"的,需要不断更新。这是由信息的反映对象的运动属性所决定的。⑤ 依附性。信息依附于其载体而存在,需要物质承载者,它自身不能独立存在和交流。但载体是可以变换的。⑥ 计量性。信息是可比的、可量度的。尽管信息的计量较复杂和困难,但是由于对信息的认识的深化和现代数学的发展,计量的范围在扩大,计量的方法在增加。⑦ 变换性。信息通过处理可以变换,它的内容和形式皆可发生变化,以适应特定的需要。在变换中要去伪存真、弃粗取精,不可避免会导致原有信息的损失。⑧ 传递性。信息在时间上的传递就是存贮,在空间上的传递就是扩散。信息通过传递以扩大利用和受益面。⑨ 系统性。信息是一种集合,各种信息在相互联系中形成统一整体。信息系统是物质世界系统的再现。⑩ 转化性。信息的产生离不开物质,信息的传递不能没有能量,但有效地使用信息可使之转化为物质与能量,还可以节约时间。

由于信息具有上述各种特征,它在人类认识世界和改造世界中起着十分重要的作用。这表现在:① 提供认识的依据。认识世界首先要获取有关世界的信息,加以分析,从中引出正确的结论,没有信息,就谈不上认识。信息反映客观世界的变化和联系,帮助人们从各方面认识世界。② 作为实践的指南。改造世界要依靠决策,对外部环境和内部活动进行控制、调节,对未来发展和变化进行预测,这都需要信息,信息能指导人们实践,减少盲目性,提高效率和增进效益。③ 实现有序的保证。信息是系统组织化的重要因素,它作为"粘合剂"、"联系纽带"、"神经中枢",能使社会和经济机体协调发展,更有秩序。④ 开辟资源的条件。物质供给材料,能量供给动力,是人类社会发展的有形资源,或称第一资源。信息供给智力,为人类社会发展开辟了无形的第二资源,并为创造物质、能量资源提供了必要条件。⑤ 激发智慧的源泉。智慧是知识的结晶和运用,它是社会发展的强大动力,而信息的积累和升华,是激发智慧的源泉。智慧是以信息增殖、知识创新为基础的。

(二) 信息传递在生态系统中的作用

自然生态系统中的"信息传递"指生态系统中各生命成分之间存在着的信息流。主要包括物理信息、化学信息,营养信息及行为信息几个方面。物理信息指光、声、颜色等;化学信息指生物代谢产生的一些化学物质(尤其是各种腺体分泌的激素);营养信息指影响生物发育生长的诸多食物因素及其作用(由食物链和食物网体现);行为信息则是生物在相互交往中所呈现出的行为格式。

生物间的信息传递作用(功能)对生态系统的影响是十分明显的,特别是化学信息更为重要,它的破坏常导致群落成分的变化,同时还影响着群落的营养及空间结构和生物间的彼此联系。

生物间的信息传递是生物生存、发展、繁衍的重要条件之一。从地球生物的整个进化历史来看,生命系统所处的外部环境总是不断变化的。任何形式的生命只有适应外部环境的变迁,才能生存下来而不被淘汰,也才能进一步繁衍和发展。要想能够适应环境的变化(且不谈控制和变革环境),必须能首先感知环境的变化。只有在这个基础上,才有可能从遗传上和行为方式上调整自身的状态以适应环境,甚至影响、变革环境。而感知环境的变化,则需要从变化着的环境中不断接收信息,除此之外,没有别的渠道。任何生命形式,如果没有接收信息、处理信息和利用信息的能力,就谈不到对环境的适应,就不可避免地要被大自然所淘汰,从而消逝在生物进化史的中途。“自然选择”、“适者生存”,只有那些具有足够的接收信息、处理信息和利用信息能力的物种和个体,才能得到生存和发展。而且,对信息的接收、处理和利用的能力越强者,发展水平就越高,对环境的反作用力就越大。这是亿万年来地球生物进化发展的严峻事实,这也是人类所以能在生物地球圈这个宏伟的超级生态系统中产生巨大影响、占据突出地位的主要原因之一。

(三) 信息对人类社会经济的作用

1. 概述

哲学家说,不研究信息及其与物质、能量的关系就没有现代哲学;社会学家说,不研究信息化问题就没有现代社会学;经济学家说,不研究信息的价值规律就没有现代经济学。而技术专家们则认为,不懂得信息技术,就不能适应快速的知识更新。这表明信息在人类社会经济发展进程中正起着前所未有的重要的作用。

据世界银行统计,从 1965~1990 年,全世界国民生产总值的平均增长速度从 4%下降为 3.2%,能源消耗的平均增长速度从 4.1%下降为 2.5%,其他物耗指标的增长速度也都呈下降趋势。但是电信业务量和电信装备一直呈加速增长趋势。到 1990 年,世界电信营业额达 3700 亿美元,大约是世界铁路营业额的 4.3 倍(表 4-17)。

表 4-17　　全球信息通信业发展速度比较

年份 \ 指标	国内生产总值(万亿美元)	能　耗(亿吨标煤)	铁路货转量(亿吨公里)	电信业务量(亿美元)	电信终端数(百万台)
1980 年	11.80	85.44	67660	1508.05	533
1985 年	13.07	91.95	72580	2296.78	692
1988 年	16.57	100.13	78548	3129.38	928
平均增长率	4.3%	2.0%	1.9%	9.6%	7.1%

(引自杨培芳,1995)

国际通信联盟已在一份文件中正式提出“后电话时代”的概念。认为简单的普通电话服务时代已经过去,多样化的高级信息服务正在渗透到各个生产环节、居民家庭甚至劳动者个人手中。它将从根本上改变人类的生存质量和价值观念,人类的工作方式、占有方式、货币交换方式、主要产生方式以及经济方式、社会管理方式，甚至经济理论和哲学基础都将产生巨大变革。

根据“三基元”理论，客观世界是由物质、能源、信息这三种最重要的要素组成的，物流、能流和信息流则是人类社会最基本的三大流通体系。如果说人们已经承认交通、能源是现代经济的两大支柱产业的话，那么现在必须承认信息通讯是更重要的第三大支柱产业。

在信息通讯工具尚不发达，服务尚不普及的情况下，人们不得不借助传统的交通交往方式来交换信息。这就增加了交通客运量中的信息载体成分，从而加剧了交通紧张趋势。70年代，英国交通部的调查表明，41%的城市之间的交通交往活动可被通讯方式代替，如果通讯手段进一步现代化，这一比例还可增加20%。

1987~1989年，我国交通和通讯的经济研究部门联合调查了铁路、公路、航空、轮船客运量中的信息载体的比率，按照各种交通客运在客运总量中所占比重进行加权计算，取得的结果是：我国现有客运量中的信息载体率约为60%，其中有35.1%可被现有通讯方式（电话、电报）代替。如果进一步普及传真、计算机终端和图像通讯服务，替代率还可再提高10%（表4-18）。

表4-18　信息通讯节约交通测算表

客运方式	信息载体率	可被现有通讯方式代替(%)	还可被高级通讯方式代替(%)
铁　路	64.1	41.5	15.1
公　路	57.7	34.6	7.5
航　空	86	39.9	15.1
轮　船	—	29.7	12.4

（引自杨培芳，1995）

充分利用信息通讯，还可节省大量能源。据测算，市内电话耗能是乘公共汽车交往耗能的1/29；是乘出租小汽车交往耗能的1/504。长途电话耗能大约是乘火车交往耗能的1/90；是乘长途汽车交往耗能的1/140。

2. 信息资源利用程度的国际比较

信息与物质（材料）、能量并列为现代社会的三大基础资源。如果说物质是不灭的，能量是守恒的，那么信息则永远是不均衡的。从经济学意义上看，最有希望的民族已不是最能利用物质和能源的民族，而是最能利用信息资源的民族。

信息资源的利用程度可用两个指标来表示。一是信息装备率，主要包括电话普及率、电视普及率和计算机设备的普及率。二是信息流通量，主要包括人均年使用通讯费用和订购报刊图书的费用。

从世界统计情况看，不论是信息装备率还是信息流通量，占世界总人口15%的发达国家拥有世界信息资源总量的80%以上，而占世界总人口85%的发展中国家，拥有世界信息资源总量不到20%。这就是当前极不平衡的信息世界。

从近代历史看来，越是发达国家，在信息资源上越具有更高的投入强度。它既是经济发达的结果，也是经济发展的一个重要原因。

1988年，美国全国人口大约占世界总人口的5%，国内生产总值占全世界国内生产总值的27%。然而,它的电信营业额占世界电信营业总额的36%;它拥有电话台数占世界电话总台数的33%;拥有电视机台数大约占世界电视机总台数的20%;拥有计算机联网终端数大约占世界总终端数的50%。其他发达国家亦有相似的情况(表4-19)。

表4-19　少数发达国家信息通讯规模比重(1988年)

指标 国别	电话机终端		计算机终端	
	绝对值(万台)	比重(%)	绝对值(万台)	比重(%)
世界总量	70139	100	10000	100
美　国	22800	33	6000	60
日　本	7052	10	800	8
英　国	3236	4.6	300	3
前联邦德国	4173	5.9	100	1
法　国	3853	5.5	500	5
五国总计	41114	59	7700	77
其他150个国家和地区	29025	41	2300	23

(引自杨培芳,1995)

同期我国人口约占世界总人口的22%;国内生产总值大约占世界的4%。然而,电信营业额大约占世界电信营业额的1%;拥有电话机台数约占世界电话机总台数的1.9%(大约有46%属单位内部非营业性质);拥有电视机台数约占世界总数的20%;拥有的计算机台数(基本没有联网)不到世界总量的1/100。

日本小松崎清介于70年代后期提出了信息化指数的概念与测算方法。从信息量、信息装备率、通信主体水平和信息系数四个方面来衡量社会信息化的程度。其中信息量是由人均年使用函件数量、人均年使用电话次数、每百人报纸期刊发行数、每万人书籍销售网点数、每平方公里人口数组成。信息装备率由电话机普及率、电视机普及率和电子计算机普及率三部分组成。通信主体水平由第三产业劳动者比重和每百人在校大学生人数两部分组成。信息系数用个人消费中非商品支出的比重表示。

以日本1965年的数据为基础(100),分别相比后,求算术平均值就可以得到某国某年的信息化指数。

应该说,这种信息化指数并不能测算出一个国家信息化的程度究竟如何,比如何时进入信息社会等,有些比较因素和算术平均计算方法也未必合理。但是,它毕竟给了我们一个进行横向综合比较的较好的方法,既可以用来考察不同国家之间的信息化程度的差别,也可以用来考察一个国家不同地区的差别。

根据日本通讯白皮书提供的对日本、美国、法国、英国、前联邦德国五国社会信息化指数的测算结果,与中国社会信息化综合指数可作一比较(表4-20,表4-21)。

表 4-20　　　　各国综合信息化指数比较

年份＼指数＼国家	日　本	美　国	英　国	前联邦德国	法　国	中　国
1965 年	100	242	117	104	110	37.9 (1985)
1973 年	221	531	209	211	210	61.7 (1990)

(引自杨培芳,1995)

表 4-21　　　　1990 年中国信息化指数测算结果

	指　数＼年　份	中国 1990 年		日本 1965 年	
	项　　目	绝对量	指数(%)	绝对量	指数(%)
信　息　量	人均年使用函件数	4.8	4.9	97	100
	人均年打电话次数	23.4	7.5	314	100
	每百人报纸期刊发行数	106	236	45	100
	每万人售书网点数	1.8	73	2.47	100
	每平方公里人口数	120	45	265	100
信息装备率	电话机普及率(百人)	1.29	11.7	11	100
	电视机普及率(百人)	15	85	18	100
	计算机普及率(万人)	0.09	53	0.17	100
通讯主体水平	第三产业劳动者比重	18.6	41.3	45	100
	每百人在校大学生人数	0.38	33.3	1.14	100
信息系数	个人消费中除衣食住开支比重(%)	26	89.6	29	100
综合指数			61.7		100

从表 4-20 中可以看出,我国 1990 年的信息综合指数相当于日本 1965 年的 61.7%。

但有些项目的指数较高(表 4-21),例如报刊发行数、图书网点数、电视机的普及率和个人消费中除衣食住的开支比重,都达到日本 1965 年水平的 60%以上。这说明我国消费结构仍然向耐用消费品倾斜,信息传递仍然偏好单向广播方式。

指数最低的项目是人均使用函件数、人均打电话次数和电话机普及率以及第三产业劳动者比重。

（四）信息与城市生态系统

1. 信息在城市生态系统中的作用

(1) 城市功能的发挥需要信息

城市生态系统的信息流最基本的功能是维持城市生存和发展。它是城市功能发挥作用的基础条件之一。因为信息是与物质、能源共同组成社会物质文明的三大要素之一，城市离不开信息。城市生态系统中，正是因为有了信息流的串结，系统中的各种成分和因素，才能被组成纵横交错、立体交叉的多维网络体，不断地演替、升级、进化、飞跃。

(2) 城市是信息的集聚点

城市对其周围地区有集聚力，其体现之一即是信息。因为城市人口集中、生产集中，交通集中，金融集中，娱乐集中，交换活动集中……，需要大量的信息，故其周围的信息会被其吸引从而导致信息在城市中的高度集聚。

(3) 城市是信息的处理基地

城市的重要功能之一，即是对输入的分散的、无序的信息进行加工、处理。城市有现代化的信息处理设施和机构，如新闻传播系统（报社、电台、电视台、出版社、杂志社、通讯社等），邮电通讯系统（邮政局、邮电枢纽等），科研教育系统（各类学校、科研机构等）；此外还有高水平的信息处理人才。进入城市时还是分散的无序的信息，输出时却是经过加工的、集中的、有序的信息。

(4) 城市是信息高度利用的区域

城市各项活动的正常进行片刻也离不开信息，人类各种信息在城市中得到了最充分的利用。城市只有不断地提高从外部环境接受信息、处理信息、利用信息的能力，才能调整自身的发展过程，在竞争中处于有利地位。

(5) 城市是信息的辐射源

城市对其周围地区除了凝聚力之外，还有强大的辐射力，这是体现城市对人类社会进步产生影响的重要方面，辐射力有多种形式，其中之一即是信息的辐射。城市拥有的先进的信息设施也是完成这一功能的保证。

(6) 城市信息流量与质量反映了城市现代化水平

城市生态系统内部本身的运转以及它与外部区域的联系离不开信息流，城市信息流是附于城市物质流与能源流中的。城市信息的流量反映了城市的发展水平和现代化程度。城市信息流的质量则表明了信息的有用程度，它综合反映了信息的准确性，时效性、影响力、促进力等各种特征。

2. 信息与城市规划、城市研究

信息同样也是城市系统的重要资源，离开了信息，无所谓城市的控制与管理，更谈不上对城市进行规划。在对与城市研究、城市规划有关的信息的采集、处理、利用的过程中，有如下几个问题需要引起重视：

(1) 确定正确的采集方法。城市信息包罗万象，覆盖面极广，如全部予以收集，耗时长，耗费大，因而不具现实性。故必须对其筛选，选最具有影响力、最具有代表性的信息。这是充分利用信息的必要前提。

(2) 信息的处理。信息在未处理前，还是一大堆纷繁复杂、彼此间联系松散的片断的资料和数据。必须对其进行有效的处理,包括明确信息的类型、界定范围、相互之间作用……等等。目的是使之简明、扼要、清晰、条理化。这是利用信息的必要的中间过程。

(3) 信息的传播。采集处理后的信息已经具备了一定的利用价值。要使其利用价值得到实现,还必须借助于迅速可靠的传播媒介和传播手段。这里要强调的是信息的传播受体不仅是城镇与城市规划、管理、建设部门和有关的决策部门,还应扩大至广大市民阶层。这是真正高效利用信息的正确途径。

(4) 信息的利用。信息的利用是整个问题的核心。信息不被利用其价值就无法体现。往往出现这种情况,当必须对重大问题决策时,并未主动积极地采集分析有关信息,而是凭主观经验"模糊决策"。因此,有必要强调城市规划、管理、建设部门对信息的自觉利用。

(5) 信息的采集、处理、传播等应形成专门化(专人定期)、规范化(有章可循)、标准化、国内城市间统一联网,并应争取与国际城市信息系统接轨。经常可以发现,国内外城市信息在不小程度上无可比性,不利于进行更深层次的城市研究。当然,国情的不同也在一定程度上决定了国内外城市信息各个方面的差异。但注重这一问题,将有利于城市比较研究的顺利开展。

3. 生态信息的应用

形形色色污染物质的逸散,使生物赖以生存的生态环境发生复杂的变化。不同的生物对同一污染物质作出的反应或敏感程度是不同的;而同一种生物对不同的污染物质其敏感程度也是不同的。因此,生物对污染物质各种不同的反应和症状表现,就包含着丰富的有关环境污染情况的信息,信息的接收者人类就可以根据这些信息对环境进行监测评价。在城市生态系统中,这种生态污染的信息是大量存在的,它们是否被充分的接收和利用,取决于人类的知识背景和认识能力。

某些植物对某些污染环境的气体十分敏感,往往当人还没有感觉到时,这些植物已经表现出受害的症状,传递出生态污染的信息了。

例如,二氧化硫(SO_2)的污染危害,使植物叶脉之间出现点状或块状的伤斑,色泽多为褪色发黄或失绿漂白,具体颜色还因植物种类不同而异。对 SO_2 特别敏感的植物有紫花苜蓿、向日葵、芝麻、葱、百日草、波斯菊、枫杨、地衣、艾、大麦、三叶草、甜菜、莴苣、大豆等。

氯气(Cl_2)的污染危害,主要是破坏植物叶片上的叶绿素,使叶片褪色,产生伤斑,甚至全叶漂白脱落,而且所产生的伤斑与叶片健康组织之间,常常没有明显的界线。对 Cl_2 敏感的植物有萝卜、白菜、桃、百日草、葱、韭菜、复叶槭等。

臭氧的污染危害,使植物的叶片表面出现棕色或黄色褐色斑点。对它敏感的植物有烟草、蕃茄、矮牵牛、菠菜、土豆、燕麦、丁香、葡萄、秋海棠、女贞、梓树、银槭等。

有些水生植物对水中的污染物质十分敏感,如凤眼莲就能及时传送出砷对水体污染的信息,当污水中含砷量达 1mg/L 时,凤眼莲就呈受害症状。

江河湖泊等水域生态系统是由栖息生物和水环境共同组合成的复杂的动态平衡系统。污染物质进入环境必然引起水生物相和量的变化,并趋向新的平衡。因此,不同污染状况的水质,就有不同种类和数量的水生物。换言之,不同种类和数量的水生物,就是不同水质污染状况的反映,传递着水域生态污染的信息。人类就可以根据这些生态污染信息评价水质,监测水环境,制定治理水域生态系统污染的对策。

在相同的环境里,有的植物敏感地表现出受到污染物质危害的症状,传递着生态环境被某种或某些污染物质所侵害的信息。而一些不敏感的、没有表现出受害症状的植物却传递出另一种信息——它们对某种或某些污染物质具有抗性的信息。人们可以利用这种信息正确选择城市和特定环境(如工业区、矿区)的绿化树种及观赏植物,改善城市和工矿区的环境,扩大绿地覆盖率,甚至利用这类信息,通过生理、生化测定,选择一些能够吸收污染物质的植物,有针对性地种植,以达到净化环境的目的。这种生态信息也表明,有一些树种或其他植物对有害气体抗性弱,甚至没有什么抗性,特别容易受害。凡属这类树种或植物,在空气污染地区也应避免大量种植,除非是作为指示植物对环境进行监测者,但用量也不宜多。

利用敏感植物发出的污染信息监测空气污染情况是大有可为的。如沈阳化工厂早在70年代就在厂区内普遍植京桃等对氯气敏感的植物,作为"哨兵",能发现"跑、冒、滴、漏"等事故的信息。江苏无锡电化厂也在厂区内大量种植桃树等多种敏感指示植物,当管道发生氯气溢漏事故时,就能根据植物受害症状传递出来的污染信息,及时发现并进行治理。再如,国外有人采用早熟禾监测城市中的光化学烟雾污染程度,结果与用仪器测定是一致的。

本章小结:

城市生态系统的结构与功能是其作为一个物质存在的最基本的要素。城市生态系统的结构可从其组成成分的空间关系、相互作用的方式、城市人类及其他生物与环境的关系等角度加以考察;城市生态系统的基本功能也可从不同方面加以认识。从与自然生态系统具有相当程度一致性的角度认识这一问题,可将城市生态系统的基本功能归纳成生产功能、能量流、物质流、信息流四项基本功能。城市生态系统的生产功能包括生物生产和非生物生产两部分,它们体现了城市人类在城市生态系统生产活动中具有的主体作用;城市生态系统的能量流反映了城市在维持生存、运转、发展过程中,各种能源在城市内外部、各组分之间的消耗、转化,城市经济结构及能源消耗结构相当程度上对城市环境质量具有较大的影响;城市物质流是指维持城市人类生产、生活活动的各项资源、产品、货物、人口、资金等在城市各个空间区域、各个系统、各个部分以及城市与外部地区之间的反复作用过程;城市信息流是城市生态系统维持其结构完整性和发挥其整体功能的必不可少的特殊因素。

问题讨论:

1. 城市生态系统有几种结构类型?各自有何特点?
2. 城市生态系统的基本功能与自然生态系统的基本功能有何共性?有何特性?
3. 城市生态系统的基本功能是如何发挥各自作用的?
4. 城市生态系统的基本功能之间有无内在的联系?它们是如何综合发挥作用的?
5. 城市生态系统基本功能是否有演变可能?如有的话呈何种趋势?

进一步阅读材料:

1. 曲格平等.环境科学词典.上海:上海辞书出版社,1994
2. 何强等.环境学导论.北京:清华大学出版社,1994
3. 杨培芳.信息与我们.上海:上海科学技术教育出版社,1995
4. 金岚等.环境生态学.北京:高等教育出版社,1992
5. Charles G.Wade.能源与环境变化.(Science,Energy,and Environment Change)刘煜宗等译.北京:科学出版社,1983

6. 王发曾.城市生态系统基本理论问题辨析.城市规划汇刊,1997(1).上海:同济大学出版社,1997～
7. 马武定.21世纪城市的文化功能.城市规划汇刊,1998(1).上海:同济大学出版社,1998～
8. 余文涛.环境与能源.北京:科学出版社,1981
9. 乌家培.信息与经济.北京:清华大学出版社,1993

第五章　城市生态系统分析

第一节　城市生态系统主要问题

城市生态系统问题的实质是生活在城市中的人类与其生存环境之间的关系产生了不平衡。这种不平衡的最明显特征即是城市人类生存环境质量的下降以及这种环境质量下降引起了城市人类生存危机。从边界范围看,城市生态系统问题具有某些共性,诸如城市化进程对自然环境的破坏,气候变化和大气污染、水污染等等。同时作为一个发展中国家,我国的生态系统问题又有自身的特点,如水资源短缺,人口高度密集,绿地缺乏,乡镇工(企)业的污染等等。

一、自然生态环境遭到破坏

城市生态系统的发展变化是伴随着城市化的进程而发展变化的,城市化在全世界范围内尤其 是在发达国家已达到了一个相当高的水平。如英国1980年城市人口即已达88.3%,法国、前联邦德国、美国、日本、前苏联这一比例也分别达78.3%,86.4%,82.7%,63.3%,65.4%。

世界卫生组织1996年4月4日发表公报指出,1950年到1995年期间,百万人口以上的城市在工业化国家中从49个增加到112个,在发展中国家从34个激增到213个。预计到2025年,世界人口的61%将生活在城市中。

而1996年6月在土耳其首都召开的世界人类住区大会上有关专家指出:城市承受压力的加大将是未来几十年中碰到的主要问题。联合国预言:到21世纪初城市人口将有史以来首次超过农村,2015年世界上将有70%以上人口居住在城市。

城市化的发展不可避免地在一定程度上影响了自然生态环境。一方面应看到,城市化确实使人类为自身创造了方便、舒适的生活条件,满足了自己的生存、享受和发展上的需要。另一方面也应看到,城市化造成的自然生态环境绝对面积的减少并使之在很大区域内发生了质的变化和消失,这种变化对城市居民起着更为本质的作用。自然生态环境的彻底破坏引起了一系列变化,如城市热岛效应、生活方式的改变等,这对人们的影响都是长期的、潜在的。另外,人类在享受现代文明的同时,却抑制了绿色植物、动物和其他生物的生存发展,改变着它们之间长期形成的相互关系(图5-1)。这样,人类将自己圈在了自身创造的人工化的城市里而与自然生态环境长期隔离。加之城市规模过大,人口过份集中,其结果是,许多“文明病”或“公害病”相继产生,如肥胖病、心血管病、高血压病、呼吸系统疾病、癌症等。世界卫生组织1996年4月4日发表的公报指出:从目前看,世界大城市的空气、水源和食品污染已对数亿居民的健康造成不良影响。

据我国最大的城市上海卫生部门公布的“上海市1995年度十大死因顺序百分比”,可以发现上海前五位死亡病因分别为循环系统疾病(主要为心血管疾病)、肿瘤、呼吸系统疾病、损伤和中毒、消化系统疾病。这些疾病与城市自然生态系统质量的下降有一定的直接关系。

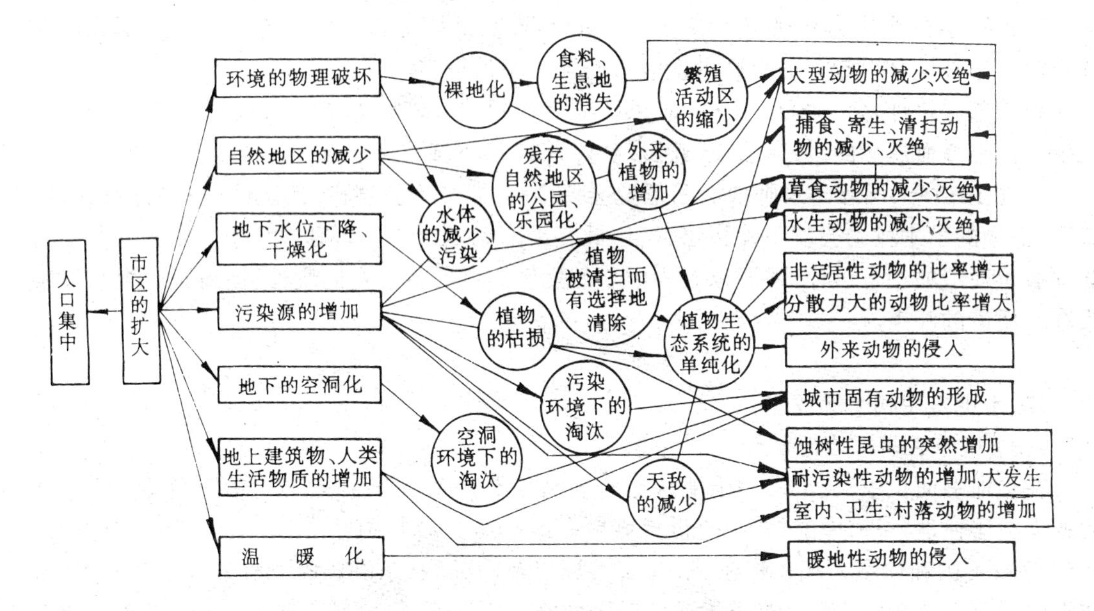

图 5-1　城市化引起环境变化及对动植物的影响(引自金岚等,1992)

图 5-2 为上海市 1973~1975 年肺癌死亡率分布图。市中心为 28.9 人/10 万,市郊宝山为 18

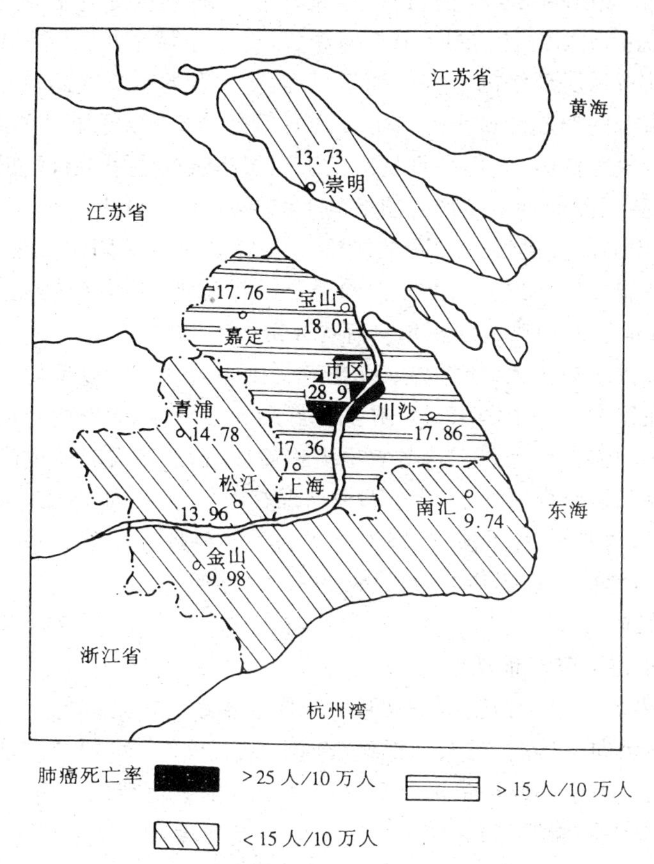

图 5-2　上海市 1973~1975 年肺癌死亡率分布图(转引自于志熙,1992)

人/10万人，远郊金山为9.98人/10万人。可以发现，自然生态环境相对较好的市郊农村要比自然生态环境相对较差的市区的发病率与死亡率低得多。

据前苏联统计，每1000人中患神经系统疾病的，在城市达101人，乡村为38.5人；每1000人中患高血压病的，城市为23.6人，乡村只有10.5人。

早在1980年，国际建筑师协会马尼拉会议举行的以"人类城市：建筑师面临的挑战与前景"为命题的学术讨论会就明确指出，当代最突出的问题是人类环境的恶化，要求城市规划必须着重环境的综合设计，强调以人为中心的发展。这反映了人们改善、提高城市生态与城市环境质量的呼声。

二、土地占用和土壤变化

（一）城市占用土地的扩大

在土地总面积中，城市占用土地从比例上说并不算大。据A.M.根恩在其所著《城市时代的人类居住地》一书中的估计，全世界城市占地不到1%，其中欧洲（市场经济地区）最大，达到3%，美国和加拿大0.8%，亚洲、拉丁美洲以及前苏联、东欧国家均在0.4%左右，非洲和大洋洲只占0.2%。但是随着各国城市区域的扩大，所占面积越来越大，增加速度也日益加快。例如，泰国的曼谷在1910年时只有12km^2，1940年扩大为44km^2，到了80年代初进一步扩大到170km^2，是1910年的14倍、1940年的4倍。如果以曼谷为中心的大曼谷地区计算，则更达到1200km^2。据统计，在近20多年中，埃及由于城市扩大所损失的水浇耕地面积等于阿斯旺水库建成后所新增的水浇地面积，从而使埃及的水浇地面积并无增加。

发达国家城市群的形成和城市人口由市区向郊区的扩展，更加快了占用农业用地的速度。由于郊区地价较为低廉，人们一旦从市区中高层建筑的住房中解脱出来，都希望居住在层数不高的楼房，甚至要求有一幢带有园地的1~2层住房。欧洲经济合作与发展组织的一份报告指出，该组织的成员国城市面积的扩大与人口的增长呈同步发展。70年代中，美国城市郊区增加一个居民就要损失0.15hm^2（合2.25亩）土地，其中0.09hm^2（合1.35亩）是原有耕地，而1979年世界人均耕地面积也只有4.8亩。

由于世界城市占地的扩大，使世界农业生产受到多大损失难以确切估计。但可以肯定，城市和工业发展往往位于一个国家或世界上最好的、已经耕熟的农业用地上，大都是在平坦的得到灌溉的肥沃冲击土壤上。在这些农田上扩展城市，意味着农业生产的实际损失，而并非潜在损失。世界观察研究所所长L·布朗根据现有资料预测，如果现有的城市扩大速度继续不变，到2000年，世界将因而损失2500×10^4hm^{2}的耕地。虽然只占世界耕地总面积的2%，但按平均单产计算，足以提供8400万人的农产品需要。

（二）城市土壤的变化

1. 城市地下水位下降与地面沉降

一般而言，随着城市建筑物密度增大和大规模排水系统以及其他地下建筑的增加，在很大程度上阻止了雨水向土壤的渗透，使得城市地下水位下降。特别是在建筑物密度最高，并建有地下城市的大城市中心地区最为严重。同时随着土壤负荷的加重，土壤颗粒之间的孔隙紧缩，使其储水能力不断下降，并使土壤中气体交换速度和贮氧量下降，对植物的生长起着不良影响。

城市地下水位的下降，在那些主要依靠地下水作为生产和生活用水的城市尤为严重。

过度抽取地下水，使地下水位不断下降，甚至发生市区地面沉降现象。日本很多大城市座落在沿海的冲积平原上，土质松软，地下水丰富，但由于大工业和建筑物等大量抽用，成为世界上地面沉降较严重的城市，东京有些地区的地面已接近、甚至低于海平面。有些地方地面已沉降到海平面以下 3m，而不得不完全依靠挡潮堤维持。

随着地下水位的大幅度下降，不仅使抽水地区的地面作垂直方向的沉降，而且沉降范围也向四周地区扩展。表现为含水层的水压以扬水点最低水位为中心，向四周呈平缓的漏斗形展开，称为区域下降漏斗。地面沉降程度越大，沉降区的分布范围也就随着扩大。东京的地面沉降就已向其周围地区不断扩展。

除大量抽用地下水外，在城镇地下大量开采矿物，包括抽取石油在内，同样也会形成地面沉降。而不论何种原因形成的地面沉降，复原都十分困难。城市地面沉降不止，就使房屋破坏、地下管线扭折破裂而发生漏水、漏电、漏气等事故，对城市生活有着很大影响。

到 1995 年，我国已有 50 多座城市出现地面下沉，其中以京、津、沪、杭、太原、西安等城市较为严重。据有关资料，1996 年上海地面沉降已突破年 10mm 的警戒线，主要原因是上海及周边地区夏季用水高峰期超量和不合理开采地下水所致。目前上海市区地面已普遍低于黄浦江高潮时水位 2m，对防汛工作造成极大压力。地面沉降也使上海地下水水管排水不畅，暴雨后路面积水严重。据水利专家测算，上海地面每下沉 1mm，直接经济损失约 500 万元，间接经济损失更是难以估量。

2. 城市废物污染土壤

另一个与城市土壤有关的因素是城市废物——工业和生活垃圾对土壤的污染。

工业城市中的垃圾不能像过去农村中的植物枯茎、动物残余以及人粪那样，重回到土地之中。马克思在《资本论》中指出，“城市人口的集中破坏着人和土地之间的物质变换，也就是使人以衣食形式消费掉的土地的组成部分不能回到土地，从而破坏土地持久肥力的永恒自然条件。”这里所指消费掉的部分就是指各种废物。

现在城市中各种废物的数量及其成分，不仅无法全部用以增加土地的肥力，而且成为城市及社会的一大问题。

在发达国家，随着工业生产和消费水平的提高，城市中的固体废物大量出现。70 年代后期，美国一年中的城市工业和生活固体废物总量估计约为 1.3 亿吨，到 80 年代上升到 1.8 亿吨。日本东京每天排出的各种垃圾 1.37 万吨。城市垃圾量与社会发展水平呈正比关系。据日本厚生省调查，1960 年平均每人每天的生活垃圾为 0.5kg，1966 年 0.7kg，1970 年 0.9kg，1975 年 1.2kg。就其组成部分而言，也有很大变化。其一是现在发达国家城市垃圾中废纸、废塑料等有机废物所占比重越来越大；其二是大型耐久消费品的废弃物，如汽车、电视机、家具等物日益增多。而在发展中国家，城市人均垃圾量较少，垃圾中的有机成分较多。如 70 年代中，印度加尔各答和孟买每人每天的垃圾量约 0.5kg。

据有关资料，我国历年垃圾的堆存量已高达 64.6×10^8t，占地 5.6×10^4hm^2，有 200 多座城市陷入垃圾包围之中。我国城市垃圾的无害化处理率仅为 2.3%，97%以上的城市生活垃圾只能运往城郊长年露天堆放。北京市的垃圾量 1995 年已达 471×10^4t，据估计到 2000 年将达到 550×10^4t。据我国城市垃圾组成的平均数据统计，在大城市的垃圾中，有机物占 36%，无机物占 56%，其他为 8%，其中无机物的主要成份是煤灰和残土。

有机垃圾是可分解的，而无机垃圾则会永远占地皮，形成包围“城市”的垃圾堆。如塑料类废品的长期堆放，既给鼠类、蚊蝇提供了繁殖的场所，威胁人类的健康，又影响市容市貌；更严重的是塑料垃圾进入土壤后不但长期不能被分解，而且影响土壤的通透性，破坏土质，影响植物生长。不仅如此，塑料垃圾重量轻、体积大，用填埋法来处理，往往需要占用和破坏大量的土地资源，而填埋后的垃圾还会污染地下水。

三、气候变化和大气污染

（一）气候变化

大气和土壤表面的能量平衡是气候变化的决定因素。在人口集中的城市中，家用燃烧（取暖和烹煮食物）、工厂机器的运转和机动车辆的行驶所排出的大量余热进入自然界，使城市获得更多的热量。一般认为，城市中人为余热释放量相当于太阳入射量的30%左右，因各城市的交通密度、工业类型和集中程度以及取暖期的长短而各有所不同。在纽约的曼哈顿地区（$60km^2$）几乎为太阳入射量的3倍，而在开阔的洛杉矶（$3\,500km^2$）约为13%。另一方面，在原野上，大量的太阳辐射能为土壤和植物的水分所蒸发，而在城市中虽然因为空气中的颗粒烟雾减少了太阳的入射量，但只有一小部分面积能有蒸发作用。因而，城市一直是其周围地区内的一个热岛，与周围地区的温差，在1万人口城市中最大为4℃，1000万人口的城市达到10℃，这是世界城市中的一个普遍现象。

在城市里，受热的空气逐渐升高，在数百米高处受阻于一般城市所特有的烟雾层，并且由于温室效应，太阳入射大于出射，在城市上空形成了一个热井，在当地风速小于3m/s，而城郊温差达到5℃时，就会形成一股吹向市中心的风，使边缘工业区所产生的污染空气流入城市中心。

由于城市中建筑物的大小高低、密度和走向不同，形成了城市各区不同的风向和风速。一般而言，市内风速平均较其周围地区低20%～30%。空气的相对湿度与空气的温度成反比关系。在温度较高的城市，其空气湿度低于周围地区。德国的萨尔茨堡相差达20%～30%，一般则在10%以下。

城市气候情况的变化，对城市生态环境以及城市居民的生活条件起着很大影响。表5-1是与农村相比，城市气候的典型变化情况。

表5-1　都市气候的典型变化

变化的类型	与农村环境的比较
温度	
年平均	高0.5～1.0℃
冬季最低	高1.0～3.0℃
相对湿度	
年平均	低6%
冬　季	低2%
夏　季	低8%
尘粒	高9倍
云	
云覆盖	多5%～10%

续表

变化的类型	与农村环境的比较
雾——冬季	频次多 100%
雾——夏季	频次多 30%
辐射	
水平面总量	少 15%~20%
紫外线——冬季	少 30%
紫外线——夏季	少 5%
风速	
年平均	低 20%~30%
大　风	少 10%~20%
无　风	多 5%~20%
降雨	
降雨量	高 5%~10%
降雨 0.2 英寸的天数	多 10%

（引自潘纪一，1988）

（二）大气污染

大气的污染是城市中一个主要问题，并且最易为城市居民所直接感受。早在 1873 年、1880 年和 1891 年，英国伦敦就曾发生过 3 次有名的“毒雾”事件，死亡人数达到 1800 人以上。这是由于大量煤烟中的二氧化硫，在臭氧的影响下逐渐成为硫酸气溶胶所致，一般称为“伦敦型”烟雾。到了 1940 年代，发达国家的大量汽车和工厂以石油为燃料，所排放的废气通过紫外线的照射和化学反应而形成一种新的污染物。1943 年后，美国洛杉矶不断出现这种光化学烟雾，滞留几天不散，使居民眼红、喉痛、咳嗽，甚至造成死亡。称为“洛杉矶”烟雾。

上述明显可见的烟雾只是大气污染中的较为有名、令人直觉厌恶的一种，大气中的污染物远远不止这些。所谓大气污染是指由于人类活动直接或间接地增添到大气中的一种化合物，其含量达到的人类、动物、植物或材料受到损害的程度。城市中大气污染的危害主要是对人类和材料而言。应该说，大气中某些这类物质的自然生成量，如硫氧化物、一氧化碳、氮氧化物等，就整个世界范围，要比人为生成量还多。但在自然界是各种化学反应改变了这些物质在大气中的浓度，生物地球化学循环把这些化合物从空气中转移到水中或土壤中，起着空气净化系统的作用。而在局部地区，特别是在人类活动密集的城市，人为生成量有时会超过自然净化系统所能净化的量，使空气中有毒化学物质的浓度增加，达到有害程度，形成大气污染。

大气中的污染物是多种物质的混合体。主要包括以下几种：

(1) 粉尘微粒。主要来自民用和工厂所燃烧的煤炭和石油残余。在一般情况下，工厂燃烧 1t 煤约有 11kg 粉尘微粒排入空气中。以其微粒大小可分为两类：直径大于 10μm 的降尘 和小于10μm的飘尘。后者在空气中像气体分子那样，作不规则运动，沉降非常缓慢，通常每年只沉降几百英尺。这些粉尘微粒在空中能散射和吸收阳光,使能见度降低,夏季达1/3,冬季高达2/3;并使地面的阳光辐射减少,城市所接受的阳光辐射平均少于农村15%～20%,其主要原因就是城市上空的粉尘微粒较多。有些飘尘粒子表面还带有致癌性很强的化合物。在大气污染物中约有1/6是这种粉尘微粒。各大城市中的烟雾事件主要是由此引起的。

(2) 一氧化碳。这是大气污染物中数量最多的一种,由燃料中的碳与空气中的氧不充分反应时所产生。在美国城市中,77%来自交通运输,其中绝大部分又来自汽车行驶;11%来自工厂。就全球范围而言,虽然数量很大,但其自然浓度只有0.1ppm(1ppm即百万分之一),而在城市中,特别是在交通枢纽地,常见有达到50ppm或更高的浓度。一氧化碳是一种无色、无臭、无味的气体,人们不易察觉,而一旦吸入人体,由于它与红血球里的血红蛋白争夺氧(它的结合能力比氧强200倍),使血液含氧降低,影响心脏和大脑。在含有30ppm一氧化碳的环境中居留8小时,就会丧失5%的氧合血红蛋白,而有恶心、头痛。持续一段时间失氧,将导致永久性损伤。在一氧化碳600ppm浓度下,停留10小时,就会使人死亡。

(3) 硫氧化物。就大气污染物的致毒性而言,这类化合物可说是危害最严重的,其中主要的是二氧化硫,占人为硫氧化物排放量的95%。主要来自煤和化石燃烧的燃烧。任何硫排放物通常可变为二氧化硫或硫酸。二氧化硫的自然浓度约为0.0002ppm。而美国城市中高出这一水平几百倍的屡见不鲜。二氧化硫达到0.03ppm时,会使植物受到慢性损害,发生落叶现象。这一浓度的二氧化硫,加上高微粒水平,能使未经保护的钢板一年中失重10%,对城市中的机器设备起着很大的腐蚀作用。空中广为散播的硫酸烟雾,因重力或降雨而下沉地面,能腐蚀油漆、金属以及各类纺织品。大理石和石灰石也易受二氧化硫和硫酸的侵蚀,许多城市中的历史古迹、艺术品和建筑物因而受到损坏。

(4) 氮氧化物和光化学氧化剂。在城市地区,主要的是人为的二氧化氮,绝大部分来自工业生产(46%)和交通运输(51%)。在3ppm浓度的二氧化氮环境中停留1小时,使人体支气管萎缩,在150～200ppm的高水平下短时间的停留就会因肺部损伤而死亡。氮氧化物在太阳光之下,能与碳氢化合物反应而形成光化学氧化剂,在这一过程中,形成了所谓洛杉矶型烟雾——光化学烟雾。这种反应的产物称为“二次污染物”,因为它们只是在光化学的引发之后才出现。

近年来,随着工业发展,不少有毒重金属混入大气,如铅、镉、铬、锌、钛、钒、砷和汞等。它们都可能引起人体慢性中毒。在60年代中,日本的牛达柳町事件就是由于空气的含铅成分提高引起的。该町位于东京新宿区交通最频繁的交叉路口,大量含铅的汽车废气使该町居民的内脏受到损害,造血机能衰退,同时血管病、脑溢血和慢性肾炎等病的发病率提高。

在50～60年代中,发达国家大城市中大气污染情况严重。如1952年12月,伦敦有4～5天在烟雾笼罩之下,二氧化硫的浓度为平时的5倍,造成4000多人死于非命。1966年,纽约在一次较长期的烟雾事件中,导致168人死亡。70年代以后,在居民的大力抗议下,当地政府采取了管理措施,才有所好转。但各种空气污染物的排入仍是有增无减。澳大利亚的环境专家们在1996年5月指出,由于空气中含有大量超标准的潜在致癌物质,悉尼市的污染情况已经达到了十分严重的地步。澳大利亚目前使用的燃料中含有超标准的致癌物,而与此同时,即使许多汽车已安装了过滤装置,但多数并未起到作用,汽油燃烧后的废气带着致癌物也直接散发到了空气中。一个专家说:“其结果就是,在这个城市生活的人每天所呼吸到的有害空气相当于抽 10 支香烟甚至更多。”

据《读卖新闻》和《东京新闻》1996 年 5 月 25 日报道,102 名支气管哮喘病人和他们的家属将向东京地方法院提出起诉。他们的律师说,柴油汽车向大气中排放大量的氮氧化物,造成严重的空气污染。东京的空气污染在全国最为严重,而且污染还在加剧,这是汽车生产厂家批量生产柴油汽车造成的。受到起诉的 7 个厂家包括丰田、尼桑、日产、五十铃、马自达等汽车公司。日本地方政府和东京都地方政府也在被起诉之列。

美国自然资源保护委员会发表报告说,全美每年有 6.4 万人死于空气污染造成的心脏病和肺病,洛杉矶、纽约和芝加哥是全美死于空气污染人数最多的三个城市。该环保组织指出,每年因空气污染造成的心肺疾病而死亡的人数在全美 239 个大城市中已经超过了死于交通事故与谋杀之和的人数。由工厂烟囱、机动车排放的硫化物、氮化物和有机碳烟雾严重影响人的呼吸系统功能,并给已经患有心肺疾病的老年人带来致命威胁。

法国目前推出了酝酿已久的“空气法案”。“空气法案”是保持空气纯净、防止污染的法律。按照这项法律,从 1997 年 1 月 1 日起,法国所有超过 25 万人口的城市必须装备一套空气监测系统;各地区的负责人都必须依法向全社会报告该地区空气污染的程度;各城市必须制订一个中长期的净化空气的规划。

同时,一些发展中国家大城市的大气污染,随着经济发展而加重起来。墨西哥城是现在世界最大的城市(人口达 1800 万人),也是污染最严重的城市,常年笼罩在烟雾之中。近 10 年来,空气中污染物增加了 50%,其中一氧化硫增加了 200%。由于该城四周环山,有害气体不易散发,居民的呼吸道、心血管病和眼病等发病率不断增加,估计每年有 5 万人死于污染。政府在 1986 年采取了 21 项措施,以治理环境污染,包括减少私人汽车的流量、把污染严重的工厂迁出市区、保护绿地、管理垃圾等。

我国北京 1995 年有机动车辆 70 多万辆,仅为东京或洛杉矶的八分之一,但是一氧化碳等废气排放量却与这两个城市等同甚至超出。北京的“首钢”大气污染严重。据报载,不仅对其所在的石景山地区环境造成了不利影响,而且污染还波及到北京市中心地区。首钢所在的石景山面积仅占北京市面积的 5‰,但它的废气排放却占了全市的 55%,烟尘占 50%。在 50 年代北京市区可观看到西山的日数达 278 天,到 80 年代末,已减少到 62 天。有一环保专家不久发出警告:上海大气污染已远远超过水体污染。虽然 1996 年上海拥有的各类汽车约 50 万辆,仅为东京或洛杉矶的 1/12。但由于相当一部分汽车车况差,所排废气又未经净化,单车有害有毒气体外排量相当于发达国家的数倍至数十倍。1994 年,上海市中心区大气污染物中 90% 的一氧化碳,92% 的碳氢化合物来自汽车尾气。

几年前,联合国组织了一次全球空气污染的网点监测。在对 40 个城市颗粒物污染情况的排序中,我国所有入选监测网的五个城市,全部进入前十名。它们是沈阳、西安、北京、上海和广州。在另一项对 54 个城市二氧化硫污染的排名中,以上五城市再次进入前 21 名。

据监测,到 1995 年,我国城市大气中总悬浮微粒日均值浓度,北方地区超过世界卫生组织规定的 4~5 倍,南方地区也达 3 倍多。全国几乎没有一座城市的空气达标。某领导人在一次讲话中指出,在我国一些工业比较集中的城市,比如兰州,大气污染已经到了相当严重的程度。他还提到首都北京,说北京一到冬春采暖季节,清晨和傍晚,空气混浊,烟雾弥漫,被外国人称为世界上污染最严重的首都之一。

四、用水短缺和水污染

(一) 用水短缺

城市供水问题当前在世界范围已成为一个特别尖锐突出的制约性问题。早在 1972 年于斯德哥尔摩举行的联合国人类环境会议上,许多国家的报告就都提到城市缺水问题。在各国的报告中,没有其他生态环境问题所受到的重视更甚于这个问题了。而从 1992 年在里约热内卢举行的联合国人类环境与发展大会上所反映出的情况表明,20 多年来,城市供水问题非但没有缓和,而且更为加剧了。

我国 1987 年 100 多个大中城市用水紧张。北方和某些沿海地区城市周围可被利用的淡水资源已开发殆尽,城市供水设施建设发展受到制约。很多城市地下水超量开采,水质逐渐恶化,地下水位大面积下降,甚至出现地面下沉,建筑物遭到破坏,沿海地区城市引起海水入浸地下水等严重现象。据建设部提供的一份材料,全国 1987 年有 100 多个大中城市缺水达1000×10^4 t,1986 年因供水不足造成的经济损失达 200 亿元。

近年,全国缺水城市已达 300 多个,有"水都"之称的上海已名列其中,1995 年夏季缺水达 600×10^4 m^3;位于长江中游的重庆市西部地区供水量仅占需求量的 1/3,到 2000 年每天缺水将达 100×10^4 t;泉城济南市水资源开发利用量占水资源可利用量的 96%,后备水资源严重不足,用水高峰期每天供水缺口达 15×10^4 t。

目前我国的工业用水和城市生活用水数量虽然尚不及美国的 1/4,可是城市用水已经有很大的压力,早在 1984 年对 196 个城市的统计,日缺水量合计达 1400×10^4 m^3,沿海十四个开放城市都不同程度地严重缺水,对我国城市和工业发展的制约作用越来越明显。京、津、唐的地下,已经十水九空,水的问题不能妥善解决,这一地区的发展将受到严重的束缚。北京早在 1970 年代就已经处于水危机状态,由于地下水被严重过量开采,已经形成了3100多平方公里的大漏斗。

用水短缺有两类两因。其一为城市所在地区缺乏地面与地下水资源;其二为城市所在地区并不缺乏水资源,但由于水资源受到严重污染,可供利用的清洁水源严重不足,这即是所谓的"水质型缺水"。

淡水匮乏,供水紧张,这个事实是显而易见的。然而这并不是淡水资源问题的全部。更令人忧虑的是人们缺乏必要的觉悟,还在那里肆意地破坏、浪费、挥霍极其宝贵而又数量有限的淡水资源。

这个问题首先表现在工农业生产上缺乏"水效益"意识。1980 年代中期我国每万元工业产值耗水 573m^3,火电站每万度电耗水 1162m^3,在世界上都是偏高的;国外每吨钢新水耗用量的先进指标为 4～10m^3,而我国的新水耗用量则高出 10 倍以上;水库和水渠的渗漏现象也是普遍的、严重的,农业灌溉基本都是采用大水漫灌、串灌的做法,灌溉效益很低。

(二) 城市水污染

在发达国家中,城市的水污染主要是工业排放的废水,约占城市废水总量的 3/4,其中以金属原材料、化工、造纸等行业的废水污染最甚。工业废水的处理好坏决定着水污染的范围和程度。而在发展中国家安全饮用水的供应和污水的处理则是城市环境状况的两项基本标志。城市中合乎饮用标准的水供应是与污水处理和净化问题密切相关的。据世界卫生组织(WHO)1975年的一项调查表明,发展中国家城市人口中24%没有户内自来水管,甚至连水泵压管也没有,25%的人口没有家庭粪便处理系统。1976年的另一调查表明,23.7%人口的住处虽与下水道系统相连,但这种下水道系统却无任何处理污水的能力。只有3.3%人口的住处备有便坑厕所、化粪池或马桶,30.9%人口连便坑也没有。

城市中的工业废水和生活污水(包括人体排泄物)未经处理,或处理不够,都通过下水道系统流入江河湖海,有的甚至直接流入,形成了各色各样的水污染,不只是对城市人口造成损害,由于城市水道通向广大农村,对农村的生活和生产也带来不良影响。

未经处理或处理不够的城市工业废水和生活污水所形成的水污染。其主要类型和来源如表5-2。

表5-2　城市水污染的主要类型和来源

类　　型	主要污染物	主要来源
有毒物质	氰化物 酚 砷及其化合物 汞及其化合物 铅及其化合物 镉及其化合物	电镀厂、焦化厂、煤气厂、金属清洗焦化厂、炼油厂、合成树脂厂、药品、玻璃、涂料、农药厂、化肥厂、汞极电解食盐厂、化工厂、纸浆造纸厂、温度计厂、汞精炼厂、冶炼厂、汽油、电池厂、油漆制造厂、铅再生厂、冶炼厂、电镀厂、电池厂、化工厂
致病微生物	病毒、细菌、原生物	生活污水
耗氧废弃物	有机物和无机物(亚硫酸盐、硫化物、亚铁盐)	造纸厂、纤维厂、食品厂、生活污水
油类物质	各类油脂	石油厂、机械加工、汽车、飞机的保养维修、油脂加工、船舶运输
有机和无机化学物	多氯联苯(PCB)、水溶性氯化物、盐类、各种酸性、碱性物质	各种化工厂
热流出物	生产过程中的冷却水	热电厂、其他有冷却水的工厂
放射性物质	各种裂变物质	原子反应堆及有关工厂

水质污染对人们健康的危害可以分为两类。一是通过水中致病生物而引起传染蔓延。有些发展中国家之所以出现高死亡率,其主要原因在此。特别是与粪便有关的肠道寄生虫和各种传染腹泻痢病所致的儿童死亡率占各项死因的首位。巴西的圣保罗城,5岁以下儿童因粪便传染性疾病的死亡率为40‰,而空气传播性疾病为33‰,营养不良的为5‰。二是水中含有有毒物质引起的中毒,这是当前各国更为关心的问题。有些剧毒性物质,如氰化砷服下0.20~0.28g就会死亡。而汞、铅、镉等重金属化合物往往引起慢性中毒,较长时间后,人们才发现严重后果。1953年,日本熊本县第一次发现因汞污水中毒而引起的水俣病,病者步态不稳,抽筋麻痹,面部痴呆,而后耳聋眼瞎,全身麻木,最后神经失常,身体弯弓而死。直到1972年日本环境厅公布,汞中毒、镉中毒(骨痛病)的病人还有300多人。

水污染不仅影响人们的健康,而且还祸及渔业和农业生产。农村中的水污染除了来自农药中的有机磷、氯化合物外,城市的污染水流向农村也是其主要来源。表现在以下几个方面:第一,热电厂所使用的单程冷却法,要用大量的河水、湖水或海水,这些水返回自然水体时,温度要比原来高出约10℃。在热带地区,水体天然温暖,水中生物在其耐温上限情况下生存，水中温度增加，就无法适应而死亡。这就是所谓热污染，足以使水中幼鱼和浮游生物毁灭，减少下游的鱼群数量；改变藻类生物平衡，有利于蓝绿藻生长，引起城市供水的异味；当电厂起动和停转期间，水温突变，使敏感生物死亡。第二，因为淡水系统因污染而发生重大变化，大量水生物面临减产、灭绝的威胁。有机和无机的耗氧废弃物经水中生物氧化后，大量消耗水中的溶解氧，使水质恶化甚至恶臭；油类物质不溶于水而浮在水面，阻止空中氧气溶解于水，都要影响水产的数量和质量，所谓石油鱼就是由此产生的。国际自然和自然资源保护联盟曾指出，由于生境破坏，274 种淡水脊椎动物有灭绝的危险，这一数字大于其他生态系统中所发生的同样情况。第三，对农作物的危害。有多种情况。水中污染物浓度过高会直接使农作物枯萎；有的污染物能积聚于作物之中，进而危害人类；有的污染物使土壤恶化，如日本足尾矿山的废水使其周围 40～80km 农田土壤含铜量高达 200ppm，稻苗只有 10cm 高，产量只有原有的 1/10。

中国科学研究院 1996 年发布的一份国情研究报告表明，全国 532 条主要河流中，有 436 条受到不同程度的污染，七大江河流经的 15 个主要城市河段中，有 13 个河段水质严重污染。

1980 年代初，约五分之一的水井水质不符合饮用水质标准，而到了 1980 年代后期，这一类水井已增至三分之一。同时，一半以上的城市地下水受到污染。

水污染也是上海市分布最广、最严重的污染。所有河流均受不同程度的污染，严重者如苏州河，终年恶臭，成了一条“死”河，较轻者如黄浦江，一年有 288 天黑臭期。浦东新区的生态环境质量优于市区，可目前川杨河水质平均在 4～5 级，浦东的“母亲河”是否会悲剧重演？其他 11 条主要河流中的 7 条水质为 5 级，并且随城市化进程的加快水质污染也在迅速蔓延。

上海的饮用水源从苏州河转向黄浦江再转向长江，由于接受上游排放的污水影响，水质污染严重，远未达到国标Ⅲ类水体的要求。饮用水质依然低于全国平均水平，全市高血压、肺病及各类癌症的发病率均居全国之首。

上海市每年约有 20×10^8t 污水排入长江口的杭州湾。在日排污水 $40\sim50\times10^4$t 的西区市政综合排污口附近的海面上，常年可见一条宽 300～500m，长达 7km 的黑水带。这里原来是长江口传统的银鱼渔场，1960 年代年产银鱼 300 多吨，1971 年排污口启用后，银鱼产量锐减、1980 年代初银鱼产量降至 20～30t，1989 年，渔场被彻底破坏。

珠江广州河段的水质随着生活废水和第三产业废水排放量的逐年上升，有机污染不断加剧，使广州的水厂水质受到威胁。据统计，1985 年，广州市的生活废水与工业废水排放量共计 7 亿吨左右；1994 年，仅生活废水排放量就有 7×10^8t 左右，占废水排放量总量的 68%，成为珠江广州河段主要的有机污染源。而广州近年来城市生活废水的处理率仅为 10.8%。随着广州本身及其上游地区经济的发展，珠江水质还将会受到新的、较大的威胁。同时，广州周围绝大部分地区的大量工业及生活废水通过多条河流经广州入海，也加重了广州的水污染及供水的困难。

据统计，长江流域每年仅干流 21 个主要城市就向长江排放 63×10^8t 污水，而且每年的排放量正以超过 3.3%的速度增长。由于污染治理水平低、效果差，在直接入江的 394 个排污口中，70%未达到国家标准便排入江中，在城市江段已明显形成岸边污染带。据调查，长江干流 21 个主要城市江段的污染带已超过 500km，占城市江段长度 60%。另外，随着乡镇企业及农业的发展，长江水体还受到水土流失、农药、化肥的污染。

长江南京段水质的恶化,也是一个令人触目惊心的例子。该市部分政协委员在一次呼吁中说,目前长江南京段每年接纳南京市排出的生活污水 2.24×10^8t,比 10 年前增长了 32%,工业废水则更是高达 6.7×10^8t。该市环境监测部门对长江南京段水质监测结果表明,长江中污染物平均超标率石油类达 53.3%,大肠菌群达 32%;南京市 6 个水源保护区只有 2 个合格,且水质呈逐年下降趋势。

五、人口密集与绿地奇缺

(一) 人口密集

人口密集是城市尤其是一些大城市、特大城市的较普遍的现象。如据有关资料,国外 42 个大城市人口平均密度为每平方公里 7918 人,其中高于这一平均值的有 14 个城市。

根据 1990 年资料,上海市人口为 1334.2 万,分布在全市 6340.5km^2 的土地上,平均每平方公里的人口密度为 2104 人。如按迁移的高位方案计,2010 年,将达到 2287 人,每平方公里净增 183 人。和一些国际大都市相比,这一平均值并不属于高密度值;但就上海人口分布高度的向心模式而言,上海中心城区的人口密度远远高于一些国际大都市。据有关资料统计,上海 12 个市区的面积 726.15km^2,人口 821.44 万人,人口密度 11312 人/km^2;如仅计算 10 个中心市区,则面积 277.91km^2,人口 739.67 万,人口密度高达 22615 人/km^2。到 2010 年,尽管上海城市规模可达 950km^2,市区人口密度仍为 10420 人/km^2,每平方公里仅略减 890 人,减少幅度为 7.8%,而届时大大增加的流动人口将可能全部抵销掉户籍人口密度略减所缓解的承载力。尽管全市的人口分布格局随市政建设的合理化而发生一些重要变化,但从根本上说,城市建设所开拓的空间仍将被社会经济发展所需的迁移人口所占用。这意味着市政设施建设,交通环境改善和城市形象塑造将会面临持续的困难。

(二) 绿地缺乏

联合国规定的城市人均绿地标准为 50 ~ 60m^2,从表 5-3 看,达到或超过这一标准的城市为数不多。我国规定的人均绿地标准是 7 ~ 11m^2。1993 年,我国重要城市的人均绿地面积平均值为 4.2m^2(表 5-4),与联合国标准相差甚远。

表 5-3　　部分国外城市人均绿地面积(m^2/人)

城市	华沙	维也纳	柏林	平壤	莫斯科	巴黎	伦敦	纽约	东京
人均公共绿地	90	70	50	47	44	24.7	22.8	19.2	3.4

表 5-4　　我国部分城市人均绿地面积(m^2/人)

城市	北京	天津	沈阳	长春	哈尔滨	上海	南京	杭州	福州	济南	武汉	广州	西安	平均
人均绿地面积	6.4	2.6	4.7	7.7	3.3	1.1	5.8	4.2	4.5	5.0	2.4	5.0	2.4	4.2

(引自建设部 1993 年建设年报)

由表 5-3,表 5-4 可见,上海人均绿地面积无法与国外大城市相比,绿色的“贫困”程度严重。市中心区绿化更差,但是这种状况还在继续恶化。1993 年,上海人均公共绿地面积由

1.10m^2增加到1.15m^2，而同时，市中心140km^2范围内的公共绿地减少了30多公顷。1993年，市园林部门发现违法占绿案件达400多起。10年来，市区共种植6000多株行道树，其中1000多株已遭到不同程度的破坏。据初步统计，由于受基建、集市贸易和借树搭建等影响，已有128条马路上的行道树受到严重侵害，852株已奄奄一息。更有统计表明，1964～1988年的24年中，市区发展了320hm^2绿地，却被侵占了580hm^2绿地，入不敷出。

六、乡镇生态问题严重

乡镇生态问题以及其对城市生态系统的冲击是我国社会经济发展过程中的特殊问题。

我国乡镇生态问题较为严重，乡镇企业造成的污染，已成为区域环境质量和流域环境质量下降的元凶之一，且已对城市生态系统形成不利的影响。其主要为乡镇工(企)业所造成的环境污染。

改革以来，在我国的一些经济发达地区，乡镇企业成为重要的支柱产业之一。城市产业结构和功能布局调整的重要的环节和步骤之一是一些污染厂被迁出城市。所以，从某种意义上说乡镇企业的发展实际是城市产业在空间上的迁移的表现。

乡镇工业大多利用本地资源，就地取材，设点办厂，在发展过程中又多受到行政管理区划的限制，形成了各镇为政、各村为政的分散格局。分散布局虽然可以充分利用广大农村的环境容量，但由于工厂企业数量多、分布广，从而使得原来相对集中于城市的污染源扩散为整个区域内的交叉性面积污染，越来越多的农田、草地、林地、河流和湖泊遭受严重污染。主要原因有：

1. 工厂规模小，净利润低，难以进行必要的环保投资。

2. 企业效益低下，资源浪费。

3. 乡镇工业高污染负荷比企业比重大，调整困难。

4. 生产工艺落后，设备陈旧，能耗高，资源利用率和重复利用率低。

乡镇企业最初使用的设备很多是被城市淘汰的，有的甚至是五、六十年代的产品。这些设备陈旧、工艺落后，资源、能源浪费严重。生产过程中大多数企业重复用水率极低，多数企业未采取任何重复用水设施；废水处理率不到四分之一；废水达标率只及五分之一。对于同种产品，乡镇企业的能耗也明显高于城市企业。

另外，由于现今研制的"三废"治理设施主要针对大中型企业，对乡镇中小型企业污染治理的研究还远没有广泛和深入地展开，缺乏投资少、效率高、适合乡镇企业的污染治理技术，致使乡镇企业的污染难以得到有效的治理。

虽然从全国整体情况看，乡镇工业污染物排放量还不及县以上工业污染物排放量，但在局部地区，乡镇企业所造成的环境污染已达到十分严重的程度，如苏锡常地区乡镇工业排放污染物的等标负荷竟占85%左右。更值得关注的是全国将近1000多万个乡镇工业基本上布局在农村环境之中，其中有污染的企业估计在100万家左右，这些企业是造成广大农村环境污染的主体。在东部沿海发达地区，有些地方的乡镇工业甚至已经成为中小城市的主要污染源。由于乡镇工业本身具有很多特点，加上我国目前乡镇环境保护机构尚不健全，力量薄弱，致使一部分地区的乡镇工业环境管理基本上处于失控状态，不少乡镇工业排放的污染几乎不经任何处理而任意排放，且浓度很高，危害很大。一个企业毁坏一座山、污染一条河的现象屡见不鲜，这已经成为制约农村经济持续发展的主导因素。另外，全国上千万个乡镇工业布局在广大农村环境之中，许多有污染的工业企业基本上没有设置在事先规划的工业小区之内，布局分散，这样就陷入不治理不行，逐个治理又得不偿失的进退两难的困境之中。

据有关资料，乡镇企业主要污染行业的工业废气排放量每年在 $1.2\times10^{12}m^3$ 以上，其中烟尘排放量为 300 多万吨，氟化物为 14×10^4t；乡镇工业废水排放量超过 18×10^8t，工业固体废弃物 4000×10^4t。砖瓦、陶瓷、水泥、造纸、化工等，是乡镇企业的主要污染行业。乡镇企业污染所造成的经济损失也是巨大的(见表 5-5)。

表 5-5　　1982 年乡镇企业工业“三废”排放和污染造成的经济损失(亿元/年)

项　目	合　计	废　气	废　水	废　渣
经济总损失	65.82	6.83	51.91	7.08
物料损失	36.16	3.09	27.87	5.20
污染损失	29.66	3.74	24.04	1.88

(引自《2000 年的中国环境》)

社会学家费孝通曾就江苏省吴江震泽镇的情况，发表了题为“及早重视小城镇的环境问题”一文，他概括了以下 3 个特别值得注意的问题：

一是厂区和居民区不分。这种现象在乡镇企业发展过程中是极为普遍的，厂房和民房争地，影响了居民生活。震泽镇上的吴江酒厂位于居民稠密的街道上，占据整个街道的1/3，排放的废气飘散四周上空。吴江橡胶厂所散发出的废气带有强烈臭气，居民甚至在睡梦中也被熏醒。有时泄漏的氯甲酸脂使人流泪和流涕，附近学校被迫停课。有些丝织厂造成很大噪声，据测，白天全镇 43%地区的噪声超过标准，晚上影响居民睡眠。

二是建厂时并未考虑废水、废物处理设施。工厂污水直接排入贯穿全镇的河流，严重污染水质，并开始影响地下水。该镇的自来水厂水体中的含菌数和某些有机物质经常超过国家规定标准。特别是该镇四周农民仍饮用河水，受害情况更为严重，即使自挖浅井，也受地面污水渗透的影响。据环保部门和镇卫生部门的联合调查测算，全镇每日给水量 $3.2\times10^4m^3$，排入河流的废水 $3.1\times10^4m^3$，其中原污染水 $0.13\times10^4m^3$。化工厂的有毒废水使河流变色，水底冒泡，污泥团上浮。皮革厂的含铬废水连油脂污泥一起排入河流，附近农民过去利用这种污泥作为燃料，近年来发现癌症死亡率增加，才停止使用。

三是大中城市工厂对乡镇企业的污染转嫁。这是破坏小城镇及其附近农村生态环境的一个重要原因。有些工业产品就是因污染问题在大中城市中无法生产，才扩散迁移到集镇中去的。该镇化工厂生产多种染料中间体及其助剂，在生产过程中排放有毒物质，污染环境。在 1960 年代以后，这些产品陆续由上海、南京等地迁来。近年来，由于一些发达国家不再生产或减少生产这些产品，而转向我国进口，它们大多数是由乡镇企业生产的。又如该镇蓬勃兴起的翻砂铸造业，为上海、苏州等城市生产缝纫机铸机，耗用大量烟煤，污染空气严重。这种污染转移问题应及时引起关注，如果听任发展，后果将十分严重。

第二节　城市生态空间研究方法

一、城镇生态空间概念与内涵

城镇生态空间概念源于生态空间概念。生态空间与生命现象密切相关，有关生态空间的研究，有三种主要观点：一是空间效应观点，强调生态空间是一种生物要素与环境要素相互作用与活动变化的舞台，表现出一定的空间形态和运动规律，代表理论如英美学派(Clement-s)、威斯康星学派(J.T.Curtis)、生态演替论(Tansley)等；二是空间功能观点，强调生态空间是一种抽象空间，它与特定的环境相结合，构成生物可利用的"资源"，其基本理论是生态位研究，如一般生态位理论(Grinnell)，扩展生态位理论(马世骏等)；三是空间行为观点，将生物自身的空间活动作为研究主体，力图解释生态空间异质性的动因，诸如芝加哥学派(R.E.Park)，空间引力场论(Edwards)等。

与一般生态空间不同的是，城镇生态空间与人的行为及活动密不可分，两者是人类生态空间的主要表现形式。城镇生态空间的主要形式是各种类型的人工建造场所，属于典型的"人化空间"产物，因其与人类活动有紧密而稳固的联系，从而具备了自身的"活性"，其发生、生长、蕴育、遗传、进化等均有自身的特征。

城镇生态空间的研究对象从类型上分有空间个体、空间种群和空间群落三类。空间个体侧重研究空间单体的形态类型特征、地理分布及空间适应性，如建筑类型学(L.Krier)、住屋形式(A.Rapport)等；空间种群是指同种空间类型组成的复合体，其在群体水平上表现出一些特征，如密度、多样性、数量动态等，这方面的研究工作如中心地理论、居住区与住宅群等；空间群落主要研究不同空间种群复合形成的整体结构、空间链与网、演替进化特性等，如城乡景观交错带(牛文元)、CBD结构形态(M.Howood)等。从空间尺度层次上分有建筑群体、城市、城镇群体和城镇群系等层次。其中城镇群体(Urban Group)和城镇群系(Urban Galexies)是大尺度的生态空间，一方面表现出与建筑群、城市等空间在生长、进化上的相似性，另一方面也表现出自身的一些特征，如弱控制性、高度的开放性等。

城镇生态空间研究的一般假设和基本原理：

1. 结构性假设：城镇生态空间形态的形成是空间对环境条件适应和自组织的结果，各种干扰因素(如自然演变、战争、规划控制等)是促成空间结构形成和变异的重要因素，空间结构的稳定性与空间受干扰程度成反比。

2. 耦合性假设：城市生态空间的动态变化过程是一个耦合机制作用的过程，包括时间-空间耦合，空间-经济-人三位一体耦合等。在理想的平衡状态下，时空耦合、空间-经济-人耦合达到高度协调。但在一个开放的空间系统中，平衡是相对的，非平衡是绝对的，系统兼有趋向平衡和打破平衡的两种倾向(耦合在物理学上指两个或两个以上的体系或两种运动形式之间通过各种相互作用而彼此影响以至联合起来的现象)。

3. 量子化假设：城镇生态空间发展过程同时呈现连续性和离散性特征，城市生态空间的发展是以量子化方式，一份一份进行，从而使空间发展呈现出态的叠加现象。

根据以上三个基本假设，可推得空间运作的基本原理。一是结构和功能原理。城镇空间可看成是巨大的镶嵌体，其结构在某些尺度范围内具有自相似性，决定空间结构形成的基本因素是空间功能；二是空间多样性原理。高空间多样性提高了空间发展的潜力，它与空间异质性密切相关，高空间异质性提高了多空间并存的可能性；三是空间流动原理。由于不同地区空间位势的差异，造成空间类型的转移和扩散，这对空间异质性有重要影响，又受空间异质性控制，四是空间变化原理。城镇生态空间的水平结构把空间类型、人口、镶嵌体、走廊等的范围形状和结构联系起来，由于干扰的不断介入和各空间单元的变化速率不等，一个完全均质的区域是永远也达不到的；五是空间稳定性原理。城镇生态空间的稳定性，起因于其对干扰的抗性和干扰后复原的能力。每个空间单元有自己的稳定度,因而区域总的稳定性反映其内部类型的比例。

二、城镇生态空间研究方法

城镇生态空间的基本研究方向包括空间生态位分析、空间干扰分析、空间特性分析等。空间生态位分析是基于 Grinell 的生态位理论和扩展生态位、城市生态位(王如松)等的研究。所谓生态位的最初含义是指,生物的每个种在生境中都占有一特定的空间,维持其生成与发展的最小空间单位称为生态位。城市生态位与景观生态位密切相关,王如松(1986 年)把城市生态位分为生产生态位和生活生态位;空间干扰分析主要研究空间个体、种群等在干扰下的动态特征及其抗干扰和恢复能力。城镇生态空间景观是由环境基质和干扰体系综合作用的结果。Bazza 认为,干扰是景观单元本底资源的突然性变化,可以用种群反应的明显改变来表示。城镇空间干扰包括诸如:自然干扰、随机性干扰、规律性干扰、瞬时干扰和长期干扰,局部干扰与全局干扰等;空间特性分析主要研究城镇生态位空间异质性、时空耦合性和空间进化发展的基本机制,从空间现象、空间过程、空间关系等诸方面入手。空间现象侧重解释空间个体、种群等的空间分布特征、空间形态、状态等;空间过程侧重研究空间变化的动态过程,包括短时间尺度上的空间生长和长时间尺度上的空间进化、演替两方面;空间联系主要研究各类空间单元的相互关系,如竞争与共生、吸引与排斥、供给与需求等,这些关系通过各种可见与不可见的网络、力场等相互作用。

综合以上三条研究方向,可建立各个侧重点不同的研究框架。以下的方法体系,是立足于空间沿时序轴发展过程分析,对城镇生态空间规律加以探讨。

1. 空间形态。首先分析城镇空间的结构单元,即决定城镇空间形态的基本要素,包括生活型、层片、中心、边界、优势型和网络。

生活型是城镇空间对外界环境适应的外部表现形式,同一生活型的空间形态,在特征上相似;层片是指同一生活型的不同空间类型的组合,属于同一层片的空间是同一生活型类别,但同一生活型的空间只有个体数量相当多,而且相互之间存在一定的联系时才能组成层片;空间群体是由不同层片组成的集合,但并非所有的层片均能组合为一个群体,还必须有一个中心层片;城镇空间边界包括空间边界、时间边界和事理边界,它既是明确又是模糊的;优势型则是指对空间结构有明显控制作用的空间类型。以上这些要素均需由空间网络组织而成整体,空间网络一方面作为空间演化结果的“滞体”而存在,另一方面又是演化过程中“流体”产生的基础,具有双重作用。

对空间形态的分析涉及到一些形态分析指数,主要包括:集中与分散指数,梯度指数和空间多样性指数。城镇空间个体区域中的位置状态称内分布型,空间分布型包括均匀型(uniform)、随机型(random)和集群型(clumped)三种,测定方法如方差/平均数法,基于最近邻体对的聚散度和基于资源点线的聚散度等。一般而言,在个体之间没有彼此吸引或排斥时易产生随机分布,在个体之间相互作用较大时易产生均匀分布,而在资源分布不均时则易产生集群分布;梯度表现为各种现象在空间某个方向上的等次变化,一般而言,自然梯度、人口梯度、经济梯度和空间梯度之间有明显的相关性。在长期发展趋于均衡时,各种梯度趋于减小,而在非均衡时,梯度趋于增大;反映空间多样性指数的著名公式是申农-维纳指数,即信息论中的熵的公式：$H = -\sum_{i=1}^{S} P_i \log_2 P_i$，式中，$S$ 为空间类型数，P_i 为属于类型 i 的空间个体在全部个体中的比例，H 越大，熵值越大，空间多样性越高。

2. 空间状态。城镇生态空间的最基本状态是集聚与分散运动。集聚与分散是城镇生态空间运行的根本动力，可以分为三个基本效应，即空间溢出效应、空间规模效应和空间分化效应。

空间溢出效应包括极化效应和扩散效应。溢出效应主要测度的是空间密度的变化情况，它在空间上的显著特征是距离衰减率，其形态特征可由两个模型来描述，即扩散限制模型(DLA)和动力学集团凝聚模型(KCA)。DLA 模型的特征是围绕一个中心，空间个体呈枝状轴向凝聚，KCA 模型的特征是空间个体的随机凝聚小集团分散分布。在城镇空间正常运行中，这两种状态一般交替占主导地位，造成空间形态的轴向与圈层式生长形态的周期性变化。溢出效应对空间扩散的研究表明，扩散的基本类型是树状扩散、等级扩散和环形扩散，由于扩散波在空间中的传播先后，造成溢出效应在不同区域地段中的优势带现象。

空间规模效应在空间上的特征是：不同类型空间随距离变化的效应不同，可分为可达性制约型、土地制约型、中间制约型和均匀制约型四种。不同类型空间规模在距离轴上呈现一连续变化的规模图谱，并有大小不一的规模带生成。规模效应在时间轴上的基本特征是门槛制约、规模空间"系综"图谱经及规模的周期性变化等。

空间分化效应的基本要素是类聚元和异分群，城市地域分化研究是其中重要内容。如同心圆模式、扇形模式和多核心模式为三大传统空间分化模式。分化效应的最新分析手段是因子生态法(factorial ecology)，基本形态特征是环带形、镶嵌形和扇型的类型区混合格局。在时间轴上，这些分化状态常常是周期性地交替呈现的。

3. 空间动态。其实质就是溢出效应、规模效应和分化效应沿时间轴的综合作用结果。空间系统是一个周期性振荡过程，总是沿着能耗减少(熵的产生而非积累)方向生长，逐渐形成高度有序的结构，这一过程是空间序周期增加的过程。存在如下的空间序法则：$h = dwH$。其中 d 为空间密度，w 为空间规模，H 为空间多样性，h 为单位时间的空间序，它揭示了城镇空间生长中三个基本效应相互制约关系。

空间生长的动力学原理着重研究空间生长的内在机制，包括如下六个基本动力学原理：

① 城镇空间惯性和加速度原理：一个封闭的空间系统无法得到外力推动，会出现相对静止状态，只有通过对外开放，才能使其加快生长速度。

② 城镇空间引力与反引力原理：最早出现城市引力理论的是芝加哥学派的 C. C. Colby (1937)的向心-离心学说。在空间流五变量(P, O, E, T, I)中，物流(O)对应了空间引力作用，而人流(P)则对应了反引力作用。

③ 城镇空间发生原理：边缘效应是空间发生的主要机制，对空间边缘区和交错区的研究可以揭示空间发生的基本过程。

④ 城镇空间内动力原理：一个具有内生机制的空间系统必然是一个有差异的、非平衡的空间系统，它要求扩大空间系统内的势能差，加强各组成部分之间的互补，从而使系统具有组织作用和内在动力。

⑤ 城镇空间层次生长原理：表现在不同层次之间的自相似性及组织力的差异，从而使空间生长朝渐次完善的等级化发展，形成高度有秩序的结构。

⑥ 城镇空间竞争协作原理:竞争力和协合力是推动空间分化的根本动力,竞争促使空间与环境相适应,而协作则使空间的整体功能和效率最优,二者共同作用密不可分。

4. 空间进态。是指空间发展和进化的过程。在这一过程中,空间特性发生显著变化,引起这些变化的原因是环境的选择压力对空间的作用,以及空间自身的特性变异,这种变异反映了空间组织性和受人为干扰强度的变化。由于选择的作用,使得某些空间性状的变异得以保存、积累、固定,从而形成内部组织性提高并更适应外部环境的新空间类型。这样的空间特性,从空间发展的一个时期到另一个时期的连续性变化过程,就是空间进化过程的具体表现。因此,进化在本质上是空间长期发展的适应性积累过程,因为环境变化是永恒的,新的空间类型形成是进化过程的决定性阶段。

空间进化中存在如下三种动力学选择,即:d 选择,有利于迅速提高空间密度,并产生大量相同类型;W 选择,有利于空间规模的增大,提高个体生存竞争力;H 选择,有利于空间多样性提高,加强空间持续生存能力。对应这三种选择,空间可采取三种进化对策,在一个标准的空间进化树中,d 对策占据了树的根部,即在早期发展中采取快速发展战略,W 对策占据了树的中段,即在中期采取高效发展战略,H 对策在树的顶部,即在后期采取持续发展战略。

空间进化的基本特性表现为:有序与无序统一,确定性与随机性统一,自相似性与非相似性统一以及稳定性与非稳定性统一。空间发展稳定性的基本原理是空间类型比例的空间与时间传递原理和协同进化原理。

群体水平上的空间进化即为空间演替即区域中空间类型的相互替代、演化过程。空间演替的基本机制是促进、抑制、竞争、干扰、镶嵌等。当经过长时间演替后达到与当地环境十分协调和平衡状态时,即为演替的终点,称演替顶级。城镇空间演替的顶极可分为:地形顶极、气候顶极、人口政治顶极、物资交通顶极、资金商品顶极、技术文化顶极和信息顶极等。其中信息顶极是目前阶段全球范围的城镇群系演替的最高顶极,其标志是全息空间(信息高速公路)的建立与完善。

第三节 城市生态系统综合评价

城市生态系统是一个复杂的系统,为了对它的结构、功能和运行状态进行描述,预测人为干预的影响和变迁趋势以及设计和塑造良好的城市生态系统,必须进行城市生态系统综合评价(王发曾,1991)。

一、城市生态系统评价基本内容

城市生态系统评价工作必须立足于对城市经济发展-社会活动-环境保护交互作用的关系深入研究的基础上,运用系统方法,找出制约城市发展中的主要环境问题,揭示和评价城市经济社会系统的结构特征和城市在利用区域环境资源方面出现的问题;分析经济社会活动与城市生态环境承载力的关系,寻求调节城市发展与生态环境、区域人口合理规模、经济开发强度及环境效益等关系的途径。从而,为保护城市生态系统,改善城市环境质量提出切合客观规律的对策,有效地防止城市恶性膨胀所带来的一系列复杂的城市环境问题,以便从宏观和根本上预防城市发展可能带来的生态环境问题。

开展城市生态系统评价是协调城市发展与环境保护关系的需要，是进行城市环境综合整治，促进城市生态系统良性循环的需要，同时也是制定城市国民经济社会发展计划和城市环境规划的基础。通过城市生态系统的评价可为促进城市建设的发展，维护城市生态平衡和区域人口合理分布等提供依据。

城市生态系统评价基本上有如下两方面的内容。

(一) 城市生态环境现状评价

应全面对城市自然本底、功能本底和包括大气、水质、土壤、植被、地质、地貌等环境本底状况进行调查，掌握城市生态特征(包括工业布局和经济结构、城市规模、人口密度、城市建设投资比例及绿化发展等)以及不同功能区环境质量现状和污染物分布情况，并做出相应的定量、定性评价，搞清城市环境污染问题。与此同时，分析产生污染的原因，寻找影响城市环境质量的主要污染物以及主要污染源，掌握城市环境污染的内在规律及变化特点，反映城市环境质量对人类各种经济活动和社会活动的影响程度及潜在影响，达到直观地反映一个城市性质、地位、功能和作用及其人口资源环境的优劣势的目的。

(二) 城市发展对生态环境的综合影响评价

根据城市经济社会发展短期和长期计划，以城市生态环境质量为目标，讨论城市经济建设投产后对生态环境各要素的影响，通过分析、比较、推论和综合，对城市生态环境质量做出预测评价。这部分应把对城市经济开发过程中可能产生的各种环境影响作出科学预测作为重点。根据城市环境质量要求，分析城市环境质量发展趋势，提出城市生态环境的主要问题及原因，以便对症下药，落实控制城市生态环境污染的措施及对策，为城市、人口、产业等发展规模与环境质量的平衡和协调提供充分的依据。

二、城市生态系统评价指标体系

(一) 评价指标确定原则

城市生态系统是一个多目标、多功能、结构复杂的综合系统，因此，必须建立一套多目标综合评价的指标体系，并且这个体系在系统中应具有评价和控制的双重功能。国内有些学者提出，城市生态系统评价指标必须具备以下三个必要条件：

1. 可查性。任何指标都应该是相对稳定的。可以通过一定的途径，一定的方法进行调查。任何迅速变化、振荡、发散、无法把握的指标都不能列入评价指标体系。

2. 可比性。每一条指标都应该是确定的、可以比较的。比较的含义是，同一指标可在不同的范围内比较，应该尽量利用现有的常用的统计数据，化为有确切意义的无量纲的指标，以便于比较研究。

3. 定量性。评价指标体系的每一条指标都应定量。这是适应建立模式、进行数学处理的需要。

国外一些学者认为，为了描述城市生态系统的现状和预测其发展变化趋势，理想的城市生态系统评价指标应具有完全性、独立性、可感知性、贴切性和合理性。在确定城市生态系统评价指标体系时一般考虑如下问题：

(1) 根据研究或规划设计工作的目的去选择指标；

(2) 将复杂庞大的城市生态系统划分为若干层次与若干小系统；

(3) 综合研究城市生态系统的结构、功能、运行状态、过程及其效应；并按这一思路选择评价指标；

(4) 将各层次、各子系统单一指标组合成全系统的综合指标。

(二) 两类评价指标体系

其一为“经济-社会-生态”指标体系。

王发曾于 1991 年提出了评价城市生态系统的“经济-社会-生态”指标体系，从经济发展水平、社会生活水平、生态环境质量三个方面进行城市生态系统评价。

1. 经济发展水平指标

(1) 人均社会总产值；

(2) 人均国民收入；

(3) 地方财政收入总额；

(4) 社会商品零售总额；

(5) 全民企业全员劳动生产率；

(6) 全民所有制单位科技人员总数；

(7) 百元固定资产实现产值；

(8) 百元产值实现利税；

(9) 投资收益率；

(10) 单位能耗创产值；

(11) 能源综合利用率。

2. 社会生活水平指标

(1) 人均月收入；

(2) 人均年消费水平；

(3) 人均每天从食物中摄取热量；

(4) 人均居住面积；

(5) 人均生活用水量；

(6) 生活用能气化率；

(7) 蔬菜、乳、蛋自给率；

(8) 婴儿成活率；

(9) 中等教育普及率；

(10) 每千人拥有医院床位数；

(11) 每千人拥有公交车辆数；

(12) 每万人拥有电话机数；

(13) 每平方公里商业服务网点数；

(14) 文体设施服务人员数。

3. 生态环境质量指标

(1) 城市绿化覆盖率；

(2) 人均绿地面积；

(3) 绿地分布均衡度；

(4) 单位面积绿地活植物重量；

(5) 大气中 SO_2 浓度达标率；

(6) 大气中颗粒物浓度达标率；

(7) 有害气体处理率；

(8) 饮用水源水质达标率；

(9) 废水处理率；

(10) 工业固体废物综合利用率；

(11) 生活垃圾处理率。

其二为“人口-能源、交通-自然环境-社会-经济”指标体系。这一指标体系由五个方面组成，包括 12 个小类共 62 个指标。

1. 人口

(1) 人口密度(人/km^2)

(2) 老龄化比(65 岁以上人口/总人口 × 100%)

(3) 人口自然增长率(‰)

(4) 人均期望寿命(男女分别计算，岁)

2. 能源、交通

(1) 能源

① 人均每月生活煤气量、液化气量(m^3/人·月)

② 人均年消耗能源量(吨标准煤/人·年)

③ 人均年消耗燃料油量(吨/人·年)

④ 人均年电力消费量(度/人·年)

⑤ 能源消费增长系数(能源消费增长与国民生产总值增长率平均比值)

(2) 交通

① 人均道路长度(m/人)

② 人均道路面积(m^2/人)

③ 平均每辆车日客运量(人/辆)

3. 自然环境

(1) 土地利用

① 人均城市用地(m^2/人)

② 城市工业用地比重(%)

③ 城市农业用地比重(%)

④ 城市住宅用地比重(%)

⑤ 人均绿地面积(m^2/人)

⑥ 绿地覆盖率(%)

(2) 环境污染

① 万元产值等标污染负荷(吨/万元·年)

② SO_2 年平均浓度(mg/m^3)

③ 降尘浓度(t/km^2·月)

④ 万元产值 BOD，或 COD 等标污染负荷(吨/万元·年)

⑤ 万元产值综合废渣量(吨/万元·年)

⑥ 城市环境噪声(分贝)

⑦ 万元产值废水排放总量(万吨/万元·日)
⑧ 万元产值排毒系数(kg/万元·日)
⑨ 土壤中有毒物质含量(PPm)
⑩ 癌症发病率和病死率(人/万人)
⑪ 城市水源 DO 值(mg/L)
4. 社会福利
(1) 物质生活
① 人均月生活收入(元/人·月)
② 人均月生活支出(元/人·月)
③ 全民或集体所有制劳动力平均月工资(元/人·月)
④ 人均居住面积(m^2/人)
⑤ 第三产业就业人数占职工人数比(%)
⑥ 第三产业人均产值指数(元/人·年)
(2) 生活供应
① 人均每日用水量(m^3/人·日)
② 人均蔬菜、鲜蛋、肉类需求量(kg/人·日)
③ 职工耐用消费品平均每百户年末拥有量(件/百户·年)
④ 万人拥有饮食、服务、商业人员数(人/万人)
(3) 教育服务
① 大中专学生占全市人口比例(%)
② 大中专学生与教师比例(%)
③ 平均每万人拥有科技人员数(人/万人)
④ 每一图书馆服务人数(万人/馆)
(4) 医疗服务
① 每万人拥有医生数(人/万人)
② 每万人拥有卫生技术人员数(人/万人)
③ 每万人拥有医院床位数(床位/万人)
(5) 娱乐
① 平均每 X 万人拥有一个艺术表演团体(个/万人)
② 平均每 X 万人拥有一个电影放映单位(单位/万人)
③ 平均每 X 万人拥有一个博物馆(馆/万人)
④ 平均每 X 万人拥有一个文化馆(馆/万人)
5. 经济发展
(1) 国民经济
① 人均工农业总产值(元/人·年)
② 人均工业总产值(元/人·年)
③ 人均农业总产值(元/人·年)
④ 人均社会总产值(元/人·年)
⑤ 人均国民收入(元/人·年)

⑥ 人均国民生产总值(元/人·年)

⑦ 工业发展速度(%)

(2) 产业结构

① 工业总产值占工农业总产值比重(%)

② 农业总产值占工农业总产值比重(%)

③ 第一产业比重(%)

④ 第二产业比重(%)

⑤ 第三产业比重(%)

三、城市生态系统评价方法

(一) 模糊评价法

模糊评价法是基于模糊数学基础上的。上文介绍的“经济-社会-生态”指标体系,即应用了模糊评价法进行城市生态系统评价。

1. 静态评价

城市生态系统的静态评价是指对一个或多个系统在某一时间断面(如现状)上发展水平的综合评价。其工作程序为:

第一步,建立评价因素集

设:指标因子集 $U=\{U_1$(经济因子),U_2(社会因子),U_3(生态因子)$\}$,其中:

$$U_1=(u_{11},u_{12},\cdots,u_{111})$$

$$U_2=(u_{21},u_{22},\cdots,u_{214})$$

$$U_3=(u_{31},u_{32},\cdots,u_{311})$$

因子评语集 $V=\{V_1$(经济因子评语),V_2(社会因子评语),V_3(生态因子评语)$\}$,其中:

$V_1,V_2,V_3=\{v_1$(很好),v_2(较好),v_3(较差),v_4(很差)$\}$

因子权重集 $A=\{A_1$(经济因子权重),A_2(社会因子权重),A_3(生态因子权重)$\}$,其中;

$$A_1=(a_{11},a_{12},\cdots,a_{111})$$

$$A_2=(a_{21},a_{22},\cdots,a_{214})$$

$$A_3=(a_{31},a_{32},\cdots,a_{311})$$

第二步,确定模糊关系

设:模糊关系矩阵集 $R=\{R^1$(经济因子模糊关系矩阵),R^2(社会因子模糊关系矩阵),R^3(生态因子模糊关系矩阵)$\}$,其中:

$$R^1=R^1_{11\times4}=\begin{bmatrix} r_{11} & r_{12} & r_{13} & r_{14} \\ r_{21} & r_{22} & r_{23} & r_{24} \\ \vdots & & & \\ \vdots & & & \\ r_{111} & r_{112} & r_{113} & r_{114} \end{bmatrix},\quad R^2=R^2_{14\times4},\quad R^3=R^3_{11\times4}$$

矩阵中元素 r 实际上是指标因子 U 所得 4 种不同评语的机率数。如生态环境质量指标中的第 9 项指标“废水处理率”(u_{39})在某个评价标准下可能被评为“较好”,而在另一个标准下可能被评为“较差”。经若干个标准评价后，评为“很好”的机率为0.132，“较好”为0.517，“较差”为0.338，“很差”为0.013，即

$$R^3(U_{39}) = (r_{91} \quad r_{92} \quad r_{93} \quad r_{94}) = (0.132 \quad 0.517 \quad 0.338 \quad 0.013)$$

如果将城市分为若干个统计小区，废水处理被评为“很好”的占小区总数的13.2%，“较好”的占51.7%，“较差”的占33.8%，“很差”的占1.3%，也可得到同样结果。

第三步，分组的综合评价

设：评价值集 $B = \{B_1$(经济发展水平评价值)，B_2(社会生活水平评价值)，B_3(生态环境质量评价值)$\}$，其中：

$$B_1 = A_1 \times R^1, \quad B_2 = A_2 \times R^2, \quad B_3 = A_3 \times R^3$$

经矩阵运算后，得出3组评价值。如生态环境质量评价值：

$$B_3 = (b_{31} \quad b_{32} \quad b_{33} \quad b_{34}) = (0.134 \quad 0.259 \quad 0.488 \quad 0.119)$$

则评判值 $b^* = \max(0.134 \quad 0.259 \quad 0.488 \quad 0.119) = 0.488 \rightarrow v_3$

结论：4个评价值中的最大值 $b^* = b_{33}$，与评语集中的 v_3(较差)相对应，因此该城市的生态环境质量属“较差”。同理，可分别给出经济发展水平与社会生活水平的评语。

第四步，总体的综合评价

给出3组因子对城市生态系统发展水平的贡献权重 A'，计算总体综合评价值 H：

$$H = A' \times B = (a_1, a_2, a_3)\begin{bmatrix} b_{11} & b_{12} & b_{13} & b_{14} \\ b_{21} & b_{22} & b_{23} & b_{24} \\ b_{31} & b_{32} & b_{33} & b_{34} \end{bmatrix} = (h_1, h_2, h_3, h_4)$$

则评判值 $h^* = \max(H_1, H_2, H_3, H_4)$。结论：4个评价值中的最大值 h^* 若与评语集中的 γ_1 相对应，则该城市生态系统的总体发展水平为“很好”，余类推。

2. 动态评价

城市生态系统的动态评价是指对单个系统在某一时间序列(如最近10年)内发展水平动态变化的综合评价。其工作程序为：

第一步，建立评价指数集。

设：时间序列集 $T = T_1, T_2, \cdots, T_j, \cdots, T_n$

最高层次评价指数集 $E = E_1, E_2, \cdots, E_j, \cdots, E_n$

中间层次评价指数集 $P = \{P_1$(经济指数)，P_2(社会指数)，P_3(生态指数)$\}$，其中：

$$P_1 = (p_{11}, p_{12}, \cdots, p_{1j}, \cdots, p_{1n})$$

$$P_2 = (p_{21}, p_{22}, \cdots, p_{2j}, \cdots, p_{2n})$$

$$P_3 = (p_{31}, p_{32}, \cdots, p_{3j}, \cdots, p_{3n})$$

基础层次评价指数集 $U = \{U^1$(经济指标)，U^2(社会指标)，U^3(生态指标)$\}$，其中：

$$U^1 = U^1(11 \times n) = \begin{bmatrix} u_{11} & u_{12} & \cdots & u_{1j} & \cdots & u_{1n} \\ u_{21} & u_{22} & \cdots & u_{2j} & \cdots & u_{2n} \\ u_{31} & u_{32} & \cdots & u_{3j} & \cdots & u_{3n} \end{bmatrix}, \quad U^2 = U^2(14 \times n), \quad U^3 = U^3(11 \times n)$$

第二步，搜集研究年份的资料并计算。

搜集 $T_1 \sim T_n$ 年各组基础层次评价指标值 $U_{ij}(i = 1, 2, \cdots, m; j = 1, 2, \cdots, n; m = 11, 14,$

11)，并根据各指标因子在本组中的地位与作用分别给出一定的贡献权值 W_i。以 T_1 年为基准年，用加权组合法计算各年的经济指数：$P_{1j}=\sum_{i=1}^{11}\frac{U_{ij}}{U_{i1}}W_i$

依同理，计算出各年的社会指数 P_{2j} 和生态指数 P_{3j}。

将所得中间层次评价指数集的元素统一标记为 $P_{kj}(k=1,2,3;j=1,2,\cdots,n)$，并根据3组因子在整个系统中的地位与作用分别给出一定的权值 W_R。以 T_1 年为基准年，用加权组合法计算各年的最高层次评价指数：

$$E_j=\sum_{k=1}^{3}P_{kj}W_k$$

第三步，分析评价。

由于 T_1 年为基准年，计算所得各中间层次与最高层次评价指数均为1，而其他各年各指数或大于1，或小于1，分别从某一侧面或总体上反映出城市生态系统发展水平的动态变化趋势。如果各年的指数呈现稳定增长特点，说明系统处于良性发展状态；否则，就要对系统进行有针对性的人工调控。

（二）*层次分析法*

层次分析法（analytic hierarchy process 简称 AHP）由美国运筹学家、匹兹堡大学教授 A.L. Saoty 于70年代提出，“层次分析法”能把复杂问题中的各种因素通过或分为相互联系的有序层次使之条理化，并能把数据、专家意见和分析者的客观判断直接而有效地结合起来。就每一层次的相对重要性给予定量表示。然后，利用数学方法确定表达每一层次全部元素的相对重要性次序的权值，通过排序结果分析、求解所提出的问题。“层次分析法”目前已广泛用于经济计划、企业管理、资源分配、环境保护、政策评价、国际关系等许多领域。

上文介绍的“人口-能源、交通-自然环境-社会-经济”评价指标体系即应用层次分析法对某市的城市生态系统进行了综合评价。

其基本步骤为：

(1) 明确求解问题

(2) 建立层次结构模型

在深入分析所面临的问题之后，将问题中所包含的因素划分为不同层次，如目标层、准则层、指标层、方案层、措施层等等，用框图形式说明层次的递阶结构与因素的从属关系。当某个层次包含的因素较多时（如超过九个），可将该层次进一步划分为若干子层次。

该市生态系统评价总目标由五个大类组成。即人口、能源及交通、自然环境、社会福利、经济发展。这五个大类各又由若干个子目标，即类指数组成，共有十二类，包括：人口指数、交通便利指数、能源消费指数、土地利用指数、环境污染指数、物质生活指数、生活需求指数、教育服务指数、医疗服务指数、文娱便利指数、国民经济指数、产业结构指数。对于每一个子目标的评价准则又由若干个评价参数组成。

这样，对该市整个城市生态系统就建立了一个三层次的“层次分析”结构，即大类层次、小类层次和指标层。

(3) 建立判断矩阵

判断矩阵元素的值反映了人们对各因素相对重要性（或优劣、偏好、强度等）的认识，一般采用1~9及其倒数的标度方法。当相互比较因素的重要性能够用具有实际意义的比值说明时，判断矩阵相应元素的值则可以取这个比值。

建立判断矩阵是进行AHP评价的关键一环。该市城市生态系统评价获得了若干专家对上述62个指标重要性程度的征询意见，并以此意见为基础，参照实际的统计数据，利用单因素二元对比法，确定了准则层之间的相关重要度，使之完成了判断矩阵的建立。

(4) 层次单排序及其一致性指标

判断矩阵 A 的特征根问题 $AW=\lambda \text{max} W$ 的解 W，经规一化后即为同一层次相应因素对于上一层次某因素相对重要性的排序权值，这一过程称为层次单排序。为进行层次单排序(或判断矩阵)一致性检验，需要计算一致性指标 $CL=\frac{\lambda \text{max}-n}{n-1}$。平均随机一致性指标为 RI 值。当随机一致性比率 $CR=\frac{CI}{RI}<0.10$ 时，认为层次单排序的结果有满意的一致性，否则需要调整判断矩阵的元素取值。

(5) 层次总排序

利用同一层次单排序的结果，便可计算出相对其他层次而言本层次所有元素的重要性的权值，这就是层次总排序。

(6) 层次总排序的一致性检验。

这一步骤是从高到底逐层进行的，当随机一致性比率 $CR=\frac{CI}{RI}<0.10$ 时，可认为层次总排序的结果具有满意的一致性，否则需要重新调整判断矩阵的元素取值。

注：关于利用层次分析法进行分析评价的计算过程及步骤可详见赵焕臣等编著的《层次分析法》一书(北京科学出版社，1986)。

本章小结：

城市生态系统作为一个人类生态系统，强烈体现了人类行为对自然环境的影响及作用。由于人类认识的局限以及科学技术发展水平的限制，城市生态系统存在着诸多问题。认识这些问题，分析其存在原因及演化规律，对于提高城市生态系统的质量，提高城市人类的生存质量具有重要意义。城市生态系统研究方法与城市生态系统综合评价方法是人们认识城市生态系统本质及发展规律的探索与经验总结，反映了人们对城市生态系统的认识程度，显然，随着人类知识和智慧的不断提高，对城市生态系统的认识将不断深化。

问题讨论：

1. 城市生态系统问题的本质是什么？有哪几类主要问题？
2. 城市生态系统问题之间有何内在的联系？
3. 如何理解城市生态空间概念？
4. 城市生态空间有哪些研究方法？
5. 城市生态系统评价的基本内容有哪些？
6. 城市生态系统评价包含哪些指标？
7. 城市生态系统评价有哪些评价方法？

进一步阅读材料：

1. 潘纪一. 人口生态学. 上海：复旦大学出版社，1988

2. 金岚等. 环境生态学. 北京:高等教育出版社,1992
3. 聂晓阳. 留一个什么样的中国给未来:中国环境警示录. 北京:改革出版社,1997
4. 张宇星. 城镇生态空间发展与规划理论. 华中建筑,1995(3). 武汉:《华中建筑》编辑部,1995~

第六章　城市生态规划

第一节　生态规划的概念与类型

一、生态规划概念

生态规划(ecological planning)是在自然综合体的天然平衡情况不作重大变化、自然环境不遭破坏和一个部门的经济活动不给另一个部门造成损害的情况下，应用生态学原理，计算并合理安排天然资源的利用及组织地域的利用(《环境科学词典》，曲格平主编，1994)。依据的基本原则是：① 保护人类的健康；② 增加自然系统的经济价值；③ 对土地资源、水资源、矿产资源等进行最佳利用；④ 保护人类居住环境的美学价值；⑤ 保护自然系统的生物完整性。

生态规划的基本任务是：① 使可再生资源不断恢复并扩大再生产，使不可再生资源节约利用；② 使人类环境质量不断改善，以保证人类健康所必须的水平。生态规划涉及到人类活动中的生产性领域和非生产性领域，具有极强的综合性、社会性、经济性及预防性。

生态规划的思想起源于 1960 年代，Thunen，Weber，Mumford 等人的研究对其发展产生了重要作用。

生态规划在早期(1960 年代)偏重于土地利用规划。美国宾夕法尼亚大学的 Ian Mcharg(1969)在他的《结合自然的设计》(Design with the nature)一书中写道："生态规划法是在认为有利于利用的全部或多数因子的集合，并在没有任何有害的情况或多数无害的条件下，对土地的某种可能用途，确定其最适宜的地区。符合此种标准的地区便认定本身适宜于所考虑的土地利用。利用生态学理论而制定的符合生态学要求的土地利用规划称为生态规划。"可见土地利用规划在生态规划中占有重要的地位。随着生态学的迅速发展和渗入至社会经济的各个领域，我国目前所进行的区域性发展规划中有关生态规划已不仅仅限于空间结构布局、土地利用等方面的内容，而已渗入到经济、人口、资源、环境等诸方面，与国民经济发展和生态环境保护、资源合理开发利用紧密结合起来。因此对生态规划也可理解为：应用生态学的基本原理，根据经济、社会、自然等方面的信息，从宏观、综合的角度，参与国家和区域发展战略中长期发展规划的研究和决策，并提出合理开发战略和开发层次，以及相应的土地及资源利用、生态建设和环境保护措施。从整体效益上，使人口、经济、资源、环境关系相协调，并创造一个适合人类舒适和谐的生活与工作环境。

二、生态规划的类型

(一) 按地理空间尺度划分

有区域生态规划、景观生态规划、生物圈生态保护区建设和规划等。

其一为区域生态规划。它是应用生态学的一个领域，可为制订土地政策、土地法律、土地利用规划和环境管理政策打下具有生态学意义的基础。其规划的两个主要任务是：① 编制规划地域的自然、社会、生态目录(即资源目录)；② 规划设计，即对该地区发展的长远规划制定出要点，特别强调制定各种不同的供选择的土地利用和支持性的运输、公共工程和社会设施方案。

其二为景观生态规划。景观生态规划中的景观概念，比风景和地貌意义上的景观概念有更深更广的内涵和外延，并有其特殊的意义。它是指多个生态系统或土地利用方式的镶嵌体(mosaic)，空间尺度大体在几平方公里至几百平方公里的范围。“景观生态”一词最早由 Troll 于 1939 年提出，当时航片普及，使科学家能有效地在景观尺度上进行生物群落与自然地理背景相互关系的分析。但直到 1980 年代以后，景观生态学才真正在把土地镶嵌体作为对象的研究中逐步总结出自己独特的一般性规律，使景观生态学成为一门有别于系统生态学和地理学的科学。它以研究水平过程与景观结构(格局)的关系和变化为特色。这些过程包括物种和人的空间运动，物质(水、土、营养)和能量的流动，干扰过程(如火灾、虫害)的空间扩散等。景观生态规划强调景观空间格局对过程的控制和影响，并试图通过格局的改变来维持景观功能流的健康和安全，它尤其强调景观格局与水平运动和流的关系。

其三为生物圈生态保护区建设和规划。生物圈保护是世界性生态环境建设问题。保证现有物种与生态系统的永续利用，保存遗传基因的多样性，保护生命支持系统和主要的生态过程是生物圈保护的三大目标。在保护区的建设和规划中，要处理好保护、开发、利用三者的关系，并将生物保护区的核心保护区、基因库保护、科学研究、旅游业等多层次、多目标的规划有机结合，作为生物圈保护建设和规划的原则。

(二) 按地理环境和生物生存环境划分

有陆地生态、海洋生态、淡水生态、草原生态、森林生态、土壤生态、城市生态、农村生态系统等生态规划，其中城市生态与农村生态的生态规划是目前城市和农村发展建设的重要内容，并受到政府和规划部门的重视。城市是以人类为主体的生态系统，是人群活动高度集中的地域空间。城市的特点首先突出地表现为“集聚”，即人口的集聚以及建筑、资金、经济、科技、信息等的集聚。第二个特点是城市生态系统是不完全的开放系统，城市还原功能差。第三个特点是城市生态系统自我调节、修复、维持发展能力低下，需要人工去调节，以增强反馈机制。由于具有这些特点，城市生态规划十分强调规划的协调性，即强调经济、人口、资源、环境的协调发展，这是规划的核心所在。强调的第二方面是区域性，这是因为生态问题的发生、发展都离不开一定区域，生态规划是以特定的区域为依据，设计人工化环境在区域内的布局和利用。强调的第三个方面是层次性。城市生态系统是个庞大的网状、多级、多层次的大系统，从而决定其规划有明显层次性。对城市生态规划，国际人与生物圈计划第 57 集报告中指出：生态城规划是要从自然生态和社会心理两个方面创造一种能充分融合技术和自然的人类活动的最优环境，诱发人的创造精神和生产力，提供高的物质和文化水平。城市生态规划，在内容上大致还可以分成以下几个子规划，即人口适宜容量规划；土地利用适宜度规划；环境污染防治规划；生物保护与绿化规划；资源利用保护规划等。

农村生态系统生态规划主要是大自然生态的利用、保护和建设规划，其中包括森林、水资源、草原、土壤、矿山、动植物等资源的利用、保护和建设；水土流失、风沙干旱、土壤沙化、盐碱化、草原退化、洪涝自然灾害等的治理。生态农业的建设和规划则是当前农村生态规划的主要课题之一。

(三) 按社会科学门类划分

有经济生态规划、人类生态规划、民族文化生态规划等等。近 10 年来，我国经济生态已成为生态科学活跃的分支，经济生态规划工作逐渐展开。在区域经济发展规划中，经济生态规划坚持了两个观点，一是整体生态系统观点，无论是城市、农村或城乡结合部，应该视作一个大生态系统，因为彼此之间存在着频繁密集的生态和经济的相互联系，存在着频繁密集的能量、物质和货币、信息的流通转换。第二是环境经济学观点，即经济发展与环境质量是一个辩证统一体，二者之间并不是截然地对立和排斥。只要尊重自然规律，用环境经济整体观指导人类的社会经济活动，就可以兼顾自然环境过程的良性循环和社会经济发展的长远、全局利益，从而实现大生态系统内部的高效运行。

按生态学的学科分支，生态规划还可细分成若干类型。上述几种类型只是相对而言。随着生态学的不断发展和实践需要，生态规划的门类将不尽仅此。

第二节　城市生态规划原理

一、城市生态规划概念

城市生态规划(urban ecological planning)是运用系统分析手段、生态经济学知识和各种社会、自然信息、经验，规划、调节和改造城市各种复杂的系统关系，在城市现有的各种有利和不利条件下寻找扩大效益、减少风险的可行性对策所进行的规划。包括界定问题、辨识组分及其间关系、适宜度分析、行为模拟、方案选择、可行性分析、运行跟踪及效果评审等步骤。最终结果应给城市有关部门提供有效的可供选择的决策支持。

简言之，城市生态规划即是遵循生态学原理和城市规划原则，对城市生态系统的各项开发与建设作出科学合理的决策，从而能动地调控城市居民与城市环境的关系。城市生态规划的科学内涵强调规划的能动性、协调性、整体性和层次性，倡导社会的开放性、经济的高效性和生态环境的和谐性。

城市生态规划在促进城乡持续发展上还是一种新的方法，但作为一种学术思想却有着较长的历史。例如古希腊哲学家柏拉图的“理想国”，古罗马建筑师维特鲁威的“理想城”，16世纪中摩尔的“乌托邦”，欧文的“新协和村”以及霍华德的“田园城”等，所有这些设想都含有一定的生态规划的哲理。

一般将玛希(1864)、鲍威尔(1897)和格迪斯(1915)关于生态评价、生态勘察和综合规划的理论和实践看作是奠定了20世纪生态规划的基础，而霍华德(1902)的“田园城”，沙里宁的“有机疏散理论”和芝加哥人类生态学派关于城市景观、功能、绿地系统方面的生态规划则被认为是掀起了生态规划的第一个高潮。1940年代，美国区域规划协会的规划工作带来了生态规划的第二个高潮，他们把主要工作集中在城乡最优单元，相互作用及自然保护上。近30年来，随着世界范围内的迅速城市化，包括环境、资源、人口、能源和粮食在内的生态危机加剧，激起了人们研究城市生态的兴趣，生态规划的概念得到了进一步明确，并成为世界上城市研究的“热点”，许多大城市如华盛顿、堪培拉、斯德哥尔摩、法兰克福、莫斯科、香港、北京、天津及长沙等已经进行了生态规划的研究。

城市生态规划不同于传统的城市环境规划只考虑城市环境各组成要素及其关系，也不仅仅局限于将生态学原理应用于城市环境规划中，而是涉及到城市规划的方方面面。致力于将生态学思想和原理渗透于城市规划的各个方面和部分，并使城市规划“生态化”。同时，城市生态规划在应用生态学的观点、原理、理论和方法的同时，不仅关注于城市的自然生态、而且也关注城市的社会生态。此外,城市生态规划不仅重视城市现今的生态关系和生态质量,还关注城市未来的生态关系和生态质量,关注城市生态系统的持续发展。

城市生态规划已在欧美等发达国家蓬勃兴起,产生了不少规划设想和来自于实践的理论。

1. D. Gorden 于 1990 年出版了《绿色城市》一书,探讨了城市空间的生态化途径。其中印度学者 Rashmi Mayur 博士对绿色城市的设想较为突出,包括:① 绿色城市是生物材料与文化资源的最和谐关系的体现及两者相互联系的凝聚体;② 在自然界中具有完全的生存能力,能量输出平衡,甚至产生剩余价值;③ 保护自然资源,以最小需求原则消除或减少废物,对不可避免产生的废弃物循环再利用;④ 拥有广阔的开敞空间和与人类共存的其他物种;⑤ 强调人类健康,鼓励绿色食品,合理食用;⑥ 城市各组成要素按美学关系加以规划安排,基于想象力、创造力及与自然的关系;⑦ 提供全面的文化发展;⑧ 是城市与人类社区科学规划的最终成果。

2. 前苏联生态学家 O. Yanitsy 提出理想的生态城市模式:① 技术与自然的充分融合;② 人的创造力、生产力最大限度发挥;③ 居民的身心健康与环境质量得到最大限度保护;④ 按生态学原理建立社会、经济、自然协调发展,物质、能量、信息高效利用,生态良好循环的人类聚居地。

3. J. Smyth 在南加州文图拉县(Ventura County)拟定持续发展规划时,提出了“持续性规划的生态规划八原理”:① 自然环境的保护、保存与恢复;② 建立实价体系作为经济活力基础,即价格不应只反映当时的可获得性状态,而是应从长远的、可循环的、系统的角度建立;③ 支持地方农业及地方工商业、服务业。④ 发展聚落状、综合功能的、步行系统的生态社区。⑤ 利用先进的交通、通讯及生产系统;⑥ 尽量保护与发展可再生性资源;⑦ 建立循环计划和可循环材料工业;⑧ 支持参与管理的普及教育。

4. C.B. 契斯佳科娃 1991 年总结了俄罗斯城市规划部门对改善城市生态环境的工作,提出城市生态环境鉴定的方法原理及保护战略:① 规划布局与工艺技术在解决城市自然保护问题中所占比重;② 城市地质、生态边界、相邻地区的布局联系和功能联系、人口规划;③ 城市生态分区,以限制每个分区污染影响与人为负荷,降低其影响程度;④ 解决环境危害时的用地功能及空间组织的基本方针;⑤ 符合生态要求的城市交通、工程、能源等基础设施;⑥ 建筑空间与绿色空间的合理比例,并以绿为“骨架”;⑦ 生态要求的居住区与工业区改建原则;⑧ 城市建筑空间组织的生态美学要求。

二、城市生态规划目标

1. 致力于城市人类与自然环境的和谐共处,建立城市人类与环境的协调有序结构

主要内容有:① 人口的增殖要与社会经济和自然环境相适应,抑制过猛的人口再生长,以减轻环境负荷;② 土地利用类型与利用强度要与区域环境条件相适应并符合生态法则;③ 城市人工化环境结构内部比例要协调。

2. 致力于城市与区域发展的同步化

城市发展离不开一定的区域背景,城市的活动有赖于区域的支持。从生态角度看,城市生态系统更与区域生态系统息息相关,密不可分。这是因为:① 城市生态环境问题的发生和发展都离不开一定的区域;② 调节城市生态系统活性,增强城市生态系统的稳定性,也离

不开一定区域;③ 人工化环境建设与自然环境的和谐结构的建立也需要一定的区域回旋空间。

3. 致力于城市经济、社会、生态的可持续发展

城市生态规划的目的并不仅仅是为城市人类提供一个良好的生活、工作环境,而是通过这一过程使城市的经济、社会系统在环境承载力允许的范围之内,在一定的可接受的人类生存质量的前提下得到不断的发展;并通过城市经济、社会系统的发展为城市的生态系统质量的提高和进步提供源源不断的经济和社会推力,最终促进城市整体意义上的可持续发展。城市生态规划不能理解为限制、妨碍了城市经济、社会系统的发展,而应将三者看成是相辅相成、缺一不可的整体。

三、城市生态规划内容

城市生态规划的目的是利用城市的各种自然环境信息、人口与社会文化经济信息,根据城市土地利用生态适宜度的原则,为城市土地利用决策提供可供选择的方案。它以城市生态学和生态经济学的理论为指导,以实现城市的生态和环境目标值为宗旨,采取行政、立法、经济、科技等手段,提供城市生态调控方案,以维持城市系统动态平衡,促使系统向更有序、稳定的方向发展。因此它的出发点和归宿点均为维持和恢复城市的生态平衡。

前已述,城市生态规划在内容上大致可以分成以下几个子规划:即人口适宜容量规划;土地利用适宜度规划;环境污染防治规划;生物保护与绿化规划;资源利用保护规划等。

城市土地既是形成城市空间格局的地域要素,又成为人类活动及其影响的载体,它的利用方式成为城市生态结构的关键环节,同时决定了城市生态系统的状态和功能。因此,城市土地成为联结城市人口、经济、生态环境、资源诸要素的核心;而通过对城市土地利用进行生态适宜度(urban ecological suitability)分析,确定对各种土地利用的适宜度,并根据选定方案调整产业布局,以调控系统内物质流、能量流和信息流的生态效用与经济功能,达到维持城市的生态平衡和经济高效之目的,便成为城市生态规划的首要内容。它包括:① 根据城市生态适宜度,制定城市经济战略方针,确定相宜的产业结构,进行合理有效的产业布局(特别是工业布局),以避免因土地利用不适宜和布局不合理而造成的生态与环境问题。② 根据土地评价结果,搞好城市基础设施和住宅的建设与布局,提供不同功能区内的人口密度、建筑密度、容积率大小和基础设施密度方案。③ 根据城市气候效应特征和居民生存环境质量要求,搞好园林绿化布局并进行城市绿化系统设计,提出城市功能区绿地面积分配、品种配置、种群或群落类型方案。④ 根据生态功能区建设理论,建立环境生态调节区,在此区中,自然生态系统的特征和过程应被保持、维护或模仿。⑤ 根据生态经济学基本原理,研究城市社会、地域分工特点,进行城市空间的生态分区(一般可分为中心城区、城乡结合部、远郊农业区、城市功能扩散区),并揭示各区经济专业发展方向和生态特征。

其次,目前世界上许多国家对土地生态学的研究已转向土地生态规划与土地生态设计。其中,城市土地生态规划是重要的一个方面,也成为城市生态规划的重要内容之一。

城市土地生态规划在一定程度上可理解为城市土地利用规划的专项规划,包括以下几个方面:

(1) 研究城市土地区位背景与社会经济发展态势对土地生态系统可能产生的影响。

(2) 研究城市范围内各土地组成要素之间及各土地结构单元之间的相互关系及其物

流、能流与价值流的传输与量化。

(3) 研究土地生态类型与土地利用现状之间协调程度及发展趋势，并进行生态价值和功能的评价。

(4) 研究城市土地生态区的划分原则、类型、结构及其功能。

(5) 研究土地生态规划方案的编制模式和方法，并提出实施规划方案的途径与措施。

(6) 研究城市土地生态设计的原理及方法，为城市土地生态建设提供指导及科学依据。

有关城市土地生态规划的总体设计应包括三个层次：① 城市土地生态总体规划。它是对一定城市体系范围内全部土地的开发与利用，在生态学原理指导下所做的战略用地配置，主要解决跨部门、跨行业的土地生态问题。② 城市土地生态专项规划。它是为解决某个特定的土地生态问题而编制的规划，如土地污染防治规划，公园及绿化用地规划，居住区用地规划，开发区用地规划等。③ 城市土地生态设计。它是微观的土地生态规划，是总体规划和专项规划的深化，也可称为土地生态详细规划，例如对住宅用地、工业用地、绿化用地等的界线和适用范围，提出人口密度、土地覆盖率等控制指标。

此外，也有学者认为：城镇生态空间规划也是城市生态规划的一部分，与区域、城镇等规划和城市设计紧密相联。从某种程度上讲，未来的区域、城市规划和设计必然走向生态空间规划。城镇生态空间规划的中心问题是研究和探索一条能解决城镇和区域空间持续发展和保护之间矛盾，促进城镇和区域空间持续和良性发展的科学途径与对策。

城镇生态空间规划的基本构思是建立"大规划"的研究体系。大规划将规划看成是人化空间的一个部分，它同实存空间一样是一个动态的进化和演替过程，在规划演替的过程中，规划库、规划流和规划场是决定规划产生与扩散的动力机制。大规划的基本类型包括定居性规划和超越性规划，规划方法则有状态控制性规划、空间增长性规划和空间发展性规划三种，每一种规划类型均包含很多具体的规划方法，它们主要有：

(1) 状态控制性规划包括：集中规划、分散规划、梯度规划、逆梯度规划、多样性规划、均质性规划。

(2) 空间增长性规划包括：开放与封闭规划、引力与反引力规划、平衡与非平衡规划、边缘与核心规划、等秩与变秩规划、竞争与共生规划。

(3) 空间发展性规划包括：高速发展规划、稳定发展规划、协调发展规划、持续发展规划。

在具体的规划实践时，以上方法可同时兼用，根据当时当地的实际，因时因地制宜。选择的方法可依据以下四个原则，即发展的态势原则，生长的临界性原则，运行的耦合性原则和形态的循环再生原则。

总之，生态空间规划不是单一空间因素型的控制，而更注重空间发展的内生规律，从空间自身形态、状态、动态和进态入手，制定相应的规划策略，从本质上讲，它是一种机制规划(organic planning)，有机、整体、动态、循环、优化等观点是城镇生态空间规划的基本思想。

四、城市生态规划原则

城市生态规划的研究对象是城市生态系统，它既是一个复杂的人工生态系统，又是一个社会-经济-自然复合生态系统，但它决非三部分的简单加和，而是一种融合与综合，是自然科学与社会科学的交叉，又是时间(历史)和空间(地理)的交叉。因此进行城市生态规划，既要遵守三生态要素原则,又要遵循复合系统原则。

1. 自然原则,又称自然生态原则。城市的自然及物理组分是城市赖以生存的基础,又往往成为城市发展的限制因素。为此,在进行城市生态规划时,首先要摸清自然本底状况,通过城市人类活动对城市气候的影响、城市化进程对生物的影响、自然生态要素的自净能力等方面的研究,提出维护自然环境基本要素再生能力和结构多样性、功能持续性和状态复杂性的方案。同时依据城市发展总目标及阶段战略,制定不同阶段的生态规划方案。

2. 经济原则,又称经济生态原则。城市各部门的经济活动和代谢过程是城市生存和发展的活力和命脉,也是搞好城市生态规划的物质基础。因此城市生态规划应促进经济发展,而决不能抑制生产;生态规划应体现经济发展的目标要求,而经济计划目标要受环境生态目标的制约。从这一原则出发进行生态规划,可从城市高强度能流研究入手,分析各部门间能量流动规律、对外界依赖性、时空变化趋势等,并由此提出提高各生态区内能量利用效率的途径。

3. 社会原则,又称社会生态原则。这一原则存在的理论前提在于城市是人类集聚的结果,是人性的产物,人的社会行为及文化观念是城市演替与进化的动力泵。这一原则要求进行城市生态规划时,以人类对生态的需求值为出发点,规划方案应被公众所接受和支持。

4. 系统原则,又称复合生态原则。由于城市乃区域环境中的一个特殊生产综合体,城市生态系统是自然生态系统中的一个特殊组分,因此进行城市生态规划,必须把城市生态系统与区域生态系统视为一个有机体,把城市内各小系统视为城市生态系统内相联系的单元,对城市生态系统和它的生态扩散区(如生态腹地)进行综合规划,如在城市远郊建立森林生态系统,这是实现城市生态稳定性的重要举措之一。

五、城市生态规划步骤

目前,国内外城市生态规划还没有统一的编制方法和工作规范,但不少专家学者对此已作过不同层次的研究。如美国宾夕法尼亚大学的 Ian Mchnarg 提出了如下的地区生态规划的步骤:

1. 制定规划研究的目标——确定所提出的问题。

2. 区域资料的生态细目与生态分析——确定系统的各个部分,指明它们之间的相互关系。

3. 区域的适宜度分析——确定对各种土地利用的适宜度。例如:住房、农业、林业、娱乐、工商业发展和交通。

4. 方案选择——在适宜度分析的基础上建立不同的环境组织,研究不同的计划,以便实现理想的方案。

5. 方案的实施——应用各种战略、策略和选定的步骤去实现理想的方案。

6. 执行——执行规划。

7. 评价——经过一段时间,评价规划执行的结果,然后做出必要的调整。

美国华盛顿大学的 Sreiner(1981)曾提出了资源管理生态规划的七个步骤:

确定规划目标—资源数据清单和分析—区域的适宜度分析—方案选择—方案实施—规划执行—方案评价。

我国学者陈涛(1991)根据 1985 ~ 1990 年在辽东半岛(大连地区)国土整治规划中所进行

的环境综合整治与生态建设规划及在沈阳出口加工区所进行的生态建设规划，提出了生态规划的基本步骤为：

经济、社会、生态环境综合调查与分析评价（基础）—确定经济、社会、生态规划目标（方向）—生态规划（核心）—生态工程与生态工艺设计—技术、经济、环境和管理措施（保证）—规划实施。

中科院沈阳应用生态所与沈阳环科所科技人员，于 1988 年 10 月开始进行沈阳出口加工区的生态建设规划工作。在规划中，以生态学的整体性、循环再生和区域分异的三大原则作为规划的理论指导。规划自始至终贯彻着现场调查与室内设计；研究人员与加工区决策者；软件规划与硬件设计的三个结合。其工作流程见图(6-1)。在流程中，主要分成三部分，第一部分是求得经济与环境协调发展的软件生态规划，第二部分是改善加工区生态环境的生态工程的硬件设计，第三部分是生态管理。

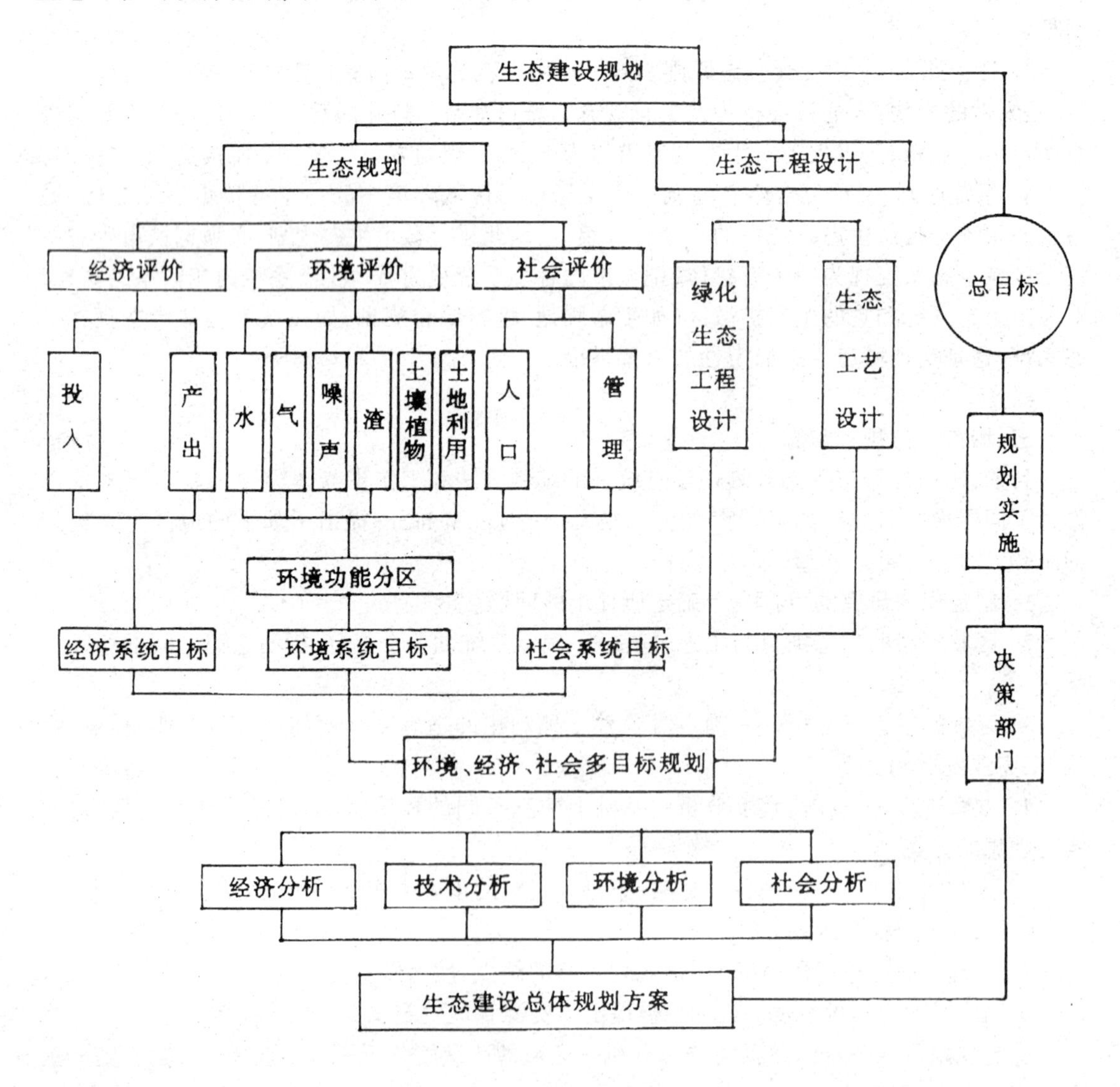

图 6-1　沈阳市出口加工区生态建设规划流程图(引自陈涛，1991)

我国学者杨本津、王翊亭(1992)根据承德市生态规划实践,提出区域生态(环境)规划包括人口控制规划、土地利用规划、环境质量规划和生态景观规划。

我国学者王祥荣(1995)认为:城市生态规划的目的是在生态学原理的指导下,将自然与人工生态要素按照人的意志进行有序的组合,保证各项建设的合理布局,能动地调控人与自然、人与环境的关系。为了达到这个目的,城市生态规划应采取特定的工作程序(图6-2)。

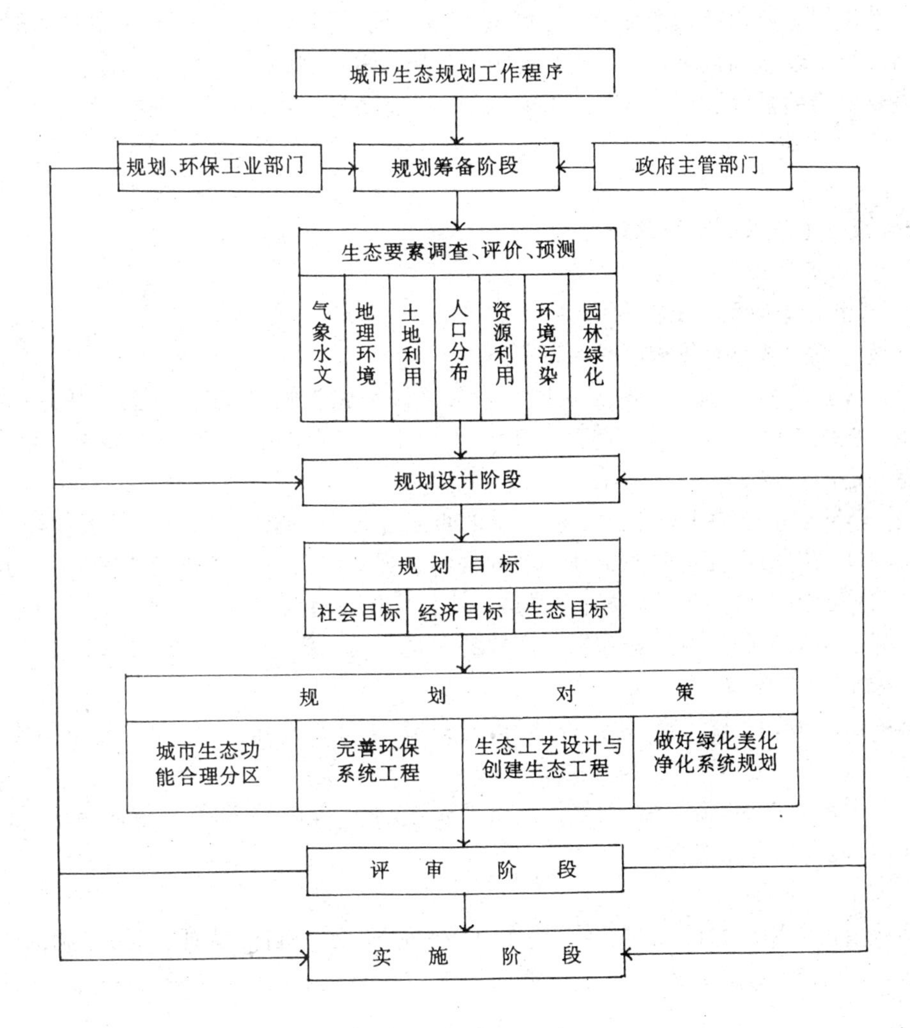

图6-2 城市生态规划程序(引自王祥荣,1995)

而我国学者孔繁德、荣誉(1991)则认为:城市生态规划的出发点和归宿点是促进和保持城市生态系统的良性循环。城市生态系统的状态是由系统的结构和功能所决定的,而系统的功能又取决于系统的结构。要改善城市生态系统的状态就必须从调整城市生态系统的结构入手。而合理布局则是调控城市生态系统结构的关键环节。合理布局的实质是通过合理地调整城市的生态结构来调控人口流、物质流、能量流、信息流和价值流,达到维持城市生态平衡的目的。因此,合理布局应当成为城市生态规划的首要内容。它包括:根据城市生态适宜度配置相应的产业结构,进行工业的合理布局;合理调整人口密度及其分布,调整能耗密度、建筑密度及其分布;搞好园林绿化,设计城市绿化系统,包括绿地覆盖率及其分布,人均指标,各类绿地及种群的组合等。

第三节 城市生态规划实例

以下以马鞍山市城市生态规划为例,说明城市生态规划的过程、方法和步骤。马鞍山市城市生态规划主要包括四个部分:① 城市生态系统特征认识;② 环境区划与功能分区;③ 工业结构与工业布局调整;④ 绿化系统规划(刘天齐等,1994)。

需要说明的是,城市生态规划的内容、方法、程序与步骤等迄今仍是一个值得探讨的领域。

一、城市生态系统特征认识

(一) 城市生态系统特征

1. 城市总体构型及土地利用

马鞍山市的城市总体构型具有以下特点:

(1) 以宁芜铁路为分界线,工业区与生活区以铁路为轴线,东西并列。从总体上看,工业区布置在城市的下风向,布局较为合理。但由于铁路在市中心穿过,对城市的生产和生活活动有一定的影响。

(2) 马鞍山市是一个以钢铁工业为主的重工业城市,现代化工业的发展使城市建设的人为景观和马鞍山市独特的九山环一湖的自然景观交织在一起,使城市构型新颖独特。

从马鞍山市土地利用现状看,主要是工业用地比重过大。由于工业用地比重过大,一定程度上降低了城市的居住用地和绿化用地的比重。

2. 城市自然环境

马鞍山市地处长江下游,水系发达,雨量充沛,水环境容量大,但时空分布不均,利用率不高。

马鞍山地处平原,无高山,大气扩散条件较好,加上降雨日多,降水淋洗与大气扩散稀释综合作用,使大气自净能力较强。

3. 城市绿化系统

马鞍山市利用良好的气候条件和"九山环一湖"的独特自然特征,以雨山湖为中心向四方发展城市绿地,初步形成了具有特色的城市绿化系统,绿地覆盖率 27%,人均公共绿地 $7.4m^2$。

4. 城市人口

(1) 从人口增长看,机械增长过快,据 1980~1986 年的统计,自然增长率为 6‰,机械增长率为 12‰。

(2) 从人口结构看,老年系数 4.98%,少儿系数 18.66%,城市人口属成年型。男女性别比为 1.1381,少数民族占全市人口的 1%。

马鞍山市非农业人口 28.6 万,商业、饮食业、服务业人口 2.48 万,占非农业人口的 8.7%,明显低于全国平均水平。

5. 城市经济系统

(1) 超重型的产业结构

由于历史的原因，马鞍山市基本上以重工业的发展为支撑，形成了不平衡的产业结构。

(2) 资源开发的结构失调

马鞍山市经济发展模式是单一“资源选择型”，整个资源的开发利用多局限于满足钢铁工业的发展，忽视对伴生资源和副产品的充分利用。

(3) 第三产业相对落后，企业办社会现象十分普遍。

(二) 城市主要生态问题

1. 绿化系统生态调节能力差

(1) 绿化系统结构、组成存在着明显的缺陷。如山间林地与街道绿地树种单一，乔、灌、草组合不好，因而绿化系统脆弱，生态调节能力差。

(2) 绿化系统发展不平衡。如缺少工业区与居住区、铁路两侧、厂区周围的防护林隔离带或绿色空间。

2. 工业结构与产业结构不协调

(1) 由于重工业比重大，深加工工业比重小，因此，生产的资源、能源消耗量大，而且利用率不高，因此“三废”排放量大。

(2) 经济增长的依赖性强。马鞍山市尚属发展初期，加上资金密集的超重型产业结构，使投资成为马鞍山经济发展的主要动力因素。据统计，近几年工业总产值增长额中，因投资新增生产能力增加的产值约占 80%，而由于技术进步，提高劳动生产率增加的产值不到 10%，劳动生产率年均增长率仅为 1.1%。

(3) 没有形成完整的生产系统。生产发展中，过分强调资源的开采，而忽视初级产品的深加工和初级生产中的副产品的综合利用。

(4) 社会服务业发展慢

在从业人员中，商业、饮食业行业人员比重低，服务业的发展不能满足城市发展的需要，致使城市消费基金大量外流。

3. 生产布局不尽合理

据对市区 66 个主要企业的评价表明，对环境有较重影响，布局不合理的企业占 25.7%；没有影响的占 40%，总的来看，污染型尤其是较重污染型企业比重过大，生产力布局不尽合理。

4. 城市生态系统的调节能力弱

(1) 由于主体工业倾斜度大，建立不起燃料与动力的交换响应关系，结果降低了与其他工业的融合度。

(2) 城镇人口比郊县人口多，男女性别比失调，必然导致城市生态系统的不稳定。

(3) 长期以来过分强调工业生产基地的作用，忽视了城市应有的多功能建设。如 1987 年第三产业占国民生产总值的 13.7%，远低于全国 22% 的平均水平，加上受南京市的强力辐射，影响了城市生态多功能作用的发挥。

二、环境区划与功能分区

(一) 环境区划

1. 环境区划的步骤

(1) 生态因子筛选

在生态调查的基础上，筛选出六个生态因子：① 人工与自然特征；② 气象因子（风向）；③ 环境噪声；④ 绿地覆盖率；⑤ 大气质量指数；⑥ 土地利用评价值。

(2) 生态因子登记

进行生态登记是为城市经济发展，生产力布局以及单位面积上环境质量状况提供数据及资料。其具体做法如下：

1) 选择适当的地形图并划分网格

以采用万分之一地形图作底图为好。为了利用计算机编制方格图，采用经纬度划分网格，即以纵（经）、横（纬）各为 1km，面积 $1km^2$，共划分 97 个网格。设计网格调查表主要内容包括：

① 综合项目：网格中的人口数、经济密度、绿化面积、地形特点；用煤、用气量及污染分布图；工业与生活锅炉，除尘装置、燃烧方式；煤的来源，品种及数量；总能耗、万元产值能耗、煤、焦炭、重油、原油、柴油。

② 专门项目：工业与生活用水量、废水处理设施、投资、效益；燃烧与工艺废气量及汽车尾气情况；工业渣产生量、类型及利用情况、生活垃圾产生量，类型及利用情况。

2) 进行网络调查

由市环保局编写《马鞍山城市生态系统网格调查表》说明，四个区环保局组织大型企业建立调查组分别进行实地调查。

(3) 土地利用现状评价

土地利用现状评价的目的是反映土地利用的可能性（土地条件）和现有土地利用之间的平衡状况（S 值）。是通过计算土地条件等级（L）与土地利用状况等级（U）之间的比值（亦即 $S = L/U$）进行的。

马鞍山市土地条件 L 分 5 级（表 6-1）。

表 6-1　　城市土地条件分级表

用地类型	土地开发利用状况	土地条件分级
1	不宜修建的用地	1
2	水　面	2
3	需工程措施修建的用地	3
4	需一般工程措施修建的用地	4
5	适宜修建的用地	5

该市的土地利用状况等级（U）按人口密度将其划分为 5 级。1 级人口密度小于 500 人/km^2；2 级 501 ~ 1000 人/km^2；3 级 1001 ~ 5000 人/km^2；4 级 5001 ~ 10000 人/km^2；5 级大于 10000 人/km^2。

L 与 U 关系为：当 $S \approx 1$ 时，表明 L/U 关系平衡（即土地条件与土地利用状况相协调）；

当 $S < 1$ 时，表明土地利用过度；

当 $S > 1$ 时，表明土地可以进一步利用。根据上式，在确定了每一个网格的 L 与 U 值后，即可对其土地利用状况作出评价。

评价结果如表 6-2 所示。

由表6-2可知,在97个评价网格中,有47个网格,占总面积的48.4%的土地(主要分布在东北、东及南部)可以继续开发。有25个网格,占总面积的25.8%的土地(分布在城市中部及稠密的居民区)使用过度;有25个网格,占总面积的25.8%(主要分布在城西部)基本处于平衡。

表6-2　　土地开发利用现状评价

分类＼要素	L	U	S	网格			分区评价
				数量	%	小计	
1	1	3	0.3	3	3.1		
2	2	5	0.4	3	3.1		
3	2	4	0.5	5	5.2	25	过度利用(25.8%)
4	3	5	0.6	1	1		
5	2	3	0.7	2	2.1		
6	3	4	0.8	11	11.3		
7	3,4,5	3,4,5	1.0	25	25.8	25	基本平衡(25.8%)
8	5	4	1.3	15	15.5		
9	3	2	1.5	11	11.3		
10	5	3	1.7	6	6.2		
11	4,2	2,1	2.0	1	1	47	有利用可能(48.8%)
12	5	2	2.5	8	8.2		
13	3	1	3.0	3	3.1		
14	5	1	5.0	3	3.1		
合计				79	100	79	

有必要指出,以土地条件与土地利用之间的平衡状态判断土地利用现状是否合理是一可行的思路。但问题是,表征土地条件与土地利用状况的指标此处皆采取单一指标,实际上是一种简化的方法。而事实上,无论是城市土地条件,还是城市土地利用状况皆必须依据众多因素、指标才能较全面、完整地加以反映。

(4) 生态适宜度分析

生态适宜度分析的基本程序是:

1) 在网格调查的基础上,选取对各种用地最敏感的因子,根据这些因子分别编制单项生态因子图,如工厂位置、风向、大气质量指数、土地利用现状评价图,环境噪声、绿地覆盖面积等。

2) 在生态适宜度分级的基础上,将各单项生态因子列表进行逐一评价。

3) 由单因子生态适宜度求综合适宜度。可加权叠加或直接叠加。马鞍山市采用直接叠加。

4) 根据综合适宜度评价结果,可分别编制工业用地和居住用地生态适宜度图。生态适宜度按5级划分,分别为:很适宜、适宜、基本适宜、不适宜、很不适宜。马鞍山市生态规划研究主要对工业和居住用地进行了生态适宜度分析。

① 工业用地适宜度分析

影响工业用地的因素很多,从马鞍山市的环境污染和土地开发利用的角度出发,选择了人工与自然特征、气候因子(风向)、大气环境质量及土地利用综合评价值(S)等四项作为工业用地的评价因子。

对97个网格的评价结果表明:很适宜的有20个网格,适宜的有44个网格,基本适宜有22个网格,不适宜的有8个网格,很不适宜的有3个网格。

② 居住用地适宜度分析

选择大气质量指数、土地利用评价值(S)、环境噪声以及绿地覆盖面积等四项作为评价因子。各单因子分级评分如表6-3。

表6-3　　居住用地单因子分级评分

因子 \ 评价 \ 分级	1	2	3	4	5
	很不适宜	不适宜	基本适宜	适宜	很适宜
环境噪声(分贝)	>60	56~60	51~55	46~50	<45
绿地覆盖面积(m^2)	<10000	10001~50000	50001~100000	100001~500000	>500000
大气质量指数	<0.4	0.41~0.59	0.60~0.80	0.81~1.0	>1.0
土地利用评价值	<0.6	0.7~0.9	1.0	1.1~1.9	>2.0

上述四个因子直接叠加求综合评价值。综合评价值 R_i 分级如下:

$8 \geq R_i \geq 4$　　1级　　很不适宜

$R_i = 9$　　2级　　不适宜

$13 \geq R_i \geq 10$　　3级　　基本适宜

$16 \geq R_i \geq 14$　　4级　　适宜

$19 \geq R_i \geq 17$　　5级　　很适宜

对97个网格的评价结果表明:很适宜的有12个网格,适宜的有33个网格,基本适宜的有26个网格,不适宜的有12个网格,很不适宜的有14个网格。

2. 环境区划图的绘制

(1) 以城市规划图为底图,以1km^2为一个网格,画出城市土地利用平衡值(S)评价图及生态适宜度评价图。并汇集城市总体规划关于土地利用的安排以及经济发展的要求。

(2) 综合分析土地利用评价图和生态适宜度分析图。分析时,将开发过度区、开发不足区;宜工业用地、宜居住用地、宜港口用地、宜商业用地等分别联成片。分析中应充分考虑以下几点:① 等级高的用地类型优先考虑;② 各类用地类型的最高等级值相同时,则优先考虑与现状相近的土地利用方式。

(3) 综合上述两项因素,再结合资源、交通等因素综合分析,确定城市环境区划草图,在征询经济、城建、规划等部门意见后,确定环境区划正图,并提出各种土地利用方式的优先开发顺序。

(二) 环境功能分区

以环境区划研究结果和总体规划功能区划分为依据,在现状功能调查的基础上,结合城市土地开发利用状况与生态环境的要求，划分环境功能区，并规定各环境功能区的环境目标。

1. 慈湖化工区

分布在慈湖镇以北，慈湖河下游。人口3～4万人。1995～2000年生态环境目标是：绿地覆盖率达30%，环境噪声执行一类混合区标准，大气质量执行三级标准。

2. 马钢工业区

主要分布在宁芜铁路以西。1995～2000年生态环境目标是：绿地覆盖率20%～40%，大气质量执行三级标准，环境噪声昼间65分贝，夜间55分贝。

3. 环湖居民商业区

分布在雨山湖四周，是政府机关、学校、医院、居民以及商业中心。该区1995～2000年生态环境目标是：绿地覆盖率40%，大气质量执行二级标准，环境噪声昼间50分贝，夜间40分贝。

4. 冯桥轻工机械区

分布在葛羊路、马向路东侧以及雨山路一带。1995～2000年生态环境目标是：绿化覆盖率30%～40%，大气质量执行二级标准。进行合理的工业链组合，调整工业布局、治理马向路排水问题，整治葛羊路与马向路一带的噪声，使环境噪声昼间55分贝，夜间45分贝。

5. 采石风景旅游区

由风光名胜采石公园、现代文化的雨山路公园，游乐科普的儿童公园，旅游度假的卜塘保护区以及李白墓、太白祠、昭明阁遗址、朱然墓等文物古迹组成。人口1～1.5万人。1995～2000年生态环境目标是：绿化覆盖率60%，大气质量执行一级标准，环境噪声按特安区小于50分贝执行。

6. 近郊农业区

分布在城市市区的边缘地带，是城市农副产品基地，以蔬菜、水果、禽蛋、肉类、水产及农副产品为特色。1995～2000年生态环境目标是田园林网化，大气质量执行1～2级标准，防止废水对农田及水塘的污染，保护农村饮用水源。

此外，分布在慈湖化工区与马钢工业区之间夹着一个“金家庄老城混合区”，主要是工厂职工的住宅及部分商业，它不同于工业区的环境要求，应予保护。

三、工业结构与工业布局调整

（一）工业结构调整

1. 马鞍山市工业结构的基本特点及主要问题

马鞍山市是一个以钢铁工业为主体的新兴城市。自1957年建市，经过30多年的建设和发展，除马钢是全国十大钢铁企业之一外，全市有工业企业699家，年产值在千万元以上的有27个，市属企业112个，集体企业587个，合资企业1个。工业固定资产24亿元，基本上建立了冶金、机械、化工、电力、建材、电子、轻工、纺织等门类较齐全的工业体系。

自1957年以来，轻重工业产值如表6-4所示，工业“三废”排放量如表6-5所示。

除上述特点外，从城市生态功能及合理的工业链观点出发，分析马鞍山市工业结构有以下几个问题：

（1）不能有效地利用基础工业带动其他工业的发展

表 6-4　　马鞍山市轻重工业产值

项　目	1957 年	1960 年	1965 年	1970 年	1975 年	1980 年	1985 年	1988 年
轻工业产值(万元)	450	2143	1556	2768	4271	10329	20090	34239
重工业产值(万元)	5836	36031	25965	43275	58010	80786	129844	164488

表 6-5　　马鞍山市工业“三废”排放量

项　目	1985 年	1986 年	1987 年
工业废水排放量($\times 10^4$t)	16842	17100.7	1750.03
燃烧过程废气排放量($\times 10^4m^3$)(标)	1520865	1711374.49	1612217.97
工艺过程废气排放量($\times 10^4m^3$)(标)	2419144	2096007.90	2110034.81
工业粉尘排放量($\times 10^4$t)	4.47	1.03	5.27
工业废渣产生量($\times 10^4$t)	621.79	650.25	720.72

马鞍山市冶金工业占工业总产值的一半,不但有大量的钢材,而且还有丰富的化工原料。这样雄厚的基础工业,由于条块分割,缺乏多层次的分级功能和整体功能。由于各行业、各部门的横向联系和纵向信息反馈不够以及经济政策等原因,没有有效地利用动力与原材料工业的结合去带动机械、化工、建材等工业的发展,各行业的产业优势和潜力发挥不够,使工业组合形成了不合理的工业链,成为经济发展的障碍。

(2) 不能有效地利用本地资源和经济技术条件的优势,建立完整的工业联合体

马钢年产水渣 100 万吨,矿渣几百万吨,钢渣、粉煤灰也很丰富,如能发挥物质循环系统的分解功能,充分利用上述建材资源,大力开发新型、轻型建材产品,不但可解决物质、能源的综合利用,还可满足广阔的市场需求,提高经济效益,增强城市自我调节能力。

(3) 乡镇企业和地方工业后倾化现象普遍

在乡镇企业和地方企业工业的发展中,出现了低技术水平扩散和发展的趋势,表现在把城市中被淘汰的高能耗、高污染、低质量和低性能的技术设备由城市转移到乡镇,由大企业转移到地方企业。为了推进城乡一体化建设,乡镇企业的地位和作用不能低估,因此,今后应通过规划制定切实有效的措施,防止后倾化现象的发生。

2. 工业结构调整的步骤

(1) 计算万元产值污染物排放系数

为了反映马鞍山市环境污染状况,根据调查材料及规划区主要环境问题,选取悬浮物(SS),化学耗氧量(COD),总悬浮微粒(TSP),二氧化硫(SO_2)及固体废物(SW)等 5 项指标进行计算。结果如表 6-6。

(2) 确定基准年工业结构

以 1985 年为基准年,工业结构为:冶金 71.68%,机械 3.92%,化工 6.2%,电力 5.36%,建材 1.65%,电子 1.83%,轻工 4.62%,纺织 4.74%。重工业 88.81%,轻工业 11.19%。1990 年计委计划轻重工业比为 20.58:79.42,1995 年计划为 27.03:72.97。

(3) 确定污染物主要性顺序

表 6-6　马鞍山市 1985 年万元产值排污系数(吨/万元)

行业污染物	冶金	机械	化工	电力	建材	电子	轻工	纺织	其他
SS	0.148	0.0333	0.00255	0.0606	0.0446	0	0.101	0.0234	0
COD	0.0332	0	0.0530	0	0.00983	0	0.297	0.0490	0
TSP	0.0623	0.0428	0.0532	2.632	0.311	0.00275	0.0212	0.0228	0.0108
SO_2	0.0796	0.0211	0.0715	1.92	0.247	0.00197	0.0218	0.0153	0.0115
SW	2.892	0.458	1.120	25.613	1.107	0.0191	0.255	0.0837	0.164

根据 TSP > SS > SW 总排污量的重要性顺序来选择工业结构调整方案,并与原始方案进行比较,看调整方案的贡献大小。

(4) 确定规划区工业发展目标

据统计,1985 年工业产值为 149934 万元,去掉山区的产值 4869 万元,规划区产值为145065 万元。其中马钢占 88535 万元。按照计划,“七五”、“八五”时期,马钢工业产值的年均递增率为 5.55%和 8.32%;地方及其他工业产值年均递增率为 14.72%和 15.43%,市区工业产值在 2000 年可达 74 亿元。据此设想,1995~2000 年期间,马钢产值年均递增率,高目标为 10%,低目标为 8%,地方及其他工业产值年均递增率高目标为 15%,低目标为 13%。

根据以上增长率,规划区工业产值 1990 年为 228324.55 万元,1995 年为 403180.31 万元,2000 年高目标为 741593.05 万元,低目标为 678286.06 万元。

3. 工业结构调整方案

调整工业结构的目的是为了尽可能降低污染物排放量,即在满足工业发展势头的同时,还能达到环境目标的要求。因此,对马鞍山市 1995 和 2000 年工业结构分别提出了四个调整方案,并与原始方案(FO)进行比较。如表 6-7。在对每一方案计算污染量并进行比较后,确定 F4 最好,其他依次是 F3,F2,F1。

表 6-7　各行业结构调整方案(工业产值%)

行业	1995 年					2000 年				
	FO.	F1	F2	F3	F4	F0	F1	F2	F3	F4
冶金	70.24	67.5	63.7	59.25	54	70.24	63.7	59.2	54	51.5
机械	7.83	7	6.5	6.25	6	7.83	6.5	6.25	6	6
化工	5.46	4.5	4.25	4	4	5.46	4.25	4	4	2.5
电力	2.93	3	3	3	3	2.93	3	3	3	3
建材	2.67	2.5	2.5	2.5	2.5	2.67	2.5	2.5	2.5	2
电子	1.35	2.5	4	7	11	1.35	4	7	11	14
轻工	4.14	6	8	9	9	4.14	8	9	9	9
纺织	3.94	5	6	7	8.5	3.94	6	7	8.5	10
其他	1.44	2	2	2	2	1.44	2	2	2	2
重	89.13	84.5	80	75	69.5	89.13	80	75	69.5	65
轻	10.87	15.5	20	25	30.5	10.87	20	25	30.5	35

(二) 工业布局调整

目前研究工业布局对环境的影响还缺乏具体的评价方法和标准。为了探索马鞍山市整体化合理布局方案,采用半定量的因子分析法进行评价。基本方法分为两步:

第一步,对城市的工业布局进行环境影响评价。

(1) 选择城市工业布局对环境影响的主要因子,例如污染效应、工业用地适宜度,环境噪声等进行单因素分析,并分别对影响程度进行分级,可分为严重影响、较严重影响、轻影响、基本不影响和不影响五级。

(2) 由单因子评价求综合评价值。可根据单因子的重要性赋予权重,加权叠加;也可直接叠加。

(3) 将综合评价值(P)分级。

第二步,对主要企业调整布局评价。

在求得综合评价值 P 之后,还要选取企业的经济效益和污染可控系数,然后再求出调整企业布局的综合评价值 I,按 I 值大小,评价企业布局的可调性。

1. 工定布局评价因子的分项选择

(1) 污染效应($R_{综}$)

该参数主要是反映企业水、气、渣排放量对该地区环境的影响。计算步骤为:

① 统计各工厂水、气、渣年排放量;

② 选择评价标准系列,对污染源排放量进行标准化处理,分别求出水、气、渣污染源等标排放量及率指数;

③ 建立水、气、渣等标排放量的转换系数,再导出加权系数,最后求出综合率指数($R_{综}$)。$R_{综}$ 分级如下:

$R_{综}$	>3	1.1~3	0.11~1.0	0.011~0.1	<0.01
P_1	1	2	3	4	5

(2) 工业用地适宜度

工业用地分级如下:

工业用地适宜度	7~9	10	11	12~14	15~18
P_2	1	2	3	4	5

(3) 环境噪声

环境噪声(分贝)	≥60	56~60	51~55	46~50	45≤
P_3	1	2	3	4	5

(4) 经济效益

这里的经济效益指企业的净产值减去污染防治费用。污染防治费用是指污染处理设施的年运行费,不包括投资。计算时按水、气、渣三项相加之和计总费用。

有关污染物处理费为:COD 800 元/吨、BOD 220 元/吨、粉尘 9.6 元/吨、烟尘 16 元/吨、$SO_2$100 元/吨、冶炼渣 0.56 元/吨、化工渣 5.2 元/吨、炉渣 3 元/吨、其他渣 9.6 元/吨。

水污染防治费用由 COD 的量来计算,若无 COD,可用 BOD 的量计算,若 BOD,COD 均缺,则不计费用。

大气污染防治费用由 SO_2,烟尘、粉尘的量计算,三项皆缺时,不计费用。

废渣污染防治费用由冶炼渣、化工渣、炉渣的量计算，其他种类按“其他渣”9.6 元/吨计算。

经济效益分级如下：

经济效益(万元)	< 50	50 ~ 100	101 ~ 150	151 ~ 250	> 250
N	1	2	3	4	5

(5) 污染可控系数

污染可控系数指净产值与污染防治费用之比，其值越大，表示污染可控度越好，治理污染的经济能力越强。

污染可控系数分级如下：

污染可控系数	< 50	51 ~ 500	501 ~ 1000	1001 ~ 5000	> 5000
M	1	2	3	4	5

2. 工业布局因子分析

(1) 主要企业布局的环境影响评价

按 $P = P_1 + P_2 + P_3$，求出综合评价值 P，按 P 值大小确定企业布局对环境的影响程度。P 值分级如表 6-8 所示。

表 6-8 环境影响因子分级

因子 \ 评价 \ 分级	1	2	3	4	5
	严重影响	较重影响	轻影响	基本影响	不影响
污染效应(P_1)	> 3	1.1 ~ 3	0.11 ~ 1.0	0.011 ~ 0.1	< 0.01
工业用地适宜度(P_2)	7 ~ 9	10	11	12 ~ 14	15 ~ 18
环境噪声(P_3)	> 60	56 ~ 60	51 ~ 55	46 ~ 50	< 45

评价结果如表 6-9 所示。

表 6-9 主要企业布局的环境影响评价

评价项目 \ 评价 \ 分级	1	2	3	4	5
	严重影响	较重影响	轻影响	基本影响	不影响
P 值	> 6	7 ~ 8	9 ~ 10	11 ~ 12	< 13
评价企业数(个)	2	15	23	22	4
占 66 个企业的比例(%)	3	22.7	34.9	33.3	6.1

(2) 主要企业调整布局评价

按 $I = P + N + M$ 求 I 值，将 I 值进行分级。评价结果如表 6-10 所示。

3. 结论与建议

在 66 个被评企业中，布局很不合理的占 3 个，不合理的占 15 个，二者共占 66 个企业的 27.3%，另有 18 个企业，占 27.3% 的企业属布局合理，其余 30 个企业布局基本合理。

表 6-10　　主要企业调整布局评价

I值分级	1	2	3	4	5
I值	<3	5~7	8~10	11~12	>13
评价描述 / 项目	很不合理	不合理	基本合理	合理	很合理
评价结果	可调	可调	可调可不调	不调	不调
评价企业数(个)	3	15	30	15	3
占总企业(66)数比重(%)	4.6	22.7	45.4	22.7	4.6

将布局不合理的18个企业归属所处功能区,对位于风景区、居民区的污染企业应逐步进行调整,对工业区中布局不合理的企业,近期无力调整的,应采取限制发展的措施,待条件成熟后再进行调整。

四、绿化系统规划

(一) 绿化系统的发展过程

马鞍山市城市绿化自1957年建市以来经历了三个阶段:

1. 1977年以前的绿化建设基础阶段。主要是对城区四周和近邻所有荒山实行封山育林、植树造林。

2. 1977年至1987年绿化发展水平提高,并形成点、线、面绿化系统阶段。

3. 1987年以后,从城市大环境观念和城市生态的需要科学绿化。挖掘地方特有的历史文化,把园林绿化建设和人文景观结合起来。

(二) 绿化系统存在的主要问题

1. 道路绿地与山间林地组成有缺陷

(1) 乔、灌、草不协调。

(2) 强调平面绿化,忽视垂直绿化。

(3) 树种选择单一、未做到落叶与常绿相交,虫害防御能力差。

2. 专用绿地比重偏小

专用绿地是指住宅、工厂、事业单位的绿地,目前,专用绿地仅占绿地面积的9%,比重偏小。

3. 市区防护与隔离林带薄弱

分布在铁路两侧,工业区与居民区,尤其是工业区内的居民区都缺乏防护林带,而有的林带则完全不符合要求,名胜古迹也缺乏防护林带。

(三) 马鞍山市绿化规划

1. 绿化规划的指导思想

(1) 突出湖光山色,保护和开发旅游资源,形成马鞍山市绿化特色。

(2) 挖掘历史文化,将历史文化古迹的保护、开发与绿化建设结合起来。

(3) 以绿化为主,扩大公共绿地,改善环境,注重各功能区的隔离防护林带。

2. 绿化目标(表6-11)

表 6-11　　马鞍山市 1991～2000 年绿化目标

指标 \ 年份	1991～1995	1995～2000
绿地覆盖率(%)	30	32
人均公共绿地(m^2/人)	9～10	11～12
新增绿地面积($\times 10^4 m^2$)	280～309	495～500
工厂绿地覆盖率(%)	8～12	10～15

3. 绿化系统规划

表 6-12 为“八五”绿化措施,表 6-13 为“九五”绿化设想。

表 6-12　　马鞍山市“八五”绿化措施

编号	工程或措施	新增绿地($\times 10^4 m^2$)	新增公共绿地($\times 10^4 m^2$)
1	收回佳山、雨山、花果山、马鞍山	164	164
2	居住区绿化	5	
3	大北庄绿化	2	
4	宋山绿化	10	10
5	雨山河绿带	10	10
6	雨山湖—采石河绿带	6	6
7	沿江大道绿带(六汾河至雨山河口)	8	8
8	雨山河绿带	8	
9	沙塘绿化	0.3	0.3
10	工厂及其他事业单位内部绿化	80～100	
	合计	293～313	196.3

表 6-13　　马鞍山市“九五”绿化设想

工程设想	要求
宁芜铁路两旁建防护林带	林宽 15m×2
电厂输出线两侧林带,下部种灌木	总宽小于 300m
金家庄生活区隔离林带	宽度大于 30m
继续完成沿江大道 4km 以外防护林带	宽度 20m
全部完成雨山湖、雨山路、六汾河绿化工程	与“八五”要求相同
加强专用绿地建设	面积大于 $30\times 10^4 m^2$

本章小结:

城市生态规划是生态规划的一种类型,它是运用系统分析手段、生态经济学知识和各种社会、自然信息及经验,规划、调节和改造城市各种复杂的系统关系,在城市现有的各种有利和不利条件下寻找扩大效益、减少风险的可行性对策所进行的规划。城市生态规划一般包括:人口适宜容量及规划,土地利用适宜度规划、环境污染防治规划、生物保护绿化规划及资源利用保护规划等;其规划原则遵循自然原则、经济原则、社会原则及系统原则。城市生态规划的步骤、规划内容及规划方法处于探索过程中。然而,可以肯定的是,将生态学原理应用于城市规划,致力于城市规划的"生态化"并应用各种学科的先进理论与方法,促进城市可持续发展,将是城市生态规划的根本目的。

问题讨论:

1. 生态规划有哪几种类型?城市生态规划在生态规划中的地位如何?
2. 何为城市生态规划?城市生态规划的目标是什么?
3. 城市生态规划的原则是什么?如何理解其规划内容与规划步骤?
4. 本章所提供的城市生态规划实例的主要内容有哪些?有哪些特点?

进一步阅读材料:

1. 曲格平等. 环境科学词典. 上海:上海辞书出版社,1994

2. 陈涛等. 试论生态规划. 城市环境与城市生态. 北京:中国环境科学出版社,1991/2

3. 王祥荣等. 上海浦东新区持续发展的环境评价及生态规划. 城市规划汇刊,1995(10). 上海:同济大学出版社,1995~

4. 刘天齐等. 城市环境规划规范及方法指南. 北京:中国环境科学出版社,1994

5. 张宇星. 城市生态空间发展与规划理论. 华中建筑,1995(3). 武汉《华中建筑》编辑部,1995~

6. 吴次芳等. 城市土地生态规划探讨. 生态经济,1996(5). 北京:《生态经济》编辑部,1996~

第七章　城市生态建设与调控

第一节　城市生态建设

一、生态城市概念及其衡量标志

（一）生态城市概念

生态城市是一个崭新的概念。世界上许多专家学者、国际组织与城市从各种不同角度对其进行了深入研究和探索，并提出了很有价值的论述。参考这些论述，并对世界各国建设生态城市的实践加以分析研究，可以发现：生态城市是一个经济发达、社会繁荣、生态保护三者保持高度和谐，技术与自然达到充分融合，城乡环境清洁、优美、舒适，从而能最大限度地发挥人的创造力与生产力，并有利于提高城市文明程度的稳定、协调、持续发展的人工复合系统。它是人类社会发展到一定阶段的产物，也是现代文明在发达城市中的象征。建设生态城市是人类共同的愿望，其目的就是让人的创造力和各种有利于推动社会发展的潜能充分释放出来，在一个高度文明的环境里造就一代胜一代的生产力。在达到这个目的过程中，保持经济发展、社会进步和生态保护的高度和谐是基础。只有在这个基础上，城市的经济目标、社会目标和生态环境目标才能达到统一，技术与自然才有可能充分融合。各种资源的配置和利用才会最有效，进而促进经济、社会与生态三效益的同步增长，使城市环境更加清洁、舒适，景观更加优美。

（二）生态城市的衡量标志

从总体上说，衡量生态城市的标志应该是综合效益最高，风险最小，存活机会最大。即在生态城市的条件下，人们在各种社会经济活动中所耗费的活劳动和物化劳动不仅能通过城市经济系统获得较大的经济成果，而且能保持城市生态系统的动态平衡和提高社会系统的层次与文明程度；同时，大大降低因自然灾害等外部力量的影响和由于生态环境遭破坏或暂时失衡而产生的各种风险；并给予作为城市主体的人的生活和其他动植物与微生物的生存提供良好的环境。具体地说包括下列标志：

1．高效益的转换系统。即在从自然物质→经济物质→废弃物的转换过程中，必须是自然物质投入少，经济物质产出多，废弃物排泄少。该系统的有效运行是以合理的产业结构和各产业的较高的发展深度为基础的。因此从三个产业的总体结构来看，必须是第三产业＞第二产业＞第一产业的倒金字塔构造，并且形成合理的比例关系，其中第三产业的比重一些学者认为最好在70%以上。从各个产业分析，第三产业除进一步发展贸易、金融保险等产业外，还需大力发展信息业，提高信息化的程度，并通过信息的有序传递来指导第一、第二产业的生产经营活动，使产与销在高透明度信息条件下更好地结合起来。第二产业要向高度化和生态化发展，以充分利用各种自然资源，使边际产出最大，对城市环境污染最小。另外，通过发展高新技术来推动物质的有效转换与再生，能量的多层次分级充分利用和无污染工艺的推广，从而在满足消费需求的同时，又能使城市的生态环境得到保护。在城市的第二产业中，高新技术产业的比重应超过30%。第一产业则应以绿色产品和绿色产业为开发重点，使其在整个农副产品的比例中达到80%以上，并且逐步创造条件促使第一产业向工厂化、安全化和观光化发展。

2. 高效率的流转系统。该系统应以现代化的城市基础设施为支撑骨架，为物流、能源流、信息流、价值流和人流的运动创造必要的条件，从而在加速各流的有序运动过程中，减少经济损耗和对城市生态环境的污染。高效率的流转系统，包括构筑于三维空间并连接内外的交通运输系统，其主动脉是地铁、高速公路干线、空中航线和远洋航线以及相贯通的城市高架道路等；建立在通信数字化、综合化和智能化基础上的快速有序的信息传输系统；配套齐全、保障有效的物资和能源(主副食品、原材料、水、电、煤及其他燃料等)的供给系统；网络完善、布局合理、服务良好的商业、金融服务系统；设施先进的污水废物排放处理系统和城郊生态支持系统等。

3. 高质量的环境状况。即对城市生产和生活造成的大气污染、水污染、噪声污染和各种废弃物，都能按照各自的特点予以防治和及时处理、处置，使各项环境质量指标均能达到国际城市的最高标准。如大气中二氧化硫的浓度不得超过0.02～0.04mg/m^3；水体中溶解氧为7～9mg/L；夜间噪声的等效声级为40～45dB以下；生活垃圾无害化处理率为100%；污水处理率为85%；其他固体废物无害化处理率为60%以上，等等。

4. 多功能、立体化的绿化系统。它由大地绿化、城镇绿化和庭园绿化所构成，点线面结合、高低错落，形成绿化网络，在更大程度上发挥绿化调节城市空气、温度，美化城市景观和提供娱乐、休闲场所的功效。根据联合国有关组织的规定，生态城市的绿地覆盖率应达到50%，居民人均绿地面积90m^2，居住区内人均绿地面积28m^2。

5. 高质量的人文环境。它应具有发达的教育体系和较高的人口素质。作为建设生态城市的基础和智力条件之一，成年人受教育的程度都必须在高中以上，其中受过高等教育的人数应占40%～50%。此外，生态城市还应具有良好的社会风气，井然有序的社会秩序，丰富多彩的精神生活，良好的医疗条件与祥和的社区环境。同时，人们能保持高度的生态环境意识，能自觉地维护公共道德标准，并以此来规范各自的行为。

6. 高水平的管理功能。生态城市应能对人口控制、资源利用、社会服务、劳动就业、治安防灾、城市建设、环境整治等实施高效率的管理，以保证资源的合理开发利用，城市人口规模、用地规模的适度增长，最大限度地促进人与自然、人与生态环境关系的和谐。

二、城市生态建设

(一) 城市生态建设概念

1970年代以来，随着世界范围内的环境污染、资源浪费、能源短缺、人口剧增、粮食危机等问题的加剧，城市发展进程受到了前所未有的挑战。人们日益重视应用生态学原理和方法来研究城市社会经济与环境协调发展的战略，促进城市这一人工复合生态系统的良性循环。在联合国MAB计划的倡导下，世界上许多城市如罗马、法兰克福、华盛顿、东京、莫斯科以及我国的北京、天津、长沙等都开展了相应的研究，“生态城市”已成为国际第四代城市的发展目标。上海市政府已明确指出，上海城市发展的战略目标是建设生态城市，并通过这一进程搞好城市的合理布局、完善基础设施、改善环境，协调社会、经济、城市建设与环境保护等多种关系。所有这些都表明，城市生态建设已被提到议事日程上来。

城市生态建设是按照生态学原理，以空间的合理利用为目标，以建立科学的城市人工化环境措施去协调人与人、人与环境的关系,协调城市内部结构与外部环境关系,使人类在空间的利用方式、程度、结构、功能等方面与自然生态系统相适应,为城市人类创造一个安全、清洁、美丽、舒适的工作、居住环境。

城市生态建设是在对城市环境质量变异规律的深化认识的基础上,有计划、有系统、有组织地安排城市人类今后相当长的一段时间内活动的强度、广度和深度的行为。城市生态建设的基点是合理利用环境容量(环境承载力),这是城市生态建设的出发点和最终归宿。

城市生态建设是在城市生态规划的基础上进行的具体实施城市生态规划的建设性行为,城市生态规划的一系列目标、设想通过城市生态建设得到的逐步的实现。

(二) 城市生态建设基本思路

树立生态经济优先的观点,把城市生态环境保护与建设放在城市经济社会发展的主要地位,在建设生态城市的过程中,以生态区划为指导,发展市场为动力,强化环保为手段,普及绿化为保障,开拓生态农业为依托,建立生态小区为模式,加强宏观管理为条件,通过对生态建设的持续投入,来实现城市经济增长和生态建设同步进行,使城市经济社会现代化和城市生态化的进程协同推进。

(三) 城市生态建设内容

从狭义来说,城市生态建设的内容是由城市现实存在的生态问题所决定的。城市生态问题的产生可归结于两个根源。其一是人类自身繁衍过度导致对资源的过度利用及环境超负荷承载而产生的生态问题;其二是人类经济活动产生的环境污染问题。生态建设相应包含两大部分内容:一是资源开发利用,二是环境整治。前者着重研究在资源开发、利用过程中所产生的生态问题,后者着重研究解决、治理环境污染问题。然而从广泛意义上而言,城市生态建设除包括以上内容外,还应包括其他有关城市人口、经济、社会等领域。

1. 确定人口适宜容量

所谓适宜人口,是指在某一特定的区域内与物质生产相适应和与自然资源相适应的,并能产生最大社会效益的一定数量的人口。它以解决人口增长同生产发展与资源有限性之间的矛盾,并维持它们之间的平衡,促进社会发展为前提,其核心是资源与生产、消费的平衡,使人口的增长与资源的丰欠程度、气候条件的好坏、资源开发利用深度及社会物质生产和消费水平相匹配。

一个特定区域的适宜人口是社会经济发展水平、消费水平、自然资源和生态环境的函数。

确定城市人口适宜容量时,应坚持“可能性”与“合理性”的结合。可能性指在考虑人口历史发展水平及未来发展条件基础上所提出的今后某时段内可能达到的发展规模;合理性指在满足一定生存质量的前提下的合理人口规模。可能性与合理性曲线的交(叉)点即是最佳人口规模。

2. 研究土地利用适宜性程度

土地资源是人类进行食物性生产的基础,也是人类最主要的自然资源,它具有不可移动、不可创造和不可再生的特性。不同的土地利用方式对城市生态系统有着深刻的影响。土地利用符合生态法则才能称之为“适宜”,要达到城市土地利用适宜的目的,在土地开发利用的过程中不仅要考虑经济上的合理性,而且要考虑与其相关的社会效益和环境效益。在具体进行城市土地适宜性研究过程中,要借助于土地生态潜力和土地生态限制分析。土地利用的生态潜力指环境条件对某种土地利用方式所提供的发展机会；土地利用生态限制则指环境条件对某种土地利用方式所产生的制约。土地利用适宜性研究即是寻求某种能最大限度地发挥土地潜力并减少其生态限制的土地利用方式，为制定科学合理永续的城市土地利用规划服务。

3. 推进产业结构模式演进

城市的生产功能是城市的最基本的功能之一，城市生产功能在发挥作用过程中，对城市的现实及未来的整体状态都将产生重大的影响。而作为城市生产功能的具体表现形式之一的城市产业结构又对城市发展产生深刻的作用力。城市的产业结构体现了城市的职能和性质，决定了城市基本活动的方向、内容、形式和空间分布。无论采取哪种类型，具有哪些特性，城市合理的产业结构模式都应遵循生态工艺原理演进，使其内部各组分形成"综合利用资源，互相利用产品和废弃物，最终成为首尾相接的统一体"。

4. 建立市区与郊区复合生态系统

由于特殊的区位关系，城市郊区与城市市区有着十分广泛的经济、社会和生态联系。从经济、社会联系看，市区是个强者，郊区经济、社会的发展依附于市区；从生态联系看，市区又是个弱者，郊区的生物生产能力和环境容量大于市区，是市区存在的基础。

因此，为了增强城市生态系统的自律性和协调机制，必须将市区和郊区看作一个完整的复合生态系统，对系统的运行作统一调控。

生态农业是城郊农业较理想的生产方式，它不但能提高农业资源的利用率，降低生产的物质与能量消耗，还能净化或重复利用市区工业、生活废弃物，并为城市居民提供更多的生物产品。因此，加强生态农业建设是市区-郊区复合生态系统完善结构和强化功能的重要途径。

5. 防治城市污染

城市污染防治是城市生态建设的重要而具体的内容，只有通过城市环境污染的有效治理，才能形成并维持高质量的城市生态系统，为城市可持续发展打下坚实的基础。其重点是解决城市大气、水、噪声、垃圾和固体废弃物处理，其中心环节是在做好环境污染预测基础上，选取适宜的处理方法和处理程序，使环境的承受能力与排污强度相适应，使污染控制能力与经济增长速度相协调。

强化城市生态环境保护与治理的工程性对策有：① 构筑结构合理、布置均衡、形式多样、功能强化、城乡贯通的城市绿化系统，形成绿色保护屏障，发挥"稳压器"的作用。② 搞好城市的饮用水工程和污水排放与处理工程，使自来水的水质逐步向国际标准靠拢；建立大型污水处理厂，提高污水处理率，同时结合河道整治、疏浚，逐步恢复市内河道的清洁度。③ 实行集中供给能源，推广先进的烟气处置工艺，从根本上减少大气中的有害物质的含量。④ 改进和完善城市垃圾的收集运输系统，争取做到分类收集、封闭运输，实施焚烧、填埋和资源再生相结合的无害化处理工程，让一部分垃圾变废为宝，另一部分经无害化处理后还原到大自然中。⑤ 发展环保科技，推广清洁无害工艺，切实减少污染的排放量。

6. 保护城市生物

除人类以外的生物有机体大量地、迅速地从城市环境中减少、退缩以至消亡，是城市生态恶化的重要原因与结果，各类生物尤其是绿色植物在城市生态环境中担负着重要的还原功能，城市绿化程度以及人均绿地面积是体现城市生态建设水平的重要指标。实施城市生物保护应制定科学合理的规划，内容包括：城市绿地系统规划，国家森林公园及自然保护区规划，珍稀及濒临灭绝动植物保护规划等。

7. 提高资源利用效率

城市是资源高强度集中消耗区域，其资源综合利用效率既反映了城市科学技术水平及经济发展水平，同时也反映和决定了环境质量水平。提高资源综合利用效率是改善城市乃至区域环境质量的重要措施，应贯穿于资源开发、再生利用等多个环节中，并通过水资源保护、供水优化、能源利用及保护、再生资源利用等方面予以体现，使之成为城市生态建设的一个重要组成部分。

（四）城市生态建设的保障措施

1. 编制城市生态建设规划，指导生态城市建设实践。在编制城市生态建设规划的过程中，首先必须研究城市生态现状，并根据城市经济社会发展战略和生态环境建设目标来科学地规划各项社会经济活动，合理确定城市功能、规模和布局，进而不断提高资源的转换率，各种设施的节能率，废弃物的无害化处理率，以及城市生态环境的自净能力，使城市经济发展同生态容量相适应。其次，按生态城市建设规划的要求，利用地租、税费、信贷等经济杠杆调整城市功能分区和土地利用结构，以减少城市中的污染源，并加强对它的集中控制和防治。另外，要充分运用生态经济规律来开发建设生态型新城镇和生态居住区，同时改造和养护旧城。再次，必须根据生态经济原理来布置新兴产业，调整和改造老产业，并积极推进城市基础设施的现代化。

2. 发展市场经济，促进城市生态建设。第一，通过发展社会主义市场经济，在宏观经济运行中实现资源的合理配置，提高资源的整体利用效率；在微观经济运行中促使企业合理开发和节约使用资源，走低耗高效的资源节约型发展道路，并逐步构筑起社会生产集约化和生态经济紧密结合的微观基础。第二，必须依托市场，发展“绿色产业”，实现市场经济与生态经济的有机统一和同步发展。第三，在发展市场经济的过程中必须建立城市生态环境再生产的经济补偿机制。其主要内容包括：① 根据“谁污染谁治理”的原则，进一步完善现行的排污费征收制度，使其真正起到减少与遏制污染排放的作用。② 在分税制的条件下，建立城市生态环境资源税制，如开征水资源税等，以具有硬约束力的税收手段来抑制生态环境资源的过度消耗、污染和破坏。同时以所征收的税收收入部分补偿建设生态城市的投资，从根本上改变“资源(产成品)输出，污染留下”的不合理现象。③ 尽快建立城市生态资源的计价体系，将隐含在商品中的这部分费用通过价格反映出来，并纳入社会再生产价值运动的经济核算体系中，使生态要素价值逐步市场化，并发挥价格机制在城市生态环境资源利用中的调节作用。

3. 加强宏观调控，保障城市生态建设。其具体运作的方式是：① 制定同发展市场经济相协调的环境经济政策，如对“绿色产业”发展和环保事业在税收、信贷等方面给予必要的优惠，同时逐步调整和提高排污收费标准，实现排污征收制度由浓度控制向总量控制的转变。② 制定合理的投资政策，实行生态环境投资的参数化措施，一方面逐步增加对城市生态环境的投资，减少和消除城市生态“赤字”，另一方面保证各投资项目都能达到规定的生态环境参数。③ 加强生态环境法规的制定与完善，监督并保障生态城市建设。具体地说，就是完善现有法规与制度，制定新的法规以及加强执法力度。总之，必须依法来规范建设生态城市过程中的各种行为。④ 创造条件建立城市生态环境专职机构，对城市生态建设进行统一决策、规划、指导、调控和监督。

4. 重视教育,加强宣传,为城市生态建设创造良好的舆论环境。通过各种新闻媒介宣传建设生态城市的重要性,提高城市居民的生态环境意识,唤起公众主动参与城市生态建设的积极性和遵守各项环卫准则的自觉性,同时大力宣传文明小区、环保先进单位和个人,猛烈抨击违反环保法规的人与事,形成一种为城市生态建设作贡献光荣、破坏城市生态环境耻辱的良好氛围。另外,必须进一步加强青少年的生态环境教育,以便教育一代人,带动两代人,使生态环境意识深入人心。

三、城市生态建设指标体系

城市生态建设是在城市现状生态环境质量水平基础上实施进行的,表征及反映现状城市生态环境质量需要一套指标体系。同时,城市生态建设的具体实施也需要有一套城市生态环境质量指标体系,这一指标体系表示了城市生态建设所要采取的标准及其所要达到的目标。

(一) 城市生态建设指标体系的依据

1. 国家标准

制定城市生态建设指标体系首先要符合国家有关生态环境质量的法规、标准。我国目前与城市生态建设有关的国家法规、标准主要有如下:

·《中华人民共和国城市规划法》

·《中华人民共和国环境保护法》

· 大气环境质量标准(GB3095-85)

· 地面水环境质量标准(GB3838-88)

· 海水水质标准(GB3097-83)

· 生活饮用水水质标准(GB5749-85)(见表7-1)

表7-1　　我国生活饮用水水质标准

项　目	标　准	项　目	标　准
色	<15°	氟化物	<1.0mg/L
浑浊度	<15°	氰化物	<0.05mg/L
臭和味	不得有异臭异味	砷	<0.04mg/L
肉眼可见物	不得含有	硒	<0.01mg/L
pH	6.5~8.5	镉	<0.01mg/L
总硬度(CaO)	<250mg/L	铬(6价)	<0.05mg/L
铁	<0.3mg/L	铅	<0.1mg/L
锰	<0.1mg/L	细菌总数	<100个/L
铜	<1.0mg/L	大肠菌数	<3个/L
锌	<1.0mg/L	汞	<0.01mg/L
挥发酚	<0.002mg/L	余氯	出厂水>0.30mg/L
合成洗涤剂	<0.3mg/L		末稍>0.05mg/L

· 农田灌溉水质标准(GB5084-85)

· 渔业水质标准(TJ35-79)
· 城市区域环境噪声标准(GB3096-82)
· 国务院《城市绿化条例》(1993)
注:有关标准参见本书《附录》。
2. 国际标准
城市生态建设是实现城市现代化的主要步骤之一,因此,了解国际上有关城市生态环境质量标准也是很有必要的。如《上海地区生态环境质量及其建设途径研究》(王祥荣等,1995年)即将以下国际标准作为制定上海市建设生态城市的指标体系的对照、比较及依据之一:
· 世界卫生组织饮用水水质标准(1971,日内瓦)
· 欧洲共同体饮用水水质标准(1975)(见表 7-2)
· 欧洲共同体饮用水水源的地面水标准(1975)
· 美国饮用水中有毒化学物物质含量标准(mg/L)

表 7-2 欧洲共同体饮用水水质标准

项　目	单　位	指导标准	最大允许浓度	最低要求浓度	备注
颜色	铂单位 mg/L	5	20		
浊度	S_iO_2 度 mg/L	5	10		
臭	稀释比	0	2(12℃时) 3(25℃时)		
味	稀释比	0	2(12℃时) 3(25℃时)		
温度	℃	12	25		
pH	pH 单位	6.5~8.5	9.5	6.0	
电导率	微西/厘米	400	1250		
总矿物质	mg/L		1500		
总硬度	比重单位	35		10	
钙	Ca mg/L	100		10	
COD	mg/L	30			
BOD	mg/L	<3			
总大肠杆菌	个/100mL	<5			
粪便大肠杆菌	个/100mL	<2			

3. 国外先进城市的生态环境平均值
以上所述国家标准与国外标准虽对城市生态环境具有一般及宏观指导意义,但从某种程度上而言,针对性不太强。故对一个具体的城市说,在拟定城市生态建设指标体系时,还应根据城市现有规模、性质,目前城市生态环境质量及城市现代化水平,选择国内及国际上在性质、规模、地位、功能、作用等方面具有一种或数种相似性的城市,以它们的生态环境质量平均值作为参考样本。如有学者在研究上海城市生态建设指标体系时(王祥荣等,1995年)即选择国外多个先进城市的生态环境质量平均值作为参考样本,这些城市包括新加坡、

香港、东京、汉城、罗马、华沙、法兰克福、柏林、悉尼、堪培拉、洛杉矶等。这些城市多为1992年联合国MAB计划确定的试点城市，它们的生态环境质量平均值如表7-3所示。

表7-3　国外先进城市的生态环境平均值

分类指标	单项指标名称	平均值
城市人口密度	平均人口密度 建成区人口密度	110.32(人/hm^2) 177.00(人/hm^2)
大气环境质量	SO_2 飘尘	0.067(mg/m^3) 0.166(mg/m^3)
水环境质量	BOD_5 DO NH_3-N pH	3.6(mg/L) 9.9(mg/L) 2.5(mg/L) 6.5~8.0
固体废弃物	工业固废处理率 生活垃圾清运率	69% 95%~100%
环境噪声	日间等效噪声 夜间等效噪声	58.5(dBA) 50.5(dBA)
绿化状况	绿地覆盖率 人均公共绿地 人均公园面积	33.33% 36.35(m^2/人) 28.24(m^2/人)

(引自王祥荣等，1995)

（二）城市生态建设指标体系结构

城市生态建设指标体系的结构指组成指标体系的各个部分及其相互关系。它主要受城市性质、规模、城市经济发展水平、城市现状生态环境质量、城市现代化水平及国家政策的宏观导向等因素影响。此外，科技进步因素、市民环境意识也一定程度上影响了城市生态建设指标体系的结构组成。

上海城市生态环境建设指标体系即在考虑以上因素的基础上，确定了城市规模、城市绿化、大气环境质量、水环境质量、噪声控制以及废弃物处置六大方面23项参数的结构组成(见图7-1)。

（三）城市生态建设指标体系的建立

在以上两个步骤的基础上，即可建立城市生态建设指标体系。一般说，完整的城市生态建设指标体系应包括如下要素：

1. 分类指标

分类指标是构成城市生态建设指标体系的主要方面，它必须由单项指标来反映。

2. 单项指标

描述、反映分类指标状况的因素，由具体的可量度的指标组成。

3. 参考标准

参考标准包括国家、国际先进城市有关的单项指标、分类指标。

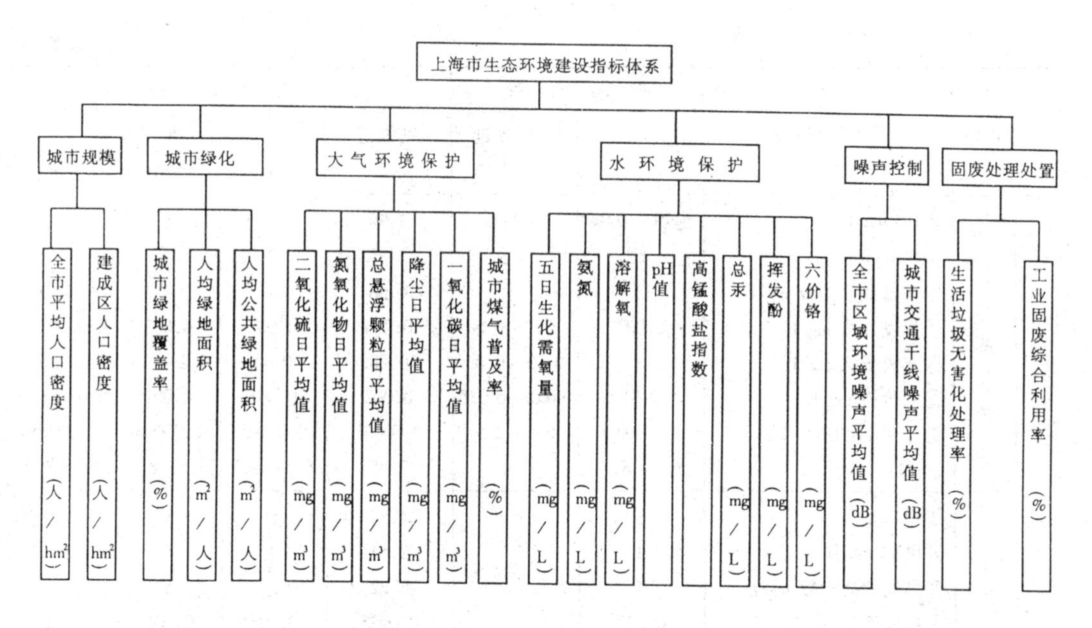

图 7-1　上海市生态环境建设指标体系的结构组成(引自王祥荣等,1995)

4. 环境目标值

环境目标值包括基准值和规划值两个部分。基准值为当前城市生态环境质量值,反映了当前城市生态环境水平,规划值为未来若干年规划期限内所希望达到的城市生态环境质量状况。

表 7-4 是上海市生态环境建设指标体系(王祥荣等,1995)。

表 7-4　**上海市生态环境建设指标体系**

分类指标	单项指标名称	参考标准		上海市环境目标值			
		国家	国际先进城市平均	基准值（1992 年）	规划（年） 2000	2010	2020
1. 城市人口密度	①平均人口密度(市区)		110 人/hm²	105 人/hm²	105～110	100	100
	②建成区人口密度		117 人/hm²	252 人/hm²	220	200	177
2. 城市绿化	①城市绿地覆盖率	30%	33.3%	14.5%	全市 18% 浦东 25%	全市 25% 浦东 35%	全市 35% 浦东 45%
	②人均公共绿地	7.11m²	36.35m²	1.10m²	全市 5m² 浦东 10m²	全市 8m² 浦东 15m²	全市 15m² 浦东 40m²
	③人均绿地			1.44m²	全市 8m² 浦东 15m²	全市 15m² 浦东 25m²	全市 25m² 浦东 50m²
3. 大气环境质量	①SO_2 年日平均值(mg/m^3)	0.20～0.10	0.067	0.09	0.06～0.10	0.06	0.02～0.06
	②NOx 日平均值(mg/m^3)	0.06～0.15		0.052	0.06～0.10	0.05～0.10	0.05～0.10
	④TSP 日平均值(mg/m^3)	0.15～0.50		0.33	0.30～0.50	0.30～0.50	0.15～0.30
	⑤降尘月平均值(T/月·km^2)			14.1	12.0	10.0～12.0	10.0
	飘尘(mg/m^3)	0.05～0.25	0.166				
	⑥CO 日平均值(mg/m^3)	4.0～6.0		2.4	4.0	4.0	4.0
	⑦城市煤气普及率(%)			57(1990 年)	75	90	100

续表

分类指标		单项指标名称	参考标准		上海市环境目标值			
			国家	国际先进城市平均	基准值（1992年）	规划（年） 2000	2010	2020
4.水环境质量	一级水源保护区	①DO mg/L	饱和率90%	>70%	7.79	8	8	6
		②BOD_5 mg/L	<3	<3	2.35	3	3	3
		③高锰酸盐指数 mg/L	2		4.68	4	4	4
		④挥发性酚 mg/L	0.002	0.2~0.5	0.004	0.002	0.002	0.002
		⑤非离子氨 mg/L		0.03~0.05	0.88	0.44	0.2~0.1	0.05~0.1
		⑥六价铬 mg/L	0.01	0.0001~0.0005	0.002	0.001	0.001	0.001
		⑦总汞 mg/L	0.00005	6.5~8.5	0.00007	0.00005	0.00005	0.00005
		⑧pH	6.5~8.5		7.45	6.5~8.5	6.5~8.5	7.0~8.0
	二级水源保护区	①DO mg/L	6		4.84	5	5	6
		②BOD_5 mg/L	3		2.54	4	4	3
		③高锰酸盐指数 mg/L	4		5.22	5	5	4
		④挥发性酚 mg/L	0.002		0.0035	0.005	0.005	0.002
		⑤非离子氨 mg/L			2.06	0.02	0.02	0.02
		⑥六价铬 mg/L	0.00006		0.006	0.06	0.06	0.0005
		⑦总汞 mg/L	6.5~8.5		0.00007	0.0001	0.0001	0.0005
		⑧pH			7.55	6.5~8.5	6.5~8.5	7.0~8.0
	郊区河流	①DO mg/L	3~5		8.97~1.34	3	3	5
		②BOD_5 mg/L	4~6		10.55~2.38	6	6	4
		③高锰酸盐指数 mg/L	6~8		12.68~2.66	8	8	6
		④挥发性酚 mg/L	0.005~0.01		0.045~0.001	0.01	0.01	0.005
		⑤非离子氨 mg/L			0.102~0.013	0.02	0.02	0.02
		⑥六价铬 mg/L	0.06		0.031~0.002	0.05	0.05	0.05
		⑦总汞 mg/L	0.0001~0.001		0.0005	0.001	0.001	0.0001
		⑧pH	6.5~8.5		6.5~8.5	6.5~8.5	6.5~8.5	6.5~8.5
	城区河流	①DO mg/L	2~3		1.07	2	3	5
		②BOD_5 mg/L	6~10		69.77	10	6	4
		③高锰酸盐指数 mg/L	8~10		32.39	10	8	6
		④挥发性酚 mg/L	0.01~0.1		0.069	0.1	0.01	0.005
		⑤非离子氨 mg/L			0.697	0.2	0.2	0.02
		⑥六价铬 mg/L	0.05~0.1		0.045	0.1	0.005	0.05
		⑦总汞 mg/L	0.001		0.00015	0.001	0.001	0.0001
		⑧pH	6~9		6.5~8.45	6.5~8.5	6.5~8.5	6.5~8.5
5.噪声控制		①区域环境噪声(dBA)	昼45~60dB	昼58.5dB	62.9dB	<55dB	<50dB	<50dB
			夜35~55dB	夜50.5dB	53.8dB	<50dB	<40dB	<40dB
		②交通噪声(dBA)	昼<70dB		75.6dB	<70dB	<68dB	<65dB
			夜<55dB		67.9dB	<55dB	<58dB	<50dB
6.固体废物处置		①生活垃圾无害化处理率(%)		100	43.3	70~75	85~95	100
		②工业固废综合利用率(%)		70.95	89.4	90	95	100

第二节 城市生态调控

一、城市生态调控原理

生态控制论中最主要的问题之一，是自组织和最优控制问题。这是生态系统基本特性的反映。物理学、化学工程技术中也有自组织系统和最优控制问题，但它们的自组织系统的能力远远不及生态系统所达到的规模和程度。这是生态系统长期进化的结果。

生态系统是一个组成复杂、性能完善并具有多级结构的大系统。协调控制是生态系统的一个重要特点。在协调控制的作用下，生态系统的各种功能可以大大改善。生态系统调控（协调控制）的根本目的是达到生态系统的优化，而生态系统的优化原理主要有两条：第一是高效，即物质能量高度利用，使系统生态效益达到最高；第二是和谐，即各组分之间关系的平衡融洽，使系统演替的机会最大而风险最小。自然生态系统的优化发展是自然生态自发演化的过程，而人工生态系统的优化则是人类自觉调控与自然的自发演化相结合的过程。两种生态系统的调控虽然各具有特点，但都遵循共同的原则。

如何运用优化原理对生态系统进行调控呢？例如，对于城市这样一个典型的自然-经济-社会复合生态系统，生态控制的任务，就是运用系统优化的基本原理，去调控城市的人流、物流、能流、信息流和货币流，使各方面的发展达到协调。

（一）高效的功能原理

城市生态系统的物质代谢、能量流动和信息传递关系，不是简单的链和环，而是一个环环相扣的网，其中网结和网线各司其能，各得其所。一个高效的城市生态系统，其物质能量得到多层分级利用，废物循环再生，各部门、各行业间共生关系发达，系统的功能、结构充分协调，系统能量损失最小，物质利用率最高。其生态原理包括：

1. 循环利用原理

生物圈中的物质是有限的，原料、产品和废物的多重利用和循环再生是生态系统长期生存并不断发展的基本对策。为此，生态系统内部必须形成一套完整的生态工艺流程。其中，每一组分既是下一组分的“源”，又是上一组分的’汇”，没有“因”和“果”、“资源”和“废物”之分。物质在其中循环往复，充分利用。城市环境污染，资源短缺问题的内部原因就在于系统缺乏物质和产品的这种循环再生机制，而把资源和环境完全作为外生变量处理，致使资源利用效率和环境效益都不高。只有将城市生态系统中各条“食物链”接成环，在城市废物和资源之间，内部和外部之间搭起桥梁，才能提高城市的资源利用效率，改善城市环境。

循环利用原理包括生态系统内物质的循环再生，能量的多重利用，时间上的生命周期、气候的变化周期等物理上的循环，以及信息反馈、关系网络、因果效应等事理上的循环。

2. 开拓边缘原理

开拓边缘原理在人与环境相互关系的处理上，反映了生存斗争的策略。要尽可能抓住一切可以利用的机会，占领一切可以利用的边缘生态位。人类要用现有的力量和能量去控制和引导系统内外的一切可以被开发利用的力量和能量，包括自然的和人工的，使它们转向可以利用的方向，从而为系统的整体功能服务。

3. 共生原理

共生关系是生物种群构成有序组合的基础，也是生态系统形成具有一定功能的自组织结构的基础。对城市生态系统来说,共生的结果使所有的组分都大大节约了原材料、能量和运输,使系统获得多重效益。相反,单一功能的土地利用,单一经营的产业,条条块块分割式的管理系统,其内部多样性程度很低,共生关系薄弱,生态经济效益就不会高。

(二) 最优的协调原理

使城市生态系统协调发展是城市生态调控的核心。它包括城市各项人类活动与周围环境相互关系的动态平衡,即城市的生产与生活、市区与郊区、城市的人类活动强度与环境的负载能力以及城市的眼前利益与长远利益、局部利益与整体利益,城市发展的效应、风险与机会之间的关系平衡等。维持城市生态平衡的关键在于增强城市的自我调节能力,这需要把握好调控的如下基本原理。

1. 最适功能原理

城市生态系统是一个自组织系统,其演替的目标在于整体功能的完善,而不是其组分结构的增长。城市自我调节能力的高低取决于它能否像有机体一样控制其部分组分的不适当增长,以和谐地为整体功能服务。一切生产部门,其产品的生产是第二位的,而其产品的功效或服务目的才是第一位的。随着环境的变化,生产部门应能够及时修正产品的数量、品种、质量和成本。比如一个房建公司,盖房只是其手段,为城市居民提供方便、舒适的居住条件才是目的。因此它必须将设计、施工和使用部门联成一个信息反馈网络,在外部条件允许的范围内尽可能地为改善居住条件而生产。

2. 最低限制因子原理

能量流经生态系统的结果并不是简单的生与死的循环,而是一种螺旋式的上升演替过程。其中虽然绝大多数能量以热的形式耗散了,但却以质的形式储存下来,记下了生物与环境世代“斗争”及长期相互作用的信息。在长期生态演替过程中,只有生存在与限制因子上、下限相距最远的生态位中的那些生物种,其生存的机会才最大。也就是说,处于最适生态位的物种有最大的生存机会。因此,现存的物种是与环境关系最融洽、世代风险最小的物种。

城市密集的人类活动给社会创造了高效益,但同时也给生产和生活的进一步发展带来了风险。要使经济持续发展,生活稳步上升,城市也必须采取自然生态系统的最低限制因子对策,即使各项人类活动处于距限制因子的上、下限风险值距离最远的位置,使城市长远发展的机会最大。城市的人类活动如果超过某项资源或环境负载能力的上、下限,就会给系统造成大的负担和损害,从而降低系统的效益。若能通过调整内部结构,将该项活动控制到风险适中的位置,则城市的总体效益和机会都会大大增加。

总之,自然生态系统与社会生态系统都有着某些相应的动态规律。这些动态规律反映了系统内各组分间的相互依赖、相互制约的矛盾关系。协调系统的各种生态关系,把系统调控到最优运行状态,是解决人与环境关系问题的根本性措施。

二、城市生态调控的途径与方法

(一) 生态工艺的设计与改造

城市生态工艺(urban ecological technology)是指根据自然生态最优化原理设计和改造城市工农业生产及生活系统的工艺流程。其内容包括能源结构的改造(如太阳能、自然能和生物能的开发和利用,矿物能的有效利用),物质资源的利用(野生动植物、微生物的利用,食物、饲料结构的改造和替换),物质循环与再生(物质能量的多层分级利用、废物再生、生物自净、无污染工艺等),共生结构的设计(多行业共生、城郊共生、工农联营、综合利用),资源开发管理对策(育大于采、原材料就地加工),化学生态工艺(重点污染行业的改造)以及景观生态设计等。在城市生态调控过程中采取和利用生态工艺方法,主要是根据生态最优化原理来设计和改造城市工农业生产及生活系统的工艺流程,以提高城市生态系统的经济、生态效益,基本内容包括:能源结构的改造、生物资源的利用、物质循环与再生、共生结构的设计等。以下择要叙述。

1. 能源结构的改造

能源结构是指能源总生产量和总消费量的构成及比例关系。从总生产量分析能源结构,称能源的生产结构,包括各种一次能源即煤炭、石油、天然气、水能、核能等所占比重;从总消费量分析能源结构,称能源的消费结构,包括能源的使用途径。一国的能源结构是反映该国生产技术发展水平的一个标志。在我国,目前能源的生产结构为:煤炭约占70%,石油天然气约占26%,其他能源所占比重很低;能源的消费结构为:工业用能源约占63%,农业约占8.3%,商业与民用约占18%,交通运输约占2.4%。

城市能源结构从层次上而言,具有高低之分。其中电力消费在终端能源消费中的比重和一次能源用于发电的比例是反映能源供应现代化的两个最重要的指标。发达国家的电力消费在终端能源消费中的比重在42%~45%之间,而我国最大的城市上海这个比重仅为11.1%。发达国家一次能源用于发电的比例大多在30%~40%之间,而上海为23.4%,与发达国家之间有一定的差距(见表7-5、表7-6,均引自蔡来兴等,1995)。

表7-5　　上海与世界部分国家电能消费比值比较(1990年)

国　家	挪威	瑞典	加拿大	日本	澳大利亚	法国	德国	英国	上海
电力消费占终端能源消费比例(%)	45.5	36.9	22.7	22.0	18.8	18.1	18.0	16.6	11.1

表7-6　　上海与世界部分国家一次能源用于发电比例的比较(1986年)(单位:%)

美国	日本	德国	法国	加拿大	土耳其	希腊	中国	上海
33.9	40.1	34.6	40.6	45.6	22.9	33.9	21.6	23.4

燃气普及率与燃气结构也是城市能源结构现代化水平的重要指标。如我国最大的城市上海从燃气普及率看,相当于发展中国家的上限水平或中等发达国家的下限水平(表7-7)。从燃气结构看,发达国家的燃气气源基本上都是天然气,其热值高,污染少,成本低,是城市燃气现代化的主导方向。而上海的燃气供应主要依靠的是煤制气。美国早在50年代初期天然气就占了燃气气源总量的90%。日本在70年代初期开始大量利用天然气,到80年代天然气的利用已占主导地位。从燃气用途看,国外燃气用途正向多样化发展,供热水和采暖已成为用气主要部分。美国用户中85%用天然气采暖,热水已普遍用气。日本已经开发了燃气空调,而上海现阶段煤气还局限于烹饪和饮用热水。

表 7-7　　上海与不同经济发展水平国家燃气普及率比较

	发展中国家	中等发达国家	发达国家	上海
燃气普及率(%)	23～65	58～90	85～100	65.2

城市能源结构对城市环境质量尤其是大气环境质量有着直接的影响。据有关资料,上海工业耗煤量据初步统计以每年10%的速度递增。燃煤产生的烟尘和二氧化硫污染日益严重。二氧化硫排放量以每年平均7.7%的速度递增。1992年排放量达51.4×10^4t。从大气环境质量监测数据看,目前,上海全市二氧化硫平均浓度维持在0.05mg/m^3的水平,但城区的年日平均二氧化硫浓度一直维持在0.09mg/m^3水平,长期在国家大气质量三级标准上下徘徊。上海的烟尘和飘尘与国外大城市相比差距较大。从国外看,城市大气中二氧化硫一般在0.027～0.064mg/m^3之间,0.043mg/m^3为良好;飘尘则一般在0.064～0.2000mg/m^3之间,0.097mg/m^3为良好(表 7-8)。

表 7-8　　国外部分城市大气环境质量平均值　(单位:mg/m^3)

城市	SO_2	IP	城市	SO_2	IP
墨尔本	0.008	0.071	香港	0.045	0.062
温哥华	0.020	0.064	纽约	0.05	0.063
多伦多	0.027	0.077	伦敦	0.054	
曼谷	0.018	0.20	马尼拉	0.064	0.102
芝加哥	0.02	0.102	巴黎	0.082	
孟买	0.027	0.19	米兰	0.18	
大坂	0.033	0.054	休斯顿		0.082
东京	0.034	0.06	日内瓦	0.05～0.07	
新德里	0.041	0.406	洛杉矶	0.101	

(引自蔡来兴等,1995)

要提高城市大气环境质量,除采取节煤、提高除尘效率外,关键是降低城市能源结构中煤耗量比重。只有降低煤耗量比重,采用清洁能源,才能从根本上解决城市大气污染问题。上海城市燃气现代化的目标是积极开发,充分利用天然气,增加城市燃气容量,提高民用气普及率,扩大燃气使用领域,输气向高压力高热值方向发展,以满足城市燃气不断增长的需要(表 7-9)。

表 7-9　　上海城市燃气发展主要指标

指标名称	单位	1992年	2000年	2010年
煤气普及率	%	65	90	95
户均生活用气量	m/户·年	512	693	1170
气源中天然气比重	%	0	39.4	67.6

(引自蔡来兴等,1995)

此外,调整城市产业结构、提高城市产业结构层次也与城市能源结构现代化紧密相关。

如以往上海重工业的过度发展给上海城市基础设施及对外交通都造成沉重的压力,这是上海“城市病”的基本原因之一。

重工业是高能耗行业,也是需要大量原材料,消耗大量运输能力的行业,更是需要大量资金投入的行业。如表7-10所示,1992年,上海的重工业消耗了全部能源的72.5%(其中原煤超过1/2)、几乎全部的焦炭、将近一半的汽油、83.6%的柴油和近3/4的电力。耗能大户钢铁工业消耗了全部能源的37.1%,其中焦炭达6/7强,电力达1/4。化学工业则消耗了原煤与柴油的各1/4。值得注意的是,化学纤维工业与纺织业成为耗能大户中的第三、第四名(按能源最终消费量计),两行业共消耗全部能源的15.6%。

另外,在1992年的钢材和木材消费量中,重工业分别占64.1%和64.8%。

上海是一个几乎没有自然资源的城市,上海所消耗的原煤全都要靠铁路、轮船运入,上海炼钢铁用的矿石也要全部从市外甚至国外运入,上海生产的大量重工业产品又给市内、市外运输形成巨大压力。以煤炭为例,上海1992年煤炭消费总量达2874.83×10^4t,占上海总货运量29572×10^4t的近1/10。又以钢材为例,上海1992年生产成品钢材918.09×10^4t,上海自身仅消费343.16×10^4t,有近600×10^4t钢材外运。而自身消费的300余万吨钢材,也给上海造成约一天一万吨的市内交通运输压力。这里尚未考虑钢材进出口所增加的运输量。

表7-10　上海重工业及主要耗能行业能源消耗情况(1992年)

	能源最终消耗量($\times 10^4$t标煤)	原煤($\times 10^4$t)	焦炭($\times 10^4$t)	汽油($\times 10^4$t)	柴油($\times 10^4$t)	电力($\times 10^8$kW·h)
总计	2731.13	630.83	651.49	17.59	12.17	247.75
所占比重(%)	100	100	100	100	100	100
其中:重工业	1979.04	338.87	637.28	8.13	10.18	182.52
比重(%)	100	53.7	97.8	46.2	83.6	73.7
钢铁工业	1012.90	89.64	566.79	1.05	1.48	61.66
比重(%)	37.1	14.2	8.0	6.0	12.2	24.8
化学工业	370.33	155.90	29.50	2.24	3.10	41.38
比重(%)	13.6	24.7	4.5	12.73	25.5	16.7
化学纤维工业	261.17	13607	0.30	0.65	0.42	7.52
比重(%)	9.6	2.1	0.0	3.7	365	3.0
纺织业	162.76	92.86	2.87	1.76	0.08	18.78
比重(%)	6.0	14.7	0.4	10.0	0.7	7.6
建材工业	153679	67.59	11.45	0.67	0.49	10.96
比重(%)	5.6	10.7	1.8	3.8	4.0	4.4
机械工业	116605	30.57	24.78	2.74	2.28	15.14
比重(%)	4.2	4.8	3.8	15.6	18.7	6.1

(引自高汝熹等,1995)

此外,重工业还需要大量资金、劳力、土地等要素投入。总体说来,与轻工业相比,上海的重工业以两倍的投入仅换取与轻工业等量的收益。

据此,上海对工业结构调整的基本方向为:重点发展支柱产业,大力培育高新技术产业,改造和转移传统产业,使之不断朝着技术密集型、知识密集型、外向型和辐射型的方向发展。具体为:① 大力转移和改造耗能较高、用料较多、运量较高、用工较大、"三废"较重和技术密集低、附加价值低的传统行业。② 重点发展汽车、电子信息设备、电站成套设备、石油精细化工、钢铁和家用电器等六大产业部门。这些产业不仅是上海的优势产业,而且技术密集度高,附加价值高,对周边产业的辐射力和拉动力大。③ 大力发展高新技术产业。包括现代通信、现代生物工程和医药、计算机软件、数控机床、机器人、新型材料、光电子、新型能源装备、航空航天、新型环保等产业。

可以预计,以上工业结构的调整举措将有力地提高上海城市能源结构的层次及现代化水平,有利于上海生态环境质量的提高。

城市能源结构改造还应致力于能源利用种类的多样化,尤其是可更新资源如太阳能、风能、水能、生物能、地热能等的利用。

太阳能是一种巨大且对环境无污染的能源。一切再生能源、风能、水能、生物能等都来自太阳能。据计算,现在全球一年能量消费的总和只相当于太阳40分钟内辐射到地球表面的能量。也就是说,太阳辐射能的总量为全世界能量消费的1.3万倍。现有农田的太阳能利用率平均仅为0.34%,而最高的只达2%。因此,高光效作物育种和优化农田生态结构是科学家们正在探索的提高太阳能利用率的途径之一。途径之二是利用太阳能热水、采暖装置,使太阳能利用技术进入千家万户。如日本在1982年有360万户安装了家用太阳能热水器,占住宅的11%;到1990年已发展到800万户。美国1982年建成各种形式的太阳能节能房屋8万栋,1990年增加到25万栋。这虽使房屋造价平均增加10%~15%,但燃料却可因此节约50%~80%。第三是利用太阳能发电。现在,太阳能热发电站已在世界许多国家建成并实现商业化,尤其值得重视的是光伏发电的迅速发展。1980年全世界太阳电池的产量仅2.5×10^6W,而到1992年已增至近60×10^6W。日本从1974年开始实行"阳光计划",现已成为生产太阳电池的第一大国。许多发达国家还致力于发展光伏发电并网系统。德国在1990年底宣布实施"1000屋顶光伏发电计划",即在三年内在居民屋顶安装1~5kW功率级的光伏发电系统1000套,用以考察光伏并网发电系统的经济性、技术可行性和实用性,现已将计划调整到5000个屋顶。而且发电成本已降至可与电网价相竞争的水平。因此,光伏发电无疑将成为21世纪的重要电力来源之一。

风能利用的主要形式是风力发电。到1992年底,全世界风力发电站的装机容量达270×10^4kW,其中美国占175×10^4kW。风力发电站不仅成本低廉(美国每kWh风力发电价现为6~7美分,到2000年将降至4美分)。而且可带来巨大的环境效益。1991年全世界风力发电量约32×10^8kWh,与燃煤发电相比,向大气中排放的烟尘因此而减少了18×10^4t,二氧化碳、氧化氮和二氧化硫等温室效应气体因而减少了283×10^4t。此外,风能利用的传统技术迄今仍被广泛应用,主要是提供人畜饮水、灌溉用水和用于排水、土壤改良、制盐、水产品养殖等。我国已自行开发了八个风力提水机,并在全国建成九个中、小型风力发电场。

2. 生物资源的利用

生物资源是自然资源的组成部分之一。自然资源其含义为:自然环境中人类可以利用于生活和生产的物质。按地球上存在的层位不同,可分为地表资源(如土地、水体、生物和气候资源),地下资源(如矿产、地热等)。按经济性质,可分为生活资料性自然资源(如水中的鱼类、森林草原中的兽类等),劳动资料性自然资源(如矿产、用于发电的水能等)。现通常采用按开发利用和更新的能力，划分为取之不竭的资源（如太阳能、潮汐能、核裂变能等，在自然界大量存在，无论怎样利用不会减少）、不可更新资源、可更新资源几类。对自然资源特别是可更新自然资源的开发和保护要达到三个目标，一是维持基本的生态过程和生命维持系统；二是保持遗传的多样性，为人类未来的育种保存丰富的“基因库”；三是保证生态系统和生物种的持续利用。

生物资源是以生物成分构成的自然资源。包括各种农作物、林木、牧草等植物，鱼类、家禽、家畜、野生兽类和鸟类等动物以及微生物，也包括它们组成的各种种群和生物群。生物资源是可再生资源（又称可更新资源，指通过天然作用或人工经营能为人类反复利用的各种自然资源。除包括生物资源外，还包括土地资源、水资源、气候资源）的主要组成部分。生物资源的特点为：在自然界特定时空条件下，如维持其群体，则能使其持续再生、代谢更新、保持其储量；遵循其增长规律，科学经营管理和合理利用即可持续利用；如反其道而行之则必将造成资源枯竭或灭绝。

在城市生态建设与调控中，强调生物资源的利用可减少不可更新资源的利用，有利于城市生态环境质量和生态平衡。

不可更新资源指人类开发利用后，在相当长的时期内不可能再生的自然资源。主要指经过漫长的地质年代形成的矿产资源，包括金属矿产和非金属矿产，以及煤、石油、天然气等能源矿物。

从全球范围看，不可更新资源的利用一是增长率惊人，如仅从第一次世界大战期间到1970年代中期，全世界汽车的数量即由200万辆增至3.5亿辆，汽车的耗油也由600×10^4t增至5×10^8t以上。二是危害环境与影响人类健康，这主要是由于不可更新资源在加工利用过程中，不可避免要形成大量的废弃物，废弃物对环境与人类健康起着不利的影响。如现全世界每年加工的天然资源约达250×10^8t，在生产过程中被利用的实际只有4%～6%，其余90%以上都以废渣、废气的形式被排放到环境中去了。

因此，在城市生产的产品、生产工艺中大力利用生物资源，包括植物、微生物可以降低不可更新资源的利用，从而有利于城市生态环境质量。

从能量角度看，生物资源可以转化为生物能。而生物能是由太阳能转换而来的，它蕴藏在植物、动物和微生物等有机体中。生物质作为能源利用，在转换系统的每一环节都可为人类造福，具有全程良性循环的特征，为任何其他能源所不及。同时，世界生物质能源、资源又极其丰富。每年全球光合作用可产生生物质$1\,200\times10^8$t，其所含能量为目前全世界能耗总量的5倍。因此，世界各国都正竞相开发深度利用高效生物能的转换技术，使之成为具有广泛用途的热能、电能和动力用燃料。高效生物能燃烧炉已商品化生产。利用生物质在厌氧条件下消化产生沼气的技术也迅速推广，它可带来极好的经济效益：产出的沼气可作为热源或用于发电。沼气以有机垃圾为原料，有利于治理环境；沼渣、沼液又是优良的速效肥料。将生物质液化，还可制取液体燃料用于动力机。目前世界上已有50万辆天然气汽车（意大利、新西兰）、800万辆乙醇汽车（巴西）都是以生物能为动力的。此外，选育高光效能源植物也是开发生物质能的重要途径。据1993年德国科学家研究发现，中国芦苇是含有四个碳原子的C_4植物，其吸收太阳能的能力远远超过德国本土的C_3芦苇，有可能被开发利用成为一种很有发展前途的生物能源。巴西的香胶树和美国人工种植的黄鼠草等植物能分泌与石油成分相似的物质，被称为“种植石油”。

3. 物质循环与再生

从生态学角度看，一个处于良性循环的生态系统，其营养物质的多重利用与循环再生是系统长期正常运转并不断发展的基本保证。

现在人类生态系统中物质流的实际状况，一方面，大量物质元素以生产资料的形式源源涌入；另一方面，它们又被凝固在未分解的废弃物之中，或成为污染物质危害环境。其结果是正常的物质循环被破坏，造成物质循环不完全以至无循环。这种状况如果继续下去，随着社会生产、消费水平的不断提高，不可更新资源枯竭的逼近和环境污染的进一步加剧就难以避免。不仅如此，由于污染物质的扩散还使水资源、土壤资源和生物资源深受其害，可更新资源也正在变得愈来愈紧缺了。

然而，也应认识到，物质循环利用（再生）具有内在的必然性。其一是人类已认识到日益升温的高消费水平以及“用过即扔”的消费方式已造成不可更新资源的日益枯竭，长此以往，人类将面临无资源可用的境地，同时又伴随着大量“垃圾”。如发达国家的国民对物品只是由于式样陈旧、不合潮流而被扔掉，许多物品由于部分损坏即不加修理而被扔掉。这样，大量垃圾就成为高消费的伴生物，如美国每年就要把 480 亿个罐头、260 亿个玻璃瓶、650 亿个金属盖头和 700 万辆汽车扔入垃圾堆。其二是因为以生产资源形式进入物质流的不可更新资源，经过生产-消费过程的消耗后最终产生的“废弃物”，就其物质的化学构成来说其实是没有一件被真正消耗了的。它们只是被“用过”而已，“废”实不废。它们虽然不可能重新变成自然矿藏，却完全可以经过化学的、物理的、生物学的处理，重新变成有用之物，供人们再次利用，如此循环不已。这样形成的物质循环，显然将不仅大大延长地球上不可更新资源的使用寿命，而且将环境污染大为减轻。

因此，其目的在于不断地将生产-消费过程中仅被“用过”而实际未被消耗的物质重新投入生产-消费过程供再利用的废弃物回收利用，对提高物质流的循环率、减少自然资源消耗和减轻环境污染无疑能产生最直接的作用。1950—1960 年代，这项工作曾在我国被形象地称做“化废为宝”，受到大力提倡。如今，它在我国虽趋于冷落，但在一些发达国家则大有方兴未艾之势，并取得了愈来愈明显的效益。如现在世界铜产量的 30%来自回收的废铜，英国铝产量的 50%～60%来自回收的废铝，美国铝业公司 1970 年一年中就回收铝罐头 1.15 亿个。同时，废钢铁、废纸、碎玻璃等的回收利用量也与日俱增。废弃物回收不仅为工业生产提供了可以重复利用的原材料，被称为“第二资源”，而且有利于减少能源消耗和减轻污染。据计算，用 1t 废钢铁炼钢 800～900kg，可少耗铁矿石 3～4t，焦炭和石灰石 1.5t，电 285kW·h；用 1t 废纸造纸 800kg，可少耗木材 $3m^3$，煤 500kg，电 500kW·h；用 1t 碎玻璃制玻璃，可少耗石英石 1.5t，煤 1t，电 400kW·h，烧碱 250kg，并可大大降低废水、废气和烟尘的排放量。

当然，实现废弃物的回收利用首先必须取得广大生产者和消费者的配合，同时要解决好许多技术困难。在这一方面，各种有关措施也正在不断涌现。如日本，许多中小学开设“垃圾课”，专门教育孩子们从小养成不乱扔垃圾和合理利用垃圾的习惯。在巴西，有的学校对于背着书包同时随带袋装废品交给学校的学生，免费供给午餐中的副食，以此提高回交废弃物的积极性。家庭垃圾未经分类难以处理、利用。为了解决这个问题，日本的县、市政府向居民提供分类容器，居民则按统一规定，分类装盛。德国甚至对环境中的水流，如工业废水、灭火时用过的水，以及房顶和路面的雨水，也要分类处理。据说在有的国家，城市建筑设计师们还在考虑修筑运送垃圾的地下隧道，以便使固体废弃物也能同污水一样被及时排送到指定地点。这些措施的进一步推广、实施，显然将大大有利于废弃物的回收利用。

城市是人、资源、环境三者复合而成的因素众多、结构复杂、功能综合的人工生态系统，其多因素、多功能的特征相当程度上决定了在一个高效有序的城市生态系统内，一方面不存在绝对纯粹的“资源”和“废物”。另一方面，这一高效有序的系统内各层次、各组分之间排列有序、各显其能、各得其所；部门与行业之间，互惠互利的共生共荣关系特别发达；城市市区与郊区之间，既有分工又有协作的互补关系特别明显，物质和能量按有序的分层分级合理、循环往复充分利用，既节约了资源、能源，还节省了劳动投入和运输费用。

4. 共生结构的设计

共生结构构造和设计的目的是最大限度地利用城市生态系统中已开采的自然资源（包括可更新资源和不可更新资源）。从行业间而言，要通过各行业综合利用资源，互相利用产品和废弃物，尽最大限度使城市各工业部门形成原料→产品→废弃物（原料）→产品→废弃物（原料）的首尾相接的统一体（图 7-2）。

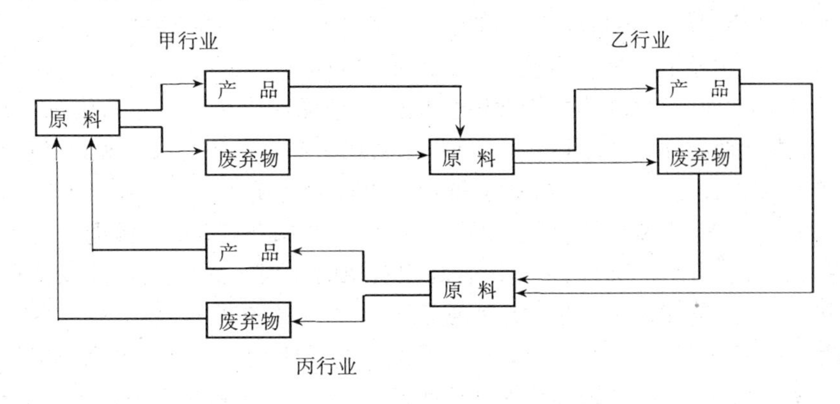

图 7-2　行业之间的共生结构示意

一些从事大城市开发规划的专家提出设想，在城市建立以彼此的副产品为原料进行生产的共生工厂，从而达到消除污染的目的。这个设想是一个由不同企业构成的整体网络，每一家企业都可以有效地利用另一家企业的副产品进行生产。如将一家企业改造成一座以太阳为动力的“水晶宫”，并有污水处理装置；与之相邻的是一家利用“水晶宫”经过处理的循环水进行生产的肥皂厂；与肥皂厂相邻的是一家再利用肥皂厂的副产品进行生产的工厂；从而达到消除废物和污染的目的，污染的排放将不只是被控制在可接受的水平，而是将被彻底消除，即达到所谓“零排放”。

现在，应当通过“接通循环”的办法消除废物。这就要求工业界对更多的资源与原料作循环利用，使副产品减少到最低限制。在丹麦的凯隆堡生态工业园，各个企业相互利用对方的废弃物作为自己生产原料，使有限的资源得以最大限度的利用，展现了一幅令人振奋的工业场景。在那里，发电厂所用的燃料是炼油厂排出的废气；炼油厂和园内其他公司则分享发电厂排出的热水；仅此一项就节约了 25% 的水资源。而且发电厂的废渣又被水泥厂用作原料，排出的热水还可用于养鱼及供居民取暖。

从地域上看，城市市区与郊区是相邻地域，在空间上两者相互依托、相互渗透；在功能发挥方面,城市市区与郊区承担着不同的经济、社会、生态功能,但两者之间又有着千丝万缕的联系,呈现出互惠互助的状态:郊区的农村经济、社会的发展依赖市区,而郊区的生物生产能力和环境容量则是市区各项功能得以正常发挥作用的基础条件之一。因此,城市市区与郊区已经具备了一个统一的生态系统的特征,可以对其进行统一的调控。

从结构关系上看,为了强化城市市区与郊区的共生结构,充分发挥郊区的生物生产能力和提高其对城市市区各项活动提供支撑作用的环境容量的水平,亟有必要在城市郊区推行生态农业。

生态农业是因地制宜,应用生物共生和物质循环再生原理及现代科学技术手段,结合系统工程方法而设计实施的农业生产体系。生态农业的基本特征为:① 整体综合性;② 循环再生性;③ 持续稳定性;④ 高产高效性。

畜禽加工厂的下脚、农田的残茬、家庭的残羹菜皮和人畜排泄物等这些在自然经济条件下都曾是肥料或饲料的重要来源,后来则由于化肥和配合饲料等的发展而常被抛弃不用。但也有一些国家始终重视它们的传统价值。如荷兰在过去 40 年里至少把 30% 的城市有机废弃物以堆肥形式送回到了土地。我国浙江省永康县原来城市垃圾找不到出路,一直是一个令人头痛的社会问题。1985 年以后,他们将垃圾中的有机废物经发酵后用作柑桔田里的堆肥,大大提高了柑桔的产量和质量。如今那里的城市垃圾已变成了供不应求的抢手货。

从生产工艺方面,共生结构的构建还应积极采用无污染工艺。无污染工艺是在工业生产中,采用无毒或低毒原材料以取代有毒原材料,或采取新的生产技术和设备以消除或控制污染物的产生和排放的工艺。正在研究和采用的有下列途径:① 改革旧工艺,消除污染环节。如电渗析法制碱、无氰电镀、干法印花布、酶法脱毛制革等;② 资源能源的综合利用,建立"闭合循环"工艺。闭合循环工艺是综合利用资源的典型作法,它把两个或多个流程合并,组成一个闭合体系,使流程中产生的废水或副产品成为该流程的原料,不排污或少排污;③ 更新产品性质,消除污染源。采用先进的科学技术生产无污染的新型产品,如设计合成仿生农药以减少有毒农药污染,合成能为生物降解的新型塑料,以解决日益增多的塑料垃圾污染问题,合成新型的容易生物降解的洗涤剂来替代难以被生物降解的烷基苯磺酸盐型洗涤剂等。更新产品性质以杜绝污染源的形成,将是未来的无污染工业设计的主要方向。

共生结构的构建还在相当程度上依赖于对废弃物综合利用的政策上。因没有对废弃物的综合利用,便不能真正构成共生结构。如我国运用各种手段(主要是经济手段)对开展三废资源综合利用的单位给予奖励。自 1973 年以来,为鼓励合理利用资源,变废为宝,我国制定了一系列奖励综合利用的政策。对利用的废物资源,一般免费供应,经过加工处理的废物,只收取加工费,供需单位建立固定的协作关系;对微利亏损的综合利用产品,给以减税免税照顾;对综合利用项目的贷款,给以优惠利率;对综合利用产品,实行单独核算,其盈利在一定时间内不上交,可以继续用于治理污染或者三废综合利用等。

(二) 共生关系的规划与协调

就是运用系统科学方法、计算机工具和专家的经验知识,对城市生态系统的结构与功能、优势与劣势、问题与潜力等进行辨识、模拟和调控,为城市规划、建设和管理提供决策支持的一种软科学研究过程。其目标是调整、改革城市管理体制,增加和完善城市共生功能并改善城市决策手段,建立灵敏有效的决策支持系统。

我国学者秦大唐、赵彤润进行了北京城市生态系统仿真模型研究(《环境保护科学技术新进展》,中国建筑工业出版,1993),该模型能够模拟北京城市生态系统整体的动态行为,并具有仿真与预测的功能,为探讨北京城市生态系统内部各子系统之间的相互反馈关系、探讨其整体的动态行为及趋势提供了可靠的保证,也为城市生态调控打下了坚实的方法论基础,以下择要介绍。

1. 方法的选择——系统动力学

城市生态系统是一个典型的人工生态系统,是人类在对自然环境适应、加工、改造过程中建立起来的特殊生态系统,与其他生态系统相比其多样性最高,受人工干涉最强烈。城市生态系统作为一个系统,在系统学上有如下的特点:

(1) 边界模糊、因素众多;

(2) 具有多重反馈环;

(3) 属于非线性系统;

(4) 各元素之间具有复杂的相互依赖关系;

(5) 原因与结果在时间和空间上常常是分离的;

(6) 具有反直观性;

(7) 对外界干扰的反应常呈顽固的迟钝性。

这就使得城市生态系统成为结构复杂、功能综合的庞大系统。由于城市生态系统的这些特点,使得城市生态系统的研究在方法和理论上都很困难。要认识城市生态系统的全貌,了解其发展变化的趋势,仅凭人的直观感觉是不行的,用传统的数学方法也难以做到这一点。首先是数学模型难以建立;其次是,即使能够建立数学模型,也会因其高维高阶而难以求解。而用系统动力学建立起来的仿真模型却为解决这类问题提供了有效的手段,它着眼于从整体上把握其发展的趋势,具有解决复杂系统宏观问题的能力。

系统动力学(System Dynamic 简称 S.D.)认为系统都具有一种有规律的并且是可识别的结构,它决定了系统的行为,系统动力学则是寻求和表达这种结构的方法。它从抽象的数学假设中解脱出来,不依据理想的情况,而以现实存在的系统为前提,依据可能的信息,不强求最佳解,而是追求改善系统行为的机会。它的特点是动态、反馈、整体性。

2. 城市生态系统仿真模型的建立

利用 S.D.建立北京城市生态系统仿真模型的过程是对实际系统识别、筛选、组织、再认识的多次反复的过程,其工作程序图见图 7-3。这个工作程序图的主要目的是清楚地解答实际系统中的问题。它的一个特点是存在着众多的信息反馈,可对模型不断地进行调整,使之符合实际情况。

(1) 模型的边界:模型的行为取决于边界内的因素,模型的边界取决于两个方面:

① 地域边界,北京规划市区 750km^2。

② 问题边界,以城市居民的活动对城市生态质量的影响为研究的内容。

研究的焦点主要集中在北京规划市区内的人口、经济、资源、环境之间的相互关系。其中环境污染是一个突出的问题,同时也考虑了北京的政治文化中心的性质。

(2) 变量的选择:这是能否建立一个符合实际情况的模型的关键一步,这不仅要求建模者对所研究的对象有深刻的了解,有相当的专业基础,而且要和这方面的专家进行合作。因此,本研究在确定变量集和选择指标时,采用了专家调查法(Delphi 法),聘请了 49 位专家,经过两轮调查,确定了变量集,共分为 6 个子系统:城市人口、城市用地、工业、城市服务业、政治文化事业和环境污染。经过调查,同时也认定:

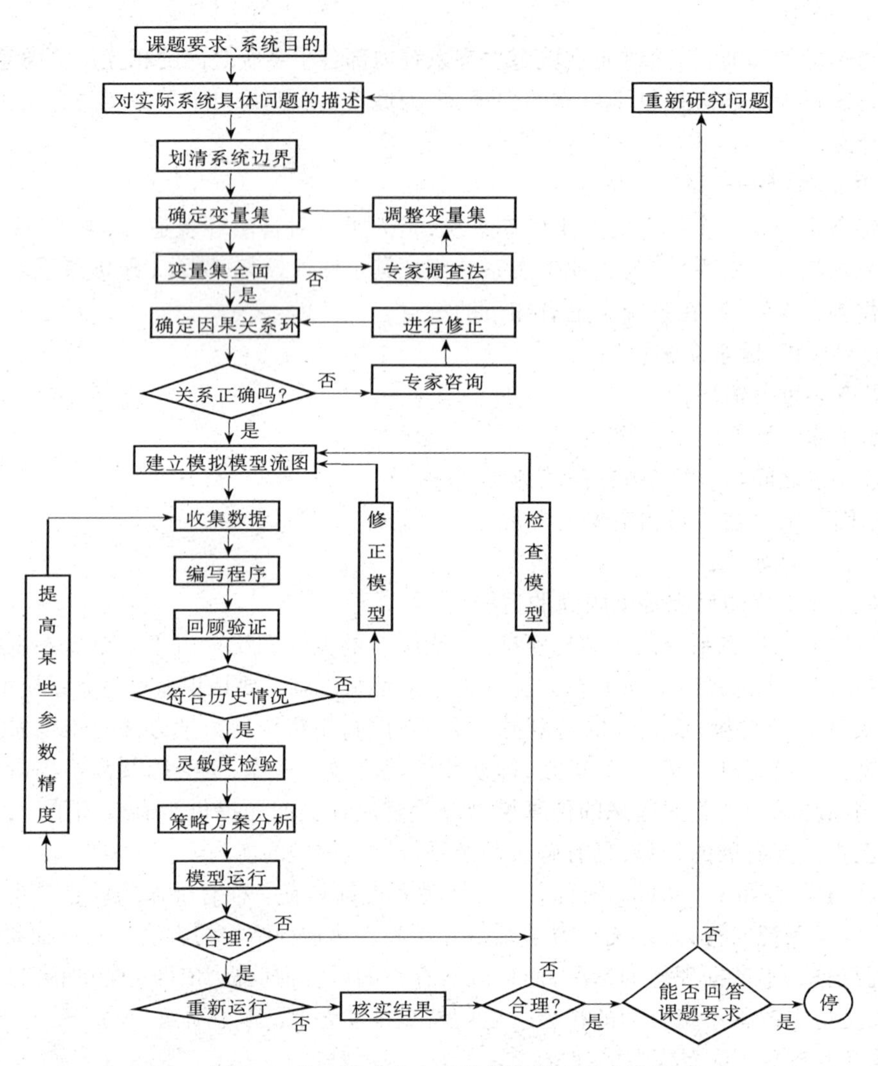

图 7-3　北京城市生态系统仿真模型建立程序图

① 污染是反映城市生态质量好坏的一个主要指标;

② 人口、工业、城市占地作为表征城市规模的状态变量;

③ 政府机关、科研、大学的就业人数与城市服务就业人数,作为表征城市性质的状态变量;

④ 土地、水和能源是城市存在及发展的主要物质基础,贯穿于上述 6 个状态变量组。

北京城市生态系统中各子系统间的相互作用被称为因果关系。在确定因果关系图时,采用专家咨询法加以辅助,经过几次反复,最后确定了因果关系图(见图 7-4),共有 50 个反馈环,包括 24 个正环和 26 个负环。

在以上工作的基础上,最后确定了北京城市生态系统的仿真模型流图,其中共有 184 个变量、351 个方程。

仿真模型的计算机程序用 DYNAMO 编写,计算在 IBM-PC 机上进行。

3. 历史回顾验证

模型必须验证其与实际系统接近的程度,所以回顾验证是必要的。

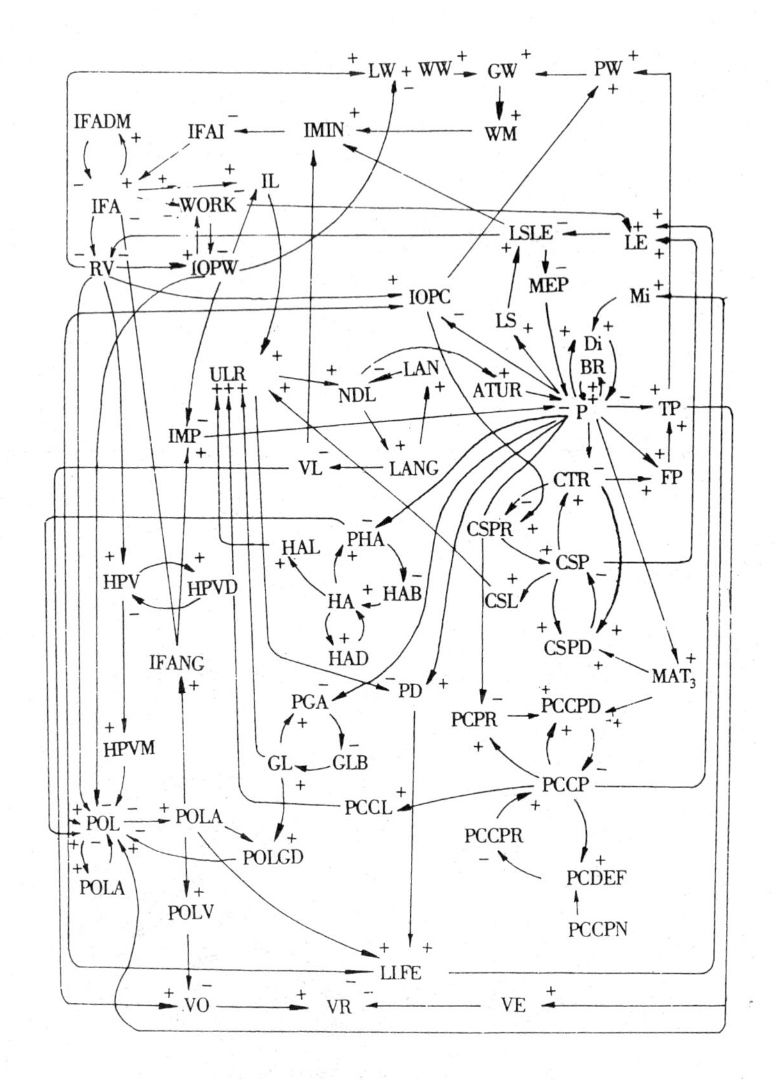

图 7-4　北京城市生态系统仿真模型因果关系图

应用模型对北京 1959～1980 年的情况作了验证，来检验这样建立的模型能否代表实际情况，并选取有长期记录的、数据较齐全的人口、城市用地和工业产值相对照。计算结果与历史数据的变化趋势基本一致，见图 7-5。

这说明所建的模型可以较好地代表北京城市生态系统的实际情况，因此可用该模型模拟北京城市生态系统的动态变化，预测北京城市生态系统的未来。

4．灵敏度分析

灵敏度分析是整个工作的重要一环，要使模型在应用时更好地接近实际系统，还有两个问题需要解决：① 模型变量参数选择是否切合实际；② 在进行策略分析和环境规划时应当注意哪些变量的变动。一个仿真模型的变量很多，在未来的发展中每个变量可变化的参数也很多，把考查的重点放在哪里？这就是灵敏度分析所要回答的问题。对灵敏度分析的方法，一般是随机选择法，即随机挑选一些参数，将其可能的变化加在模型上，并将其结果进行比较，这种方法并不全面，所以这里提出一个新的灵敏度分析方法——两阶段法。

第一阶段：选择对系统影响较大的因素。首先把模型中的有关变量分为主动集和被动集并提出一个“影响-响应矩阵”作为筛选工具,其形式如表 7-11。

表 7-11　　影响-响应矩阵

被动集因素 / 主动集因素	1,2,…,m	影　响　值
1, 2, ⋮, n	变化幅度值	
响　应　值		

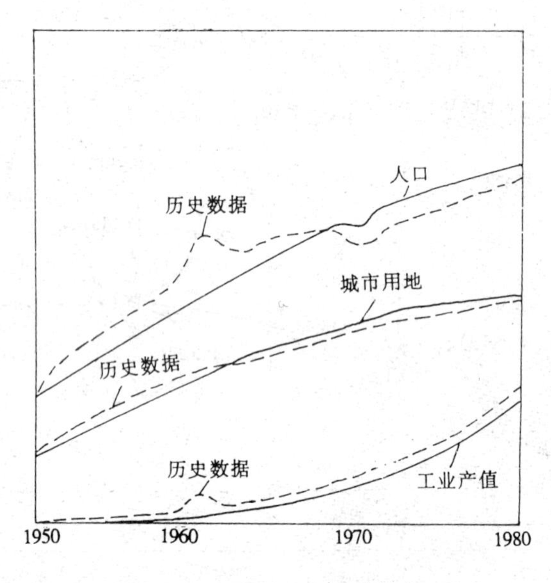

图 7-5　回顾验证与历史数据对照

当主动集的每一因素发生变化时,被动集中所有的因素都会发生相应的变化,这样就把筛选“对整个系统影响较大参数”转化为寻找“对被动集影响较大的参数”,并可在计算机上实现。在本模型中,主动集选取了 38 个因素,被动集选择了 19 个因素,主动集中每一个因素的变化范围相当于其本身数值的 ± 10%,这样共有 75 次变化,而每一次变化都会引起被动集中 19 个因素发生相应的变化,这样共得到 1425 条曲线,从每条曲线都可以得到一个“变化幅度值”,然后得到影响值和响应值,经比较,“影响值”较大的前 8 个主动集变量有:工业迁出、污染对死亡的影响、工业折旧、工业投资、城市服务业占地、污染对绿地的危害、污染吸收时间、轻重工业比例。最敏感的被动变量是污染。

第二阶段:用正交设计和方差分析方法对这些因素作进一步的分析,最后找出敏感因素。通过分析可以看出:① 工业部分,特别是工业投资、工业迁出等是敏感性因素;② 污染部分是最容易受影响的。

5. 模型的应用研究

这个模型为进一步认识北京城市生态系统提供了一个实验室,利用这个实验室可对北京城市的未来进行研究和分析。研究利用了这个 S.D.模型研究了北京城市生态系统的动态变化特点、敏感因素在城市生态系统动态变化中的作用,分析了北京总体规划和"七五"计划中的一些策略对北京生态系统的动态影响的趋势,一共设计了18个策略方案,运行后得到了18个方案结果,对上述结果进行综合分析,可得出如下主要结论:

(1) 北京城市生态系统总趋势仍是增长,无论人口、工业产值、城市占地、还是环境污染都处在增长阶段。在这种情况下,提高城市生态质量的关键是消除污染,增加城市绿地,使北京城市生态系统向良性方面发展,见图7-6。

(2) 敏感因素对城市生态系统动态变化的影响有如下几种情况:

① 能源结构与环境污染:降低能源消耗中煤的比例,是改善城市环境的重要手段。在治理污染投资不变的情况下,如果2000年时煤占总能源的比例下降到50%,北京规划市区的污染将很快得到控制,污染水平在2000年时仅为1980年的79%。

② 治理污染投资与环境质量:增加人工治理污染的能力,是改善城市环境的必要手段,目前北京市区治理污染的投资大约占工业产值的0.5%,治理投资增加到工业产值的1%和1.5%时,环境状况都会有较大的改善,见图7-7。

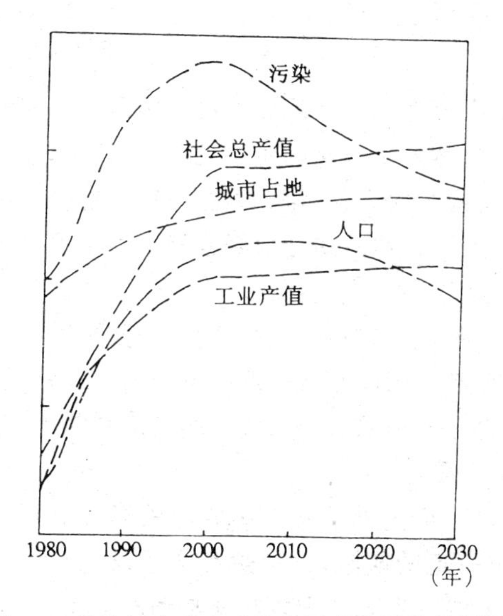

图7-6 北京城市生态系统各要素发展趋势预测

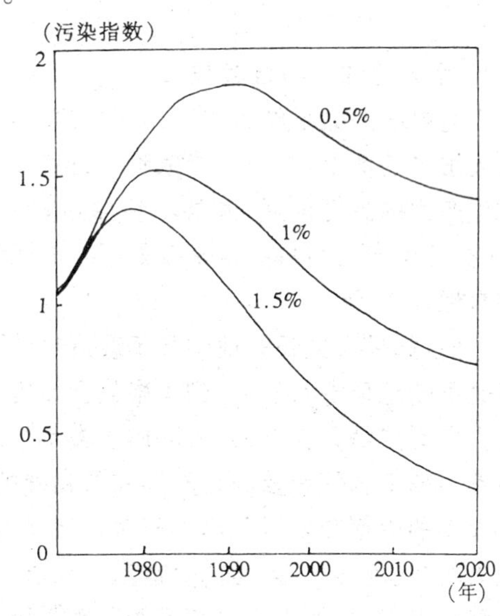

图7-7 治理污染投资与环境质量关系

③ 出生率和工业投资:两者属于刺激城市规模扩大的因素,它们的增加将使城市人口、城市占地、工业规模和污染增加,降低了城市生态质量。工业迁出和人口迁出属于限制城市规模扩大的因素,它可以减少城市占地和城市人口,调整城市布局,降低环境污染。虽然工业迁出对工业产值的增长稍有影响,但城市生态质量还是有较大的改善,因此,这也是一个积极的措施。

(3) 策略方案的结论性分析

① 人口、工业产值、资源消耗及环境污染在今后一二十年内仍保持增长的趋势,任何策略只能改变增长的速度和时间,虽然实行了独生子女政策和限制在规划市区的工业投资,但也只能在下世纪20年代才能控制住环境污染。

② 解决北京规划市区的环境污染,提高城市生态质量,除限制工业投资和控制人口外,还应从城市生态系统内部结构和能源资源利用上找措施、降低万元产值用水量,增加治污能

力等。

③ 北京市区的工业产值受土地、水资源及环境污染的限制，其发展速度将逐渐放慢，但仍是整个北京工业的核心，工业产值仍将占全市工业产值50%以上。

④ 北京目前实施的人口政策是较严格的，再进一步提高独生子女率、减少机械人口的增长，都有困难，故加强北京郊区的建设，调整人口布局是一个值得考虑的办法。

（三）生态意识的普及与提高

生态意识的普及与提高其目的是在管理部门和城市居民中普及和提高生态意识，提倡“生态哲学”和“生态美学”，克服决策、管理、经营中的各种随意性，从根本上提高城市生态系统自我组织、自我调节能力。

生态意识从一般意义上而言，是指对生态知识及生态系统正常运转意义等的认知和维护心理，包括认识生态规律，维护生态平衡、抵制生态破坏等。

然而，有必要从更深层次以及更广范围认识生态意识的内涵，将其放到人类社会及包括城市在内的人类聚居地的可持续发展的高度来认识。从这个意义上看，生态意识应有如下涵义。

1. 生态化的人与自然观

人与自然的关系经历了屈服于自然—意欲主宰自然的两大阶段。第一阶段中由于生产力发展水平的低下，人类只能依附于自然而生存，自然界是人类的主宰；而在第二阶段，由于人类生产力的高度发展，人类不断加强其开发，改造及向自然界索取的力度。在这一过程中，人类的生产力与科技水平获得了空前的发展，人与自然关系已由受自然主宰变成了人类主宰自然。

然而，如果人类长久地陶醉于改造自然界的胜利，在不断地开发、“主宰”自然界的过程中只会不断地损害自然界，到头来只会损害人类自己。因此必须强调生态化的人与自然观，即将人类看成是大自然的一部分，人类不但有对自然界索取、开发、改造的权力和能力，更有对自然界的根本依赖及与自然界和谐相处的根本必要性。

人类的生存和发展是离不开对自然界的改造的，但这并不总会损害自然界。大自然是有很大的“气度”的。人类的改造活动只要不超过一定的阈限，大自然都会予以宽容。因为在这种情况下，自然界遭损害了的平衡是可以恢复的。生态平衡本来就是动态平衡，人类可以在不断改善自己的生存条件的同时，又保持大自然固有的丰度和活力，从而达到人类与自然界的和谐相处。问题是人类要自觉地防止让自己的活动超过这种阈限。而这就需要人在把自然界当作改造的对象的同时，不忘自己又是自然界的一员，不忘大自然始终是养育自己的母亲。显然，有了这种悟性，人类才能从原来对自然界的主宰意识中摆脱出来，从恣意掠夺、糟蹋自然界的任性中摆脱出来，使自己的行为表现出应有的明智和适度。

2. 生态化的科学价值观

迄今为止，人们总是把是否有利于发展经济、增长物质财富，以满足人类自身的需要当作判断科学的是与非、合理与背理、进步与落后的价值标准。应该看到，这种观念如果排除了对自然界、对我们所居住的这个星球的关心和爱护，那将是十分狭隘、短视的人类利己主义。这种利己主义，归根到底只能给人类带来损害而不能带来利益。因此，应当大力提倡一种崭新的科学观，即任何一种科学技术的价值，不仅要视其能否促进经济发展，而且更要视其是否有利生态平衡，从而摆脱人类利己主义的局限。这将是科学技术发展史上划时代的大突破，传统科学观念的大转变。

3. 生态化的经济观

首先是过去忽视生态后果的经济增长观将发生大的变革。现在国内外不少经济学家已经对过去半个世纪中世界各国采用的国民生产总值(GNP)和人均国民生产总值的经济标准提出了异议，认为这种反映国民经济的主要标准并不科学，是经济繁荣的不适当的量度。因为一个国家可以不合理地消耗掉它的矿业资源和森林资源，污染它的蓄水层和过量地猎杀它的野生动物以至竭泽而渔，却并不影响它计算出来的国民生产总值。为此，联合国统计办公室已提出了一种同时将环境质量和资源因素考虑进去的反映国民经济水平的国际标准系统。它在计算时要求将自然资本消耗和环境退化等造成的经济损失从正常的国民生产总值中扣除，从而得出经济生态学的校正的净国民生产总值(NDP)，这也是一个很重要的突破。据 1989 年世界银行的研究，采用新的计算标准校正后，巴布亚新几内亚的净国民生产总值比原计算的国民生产总值降低了 10%，而墨西哥则降低了 12%。另据世界资源研究所和印度尼西亚政府合作进行的研究结果，印尼原来计算的国民生产总值为每年增长 7.1%，但考虑了自然资源消耗后，这一数字下降到 4%。如将天然气、煤和矿物也包括进去的话，真实的收入还要进一步向下修正。

其次，在与自然环境协调的基础上，谋求经济的持续发展，将成为发展经济的基本指导思想。事实上，只有与自然环境取得协调，人类才能不断取得经济发展所必需的资源，而同时又不损害下一代乃至下几代人发展的条件。

4. 生态化的绿色价值观

绿色，如今已成为良好的生态环境的象征，人们已经开始有了这样一种生态意识：即把保护地球上的绿色植物，看作是保护人类生存环境的头等重要课题。

本来，绿色植物通过光合作用而固定太阳能和合成有机物质的初级生产过程，乃是我们这个世界上一切生命活动所需能量和物质的最初始来源。因此，保护绿色植物，其实就是保护生命之源。这个道理，是十分简单明白的。现在的问题是，无论历史或现实状况都表明，世界上的绿色正在迅速地消褪，生态系统中的初级生产在急剧地萎缩。是人类厌恶绿色，或是在有意自毁生命之源吗？当然不是。真正的原因存在于人类的经济活动之中。曾经长期居住在原始丛林的人类祖先可能对绿色植物有本能的爱好，这是符合生态学规律的爱好。如今这种本能的爱好在人类发展经济的需要面前已经退避三舍了。许多人反而认为，为了发展经济而牺牲绿色植物，是合乎人类利益的，无可非议的。

正是因为这种似是而非的认识，导致了许多似智实愚的行为。例如，为了取得建筑、工业原料用木材而滥伐林木；为了扩大城市、道路而侵占绿地；为了发展农业而毁坏森林、草原等等，都对绿色植物的初级生产力造成了极大的损害。而其中影响最大的，则当推毁林、毁牧(草)开荒和以“经济开发”的名义侵占耕地。前者是自古已然，至今尚未绝迹；后者目前则正方兴未艾，在世界许多地方，特别是发展中国家中，已成为一些人致富的热门方法。

毁林、毁牧开荒的理由是明显的。因为开荒种地，可直接地为人类提供主要的食物来源，而林地和草地却不能。因此这种现象的产生，在农业生产手段落后，无法通过提高单位面积的农作物产量，而只能靠扩大耕地面积来满足人类需要的时代，可说是不可避免的。因为高山、荒漠、冻土上无法发展农业，地球上可供农作物生长的土地有限，人们不得不把原来已有植被生长的土地开垦成为耕地，来为不断增长的人口生产更多的食物。但是，这种做法必须控制在一定限度之内，因为它的后果是森林、草原的消失。如果超越一定的限度，容许毁林、毁草行为任意发展，人类必将得不偿失。

有人认为，开荒种地，生长的也是绿色植物，而且是更加符合人类需要的绿色植物，进行的也是生态系统中的初级生产，而且是效率更高的初级生产，因此所得不可能小于所失，至少得失是可以相当的。这种看法，是把森林和草原在绿色植物中的地位，以及它们在生物圈中的作用大大低估了。

应该看到，人们在耕地上种植的各种农作物，在地球绿色植物中所占的比例其实是很小的。据统计，全球绿色植物生产的干物质中，2/3 来自陆地生态系统，1/3 来自水域。陆地生态系统又主要包括森林、草原和农田三大生态系统，它们每年提供的初级生产量(干物质)分别为：

森林生态系统	58×10^9t
草原生态系统	24.5×10^9t
农田生态系统	10.5×10^9t

可见，森林和草原才是产量最高的初级生产者。同时还应看到，农田是一种人工生态系统，生物组成成分比较单纯，其稳定性远逊于作为自然生态系统的森林和草原。因此，从生态学的观点看，重视绿色植物的初级生产，就必须在重视发展农业的同时，十分重视保护和发展森林、草原。否则，生态系统中初级生产量的最大来源萎缩了，一切直接、间接赖此为生的生物也就必然随之而渐渐失去其生命之源。这时，在一个万物俱枯、生机灭绝的世界里，人类难道能仅凭那一点点人工的绿洲生存下去吗?

而且还应看到，森林、草原所能提供的利益远不止此。

森林资源是陆地生态系统中分布最广、生物总量最大的植被类型，在生态平衡中占有举足轻重的地位。森林资源的枯竭将影响生态系统中其他资源，特别是各种野生动植物资源的分布和组成，使它们加速失去栖身之地及物种消失的速度。森林是大气成分的天然调节者。森林、草原的大量消失会导致氧的减少和二氧化碳的增加。氧减少的结果是包括人类在内的一切动物的生命活动受到威胁。二氧化碳的增加则会促进地球的温室效应，提升气温，从而造成干旱的气候环境，同时也影响农业生产。

森林还对促进大气降水和保持土壤水分具有特别作用。森林植物在生长过程中伴随着十分强烈的水分蒸腾。其一生通过机体进行循环的水分重量可比机体重量大 300 ~ 1 000 倍。每公顷森林在生长季节内每天蒸腾到空气中的水分约达 20t，比同纬度海面的蒸发量还要大 50%。蒸腾使空气中的湿度增大，温度下降，从而易于成云致雨。因此森林的存在，往往是保持一个地区充沛降水量的重要因素。不仅如此，森林植物的林冠还可截留降水；林下的枯枝落叶层则可将降至地面的水吸收，从而涵养水源，供林木再蒸腾之用。因此，森林的消失实际上是在破坏这样的水循环，一方面使地表径流增大，从而造成洪水灾害；一方面使蒸腾减少，从而造成气候干旱。这显然既不利于人类生活，也不利于农业生产。

草原的功用也不只在于为畜牧业生产提供饲料来源(据计算，目前全世界许多地区反刍家畜需要的营养，95%以上来自饲草，其中大部分来自草原)，它作为生物圈的重要组成部分，同时也对保护生态平衡起着重要作用。草原一般处在雨量稀少、不宜生长森林和农作物的大陆性气候地区。草原植被具有较强的适应干旱环境的能力。它们覆盖在地面上，还可增加地面的粗糙度，减弱近地面作用于土壤的风力。许多草类的根可深达地下 1.5m 处，从而起到牢牢扎住土壤颗粒的作用。牧草残体败叶的堆积，还有利于增加土壤的有机质。因此，原野上的大片牧草，其实又是土壤和土壤肥力的保护者。而草原的破坏，则常是干旱地区土壤风蚀的主要原因。美国西部坡度为7.5%～10%的土地上每公顷每年平均风蚀的土壤，连年生长牧草时为0.3t，实行玉米连作时为19.7t，寸草不生的裸地则达41t。把草原开垦为农田，结果只能是既损害了畜牧业，又无助于发展农业，因为土壤多因风蚀而沙化了。

由此可见，认为无限制地以牺牲森林、草原为代价来发展农业，结果将得不偿失，这种说法并非言过其实。在历史上，近的如本世纪1960年代我国大规模毁林、毁牧开荒所带来的恶果，以及30年代美国西部的黑风暴和原苏联开垦中亚大草原的失败；远的，如巴比伦文明的沦亡和我国黄土高原的贫瘠化，都已提供了有力的例证。

至于为“经济开发”而侵占耕地、损害绿色植物生产的行为之所以在一些地方愈演愈烈，则除了这些地方现代化进程加速的客观背景外，人们价值观上的片面性和得失权衡的不当，也是一个重要原因。

现在，凡是现代化进程发展较快的地方，大多可以看到许多高楼大厦拔地而起，许多新工厂、新商店接踵开设，宽敞的现代公路迅速地取代了原来的小街小巷和羊肠小道。为了获得这些建设所需要的空间，在城市里，它们首先是挤占市区绿地。当城市中的容量达到饱和的时候，它们就向郊区发展，把原来种植农作物的耕地当作“开发”的对象。这种进程如今也在农村迅速发生。农村除了居民点之外，本来主要就是连片的耕地。因此新建筑、新产业在那里的兴起，更不能不靠“开发”耕地来取得立足之处。这样，城市、农村两方面“经济开发”的结果，耕地面积锐减也就成为一种必然趋势(见图7-8)。由此而获得的经济利益是十分诱人的。在原来只长庄稼的土地上设厂、开店、造高楼、筑公路，可以使人们获得十倍、百倍以至千倍、万倍的收益。显然，为了发展经济，促进一个地区、一个国家的现代化，进行适度的“经济开发”是必要的。但这里，十分重要的是适度，而决不能失控，放任自流，因为人们从此获得的经济利益，也是以牺牲绿色植物生产为代价的，这种代价，并不能简单地用货币来表示。

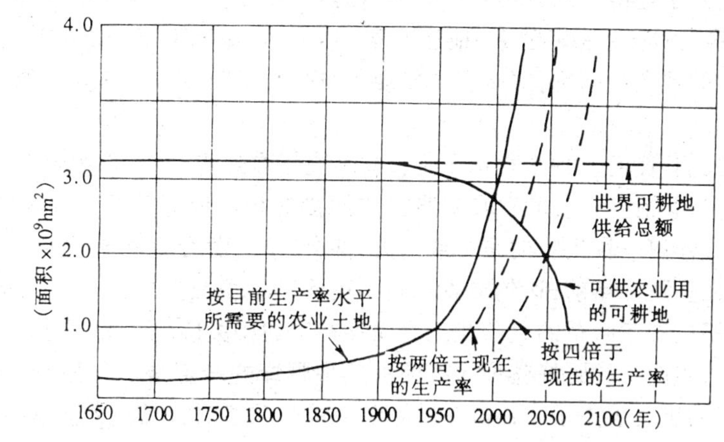

图7-8　世界可耕地的变化(引自陶永祥，1995)

在耕地上进行的农作物生产，也是生态系统中的初级生产。它与森林生产和草原生产的区别，在于它是人工化的绿色植物生产，是人类获得食物、从中摄取所需要能量和营养物质的最直接、最主要的来源。畜牧业的发展，也在很大程度上有赖于农作物生产提供的饲料。历史事实证明,只有农业发展了,食物供应充足了,人类社会中的其他经济事业和教育、文化事业才得以发展,社会才得以进步。正因为这样,农业的兴起被称为人类文明进步历程中的“第一次浪潮”,它是以后被称为“第二次浪潮”的工业革命,以及当前正掀起的“第三次浪潮”的前提。从现时代社会的经济结构看,农业也仍是国民经济的基础,被称为“第一产业”。如果没有这“第一产业”的发展,作为“第二产业”的工业,以及被归入“第三产业”的交通运输、商业、服务业、金融业和科学、文化、教育事业等的发展,也只能成为空中楼阁。农业的这种“第一性”意义,其实就是生态系统中绿色植物的初级生产功能在社会经济领域内的反映。人类在发展经济的过程中,如果只是着眼于“经济开发”所带来的眼前实惠,而无视由于牺牲农作物生产而造成的损失,这实质上是离开第一产业来谋求第二、第三产业的发展,离开生态系统中初级生产所提供的能量、物质,来谋求社会经济的繁荣,无异是舍本逐末。这样的发展可能会获得暂时的成功,但终究只能昙花一现。这方面的例子,如今也非鲜见了。

因此,现在摆在人类面前的课题是:在发展人工化的绿色植物生产——农业的同时,保护好自然界的绿色植物生产——森林草原;在发展工业和第三产业的同时,保证足够的农业产量。这会使人类面临两难,但人类只有迎接这种两难的挑战,才能使经济的发展不致危及生命之源。这就是生态化的绿色价值观的深层次含义。

5. 保护生态多样性

生物多样性问题,是1992年联合国环境与发展大会上的一个重要议题;《保护生物多样性公约》是经过最多的争议才终于获得150多个国家签署的一个重要文件。为什么这个问题要在这样的国际政治论坛上提出来,并要求全世界主要国家的首脑们达成共识并承担责任?为什么签约的过程又会有那样多的激烈争论?这一方面说明了保护生物多样性客观上确实已经成为有关人类生存与发展的紧迫课题,另一方面又说明人们在主观上对解决这个问题的必要性,原来并不抱有一致的看法。阻碍人们达成一致共识的,可以有许多理由,但最主要的,也还是出于经济上的“精明”打算:猎捕野生生物是可以获得巨大的经济利益的。生物多样性的保存,意味着许多国家、地区乃至不少个人唾手可得的经济利益的丢失。然而,如果用生态学的观点看问题,那么就会发现,这样的“精明”之中,其实也包含着十分的愚昧。

生态学告诉我们,任何一种生物都不是孤立存在于自然界,而是作为生态系统中食物链(网)构成的一员,与其他生物之间存在着直接或间接的相互依存关系。食物链(网)靠生物的多样性来维持。任何一种生物的减少或消失,都会“牵一发而动全身”,影响整个链(网)结构的完整性。早在一百多年前,达尔文就观察到英国某地畜牧业的发展与当地村镇居民家里家猫的数量及那里红三叶草的生长状况之间存在着的相关性。原来,家猫多了,田鼠就减少了;随之,一种名叫熊蜂的野蜂就增多。因为这种野蜂的蜂蜜是田鼠最爱吃的食物,田鼠少了,蜂巢被破坏的机会也少了。而红三叶草是靠熊蜂采密时传播花粉而繁殖的。这样,由于家猫—田鼠—熊蜂—红三叶草之间的食物链关系,保持一定数量的家猫,就成了保证红三叶草繁茂生长的重要条件。如果看不到这种关系,人们的眼睛只是盯着猫皮或猫肉的有限经济价值,因而大量捕杀家猫,结果必然是这个地区的畜牧业,由于红三叶草这种营养丰富的牧草的破坏而受到严重打击,岂非贪小而失大。

然而在今天的日常生活中,因看不到生物之间的食物链关系而破坏生物多样性的短视行为还是屡见不鲜的,甚至比以往有过之而无不及。人们为了获取贵重的毛皮而大肆猎捕狐狸、黄鼬、貉、猞猁甚至熊、虎等野生动物,为了大快朵颐而无所节制地活杀烹调青蛙、蛇类和各种"生猛海鲜"。许多珍禽被充当餐桌上的野味,熊掌被作为菜馆里的上等佳肴,虎骨则成了制作药酒的原料。这些行为无疑可以给人们带来很大的经济收入和口福享受,但如果考察每一种动物在生态食物链(网)中所处的地位及其与构成链(网)环节的其他动物的关系,那么不难想象这些行为的结果,将会由于一个物种的减少或消失而引起不利于人类的连锁反应。仅以农业生产来说,青蛙减少,则害虫增多;蛇类绝迹,则田鼠危害加剧,这是比较容易看到的后果。在某些地区,就是人们讨厌的狐狸,对它的过度捕杀也常会引起鼠类和害虫的滋生繁殖,因为狐狸原来也是许多鼠类和昆虫的天敌。可见,一部分人一时的得益,是以大量消灭害虫、害兽的天敌,从而危害一个地区的农业和人类生活为代价的。得益者到头来也因而会蒙受其害,这种行为似智而实愚。

有些人可能是从相反的动机出发,既不是为了谋利,而是为了除害而去捕杀野生动物的。例如为了保护畜牧业而去消灭肉食性猛兽等。对于这种看来似乎更加无可非议的行为,如从生态学的观点去审视一下所涉及动物的食物链(网),那么也会发现其实并非都具有合理性。在美洲草原上有过这样的事例:为了保护那里生长着的牛、羊、鹿群,人们大量捕杀了狼和山狗等食肉动物。开始时确实取了得预期的结果,牛、羊和鹿迅速增多了。但此后,食草动物的过度繁殖却造成了草原的退化,最后反而导致牛、羊、鹿群因食物不足而大批死亡。非洲草原上的狮子、老虎是十分凶残的食肉兽,常追捕鹿、马等为食,对之进行捕杀似乎可以有利于鹿、马等的繁殖。但由于狮、虎所能捕食的,多为鹿、马中的羸弱者,这种捕食行为对食草动物具有汰劣留良的作用,因此过度捕杀狮、虎的结果实际上是妨碍了优胜劣汰的自然选择法则,也只会使鹿、马的种群更趋衰弱,而不是更加优化。

类似的"好心办坏事",也可以在人们为保护庄稼、牧草而试图消灭野生植物时发生。卡逊在《寂静的春天》里描述了美国鼠尾草地带兴办大型牧场过程中出现的一件事:人们为了造成大片纯净、辽阔的草地而决心对那里生长的鼠尾草大张挞伐。鼠尾草是一种灌木,鼠尾草丛原是松鸡和尖角羚羊的栖息地,前者在那里筑巢育雏,后者在那里避寒越冬。同时鼠尾草营养丰富,除为野生动物提供食物来源外,也是绵羊在冬天的主要饲料。消灭鼠尾草的结果,是将与这种植物紧密联系着的整个食物链(网)撕裂了,不但松鸡和羚羊随同鼠尾草一起绝迹,就连人们饲养的绵羊,也由于冬天缺少饲料和没有避寒处所而只能挨饿受冻。有人估计,世界每失去一种植物,就会有20~30种与之相依存的动物随之而灭绝。由此也可以想象,某些有损生物多样性的"好心"行为,将会招致何等严重的后果。

损害生物多样性的行为,除了由于对不同生物在食物链(网)上的相生相克关系缺乏认识外,还同人们不能清楚地看到生物多样性对于保持生态系统稳定性的重要作用有关。

在农林业生产实践中,比较单纯的植物种类常可为生产经营者带来许多好处,如有利于生产的专业化,便于劳动操作管理,可以提高劳动生产率,等等。但与此同时,由于种植单一化而产生的一个严重问题却常被忽视,这就是生态系统的稳定性因此而减弱了。因为生态系统的稳定性是以生物种类的多样性为前提的。生态系统中的能量、物质流动有赖于以不同物种构成的食物链(网)作为渠道。物种多样,则渠道畅通,能量、物质的流动效率高。不同的渠道之间还可以互补,即使有的渠道破坏了,其他渠道也可代偿,这样就有利于使一时失去了的生态平衡得以迅速恢复,保持生态系统的稳定。反之,物种单一,则生态系统抗干扰的能力差,稳定性状态难以保持。

生物多样性导致生态系统稳定性的例子其实在自然界、在农、林生产中是普遍存在的,松毛虫可以使树种单一的马尾松林成片遭殃。但在树种结构复杂的森林里,食性专一的害虫却因难以找到集中的食物来源,一般不能造成大面积的危害;同时,树种多,栖息其中的鸟类等害虫的天敌种类也多,有利于控制害虫的过度繁殖。就是某些树种受到了较大的损伤,整个森林生态系统中的能量,物质流动也仍可因其他树种的代偿作用而不受影响。热带雨林之所以具有很强的抗灾能力和很高的稳定性,就是因为它兼有各种乔木、灌木、草类和相应的栖息动物,物种特别丰富、结构复杂的缘故。

除了上面所说的生态学意义外,保护生物多样性其实还同人类生活息息相关。

首先,农产品种类、产量、质量的改进离不开对生物多样性的保护。据现在所知,地球上可供食用的植物约达 8 万种,而已为人类大规模栽培的仅约 150 种,其中小麦、水稻、玉米等 20 多种植物的产量又占了世界粮食作物总产量的 90%。农作物以外的野生生物不但许多可供人类直接利用,而且是丰富的基因库,是育成农作物新品种的基础。如美国人曾从我国东北取得某野生大豆品种,将其与美国栽培的大豆杂交后,培育成的抗旱新品种,能在较贫脊、干旱的土地上栽培,从而扩大了种植面积,使美国很快取代我国成为世界上最大的大豆出口国。他们还利用从土耳其获得的一种小麦变种,育成了具有较强抗病能力的小麦新品种,为美国挽回了因小麦病害而造成的巨额经济损失。我国杂交稻的育成,使世界水稻生产发生了革命性变化,显然也是同一种花粉败育型野生稻的发现分不开的。

其次,生物多样化对于丰富人类健康所必需的药物资源,也至关重要。有资料表明,现在工业发达国家 40%的药物处方中含有来自天然产物或依据天然产物的化学原型合成的产物;发展中国家有 80%的人治病依赖来源于野生动植物的药物。曾经严重威胁人类生命的急性传染病疟疾,就是由于在南美洲发现了金鸡纳树,并从其树皮中提取到了奎宁,才使人类摆脱了这种疾病的可怕阴影。能提供重要药物的野生植物还有许多例子,如取自马拉巴嘉兰的秋水仙素,可用来消炎、治痛;取自长春花的长春花碱可用来降低血压;取自阿米芹属植物的黄皮毒素可治疗皮肤感染;取自麻黄的麻黄素,可治疗呼吸系统疾病等等。目前,癌症和艾滋病还被认为是不治之症,但现已发现不少野生植物能对付此类病。人们在开发植物性药物资源的过程中还发现,治疗高血压的利血平含量,从扎伊尔蛇树提到的要比乌干达蛇树提取到的高 10 倍。这说明同一物种的遗传变异对于丰富人类药物宝库也有重要意义。闻名世界的中医药是世界医学中的一枝奇葩,其魅力就来自各种各样的野生动植物和微生物的奇特药理作用。

此外,世界上许多工业原料来自植物和动物,因此生物多样性也是发展工业生产所必不可少的。美国哈佛大学的爱德华·威尔逊教授的一项研究表明,生命形式的多样性对人类是极端重要的。他说,各种昆虫和节肢动物的重要性已经达到了这种程度,即如果它们都灭绝了的话,人类只能存活几个月。

现在,保护生物多样化虽已成为一项国际公约,但破坏生物多样性的行为远未终止。因此,呼唤人们用生态学的智慧来理解这个问题的严重性和迫切性,用生态学理论规范自己的行为,仍是摆在人类面前的迫切任务。

本章小结:

城市生态建设是在对城市环境质量变异规律的深刻认识的基础上，有计划、有系统、有组织地安排城市人类今后相当长的一段时间内活动的强度、广度和深度的行为。城市生态建设的前提是对生态城市的概念、衡量标志等具有清晰的认识。城市生态建设的内容包括：确定人口适宜容量、研究土地利用适宜性程度、推进产业结构模式演进、建立市区与郊区复合生态系统、防治城市污染、保护城市生物、提高资源利用效率等。城市生态调控是与整个人居环境的生态调控紧密联系在一起的，应从生态工艺的设计与改造、共生关系的协调、生态意识的提高三方面着手。

问题讨论：

1. 何为生态城市？生态城市有哪些特征？
2. 何为城市生态建设？城市生态建设有哪些内容？
3. 何为城市生态调控？城市生态调控的原理有哪些？
4. 城市生态调控的途径与方法有哪些？其要点是什么？
5. 为何说城市调控是与人居环境的生态调控联系在一起的？

进一步阅读材料：

1. 金岚等．环境生态学．北京：高等教育出版社，1992
2. 蔡来兴等．上海：创建新的国际经济中心城市．上海：上海人民出版社，1995
3. 曲格平等．环境科学词典．上海：上海辞书出版社，1994
4. 北京市环境保护科学研究所．环境保护科学技术新进展．北京：中国建筑工业出版社，1993
5. 陶永祥等．生态与我们．上海：上海科技教育出版社，1995

第二篇　城市环境

第八章　环境概论

第一节　环境的基本概念

所谓环境，顾名思义是相对于某一中心事物而言，是作为某一中心事物的对立面和依存体而存在的。它因中心事物的不同而不同，随中心事物的变化而变化。与某一中心事物有关的周围事物，就是这个事物的环境。

环境科学所研究的环境，其中心是人类。因此，环境的定义为：围绕人类生存的各种外部条件或要素的总体。包括非生物要素和人类以外的所有生物体。

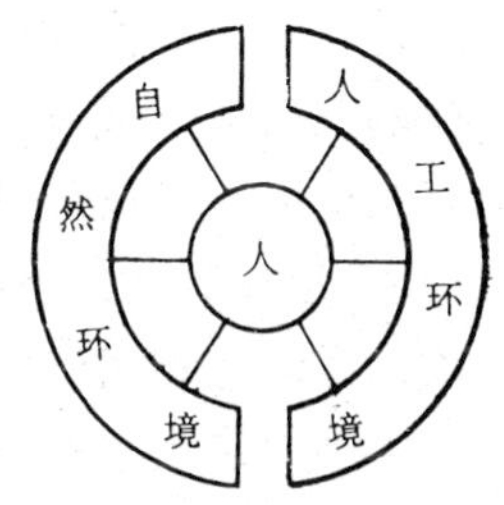

图 8-1　环境的构成

环境包括自然环境和人工环境两大类(图 8-1)，自然环境是人类出现之前就存在的，是人类目前赖以生存、生活和生产所必需的自然条件和自然资源的总称，是阳光、温度、气候、地磁、空气、水、岩石、土壤、动植物、微生物以及地壳的稳定性等等自然因素的总和，用一句话概括就是"直接或间接影响到人类的一切自然形成的物质、能量和自然现象的总体"(图 8-2)，简称为环境，它对人类的影响是根本性的。

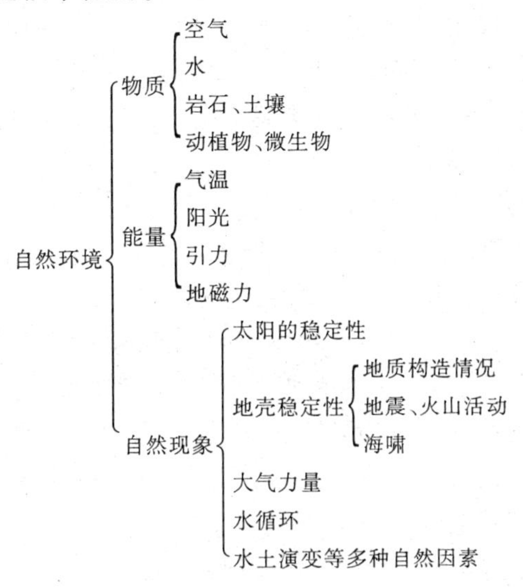

图 8-2　自然环境的构成

人工环境从狭义上是指人类根据生产、生活、科研、文化、医疗、娱乐等需要而创建的环境空间。如无尘车间、温室、密封舱、高压氧舱、人工气候室、各种建筑以及人工园林等。从广义上说，人工环境是指由于人类活动而形成的环境要素，它包括由人工形成的物质、能量和精神产品以及人类活动过程中所形成的人与人之间的关系(或称上层建筑)。

1989 年 12 月 26 日颁布施行的《中华人民共和国环境保护法》第一章第二条指出："本法

所称环境，是指：影响人类生存和发展的各种天然的和经过人工改造的自然因素的总体，包括大气、水、海洋、土地、矿藏、森林、草原、野生生物、自然遗迹、人文遗迹、自然保护区、风景名胜区、城市和乡村等。”

第二节 环境要素及其属性

环境要素，又称环境基质，是指构成人类环境整体的各个独立的、性质不同的而又服从整体演化规律的基本物质组分。理解环境要素，应将其看成是构成各类环境系统功能并参与环境系统行为的必要成分和条件。如在江、河、湖泊等地面水环境系统中，在一定的水文条件下形成的流动的天然水体，是构成其航运、水产养殖、灌溉、污染物自然净化、旅游等功能的主要成分或母体；在其中生存、繁殖的多种水生动植物和微生物等，既是构成水环境生态系统的必要成分，同时又是实现水产养殖、自然净化等水环境系统行为的必要条件。此外，一定日照条件下的光合作用、一定气候条件下的温度和风力等，又是保证水环境生态系统正常运行和实现上述水环境系统行为的外部环境条件。因此，日照、温度、风力和形成一定水动力作用的地形地貌等，尽管它们不是水环境系统内部要素，但却是参与水环境系统行为、实现其某些系统功能的必要条件。环境要素可分自然环境要素和人工环境要素。其中自然环境要素通常指水、大气、生物、阳光、岩石、土壤等。有的学者认为环境要素不包括阳光。因此环境要素并不同于自然环境因素。

环境要素组成环境结构单元，环境结构单元又组成环境整体或环境系统。例如，由水组成水体，全部水体总称为水圈；由大气组成大气层，整个大气层总称为大气圈；由生物体组成生物群落，全部生物群落构成生物圈，等等。

环境要素具有一些十分重要的特点和属性。它们不仅是制约各环境要素间互相联系，互相作用的基本关系，而且是认识环境、评价环境、改造环境的基本依据。环境要素的属性，可概括如下：

1. 最差(小)因子限制律。这是针对环境质量而言的。它由德国化学家J.V.李比希于1804年首先提出，20世纪初英国科学家布莱克曼所发展而趋于完善。该定律指出：“整体环境的质量，不能由环境诸要素的平均状态决定，而是受环境诸要素中那个与最优状态差距最大的要素所控制”。这就是说，环境质量的好坏取决于诸要素中处于“最低状态”的那个要素，不能用其余的处于优良状态的环境要素去代替，去弥补。因此，在改造自然和改进环境质量时，必须对环境诸要素的优劣状态进行数值分类，遵循由差到优的顺序，依次改造每个要素，使之均衡地达到最佳状态。

2. 等值性。指各个环境要素，无论它们本身在规模或数量上如何不相同，但只要是一个独立的要素，那么对于环境质量的限制作用并无质的差异。换言之，即各个环境要素对环境质量的限制，只有它们处于最差状态时，才具有等值性。

3. 整体性大于各个体之和，或者说环境的整体性大于环境诸要素之和。即一处环境的性质，不等于组成该环境各个要素性质简单的加和，而是比这种“和”丰富得多，复杂得多。环境诸要素互相联系、互相作用产生的整体效应，是个体效应基础上质的飞跃。

4. 互相联系及互相依赖。环境诸要素在地球演化史上的出现，具有先后之别，但它们又是相互联系，相互依赖的。即从演化的意义上看，某些要素孕育着其他要素。岩石圈的形成为大气的出现提供了条件；岩石圈和大气圈的存在，又为水的产生提供了条件；岩石圈、大气圈和水圈又孕育了生物圈。

第三节 环境的功能及特性

一、环境的功能

环境的功能指以相对稳定的有序结构构成的环境系统为人类和其他生命体的生存发展所提供的有益用途和相应的价值。如由森林生态系统构成的环境单元，可为人类提供蓄水、防止泥沙流失、释放氧气、吸收二氧化碳，为多种鸟类和其他野生动植物提供繁衍生息场所等环境功能。江、河、湖泊等水环境，不仅可以提供航运、养殖、纳污等用途，还可以改善地区性小气候，有的还具有旅游观光等功能。对人类和其他生物来说，环境最基本的功能包括三方面。其一为空间功能，指环境提供的人类了其他生物栖息、生长、繁衍的场所，且这种场所是适合他们生存发展要求的；其二为营养功能，这是广义上的营养，包含环境提供的人类及其他生物生长繁衍所必需的各类营养物质及各类资源、能源(后者主要针对人类而言)；其三为调节功能，如森林即具有蓄水、防止水土流失、吸收二氧化碳、放出氧气、调节气候的功能。此外，各类环境要素包括河流、土壤、海洋、大气、森林、草原等皆具有吸收、净化污染物，使受到污染的环境得到调节、恢复的能力。但这种调节能力与环境要素的自净能力的有限性是一致的，当污染物的数量及强度超过环境的自净能力，则环境的调节功能将无法发挥作用。对人类来说，当其开发利用自然环境系统或半自然半人工环境的有用功能时，应遵循环境系统形成、发展变迁的内在机制，尽力保护原有的环境功能，通过环境建设来扩大它们的功能，逐步实现人类与自然的和谐；否则，环境功能就会逐渐衰退直至消失，破坏人类和其他生命体赖以生存发展的环境资源，造成人类与自然的对抗。

二、环境的特性

环境系统是一个复杂的，有时、空、量、序变化的动态系统和开放系统。系统内外存在着物质和能量的变化和交换。系统外部的各种物质和能量进入系统内部，这种过程称为输入；系统内部也对外界发生一定的作用，通过系统内部作用，一些物质和能量排放到系统外部，这种过程称为输出。在一定的时空尺度内，若系统的输入等于输出，就出现平衡，叫做环境平衡或生态平衡。

系统的组成和结构越复杂，它的稳定性越大，越容易保持平衡；反之，系统越简单，稳定性越小，越不容易保持平衡。因为任何一个系统，除组成成分的特征外，各成分之间还具有相互作用的机制。这种相互作用越复杂，彼此的调节能力就越强；反之则弱。这种调节的相互作用，称之反馈作用，最常见的反馈作用是负反馈作用，它使系统具有自我调节的能力，以保持系统本身的稳定和平衡。

环境构成一个系统，是由于在各子系统和各组成成分之间，存在着相互作用，并构成一定的网络结构。正是这种网络结构，使环境具有整体功能，形成集体效应，起着协同作用。

由于人类环境存在连续不断的、巨大和高速的物质、能量和信息的流动，表现出其对人类活动的干扰与压力，具有不容忽视的特性：

1. 整体性

人与地球是一个整体，地球的任一部分，或任一个系统，都是人类环境的组成部分。各部分之间存在着紧密的相互联系、相互制约关系。局部地区的环境污染或破坏，总会对其他地区造成影响和危害。所以人类的生存环境及其保护，从整体上看是没有地区界线、省界和国界的。

2．有限性

这不仅是指地球在宇宙中独一无二，而且也是指其空间有限，有人称其为"弱小的地球"。这也同时意味着人类环境的稳定性有限，资源有限，容纳污染物质的能力有限，或对污染物质的自净能力有限。环境在未受到人类干扰的情况下，环境中化学元素、物质和能量分布的正常值，称为环境本底值。环境对于进入其内部的污染物质或污染因素，具有一定的迁移、扩散和同化、异化的能力。在人类生存和自然环境不致受害的前提下，环境可能容纳污染物质的最大负荷量，称为环境容量。环境容量的大小，与其组成成分和结构，污染物的数量及其物理和化学性质有关。任何污染物对特定的环境及其功能要求，都具有其确定的环境容量。由于环境的时、空、量、序的变化，导致物质和能量的不同分布和组合，使环境容量发生变化，其变化幅度的大小，表现出环境的可塑性和适应性。污染物质或污染因素进入环境后，将引起一系列物理的、化学的和生物的变化，而自身逐步被清除出去，从而环境达到自然净化。环境的这种作用，称为环境自净。人类发展及活动产生的污染或污染因素，进入环境的量，超越环境容量或环境自净能力时，就会导致环境质量恶化，出现环境污染。这正说明了环境有限性的特征。

3．不可逆性

人类的环境系统在其运转过程中，主要存在两个过程：能量流动和物质循环。后一过程是可逆的，但前一过程不可逆，因此根据热力学理论，整个过程是不可逆的。所以环境一旦遭到破坏，利用物质循环规律，可以实现局部的恢复，但不能彻底回到原来状态。当然，有些情况下是人为这样做的，否则就没有必要改造环境了。

4．隐显性

除了事故性的污染与破坏（如森林大火，农药厂事故等）可直观其后果外，日常的环境污染与环境破坏对人们的影响，其后果的显现，要有一个过程，需要经过一段时间。如日本汞污染引起的水俣病，需要经过 20 年时间才显现出来；又如 DDT 农药，虽然已经停止使用，但已进入生物圈和人体中的 DDT，还得再经过几十年才能从生物体中彻底排除出去。

5．持续反应性

事实告诉人们，环境污染不但影响当代人的健康，而且还会造成世世代代的遗传隐患。目前，我国每年出生有缺陷婴儿约 300 万，其中残疾婴儿约 30 万，这不可能与环境污染无关；历史上黄河流域生态环境的破坏，至今仍给炎黄子孙带来无尽的水旱灾害。

6．灾害放大性

实践证明，在特定条件下，某方面不引人注目的环境污染与破坏，经过环境的作用以后，其危害性或灾害性，无论从深度和广度，都会明显放大。如河流上游小片林地的毁坏，可能造成下游地区的水、旱、虫灾害；燃烧释放出来的 SO_2，CO_2 等气体，不仅造成局部地区空气污染，还可能造成酸沉降，毁坏大片森林，大量湖泊不宜鱼类生存，或因温室效应，使全球气温升高，冰川溶化，海水上涨，淹没大片城市和农田。又如由于大量生产和使用氟氯烃化合物，破坏了大气臭氧层，结果不仅使人类白内障、皮肤癌患者增加，而且太阳中能量较高的紫外外线杀死地球上的浮游生物和幼小生物，截断了大量食物链的始端，以至极可能毁掉整个生物圈。以上例子足以说明环境对危害或灾害的放大作用是何等强大。

第四节　环境问题

谈到环境问题，如今几乎已尽人皆知了。因为人在环境中生存，离不开环境。然而，环境问题的本质是什么、如何认识和对待、解决环境问题？这恐怕就难以众口一词了。因为环境问题本身也有时间的概念，而且人们所关心的环境问题也不尽相同。这里所说的环境问题，主要着眼于人类的环境问题，而且不仅立足于当今，更主要的是面向人类环境的未来。

一、环境问题的概念

环境问题，就其范围大小而论，可从广义和狭义两个方面理解。从狭义上理解的环境问题是由于人类的生产和生活活动，使自然生态系统失去平衡，反过来影响人类生存和发展的一切问题。从广义上理解，就是由自然力或人力引起生态平衡破坏，最后直接或间接影响人类的生存和发展的一切客观存在的问题，都是环境问题。

1960—1970 年代，人们对环境问题的认识只局限在对环境污染或公害的认识上；因此那时将环境污染等同于环境问题，而地震、水、旱、风灾等则认为全属自然灾害。可是随着近几十年来经济的迅猛发展，自然灾害发生的频率及受灾的人数都在激增。以旱灾和水灾为例，全世界 1960 年代每年受旱灾人数 185 万人，受水灾人数 244 万人；而 1970 年代则分别为 520 万人和 1540 万人，即受旱灾人数增加 1.8 倍，而受水灾人数增加 5.3 倍。又如 1981 年我国四川省连续发生两次大水灾，灾情非常严重，受灾人口 1180 万人，倒塌房屋 160 万间，冲毁农田 2000 万亩，直接经济损失 20 亿元。究其原因，就是人口激增和盲目发展农业生产，致使大量砍伐林木，破坏植被，使四川省的森林覆盖率由 1950 年代初的 19%下降到 1970 年代末的 13%，一遇暴雨就丧失保持水土的能力，酿成人为的天灾。而发生于 1998 年夏的洪水造成全国受灾面积 $2578\times10^4\,hm^2$，受灾人口 2.3 亿人，死亡人口 3656 人，直接经济损失高达 2484 亿元。这些也都是环境问题。

如果从引起环境问题的根源考虑，可将环境问题分为两类。由自然力引起的为原生环境问题，又称第一环境问题，它主要是指地震、洪涝、干旱、滑波等自然灾害问题。对于这类环境问题，目前人类的抵御能力还很薄弱。由人类活动引起的为次生环境问题，也叫第二环境问题，它又可分为环境污染和生态环境破坏两类。

环境污染指由于人类的活动所引起的环境质量下降而有害于人类及其他生物的正常生存和发展的现象。其产生有一个由量变到质变的发展过程。当某种能造成污染的物质的浓度或其总量超过环境自净能力，就会产生危害。按环境要素，可分为大气污染、水体污染和土壤污染；按污染物的性质，可分为生物污染、化学污染和物理污染；按污染物形态，可分为废气污染、废水污染和固体废物污染，以及噪声污染、辐射污染等；按污染产生的原因，可分为生产污染和生活污染，生产污染又可分为工业污染、农业污染、交通污染等；按污染物的分布范围，可分为全球性污染、区域性污染、局部性污染等。其产生的主要原因是资源不合理使用和浪费，使有限的资源变为废弃物进入环境而造成危害。控制和消除环境污染主要是控制人口增长和资源消费，合理利用、重复利用和回收资源。

(生态)环境破坏指由于人类活动或者自然原因使人类环境发生不利于人类的变化,以致影响人类的生产和生活,给人类带来灾害。狭义上指由于人类的经济活动和其他活动使环境发生变化,损害了环境质量,影响人们正常的生产和生活。环境破坏主要是由于人们不适当地开发环境和资源造成的。

但是应该注意,原生和次生环境问题,往往难以截然分开,它们常常相互影响、相互作用。

二、环境问题的实质

从哲学观点看来,环境问题的实质,是人与环境,亦即人与自然界的关系问题。人与环境是矛盾的两个方面,存在着辩证统一的关系,两者相互对立而统一,相互影响、相互作用、相互促进。因而要解决矛盾、实现统一,必须着眼于人与自然界的和谐。借用中国古代哲学家的话说,就是要追求"天人合一"。人处于自然界的中心地位,是改造和利用自然界的主人,但人并不能也无法主宰自然界;自然界有其自身的演变规律,人只能在实践中认识和利用自然规律为自己服务,却不能改变自然规律。人类自身和人类社会的发展遵循社会规律,但社会发展规律与自然发展规律并不是一码事。因此,解决环境问题的实质,在于人与自然的和谐相处、共存共荣。

人们解决环境问题的实际操作是从生产和经济领域开始的。因为人们普遍认为,环境污染是伴随工业发展而共生的。欲解决环境问题,"解铃还须系铃人",因而应着眼于经济发展与环境保护的关系问题。也就是说,发展经济、进行经济活动,既要从环境中开发利用自然资源,同时也会产生破坏和污染环境的后果,如欲扬长避短、趋利除弊,就必须两者兼顾,而不能顾此失彼。其关键,在于要实现经济与环境的协调发展。

就其性质而言,环境问题首先具有不可根除和不断发展的属性,它与人类的欲望、经济的发展、科技的进步同时产生、同时发展,呈现孪生关系。那种认为"随着科技进步、经济实力雄厚,人类环境问题就不存在了"的观点,显然是幼稚的想法。其二,环境问题范围广泛而全面,它存在于生产、生活、政治、工业、农业、科技等全部领域中。其三,环境问题对人类行为具有反馈作用,使人类在生产方式、生活方式、思维方式等一系列方面引起连锁反应和新变化。第四,环境问题具有可控性。即通过教育,提高人们的环境意识,充分发挥人的智慧和创造力,借助法律、经济和技术的手段,总可以将环境问题控制在最小范围内。

三、现代环境问题的特征

(一) 环境问题的全球化

早期的环境问题,虽然在世界不同国家和地区不同程度地发生,但就其问题的性质、范围和影响来说,尚属局部地域或是点源性的,危害也大都影响特定的区域;即使某些轰动世界的重大污染公害事件,亦有其特定性和局限性,对全球环境并未构成威胁。而现代环境问题则大不相同了,这一方面表现在世界各地普遍都有环境问题发生;另一方面,也出现了关系全球的环境问题。诸如,温室效应、臭氧层损耗、酸雨等,影响范围是非常广泛的,将导致全球性的气候变暖、海平面上升、紫外线辐射增强等后果,其危害涉及全球和全人类。即使某些局部性的污染,由于大气、河流等的流动,也会蔓延到其他地区,形成区际、国际、洲际污染。因此有人说,当今的某些污染,是没有国界的污染。同样,不难理解,要解决全球性的污染问题，也必须依靠有关国家乃至世界各国的协同努力，方能显见成效。

（二）环境问题的综合化

以往的环境问题，大都具有单一性，比如某些环境污染物，主要受害对象可能只是森林、草场、湖泊、农田，也可能危及的只是鱼类或人的健康。而现代环境问题则往往是多方面的。同一地区，可能同时出现诸如森林减少、草地退化、土壤盐渍化、土地沙漠化、水土流失、生态恶化、物种濒临灭绝，乃至气候变暖、酸雨频降等，其危害将事关环境、生态、健康、经济、社会等一系列问题。因此，解决的措施远不止治理工业污染，还要同时从其他方面着手，把区域、流域视为复合的大系统，在统一规划、运筹之下进行综合整治。过去那种头痛医头、脚痛医脚，治标不治本的办法，对当今的环境问题收效不大。

（三）解决环境问题的社会化

如果说以前直接关注环境问题的，只是环境污染的受害者和医疗卫生、科学技术等一些人员和部门的话，当今的情况已大不相同了。现在，各行各业的人逐渐意识到，自己再也不是与环境问题无关了。环境问题已渗透到全社会的方方面面。城市、乡村、生产、生活、现实、未来、社会、家庭，乃至经济、政治、科技、教育、文化、法律……哪个部门、哪个家庭、哪个人员能隔绝于外？这就大大增强了人们的环境意识，形成全社会关心环境问题的局面。这就是说，现代的环境问题，已经成为全社会的问题了。

（四）解决环境问题的高智能化

经济社会的发展，越来越显现出高新科学技术的重要性。同时，也应看到由于采用某些高新科学技术的手段，所产生的环境问题往往越严重。比如，采用核发电技术装置，一旦发生核燃料泄漏事故，后果不堪设想；采用核技术武装起来的原子弹、导弹的试验，其对大气层的污染已尽人皆知；许多现代化的高新技术产品，在生产和使用过程中，产生如电磁辐射等的新污染，……无疑，解决这些高新技术的环境问题，还要依靠高新技术，还要运用高智能的“硬件”和“软件”，这是解决现代环境问题的必然趋势之一。

（五）环境问题的政治化

环境问题，原被认为只是工业问题、经济问题、科学技术问题，后来由于环境问题的蔓延而成为社会问题之一。但广泛的社会问题，必然导致为政治问题，这就是现代环境问题的一个显著特征。例如，1950年代环境污染公害在日本猖獗之时，公民们举行大规模的游行示威，喊出了“还我蓝天”、“还我列岛”的口号，以至形成一场波澜壮阔的政治运动。当时一些政治家在竞选中，打出了环境问题的政治旗子。日本前首相田中角荣，曾以他的“日本列岛改造论”而赢得不少选票。美国的总统选举中，不乏把解决环境问题作为竞选演说的一项政纲之例。一些国家的公民，也往往把环境问题列为评价国家元首和政党政绩的内容。当今，一些发达国家，还把污染向发展中国家转嫁，因而引起国际上的政治斗争。即使在国家或地区内，环境问题处理不当，也可能会转化为政治问题。

四、全球十大环境问题

近半个世纪以来，人类活动对环境的影响急剧增加，出现了不少全球性的环境问题，其特点为：①产生于不同国家和地区的某些环境问题，在性质上具有普遍性和共同性，从而导致环境危害的全球性；②源于某些国家和地区的环境问题，其影响和危害具有跨越国界、跨越地区，甚至涉及全球的特征；③某些环境问题的解决需要全球共同努力和行动，包括发达国家对发展中国家的协助和国家之间的合作。

对于全球环境问题的第一篇著名预测报告是1972年罗马俱乐部委托麻省理工学院梅多伍兹等人写的《增长的极限》;第二篇著名的预测报告是美国政府1988年公布的《2000年的地球》。与此同时,1972年联合国在斯德哥尔摩举行的第一次国际环境会议通过的《人类环境宣言》和1982年《内罗毕宣言》,以及1992年通过的《里约环境与发展宣言》等纲领性文件,都从不同角度分析、预测和反映了有关地球环境问题,以及可持续发展战略和全人类必须共同行动保护地球生态环境的全球共识。特别是1992年6月联合国在巴西召开的有103位国家元首或政府首脑和180多个国家的代表参加,称为"20世纪地球盛会"的"环境与发展"大会,讨论并签署了《地球宪章》(规定国际环境行动准则)、《21世纪行动议程》(确定21世纪39项战略计划)、《气候变化框架公约》(防止地球变暖)和《保护生物多样化公约》(制止动植物濒危与灭绝)等四个重要文件,成为时代特征的集中表现。

综合当前有关资料,现将人类面临的全球性环境问题归纳为以下10项:

(一) 臭氧层耗损

地球大气平流层中的臭氧层,能吸收滤掉太阳光中过多的有害紫外线(达99%),尤其是能有效吸收可严重杀伤人和其他生物的波长为200~300nm的紫外线,从而减少对地球生物的伤害。臭氧层被喻为地球生命的"保护伞"。经过臭氧层过滤的阳光柔和,使地面温暖,穿透臭氧层辐射到地球上的少量紫外线不但对人体无害,而且能杀菌防病,促进人体内维生素D的形成,有利于体骼增长和防止佝偻病。使地球生物正常生长和世代繁衍。

但是,人类的活动使大气中的某些化合物含量增加,逐渐耗损和破坏臭氧层,例如氯氟烃类化合物(CFCs)、聚四氟乙烯和其他耗损臭氧的物质破坏了平流层中的臭氧分子,使臭氧浓度降低,从而使射向地球表面的有害紫外线辐射增加。有资料估计,臭氧层中臭氧浓度减少1%,会使地面增加2%的紫外辐射量,导致皮肤癌的发病率增加2%~5%。美国专家则说,在今后的88年中,将有4000万美国人患上皮肤癌,而其中80万人将被夺去生命。臭氧层损耗也将给野生动物和水生生物等地球生物带来灾难。自1950年代中期以来,每年9~10月南极大陆空气柱臭氧总量急剧下降,形成臭氧层空洞,到1991年此空洞已扩展到整个南极大陆上空,深可装下珠穆朗玛峰。1992年底,南极上空臭氧层空洞面积达$317\times10^4km^2$,几乎相当于整个欧洲的面积。1997年北极臭氧层空洞面积甚至一度达到$2000\times10^4km^2$!同时,北极上空出现的臭氧层空洞面积也有南极地区的1/5。1998年9月,南极洲上空臭氧空洞的面积已达$2720\times10^4km^2$,比整个美洲还要大,超过1996年记录到的历史最大记录。此外,在全球局部地区,臭氧层的损耗也多有报道。1993年2月,北美和欧洲大部分地区上空的臭氧水平比正常值低20%。中国上空在1978~1987年间臭氧层即损失了1.7%~3%。

据预测,人类如果不采取措施保护大气臭氧层,到2075年,由于太阳紫外线的危害,全世界将有1.54亿人患皮肤癌,其中300多万人死亡;将有1800万人患白内障;农作物将减产7.5%;水产品将减产2.5%;材料的损失将达47亿美元;光化学烟雾的发生率将增加30%。这将危及人类的生存和发展。

(二) 温室效应及全球变暖

地球大气的温度是由阳光照到地球表面的速率和吸热后的地球将红外辐射线散发到空间的速度间的平衡决定的。适于地球生命存在的湿润而温暖的气候是由于大气中的温室气体，如 CO_2，CH_4，CFCs，水蒸汽及其他吸收红外线的气体，阻挡了地球辐射热的散发，起到地球大气的吸热保温作用（温室效应）的结果。

但是，由于人类活动，尤其是大量化石燃料的燃烧，使大气层的组成发生了惊人变化。红外吸热的温室气体在大气中的浓度正以空前的速度增加，从而导致全球气候变暖。在过去 100 年间全球平均地面气温已增加了 0.3～0.6℃，在 20 世纪 40 年代北半球高纬和极地温升幅度曾达 2.4℃。地球气温上升会引起海水膨胀和陆地冰雪融化，使海平面上升，沿岸地区遭海浸等危害。在过去的 100 年全球海平面升高了 10～20cm。温室效应还可引起全球气候变化，如高温、干旱、洪涝、疾病、暴风雨和热带风加剧，土壤水分变化，农牧、湿地、森林及其他生态系统变化等一系列不良后果。

据预测，大气中 CO_2 浓度每年大约上升 0.4%，CH_4 上升 1.0%，CFCs 上升 5.0%，N_2O 上升 0.2%等。与此相应全球增温速度为 0.3℃/a。如继续发展，到 2025 年全球平均温升将达到 1℃，全球海平面将升高 20cm；到下世纪末将分别比现在升高 3℃和 6.5cm，从而使人类面临严重危害。

（三）酸沉降危害加剧

大气中含有的酸性物质转移到大地的过程统称为酸沉降。通常将 pH 值低于 5.6 的湿性酸沉降称为酸雨。酸雨的形成主要是化石燃料产生的硫氧化物（SO_x）和氮氧化物（NO_2）等大气酸性污染物溶入雨水所致。

造成酸雨的大气酸性污染物不仅影响局部地区，而且能随气流输送到远离其发生源数千里以外的广大地区，成为穿越国界长距离移动的大气污染问题。酸雨最早发现于欧洲和北美地区，1950 年代以来，在世界空间分布逐年扩大，几乎遍布各大洲；降水 pH 值最低可达 3.0 左右，并曾测到 pH<2 的酸雨，比柠檬汁还酸。

酸沉降危害严重，被称为“空中死神”。酸雨直接降落到植物叶面而使植被和农作物受害或枯死；使土壤酸化引起有害金属元素溶出伤害植物根部；使江河湖泊酸化，导致鱼类和两栖动物丧失繁育能力，使水生生物减少；同时，酸雨腐蚀各种建筑材料和古迹，并直接影响人体健康。

（四）生态系统简化

生物多样性是维护自然生态平衡和人类赖以继续生存及发展的生态基础。生物多样性包括遗传多样性、物种多样性和生态多样性。自地球出现生命以来，约经历了 34 亿年漫长进化的进程，并已出现过类似恐龙灭绝的事件 6 次，使 52%的海洋动物家族、78%的两栖动物家族和 81%的爬行动物家族消失了。据测算，地球上现存在的生物种类大约在 500 万到 3000 万种，其中哺乳动物 4300 多种，爬行动物 6000 多种，两栖动物 3500 多种，鸟类约9000 种，鱼类 23000 多种；而海洋生物和热带雨林生物就有可能超过 3000 万种。

由于人类活动，森林大量砍伐，草原开垦，湿地干涸，使生物多样性遭到极大破坏。据近 2000 年以来统计，大约有 110 多种兽类和 130 多种鸟类已经灭绝；全世界约有 25000 种植物和 1000 多种脊椎动物处于灭绝的边缘。近来，生物物种消失加速，生态系统趋于简化，每天约有 50～100 种物种灭绝，这是自恐龙消失以来物种灭绝最快的时代，而地球上现存的野生生物种类一旦灭绝，就没有再出现的可能。

（五）森林锐减

森林是地球生物圈的重要组成部分，是陆地上最大的生态系统，是人类赖以生存的基础。森林不仅提供木材和林副产品,更重要的是它具有涵养水源、保持水土、防风固沙、调节气候、保障农牧业生产、保存森林生物物种、维持生态平衡和净化环境等生态功能。

在历史上,地球曾有 $76\times10^8hm^2$ 的森林,到 19 世纪降为 $55\times10^8hm^2$;进入 20 世纪以后,森林资源受到严重破坏,目前全世界仅有森林 $2.8\times10^8hm^2$,覆盖率已由过去的 2/3 下降到 1/3(世界粮农组织估算),并仍在迅速减少。全球每年砍伐和焚烧森林 2000 多万公顷,其中热带雨林的消失速度由 1980 年的 $1210\times10^4hm^2$ 增到 1990 年的 $1700\times10^4hm^2$。世界热带雨林面积已减少 1/3,目前仍以每分钟 $20hm^2$ 的速度的消失。照此发展,到 2030 年世界雨林可能会丧失殆尽。

(六) 土壤退化

土壤退化是指土壤在物理、化学和生物学方面的性能变劣而导致其生产力降低的变化过程。沙漠化和土壤侵蚀是导致土壤退化的重要原因。

目前,全球沙漠已占全部干旱地区生产面积的 70%(约 $36\times10^8hm^2$),相当于全球土地总面积的 1/4。全世界每年约有 $600\times10^4hm^2$ 的土地继续出现沙漠化或有沙漠化危险。纯经济效益为零或负值的土地面积,每年以 $2100\times10^4hm^2$ 的速度持续增加;放牧的约 8 成($31\times10^8hm^2$)、依赖降雨的农田约 6 成($3.35\times10^8hm^2$)和灌溉农田的 3 成($0.4\times10^8hm^2$)的土地因沙漠化已超过中等程度而受害;因严重沙漠化而受害的农村人口,由 1977 年的 0.57 亿人增加到 1983 年的 1.35 亿人。在 80 年代中期,撒哈拉沙漠地区的旱灾曾造成约 300 万人死亡;现在沙漠化仍影响着世界 1/6 人口的生活。

土壤侵蚀指土壤表土因风和雨而损失的现象。全世界每年因土壤侵蚀损失土地 $700\times10^4hm^2$,每年经过河流冲入海洋的表土达 240×10^8t。其中世界主要产粮国美国年流失土壤 15.3×10^8t,前苏联约 23×10^8t,印度约 47×10^8t,中国约 50×10^8t。同时,土壤侵蚀、盐碱化、水涝和土壤肥力丧失等现象几乎所有国家都日趋增加。

到 2050 年,全球人口预计达 85 亿人,其中 83%生活在发展中国家,对粮食的需求量将增长 50%以上,而土地资源却迅速减少和退化,生产力下降,农作物减产,供需矛盾突出。

(七) 淡水资源危机

安全的淡水是维持地球生命的基本要素。全球淡水储量约 $3.5\times10^{16}m^3$,占地球水储量的 2.53%。与人类生活密切的河流、湖泊和浅层地下水只有 $104.6\times10^{12}m^3$,占全部淡水储量的 0.34%。大约 70%~80%的淡水资源用于灌溉,不足 20%的用于工业,6%用于家庭。

由于淡水资源分布不均,随着人口激增和工农业生产的发展,缺水已成为世界性问题。据统计,全世界有 100 多个国家缺水,严重缺水的达 40 多个,占全球陆地面积的 60%。发展中国家至少有 3/4 的农村人口和 1/5 的城市人口得不到安全卫生的饮用水;有 80%的疾病和 1/3 的死亡率与受到污染的水有关。

水污染加重了水资源危机。水污染不仅影响人类对淡水的使用,而且还会严重影响自然生态系统并对生物造成危害。全世界每年向江河湖泊排放各类污水约 4260×10^8t,造成 $55000\times10^8m^3$ 的水体被污染,占全球径流总量的 14%以上;全世界河流稳定流量的 40%受到污染,并呈日益恶化的趋势。

(八) 海洋环境污染

地球上海洋面积为 $3.62\times10^8km^2$,占地球表面的 70.9%;海水体积为 $13.7\times10^8km^3$,占地球表面总水量的 97%以上。世界上 60%的人生活在 60km 宽的沿岸线上。海洋拥有地球上最丰富的生物资源、矿物资源、化学资源和动力资源。海洋给人类提供食物的能力约为陆地上所能种植的全部农产品的1000倍，而现在人类对海洋的利用不足1%。但是，海洋污染已不容忽视，特别是沿岸海域的污染，已直接影响海洋生态和人类生活。污染的70%来自陆地，每年约有$4.1\times10^4 km^3$污水，携带$200\times10^8 t$污染物通过江河进入海洋；另有10%的污染来自船只，每年大约有$640\times10^4 t$船舶垃圾和$150\times10^4 t$石油流入海洋；船舶航行中的事故性排放及海底油田的开发和自然因素、人为战争等造成的海洋污染，可能对局部海洋的一定时间内造成严重危害。此外，对海洋资源的过量开采也对海洋环境造成危害。

（九）固体废料污染

固体废料包括工业固体废弃物、生物垃圾、化粪池和污水渣等。全世界每年产生各种废料约$100\times10^8 t$。具有毒性、易燃性、腐蚀性、反应性和放射性的废弃物，称为危险废料。危险废料主要产生于发达国家，每年约$4\times10^8 t$，其中美国占$3\times10^8 t$。最危险的废料是放射性废料和剧毒化学品废料。世界各地核电站每年产生的核废料约$1\times10^4 m^3$。

固体废料，尤其是危险废料通过各种途径污染水域、土壤和空气环境，直接或间接影响人类健康和地球生态系统。据预测，全球范围的城市废料量将在本世纪末增加1倍，到2025年前翻一番。20世纪末，20亿人将得不到基本的卫生条件，每年有约520万人（包括400万儿童）死于与废料危害有关的疾病。

（十）有毒化学品污染

当前，世界上大约有500万种化学品和700万种化学物质，并有7万种以上的化学品投放市场，其中对人体健康和生态环境有明显危害的约有3.5万种，具有致癌、致畸、致突变的有500余种。同时，每年要有几万种新的化学物质和几千种化学品问世，其中约有1/6投入市场。化学品一经生产出来，在没有自然或人为消解的情况下，最终必然进入环境，并在全球迁移，分别进入各生物介质，对全球带来危害或潜在危害。实际上化学品已对全球的大气、水体、土壤和生物系统造成污染和毒害。自1950年代以来，涉及有毒化学品的污染事故也日益增多，造成严重恶果。

化学污染源除工业外，还有车辆尾气、农药化肥、香烟烟雾、家庭接触的和天然源的化学品等。

五、中国环境问题分析

（一）全国范围环境问题分析

1. 先天脆弱，易于失衡

我国山区面积占65%，地势高，重力梯度大，植被破坏使水土大范围流失；上游流失，下游淤塞。水土流失带在我国三级阶梯的第二阶梯上，长3000km，宽600～800km，处于干湿交替的生态脆弱带；流失严重之区是60%粉沙的黄土高原，此处坡地占70%，土层厚几十到300m，粘力弱疏多孔，易溶于水而流走。长江流域因森林破坏，土地流失仅次于黄河，而四川尤为严重。西北、华北、东北中部风蚀严重。青藏高原、高山区、东北部分地区冻融侵蚀严重。我国尚有七个生态脆弱带，处于不同生态系统之间，物流、能流、结构、功能状况不平衡，变化速率快，时空移动力强，被代替概率大，复原机会小，抗干扰力弱。据中科院生态研究所中心估计，农牧交错带和干湿交替带，约$50\times10^4 km^2$脆弱带，城乡交接脆弱区约$2\times10^4 km^2$，水陆交界、海岸两侧脆弱区分别为$2\times10^4 km^2$和$3.6\times10^4 km^2$，森林边缘带约$7.6\times10^4 km^2$，沙漠边缘带约1.5

$\times 10^4 km^2$，重力梯度带约 $1.6\times 10^4 km^2$，其他脆弱区 $10\times 10^4 km^2$，合计 $92.7\times 10^4 km^2$，占国土面积的 9.7%。

（注：生态脆弱带即经济贫困区。）

2. 长期生态失调，灾害频繁

我国大部分地区受季风影响，加上生态破坏严重，每三年往往有一次旱灾、水灾（表 8-1）。建国后的两次生态大破坏使气温上升，雨量下降，气候趋向大陆化，形成难以逆转的生态效应。据天津环保局 1989 年研究，该地区大陆度平均增加 3.32 个百分点，即温度年较差 1.2℃～1.3℃，引起的生态效应是每年多蒸发水分 $2\sim 5\times 10^8 t$，农作物播种期推迟 1～1.5天，旱地面积年均扩大 10～12 万亩（约 $8\times 10^7 m^2$），冻害及干风频率增加 3%～4%。四川中部地区因降雨时空分布不均，植被减少，涵水力差，大气环流影响。形成“十年九旱，冬旱春干，初夏雨少，伏旱常见”。

表 8-1　我国近 40 年洪涝、干旱灾害情况（单位：$\times 10^4 hm^2\cdot a^{-1}$）

年度	洪涝		干旱	
	受灾	成灾	受灾	成灾
1950～1957	809.6	532.9	748.1	248.0
1958～1962	758.6	399.2	3059.2	1194.4
1963～1966	927.5	607.0	1368.5	606.5
1970～1976	498.0	195.0	2379.1	581.4
1977～1979	623.7	292.7	3155.7	1143.3
1980～1990	1160.5	606.9	2732.9	1254.1

（引自鲁明中，1994）

3. 生态环境失调，资源相对贫乏（表 8-2）

表 8-2　中国与世界主要生态资源比较*（1988）

项目	世界人均量	中国人均量
水（径流量，$\times 10^4 m^3$）	1.08	0.24
森林（hm^2）	0.79	0.11
土地面积（hm^2）	2.61①	0.98
耕地面积（hm^2）	0.37	0.09②
草地面积（hm^2）	0.76	0.29

* 表内资料根据 1989 年《中国统计年鉴》计算。

①是指有定居人口的各洲面积，未包括尚无定居人口的南极洲。

②如果按总耕地面积为 $1.39\times 10^8 hm^2$ 计，中国人均量为 $0.127hm^2$。

(1) 水资源分布不均，生态失调，难于调控

我国水资源分布不均，长江以南耕地占全国 36%，而水资源为全国的 82%以上，是水多地少地区。长江以北耕地占 64%，水资源不足 18%，是地多水少地区。黄、淮、海河流域耕地占 41.8%，增产潜力最大，水资源不到 5.7%。两千多年的数次生态大破坏，对水资源失去调控能力。结果是河川径流减少，1980 年代地面水年均入海 $10\times 10^8 m^3$，为 1950 年代的 1/20；因围湖造田，水土淤积，湖泊减少500多个，湖面缩小$1.88\times 10^4 km^2$，储水量减少513×

10^8m^3。成为地表水资源贫乏之国(表 8-3)。

表 8-3　　年径流量、人均及单位面积占有水量

国　家	年径流总量 ($\times 10^{12}m^3$)	人口 (亿人)	人均径流量 ($\times 10^4m^3$)	耕地 ($\times 10^6hm^2$)	平均径流量 ($\times 10^4m^3/hm^2$)
巴西	5.19	1.23	4.22	32.33	16.05
加拿大	3.12	0.24	13.00	43.60	7.20
美国	2.97	2.20	1.35	189.33	1.65
印尼	2.81	1.48	1.90	14.20	19.80
中国	2.71	11.30	0.24	94.20	2.85
印度	1.78	6.78	0.26	164.67	1.05
日本	0.42	1.16	0.36	4.33	9.75
世界总计	47.00	43.35	1.08	926.00	3.60

(引自鲁明中,1994)

大量开采地下水,使地下水水位下降,出现大面积沉降。据统计,全国有近 300 个城市缺水,占城市总数的 60%,受影响的城镇人口占全国总人口的 29%;日缺水量达 $1\,240 \times 10^4t$ 以上,其中严重缺水的城市有 50 多个。水资源短缺,不仅影响工业生产和城镇居民生活,也对农牧业造成影响。据统计,每年因缺水而不得不缩小灌溉面积和有效的灌溉次数,造成粮食减产 50 多亿公斤。现在,中国北方和西北地区的农村,尚有 5000 多万人口和 3000 多万头牲畜得不到饮水保障。由于缺水,不得不进一步大量抽取地下水,结果使北京、上海、天津、西安、常州、宁波等 20 多个城市出现地面沉降。1988 年 5 月 10 日,武汉陆家街发生地陷,连水泥电线杆、大树及十多间房屋都相继陷入泥中,这是大量抽取地下水而招致恶果的典型例子。另一方面,人为污染加重,水资源浪费惊人。我国年人均用水 500t,低于发展中国家 900t 水平。农业用水占全国总用水量的 85%,灌溉效率仅 25% ~ 40%。全国工业重复用水率仅 20% ~ 40%,单位产品用水量比发达国家高 5 ~ 10 倍,年约 70×10^8t 工业用水白白流走。污水治理比例不大,使 82%河流受到污染。如川中沱江径流占全省 3%,而污染负荷达 10.7%;四川省城市生活污水 1980 年排 4.84×10^8t,1989 年升为 8.37×10^8t,年处理量仅 1.8%。

(2) 土地资源承载不均,人口超载

从土地生产力、人口、农业资源承载力而言,全国超载区人口占总人口 27.8%,含京、津、沪、辽、粤发达地区,及闽、桂、黔、滇、藏、甘、青落后区,呈两级超载。临界区人口占总人口 31.5%,含豫、冀、晋、川、陕、宁、新、内蒙,资源承载接近人口需求。富裕区人口占总人口 40.7%,含鄂、湘、赣、皖、浙、苏、黑、吉,资源高于人口需求。从全国土地资源生产力总量看,年生物生产量约 32×10^8t 干物质,合理承载人口为 9.5 亿,超载 1.5 亿。

4. 生态支持系统恶化

(1) 森林锐减

森林是陆地生态系统支柱。两千年数次生态大破坏,使森林覆盖率下降至第三次全国森林资源清查时的13.4%，人均林地面积仅0.11hm^2，只有世界人均水平的11.3%；人均占有森林蓄积量约8.4m^3，只有世界人均水平的10.9%。主要林区覆盖率建国时与目前比：长白山区由82.5%降到14.2%，四川省由20%降到8%，西双版纳由60%降到30%，海南由35%降到7%，森林受灾面积占造林率的1/3。我国每公顷林生长率1.4m^3，低于世界3m^3水平，而消耗量超过生长量，人为造成贫林大国。

(2) 草原过量承载，重用轻养，盲目开垦

我国利用草原面积约33.65亿亩(约$2.24\times10^{12}m^2$)，占世界总量的7.1%，人均草地3.2亩(约2133m^2)，为世界人均的1/2。对草原低投入，高索取，超载放牧，毁林造田，使退化面积增加，产草量下降，草原沙化、风蚀、水蚀、鼠害严重，人为造成贫草大国。

长期以来，由于不合理开垦，过度放牧，重用轻养，使本处于干旱、半干旱地区的草原生态系统，遭受严重破坏而失去平衡，造成生产力下降，产草减少和质量衰退。目前，全国已有退化草原面积达$8700\times10^4hm^2$。由于近年地球气温变暖，我国北方草原地区降雨下降；例如内蒙古东部地区，80年代与60年代相比，年均降雨量由400~450mm下降到250~350mm，严重影响产草的质量。广大边远地区的农牧民，为了解决生活燃料的短缺，不得不砍伐和采挖荒漠上仅存的一点林木和植被，更增加了我国草原复原的难度，进而影响我国畜牧业的发展。

(3) 水土流失、土壤沙化、耕地被占

我国农业生态环境有恶化的危险，水土流失严重，每年流失表土量达50亿吨，相当于我国耕地每年被刮去1厘米厚的沃土层，由此流失的氮、磷、钾大约相当于4000多吨化肥。我国水土流失最严重的是黄土高原，面积达$4300\times10^4hm^2$，占该地区总面积的75%，每平方公里土壤的侵蚀模数为5000~10000吨；由此，黄河水中的含沙量为世界之最，每立方米河水达37kg以上。长江流域的水土流失面积也有$3600\times10^4hm^2$，占流域总面积的20%，造成每立方米江水含沙量1kg，已跃居世界大河泥沙含量的第四位。此外，土壤风蚀在我国一些地区也极为严重。甘肃河西走廊发生黑风暴的次数逐年增多；1970年仅刮1~2次，而1979年达12次。黑风暴一刮，天昏地暗，飞沙走石，犹如祁连山倒下。1977年4月的一次黑风暴，白天漆黑如夜，仅河西地区就使数十人丧生，吹散数十个羊群，损失严重。

建国以来，土壤沙化的发展很快。我国沙漠面积几乎扩大了1倍，从$6667\times10^4hm^2$扩展到$13000\times10^4hm^2$，约占国土面积的13.5%；还有近$670\times10^4hm^2$耕地和1/3的天然草场不同程度地受到沙漠化的威胁与影响。

此外，我国耕地还因人口增加、经济发展和城市建设而被大量侵占。仅1957~1980年的23年间，被侵占耕地约$0.23\times10^8hm^2$，平均每年减少$150\times10^4hm^2$左右，相当于一个福建省的耕地面积。40年前我国的人均耕地面积为0.18hm^2，如今仅为0.085hm^2，不及那时候的一半。这充分说明我国农业生态环境有恶化的危险。

5. 各类污染严重

国家环境保护局局长解振华在1996年7月15日召开的全国第四次环境保护会议上所作的报告中指出：随着经济增长、人口增加和城市化进程加快，全国环境形势日趋严峻。以城市为中心的环境污染正在加剧并向农村蔓延，生态破坏范围在扩大，程度在加重，局部地区的环境污染和生态破坏已成为影响当地经济发展、影响改革开放和社会稳定、威胁人民健康的重要因素。江河湖库水域尤为突出，城市河段水质超过3类标准的已占78%，湖泊、水

库总磷、总氮污染和富营养化日趋严重，50%以上的城市地下水受到污染。部分近岸海域污染范围逐步扩大。全国城市大气污染严重，“七五”期间，酸雨污染还只是少数地区出现，现在已扩展到长江以南、青藏高原以东的大部分地区，并呈继续扩大之势。全国将近2/3城市居民在噪声超标的环境下工作和生活。工业固体废物和生活垃圾围城现象日趋严重。乡镇工业污染相当突出，一个小造纸厂污染一条河，一群土焦炉污染一片天的现象非常普遍。

（二）沿海地区环境问题

我国沿海地区在全国社会经济发展中占有重要的地位，其环境问题也有其特殊性。

1. 沿海地区环境特点

（1）地域广阔

沿海11省市（区）陆地面积约 $127.68\times10^4 km^2$，占国土12%多；海岛六千多个，大陆和岛屿海岸线长32000多公里，海域广阔。

（2）资源丰富

世界海洋国家近海中的多种资源我国都有。其中大陆架具有油气远景的沉积盆地近 $100\times10^4 km^2$；近海渔场20多个，面积42亿亩（约 $2.8\times10^6 km^2$），占世界优良渔场的1/4；海涂面积约3000万亩（约 $2\times10^4 km^2$）；盐田500万亩（约 $3334km^2$），可开发大中型港口80多处，海湾50多个，深水港30多处，共有700多个港口；滨海旅游资源、海洋能源、劳动力资源都很丰富。

（3）高度开发

我国沿海地区人口占全国40%以上，工农业产值占全国50%以上，是经济技术最发达地区。1979～1991年我国利用外资870亿美元，沿海占80%。1980年代沿海GNP年增9.5%，高于全国平均水平。

（4）人口过密

自隋唐之后，我国社会经济发展重心逐步东移。原因是中原地区经过4000年的过度开发，环境恶化、经济社会衰败。东部沿海地区近千余年，特别是近百年成了开发重点，沿海一线沦为殖民主义掠夺资源的基地。人口聚集、经济畸形发展，但生态环境退化。建国后，政府在恢复经济的同时整治生态环境；西移人口千万人，环境问题有一定改善，但随着全国人口的膨胀，到1980年代，东部沿海11省市（区）人口又达四亿多，每平方公里人口密度为329人。高出全国平均密度的三倍多，为全世界平均密度的9倍。

（5）生态环境退化

人多地少，土地过载。随着工业的发展，沿海有各类工矿企业8.5万家（不包括乡镇企业），排放工业废水 $45.5\times10^8 t$，生活污水 $14.96\times10^8 t$，施用化肥 $823\times10^4 t$，农药 $24\times10^4 t$。沿海林地只占全国林地的4%。海南岛热带雨林覆盖率下降到7%。土地退化、沃育化、盐碱化、水土流失，城市供水不足。大气污染，海洋、湖泊、河流污染与人口、经济成正相关增长。沿海生态环境的负荷也居全国之首。

2. 沿海地区五大环境问题

（1）酸雨加剧

据研究表明，1980年代从华南到华东沿海一线普遍出现酸雨。1991年中国环境学会召开“中国酸雨发展趋势及控制对策学术讨论会”，证实广东地区降水酸度从1985年起平均每年下降0.15pH单位，预测到1995～2000年间，降水pH值将下降到4.2～4.4。舟山群岛最低值达 3.85。据分析烧煤排硫是降水酸化的主要因素。上海出现大范围酸雨时，除受局地污染影响外，还受随气流输送来的外源影响，大多从北部湾经两广、江西到上海；另外也有部分来自东边。酸雨破坏土壤和水域，也侵蚀建筑物和材料，对农林渔都有较大危害，对城市、工业也有损害。

(2) 赤潮猛增

据不完全统计，近年来在勃海的天津和大连湾、东海舟山渔场和厦门港及南海广东近岸海域，频繁出现赤潮；累计已达几十次。有的面积达数十公里，持续十多天。在东海舟山列岛附近海域出现过长达数海里的赤潮带。而 70 年代中国科学研究院进行京津渤生态环境研究时，只捕捉到一次，很快消失。赤潮的产生主要是陆地大量工业有机废水和城乡生活污水、垃圾、化肥等进入海域，海水富营养化所致，与土壤流失和酸雨也有关。目前沿海大部分江河、湖泊都存在富营养化问题。太湖原来水质较好，目前四周均呈富营养化。珠江广州一些河段和河口伶仃洋，亦出现富营养化迹象，氮、磷及油类超标。淡水富营养化影响饮水水质，破坏水生生物、影响观感。海洋赤潮，给捕捞业、海水养殖业和旅游业造成沉重打击，还会使海上作业人员感染疾病，对海洋生态系统破坏严重。1993 年环境公报表明：海域内湾渔场荒废面积呈扩大趋势。渤海三大毛蚶场因污染资源已接近枯竭，胶州湾沿海滩涂发生死贝事件。辽河等注入渤海的九条河流中的溯河性鱼虾、蟹类有五种已经绝迹，石河和汤河口的名贵香鱼已达到濒危程度，长江鲥鱼也已接近濒危。东海局部海域的生态环境恶化，凤尾鱼、鲻鱼的产卵场基本消失，由近海进入河口产卵的鲳鱼、马鲛鱼的产卵场外移，舟山渔场部分水域污染较重，一些主要经济鱼资源衰退。自 1994 年 4 月以来，全国沿海对虾养殖相继暴发大面积传染性流行病，疾害面积约 $11.2\times10^4 hm^2$，减少对虾产量 12 万多吨，损失 35 亿元。

1993 年沿海经济开发区和人口聚集区生活污水及工业废弃物入海量继续大量增加。黄渤海主要港口漂油不断，港区环境状态呈下降趋势。我国海域生态环境进一步恶化，必须引起高度重视。首先从陆上要消除污染源；同时防止船只、海上平台排污与事故，控制向海上倾倒废物。

(3) 乡镇企业污染加重

十多年来沿海乡镇企业异军突起，成为全国之冠。1984 ~ 1988 年我国沿海乡镇企业每年增长率高达 43.3%，1989 年产值达 8 402 亿元，占全国社会总值 24.3%；工业总产值为 6145 亿元，占全国工业总值的 28.1%；而 1993 年产值又增至 29000 亿元，分别占全国社会总值的 1/3，农村社会总值的 2/3，已达全国工业总产值的 40%。沿海 11 省市(区)乡镇企业的总产值已占到全国乡镇企业产值的 2/3。成为经济腾飞的重要支柱。据南京环科所乡镇企业环境污染对策研究协作组预测：2000 年前乡镇工业产值将赶上并超过城市工业，其“三废”排放量也相应迅速增长。目前沿海乡镇工业发达地区，广泛分布造纸、印染、电镀、化工、食品、水泥、砖瓦、冶金等行业。能耗、物耗都高；加上人口密度、经济密度高，消费资源、排废也高。原来沿海大城市、大工业的污染已很严重，现又向农村转移，污染广泛扩散。

目前严重地区已危及水源和城镇居民健康。如广东东莞曾引进污染型行业，如冶炼、皮革、印染、电镀等工厂，致使供水渠道受到污染。长江三角洲的上海、苏锡常地区地面水普遍污染，苏南运河许多河水黑臭，直接影响 40 万人饮用水源，癌症发病率逐年上升。上海 1987 年统计，市效区平均年排污水量达 $1976\times10^8 m^3$，黄浦江接纳污水已占总水量的 21%。水体发臭天数由1982年151天发展到1993年的288天。内陆水域亦有33%的水体不能养鱼;近郊蔬菜基地污染严重,叶菜及葱蒜中污染普遍超标,直接影响市民健康(1991年6月13日中国环境报)。浙江钱塘江沿岸乡镇企业年排污水3×10^8t以上,危及渔业、旅游和生活用水。

近两年来沿海乡镇企业快速发展,环境污染与生态破坏又有所失控。如福建省,以往长期未能解决的小造纸、小电镀、小印染、小轧钢、小瓷窑、小水泥及小矿山等污染严重的行业迅速发展。2000多家小矿山大多在毫无规划和环保措施情况下开采,造成资源严重破坏,水土流失和水源污染;500多家小造纸厂几乎全部没有污水处理设施,废水几乎污染全省河流水域;2000多家小瓷窑无有效除尘手段,造成严重大气污染,全省酸雨频率上升;全省乡镇企业废水处理率仅6%,污染已危及农业。据17个商品粮县调查受害耕地超过12.4万亩(约$83km^2$);还危害近海养殖业,引起赤潮频繁,水产养殖大面积死亡。河北省环保执法大检查中,发现乡镇企业管理失控,一批小土焦、造纸、冶炼、化工、电镀、石棉等行业,污染严重。广西一些地区的乡镇企业未经批准,擅自建设一批砒霜生产厂点。土法上马,无三废处理措施,严重污染植被、水源和土壤,危害人畜健康,群众反映十分强烈。

(4) 人地矛盾尖锐

近百年来,沿海成为殖民主义掠夺我国资源的基地,经济畸形发展,人口聚集,土地过载、生态恶化,灾害频繁,民不聊生。广东、福建沿海粮食不能自给,大量移民海外谋生。建国后,大力开发西部,向西转移约1500万人,沿海整治水利海堤,整治生态环境,取得成效。但随着全国人口迅速增长,沿海人口总量又迅速膨胀。最近十年人口又从西向东流动。沿海各省耕地大量减少,人多地少的矛盾更加尖锐。广东最近10年减少耕地400多万亩,人均已不足0.6亩(约$400m^2$),而建国初期为1.6亩(约$1067m^2$)。福建人均只0.6亩(约$400m^2$),浙江人均0.7亩(约$467m^2$)。森林资源的破坏也很严重,海南省热带雨林1964年覆盖率为18.7%,1981年降到8.5%,现仅存7%。许多珍稀动植物濒于绝迹,如坡鹿、长臂猴、巨蜥等以及子京、坡垒、花梨等树种。沿海的红树林、珊瑚礁也遭破坏。砍林引起的土壤侵蚀十分严重。沿海各省普遍加剧,如广东韩江含沙量在$0.5kg/m^3$左右,流域侵蚀模数在237~$520t/km^2$之间。韶关地区近1/3土地发生水土流失。福建九龙江、闽江流域水土流失也在加剧。全省1985年水土流失面积达$1.38\times10^4km^2$,每年增速62.3%(1980~1985年间)。其他各省市(区)都有大量耕地水土流失。由此引起跑水、跑土、跑肥,土壤退化、河床抬高、水库淤积、水利、通航能力下降。有的土地沙化、碱化,农业资源受损。人口、资源、环境矛盾在加剧。

人口过多、过密在城市化进程中产生另一问题,就是城镇拥挤、脏乱、污染加剧。上海市区密度每平方公里最高的竟达8万人,林地覆盖率仅1.7%,人均绿地只有$1.15m^2$(1993),而国外城市如伦敦为$30.4m^2$。珠江三角洲平均每$70km^2$就有一座城镇,建制镇由32座增至434座。全地区居住在城镇的人口中非农业人口达667万人,约占全地区人口的41%。此外,还有大量从中西部拥进的暂住人口。深圳市外来暂住人口占55%~60%。这里和苏南一样,已形成大城市与城镇混杂的工业城镇群。沿公路和江河形成带状城市,到处是十里长街,楼房林立;缺少功能分区。布局混乱,公用设施差,交通拥挤嘈杂,上方排污,下面受害,污染扩散。任意圈地,占用良田,破坏资源环境甚为严重。据我国典型生态区生态破坏研究课题组调查分析:我国二、三产业占用耕地主要分布在华南、华东地区。

(5) 面临海平面上升威胁

全球气候变化的研究，已肯定"温室效应"气候变暖的趋势，1980年代全球平均地面气温比过去140～1000年中任何一个10年的平均值都高。据研究，大气中CO_2含量增1倍时，全球平均地面气温增幅将达1.5～4.5℃。升温将引起海平面上升，海岸受侵，陆地生态发生变化，影响工农业生产。1992年在巴西召开的全球环境与发展首脑会议，已采取对策，通过《气候变化框架公约》。据华盛顿气候研究所预测：2100年将有上海、香港、东京等城市受淹。中国科学院与美国合作研究初步预测：沿海三角洲平原海岸影响严重，天津70％人口，80％工业产值受威胁，东南沿海受台风侵袭影响增多。陆上农业生产不稳定性将增大，部分生物处于濒危、灭绝、变异、消失境地。又有预测长江口可能移到镇江。据研究，国内近40年气候与全球变暖总趋势一致。国家测绘局宣布：我国海平面每年上升2～3mm。沿海因地下水过采等原因，出现地面下沉，海潮侵袭，土地盐碱化等问题。

近年中国科学研究院地学部在天津、上海、广州调研后发表专题报告指出：天津过度开发造成地面下降，海平面相对上升，码头下降；海平面上升对广州、上海经济发展均有影响；必须采取防范措施。在江苏的有关专家调研后亦指出：海平面上升将严重影响江苏经济发展。一是海涂淹没和海岸侵蚀加剧；二是低地排水难度增加；三是盐水入侵，影响工农业、生活用水；四是影响海岸工程、海洋开发。

海岸带往往地质构造活动频繁，地震、海啸、巨风、暴雨等自然灾害也多，位置又处在大陆末端，人类活动形成种种废物大多汇集于此，污染危害也重。我国沿海经济最发达，人口也最多、最密，生态脆弱。今后又将在沿海建设综合开发重点区域，为京津唐、长江三角洲、珠江三角洲、山东半岛、闽东南和海南岛、辽中南等。气候变化、海平面上升的影响应早做研究，提出防范措施和对策，不然将祸及子孙。

第五节　环境污染

环境污染是指由人类的活动所引起的环境质量下降而有害于人类及其他生物的正常生存和发展的现象。环境污染从不同角度、不同方面有多种分类。按环境要素，可分为大气污染、水体污染和土壤污染等；按污染物的性质，可分为生物污染、化学污染和物理污染；按污染形态，可分为废气污染、废水污染、固体污染，以及噪声污染、辐射污染等；按污染产生的原因，可分为生产污染和生活污染，生产污染又可分为工业污染、农业污染、交通污染等；按污染物的分布范围，又可分为全球性污染、区域性污染、局部性污染等。

以下从环境要素和污染物的形态角度，介绍环境污染有关问题。

一、废气污染

废气(waste gas)指在矿物燃料燃烧、工业生产、垃圾和工业废物燃烧以及汽车行驶过程中排出的气体。废气中含有的污染物种类很多，其物理和化学性质非常复杂，毒性也不尽相同。燃料燃烧排出的废气中含有二氧化硫、氮氧化物、碳氧化物、碳氢化合物和烟尘等。工业生产因其所用原料和工艺不同而排放出各种不同的有毒气体和固体物质(粉尘)，含有化学组分如重金属、盐类、放射性物质、病原体、有机化合物等。汽车排出的尾气含有氮氧化物和碳氢化合物。废气污染大气环境，是当前世界最普遍最严重的环境问题之一。

废气污染对人体有着严重的不利影响(见表8-4)。

表 8-4　　　　废气污染对人体的影响

污染物	对　人　体　的　影　响
烟雾	视程缩短、导致交通事故、慢性支气管炎
飞尘	血液中毒、尘肺、肺感染
二氧化硫	刺激眼角膜和呼吸道粘膜、咳嗽、声哑、胸痛、支气管炎、哮喘、甚至死亡
二氧化氮	刺激鼻腔和咽喉、胸部紧缩、呼吸促迫、失眠、肺水肿、昏迷、甚至死亡
一氧化碳	头晕、头痛、恶心、四肢无力,还可以引起心肌损伤、损害中枢神经、严重时导致死亡
氟化氢	刺激粘膜、幼儿发生斑状齿、成人骨骼硬化
硫化氢	刺激粘膜、导致眼炎或呼吸道炎、头晕、头痛、恶心、肺水肿
氯气	刺激呼吸器官、导致气管炎、量大时引起中毒性肺水肿
氨	刺激眼、鼻、咽喉粘膜
气溶胶	引起呼吸器官疾病
苯并芘	致癌
臭氧	刺激眼、咽喉、呼吸机能减退
铅尘	铅中毒症、妨碍红血球的发育、儿童记忆力低下

(引自刘文等,1995)

(一) 二氧化硫

二氧化硫为无色有刺激性的气体,易溶于水,在催化剂(如大气颗粒物中的铁、锰等金属离子)的作用下,易氧化成三氧化硫,遇水可变成硫酸,对环境起酸化作用,是大气污染的主要污染物(一次污染物)之一。城市、工业区大气中的二氧化硫主要来源于含硫的矿物燃料或含硫金属矿的冶炼排放废气。英国伦敦、比利时的马斯河谷和美国多诺拉等城镇的大气污染中毒事件,都与二氧化硫污染有关。中国因以燃煤为主要能源,二氧化硫污染已成为全国普遍存在的环境问题,例如,二氧化硫 1982 年的年日均值,北方城市为 $0.02 \sim 0.38 mg/m^3$,30%的城市超标;南方城市为 $0.02 \sim 0.45 mg/m^3$,19.2%的城市超标。据调查,长江以南不少地区出现酸雨污染,均与二氧化硫污染及氧化剂的存在有关。二氧化硫对呼吸器官和眼睛粘膜有刺激作用,吸入高浓度二氧化硫可引起喉头水肿和支气管炎。长期接触低浓度二氧化硫,不仅使呼吸道疾病增加,而且对肝、肾、心脏皆有损害。大气中二氧化硫对动植物和建筑物也有很大危害。

二氧化硫还会危害农作物及森林的生长。当大气中含有二氧化硫常年浓度为 0.02 ~ 0.03ppm 或一天浓度为 0.28ppm 时,会给农作物等植物带来危害。环境中二氧化硫浓度长期为 0.2ppm 之上时,不少植物根本无法生存。当二氧化硫浓度为 1 ~ 2ppm 时,在 2 ~ 3 小时内,会使许多植物的叶子表面组织破坏,叶绿素损害,吸收能力下降,而遭死亡。二氧化硫对人体的影响见表 8-5。

表 8-5　　二氧化硫对人体的影响

二氧化硫的浓度(ppm)	影　　响
0.01～0.1	由光化学反应产生的微尘使视程减小
0.1～1	对植物、器具有损伤或腐蚀
1～10	对人开始有刺激作用
1～5	人开始闻到臭味
10	使人不能较长时间继续工作
10～100	动物或人开始出现种种的症状
20	人受刺激流泪,并且咳嗽
100	使人不能短时间继续工作,咽喉疼痛、咳嗽、打喷嚏、胸疼、呼吸困难
100 以上	使有生命的东西死亡
400～500	人迅速窒息而死亡

(引自茹至刚,1988)

(二) 氮氧化合物

氮氧化合物是氮的氧化物的总称。通常所称的氮氧化物主要指 NO 和 NO_2 两种成分的混合物,用 NO_x 表示。是氮循环中对流层大气的重要化学物质。NO 和 NO_2 是大气中常见的重要污染物,其主要污染源为燃料燃烧时,空气中的氧和氮在高温下生成的产物。燃煤或燃油的工业锅炉以及机动车辆排出的废气中含有大量氮氧化物。例如,水力发电厂排出的烟气中含有一氧化氮达 1200ppm,汽车废气中可达 4000ppm。其他工业生产,如硝酸和硝酸化合物生产、化学工业的硝化过程、火药和氮肥的生产等都有氮氧化物的排放。

长期接触二氧化氮,可发生慢性支气管炎、神经衰弱症等,有的可导致肺部纤维化。二氧化氮还会使中枢神经受损,引起痉挛和麻痹,高浓度的二氧化氮会损害肺功能。近年发现,二氧化氮还具有助癌和致癌性。

二氧化氮的污染会对植物产生不良影响。高浓度的二氧化氮会使柑桔等果树落叶和落果,在低浓度的二氧化氮长期影响下,则能使植物生长明显受到抑制。

(三) 碳氧化物

1. 一氧化碳

化学式为 CO。是无色、无臭、无味、无刺激性的气体,有剧毒。大气中主要来源是含碳燃料的不完全燃烧。工业锅炉和民用炉灶排出的烟气中约含有 3%左右,汽车废气中含量约为 3%～13%。其他如炼焦、煤气生产等工业过程中也会产生一定量的 CO。大气中 CO 的本底值为 0.01～0.2ppm。污染大气中约有 80%CO 是由汽车排放的,在交通量大的城市空气中一氧化碳的浓度可高达 40～115ppm。在大气中能停留 2 个月左右。能被氢氧自由基(HO·)氧化而生成二氧化碳和氢自由基或水,是 CO 在大气中消除的重要途径。极易与血红蛋白结合(比氧的亲和力要大 200～300 倍),吸入人体后形成碳氧血红蛋白,使血红蛋白失去输氧的能力,使机体缺氧,窒息死亡。自然界中甲烷的氧化,海洋和陆地动植物代谢和残骸的降解等都会产生大量一氧化碳;但迄今尚未发现因自然界产生的一氧化碳造成的灾害。

2. 二氧化碳

二氧化碳俗称“碳酸气”。化学式为 CO_2,是无色、无臭、有酸味的气体。洁净干燥的大气中其平均含量约为 330ppm(容积)。大气中二氧化碳的来源有:①人和动物的呼吸,人类呼出气中含 4%左右;②生活和生产中燃料(煤、石油等)的燃烧;③土壤、矿井和活火山的逸出;④有机物的发酵、分解和腐败过程。大气中的二氧化碳大部分被绿色植物在光合作用中吸收利用。海洋对大气中二氧化碳的浓度,起着极大的缓冲作用(大气中 CO_2 浓度高时被海洋吸收,浓度低时会释放)。但由于近几十年来化石燃料消耗量的急剧增加,使大气中二氧化碳的浓度逐年增加。每年平均增加量约为 1ppm;但 1969 年以后,每年增加量超过 1ppm (1.0~2.0ppm)。据推测,到 2000 年以后如果化石燃料消耗量增加,其产生的二氧化碳有 50%停留在大气中,预测届时大气中二氧化碳的浓度将达 375ppm。这个浓度如果实现,就会使地球的温室效应显著增加,所以,二氧化碳污染会导致全球性的气候变化和生态环境的破坏。

(四) 飘尘和降尘

1. 飘尘

飘尘亦称“可吸入颗粒物”或“可吸入尘”。指粒径小于 10μm(微米)的悬浮颗粒物。包括煤烟、烟气和雾及二次颗粒物如硫酸盐、硝酸盐微粒等。其中相当大一部分比细菌 (0.75μm)还小,粒径在 0.1~1.0μm 之间的悬浮微粒,一般由运载气体中的稀浓度的燃烧产物和水蒸汽凝结而成。它们在空气中随气体分子作布朗运动,很难沉降,可以数年甚至几十年在大气中飘浮。飘尘能吸附致癌性很强的苯比芘等碳氢化合物,在无风或风速很大、逆温等不利于稀释、扩散的气象条件下,又能在大气中富集,使大气污染程度增大,从而大大增强其危害。

2. 降尘

降尘亦称“落尘”。空气中直径大于 10μm 的固体颗粒物。按斯托克司定理计算,降尘的自然沉降速率一般在 1cm/s 以上,大到几十厘米/秒。成分复杂,随来源不同,其性质有很大差异。来源主要有地面扬尘、燃料燃烧、工业烟尘、火山灰等。降尘离开发生源后,很快降落到地表,随着离源距离的增加,降尘量迅速减小。大气中的降尘一般用降尘罐收集和测定,以每月每平方公里沉降的吨数来表示。中国规定每月居住区大气中降尘的可容许量为清洁区基础上再增加 $3t/km^2$。降尘不易进入人体内部,一般在上呼吸道滞留,对皮肤、眼部有刺激作用。对农作物亦有一定的影响。

(五) 光化学烟雾

光化学烟雾是一次污染物和二次污染物的混合物所形成的空气污染现象,具有很强烈的氧化能力,属于氧化型烟雾。造成的主要原因是大量汽车排气和少量工业废气中的氮氧化物和碳氢化合物,在一定的气象条件下发生。一般最易发生在大气相对湿度较低、微风、日照强、气温为 24~32℃的夏季晴天,并有近地逆温的天气。是一种循环过程,白天生成,傍晚消失。20 世纪 40 年代在美国洛杉矶最早出现,有人称这种类型的烟雾为“洛杉矶型烟雾”。50 年代以来,日本、加拿大、德国、澳大利亚、荷兰等国的一些大城市及中国兰州西固石油化工地区也都发生。光化学烟雾成分复杂,对动植物和材料有害的是 O_3 和甲醛、丙烯醛等二次污染物。也称“次生污染物”(次生污染物指一次污染物在物理、化学因素或生物作用下发生变化,或与环境中的其他物质发生反应所形成的物化特征与一次污染物不同的新污染物。通常比一次污染物对环境和人体的危害更为严重)。对人和动物的眼睛有强烈刺激作用,引致头痛、呼吸障碍、慢性呼吸道疾病恶化;使大气能见度降低等。

光化学烟雾对人体有很大的刺激和毒害作用。浓度在 0.1ppm 以上时,虽短时接触,也会刺激眼睛而引起流泪;浓度达 0.25ppm 以上时,感觉更为明显;1ppm 时眼睛发痛难睁,并伴有头痛;在 0.03~0.3ppm 时,只需 1 小时,就会影响运动员竞技状态。光化学烟雾对植物的损害也很严重,只要浓度达到 0.05ppm,植物就会受到威胁。此外,光化学烟雾还波及很多方面,如家畜发病率增高,橡胶制品老化龟裂,建筑物受损变旧等。光化学烟雾对人和动物的影响,见表 8-6。

表 8-6　　光化学烟雾对人和动物的影响

光化学烟雾浓度(ppm)	影　　响
0.03	在 8 小时内灵敏度高的作物树木受损害
0.2~0.3	肺机能降低,胸部紧缩感
0.1~1.0	一小时内呼吸紧张
0.2~0.5	3~6 小时内视力降低
1~2	2 小时内头痛慢性中毒,肺活量减少
5~10	全身疼痛,开始出现麻痹症,并得肺水肿
15~20	小动物 2 小时即死亡
50	人在 1 小时就可能死亡

二、废水污染

废水(waste water)指人类在生产活动和生活活动过程中排出的使用过的水。包括从住宅、商业建筑物、公共设施和工矿企业排出的液体以及用水输送的废物与可能出现的地下水、地表水和雨水的混合物。废水中的污染物对人体有程度不等的危害(表 8-7)。

(一) 废水污染类型

1. 生活污水

生活污水是居民日常生活所产生的污水,是浑浊、深色、具恶臭的水,微呈碱性,一般不含毒物,所含固体物质约占总重量的 0.1%~0.2%,所含有机杂质约占 60%,在其全部悬浮物中有机成分几乎占总量的 3/4 以上。生活污水中的有机杂质主要是纤维素、油脂、肥皂和蛋白质及其分解产物,无机杂质以泥沙、矿屑及溶解盐类居多。由于它极适宜于各种微生物的繁殖,故含有大量的细菌、病原菌和寄生虫卵。生活污水有较高的肥效,据北京市分析,在 1000m^3 污水中含氮肥 75kg,磷肥 7kg,钾肥 18kg。表 8-8 列出了中国一些城市生活污水的水质情况。生活污水的水量水质明显具有昼夜、季节周期性变化的特点。

表 8-7　　　　废水中主要污染物对人体的危害

污染物	对人体健康的危害
汞	食用被汞污染的水产品，产生甲基汞中毒，头晕，肢体末梢麻木，记忆力减退、神经错乱，甚至死亡，还导致胎儿畸型
铅	食用含铅食物，会影响酶及正铁血红素合成，影响神经系统，铅在骨骼及肾脏中积累，有潜在的长期影响
镉	进入骨骼造成骨疼病，骨骼软化萎缩，易发生病理性骨折，最后饮食不进，于疼痛中死亡
砷	影响细胞新陈代谢，造成神经系统病变；急性砷中毒主要表现为急性胃肠炎症状
铬	铬进入体内后，分布于肝、肾中，出现肝炎和肾炎病症
氰化物	饮用含氰水后，引起中毒，导致神经衰弱、头痛、头晕、乏力、耳鸣、震颤、呼吸困难、甚至死亡
多环芳烃	长期处于高浓度的多环芳烃环境中，会致癌
酚类	引起头痛、头晕、耳鸣、严重时口唇发紫，皮肤湿冷，体温下降，肌肉痉挛、尿量减少、呼吸衰竭
可分解有机物	这类污染物为病菌提供生存条件，进而影响人体健康
致病菌	引起传染病，如霍乱、痢疾、肝炎、细菌性食物中毒
亚硝酸盐	引起婴儿血液系统疾病等
氟化物	超过 1 毫克/升，发生齿斑、骨骼变形
放射性物质	经常与放射性物质接触会引起疾病，甚至会遗传给后代
多氯联苯	损伤皮肤、破坏肝脏
油类	使水体失去饮用价值

表 8-8　　　　中国部分城市生活污水水质情况

	pH 值	悬浮物	氨氮	BOD_5	氯化物
北京	7~9.2	100~600		40~300	
上海	7~7.5	300~350	40~50	350~370	140~145
西安	7.3~7.9		22~33		80~100
武汉	7.1~7.6	60~330	15~60	320~350	

（引自曲格平等，1994）

2. 工业废水

工业废水指工矿企业(包括乡镇企业)生产过程排出的废水。是生产污水和生产废水的总称。工业废水的水量、水质随不同的工业及其生产过程而有很大的差别。棉纺厂的污水悬浮物含量仅200~300mg/L,而羊毛厂污水的悬浮物含量可达2000mg/L;制碱厂污水的BOD_5有时仅30~100mg/L,而合成橡胶厂污水的BOD_5可达20000~30000mg/L;金属加工厂污水一般是酸性的,而制革厂污水则是碱性的;有些生产污水中含有重金属;有些含有难降解的有机物;有些含有大量的细菌或(和)病原菌;有些带有各种颜色;还有些生产废水(特别是冷却水)则又是比较清洁的。工业废水必须达到一定标准后方可排入排水管网和进入污水处理厂处理。

(1) 生产污水

专指工矿企业生产中所排出的污染较严重,须经处理后方可排放的工业废水。成分复杂,多半具有较大的危害性,各种生产污水的水质和水量相差很大。对生产污水,往往以其中含量较多或毒性较强的某一种成分来命名,如含酚、含油、酸碱、含氰、含砷、含铬、含汞、含镉、含铅等污水。按生产污水中的污染物可分为两类:①其污染物质能在环境或动植物体内蓄积,对人体健康产生长远不良影响,包括总汞、有机汞、总镉、六价铬、总铬、总砷、总铅、有机铅、总镍和多氯联苯等,这类生产污水一律要求在车间或处理设备的排出口达到规定的排放标准。②其他污染物,包括悬浮物、石油类、挥发酚、氰化物、氟、阴离子表面活性剂、磷酸盐、有机磷、甲醛、苯胺、硝基苯、苯系物、铜、锌、锰等。生产污水中还可能含有难分解的有机物,主要是有机氯化合物、多环有机化合物、有机氮化合物(芳香胺类)和有机重金属化合物等,其中有不少难分解有机物是致癌的。

(2) 生产废水

又称"清净废水"。指工矿企业排出的比较清洁的不经处理即可排放的工业废水。典型的生产废水是冷却水。生产废水(特别是冷却水)是循环利用工业废水中应首先考虑的。

(二) 废水中的污染物质

1. 有机物质的污染

有机污染指有机化合物引起的环境污染。有机化合物分为天然的和人工合成的两大类。前者主要是生物代谢物和生物化学过程的产物,如黄曲霉素、油脂、蛋白质等;后者为合成的农药、洗涤剂、塑料等。进入大气的有机物以气态形式存在,有的经阳光照射产生光化学反应,危害生物和人体健康;进入水体的有机物由于微生物分解或化学反应大量消耗水中氧气,从而危害鱼贝类的生存,改变生物群落结构,恶化水域环境。一般耗氧有机物较易于被微生物所降解,而化学性质稳定的一些有机物如DDT、多氯联苯,特别是高分子聚合物等,既不易被光解、氧化,也不易被微生物所降解,可长期停留在环境中造成污染。

水体中的有机污染物分为挥发性和非挥发性的两大类,近年由于化学分析技术的进步,已在环境水体中检出3000种以上挥发性有机污染物,其中少数常见的已经研究过其危害性。挥发性有机污染物只占有机污染物的10%~20%(约1mg/L),其余大量为非挥发性有机污染物,包括腐殖质、多糖类、蛋白质和多肽类,这些既来源于天然物质又来源于人为污染,还包括工业化学品、表面活性剂、药品和农药等人造有机物。

造纸废水、生活废水、食品工业等废水中,含有大量碳氢化合物、蛋白质、脂肪、纤维素等有机物质,排入水体后,即成为微生物的营养源,使有机物分解而被消化。在这种分解过程中，要消耗水中溶解氧（DO）。在正常大气压下，在20℃时，水中含溶解氧仅9.17mg/L。一般饮用水要求溶解氧应高于5mg/L。受到有机物质污染的水，通过生物的氧化作用消耗水中溶解氧，将有机物分解为结构简单的物质，使污染水体得到自净。水中有机物经微生物分解所需的氧量称为生化需氧量（BOD）。目前实际工作中，以五天作为测定生化需氧量的标准来监测水质，简称五日生化需氧量（BOD_5）。一般认为当测定的BOD_5值小于2mg/L时，水质可认为是清洁的；在2～5mg/L时，为受轻度污染；在5～10mg/L时，属中等程度污染；大于10mg/L时，则为严重污染。由于水体中有机物生化需氧量大，水中溶解氧因大量消耗显著降低，一旦水体中氧气补给不足，则将使氧化作用停止，引起有机物的嫌气发酵，分解出甲烷、氢、硫化氢、硫醇及氨等腐臭气体，散发出恶臭，污染环境，并毒害水生生物。由于气体上浮，有机质堆积物也被带到水面，不仅使水面的表面恶化，而且阻碍空气进入水体。

2．无机物质的污染

对环境造成污染的无机物质有：各种元素的氧化物、硫化物、卤化物、酸、碱、盐类等。各种酸、碱和盐类的排放，往往引起水质恶化，产生所谓的“酸碱污染”。酸碱污染指酸类或碱类物质进入环境，使环境pH值过低或过高，影响生物的正常生存、生长、繁殖的现象。水体pH值小于5或大于9时，大部分水生生物不能生存。环境的酸碱度直接影响生物体细胞酶的活性；环境pH值改变还可增加某些物质的毒性。在酸性条件下氰化物、硫化物的毒性加大；在碱性条件下氨的毒性增加。酸碱物质主要是工业生产过程中直接排放或间接形成。废气中的二氧化硫与水结合后形成酸雨，影响森林生长、鱼类洄游、腐蚀建筑物，使生态系统受害。

污染水体中的酸主要来源于矿山排水和许多工业废水。矿山排水的酸由硫化矿物的氧化作用而产生。工业中有各种酸洗废水和粘胶纤维、酸性造纸的废水。另外雨水淋洗含二氧化硫的空气后，汇入地表水体也能造成酸污染。

水体中的碱主要来自碱法造纸、化学纤维、制碱、制革以及炼油等工业废水。酸性废水与碱性废水相互中和可产生各种一般盐类，酸性废水、碱性废水与地表物质相互反应也生成一般无机盐类，所以酸和碱的污染也必然伴随着无机盐类污染。

酸、碱污染水体，使pH值发生变化，破坏其自然缓冲作用，消灭或抑制细菌及微生物的生长，妨碍水体自净。同时大大增加水中无机盐类和水的硬度，给工业和生活用水带来不利因素，有时因用于水处理的费用昂贵，甚至失去工业上使用价值。又因为其腐蚀性很强，会严重腐蚀排水管道和船舶等。

3．有毒物质的污染

当废水中含有多量的毒物如氰化物、砷、酚类，以及汞、镉和铜等重金属离子时，就会出现毒害生物的作用，将水体中的细菌和动植物杀死。由于细菌被毒物杀死，就必然抑制水体的自净作用。

水体中的氰化物主要来源于工业排放的含氰废水，如电镀废水、焦炉和高炉的煤气洗涤和冷却水、有关化工废水和造矿废水等。氰化物是剧毒物质，对人和水生生物都有致命的危害。

各种含砷矿渣被雨水冲洗，渗入附近地表或地下水；用砷化物杀灭钉螺引起水质污染；或用含砷颜料色素作日用品涂料引起砷中毒。砷是剧毒物质，同时砷在人的机体内有明显的蓄积性，其潜伏期很长，有的甚至长达十年至十几年，在脱离有害环境若干年后，方出现砷中毒症状。

水体中酚污染物主要来源于工业排放的含酚废水,其中焦化厂及以酚为原料的绝缘材料厂、树脂厂、玻璃纤维厂、制药厂等含酚废水量大,含酚量高。除工业的含酚废水外,粪便和含氮有机物在分解过程中也产生少量酚类化合物,也是水体中酚类污染物的重要来源。酚污染将严重影响水产品产量和质量,浓度高时引起鱼类大量死亡,甚至绝迹。

重金属(比重大于 5,另一说为 4 或 4.5)进入环境后,广泛地污染淡水、海水、土壤、生物和空气。汞及其金属化合物都有毒,特别是无机汞进入环境后,通过化学和生化转变过程,转化为有机汞,其毒性更大。汞在自然条件下不能转化为别的物质,因此汞具有永久的毒性。震撼世界的日本公害病——水俣病,调查结果就是工厂将含汞废水排入水俣湾,经生化作用转变为甲基汞,通过食物链多次富集后,人们长期食用含高浓度有机汞的鱼类所致。水俣病并能通过父母遗传给子女。

镉一般是通过工业废水及烟尘排放于自然环境中,对人体有较大的危害。因此当人们长期饮用含镉的水或食用含镉的粮食后,镉在人体内大量积累,就会造成以肾功能损害和骨损伤为主的中毒症。例如日本富山县神通川沿岸居民就因食用矿场的含镉废水污染的稻米而引起镉中毒,开始常感腰、背、双肩或膝关节疼痛,进而排泄氨基酸尿,经多年之后,逐渐不能行走,稍一用力,身体不同部位就会发生骨折,骨骼畸形,最后导致死亡。因为这种病的患者有无法忍受的骨痛感,由此称为“骨痛病”,又称“痛痛病”(itai-itai disease)。

4.“富营养化”污染

由于水体中氮、磷、钾、碳增多,使藻类大量繁殖,耗去水中溶解氧,从而影响鱼类的生存,这就是所谓的“富营养化”污染。造纸、皮革、肉类加工、炼油等工业废水、生活污水以及农田施用肥料,使水体中氮、磷、钾、碳等营养物增加。含磷洗涤剂的广泛应用,使生活污水中含磷量增加。另外,有机氮在水中经微生物作用,可以硝化分解成硝酸盐,再经还原成亚硝酸盐,它在人体中可生成亚硝胺,有强烈的致癌作用。

水体中富营养化指标包括:磷(含量大于 0.01 ~ 0.02ppm)、氮(含量大于 0.2 ~ 0.3ppm)、生化需氧量(大于 10ppm)、pH 值(7 ~ 9)、细菌总数(超过 10 万个)、叶绿素-a 含量(大于 10μg/L)等。通过上述指标值来确定水体的富营养化程度。其分析方法和分析测试技术,与水质污染监测相同。

5.油类污染物

油类污染主要为石油污染,石油污染物指在石油的开采、炼制、贮运和使用过程中,原油及各种石油制品进入环境而形成的污染物。为海洋环境中最常见的有机污染物,也存在于陆上石油工业地区及附近的大气、水体和土壤中。主要为石油开采、运输和加工中经常性或事故性漏失所造成的。这类因人为原因每年进入环境的非甲烷烃类为(64.5 ~ 89.5) × 10^6t,占石油总产量 2.3% ~ 3.2%。石油矿藏由于天然原因逸入环境的数量仅约为人为原因的 1%。环境中石油污染物最终能降解为二氧化碳和水。一般高分子较低分子难降解,芳烃较烷烃难降解,有支链较直链难降解。还原性环境如河口和海滩底泥经石油污染,常需经 5 ~ 10 年方可恢复原来生态种群。石油污染物能稍溶于水,并为强亲脂性,因而能在生物体内聚积。我国有关方面规定地面水一、二、三级石油类含量分别不得超过 0.05mg/L, 0.3mg/L, 0.5mg/L。

油轮、沿海及河口石油的开发、炼油厂工业废水的排放等,使水体受油的污染,特别在河口和近海水域，近年来这种污染十分突出。

油的污染不仅有害于水的利用，而且油在水面形成油膜后，影响氧气进入水体，实验证明，当油膜厚度大于 10cm 时，就能对河水中氧的进入产生影响。油还容易填塞鱼的鳃部，使鱼呼吸困难，甚至引起鱼的窒息。漂浮在水面的油层，由于水流和风的影响，可以扩散很远。在河口和沿海海岸，石油污染的结果，使海滩变坏，风景区被破坏，鸟类生活遭到危害。

6. 热污染

热污染指人类活动危害热环境的的现象。水体热污染是煤矿、油田、电厂等大型能源转换企业排出的废水造成江河、湖泊局部水温升高，影响水生生物生态平衡。城市中一般工业的热排污口使地表水体自净能力下降，蒸发速率增大，污染沿途环境，危害渔业生产。

热污染造成水温上升，造成水中溶解氧的减少，甚至使溶解氧降至零。水温上升，使水体中某些毒物的毒性升高，如当水温升高 10℃时，氰化钾对鱼可产生双倍的毒性。水温的升高对鱼类的影响最大，甚至引起鱼的死亡。

热污染还可加速细菌繁殖，助长水草丛生，影响河水流动，严重时使河水泛滥成灾。

7. 含色、臭、味的废水

色度高的废水，除影响水体外观外，如直接用于工业生产，还会使制成品产生色泽，影响产品质量。有色废水中主要含有铬酸盐（呈黄色）、铬盐（变绿色）、铜盐（变青色）、镍盐（变黄色）、亚铁盐（变褐色）等溶解性着色物。有些废水排出时无色，但进入水体后与其他溶解物进行反应可生成颜色，如含有铁离子的废水，遇到含丹宁废水时，即可出现黑色等等。水体中含有硫化氢和酚类化合物时会使水质发臭，水生生物受这种有臭味废水的影响，也带有臭味，这不仅使鱼贝类的质量下降，甚至使之无法食用。

8. 病原微生物污染

生活污水、医院污水以及生物制品、制革、屠宰等工业废水，含各种病菌、病毒、寄生虫等病原微生物，进入水体后，会传播各种疾病。如医院排出的污水中含有大量的病原体（病菌、病毒和寄生虫卵）。结核病医院污水，每升可检出几十万至几百万个结核杆菌。医院污水还含有消毒剂、药剂、试剂等化学物质；利用放射性同位素医疗手段的医院污水还含有放射性物质。医院污水的水量与医院的性质、规模及所在地区的气候等因素有关，按每张病床计，一般为每天 200 ~ 1000L。医院污水处理过程中所排出的污泥，按每张病床计，每天约为 0.7 ~ 1.0L，含水 95%，含有污水中病原体总量的 70% ~ 80%。

未经处理的医院污水用来灌溉农田，也会造成各种危害，如使周围地区环境污浊，蚊蝇大量繁殖，疾病流行。

三、固体废物污染

固体废物（solid waste）指在人类生产和消费过程中被丢弃的固体和泥状物质。包括从废水、废气中分离出来的固体颗粒。按化学性质，可分为有机废物和无机废物；按危害状况，可分为有害废物和一般废物；按来源，可分为矿业固体废物、工业固体废物、城市垃圾、农业废弃物和放射性固体废物。固体废物侵占土地并对环境造成多方面影响，如侵蚀土壤、破坏土壤结构、散发恶臭、污染大气、污染地下水和地表水等。因此，必须对固体废物进行适当处理、处置和利用，化害为利，变废为宝，作为一种再生资源和能源加以综合利用，如制造建筑材料、纸浆、农肥，回收金属、玻璃、生物气等。

（一）工业有害固体废物

工业有害固体废物指能对人们的健康或对环境造成现实或潜在危害的工业固体废弃物。可分为：①有毒的。对任何一类特定的代谢活动测定呈阳性反应、对生物蓄积的潜在性试验呈阳性结果或超过有关规定的容许浓度或含量的废弃物；②易燃的。含闪点低于60℃、在物理因素作用下容易起火或在点火时剧烈燃烧，易引起火灾和含氧化剂的废弃物；③有腐蚀性的。含水的pH值为3以下或12以上，或不含水但加入等量水后浸出液的pH值在上述范围内的废弃物；④能传播疾病的。食品、制革等工业部门未经消毒排出的废弃物，含致病性生物的污染等；⑤有较强的化学反应。在周围环境条件下易引起爆炸，产生激烈化学反应或释放有毒烟雾等的废弃物。具体有如下类型：

1. 有色金属渣

有色金属矿物在冶炼过程中产生的废渣。包括赤泥、铜渣、铅渣、锌渣、镍渣等。按生产工艺，分为火法冶炼中形成的熔融炉渣和湿法冶炼中排出的残渣；按金属矿物的性质，分为重金属渣，轻金属渣和稀有金属渣。长期以来，都采用露天堆置的处理方法，既占用土地又污染环境，有的还含有铅、砷、镉、汞等有害物质，造成危害。

2. 粉煤灰

粉煤灰又称“飞灰”、“烟灰”。煤燃烧所产生的烟气中的细灰。一般指燃煤电厂从烟道气体中收集的细灰，是当煤粉进入1300～1500℃的炉膛后，在悬浮燃烧条件下经受热面吸热后冷却而形成的。呈球状，表面光滑，微孔较小，一小部分表面粗糙、棱角较多。其化学成分与燃煤成分、煤粉粒度、锅炉型式、燃烧情况及收集方式有关，一般含有二氧化硅、二氧化二铝、三氧化二铁、氧化钙、氧化镁、三氧化硫等。比重为2.1～2.4，容重0.5～1.0g/cm^3。每燃用1t煤约产生250～300kg粉煤灰，中国目前每年排放3000多万吨，这些煤灰渣贮入灰场，花费巨额投资筑坝堆存，风大时黑尘到处飞扬；另有不少排入江河湖海，污染水质，淤塞河道，影响环境。

3. 电石渣

电石渣为利用电石和水反应制取乙炔过程中排出的浅灰色细粒渣。主要含有氧化钙、二氧化硅，及少量氧化镁、三氧化二铁、三氧化二铝等，烧失重占24.3%。电石渣比重为1.82，干容重为0.683g/cm^3。主要来源于电石法聚氯乙烯和醋酸乙烯生产，每生产1t聚氯乙烯，产生电石渣2t多，数量大，含碱量高，又含有硫、砷等有害物质，不经处理排放会堵塞下水道，壅积河床，危害渔业，污染环境等。

4. 铬渣

铬渣为生产金属铬和铬盐过程中产生的工业废渣。主要含有二氧化硅、三氧化二铝、氧化钙、氧化镁、三氧化二铁、六氧化二铬和重铬酸钠等。铬渣露天堆放，渗出的六价铬离子有剧毒，可污染环境，危害人畜健康。因此，铬渣的堆存必须采取铺地防渗和设棚罩措施。常对铬渣进行高温处理，消除其毒性。

5. 化工废渣

化工废渣种类繁多，以塑料废渣、石油废渣为主，酸碱废渣次之。化工废渣中有毒物质最多，对环境污染最为严重。

（二）矿业固体废渣

采矿工业的采矿废石、选矿遗留下的尾矿数量都很大。表8-9为每吨金属产品的用矿量，其中大量的在采选后成废渣堆置。煤矸石是在采煤过程中分选出的废石，数量庞大，大都推积在矿区附近。

这些大量的采矿废石不仅要占地堆存，而且含有各种金属成分，经过雨淋风吹，污染环境。有不少废渣堆易发生滑坡和火灾，有些废渣堆起火，火势蔓延，难以扑灭，造成巨大损失和危害。

表 8-9　　每吨金属产品用矿量(t)

产品名称	消费矿石量
生　铁	3~5
铜	200
锌	2 以上
铝	3 左右

（三）城市垃圾

城市垃圾是城市居民的生活垃圾、商业垃圾、市政维护和管理中产生的垃圾。不包括工业固体废物。随着工业发展，人口集中，城市规模不断扩大，许多国家的城市垃圾数量剧增。垃圾的产量与组成受城市规模、类型、地区气候、季节、环保条件、生活水平等各种因素的影响，有机成分多于无机成分，其中废纸、废塑料、废纤维的比重增长较快。中国及一些国家的城市垃圾组成见表 8-10。

表 8-10　　部分国家城市垃圾组成表

<table>
<tr><th>国家
组成(%)
项目</th><th>英国</th><th>法国</th><th>荷兰</th><th>瑞士</th><th>意大利</th><th>美国</th><th>中国</th></tr>
<tr><td>食品废弃物</td><td>27</td><td>22</td><td>21</td><td>20</td><td>25</td><td>12</td><td>20</td></tr>
<tr><td>纸</td><td>38</td><td>34</td><td>25</td><td>45</td><td>20</td><td>50</td><td rowspan="3">10</td></tr>
<tr><td>金属</td><td>9</td><td>8</td><td>3</td><td>5</td><td>3</td><td>9</td></tr>
<tr><td>塑料</td><td>2.5</td><td>4</td><td>4</td><td>3</td><td>5</td><td>5</td></tr>
<tr><td>灰、渣</td><td>11</td><td>20</td><td>20</td><td>20</td><td>25</td><td>7</td><td rowspan="3">70</td></tr>
<tr><td>玻璃</td><td>9</td><td>8</td><td>10</td><td>5</td><td>7</td><td>9</td></tr>
<tr><td>其他</td><td>3.5</td><td>4</td><td>17</td><td>2</td><td>15</td><td>8</td></tr>
</table>

（引自曲格平等，1994）

城市垃圾成分非常复杂，其中有的有机物会变质腐烂，发生恶臭，招引和孳生苍蝇，繁殖老鼠；有的疾病患者用过的废弃物，乃至排泄物，如果任意堆放，病原微生物就会随着雨水渗入地下，污染地下水源；有的飘尘飞扬，污染大气，造成传染病的传染和流行。

（四）污泥

污泥是城市污水和工业污水处理过程中所产生的沉淀物。按性质，可分为有机污泥和无机污泥两类,一般将有机污泥称为污泥,将无机污泥称作沉渣。

有机污泥是以有机物为主要成分的污泥。其主要特性是有机物含量高、易腐化发臭、颗粒较细、比重较小、含水率高而不易脱水、属胶状结构的亲水性物质、易用管渠输送。有机污泥中常含有很多植物营养素、寄生虫卵、致病微生物及重金属离子等。初次沉淀池与二次沉淀池的沉淀物均属有机污泥。

无机污泥又称“沉渣”。是以无机物为主要成分的污泥。其主要特性是颗粒较粗、比重较大、易脱水,但流动性较差、不易用管渠输送、不易腐化。沉砂池以及某些工业废水物理、化学处理过程中的沉淀物(如铁屑、焦炭末、石灰渣等)均属于无机污泥。

据有关资料,一个每天处理 $10 \times 10^4 m^3$ 的城市污水处理厂,每天产生的污泥达 $230m^3$ 左右。这些污泥中含有大量的污染物,如果处理不妥当,仍旧会对环境造成二次污染。

目前对污泥采用的处理方法主要有投海、填坑和焚烧几种。这几种处理方法不仅需要很大投资,而且会污染土壤和大气。近年来,开始采用污泥施肥,但污泥除含有农作物需要的营养元素外,还含有十分有害的物质,如有机毒物、重金属和病原微生物等。大量或长期连续施用污泥,会引起土壤和农作物的污染。所以,在污泥施肥方面应规定污泥的有毒物质的含量,对施用量和施用次数也应有一定的控制,以免形成再污染。

四、噪声污染

(一)噪声及主观评价

噪声从广义上说是指一切不需要的声音,也可指振幅和频率杂乱、断续或统计上无规律的声振动。什么声音是不需要的,需有一定的评价标准。就人而言,一种声音是否是噪声是由主观评价来确定的。评价标准包括烦扰、言语干扰、听力损伤和工作效率降低等。噪声对物理结构和设备的影响可建立在完全客观的基础上。例如,对飞机结构,“不需要”意指不希望使飞机结构因受强烈声波的影响而经受疲劳,或使飞机的导航电子设备工作不正常而导致失效。对于检测系统,如声呐系统中由探测目标反射回来的声波则称为噪声。噪声对环境是一种污染,必须加以控制。在噪声环境中即使时间很短,也会发现听力下降,如果长期持续不断地受到强噪声刺激,则内耳器官会发生器质性病变而造成耳聋。噪声的大小,以“分贝”数表示。人耳刚刚能够听到的声音为零分贝,卡车疾驶产生 90dB 的噪声,喷气式飞机直降时达 140dB,火箭发射可达 200dB。80dB 以下的噪声不损伤人的听力,90dB 以上的噪声将造成明显的听力损伤,115dB 是听力保护最高容许限,120 ~ 130dB 的噪声使人耳有痛感,噪声到达 140 ~ 160dB 时会使听觉器官发生急性外伤,鼓膜破裂出血,螺旋体从基底膜剥离,双耳完全失聪。噪声干扰谈话导致听力损伤,噪声越高干扰越严重。噪声的心理效应反应为噪声引起烦恼和工作效率降低。噪声超过 60dB 时,工作时就易感到疲倦。强噪声可使交感神经兴奋,引起失眠、疲劳、心跳加速、心律紊乱、心电图出现缺血征兆和血管收缩,还会出现头昏、头痛、神经衰弱、消化不良和心血管病等。有报道说,大城市中的神经官能症患者中,有三分之一是由噪声引起的(表 8-11)。

从物理上可知,噪声作为一种声音,实际上是在介质(如空气)中传播的机械波,是噪声源的振动所引起的,它显然是具有能量特征的。

表 8-11　　工作 40 年后噪声性耳聋发病率(%)

噪声级(dB)	国际统计(ISO)	美国统计
80	0	0
85	10	8
90	21	18
95	29	28
100	41	40

噪声主观评价是从噪声对人的心理影响的角度来量度噪声的方法。噪声的客观参数与主观感觉的关系非常复杂,噪声对人的影响既有心理的又有生理的。正确地评价各种噪声的主观效应,并把主观评价量同噪声的客观物理参数联系起来,是噪声主观评价的任务。从 20 世纪 30 年代开始,就有许多科学家从事评价量的建立,现在已有 20 多种评价量可供选用。目前趋向用 A 声级或等效 A 声级来评价大部分噪声,因为这它能较好地反映噪声引起的烦扰,又容易测量。

(二) 噪声的种类

就城市噪声而言,主要有交通噪声、工业噪声、建筑施工噪声、社会生活噪声等。

1. 交通噪声

交通噪声主要指机动车辆在市内交通干线上运行时所产生的噪声。是现代城市中重要的公害。随着城市机动车辆数目增长,交通干线迅速发展,交通噪声日益成为城市的主要噪声,约占城市噪声源的 40%。城市交通干线的噪声的等效 A 声级可达 65 ~ 75dB,汽车鸣笛较多的地方 A 声级甚至在 80dB 以上。此外,交通噪声还包括飞机、火车、轮船的噪声。

(1) 机动车辆噪声

机动车辆噪声指机动车辆在运行时发出的噪声。是交通噪声中的主要类型。这种噪声其强度同车辆的种类、运行状况、道路交通状态、车辆结构和轮胎花纹式样等有关。其主要噪声源为驱动系统(进气、排气、燃烧、机械、冷却风扇等)和运行系统(轮胎、传动齿轮等)。各种公路车辆高速运行时,轮胎噪声为主要噪声。频繁使用信号喇叭也会成为噪声污染源。公路车辆的其他噪声有空气涡流噪声和车体结构振动噪声等。铁道车辆噪声的主要噪声源为驱动系统(机车)和车轮-轨道运行系统。

(2) 轮胎噪声

汽车在行驶时的一个重要噪声源。按轮胎的花纹设计可将轮胎分成肋式轮胎和纵横式轮胎两类。纵横式轮胎的行驶噪声高于肋式。此外,噪声大小同路面本身条件有关,例如在柏油路面上行驶的噪声比混凝土路面上高。

2. 工业噪声

工业噪声指工厂的机器在运转时产生的噪声。按其噪声源特性可分为:①气流噪声。由气流的起伏运动或气动力产生的噪声,如喷气噪声、边棱声、受激涡旋声、螺旋桨噪声、风扇声等。②机械噪声。由机械设备及其部件在运转和能量传递过程中产生振动而辐射的噪声,如织布机声、电锯声、打桩声等。各类工业使用的机器设备和生产工艺不同,造成的噪声种类和污染程度也就不同。如造纸工业的噪声声级范围为 80 ~ 90dB,铁路交通、建工建材为 80 ~ 115dB 等。

3. 建筑施工噪声

建筑施工噪声指建筑施工现场大量使用各种不同性能的动力机械时产生的噪声。建筑施工噪声源是多种多样的,且经常变换。这种噪声具有突发性、冲击性、不连续性等特点,也特别容易引起人们的烦恼。

4. 社会噪声

社会噪声指商业、娱乐、体育、游行、庆祝、宣传等活动产生的噪声。也包括家用电器,打字机等小型机械,以及制作家具和燃放爆竹等所产生的噪声。商业、游行等有时应用扩声设备造成的噪声污染就更为严重。可采取城市规划分区和制定有关法令等措施加以控制和限制。家用电器等小型机械的制造应提高加工精度和改革机械结构,以减弱噪声的辐射。

五、土壤污染

(一) 土壤污染的性质

土壤是具有肥力,能使植物生长的疏松的地球陆地表层。由岩石风化而成的矿物质、动植物残体腐解而成的有机质以及水分、空气等组成。土壤污染指污染物进入土壤,并形成积累,使土壤质量恶化的现象。主要由污水灌溉、施药、施肥、堆放废物及大气沉降所致。主要污染物有农药、化肥、重金属、有毒气体、酸雨及病菌等。土壤污染使农作物减产;有的毒物通过土壤-植物系统进入人畜体内,影响健康。例如,日本富山县神通川发生的"痛痛病"就是铅锌冶炼厂排出含镉废水灌溉水稻,镉在稻米中积累,人吃了过量含镉米会引起骨骼碎裂,重者致死。又如氟污染,会影响人畜钙代谢失调,使牙齿脱落,不能站立。此外,致病菌污染可传播疾病。

土壤的本质特性,一是具有肥力,即具有供应和协调植物生长所需要的营养条件(水分和养分)和环境条件(温度和空气)的能力;二是具有同化和代谢外界输入物质的能力,输入物质在土壤中经过复杂的迁移转化,再向外界输出。这两种能力或功能往往是相辅相成的。这种输入与输出是土壤既受环境影响,同时又影响环境的反映。当输入土壤系统内的"三废"物质数量超过土壤迁移转化能力,破坏土壤系统原来的平衡,引起土壤系统成分、结构和功能的变化时,就发生了土壤污染。

土壤污染的显著特点是具有持续性,进入土壤的污染物移动速度缓慢,它往往不容易采取大规模的消除措施。如有些有机氯污染物,在土壤自然分解要十多年,有的土壤停止污染后,即使三、五年后再使用还会受到危害。

土壤是整个生物圈的基础,一切生物生息其上,土壤受了污染,将通过食物链和地下水危害人类。城市用地上的土壤受了污染,破坏了土壤中微生物系统的自然生态平衡,使病菌大量繁殖和传播,将造成人口密集地区的疾病蔓延。

土壤环境污染的发生是与土壤的特殊地位和功能相联系的。首先,土壤历来就作为人类活动废弃物的处理场所。垃圾、废渣、污水向大自然倾倒,土体和水体一样都是这些废物的归宿,这就使大量有机和无机污染物质随之进入土壤。这是造成土壤污染的主要途径。为了提高农产品的数量和质量,要向农田中施化肥和农药,要进行水利灌溉(有时直接用富营养污染水灌溉),污染物质随之而来,并可能在土体中积累。这是土壤污染的第二条途径。第三,土壤作为大气、水体、生物圈以外的又一个环境要素,随时随地接受大气或水体中污染物质的迁移和转化,比如接受酸雨,成为这些污染源的富集中心,使土壤受到污染。此外,在自然界中某些元素的富集中心或矿床周围,往往形成自然扩散晕,使附近土壤中某些元素的含量超出一般土壤的本底值,这是一种自然污染。土壤污染抑制植物生长,导致生物变异,最终将危及人类。

(二) 土壤污染的种类

1. 重金属元素

土壤污染中重金属比较突出。重金属不仅不能为土壤微生物所分解,而且可为生物所富集,土壤一旦遭受重金属污染,是较难予以彻底消除的,因此构成对人类潜在的较大危胁。

土壤本身含有一定量的重金属元素,其中很多是作物生长需要的微量营养元素。只有当进入土壤中重金属元素积累的浓度,超过了卫生标准,才认为土壤已被重金属污染。

污染土壤的重金属主要来自大气和污水,其中主要是汞、砷、镍、铜和锌等。从矿渣中冲刷出来的镍、铜、锌、铅等物质,首先污染水质,再污染土壤,这称为水质污染型土壤。重金属污染土壤,以水质污染型为主,常占土壤污染总面积的80%以上。还有一些重金属是从冶炼厂排烟中放出来的,首先污染大气,然后受重力作用或经雨水淋洗降落在地面上,又污染土壤,这种方式称为大气污染型土壤。

土壤中汞以金属汞、无机汞和有机汞等形式存在,土壤中汞的污染来源除工业废水中所含汞渗入土壤外,有机汞农药的施用也是重要污染源。土壤中汞通过农作物根被吸收,经过食物链而进入人体,危害人体健康。

重金属对土壤的污染,主要是镍的污染。镍来自矿山、冶炼、机电、化工等工业废水的渗入。土壤被镍污染后,农作物通过根吸收,并富集于体内。如受镍污染的稻田,大米里的镍累积量增多,人吃了就会中毒发病,这即是日本有名的“痛痛病”。

污染土壤的铜,主要来自铜矿山和冶炼厂排出的废水。土壤中铜污染主要造成农作物的损失,当农作物根部铜积累过多时,新根的生长受到限制,吸收养分能力减弱,严重时枯死。但不像镍一样,通过作物残留进入人体,危害人体健康。

2. 有机物和无机盐

土壤中有机物和无机盐的污染,主要来自工业废水的渗入,以及固体废弃物堆放在土地上,因自然扩散和雨淋渗入。

有机物和无机盐的成分比较复杂,其污染作用也是多种多样。有的是直接危害作物,有的是污染土壤,使土壤物理性质变坏。或产生还原性物质,从而影响作物生长。

3. 病原微生物

土壤中的病原微生物主要来源于人畜的粪便,灌田的污水等。当人与污染的土壤直接接触,可使健康受到影响。若食用被土壤污染的蔬菜、瓜果等,则间接地受到污染。在这类污染土壤上聚集的蚊蝇,则成为扩大影响的带菌体。当这种土壤经过雨水冲刷,又可能污染水体和饮用水,造成恶性循环。

4. 放射性污染

放射性污染的来源主要有两个方面。第一是核武器的使用和试验;第二是原子能和平利用过程中,放射性废水、废气、废渣的排放。这些放射性废物都不可避免地随同自然沉降、雨水冲刷或废弃物堆积而污染土壤。

土壤对放射性污染是不能排除的,只有靠其自然衰变达到稳定元素时,才能消灭其放射性。这些放射性物质都可被植物吸收,通过植物摄取进入人体。放射性物质还在人体内产生内照射、损伤人体组织,引起肿瘤、白血病等疾病。

5. 农药和化肥污染

农药(特别是含氯农药)对土体的环境污染是当前较受重视的问题之一。例如 DDT 是一种脂溶性剧毒浓药、它在水中和脂肪中的溶解度分别为 0.002mg/L 和 100g/kg,两者相差五千万倍。因此 DDT 极易通过植物茎叶或果实表面的腊层进入植物体内,特别容易被脂肪含量高的豆科和花生类植物所吸收。如棉田内用 DDT 防治棉铃虫,棉田又套种花生,花生就会含有 DDT,接着 DDT 又在人体内积累和富集(有人在人乳中也检出 DDT),毒害人类。目前 DDT 已被禁用。

1942 年,美国胡克尔电力化学公司买下了纽约州腊芙运河一段 3000 英尺(约 915m)长的未挖成的河道来倾倒化学废物。11 年中这个公司向这段河道倾倒了包括各种氯化物、硫化物的废料 21000 多吨。随后,掩埋了河道。将这 16 英亩(约 64752m^2)的地产出卖,由新主人在上面盖了房屋,办了学校。后来由于雨水和融雪渗入引起地下水位上升,将黑色油腻污液带出地面,给人们带来了疾病和死亡。1978 年,当局对这一地区进行环境监测,结果发现了六六六、氯苯、氯仿等 82 种化学物质,其中 21 种属致癌物。腊芙运河污染事件说明,含氯有机化合物(尤其是含氯农药)是剧毒且长期稳定不容易分解的物质,因而对环境(特别是土壤环境)有久远的影响(有关农药和化肥污染另可详见本书第十章第三节)。

本章小结:

环境是围绕人类生存的各种外部条件或要素的总体,包括非生物要素和人类以外的所有生物体。人类生存环境的形成经历了一个漫长的历史时期;环境要素具有若干重要的特性;环境具有一定的功能,且具有整体性、有限性、不可逆性、隐显性、持续反应性及灾害放大性等特点。

环境问题实质是人与自然的关系问题:环境问题是随着近代产业革命的完成而产生的,现代环境问题更加严重,并发展至关系到人类生存的命运的程度;现代环境问题具有全球化、综合化、社会化等特征;一般将当代全球范围的环境问题归纳为十个方面。

环境污染包括废气污染、废水污染、固体废物污染、噪声污染及土壤污染等。其中废气污染含二氧化硫、氮氧化物、碳氧化物、飘尘和降尘及光化学烟雾等;废水污染含生活污水、工业废水。废水中的污染物质主要是:有机物质及无机物质的污染、有毒物质的污染、富营养化污染、油类污染物、病原微生物污染等;固体废物污染含工业有害固体废物(有色金属渣、粉煤灰、化工废渣等)、矿业固体废渣、城市垃圾、污泥(城市污水处理后产生的沉淀物);噪声污染含交通噪声、工业噪声、建筑施工噪声、社会生活噪声等;土壤污染含重金属污染、有机物和无机盐、病原微生物、放射性污染、农药和化肥污染。对环境污染类型、产生原因、发展变化动向及治理技术的进展都应重视和关注,以便更有效地控制和处理这些污染,改善包括城市环境在内的环境质量。

问题讨论:

1. 如何理解环境的定义?为何说环境由自然环境及人工环境组成?
2. 何为环境要素,有哪些特点?

3. 环境最基本的功能是什么？

4. 如何理解环境问题？环境问题是如何产生的？其实质是什么？

5. 现代环境问题有哪些特征？全球十大环境问题有哪些具体内容？产生的根源是什么？

6. 我国环境问题有哪些特征？

7. 废气污染是如何产生的？有哪些类型？其危害有哪些？

8. 废水污染的特点有哪些？其危害有哪些？

9. 城市垃圾的类型有哪些？其主要成分是什么？今后的发展趋势及对城市环境质量的影响有哪些？

10. 城市噪声有哪些类型？哪一类噪声为城市的主要噪声类型？

11. 土壤污染对城市环境质量及城市人类有哪些影响？

进一步阅读材料：

1. 何强等.环境学导论.北京:清华大学出版社,1994

2. 周密等.环境容量.长春:东北师范大学出版社,1987

3. 曲格平等.环境科学词典.上海:上海辞书出版社,1994

4. 曹磊.全球十大环境问题.环境科学.北京:《环境科学》编辑部,第16卷,1996

5. 刘文等.环境与我们.上海:上海科技教育出版社,1995

6. 鲁明中.中国环境生态学——中国人口、经济与生态环境关系初探.北京:气象出版社,1994

7. 郭方.我国沿海生态环境问题与对策探讨.环境科学进展,1994(6).北京:《环境科学进展》编辑部,1994~

8. 茹至刚.环境保护与治理.北京:冶金工业出版社,1988

9. 同济大学、重庆建筑工程学院.城市环境保护.北京:中国建筑工业出版社,1982

10. 陈国新.环境科学基础.上海:复旦大学出版社,1993

第九章　城市环境概述

第一节　城市环境的基本概念、组成及特点

一、城市环境基本概念

城市环境(urban environment)是指影响城市人类活动的各种自然的或人工的外部条件。狭义的城市环境主要指物理环境,包括地形、地质、土壤、水文、气候、植被、动物、微生物等自然环境及房屋、道路、管线、基础设施、不同类型的土地利用、废气、废水、废渣、噪声等人工环境。广义的城市环境除了物理环境外还包括人口分布及动态、服务设施、娱乐设施、社会生活等社会环境;资源、市场条件、就业、收入水平、经济基础、技术条件等经济环境以及风景、风貌、建筑特色、文物古迹等美学环境。

二、城市环境的组成

根据以上关于城市环境的定义,可以归纳出城市环境的组成(图9-1)。

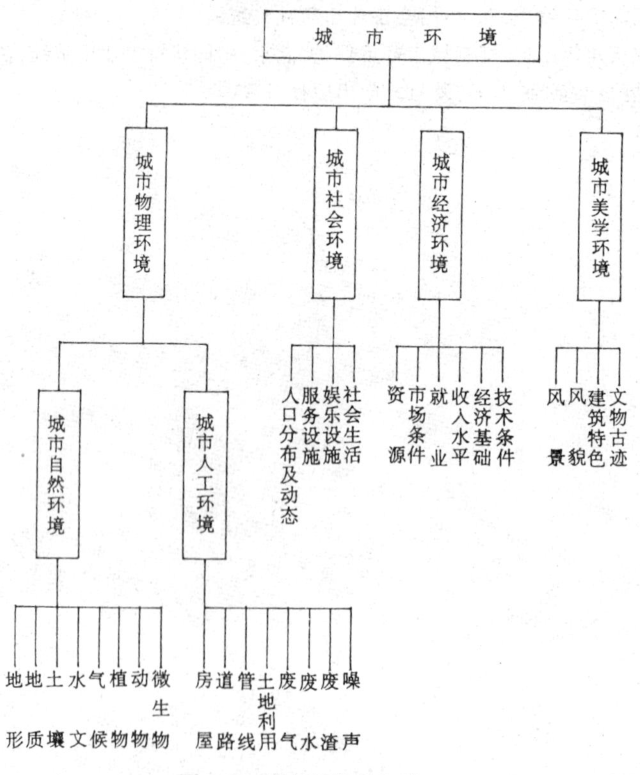

图9-1　城市环境的组成

城市自然环境是构成城市环境的基础,它为城市这一物质实体提供了一定的空间区域,是城市赖以存在的地域条件;城市人工环境是实现城市各种功能所必需的物质基础设施。

没有城市人工环境，城市与其他人类聚居区域或聚居形式的差别将无法体现，城市本身的运行也将受到抑制；城市的社会环境体现了城市这一区别于乡村及其他聚居形式的人类聚居区域在满足人类在城市中各类活动方面所提供的条件；城市的经济环境是城市生产功能的集中体现，反映了城市经济发展的条件和潜势；城市美学环境（景观环境）则是城市形象、城市气质和韵味的外在表现和反映。

三、城市环境的特点

（一）城市环境的界限相对明确

城市有明确的行政管理界线及法定范围。通常，城市有远郊区行政管理界线、近郊区行政管理界限；同时还有城区与郊区界线，城区内部还有建城区界线。这同江河、森林、草原、山川等的自然环境分布界线是有区别的。

（二）城市环境受自然规律的制约

城市是人们对自然环境施加影响最强烈的地方，但又受到自然规律的制约。城市人口集中，经济活动频繁，对自然环境的改造力强、影响力大。比如，城市的工业生产和生活消耗的燃料多，释放的热量也多，因此城市气温明显升高，呈现“城市热岛”现象，从而导致城市雨量较郊区为多；由于大气的城市环流，又使城市污染较郊区为重。又如，城市集中，过量地开采地下水，往往形成地下水漏斗区，这又使得城区成为地下水污染最严重之处。

（三）城市环境的构成独特、结构复杂、功能多样

与自然环境纯自然、非人工性不同，城市环境的构成既有自然环境因素。又有人工环境因素，同时城市环境还有社会环境因素与经济环境因素。分别以人口分布动态、服务、娱乐设施及社会生活和资源、市场、就业、收入、技术条件等因子予以表征。城市环境的自然环境与人工环境因素表明了城市这一人类社会发展到一个阶段的产物只是在人类对自然环境加以人工改造后才得以形成；城市环境的社会环境与经济环境因素则表明，城市既是人类社会聚落的一种形式，其社会性当与除城市之外的其他聚落形式有一定的共通之处，只是这一人类聚居点在经济生活中也是高度集聚的，并且由于经济的高集聚性导致了社会生活的高集聚性。除以上构成之外，美学因素也是城市环境的一个独特的组成部分。这表明城市在提供给人类一个经济、社会生活的人工性空间区域的同时，已将特定的美学特征同时赋予城市环境本身。这一美学因素将对城市人类产生长期的、潜移默化的影响及效应。

由于城市环境的独特构成，使得城市环境的结构较为复杂，诸多自然、人工因子使得城市环境兼具自然—人工的多种特性。同时，城市环境所具有的空间性、经济性和社会性及美学性特征，又使得其结构呈现多重及复式特征。

此外，城市环境所具有的多元素构成、多因素复合式结构又保证了其能够发挥多种功能，使得城市在一个国家社会经济发展过程中所起的作用越来越大，远远超过了其本身地域界限的范围。

（四）城市环境限制众多，矛盾集中

其一，城市环境系统直接受外部环境的制约。从生态学讲，城市生态系统不是、也不可能是封闭的，只能是开放性的。在城市，人们从事生产原料和生活活动，必须由外部输入生产原料和生活资料等；同样，还必须把生产产品和生活废弃物转送到外部去，否则，城市将无法进行正常的经济活动，人们也无法生存。这在学术界称之为城市系统与外部的物流和能

量流；在当今的信息时代，城市与外界还必然存在信息流。当城市系统内、外的物流、能量流、信息流失去平衡，系统内的生态环境和条件便出现中断或梗阻，后果便不可想象。可见，城市环境系统对外界有很大的依赖性，只有这种系统间的流动维持平衡，才有城市环境系统的正常运行和良性循环。

其二，城市环境不仅受自然环境（地形、地质、土壤、水文、气候、植物等），而且还受包括城市社会环境（人口、服务、社会生活等）与城市经济环境（资源、能源、土地等）在内的诸多因素的制约；此外，国际、国内政治形势及国家宏观发展战略的取向与调整也对城市环境产生种种直接或间接的影响，并直接作用于城市环境，影响城市环境的质量。由于这些特征，使得城市环境质量的影响因素既广泛又众多，其整治与改善也是一项庞大而复杂的系统工程。

（五）城市环境系统相当脆弱

这是因为城市越是现代化，其功能越复杂，影响到环境问题上，一旦有一个环节发生问题，将会使整个环境系统失去平衡，造成其他环节的相关失衡使环境问题变得严重。例如，当城市供电发生故障，会使工厂停产、给排水停顿，而城市排水不畅，会造成污水外溢乃至横流，这又会影响城市交通，带来社会生活的一系列不便和烦恼。可以说，当今城市中的任何主要环节出了问题而不能及时解决，都可能导致城市的困扰和运转失常，甚至会变得瘫痪。可见，城市环境系统具有相当的脆弱性。

（六）城市环境对人的影响，对经济发展的影响大

从范围讲，城市面积在国土面积中十分有限，但所居住的人口众多。我国的500多个城市，占地面积加起来也只占国土面积的0.13%左右，约为13000km^2；但在城市中聚居的人口达1.5亿，约占全国总人口的14%。可见，城市环境质量好坏，直接与许多人有很大关系。如一旦发生严重的城市大气污染、饮用水源污染，对人民健康便会带来难以估量的危害；诸如洪水、地震、飓风等，它们对城市居民在生命、财产以及城市经济活动的巨大危害，也都是难以承受的。

长时期以来，由于种种原因，我国的城市环境问题十分突出。近些年来，在改革大潮中，城市建筑业、商业、公用和民用服务业的发展非常迅速，农村富余劳力涌入城市谋生，使城市增加了约5000万流动人口的巨大压力。解决中国的城市环境问题，必须从实际情况出发，考虑城市环境和生态方面的特点，进行综合性地研究，有系统观念，进行综合整治，才能求得城市的整体发展、协调发展。

第二节　城市环境效应

环境效应（environmental effect）指在人类活动或自然力作用于环境后所产生的正、负效果在环境系统中的响应。对环境施加有利的影响，在环境系统中就会产生正效应；反之亦然。当环境系统具有稳定的有序结构时，其承受外部施加的有害影响的能力就比较强，做出负效果响应的时间也会拉长；当环境系统脆弱时，抗有害影响的能力就低，系统响应的时间也短促，易导致环境系统的衰亡。

城市环境效应（urban environmental effect）则是城市人类活动给自然环境带来一定程度的积极影响和消极影响的综合效果，包括污染效应（大气质量、水质、恶臭、噪声、固体废气物、辐射、有毒物质等）、生物效应（植被、鸟类、昆虫、啮齿动物、野生动物的变化）、地学效应（土

壤、地质、气候、水文的变化及自然灾害等)、资源效应(对周围能源、水资源、矿产、森林等的耗竭程度)、美学效应(景观、美感、视野、艺术及游乐价值等)。

一、城市环境的污染效应

城市环境的污染效应指城市人类活动给城市自然环境所带来的污染作用及其效果。城市环境的污染效应从类型上主要包括大气、水体质量下降、恶臭、噪声、固体废弃物、辐射、有毒物质污染等几个方面。

比如,大气污染效应是指由于大气污染物对自然环境的作用使某个或多个环境要素发生变化,以及使生态环境受到冲击,甚至产生结构与功能的变化,破坏自然生态相对平衡的现象。大气污染引起环境变化的性质,可分为物理效应、化学效应和生物效应三种。物理效应如大气中二氧化碳增多产生的温室效应,引起全球气候的变化;工业区排放大量颗粒物,产生更多的凝结核而造成局部地区降雨增多;城市排放大量的热量,使气温高于周围地区,产生热岛效应等。化学效应如化石燃料燃烧排放的二氧化硫会形成酸雨,降落地面,使土壤、水体酸化,损坏金属桥梁、铁轨及建筑物;光化学生成的烟雾、硫酸盐气溶胶等会降低大气能见度;氟氯烃化合物破坏臭氧层,使地面紫外线照射量增多等。生物效应会导致生态系统变异,造成各种急性或慢性中毒等。世界上已发生的重大的公害事件中,由大气污染引起的,有马斯河谷烟雾事件、多诺拉烟雾事件、伦敦烟雾事件与洛杉矶化学烟雾事件、四日市哮喘事件、博帕尔事故以及切尔诺贝利核事故等。大气污染效应有立即反应与后续反应两种状况。一些重金属、臭氧、氟化物气体对植物会立即产生毒害效应,阻碍其代谢机能或引起植物变异;但有些生物效应要经过相当长时期才会明显地暴露其影响的现象或后果。

城市环境的污染效应一定程度上受城市所在地域自然环境状况的影响,如兰州市地处黄河中上游的黄土高原上,这就决定了它的高原地形与地质特征,以及大陆性高原气象特征。因兰州位于内陆,降水量少,气候干燥,市区四面群山环抱,呈带状盆地地形,年风速很小(静风频率达62%),云量也少,尤以夜间多为碧空,有利于地表热量向上扩散,使靠近地面的空气变冷,形成大气层下冷上热的逆温现象。据气象与监测资料表明:兰州一年四季都有逆温层存在,全年80%以上的天气出现逆温,逆温厚度一般为500~800m,而且强度大持续时间长。这种逆温现象使得城市中排放出来的各种污染物、微尘等无法向上扩散。又由于静风的存在,污染物不能向远方扩散,使各种污染物滞留在城市的上空。这样,不但减弱了大气的自然净化能力,而且又加重了该城区的大气污染程度。

此外,城市性质、规模、城市产业结构及城市能源结构类型等都在一定程度上影响了城市污染效应的状况。一般而言,以非工业职能为主的城市,如政治、文化和科技、风景旅游、休疗养、纪念地城市等,城市环境污染效应要小于以工业及交通职能为主的城市。

二、城市环境的生物效应

生物效应(biological effect)是指环境因素改变而引起的生物学反应,亦即各种生物,包括动物、植物、昆虫在遗传、习性、繁衍等方面的变化,生物效应是环境质量评价的重要依据。环境中的污染物超过一定浓度,生活在环境中的生物体的生命活动及生长发育便会产生一系列反应,群落结构因而可能产生变化。

城市环境的生物效应是指城市人类活动给城市中除人类之外的生物的生命活动所带来

的影响。当今世界上城市中除人类以外的生物有机体大量地、迅速地从城市环境中减少、退缩以至消亡,这既是城市化以及城市人类活动强度对城市各类生物的冲击所致,也是城市生态恶化的重要原因之一,同时也是目前城市环境生物效应的主要表现。如《植物白皮书》将导致植物处于险境的各种威胁因素概括为22种,其中有6种与城市人类活动有关(包括工业化与都市化、筑路、旅游事业的发展等)。又如,在全球引起广泛关注的物种消失的环境问题,一般认为其原因包括栖息环境的改变和破坏、滥捕及过度开发、环境污染等。其中第一、第二项与城市化及城市人类活动密切相关。此外,城市及其工业、交通等设施的发展对鸟类也有很大的危险。在美国仅高速公路伤害的鸟类,每年就达250万只。在一个高490m的电视塔下,人们曾在16个夜晚拣到了15万只死鸟;这些都是迁陡的鸟类。在德国294只珍贵的白鹳中,有77%因撞在高压电线上死亡。空气污染、噪声以及人们的干扰,也对鸟类的生存十分不利。应该指出,城市环境的生物效应并非总是对生物不利。在采取有效措施后,各类生物还是能与城市人类共存共生的。发达国家已在提高城市环境内各类生物的生存质量及提高城市生物多样性方面作出了较大的努力。如曾以污染严重闻名于世界的英国伦敦泰晤士河水质已出现了明显的改善,河中"鱼类绝迹"的帽子已被摘掉,目前已有100种鱼包括著名的鲑鱼又重新回游河中。伦敦特拉法尔加广场的海鸥和鸽子也成了人类与飞鸟和平相处的一大景观。

三、城市环境的地学效应

城市环境的地学效应是指城市人类活动对自然环境(尤其是与地表环境有关的方面)所造成的影响,包括土壤、地质、气候、水文的变化及自然灾害等。

城市热岛效应即是城市环境的地学效应的一种。

城市的建筑物和道路的水泥砖瓦表面改变了地表的热交换及大气动力学特性,白天地面的反射率低,辐射热的吸收率高,夜晚大部分以湍流热传输入大气,使气温升高,同时城市人类活动所释放出来的巨大热量以及大量城市代谢物排入大气,改变了城市上空的大气组成,使其吸收太阳辐射的能力及对地面长波辐射的吸收力增强。由于这些因素的综合作用,使得市区温度高于周围地区,形成一个笼罩在城市上空的热岛。城市热岛效应具有阻止大气污染物扩散的不良作用,热岛效应的强度与局部地区气象条件(如云量、风速)、季节、地形、建筑形态以及城市规模、性质等有关。

城市地面沉降也是城市环境的地学效应的一种。城市地面沉降指城市地表的海拔标高在一定时期内不断降低的现象。可分为自然的地面沉降和人为的地面沉降。前者是由于地表松散的沉积层在重力作用下,逐渐压密所致;或是由于地质构造运动、地震等原因而引起。后者是在一定的地质条件下,由于过量开采地下水、石油、天然气等,使岩层下形成负压或空洞,以及在地面土层和建筑物的静态负荷压力下引起的大面积地面下陷。地面沉降可造成地表积水、海潮倒灌、建筑物及交通设施损毁等重大损失。人为的地面沉降也是公害之一。

此外,城市地下水污染也是城市环境的地学效应的一种,城市地下水污染主要由人类活动排放污染物引起的地下水物理、化学性质发生变化而造成的水体水质污染。地下水和地表水两者是互相转化和难以截然分开的。地下水具有水质洁净、分布广泛、温度变化小、利于储存和开采等特点,因此往往成为城镇和工业,尤其是干旱和半干旱地区的主要供水源。在中国,据80个大中城市统计,有60%以上的城市以地下水作为供水水源。近年来,这些城市的地下水都遭到不同程度的污染，污染物主要来自工业废水和生活污水，地下水中硬度升高，并含有酚、硝酸盐、汞、铬、砷、锰、氰等。地下水一旦污染是很难予以恢复的。

四、城市环境的资源效应

城市环境的资源效应指城市人类活动对自然环境中的资源，包括能源、水资源、矿产、森林等的消耗作用及其程度。

城市环境的资源效应首先体现在城市对自然资源的极大的消耗能力和消耗强度方面。城市是一个具大的经济实体，集聚着地球上大部分的人口和绝大部分的生产力，其所消耗的资源是极其巨大的。如据有关资料，我国城市固定资产原值占全国的70%，工业产值和税利占全国的90%，能源消耗占70%～80%。其次，城市环境的资源效应反映了人类迄今为止具有的以及最新拥有的利用资源的方式，不仅对城市经济和社会生活产生影响，而且还对除城市以外其他人类具有深远的影响和作用。第三，城市环境的资源效应还表明，由于城市人类消耗资源所占的绝对比例以及伴随着资源巨量消耗不可避免的环境污染，再加上不可更新资源的逐渐损耗，城市人类对此具有不可推卸的责任。

五、城市环境的美学效应

城市中人类为满足其生存、繁衍、活动之需，构筑了包括房屋、道路、游憩设施在内的各种人工环境，并形成了形形色色的景观。这些人工景观在美感、视野、艺术及游乐价值方面具有不同的特点，对人的心理和行为产生了潜在的作用和影响，这即是城市环境的美学效应。然而城市景观不仅仅由人工环境构成，在相当程度上城市的物理环境，包括地形、地质、土壤、水文、气候、植被等也参与其中。因此，城市环境的景观（美学）效应是包含城市物理环境与人工环境在内的所有因素的综合作用的结果。

此外，城市人类如何利用城市的物理环境，按何种总体构思及美学思想进行城市景观体系的构塑，也对城市环境的美学效应产生影响。这表明，城市人类对城市环境的美学效应具有积极的作用。

第三节　城市环境容量

一、环境容量

环境容量（environmental capacity）是指某一环境在自然生态的结构和正常功能不受损害，人类生存环境质量不下降的前提下，能容纳的污染物的最大负荷量。其大小与环境空间的大小、各环境要素的特性和净化能力、污染物的理化性质等有关。有总容量（绝对容量）与年容量之分。前者与时间无关，是某一环境能容纳的污染物的最大负荷量，由环境标准规定值和环境背景值决定；后者是在考虑输入量、输出量、自净量等条件下，每年某一环境中所能容纳的污染物的最大负荷量。环境容量主要应用于实行总量控制，把各污染源排入某一环境的污染物总量限制在一定数值以内，为加强环境管理，进行区域工农业规划提供科学依据。

1968年日本学者首先提出了环境容量的概念，自日本环境厅委托卫生工学小组提出《1975年环境计量化调查研究报告》以来，环境容量概念在日本得到广泛应用。以环境容量研究为前提,逐渐形成了日本环境总量控制制度。以后,日本学者南部、末石及园保关于环境容量的理论,已不仅限于单指自然环境对污染物所具有的环境容量,还考虑到人工设施的影响。他们将环境容量分成三种类型,即

1. 环境容量Ⅰ——指环境的自净能力。在该容量限度之内,排放到环境中的污染物,通过物质的自然循环,一般不会引起对人群健康或自然生态的危害。

2. 环境容量Ⅱ——指不损害居民健康的环境容量。它既包括环境的自净化能力,又包括环境保护设施对污染物的处理能力。因此,自然净化能力和人工设施处理能力越大,环境容量也就越大。

3. 环境容量Ⅲ——指人类活动的地域容量。它包括环境容量Ⅰ和环境容量Ⅱ,并且加入了人类活动及其强度的因素。

二、城市环境容量

(一) 概念

城市环境容量是指环境对于城市规模及人的活动提出的限度,具体地说,即:城市所在地域的环境,在一定的时间、空间范围内,在一定的经济水平和安全卫生要求下,在满足城市生产、生活等各种活动正常进行的前提下,通过城市的自然条件、现状条件、经济条件、社会文化历史条件等的共同作用,对城市建设发展规模以及人们在城市中各项活动的强度提出的容许限度。

(二) 城市环境容量的影响因素

1. 城市自然条件

自然条件是城市环境容量中最基本的因素。它包括地质、地形、气候、矿藏、动植物等条件的状况及特征。由于现代科学技术的高度发展,人们改造自然的能力越来越强,容易使人们轻视自然条件在城市环境容量中的地位和作用,但其基本作用仍不可忽视。

2. 城市要素条件

组成城市的各项物质要素的现有构成状况对城市发展建设及人们的活动都有一定的容许限度。这方面条件包括工业、仓库、生活居住、公共建筑、城市基础设施、效区供应等。

3. 经济技术条件

城市拥有的经济技术实力对城市发展规模也提出了容许限度。一个城市的经济技术条件越雄厚,则它所具有的改造城市环境的能力也越大,城市环境容量也越有可能提高。

(三) 城市环境容量若干类型

城市环境容量包括城市人口容量、自然环境容量、城市用地容量以及城市工业容量、交通容量、建筑容量等。

1. 城市人口容量

(1) 城市人口容量概念

城市人口容量是指在特定的时期内城市这一特定的空间区域所能相对持续容纳的具有一定生态环境质量和社会环境质量水平及具有一定活动强度的城市人口数量。

城市人口容量概念包含以下三个方面的内涵。其一它是在特定的空间范畴内(城市),在特定的社会生产力发展水平下所能容纳的人口规模;其二,这一人口规模必须是具有一定生态环境质量和社会生活水平条件下的人口数量;其三,城市的生态环境质量和社会环境不

仅应满足一定人口规模的动态需求(这些人口在城市中的各项活动),同时还应具有相对的时间延续性。

城市人口容量概念的提出,首先是反映和强调了人口规模在城市规模中所起的决定性作用。长期以来,将城市人口规模与用地规模相提并论,并未对城市人口规模具有的影响、制约城市用地规模的特性引起足够重视。实际上,在人均城市用地标准已经明确的情况下,城市人口一经确定,城市用地规模也就基本上随之确定了。此外,城市中无时不发生着人口的增殖、流动和迁移活动,人对城市中的一切变化包括用地变化皆起着“先导”作用,占据主要地位。而相比之下,城市用地的变化则具有从属性和滞后性特征。因此,强调人口因素在城市规模中的主导地位是有其合理性的。

其次,城市人口容量的提出表明了我们有必要重视人在城市中活动的密度和频度。亦即人的活动强度。在两个既具有同样的用地规模和人口规模,又具有相同的综合条件的城市,如甲城市人的活动强度远远大于乙城市,则表明甲城市的物流、人流、信息流的水平远远大于乙城市。甲城市的人口规模对于该城市的生态环境和社会环境以及城市的支撑系统的冲击力将远比乙城市大。在这种情况下,即使两个城市具有完全相同的生态环境质量和社会环境质量标准,两个城市的人口容量也不可能完全相同。

第三,城市人口容量的提出还表明我们在有关城市人口规模的决策问题时,必须极大地重视“人”这一最活跃、最具有生命力的因素;必须认识到人口规模对于城市规模所起的关键影响作用;必须将适宜的人口容量与一定的生存空间质量联系在一起进行认识;必须考虑到我们所确定的人口规模和人口容量应建立在一个相对持续时期内且具有稳定的城市生态环境和社会环境水平保证基础之上的,而不是依现状人口数量趋势简单地外推而得的。以上诸点,是讨论城市人口容量内含的意义所在。

(2) 城市人口容量特点

城市是人类社会生存的主要载体之一。生活在城市中的人类由生物属性决定,其人口容量与其他生物一样要受其生存空间的制约。随着城市人口绝对数与相对数(人口密度)的不断上升,城市人均生存空间在变小。因此,在城市人口绝对数增加而其生存空间不变的情况下,人们就如同生活在一个不断“变小”的城市之中。

然而人类除了具有生物特性之外,还具有的更加明显的特性是其社会属性。由人类的社会属性所决定,城市的人口容量与动物或其他生物的生存空间及其环境容量有着本质上的区别。人类(不仅仅是城市中的人类)在生存过程中,决不是像其他生物一样,消极地无所作为地适应其生存空间提供的各种条件,而是能够主动地用各种手段来改造其生存空间的质量,不断地扩大其生存空间的容量。人类改造其生存空间的主要手段受其所处的历史阶段的生产力发展水平与科技发展水平的制约。因此,在人类社会发展的不同时期和阶段,人类对自然资源以及自身的生存空间的认识、开发和利用的程度不同,资源与人类的生存空间对人类提供的支持能力也就不同。所以可以说,人类生存空间及其容量(人口容量)是一个以生产力发展水平及科技发展水平为背景的概念,它反映了人类利用和改造自然、驾驭自然的能力和程度。其基本特征是动态的、不断扩大的,而不应是静态的、固定的。

随着人类社会的不断进步,人类摆脱自然束缚的能力不断扩大,对自然资源利用的广度和深度不断拓展,潜在的生存空间也不断转化为现实的生存空间。从这个意义上而言,人类又是生活在一个不断“增长”的地球上;集聚在城市中的人群又是生活在一个不断“变大”的城市中。从人类集聚的类型而言,先后经历了从农村向城市集中,小城市发展成大城市,大城市又发展成大都市连绵群的过程;考察人类利用城市土地资源能力的历史轨迹——城市空间形态的变迁过程,可清楚地发现其经历了从城市的平面利用(建筑低矮,主要在水平方向展开)到城市空间利用(城市建筑及构筑物向天空发展,层数不断加高),又到城市地下空间利用这样三个层次循序渐进的阶段。城市人口规模与人口容量也随之不断提高。这从一个侧面证明了生产力和科技水平是有限的城市空间逐渐增长其人口容量的前提和保证。

现今,人们往往以居住在城市中人口的比值(城市化水平)作为衡量一个国家或地区经济社会发展水平的重要依据之一。事实上,城市中也确实集聚着人类绝大部分的财富、资金、信息和"能量",其人口素质也高于其他人类集聚地。城市中的人群与地球上其他居住地人群相比,具有更强的适应环境的能力,扩大生存空间数量与质量的欲望以及提高城市人口容量的实力。有鉴于此,城市人口容量既与其他生物的环境容量有本质不同,又与城市之外的其他人类居住地的人口容量有很大差异。

以下,归纳出城市人口容量的几个特性:

① 有限性。表明城市是人口、社会生存最集中,经济活动最频繁的区域。人们的各项活动强烈地改变了城市原有的自然条件,城市是一个不完全的生态系统,无法通过正常的生态循环来净化自身环境。同时现代城市的功能越来越复杂,也使得城市环境系统在某种意义上变得越来越脆弱,某一方面的问题易影响整个环境。这也限制了城市人口容量的增长。如果人们追求高标准的生存质量的欲望和要求越来越高,而达到一定时期的生产力和科技水平无力支持的程度时,城市人口容量就将越来越受到限制。在这种情况下,除非使城市人口容量控制在一定的限度之内,否则就必将以牺牲城市中人们的生活质量作为代价。

② 可变性。其一指城市人口容量会随着人类掌握的生产力与科技水平的提高而不断出现增长、扩大的倾向;其二指城市人口的不同发展阶段所具有的不同的活动强度也会影响城市人口容量,如两个规模相同的城市具有不同的活动强度,其人口容量数值决不会一样;其三指人们对城市规划、城市管理、城市开发的各项主观决策行为也将一定程度上影响城市人口容量。

③ 稳定性。指在一定的生产力与科学技术水平下,一定时期内,城市人口容量具有相对稳定性。这是因为城市人口容量是一个由众多因素共同作用而产生的结果,它的变化在相当程度上也将取决于其他因素的共同变化。单项、个别因素的变化不大可能对城市人口容量起十分大的作用。如将一定生态环境质量和社会生活质量下的城市人口容量看成是一个在有限的范围内上下波动的数据,其不会在短期内发生特别剧烈的变化。

以上对城市人口容量特性的归纳,是试图通过不同侧面来反映其总体特征。实际上,在城市的不同发展过程中,三个特性所起的作用、表现出来的明显程度及相互关系是一直处于变化之中的。在考虑、分析、确定具体城市的人口容量时,除对城市人口容量特性的总体把握外,还必须对具体的城市进行具体的分析,这样才能有助于相关决策行为的正确作出。

(3) 城市人口容量的影响因素

城市人口容量的影响因素可从自然和社会两方面加以考虑。从自然这一角度而言,土地、水源和能源是城市人口容量的主要限制因素,如福建省龙岩市地处盆地,周围群山环抱。经测算城市规划区范围内满足城市建设的可用地面积为 $75km^2$,扣除现城市建设用地 $20km^2$,则其城市土地发展限度为 $55km^2$(在一定的行政区划下)。在确定该市的人口容量时就不能不考察其未来可以发展的土地面积对人口增长带来的影响和限制。又如我国北方不少城市缺水严重,不仅影响了工业生产,也影响了人民的日常生活。确定这类城市的人口容量,就不能不考虑水源这一因素。无疑,在其他城市建设条件不变的情况下,如水源问题得以彻底解决,那么城市人口容量必可出现一定幅度的提高。其他如能源、交通等因素对城市人口容量的影响无不带有表类似特征。

从社会因素这方面而言,生产力和科技发展水平对城市人口容量有着巨大的作用。这是由于随着社会生产力和科技水平的提高,自然资源不断被人类利用,自然环境对人口增长的承载力不断提高,使得单位城市用地区域内在不降低生存质量的前提下所能容纳的人口数量呈现不断增长的趋势。从地球上人口增长的历史来看,每一历史时期在生产力、科技水平的突破都使人口规模得到极大的增加,人口容量也极大地得到提高。如早期的资本主义时代的蒸汽机革命引发的社会生产力的大发展,使得世界出现了人口大规模增加的直接后果。马克思在论及资本主义生产力的巨大能量时曾指出:"自然力的征服,机器的采用,化工在工业和农业中的应用,轮船的通行,电报的使用,整个大陆的开垦,河川的通航,仿佛用法术从地下呼唤出大量的人口"。这就从一个侧面证明了人类的数量和其生存空间的容量在相当程度上是由其所处时代生产力与科技发展水平决定的。

由于生产力和科技水平的发展是无止境的,因此人类生存空间的容量也具有不断增长的可能。然而,人类不仅有不断扩展自身生存空间范围的欲望,更有不断提高其生存空间质量的要求。从某种意义上而言,随着人类不断的进化,后者越来越占主导地位。生存空间的扩大在不少情况下皆与生存空间质量的提高产生不同程度的矛盾,制约着生存空间在数量上的增长。由此推论,人类生存空间范围在数量上不仅不能够无限制地增长,而且随着人类对生存空间质量期望值的提高,将时时处于相对下降的状态之中。

因此,在探讨影响城市人口容量的因素时,除了要考虑生产力、科技发展水平对扩大城市人口生存空间的正面作用外,还应同时考虑城市人口提高生存空间质量的要求对城市人口容量的作用和影响。现代的城市因其人口、用地规模的不断扩大,城市中人工气息越来越浓,借助于自然的生态循环手段维持人类与生态平衡的可能性越来越小,城市越来越成为一个脆弱的"生态系统"。再加上各种"城市病"的蔓延,不少城市的运行举步维艰。在这种类型的生存空间内不坚持一定标准的人口生存质量而予以盲目扩容,一味挖潜,除了降低城市人口的生存质量又能产生别的什么结果呢?因此,城市生存空间质量实在是一个对城市人口容量具有重要作用的社会因素。舍弃这个因素,易对城市人口容量的理解产生偏差;忽视这一因素,任何规模再大的城市开发都将毫无意义。同理,我们衡量城市开发、建设的成果和效益如何,也完全不能仅仅考虑城市开发的规模、速度如何,而应重视考察城市开发对城市生存空间质量带来的正负效应问题。

衡量一定的城市开发规模、速度对城市人口容量带来的是正效应还是负效应,亦即衡量城市开发对于城市生存空间质量的作用和影响。可通过考察城市活动能力与城市活动强度的关系状态类型以得出城市开发规模、速度带来的效应孰正孰负的结论。

所谓"城市活动能力"是指提供给城市的,使城市各项活动得以按一定强度、一定规模、一定水平进行的各种城市元素在数量、质量方面的特征总和。它体现了由城市系统各元素在数量、质量方面构成的综合条件给城市活动提供的容量和可能性。完整的城市活动能力应包括城市经济活动能力、环境活动能力和社会活动能力,分别表示了城市在经济、环境和社会三方面所具备的条件。城市活动能力受城市所在地区自然、经济、技术、文化、历史……等条件的一定限制,也受国民经济与社会生产力发展水平的制约。此外,它还着重受包括城市工业、基本建设、环境保护、社会服务设施等方面的人力物力财力投入的影响。城市活动能力是城市各项活动进行的最基本的条件,是为城市活动的进行提供的"物质性"基础。相对于城市人口而言,城市活动能力水平的高低决定着城市人口容量的大小。一个城市的活动能力越大,在维持一定的生存空间质量的前提下,其城市人口容量也可能越大。

"城市活动强度"是指单位时间、空间内城市各项活动在规模、范围、密度、频率等方面所达到的程度和水平。它是由城市的建设规模、城市的生产规模、城市单位用地上的人口规模、城市的资源、能源消耗规模、城市的物流周转频率、城市的消费规模等指标综合反映的。城市活动强度从其含义与组成因素来看,远远超过了前文提到的人的活动强度的范围并将其包括在其中。

城市活动强度应该受城市活动能力的制约,即城市活动应在小于城市活动能力的范围内进行。这是保证城市均衡发展的必要前提,也是不降低城市生存空间质量,满足适宜的城市人口容量的必要前提。

城市活动强度与城市活动能力的关系,从理论上而言可能呈三种状态:

A. 城市活动能力不能满足一定的城市活动强度的需求,即:(城市活动强度/城市活动能力) > 1.0;

B. 城市活动能力能满足一定的城市活动强度的需求,即:(城市活动强度/城市活动能力) = 1.0;

C. 城市活动能力满足一定的城市活动需求尚有余裕,即:(城市活动强度/城市活动能力) < 1.0;

在A种状态下,会由于城市活动能力的短缺而出现种种的城市问题,也肯定不利于城市生存空间质量,会降低人口容量;在B种状态下,城市活动在城市活动能力容许的限度内进行,两者较适宜,因而不会对城市生存空间质量和人口容量产生不利影响;而在C种状态下,城市活动能力有闲置浪费之虞,在一定的城市生存空间质量标准下,城市人口容量相应有进一步提高的可能。显然,较理想的状态是B,而A,C状态皆有欠缺之处。但如考虑城市中人们不断提高的改善生存空间质量的要求,则C状态(幅度较小的)相对于A状态更好些。可以预料,不考虑城市人口容量,不考虑城市的适宜生存环境质量的城市开发只能导致出现由B,C状态转变为A状态或比A状态更加严重的结果,从而对城市的健康持续发展产生深远的负效应。因此,判定一个城市活动强度与城市活动能力的关系处于哪类关系状态对于城市开发规模、开发速度的正确确定,对于维持适当的城市环境质量和人口容量是十分重要的。而要判断城市活动强度与城市活动能力的关系状态类型则有必要进行两者的定量测算。

我们可以一系列反映适宜的城市人口容量和生存空间质量的指标作为控制参数系统。以此出发,确定一个适宜的城市活动强度理想状态特征值(理论值)参数系统,这个参数系统实际上亦等同于一个体现一定服务水平与支持能力的城市活动能力参数系统(当城市活动能力与城市活动强度处于B状态类型时)。再根据城市实际的建设规模、人口密度、资源、能源消耗量、城市货流客流强度、城市消费规模等指标测算实际的城市活动强度指数。将实际值与理论值相比即可判断城市活动强度与城市活动能力的关系状态类型。有了这个判断，即可相应调整城市活动能力或城市活动强度，使城市人口容量始终处于合理的社会经济背景之下，使城市的发展始终处于有效的控制之下。

在城市的不同发展阶段，城市活动强度与城市活动能力的关系总是处于不断的变化之中。在某一时期，城市活动强度可能大于城市活动能力；而在另一时期城市活动强度可能小于或等于城市活动能力。城市的发展过程充满了这三种状态的交替、变化过程。因此，对于城市活动强度与城市活动能力关系的描述和分析、两者关系状态的判定，有利于我们把握城市的发展进程，也是我们正确地分析和确定具体城市的人口容量的一个重要方法。

总之，城市人口容量不仅受相对宏观的自然和社会因素的影响，而且还受相对微观的因素如城市活动能力和活动强度的影响；一定水平的城市人口容量离不开一定标准的城市生态环境质量和社会生活水平质量（即城市生存空间质量）的限定；此外，值得指出的是，城市人口容量的合理确定还必须以城市活动强度与城市活动能力的关系状态类型作为其基本依据之一。

(4) 城市人口容量的计算

城市人口取决于城市人口的平均密度以及城市用地规模所可能达到的限度。城市人口平均密度确定既要考虑到国家有关规范、标准，又要考虑到城市所在地域的自然环境条件的特点；同时又要满足城市居民安全卫生生活的要求。城市用地规模的确定则既受城市自然环境条件限制，又受城市行政辖区范围限制，同时又与城市在地域中的地位与作用以及当前科学技术水平和经济建设能力有关。

如兰州市区 1983 年总面积约为 $211km^2$，市区面积 $146km^2$，是一个四面环山，黄河中贯的带状谷盆地城市。市区中心海拔 1520m，相对高差 500～600m。在这个盆地范围内，黄河由西向东流过市区，南北两山坡度均很陡。可供城市建设使用的土地面积约为 $194km^2$。因此，在相当长的一段时间，兰州市的城市用地发展规模只能在 $194km^2$ 范围内考虑，其人口容量亦应在这一范围内确定。

城市人口容量计算可近似地用下式表示：

$$P = b\ s$$

式中　P——城市人口规模（万人）；

b——城市用地规模（km^2）；

s——城市平均人口密度（万人/km^2）。

2. 城市自然环境容量

城市自然环境容量包括大气环境容量、水环境容量、土壤环境容量等，尤以前两者更为重要。

(1) 大气环境容量

大气环境容量指在满足大气环境目标值（即能维持生态平衡及不超过人体健康阈值）的条件下，某区域大气环境所能承纳污染物的最大能力，或所能允许排放的污染物的总量。前者常被称为自净介质对污染物的同化容量；而后者则被称为大气环境目标值与本底值之间的差值容量。大小取决于该区域内大气环境的自净能力以及自净介质的总量。超过了容量的阈值，大气环境就不能发挥其正常的功能或用途，生态的良性循环、人群健康及物质财产将受到损害。研究大气环境容量可为制定区域大气环境标准控制、治理大气污染对策提供重要的依据。

城市用地面积上空的空气与城市总人口、每人所需空气量、大气污染程度以及绿地面积有关。其关系式如下：

城市用地面积的空气量＝城市总人口×每人所需的空气量＋工业污染所需的净化大气量＋其他污染消耗的大气量＋城市绿化所能供给的新鲜空气量

(2) 水环境容量

水环境容量指在满足城市居民安全卫生使用城市水资源的前提下，城市区域水环境所能承纳的最大的污染物质的负荷量。水环境容量与水体的自净能力和水质标准有密切关系。

在城市这一特定区域内，水环境容量还表现在城市所拥有的水资源储量(应考虑最不利条件，如枯水季节)所能满足某一城市规模所需的用水量，其中包括生活用水、工业用水和农田水利用水等。如福建省龙岩市枯水季节地下水资源可开采量为 $22.38\times10^4m^3/d$，而1990年工业总用水量为 $23.36\times10^4m^3/d$。因此，在工业用水仅考虑地下水的前提下，龙岩市有关部门认为只有开辟新的水源，才能满足城市发展对水资源的要求。

(3) 土壤环境容量

指土壤对污染物质的承受能力或负荷量。当进入土壤的污染物质低于土壤容量时，土壤的净化过程成为主导方面，土壤质量能够得到保证；当进入土壤的污染物质超过土壤容量时，污染过程将成为主导方面，土壤受到污染。土壤环境容量取决于污染物的性质和土壤净化能力的大小，一般包括绝对容量和年容量两个方面。绝对容量(W_Q)由环境标准的规定值(W_S)和环境背景值(B)来决定。以浓度单位(ppm)表示的计算公式为：

$$W_Q = W_S - B$$

以质量单位表示的计算公式为：

$$W_Q = M(W_S - B)$$

式中，M 为土壤质量，单位为t；W_Q 的单位为g。年容量(W_A)为土壤每年所能容纳的污染物最大负荷量。年容量的大小除了同土壤标准规定值和土壤背景值有关外，还同土壤对污染物的净化能力有关。若某污染物的输入量为 A(单位负荷量)，一年后被净化的量为 A'，那么，$(A'/A)\times100\% = k$，k 称为某污染物在土壤中的年净化率。以浓度单位(ppm)表示的年容量计算公式为：$W_A = k(W_S - B)$

以质量单位表示的年容量计算公式为　$W_A = kM(W_S - B)$

年容量与绝对容量的关系为　$W_A = kW_Q$

土壤环境容量主要应用于环境质量控制和在农业上进行污灌的依据。

3. 城市工业容量

城市工业容量指城市自然环境条件、城市资源能源条件、城市交通区位条件、城市经济科技发展水平等对城市工业发展规模的限度。在许多情况下以城市工业用地的发展规模来表现。影响城市工业容量的因素很多，如前述的人口容量、大气环境容量和水环境容量等。也有研究者根据工业用地占城市建设用地的比例，以及工业用地与居住用地比例之间的关系并参照国家规范加以比较分析，从而得出工业容量的结论。

如某市现状工业用地为 $464hm^2$，占城市建设用地比例为31%(国家规定为15%～25%)，人均工业用地为 $45.5m^2$/人(国家规定为10～$25m^2$/人)，人均工业用地与人均居住用地之比为0.73:1，明显偏高。该市工业容量(主要是工业用地)的确定首先考虑规划期末一定的经济规模所需的城市工业用地,并将工业用地占城市建设用地比重下调至 25.78%,工业用地与居住用地之比下调至 0.49:1,以此得出该市工业容量为 13.75km^2。

4. 城市交通容量

城市交通容量指现有或规划道路面积所能容纳的车辆数及交通强度。城市交通容量首先要受城市道路网形式及面积的影响,此外,还要受机动车与非机动车占路网面积比重、出车率、出行时间及有关折减系数的影响。下列公式可用作估算城市交通容量的参考。

$$T=\frac{MEd}{BR}\cdot t\cdot r$$

式中 T——交通容量(车辆数);

M——建成区道路网面积;

E——车行道占道路网面积比例;

d——机动车占车行道面积比例;

B——每辆车占车行道面积比例;

R——出车率;

t——每辆车每次出行时间;

r——交通管制的折减系数。

例:龙岩市 $M=25.836\text{hm}^2$, $E=3/4$,

$d=3/5$(非机动车为 2/5)

$B=100\text{m}^2$(非机动车为 2.5m^2)

$R=1/3$(次)(非机动车为 2 次)

$t=1\text{h}$,全天以 15h 计

$r=0.5$

$$T(\text{机})=\frac{25.836\times(3/4)\times(3/5)\times15\times0.5}{100\times1/3}=2.61\text{ 万辆}$$

$$T(\text{非机动车})=\frac{25.836\times(3/4)\times(2/5)\times15\times0.5}{2.5\times2}=11.63\text{ 万辆}$$

从龙岩市情况看,机动车当时为 0.5 万辆,小于上面计算出机动车可达 2.61 万辆的数字。而非机动车当时为 12 万辆,已超过上式计算出的 11.63 万辆。这就为该市制定交通政策及道路系统规划和建设提供了一定的依据。

第四节 城市环境问题

城市是工业化和经济社会发展的产物,人类社会进步的标志。然而,世界上的城市,先后普遍地出现了包括环境污染在内的“城市综合症”,甚而发生了环境公害。我国的环境问题也首先在城市突出地表现出来;城市环境污染问题正在成为制约城市发展的一个重要障碍,许多城市的环境污染已相当严重,如沈阳、西安和北京等城市已列入全球大气污染严重的城市名单。为此,如何更有效地控制我国城市环境污染,改善城市环境质量,使城市社会经济得以全面、持续、稳定和协调发展,已成为一个迫在眉睫的问题。

一、城市环境问题概述

产业革命有如化学反应中的催化剂，促进了工业发展，带动商业、科技等的发展，使世界上的城市如雨后春笋般相继兴建并迅速发展起来。大城市的出现，又带动了星罗棋布的中小城市。城市与经济社会的发展，相互促进，以致特大城市层出不穷。当今，世界上千万人口的城市已并不鲜见，名列前茅的特大城市，人口已近2500万。东京、纽约的人口在2000万以上，圣保罗、汉城、洛杉矶、莫斯科、上海，人口都在1000～2000万。城市化的进程，标志着人类社会的进步和现代文明。

新中国成立以来，特别是改革开放以来，我国国民经济的发展，加速了我国城市化进程。我国城市的数量，已由建国初期的132座发展到1992年的512座；城镇非农业人口达2.14亿以上，约占全国总人口的14%。以城市和城镇实际居住的统计人口为准，则1995年我国城市人口占总人口的比重为29.04%。1995年全国城市数量增加到640座(1997年已达668座)。此外，城市人口增加速度也大大高于全国人口增长的速度，如1985～1995年，城镇人口(指城市市区和建制镇两部分的市镇人口)总数由25094万增加到35174万，平均年递增3.4%，约为同期全国总人口年均增长速度的2.5倍；另1985～1995年期间，全部城市建成区面积由9368km^2增加到19264km^2，平均年递增7.5%；城市市区非农业人口总数由11826万增加到20021万，年递增5.4%。

改革开放以来，在我国经济发达的沿海地带，正在崛起以天津、上海和广州为中心的环渤海、长江三角洲和珠江三角洲三个巨大的城市群。根据“严格控制大城市规模、合理发展中等城市和小城市”的城市化发展方针，预计到本世纪末，我国的城市将接近或超过700座，城镇非农业人口将达3.2亿，占全国人口的25.6%；将逐步形成以大城市为中心，中等城市为骨干，小城市为纽带的城市结构，使城市化的发展和布局，基本适应我国经济、社会的发展。

然而，在城市化进程中，特别是城市向现代化迈进的历程中，无论外国的或国内的许多城市，都普遍地遇到了“城市环境综合症”的问题，诸如人口膨胀、交通拥挤、住房紧张、能源短缺、供水不足、环境恶化、污染严重等等。这不仅给城市建设带来巨大压力，而且成为严重的社会问题，反过来，也成了城市经济发展的制约因素，并且会给城市在经济上造成严重损失。例如，据美国85个城市的调查，单是由于大气污染每年给城市建筑物、住宅因被侵蚀而造成的损失，就高达6亿美元。据估算，北京市每年仅由于地下水受到污染、硬度增加而使得锅炉耗煤量增加所带来的经济损失，即超过5000万元。如果回顾一下因环境污染而肇致的世界八大公害事件，大都与城市的发展有关。可见，城市化的发展，与城市环境密切相关。从理论上讲，城市是人类同自然环境相互作用最为强烈的地方，城市环境是人类利用、改造自然环境的产物。城市环境受自然因素与社会因素的双重作用，有着自身的发展规律。或者说，城市是一个复杂的、受多种因素制约、具有多功能的有机综合载体，只有实现城市经济、社会、环境的协调发展，才能发挥其政治、经济、科技、文化等的中心作用，并得以健康和持续发展。否则，必然因其发展失衡而产生这样那样的问题，环境问题只是其一而已，但却对城市化产生着直接和间接的重要影响。

我国在城市化的发展进程中，环境问题相当突出。我国城市环境主要问题据有关专家研究为：大气二氧化硫和酸雨呈发展态势(这是因为对二氧化硫污染控制的手段和能力十分有限);水体有机污染加剧,饮用水源质量下降;固体废物量逐年增加,有害有毒废物构成主要环境隐患之一;噪音严重。城市环境问题其原因之一是我国经济的发展水平不高,大多数城市的基础设施特别是防治污染和生态建设的工程设施都相当落后,远远赶不上城市化的快速发展。更值得指出的是,我国的许多城市往往是在经济实力和基础设施建设的能力尚未具备的条件下,城市工业和人口的膨胀便超前形成,因而先天不足。还应指出的是,我国近些年来的许多小城镇,是在发展的大潮中迅速形成的,布局不合理、建设不正规、基础设施跟不上、环境设施不配套等现象相当普遍。这些问题,必然使许多城市的环境质量不高。例如,我国城市排水设施普及率低,约有 40% 的建成区无排水设施;污水处理设施太少,约有 87% 的城市污水未经处理,直接排入水域或渗入地下;45% 的城市地下水源受到污染;城市绿化面积少,人均公共绿地面积仅 3.7m^2。

二、我国城市环境问题发展的阶段

从历史上看,城市环境问题与城市发展几乎是同时产生的。国外发达国家城市环境问题大体上与其相应的手工业、近代产业革命和现代化大生产同步,而且走过的都是一条近似“先污染后治理”的老路。到了 80 年代,发达国家的城市环境问题已不同程度得到解决,转而关注一些区域或全球性的环境问题(如酸雨和全球气候变暖等)。

我国城市环境问题从总体上来说是在建国(1949 年)以后出现的,大体上分为以下三个阶段:

1. 1949 ~ 1965 年

这个时期是我国工业化初步基础奠定时期。在该时期的前半时期(1949 ~ 1957 年)内,虽然没有明确的环境保护目标,但由于国民经济发展比较协调,注重国民经济发展的综合平衡、工业合理布局、城市基础设施建设以及兴修水利和植树造林,环境基本上得到了保护。在后半时期内,由于“大跃进”路线的指导,盲目追求高速度,不顾生产力的合理布局,上了很多高能耗、高污染和高消耗的工业项目,工业企业从 1957 年的 17 万个猛增到 1959 年的 31 万个,城市环境受到了一定程度的污染,形成了一次污染高峰。但那时人们几乎没有环境意识,错误地把烟囱林立、浓烟滚滚当作工业进步的标志,环境问题不断积累。后续的五年时间,进行了国民经济的调整,使经济得到了恢复和发展,在城市盲目建立起来的工厂绝大部分被关掉,城市环境污染状况随之得到改善。

从总体上说,该时期全国范围内大多数城市的水体和环境质量还是比较好的。

2. 1966 ~ 1976 年

该时期正值“文化大革命”时期,国民经济不仅到了崩溃的边缘,环境污染和生态破坏也达到了严重程度。我国目前面临的城市环境污染问题主要来自于该时期。在这期间,城市建设没有城市总体规划作为依据,所建设的 13 多万个工厂大多建在大中型城市,并且没有任何防治污染的措施,致使城市环境质量急剧恶化,特别是大气污染和水质污染达到了十分严重的程度。虽然在后半期采取了一些整治措施补救,但问题很多,难度很大,已积重难返。

3. 1977 年以后

70 年代末,开始国民经济调整,国民经济初步恢复元气。在此时期,政府宣布保护环境是一项基本国策,从规划、计划到生产各个环节都加强了环境管理措施,尤其是 1984 年以来,城市环境保护工作有了起色;另一方面,从 80 年代开始,我国工业迅猛增长,城镇数量也大大增加。据民政部统计,1979 年我国共有县级以上城市 193 个,1989 年达到 450 个,同期城镇由 2176 个发展到 11873 个。这一时期,城市基础设施建设得到很大发展,但远远适应不了城市经济发展和人民生活的需要,长期落后的局面还未改变,有些方面甚至趋于恶化;同时,城市新鲜水、能源、原材料消耗迅速增加,有效利用率没有明显提高,这些都给城市环境带来很大压力。

据有关研究,1981～1990 年,我国城市大气污染是以尘、二氧化硫为主要污染物的煤烟型污染。全国城市大气污染有如下特点:①北方城市的污染程度重于南方城市,尤以冬季最为明显;②大城市大气污染发展趋势有所减缓,中小城市污染恶化趋势甚于大城市;③污染程度"七五"较"六五"虽有好转,但仍然严重污染,如全国城市的降尘 TSP100%超标;SO_2 浓度超标率较低,南北方城市差异不大;NOx 均未超标,但南北方城市都有上升趋势;④ 颗粒物污染最严重的城市有呼和浩特、太原、济南和石家庄等,SO_2 污染最严重的城市有石家庄、太原、重庆和贵阳,降尘污染最严重的有太原、石家庄、沈阳和哈尔滨;⑤从趋势看,10 年来大气质量明显变好或变坏的城市百分数比例不大,且忽高忽低,而变化不大的城市占 60%以上。

同期我国城市水环境质量从城市主要江河水系的监测数看,一级支流污染普遍,二、三级支流污染较为严重。主要污染问题仍表现在江河沿岸大、中城市排污口附近,岸边污染带和城市附近的地表水普遍受到污染问题仍未得到解决或缓解;城市地下水污染逐年加重,尤以硬度、硝酸盐氮、亚硝酸盐氮等指标不断上升;全国大城市部分湖库富营养化也依然严重,全国 26 个主要湖库中的 60%的湖库都发生了不同程度的富营养化。

我国城市环境污染有以下特点:① 城市地表水污染变化总趋势是污染加剧程度得到抑制,但仍有日趋严重的可能。主要表现是化学耗氧量、生化需氧量、挥发酚、氰化物、氨氮等主要污染指标总体上呈严重趋势。②城市饮用水水源地监测结果表明,50%以上的水源地受到不同程度的污染,主要污染物是细菌、化学耗氧量(综合指标)、氨氮等。主要污染城市有上海、杭州、合肥、成都、重庆、昆明、温州、南通等市。③ 城市地下水污染中,三氮和硬度指标呈加重趋势,1983 年约 1/5 的水井水质超过饮用水标准,至 1986 年已有 50%的城市地下水受污染,1/3 的水井水质超过饮用水水质标准,综合超标率逐年增加。④各主要水系干流水质虽基本良好,但各自都有一些严重污染的江段,各水系的环境条件不同,污染程度差异较大。

同期我国的固体废弃物污染控制虽然取得了一定成绩,但由于欠帐多,历年积累的废渣量很大,且年复一年地在增加,处理量、综合利用率均低,致使固体废弃物对环境的冲击越来越大。主要问题是:(1) 废渣产生量大。据有关部门统计,工业废渣量约为城市固体废弃物排放总量的 3/4。另有数量可观的生活废渣。生活废渣中约有 60%～70%为煤渣,农民拒用,大都排入江河或露天堆放。这两部分废渣逐年增加,形成严重的环境问题。(2) 废渣综合利用率低。工业废渣综合利用率虽逐年增长,但增长速度缓慢,出现旧帐未还又欠新帐的局面。同时,城市垃圾无害化处理甚少,仅少数城市有无害化处理设施,无害化处理量仅占排放量的百分之几,矛盾日益突出。(3) 露天堆放,占用大量土地。全国已有数十个城市废渣堆存量在 1000 万吨以上。各种废物露天堆放,日晒雨淋,可溶成分分解,有害成分向大气、水体、土壤中侵入,造成二次环境污染。

另据国家环保局 1996 年 6 月公布的《1995 年中国环境状况公报》,到 1995 年底,全国设市城市 640 个，城市人口 37 427.1 万人，其中非农业人口 18 321.4 万人；城市面积 1082956km^2，其中建成区面积 18400.9km^2；城市人口密度 346 人/km^2。城市环境污染呈加重趋势。

（1）城市大气

据 87 个城市监测，大气中总悬浮微粒年日均值 55～732μg/m^3，北方城市平均 392μg/m^3，南方城市平均 242μg/m^3。45 个城市年日均值超过国家二级标准，占监测城市数的 51.7%。

据 84 个城市监测，降尘年月均值 3.70～60.13t/km^2·月，平均值为 17.7t/km^2·月，南方城市降尘量平均值为 10.16t/km^2·月，北方平均值为 24.73t/km^2·月。

据 88 个城市监测，二氧化硫年日均值 2～424μg/m^3，北方城市平均值为 81μg/m^3，南方城市平均值为 80μg/m^3，南北方城市总体污染水平相近。监测浓度超过年日均值标准的北方城市为太原、淄博、大同、青岛和洛阳，南方城市为贵阳、重庆、宜昌和宜宾，超过年日均值标准的城市为 48 个，占监测城市数的 54.4%。

据 88 个城市监测，氮氧化物年日均值 12～129μg/m^3，北方城市平均值为 53μg/m^3，南方城市平均值为 41μg/m^3，北方城市较南方城市污染严重。氮氧化物已成为广州、北京冬季的首位污染物，表明我国一些特大城市大气污染开始转型。

（2）城市地面水

我国城市地面水污染普遍严重，呈恶化趋势。绝大多数城市河流均受到不同程度的污染，主要污染物是石油类和挥发酚，其次是氨氮、生化需氧量、高猛酸盐指数和总汞。城市河流的污染程度北方重于南方。城市内湖总磷、总氮污染面广，富营养化程度严重，耗氧有机物污染普遍，重金属污染较轻。

（3）城市地下水

1995 年，我国 77 个大中城市的市区地下水开采总量 81×10^{8}m^3。城市地下水供需矛盾较上年有所缓和，哈尔滨、昆明、大连等城市地下水位有所回升，但仍有相当数量的城市地下水超采严重，如西安、太原、南京、石家庄、苏州、无锡、常州、大同、唐山、保定、青岛、淄博、烟台等。大连、青岛、烟台、北海等城市的海水入侵现象日益突出。水质好于上年的城市有乌鲁木齐、南昌、成都、大连、襄樊、咸宁、本溪等，水质变差的城市有郑州、贵阳、信阳等。

（4）城市噪声

据 46 个城市监测，1995 年城市环境噪声污染相当严重，区域环境噪声等效声级范围为 51.5～76.6dB(A)，平均等效声级（面积加权）为 57.1dB(A)，较 1994 年略有降低。道路交通噪声等效声级范围为 67.6～74.6dB(A)，平均等效声级（长度加权）为 71.5dB(A)，与上年持平，其中 34 个城市平均等效声级超过 70dB(A)。三分之二的交通干线噪声超过 70dB(A)。特殊住宅区噪声等效声级全部超标，居民文教区超标的城市达 97.6%，一类混合区和二类混合区超标的城市均为 86.1%，工业集中区超标的城市为 19.4%，交通干线道路两侧区域超标的城市为 71.4%。

第五节　城市环境影响因素

完整全面地讨论城市环境的影响因素，应该从影响城市环境各个组成部分的众多因素入手。在这些因素中，兼具综合特征的因素如城市化、城市功能与结构、城市产业结构、人口等对城市环境皆有不同程度的影响。然而从根本意义上说,城市环境的地形、地质、土壤、水文、气候等自然地理因素对城市环境的影响具有更为基础的意义。

一、影响大气环境的因素

(一) 气象因素

实践证明,同一大气污染源,以同样排放量作用于环境,在不同的时间里环境所受的影响及污染是不同的。这就是说,大气污染的形成和危害,不仅取决于污染物的排放量和离排放源的距离,而且还取决于周围大气对污染物的扩散能力。由此可见,气象条件是影响大气污染的主要因素之一。

1. 风和湍流

(1) 风

通常把空气的水平运动称为风。污染物在风的作用下,便随空气作水平运动,因此风对污染物的第一个作用是输送作用。要了解污染物的去向,首先要判别风向。污染区总是出现在污染源的下风方向。风的第二作用是对污染物的冲淡和稀释作用。随着风速的增大,水平方向的空气交换也将增大。这样,混入的外界空气越多,污染物的浓度也就越低。因此,在一般情况下大气中污染物的浓度与总排放量成正比,与风速成反比。

(2) 湍流

湍流是流体不同尺度的不规则运动。大气的湍流特性在直观上的感觉是风的阵性(大小、方向不断变化)。大气的湍流运动可以看作是两个部分运动的叠加,一部分是比较有规则的所谓平均运动;另一部分是起伏涨落很不规则的所谓脉动运动(或涡旋运动)。

湍流运动的结果使流场各部分得以充分的混合,污染物也随之而得到逐渐的分散、稀释,我们把这种现象称为大气扩散。

近地层大气湍流的强弱主要取决于机械动力因素和热力因素。前者指随着风速和地面糙度的变化,风速愈强,糙度愈大,机械湍流愈强。后者(热力因素)指由于大气铅直方向的温度变化所引起的湍流(也称热力湍流)。它与大气的垂直稳定度有关。大气愈不稳定,湍流愈强。

2. 温度层结

气象上常把温度的垂直分布状态称为温度的层结(简称层结)。它反映大气的稳定程度。而大气的稳定度又直接影响和决定着大气湍流的强弱,所以,它也与污染物的扩散输送密切相关。

(1) 气温的垂直分布

在大气圈的对流层内,气温垂直变化的总趋势是随高度的增加气温逐渐降低。气温随高度的变化通常以气温垂直递减率(γ)来表示(指在垂直方向上每升高 100m 气温的变化值)。整个对流层中的气温垂直递减率平均为 0.6℃/100m,但这是个总趋势,实际上在贴近地面的低层大气中,气温的垂直变化远比上述情况复杂得多。一般来说,气温垂直分布有三种情况:

① 气温随高度递减。这种情况一般出现在风速不大的晴朗白天。

② 气温基本不随高度变化。一般在阴天和风速比较大的情况下,这时下层空气混合较好,气温分布较均匀。

③ 气温随高度递增(即逆温)。一般出现在风速较小的晴天夜间。

气温的垂直分布除上述三种基本情况外,还存在着介于三者之间的过渡情况。它们不仅受太阳辐射日变化的影响,还受天气形势、地形条件等因素的影响。

(2) 大气稳定度

大气稳定度的含义可以这样理解;假设一个理想空气块由于某种原因产生向上或向下运动,可能会出现以下三种不同的情况:

① 气块受力而离开原来位置,当外力消失后,气块就逐渐减速并有返回原来高度的趋势,我们称这时的大气是稳定的。

② 如果气块一离开原位,便加速前进,这时大气是不稳定的。

③ 如果气块被外力推到哪里就停在那里,既不加速,也不减速,我们称大气是中性平衡状态。

大气温度的垂直递减率越大,大气越不稳定,这时湍流将得以发展,大气对污染物的稀释扩散能力也就越强。相反,气温垂直递减率越小,大气越稳定。这时湍流受到抑制,大气的垂直运动发展受到了阻碍,有时甚至如同一个盖子一样起着阻挡作用。在这种阻挡层存在的情况下,污染物停滞积累在近地大气层中,从而加剧了大气污染。国外发生的多次严重大气污染事件,几乎都是在这种气象条件下产生的。

(3) 逆温(仅指对流层内)

逆温的形成有各种原因,一般可分为五类:辐射逆温、地形逆温、平流逆温、下沉逆温和锋面逆温。

① 辐射逆温。这是最常见的。在晴朗无风的夜晚,由于强烈的有效辐射,使地面和近地面大气强烈冷却降温,而上层空气降温较慢,因而出现了上暖下冷的逆温现象(图 9-2)。这种逆温黎明前最强烈,日出后逐渐自下而上消失。

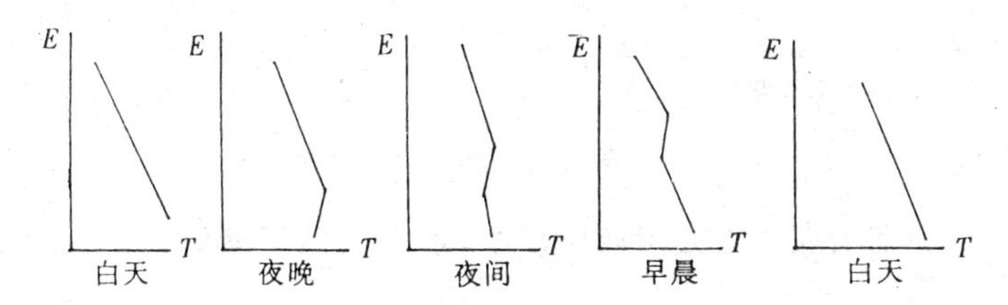

图 9-2 辐射逆温的生消过程(引自周密等,1987)

辐射逆温在大陆上常年可见,尤以冬季最强,中纬度冬季逆温层可达 200 ~ 300m,高纬度可达 2 ~ 3km,甚至白天也不消失。

② 地形逆温。它是由于地形特征造成的,主要在盆地和谷地中。由于山坡散热快,冷空气沿斜坡下滑,在盆地或谷地内聚积,致使盆地和谷地内原有的空气被迫抬升形成逆温,实际上它是辐射逆温的变种。

③ 平流逆温。主要发生在冬季中纬度沿海地区。由于海陆存在温差,当海上暖空气流到大陆上空时,便形成了平流逆温。

④ 下沉逆温。在高压控制区,高空存在着大规模的下沉气流,由于气流下沉的绝热增温作用,致使下沉运动的终止高度出现在逆温。这种逆温多见于副热带反气旋区,它的特点是范围大,不接近地面而出现在某一高度上,所以,也称为上部逆温。因为这种逆温有时象

盖子一样阻止着向上的湍流扩散,如果延续时间较长,对污染物的扩散会造成很不利的影响。

⑤ 锋面逆温。当两气团相遇,暖气团位于冷气团的上方便可形成锋面逆温。

(4) 不同温度层结下的烟型

前面讲了风及温度层结(稳定度)对污染物扩散输送的影响,现在结合具体的烟型进行相关定性讨论。温度层结不同,常常可以发现烟窗囱里排出的烟羽有不同的形态。归纳起来大体有以下五种类型(图 9-3):

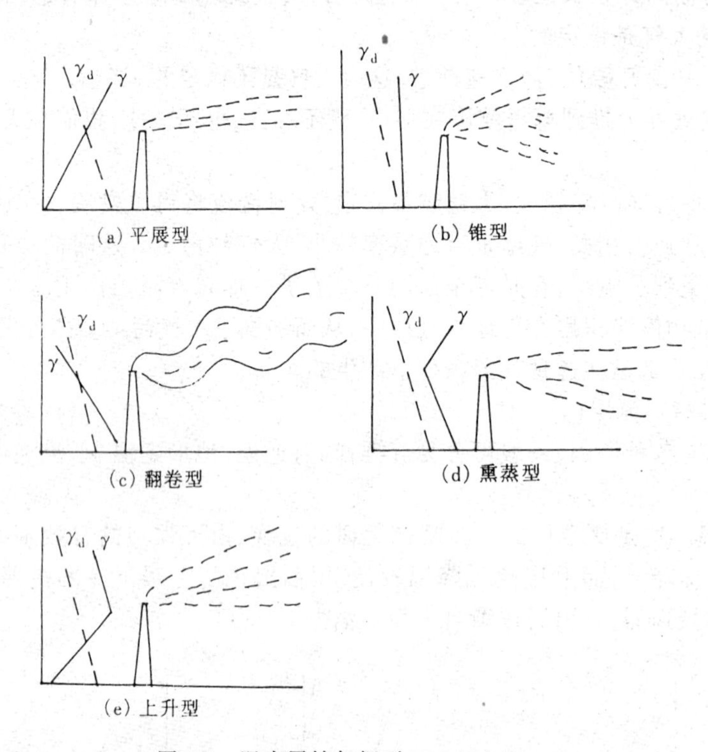

图 9-3 温度层结与烟型(引自周密等,1987)

① 平展型。这种烟羽在垂直方向伸展很小,水平方向扩展较好,往往出现在稳定-逆温层内。

② 锥型。烟云如圆锥形,气温随高度变化不大,层结呈中性,因而常出现于阴天或多云天气,且风力较大,所以,其各方向扩散均较好。

③ 翻卷型。烟云呈波浪型,气温分布是强烈递减状态(不稳定层结),可见浓烟滚滚,垂直扩散迅速,有时在污染源附近浓度较大,但能很快扩散,这种情况多见于中午前后,夏季晴天时较为常见。

④ 熏蒸型。日出以后,由于地面增温、低层空气加热,使夜间形成的逆温自下而上逐渐破坏。但此时气温的垂直分布虽然下部已变为递减,而上部仍保持着逆温状态,便出现了这种烟型。此时一般风力较弱,由于烟气在上方不再扩散,只能向下方扩散,因此导致地面烟尘滞留,聚积、浓度上升,往往形成污染危害。

⑤ 上升型。它恰好与熏蒸型相反,一般在日落后出现。这时地面由于有效辐射降温,从而形成低层逆温,但高空尚保持气温的递减状态。所以,这种烟型的特点是,烟气不向下

方扩散，而在逆温层以上扩散良好。

3. 辐射与云

太阳辐射是地面和大气的主要能量来源。地面既是吸收体，又是反射体。白天它吸收来自太阳的辐射而增温，夜间又以长波辐射的形式向外放射使自身降温。

云对太阳辐射起着反射作用，反射的强弱视云的厚度而定。阴雨天由于云层的阻挡，地面接受太阳辐射便少，同样当夜间存在着云层（尤其是浓厚的低云）时，大气的逆辐射很强。因此地面的有效辐射减弱，地面也就不易冷却。由此可见，云层存在其总的效果是减小气温随高度的变化，至于减弱的程度要视云量多少来定。

概括起来可以认为：

(1) 晴朗的白天风比较小，阳光照射下地面急剧增温。随之，空气也从下而上逐渐增热，温度递减，大气处于不稳定状态，直至中午为最强。夜间，太阳辐射等于零，地面因有效辐射而失热，空气自下而上逐渐降温从而形成逆温，大气稳定。日出前后处于转换期，大气接近中性层结。

(2) 阴天或多云天气风比较大，温度层结昼夜变化很小，大气接近中性。

从上面讨论中可以看出，当低压控制时，由于空气的上升运动，阴云天较多，而且通常风速较大，大气为中性或不稳定状态，有利于污染物扩散稀释。反之，当高压控制时，因为有大范围的空气下沉运动，往往在几百米到 1～2km 的高度上形成下沉逆温，像个盖子似的阻止污染物向上扩散。如果高压移动缓慢，长期停留在某一地区，那么由于高压控制，伴随而来的小风速和稳定层结不利于扩散稀释。此时只要有足够的污染物排入空中，就会出现污染危害。如果加上不利的地形条件，往往会导致严重的污染事件。1952 年伦敦烟雾事件的出现，就是因为有停滞的反气旋控制，较强的下沉气流形成下沉逆流，加上地面辐射冷却很强，近地面生成辐射逆温，形成了一个从下而上的强逆温层。而逆温条件下的水汽接近饱和，极有利于雾的生成。这种情况日以继夜的维持下去就造成严重的污染事件，可见天气背景是大气污染不可忽视的因子。

必须指出，以上都是是以单个气象因子的作用来进行叙述的。实际情况往往是多因子同时在起作用，它们间存在着错综复杂的关系，因此在具体实际问题的分析中必须作综合性的考虑。

(二) 地理因素

空气流动总是受下垫面的影响，即与地形、地貌、海陆位置、城镇分布等地理因素有密切关系，在小范围引起空气温度、气压、风向、风速、湍流的变化，从而对大气污染物的扩散产生间接的影响。

1. 地形和地物的影响

污染物质从污染源排出后，因其所处地理环境不同，危害程度也就有差异。地面是一个凹凸不平的粗糙曲面，当气流沿地表通过时，必然要同各种地形地物发生磨擦作用，使风向风速同时发生变化，其影响程度与各障碍物的体量、形态、高低有密切关系。

在一定的地域内，山脉、河流、沟谷的走向，对主导风向具有较大的影响，气流沿着山脉、河谷流动。

地形、山脉的阻滞作用，对风速也有很大影响，尤其是封闭的山谷盆地，因四周群山的屏障影响，往往静风、小风频率占很大比重。我国是一个多山之国，许多城市位于山间河谷盆地上，静风频率高达30%以上。例如，重庆为33%，西宁为35%，昆明为36%，成都为40%，遵义为52%，承德为54%，天水为58%，兰州为62%，万县为66%，等等。这些城市因静风、小风时间多，不利于大气污染物的扩散。

高层建筑、体形大的建筑物和构筑物，都能造成气流在小范围内产生涡流，阻碍污染物质迅速排走扩散，使之停滞在某一地段内，加深污染。图9-4是气流通过一幢建筑物的情况。图9-5是风向与街道直交时产生的流场。它们表明城市单幢建筑物及建筑群，对风向风速都有一定的影响。一般规律是建筑物背风区风速下降，在局部地区产生涡流，不利于气体扩散。

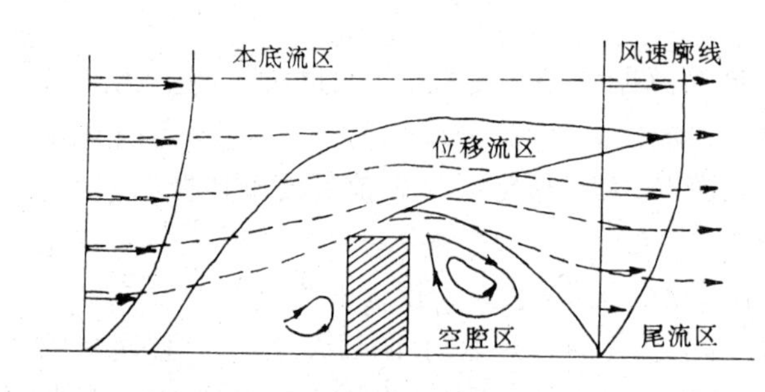

图9-4 建筑物对气流的影响
(引自《城市环境保护》，1982)

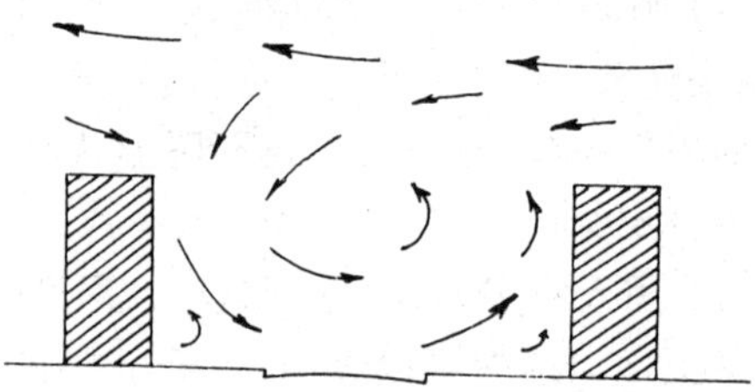

图9-5 风向与街道直交时产生的流场
(引自《城市环境保护》，1982)

2. 局地气流的影响

地形和地貌的差异，造成地表热力性质的不均匀性，往往形成局地气流，其水平范围一般在几公里至几十公里，局地气流对当地的大气污染起显著的作用。最常见的局地气流有海陆风(水陆风)、山谷风等。此外，由于城市下垫面特殊的结构而引起的“城市效应”亦是城市局地气流的显著表现形式。

(1) 海陆风

在水陆交界处，由于水陆面导热率和热容量的差异，常出现水陆风。白天，风从水面吹向陆地称海风，晚间则相反称陆风。海风一般比陆风要强，可深入内地几公里，高度也可达几百米。如在海风影响地区建厂，由于海陆风相互的影响，容易形成近海地区的污染，见图9-6。

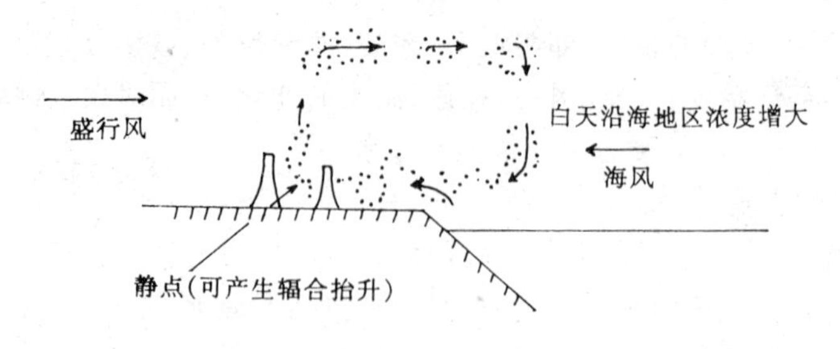

图9-6 海风对近海地区的影响(引自周密等，1987)

(2) 山谷风

在山谷地区由于局地性加热、冷却的差异，白天气流顺坡、顺谷上升形成上坡风和山风，晚间气流顺坡、顺谷而下形成下坡风和谷风。这种昼夜交替的局地环境，往往使污染物在山谷内往返累积，常常会达到一个较高的浓度，加上由于山风冷空气沉入谷底形成的逆温，有时能出现十分危险并持久的高浓度污染危害，见图 9-7。

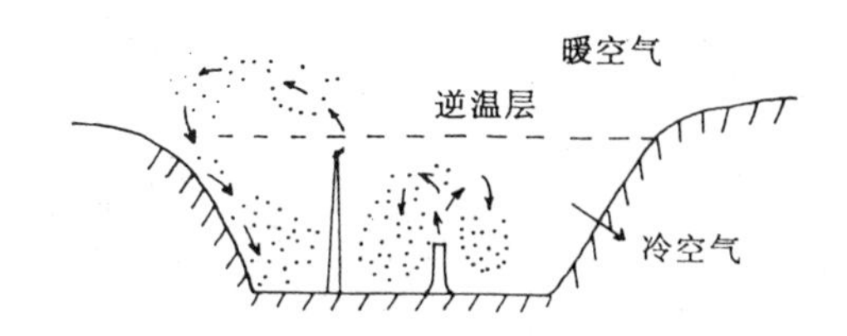

图 9-7 夜间山谷凹地中的污染(引自周密等，1987)

(3) 城市效应

由于城市下垫面有其特殊的结构，所以，它对污染物的扩散输送有其独特的效应。城市效应主要表现在两个方面。

① 城市粗糙面的动力效应

城市的建筑加大了地面的糙度，使风速减小从而减小了扩散速率，这种现象在不顺风的街道尤为突出。在一定的情况下，随着糙度的加大也增强了局地的机械湍流，从而加快了污染物的扩散。

② “热岛”效应

通常把城市近地面温度比郊区高的现象称为“热岛效应”。“热岛”的形成原因主要有三方面：① 大量的生产、生活燃烧放热；② 地面相当大的面积被建筑物和路面覆盖，且植物少，从而吸热多而蒸发散热少；③ 空气中经常存在大量的污染物。它们对地面长波辐射吸收和反射能力很强。这些均是造成城市温度高于周围乡村的重要条件，其温差夜间更为明显，最大可达 8℃左右。

城市热岛效应对大气污染物的影响，主要表现由于热岛效应引起了城乡间的的局地环流。使四周的空气向中心辐合，尤其在夜间易导致污染物的增大。造成这一现象的原因，可能是夜间当郊区上空稳定层结的空气流进城市里，市内低层空气由于受热和受较强的扰动，使层结转变为中性，甚至略有稳定，而上层仍然保持着稳定状态。这就构成了城市夜间特有的混合层。混合层的存在可使地面污染物浓度增大。这种混合层有时可高达 400m 左右。

日本的北海道旭日市，市郊是土地丘陵，市区为平地，有 20 万人口，在市郊周围山地布置了工厂，由于城市热岛效应，结果周围市郊工厂的烟尘涌入市区，市中心烟雾弥漫，反而使没有污染源的市区的污染浓度，比有污染源的工业区高 3 倍，造成市区严重污染(见图 9-8)。图 9-9 是日本神户工业区局部气流情况。经对工业区进行观测，发现复合上升气流可高达 200～300m，城市中大气气流强度比郊区大 30%～60%。

(三) 其他因素

1. 污染物的性质和成分

大气污染物通常是由各种废气和微小的固体颗粒组成的，它们的化学成分不同，所造成的污染危害也不同。不同的成分在大气中进行的化学反应和清除过程也不一样。对固体颗粒而言，由于颗粒大小的级别不同，它们在大气中的沉降速度和清除过程也各有异。从而影响着扩散过程中浓度的分布。

2. 污染源的几何形态和排放方式

由于不同类别、不同性质的污染源有不同的几何形态和排放方式，因而污染物进入大气

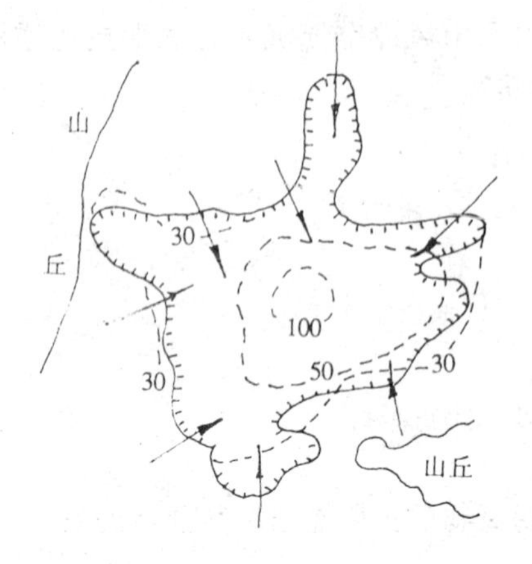

图 9-8　日本旭日市“城市风”造成污染

（引自《城市环境保护》，1982）

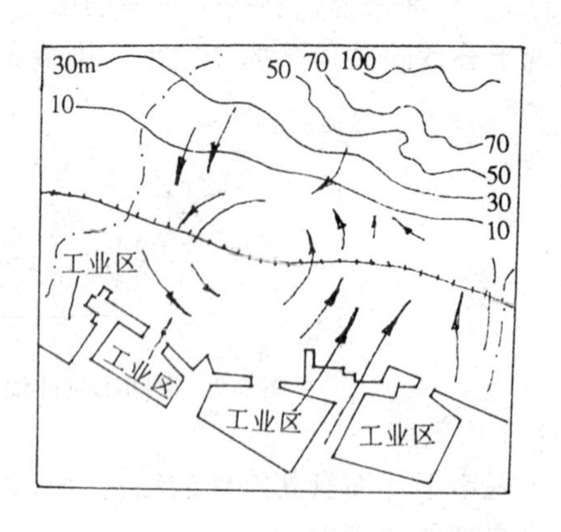

图 9-9　日本神户市工业区局部气流情况

（引自《城市环境保护》，1982）

的初始状态就不一样，其后的状况和污染物浓度也就不同。

3．污染源的强度和高度

（1）源强的影响

源强是指污染物的排放速率。通常瞬时点源的源强以一次施放总量表示（如 kg），连续点源以单位时间施放量表示（如 kg/h），连续线源则以单位时间、单位长度的施放量表示（如 kg/h·km）等。因为源强与污染物的浓度是成正比的，所以，若要研究空气污染问题，必须摸清源强的规律。为了摸清这一规律，就必须对工厂的生产量、工艺过程、净化设备等有一定的了解。此外，除了烟囱排放外，各生产环节常有跑、冒、滴、漏等现象存在，对于这类无组织的排放也要做相应的调查和考虑。

（2）源高的影响

源高对地面浓度有很大影响。图 9-10 是地面源地面轴线浓度的分布情况，显然浓度随距离的增加而减少。但对于高架源来说，情况就比较复杂了，就烟羽中心轴线而言，仍然是浓度随距离的增加而减小；但就地面浓度而言，则将出现离烟囱很近处，浓度很低，随着距离的增加浓度逐渐增加至一个最大值，过后又逐渐减小，如图 9-11。

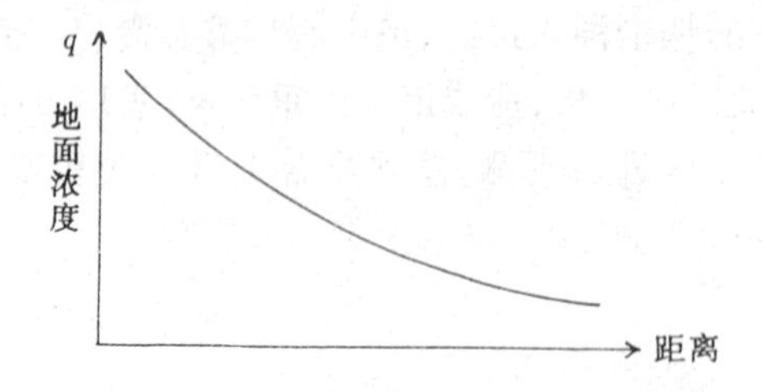

图 9-10　地面源地面轴线浓度分布

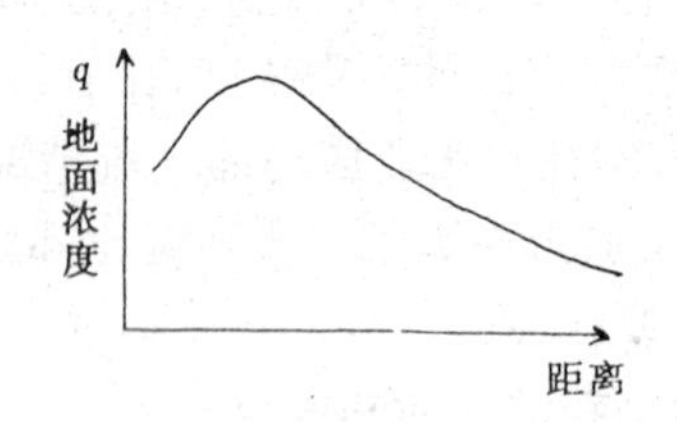

图 9-11　高架源地面轴线浓度分布

在开阔平坦的地形和相同的气象条件下，高烟囱产生的地面浓度总比相同源强的低烟囱产生的地面浓度要低。

此外，温度层结对地面浓度的影响也取决于源高。逆温（层结稳定）显然对地面源扩散不利，因为污染物在地面积聚形成高浓度。但对于高架源就不能机械地照搬上述理论，人们关心的是地面浓度而不是烟的中心轴线的浓度。虽然在层结稳定(如存在逆温)时,烟云常可飘行几公里才接近地面,致使地面浓度最高值出现在离源较远的地方。相反,在层结不稳定时,由于空气铅直方向运动较强,扩散较快,可使烟云在近距离便接近地面,地面最高浓度可能在离烟囱较近处出现。图 9-12 是同一高架源在不同大气稳定度条件下地面浓度分布状况。从图中可见,离源近的点不稳定时的地面最大浓度反比稳定时高,但浓度很快随距离而降低,污染范围小。稳定时,离源较近点的地面最大浓度虽然较低,但是因为扩散速度较慢,致使相当大的范围内保持着较高的浓度。

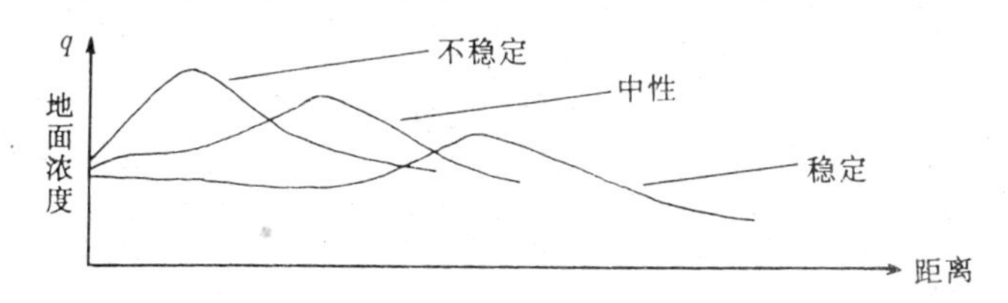

图 9-12 不同稳定度条件下地面浓度的变化(引自周密等,1987)

二、影响水体环境的因素

影响水体环境的因素包括水体污染的性质、强度以及水体的自净作用等。其中水体自净作用以及相关因素的作用,对水体环境有较大的影响。

(一) 水体自净作用

水体自净作用是指污染物进入水体后,经物理、化学和生物学作用使污染浓度逐渐下降,水体理化性质及生物特征恢复至污染物进入前的状态的过程。水中的颗粒物由于重力作用逐步沉积水底,使混浊水体变清;难溶的硫化物氧化成硫酸盐,二价铁、锰化合物转化为难溶的三价铁、四价锰的氧化物而沉淀;水生微生物把有机污染物分解成简单的、稳定的无机物,如二氧化碳、水、硝酸盐和磷酸盐等,使水体得到净化。各类水体都有一定的自净能力,自净过程与水文条件、微生物种类和数量及水温、复氧状况、污物性质及浓度有关。人们利用水体自净能力进行污水净化处理。

(二) 水体稀释作用

水体稀释作用是水体发挥自净作用的重要因素。水体的稀释作用与废水和水体的流量以及两者混合的程度有密切关系。污水进入水体后,并不能马上与全部水体混合。影响混合的因素很多,其中主要的有:

1. 河流流量与污水流量的比值。比值越大,完全混合所需要的时间就越短。

2. 废水排放口的形式。如污水在岸边集中一点排入河道,则达到完全混合所需要的时间较长。如污水是分散排入水体,则达到完全混合的时间较短。

3. 河流的水文条件。河流的流速、流量等与其自净作用关系密切,特别是河水的紊流运动,使水中物质得到充分的混合,可使过水断面上水流趋于均匀,水中溶解质分布较均匀,气体交换速度增大等。

显然,在没有达到完全混合的河道截面上,只有一部分水流参与污水的稀释。参与混合的河水流量与河水总流量之比称为混合系数,即

$$a = \frac{Q_1}{Q}$$

式中　a——混合系数；

　　Q_1——参与混合的河水流量；

　　Q——河水总流量。

在完全混合的河道截面上及其下游，混合系数 $a=1$，因为这时全部河水参与污水的稀释。在从排放口到完全混合面的一段距离内，只有一部分河水与污水相混合，所以混合系数 $a<1$。

污水被河水稀释的程度用稀释比 n 来表示，它是参与混合的河水流量与污水流量的比值：

$$n=\frac{Q_1}{q}=\frac{aQ}{q}$$

式中　q——污水流量；

　　a——混合系数；

　　Q_1——参与混合的河水流量；

　　Q——河水总流量。

在实际工作中，究竟采用河水的全部流量还是部分流量进行计算，需对具体情况作具体分析。在一般情况下宜考虑部分流量计算（即采用 $a<1$）。根据经验，对于流速在 0.2～0.3m/s的河流，可取 $a=0.7\sim0.8$。河水流速较高时，取 $a=0.9$ 左右。河水流速较低时，$a=0.3\sim0.6$ 左右。如果在排放口的设计中，采取分散式的排放口或将排放口伸入水体，或把污水送到水流湍急的地方，以及在其他个别情况下，都可以考虑采用河水全部流量（即 $a=1$）进行计算。

（三）水体中氧的消耗与溶解

污水进入水体后，污水中的有机物还能在微生物的作用下进行氧化分解，这时需要消耗一定数量的氧。沉积在水底的淤泥分解时，也要从水中吸取氧。晚上光合作用停止，水生植物的呼吸也需要溶解氧。废水中的还原剂（工业废水的亚硫酸盐等）也要与水中的溶解氧起反应。水体的自净作用与水体中氧的含量密切有关。水中溶解氧主要从大气中补给。气体与水域交换的速度，也受到各种因素支配，如大气中及水中的气压、温度、水面状态（油膜等）、水的流动方式等，特别是紊流状态的影响最大。

（四）水中的微生物

在水中微生物摄取污水中的有机物作养料的过程中，将有机物的一部分变成微生物本身的细胞，并提供合成细胞的维持生命的能量，一部分有机物则变成废物排出。当水中溶解氧很充足时，一部分有机物就可以通过微生物的作用变成水和二氧化碳以及无机盐类排出。如果水中的氧气不足，将产生嫌气分解。嫌气性微生物不断分解污水的有机物，提供本身合成细胞维持生命的能量，排出含有臭味的硫化氢和氨等。因此它受存在于水中的微生物的数量和种类的影响。如果水中存在对微生物有害的有毒物质，则微生物的活动也要受到阻碍，自净能力降低。

三、影响土壤环境的因素

影响土壤环境有土壤的性质、土壤环境背景值、土壤自净作用的强弱、土壤污染的类型及强度、土壤酸碱度、土壤质地、土壤结构等因素，以下择要述之。

（一）土壤环境背景值

土壤环境背景值指在自然状况或相对不受直接污染情况下土壤中化学元素的正常含量。一般应在远离污染源的地方采集样品，测定化学元素含量，并运用数理统计等方法检验分析结果，然后取分析数据的平均值或数值范围作为背景值。土壤环境背景值研究是环境科学的一项基础性工作，是环境质量评价和预测污染物在环境中迁移转化机理，以及土壤环境标准制定的主要依据，对于地方病的环境病因研究，也具有重要参考价值。土壤环境背景值一定程度上反映了土壤环境的质量。一般在某一地区，如土壤环境背景值比较稳定，则可相当程度上表明这一地区的环境质量较为稳定；反之亦如此。同时，土壤背景值也一定程度上影响和决定了土壤环境的当前质量和一定时期内的质量变化趋势。

（二）土壤自净作用

土壤自净作用指土壤受到污染后，在物理、化学、生物的作用下，逐步消除污染物达到自然净化的过程。按发生机理，土壤自净可分为三种类型：①物理净化。包括挥发、扩散、淋洗等，如土壤中挥发性污染物酚、氰、汞等，可因挥发作用而使其含量逐渐降低。②化学净化。包括氧化还原、化合和分解、吸附、凝聚、交换、络合等，如某些有机污染物经氧化还原作用最终生成二氧化碳和水；铜、铅、锌、镉、汞等重金属离子与土壤中硫离子化合，生成难溶的硫化物沉淀；土壤中的粘土矿物、腐殖质胶体对重金属离子的吸附、凝聚及代换作用等。③生物净化。主要是土壤中各种微生物对有机污染物的分解作用，需氧微生物能将土壤中的各种有机污染物迅速分解，转化成二氧化碳、水、氨和硫酸盐、磷酸盐等；厌氧微生物在缺氧条件下，能把各种有机污染物分解成甲烷、二氧化碳和硫化氢等；在硫黄细菌的作用下，硫化氢可转化为硫酸盐；氨在亚硝酸细菌和硝酸细菌作用下转化为亚硝酸盐和硝酸盐。

按其组成，土壤自净作用主要有如下几方面组成：绿色植物根系的吸收、转化、降解和生物合成作用；土壤中细菌、真菌和放线菌等微生物区系的降解、转化和生物固氮作用；土壤中有机无机胶体及其复合体的吸收、络合和沉淀作用；土壤的离子交换作用、土壤的机械阻留和气体扩散作用。土壤微生物在土壤净化中起重要作用，如通过环裂解作用的把2,4-D等降解为无毒物质。土壤微生物使土壤对农药进行最彻底的净化。土壤净化功能是污水灌溉的依据，正在被广泛应用到环境工程上作为净化污水的重要途径。同时，也是影响土壤环境的重要因素之一。

（三）土壤酸碱度

土壤酸碱度亦称“土壤反应”，是土壤酸度和土壤碱度的总称。主要决定于土壤溶液中氢离子的浓度，通常以pH值表示。土壤学上以pH值6.5～7.5的土壤为中性土壤，pH值6.5以下的为酸性土壤，pH值7.5以上的为碱性土壤。一般用1:1～1:5的土水比例测定土壤pH值，称为活性酸度，或有效酸度；用过量中性盐淋洗土壤测定土壤pH值，称为代换性酸度；用过量碱性盐淋洗土壤测定土壤pH值，称为水解性酸度。水解性酸度常用于确定改良土壤时的石灰施用量。

土壤酸碱度与土壤中的重金属化合物的溶解状况密切相关。金属的氢氧化物由于变成硫化物而不溶解。而且在pH值高时，溶解度更低，土壤施用石灰等碱性物质后，重金属化合物由于与Ca，Mg，$Al(OH)_3$，$Fe(OH)_3$的沉淀，更加强了其不溶性。综合影响的结果，随着土壤pH值的升高，重金属元素的溶出率迅速降低。试验土壤为水田土壤，加入重金属元素硫酸盐后，用0.05M不同酸度的氯化钙浸提，测定重金属浓度的结果表明，在pH为4～5的条件下,溶液中锌、镉浓度很高,随着 pH 值升高,其溶出率明显降低,pH 值在 7~8 以上,重金属溶出量极微。

本章小结:

城市环境是人类生存环境的组成部分之一,由城市物理环境、城市社会环境、城市经济环境及城市美学环境组成。城市环境具有自身的特点,在城市人类活动作用下,城市环境相应地产生各类效应,一定程度上反映了城市环境的状况与特点。城市环境容量反映城市环境对人类活动强度的容许限度,包括人口容量、自然环境容量、工业容量、交通容量等。城市环境问题是伴随城市化的过程而产生的,反映了城市人类生存质量的下降的现实;同时,我国的环境问题也主要由城市突出表现出来的。影响城市环境有多方面的因素,包括经济、社会、人口等诸多方面,而自然地理因素对城市环境的影响具有基础的意义。影响大气环境包括气象、地形、地物、局地气流等因素;影响水体环境包括水体的自净作用、水体的稀释作用、水体中氧与微生物的作用等;影响土壤环境的有土壤性质、土壤背景值、土壤自净作用、土壤酸碱度等因素。总而言之,城市环境是受多种因素影响、制约的。在分析这一问题时,要采取综合的观点,找出某一时间、某一空间内影响某一环境要素质量的主要因素及次要因素,以利问题的恰当解决。

问题讨论:

1. 城市环境具有哪些特点?
2. 城市环境效应有哪些类型?各自有何特点?
3. 城市环境容量与城市活动强度、活动能力及城市人类生存质量有什么关系?
4. 城市环境问题是如何产生的?我国城市环境问题发展可划分几个阶段?
5. 现阶段我国城市环境问题的基本状况有哪些?主要问题是什么?
6. 气象因素是如何影响大气环境的?
7. 影响大气环境有哪些地理因素,它们是如何影响大气环境的?
8. “城市热岛效应”如何理解?对城市大气环境有何影响?
9. 影响水体环境有哪些因素,它们是如何影响水体环境的?
10. 影响土壤环境有哪些因素,它们是如何影响土壤环境的?
11. 除自然地理因素外,影响城市环境的有哪些社会、经济因素?

进一步阅读材料:

1. 周密等.环境容量.长春:东北师范大学出版社,1987
2. 曲格平等.环境科学词典.上海:上海辞书出版社,1994
3. 同济大学、重庆建筑工程学院. 城市环境保护. 北京:中国建筑工业出版社,1982
4. 陈国新.环境科学基础.上海:复旦大学出版社,1993
5. 刘文等.环境与我们.上海:上海科技教育出版社,1995
6. 国家环保局.中国环境状况公报(1996).环境保护,1997(6).北京:《环境保护》编辑部,1997.~
7. 国家环保局.中国环境状况公报(1995).环境保护,1996(6).北京:《环境保护》编辑部,1996.~
8. 王金南等.中国 90 年代环境污染控制战略.环境科学进展,1993(2).北京:《环境科学进展》编辑部,1993~

第十章 城市中的主要污染源

污染源指造成环境污染的污染物发生源。通常指向环境排放有害物质或对环境产生有害影响的场所、设备和装置。分类方法较多。按污染物来源,可分为天然污染源和人为污染源,后者是环境科学研究的主要对象。按排放污染的种类,可分为有机污染源、无机污染源、热污染源、噪声污染源、放射性污染源、病原体污染源和同时排放多种污染物的混合污染源等。按污染的主要对象,可分为大气污染源、水体污染源和土壤污染源等。按排放污染物的空间分布方式,可分为点污染源、线污染源和面污染源。按人类社会功能,可分为工业污染源、农业污染源、交通运输污染源和生活污染源。控制污染源,是改善环境质量的根本。

城市污染源指城市内产生污染物(包括废水、废气、废渣、噪声等)的设备、装置、场所和单位。根据分布特点可分为固定性和移动性两类污染源;根据排放方式可分为脉冲式及持续式污染源以及点源和面源污染源;根据产生部门可分为工业污染源、交通污染源、农业污染源和生活污染源。工业污染源在生产工艺流程中排放出大量未被充分利用的物质能量或不被人们所需要的有害副产品,造成污染。其中化工、冶金、电力、机械、造纸、纺织、制革、建材等行业的污染常容易引起严重的环境问题。交通污染源以能源燃烧的尾气、运输过程中有害物质的泄漏及运行噪音为主。农业污染源指过量施用化肥、农药,产生农业废弃物及使用城市废水灌溉而造成对作物、土壤、空气、水体及农产品的污染。生活污染源指产生生活垃圾、生活污水及由于生活用煤所造成的污染。

第一节 工业污染源

工业污染,首先是工业生产过程中所需的动力、热能、电能等主要来自燃料的燃烧,产生了大量污染物,表10-1表明以煤、石油为燃料或原料所产生的废气量。

表10-1　以石油、煤为燃(原)料产生的废气量(kg)

污染源	污　染　物	每吨燃料产生废气量
锅炉	粉尘、二氧化硫、一氧化碳、酸类和有机物	5~15(燃料)
汽车	二氧化氮、一氧化碳、酸类和有机物	40~70(燃料)
炼油	二氧化硫、硫化氢、氨、一氧化碳、碳化氢	20~150(原料)
化工	二氧化硫、氨、一氧化碳、酸、溶剂、有机物、硫化物	50~200(原料)
冶金	二氧化硫、一氧化碳、氟化物、有机物	50~200(原料)
矿石处理加工	二氧化硫、一氧化碳、氟化物、有机物	100~300(原料)

(引自《城市环境保护》,1982)

根据上表每烧一吨燃料或每用一吨原料排放到大气中的污染物的重量,和一个城市或地区燃料与原料总用量,就可大致推算出该城市或地区每年排入大气中的污染物的总重量。

其次,工业污染还表现为在生产过程中伴随着工业成品而产生的废气、废水、废渣及噪声(见表 10-2,表 10-3)。

表 10-2　　各工业部门向大气排放的主要污染物

工业部门	企业名称	向大气排放的污染物
电　力	火力发电厂	烟尘、二氧化硫、氮氧化物、一氧化碳
冶　金	钢铁厂	烟尘、二氧化碳、一氧化碳、氧化铁、粉尘、锰尘
	炼焦厂	烟尘、二氧化碳、一氧化碳、硫化氢、酚、苯、萘、烃类
	有色金属	烟尘(含有各种金属如铅、锌、铜、……)、二氧化硫、汞蒸气
化　工	石油化工厂	二氧化碳、硫化氢、氰化物、氮氧化物、氯化物、烃类
	氮肥厂	烟尘、氮氧化物、一氧化碳、氨、硫酸气溶胶
	磷酸厂	烟尘、氟化氢、硫酸气溶胶
	硫酸厂	二氧化硫、氮氧化物、一氧化碳、氨、硫酸气溶胶
	氯碱厂	氯气、氯化氢
	化学纤维厂	烟尘、硫化氢、二硫化碳、甲醇、丙酮
	农药厂	甲烷、砷、醇、氯、农药
	冰晶石厂	氟化氢
	合成橡胶厂	丁二烯、苯乙烯、乙烯、异丁烯、戊二烯、丙烯、二氯乙烷、二氯乙醚、乙硫烷、氯化钾
机　械	机械加工	烟　尘
	仪表厂	汞、氰化物、铬酸
轻　工	造纸厂	烟尘、硫酸、硫化氢
	玻璃厂	烟　尘
建　材	水泥厂	烟尘、水泥尘

表 10-3　　部分工矿废水的主要有害成分

工厂名称	废水中主要有害物质	工厂名称	废水中主要有害物质
焦化厂	酚、苯类、氰化物、焦油、砷、吡啶、游离氯	化纤厂	二硫化碳、磷、胺类、酮类、丙烯腈、乙二醇
化肥厂	酚、苯、氰化物、铜、汞、氟、砷、碱、氨	仪表厂	汞、铜
电镀厂	氰化物、铬、铜、镉、镍	造船厂	醛、氰化物、铅
石油化工厂	油、氰化物、砷、吡啶、碱、酮类、芳烃	发电厂	醛、硫、锗、铜、铍
化工厂	汞、铅、氰化物、砷、萘、苯、硫化物、硝基化合物、酸碱	玻璃厂	油、醛、苯、烷烃、锰、镉、铜、硒
合成橡胶厂	氯丁二烯、二氯丁烯、丁二烯、铜、苯、二甲苯、乙醛	电池厂	汞、锌、醛、焦油、甲苯、氰化物、锰
造纸厂	碱、木质素、氰化物、硫化物、砷	油漆厂	醛、苯、甲醛、铅、锰、钴、铬
农药厂	各种农药、苯、氯醛、酸、氯仿、氯苯、砷、磷、氟、铅	有色冶金厂	氰化物、氟化物、硼、锰、铜、锌、铅、镉、锗、其他稀有金属
纺织厂	砷、硫化物、硝基物、纤维素、洗涤剂	树脂厂	甲醛、汞、苯乙烯、氯乙烯、苯脂类
皮革厂	硫化物、硫、砷、铬、洗涤剂、甲酸、醛	磺药厂	硝基物、酸、炭黑
制药厂	汞、铬、硝基物、砷	煤矿	醛、硫化物
钢铁厂	醛、氰化物、锗、吡啶	铅锌厂	硫化物、镉、铅、锌、锗、放射性
		磷矿	氟、磷、钍

(以上两表均引自《城市环境保护》,1982)

一、冶金工业

（一）钢铁工业

钢铁工业是一个庞大的生产部门，是一个复杂的联合企业，它的生产包括若干系统，如采矿厂、洗煤厂、焦化厂、烧结厂、耐火材料厂、炼铁厂、炼钢厂、轧钢厂等等。生产规模大、占地多，产量和货运量都很大，用水量较多，影响面广。

由于钢铁工业生产是一个化学、物理的变化过程，在大规模生产条件下，对环境的污染比较严重。国外一向把钢铁工业列入污染危害最大的三大部门（冶金、化工和轻工）、六大企业（钢铁、炼油、火力发电、石油化工、有色冶炼和造纸厂）的首位。

1．钢铁工业的大气污染

钢铁工业生产过程有三个方面能引起大气污染：① 燃料燃烧或不完全燃烧产生的粉尘、二氧化硫和烟道气等；②加工原材料时，机械破碎如煤、焦炭、铁矿、石灰等所产生的渣和粉尘；③加工装料时的化学反应，如炼钢吹氧时产生的红、黄色氧化铁烟雾。但整个污染过程是复杂的，污染源也是多方面的。如烧结是高炉炼铁的预处理过程，在烧结机上（铁矿粉和焦炭）产生二氧化硫和排气粉尘。炼焦厂的污染物有烟、煤和焦炭的粉尘及挥发性的一氧化碳、氨、二氧化硫、烃和各种有机、无机物。炼铁高炉在通风或操作中，因原料处理而排出废气等等。钢铁工业大气污染以二氧化硫、硫化氢、粉尘为主，对厂内外环境产生严重污染，其面积可达几平方公里，下风区5公里以外的二氧化硫的日平均浓度也超过国家标准。图10-1为钢铁联合企业各组成部分排出物对大气污染的情况。

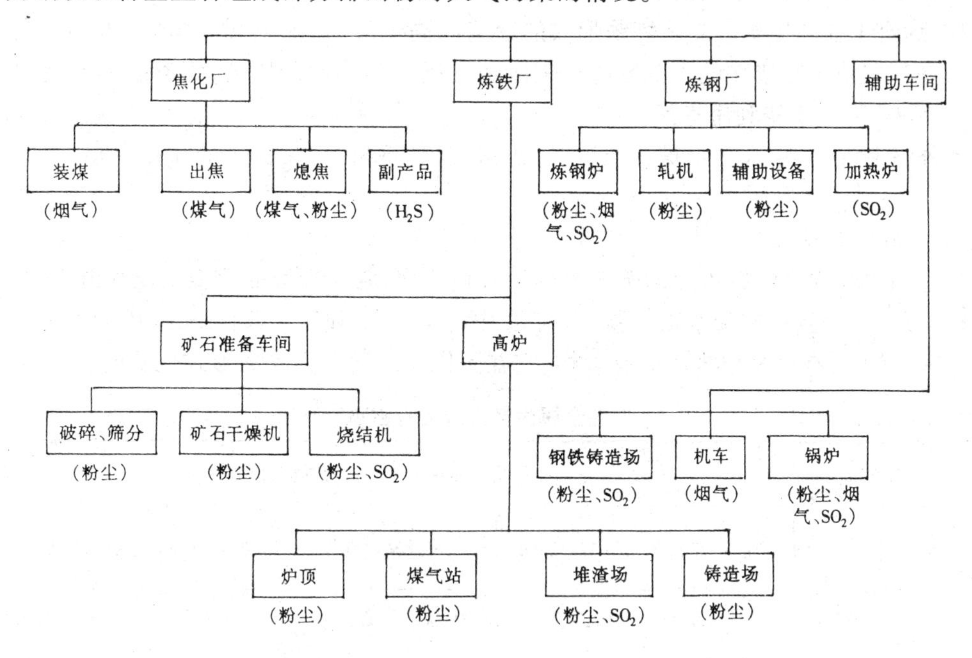

图10-1　钢铁联合企业中的大气污染源（引自《城市环境保护》，1982）

钢铁工业大气污染的特点是：

排放量大。一个年产600×10^4t钢铁的联合企业，除矿山外，每小时要净化$1000\sim1500\times10^4m^3$的含尘气体及烟气。

烟气温度高。有些烟气温度高达1500℃,有的具有腐蚀性。

间断性。有的废气排放是间断的,如炼钢车间在向转炉兑铁水、出钢、倒渣时的瞬间,放出大量烟气;炼焦车间在加煤、推焦、熄焦的瞬间也排放大量废气。这些都给治理技术带来很大困难。

烟气中含尘浓度高,变化大。例如转炉烟气为0~120克/标米^3,有色冶炼烟气有的高达800~900克/标米^3。

2. 钢铁工业的水污染

钢铁工业用水多,污染程度高,其中主要是焦化厂含有酚、氨、氰化物、氯化物和硫化物废水。此外按水的用途可分为:①冷却水(冷却高炉炉体、热风炉热风阀、平炉炉体、电炉电极夹子、轧钢机架轴承等),这种水称为净废水,不经处理可以排出,也可以循环使用;②洗涤水(清洗煤气、高炉水渣、冲轧钢铁屑等),含有浮悬固体物、氧化物、酚、氨和铁屑以及酸洗的酸性废水和乳化油类,这种污水必须处理才能排出。

钢铁工业污水对环境的影响主要是由于未经处理或处理不妥就地渗透而污染地下水,或排放至河道污染河流。按污染范围来说,含酚、氧化物污染地下水可达几平方公里,某些河流部分河段鱼类死亡。因此,从用地角度看,钢铁厂要建造在地下有不透水层地带,减少污染深层地下水的机会。

3. 钢铁工业的废渣及其他

钢铁工业废渣主要来自矿石和焦煤的选洗过程、冶炼生铁的高炉渣及钢渣等。铁矿石选矿是介于采矿和冶炼中间的加工工序,选矿产生的尾矿废渣以钢铁工业最大,一般生产1吨精矿,约有1.5吨尾矿。高炉炼铁形成的废渣叫高炉渣,每炼1t铁,排渣0.6~0.7t,高炉渣目前是利用技术较成熟的工业废渣。钢渣是炼钢过程排出的废渣,钢渣的排放量约为粗钢量的20%,目前钢渣利用率尚不高。

此外,钢铁工业中大型机械如鼓风机、压缩机、轧钢机、采掘机等的噪声也很大,影响周围环境。

(二) 有色金属工业

工业中将除铁、锰、铬以外的金属统称为有色金属,它对环境的污染比较突出,其污染特点是矿渣最大,而且选矿废水毒性强,含有汞、镉、锌、铅及砷等有毒物质,是矿毒危害的主要方面。表10-4为有色金属排放的有害物,它在不同生产阶段污染的形式也不同。

表10-4　　有色金属生产排放的有害物

产品名称	每吨产品排出的有害物数量及成分
电解铝	氟尘6~8kg;氟化物17~23kg(含氟化氢及氟化碳等);一氧化碳300kg;二氧化碳1000kg
铜	粉尘57.5kg(除尘后);二氧化硫3500m^3(含硫量1%),一般均回收,仅少量排出,二氧化硫折合总硫量为1120kg
锌	粉尘77.3kg(除尘后);二氧化硫折合总硫量为610kg
铅	粉尘64.5kg(除尘后);二氧化硫折合总硫量为556kg

(引自《城市环境保护》,1982)

选矿:在破碎过程中产生金属粉尘。浮选时排放含有各种金属和脂肪酸、甲酚浮选剂的废水。选掉的尾矿中亦有各种金属元素，在排放场地经风吹、日晒、雨淋形成二次污染源。

粗炼：即将精矿石用火法经过鼓风炉熔炼和吹炼过程。如粗炼铜(或其他金属)时产生二氧化硫。据估计，全世界二氧化硫污染量占大气总污染量的 1.8%，而有色金属冶炼厂排出的二氧化硫量占大气中二氧化硫总污染量的 12%，可见其总污染量超过钢铁联合企业的二氧化硫对大气的污染程度。

精炼：在精炼过程中，还存在精炼阶段的污染物，不过数量较小，而电解的阳极泥含有多种元素。

总之，有色金属采矿、选矿、冶炼是重金属粉尘、二氧化硫的污染源。这些企业不宜设在窝风的峡谷盆地内，更不宜建立在城市的上风向。

二、化学工业

化学工业指用化学方法从事生产的工业，包括基本化学工业和塑料、合成纤维、石油、橡胶、药剂、染料等各种工业。简称化工。

化学工业种类很多，产品也很多，原料和生产方法也很多样化，废弃物种类极其繁多，而且有毒有害物质多。合理规划和布置化学工业，对保护和改善城市环境具有很重要的意义。

(一) 化学工业污染物的产生

化工污染物大多是在生产过程中产生的，但其产生的原因和进入环境的途径则是多种多样的，一般有下列几个方面：

1. 化学反应不完全所产生的废料。在生产过程中，因反应条件和原料纯度不同，有一个转化率的问题，原料不可能全部转化为成品或半成品。一般的反应转化率只能达到 70% ~ 80%(最小的仅 3% ~ 4%)。未反应的原料和杂质会妨碍反应正常进行。这种余下的低浓度或成分不纯的物料，常作为废弃物排入环境。

2. 副反应所产生的废料。在生产中，在进行主反应的同时，经常还伴随着一些不希望产生的副反应。例如，当以原油或重油等为原料裂解制烯烃时，常有焦油状粘稠物质生成，这就是生产过程中副反应生成的不饱和烃聚合物。这些副产品，一般均可回收利用，有的可以作化工原料。但有时一些工厂因副产物数量不大，成分比较复杂，回收利用经济上无利可图，就作为废料排弃。

3. 燃烧废气。化工生产需一定的压力、温度等条件，以利化学反应的进行。因此化学工厂多自建热电站或锅炉房，从而消耗大量的燃料，排出大量的废气和热水。

4. 冷却水。化工生产除需大量热能外，还需要大量的冷却用水。一般生产 1 吨烧碱要用水 100 多吨，1 吨石油化工产品，需水 200 ~ 2000t。化工是用水较多的部门之一，同时也是废水排放量较多的一个部门。直接冷却时，冷却水直接与反应物料接触，排出的废水中就含有较多的化学污染物质。间接冷却，虽不直接接触，由于水中往往加入防腐剂、杀藻剂等，排出后也会造成污染。

5. 设备和管道的泄漏。化工生产大多在气相或液相下进行，在生产和输送的各个环节中，由于设备和管道不严密、密封不良或操作不当等原因，往往造成物料漏损。

6. 其他化工生产过程中排出的废弃物。有些化学反应过程常需加入惰性气体、蒸汽或溶剂等以利反应进行。如裂解反应时，经常要以蒸汽稀释来减少结焦；聚合反应时要加入惰性气体以保证安全操作等等。这些不参与反应的物料，由于不能全部使用，因此常当作废料排出。

(二) 化学工业废水污染的特点

化学工业废水是化学、石油化学工业、煤炭化学工业、酸碱工业、化肥工业、塑料工业、制药工业、染料工业、洗涤工业、橡胶工业、炸药和起爆药工业等在生产过程中排出的废水。其特点为:

1. 有毒性和刺激性。化工废水中含有的污染物,有些是有毒或剧毒物质,如氰、酚、砷、汞、镉和铅等。这些物质在一定条件下,大都对生物和微生物有毒性和剧毒性。有的物质不易分解,在生物体内长期积累会造成中毒,如六六六、滴滴涕等有机氯化物。有些是致癌物质,如多环基烃化合物、芳香族胺以及含氮杂环化合物等。此外,还有一些刺激、腐蚀性的物质,如无机酸、碱类等。

2. 生化需氧量(BOD)和化学需氧量(COD)都较高。化工废水特别是石油化工生产废水,含有各种有机酸、醇、醛、酮、酯、醚和环氧化物等,特别是生化需氧量和化学需氧量都较高,有的高达几万 ppm。这些废水一经排入水体,就会在水中进一步氧化分解,从而消耗水中大量溶解氧,直接威胁水生生物的生存。

3. pH 值不稳定。废水中时而呈强酸性,时而呈强碱性,pH 值不稳定,对水生生物、建筑物和农作物都有危害。

4. 富营养物较多。水中含有磷、氮量过高。造成水域富营养化。

5. 废水温度较高。化工反应常在高温下进行,排出的水温较高。

6. 油污染较普遍。石油化工废水中一般都含有油类。

7. 恢复比较困难。化工有害物质污染的水域,即使减少或停止污染物排出,要恢复到水域原来的状态,仍需很长时间。特别是对于可以被生物所富集的重金属污染物质,停止排放后仍很难消除污染状态。表 10-5 为化学工业的水污染源情况。

表 10-5　化学工业中水质污染物的主要来源

污染物质	来　　源
氨、铵盐	煤气厂、氮肥厂、化工厂、炼焦厂
镉及其化合物	颜料厂、石油化工厂(催化剂)
铅及其化合物	颜料厂、烷基铅制造
砷化合物	农药厂、氮肥厂(脱硫)
汞及其化合物	氯碱厂、氯乙烯、乙醛、醋酸乙烯及其石油工厂、农药厂
铬及其化合物	颜料厂、石油化工厂(水处理、催化剂)
酸类	硫酸、盐酸、硝酸及磷酸制造、石油化工厂、合成材料厂
碱类	氯碱厂、纯碱厂、石油化工厂
氟化物	磷肥厂、氟塑料制造
氰化物	煤气制造、丙烯腈生产、有机玻璃和黄血盐的生产
苯酚及酚类	煤气厂、石油裂解、合成苯酚、合成染料、合成纤维、酚醛塑料
游离氯	氯碱厂、石油化工厂
有机氯化合物	农药厂
有机磷化合物	农药厂
醛类及其他有机氧化物	石油化工厂、制药厂
硝基化合物及胺基化合物	化工厂、染料厂、炸药厂、石油化工厂、硫化染料厂、煤气厂、石油化工厂
油类	石油化工厂
铜化合物	石油化工厂(催化剂、萃取液)

(引自《城市环境保护》,1982)

（三）化学工业废气污染的特点

1．易燃、易爆气体较多，如低沸点的酮、醛、易聚合的不饱和烃等。在石油化工生产中，特别是发生事故时，会向大气排出大量易燃易爆气体，如不采取适当措施进行处理，容易引起火灾和爆炸事故，危害很大。为了防止事故，通常把这些气体排到专设的火炬系统去烧掉。

2．排放物大都有刺激性或腐蚀性。化工生产排出刺激性和腐蚀性的气体多，如二氧化硫、氮氧化物、氯、氯化氢和氟化氢等，其中以二氧化硫和氮氧化物的排放量最大。

3．浮游粒子种类多，危害大。化工生产排放的浮粒子包括粉尘、烟气和酸雾等，种类繁多，其中以各种燃烧设备排放的大量烟气和化工生产排放的各种酸雾对环境的危害较大。

4．化工生产大气污染有害物质主要有碳的化合物、硫的氧化物、氮氧化物、碳的氧化物、氯和氯化物、氟化物、恶臭物质和浮游粒子等。表 10-6 为化工生产大气污染物来源情况。

表 10-6　化学工业中大气污染物的来源

污染物质	来　　源
二氧化硫	硫酸厂、染料厂、石油化工厂、以硫酸为原料的化工厂
氮氧化物	硝酸厂、染料厂、炸药制造厂、合成纤维厂
氯、氯化氢	氯碱厂、石油化工厂、农药厂
氟化氢、四氟化硅等氟化物	磷肥厂、黄磷生产、氟塑料生产
氢氰酸	有机玻璃厂、丙烯腈厂
甲醛及其他有机氧化物	石油化工厂
乙烯、丙烯	石油裂解、聚烯烃厂、石油化工厂
氨	合成氨及氮肥厂、石油化工厂
烷基铅	烷基铅制造
氯丁二烯	氯丁橡胶厂
硫化氢、硫醇	石油化工厂（脱硫）
溶剂（芳烃、有机化合物）	石油化工厂
光气	光气及聚亚氨基甲酸酯生产

（引自《城市环境保护》，1982）

三、石油化工

石油化工工业是利用炼油生产过程中的副产气体及石脑油等轻油或重油为原料，进行热裂解，生产乙烯、丙烯、丁烯等化工原料的工业，石油化工是发展最快的新兴工业之一。它的发展已根本上改变了化学工业的原料基础，它的发展也带来了大量的、严重的污染，当今已成为一个主要污染源之一，严重地污染城市环境。

石油化工产品繁多，应用各种反应和复杂的单元操作增加了废气废水的复杂性。例如裂解过程排放的工艺废水就有低分子烃类、胶质、有机酸、盐类、醛类、氰类、氟化物、氨等。在丙烯腈合成过程中常见的污染物，有丙烯腈、丙烯酸、乙腈、氢氰酸等。还有从催化剂制造和回收操作中产生的各种重金属。产生的化合物种类很多，它们之间相互影响，相互干扰，应用传统方法进行分析，经常发生误差。由于它的“三废”的复杂性，也影响了处理工程的修建。

一般石油化工厂，经常和它的原料供应厂以及产品耗用厂联合在一起，生产装置高度集中，很易使附近的大气、河流和海洋受到严重污染。

石油化工厂的废水特点是水量大、水质变化多。一个生产装置比较完全的炼油厂，其用水量为加工原油的30～50倍，排污量为加工1t原油约排出0.9t污水。废水中悬浮物质少，水溶性和挥发性物质多，含有以硫化氢为主的还原性物质及不饱和化合物。废水浓度一般较高，BOD可大于几千，常含有对生物有毒的有机化合物。pH值均偏高或偏低，大多数为水溶性油分的废水，其水温也较高，即使在冬天废水温度也在20℃以上。

废气主要有飞尘、烃类、二氧化硫、氧化氮、一氧化碳和恶臭等。

废渣主要是生产过程中的不合格产品，不可出售的副产品，催化剂，贮槽及塔器等排出的底脚等。由于控制污染所产生的固体废弃物，主要是废水处理时产生的污泥，以及废气除尘时取下的飞灰等。

四、造纸工业

造纸工业是污染较严重的一个工业部门。在制浆造纸过程中，排出大量带色废水，生化需氧量高，还排放恶臭和刺激性气体，以及一定数量的固体废物，其中以废水的危害最大。

造纸工业生产过程中排出的废水有硫酸盐纸浆废水和亚硫酸盐纸浆废水。我国以碱法造纸为主（占70%），每生产1t纸需水达100t（木浆）和400t（草浆），大部分作为废水排出。造纸废水中含有大量的有机物和悬浮物，并含有大量化学药品和杂质，是水体主要污染源之一。其中制浆过程排出的废水污染最为严重。洗浆时排出黑褐色废水，称为黑液；漂白工序排出的废水中含有酸、碱和BOD（100～300mg/L）等物质；抄纸工艺中，由抄纸机前排出的废水称为白水。黑液和白水是造纸工业的主要废水。

黑液：碱法制浆过程洗浆所排出的黑褐色废水称为黑液。其BOD高达5 000～40000mg/L，纤维总量可达产品总量的15%以上，含有35%左右的无机物，主要成分是游离的NaOH，Na_2S，Na_2SO_4等钠盐。黑液是造纸废水中危害最大的部分，但黑液的含碱量高（生产1t纸浆需用200～400kgNaOH），有用物质多，回收价值高。黑液中有害物质排入水体后，分解缓慢。如无木质纤维素，在水中要一年以上时间才能分解；如有木质纤维素可能需要时间更长。它们在水中经微生物的分解，要大量消耗水中的溶解氧，造成水体缺氧现象，所有水生生物包括好氧微生物在内，都将难以生存。此时厌氧微生物将取而代之，它们在缺氧情况下，继续分解有机物，使水腐化、发臭。

白水：造纸工业抄纸工艺中，抄纸机前端排出的废水称为白水。它含有大量纤维和在生产过程中添加的高岭土、滑石粉等填料和松香胶料，其中大多是有用的物质（包括水和原料）。白水直接可送回纸浆稀释槽重复利用。吸水箱吸出的废水和压辊所压出的废水，所含各种成分和纤维都低于白水，可以送到打浆机回用，或用分离法回收集中的纤维、填料。

造纸工业污染大气的物质，主要是还原硫（甲硫醇、二甲基二硫、二甲基硫、硫化氢）、二氧化硫等含硫臭气，各种粉尘、芒硝烟雾以及少量含氟气体，以硫化物和粉尘较严重。

造纸工业的噪声和振动也很普遍而且强烈。从设备到成品工段，各种机械设备，包括剥皮机、带锯、圆锯、削片机、喷放锅、精浆机、盘磨、磨木机、空气压缩机、真空泵、送风机等等，在运转时都有噪声和振动。

五、制革工业

制革工业以废水排放为主。制革生产一般分为准备、鞣制、整理三个工序，废水主要产生在前两个阶段，即在湿操作过程中排出的。准备工序有浸水、脱毛、剖层和水洗等，废水量占制革过程排废水总量的65%左右，水质特点是COD和BOD值高(BOD约占总量的50%)、浑浊、臭味大、悬浮物多，采用硫化钠脱毛工艺的废水中还含有大量硫化物，鞣制工序主要有脱灰、鞣制(铬鞣或植鞣)、漂洗和染色等，废水量约占制革过程总废水量的35%。铬鞣废水呈灰蓝色，除含有三价铬外，还含有少量蛋白质和无机酸。植物鞣料主要是栲胶，植鞣废水为红棕色，呈酸性，丹宁酸含量很高，还含有大量木质素和其他有机化合物，色度高达4000~5000度。制革工业废水水量较大，加工1t皮革约排出30~60t废水。

制革废水中硫化物对水质影响极大，使之具有臭鸡蛋味。如用含有大量硫化物制革废水灌溉农田，则会污染土壤，使植物根部腐烂，造成农作物枯萎。制革厂广泛使用铬鞣液鞣革，三价铬盐会在土壤、植物、微生物以及水生物中积累，通过食用含铬食物，进入人体，危害人们健康。废水中还含有大量的氧化物，如不处理用来灌溉，会使土壤碱化；如排入江河，又会使鱼类受危害，甚至使鱼类和水生物大量窒息而死亡。

制革废水悬浮物含量平均约2000~3000mg/L，其中还含有少量毛、过量石灰以及沉淀物等。

六、纺织工业

以棉线、麻线、毛线、丝线及其织物生产过程中排出的废水为主。废水水量：每生产1t产品，棉织品为900~980m^3，麻织品为350m^3，毛织品为620~820m^3，丝织品为330~360m^3。废水水质：每生产1t产品进入废水中的污染物，对于棉织品，有杂质80kg，药剂110kg，表面活性剂10kg，染料6kg，其他107kg；对于麻织品，相应为100，120，15，5，130kg；对于毛织品，相应为90，130，35，8，115kg；对于丝织品，相应为50，100，16，7，100kg。废水的处理方法：先在工厂里进行预处理(分离纤维、水质水量调节)后排入城市生化处理厂与城市污水合并处理。

在纺织工业中，纺纱、织造和染整等加工机械都产生噪声。噪声强度一般在80dB以上，其中以有梭织机的噪声最为严重，噪声强度高于100dB，中心频率在2000Hz左右，而且噪声强度随着织机速度的提高而增强，织机实现高速化，噪声的危害更为突出，对附近居民产生不良影响。

七、印染工业

以加工棉、麻、化学纤维及其混纺、丝绸为主要产品的印染、毛织染整及丝绸厂等排出的废水为主。纤维种类和加工工艺不同，印染废水的水量和水质也不同。其中，印染厂废水水量较大，每印染加工1t纺织品耗水100~200t，其中80%~90%作为废水排出。主要分为：①退浆废水。含有各种浆料及其分解物、纤维屑、酸碱和酶类污染物等，用淀粉浆料的废水中BOD，COD值高，而合成浆料的废水中COD较高、BOD小于5mg/L；②煮炼废水。棉纤维的废水碱性强，COD和BOD值高(达数千毫克/升)，水量大，污染程度高，呈褐色，而化学纤维废水污染程度较轻；③漂白废水。水量大，污染较轻；④丝光废水。呈碱性，pH值为12~13，含有很多纤维屑等悬浮物，BOD，COD 值很高；⑤染色废水。随纤维类型、染料种类与浓度、助剂和规模不同，废水污染程度不同，主要含有有机染料和表面活性剂等，呈碱性，COD 与 BOD 值高而悬浮物少；⑥印花废水。主要含有有机染料和表面活剂等污染物，BOD，COD 值高；⑦整理工序废水。主要含纤维屑、树脂、甲醛、油剂和浆料，水量少。毛织染整厂废水污染浓度高，每生产 454kg 洗净羊毛约有废水 318t，水质呈综色、胶体状，以 BOD 计的有机污染物达 91 ~ 114kg。丝绸厂废水来源于缫丝和丝绸染整加工过程。缫丝厂废水中 BOD 为 100 ~ 300mg/L，悬浮物含量为 50 ~ 200mg/L，氮与 BOD 之比为 1∶3 至 1∶10，油脂含量为 15mg/L，废水水量不大。

印染厂的废水中含有染料等有色污染物，色泽很深。一般认为，带色的印染废水会妨碍日光在水中的透射，不利于水生生物的光合作用，其结果是减少水生生物的食饵，降低了水中溶解氧，对水生动物生长不利。尤其是悬浮物量多的废水，更为严重。有人认为，鱼类忌避有色水，有色水不利于鱼类的生长。

八、动力工业

动力工业主要指工业生产中供热和供电的生产部门。动力工业排放污染物的数量和危害的程度，随着使用燃料和设备的不同而异。以煤为燃料时，主要污染物为二氧化硫和粉尘；以油为燃料时，主要污染物为二氧化硫；以原子能为燃料时，主要污染物为放射性物质。此外，还有因冷却水排放而造成的热污染。目前燃煤的火电厂污染最突出的问题是灰渣的排放和大气污染。例如，一座 100×10^4kW 的电厂，如果燃料用烟煤，则每年排出的灰渣量约 90×10^4t，若按除尘效率 90%算，每小时将有 12t 飞灰和近 13t 的二氧化硫排入大气，这是一个很可观的数字。此外还有氧化氮、二氧化碳等有害气体以及 3，4-苯并芘等一些微量有害物质及微量元素的排出，另外，冷却塔将有约 2000 ~ 3000t/h 的水蒸汽和约相当于 140×10^4kW 的热能排入大气，影响周围环境。

为什么火电站对大气污染特别严重呢？一方面是电站用煤和用油量大；而另一方面，电站用煤不经过洗选除去其中灰分和硫分，而是用原煤和劣质煤，它们大部分含灰量在 30% ~ 35%，含硫量在 1%左右。在燃烧过程中，灰分等不能燃烧的物质，大部分残存下来，另一部分就随烟气飞散污染大气。一个大型热电站每月随烟排灰量 3.5×10^4t，在同一时间内在热电站周围 1km 范围内收集到灰尘 3800t，占排出量总数的 11%；在 2km 范围内收集到沉降灰尘 9000t，占排出量的 28%；其他 60%的灰尘落到更远的地方或悬浮于大气中。煤的含硫量决定着污染程度，煤中含硫量在 1% ~ 5%之间者，其中可燃硫占 90%，燃烧时生成的二氧化硫，1kg 可燃性硫能烧成 2kg 二氧化硫随煤烟排入大气。

火力发电厂采用不同燃料，燃烧排放的有害物质数量如下：

煤：二氧化硫 60kg/t；二氧化氮 9kg/t；
粉尘 3 ~ 11kg/t；排渣量 20 ~ 25kg/t；

重油：二氧化硫 19kg/L；二氧化氮 12.6kg/L；
醛类 0.12kg/L；粉尘 1kg/L。

原子能反应堆：

每年生产大量氩^{41}照射氚和杂质产生的氩，裂变产生物氪^{35}、碘^{131}和氙^{133}。每一反应堆每年产生的废液达 10000m^3，其放射性浓度为 1 微居里 ~ 10 毫居里/m^3，主要放射物质为氚、各种活化物和某些裂变产物。原子能发电站每秒钟排出高温热水 80t。

第二节 交通运输污染源

一、铁路运输

城市铁路运输对城市造成的影响有和其他部门相同的共同问题，也有铁路独特的问题。它对城市造成点（厂、站）、线（铁路线路）、面（大的机务段、编组站、客货运站）的影响，影响范围是较大的。铁路运输对城市造成的危害主要有：

1. 蒸汽机车产生的煤烟粉尘，内燃机车产生的黑烟和废气，以及铁路专用热电站，工厂的锅炉、燃烧炉、冶炼炉产生的烟煤粉尘和有害气体对大气的污染。主要是牵引机的排烟粉尘对大气的污染。蒸汽机车的烟囱低，煤的燃烧过程短，因而煤烟、粉尘、烟雾、一氧化碳排出量多，污染大气。特别是在调车作业场的下风带污染严重。目前大城市开始采用内燃机牵引，逐步取代蒸汽机车，情况有所改善。

2. 机车、客车、油罐车、牲畜车的清洗污水，工厂排出的含有油污及其他有害物质的污水对水体的污染。如蒸汽机车机务段、车辆段等的酸、碱废水，各段、厂电镀车间的含铬废水，罐车蒸洗站的含油废水，货车洗刷所的含有农药和其他有机污染物的废水，铁路医院的含有病原体的废水等。

3. 铁路噪声。铁路噪声可分为两类。一类是机车车辆在行车时产生噪声，包括车厢内部噪声，以及起因于轮轨相互作用，由机车车辆、线路、桥隧及线路附近的建筑物产生的外部噪声；另一类是动力设备的机器噪声，如养路、施工及其他机械等。

列车运行在平直无磨耗的无缝线路上，产生的噪声频谱很宽，此时主要声源来自车轮，而钢轨产生的噪声较轻。车轮踏面和钢轨表面状态（如波纹状磨耗）对噪声强度和频谱有很大影响。钢轨踏面 0.05～0.1mm 和 0.15mm 的波纹状磨耗时，能使行车噪声分别提高 2～3dB 和 5～7dB。另外，列车通过小半径曲线和车轮打滑以及制动时，车轮会发出尖锐刺耳的尖叫声和吱吱嘎嘎的噪声。

钢轨的振动能传给隧道和桥梁，并通过地面传给附近建筑物，扩大振动并由此引起二次噪声。

当机车行驶速度加快时，噪声将明显加大（见表10-7）。蒸汽机车行驶速度为50～

表 10-7 行车速度与噪声关系

从线路中点的测定距离（m）	行车速度（km/h）			
	80	120	150	200
8.5	89dB	95dB	85.5dB	103dB
20.0	83dB	89dB	92.5dB	93dB
50.0	77.5dB	83.5dB	87dB	91.5dB
100.0	72dB	78dB	81.5dB	86dB

（引自《城市环境保护》，1982）

60km/h 时，相距 20～30m 处的噪声为 90dB(A)左右，速度增加或减少一倍时，增减 7.5dB。内燃机车同样车速和同样距离的噪声可高达 100dB(A)以上，若消声装置好，可降至 90dB(A)。

下面的数据为距轨道 5m 处，测得的机车行驶速度与机车噪声和轨道噪声值，这些数据说明机车速度与噪声呈正相关关系：

速度(km/h)	30	40	50	60	80
机车噪声(dB)	95	102	105	106	108
轨道噪声(dB)	90.5	97.5	100	102.5	104

当机车通过桥梁、隧道或过站、会车时，由于共振、声反射和瞬时摩擦撞击，噪声级有明显增加，如表 10-8 所示。

表 10-8　　机车通过构筑物时的噪声

条　件	正常运行时(dB)	通过该段时(dB)	增加值(dB)
桥　梁	91～103	94～104	1～10
隧　道	93～98	97～104	4～7
道　岔	82～102	92～102	0～7
曲　线	73～96	74～98	1～3
过　站	85～102	87～102	0～2
会　车	92～97	93～100	2

(引自《城市环境保护》，1982)

蒸汽机车的汽笛声可达 130dB 左右，它是城市噪声的主要声源之一。

车站和车场因行车速度减低，噪声级大为降低。车站噪声主要是机车、汽笛和高音喇叭。汽笛在 20～30m 处为 100dB(A)，距高音喇叭 20～30m 为 90dB(A)以上。汽笛和喇叭频率提高，并不增加分贝值，只加大附近居民的厌烦感。

编组站的噪声远较一般车站为大，其中最强烈的是机车排气，约 20～130dB。此外驼峰调车撞击声、风笛噪声、进出列车噪声，以及大量的采用高音喇叭进行编组解体作业声也相当严重。一般认为居住区至少应离编组站 500～750m。

混凝土轨枕比木轨枕的噪声小，铺混凝土轨枕的无缝线路噪声小。列车运行在路堑地段噪声比在平地上小，运行在高 6m 的路堤和高架桥上时噪声大。

客货车以及站段和工厂在运输和生产过程中产生的废弃物、客车粪便以及内燃机车加油时溢油等，对环境也造成一定的污染。

二、市内交通

市内交通污染主要分为两大类。其一为交通噪声，其二为汽车对大气污染。交通噪声在第八章第五节已有叙述。这里主要谈汽车对大气污染的情况。

汽车不仅在行驶时排出尾气，并且还从曲轴排出废气以及从油箱和气化器挥发汽油等。从这些排出口排出的大气污染物质的种类和排出的比例不尽相同。汽车的污染物质排出如图 10-2 与表 10-9 所示。

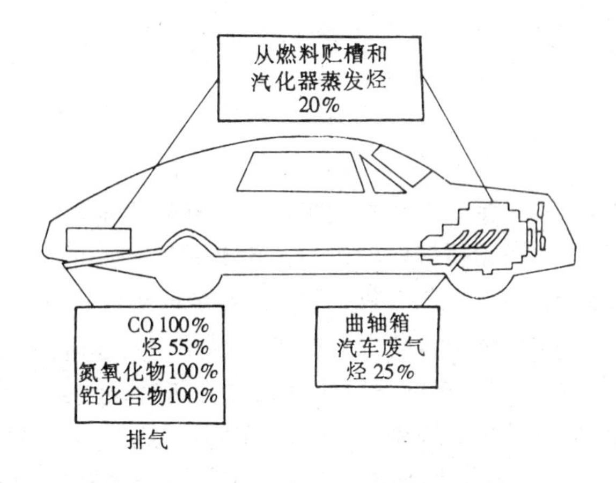

图 10-2　汽车污染物质排出图(引自茹至刚,1988)

表 10-9　　汽车废物排放表

污染物名称	以汽油为燃料(g/L)	以柴油为燃料(g/L)
	小汽车	载重汽车
铅化合物	2.1	1.56
二氧化硫	0.295	3.24
一氧化碳	169	27.0
氮的氧化物	21.1	44.4
碳氢化合物	33.3	4.44

(引自《城市环境保护》,1982)

汽车对大气的污染主要为汽车尾气。汽车尾气指的是在内燃机的排气行程中排出的燃烧残余的混合气体。它是经过排气管(尾气管)排到大气中的。污染物质的组成和排出量,根据汽车行驶情况不同而有显著的差别。例如经常重复发动、加速减速以及跑跑停停的城市内的行驶状态和在高速公路上大部分时间是快速行驶的定速行驶状态、污染物质的种类和排出量都是极不相同的。一般前者的污染远远大于后者。

普通的内燃机在燃烧室与曲轴箱之间,有汽缸、活塞在其中上下运动。活塞与汽缸壁的气密性是由活塞环保持的。所谓汽车废气,就是在压缩行程和爆炸行程中,从燃烧室吹进曲轴箱的气体。以前的汽车,把这种废气原封不动地排于大气中,成为烃的主要发生源。另外,由汽油箱的换气孔、气化器及其他燃料供给系统向大气中排出汽油蒸气,也是烃的发生源。

在许多金属冶炼、化学工业等生产中都有铅产生,但值得警惕的是汽车大量使用以来,为防爆而在汽油中加入四乙基铅,大量的铅便随尾气而排入大气中。医学界认为,铅的危害主要是影响人体中酶和细胞的新陈代谢。长期接触铅污染,会使大脑皮层兴奋和抑制过程发生紊乱,头昏、头痛、记忆力减退、智力下降甚至痴呆。也往往有恶心、腹痛、腹胀、食欲减退、乏力等症状。铅对儿童健康的影响尤其明显,调查发现,小学生人群中,血铅浓度高的儿童,其智力相对较差。城市汽车多,废气中的铅污染大部分沉积于近地面的空气中,极易被儿童吸入体内。有报道说,有的城市儿童的血铅含量比正常值超出 57%,城市儿童较郊区儿童头发中的含铅量高 2.3 倍。

光化学烟雾是汽车排出的氮的氧化物和碳氢化合物在大气中受到太阳光照射后在一定条件下形成的,其特点与危害见第八章第五节。

三、航空运输

随着航空运输的发展,它对城市的影响越来越大。航空运输对城市的干扰主要是噪声。由于飞机发动机功率的增大(涡轮喷气发动机),又没有采取相应的消声措施,以致发动机工作时的噪声越来越大,其原因是飞机压气机、涡轮高速旋转和燃气喷出产生了巨大的音响。飞机快速飞行时,气流流过有复杂增升装置的机翼、机身结构、起落架等部件发出的声音,也是形成噪声的重要原因。超音速飞机的飞行速度超过音速时,还会产生声爆,危害更大。

日本横田机场附近,因飞机起落频繁,在航线下面噪声达 80~120dB;直升飞机巡逻,在住宅区上空的噪声为 80dB。美国洛杉矶国际机场,平均两分种就有一架飞机起飞和降落,在航线下面有五所小学,当飞机飞过时,小学天井中噪声高达 100~120dB,教室内也高达 80~90dB,教师简直无法讲课,因此出现了无窗学校。

1970 年,德国威斯特格城及其附近,受到一架很强的喷气机声爆的破坏,大部分玻璃被震掉,屋顶瓦掀起,烟囱倒塌,门心板损坏。飞机起飞前、降落后都要做全面的机械检查,地面试车产生的噪声很大,也对机场周围造成很大危害。

第三节　农业污染源

农业环境虽然由于受到城市工业“三废”的影响而受到污染,但农业生产上不适当地滥施化学农药、化学肥料以及农业废弃物等,也造成对农业环境的污染和破坏,同时也构成对城市的影响和危害。

一、农药污染

(一) 概述

农药污染指农药或其有害代谢物、降解物对土壤、水(地面水、地下水)和空气等环境介质以及农作物、农牧业产品和食品的沾污。可直接危及人类的生命安全或损害人类的健康;也可破坏人类赖以生存的生态环境,从而最终影响人类的生产活动和降低人类的生活质量。除环境因子外,农药污染程度及其危害性主要取决于农药及其代谢物和降解物对非目标生物的毒性和它们在环境介质中和介质间的迁移性和持久性。

农药是人类在农业生产上与病害、虫害、杂草三个大敌作长期斗争的有力武器。全世界大约有 30000 种杂草,50000 种真菌,15000 种线虫。其中每年有 1800 种以上的杂草造成经济上的损失;1500 种以上的线虫造成农业上的损失;50000 种真菌引起 1500 种疾病。据不完全统计,美国每年因病虫害造成的损失达 110 亿美元,相当于美国农业总产值的 20%~30%;前苏联每年损失约 54 亿卢布,占农产品总产值的 13.6%;全世界由于害虫造成的棉花损失达 17.7%,玉米达 22%,稻米达 8.7%,蔬菜等占 10%左右。

为了同病虫害斗争,几百年前即已开始使用农药,施用农药在农业生产上取得了明显效果,目前已能挽回全世界粮食总收成的 15%。日本在稻田施用农药后,水稻的增产价值约为农药、农药机械投资的 4.8~8.4 倍;美国在农业生产中每投资一元农药,增产的产品价值约为 5～8 元。

目前，全世界已有农药约 1000 种左右，常用在农业上的有 250 种，其中大约有 100 种杀虫剂、杀螨剂，50 种除草剂，50 种杀菌剂等，农药剂型达 6000 种以上。

农药生产和使用的迅速发展，对促进农业生产起了积极作用，但也存在一定的缺点。由于农药对其他有益生物和人畜也具有不同程度的毒害。随着使用范围的扩大和使用量的增加，尤其是那些性质比较稳定不易分解消失与毒性较高的农药品种，引起对生物环境(土壤、水质和大气)的污染，增多了农作物和食品中的残毒，对人类健康带来了威胁。

农药对环境的污染主要是由散布造成的，例如，1971 年美国生产农药 12×10^8lb.(平均每人 6lb($1lb=453.592g$)，其中 10×10^8lb 以上用来防治约 2000 种害虫，而事实上只有极少量(大约只有 1%以下)作用于害虫，而且常常只有 25%～50%杀虫剂落在防治作物区域(指用飞机喷洒，美国大约 65%的农药用飞机喷洒)，因此大量农药散在环境中，农药对环境的污染见图 10-3。

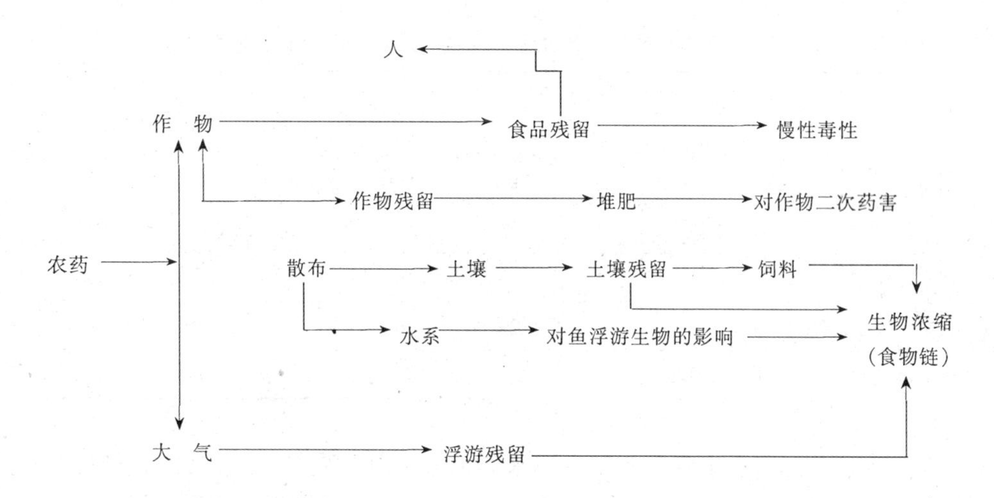

图 10-3 农药对环境的污染(引自茹至刚，1988)

由此可见，农药对环境的污染，是由于直接污染了大气、水系、土壤、作物，然后通过生物富集和食物链(网)造成生态系统的变化。

我国也有类似情况，如十年来，我国每年使用农药防治面积 $1.5\times10^8hm^2$，每年挽回粮食损失占总产的 6%，棉花占总产的 10%，蔬菜和果品各占 20%，成效较为显著。但是，施于田间的有效农药量占极少部分，其余扩散到农业环境，造成污染。据 1990 年调查，从 1983 年国家禁止生产有机氯农药后，农业环境中的污染仍未消除，而新型替代性农药污染问题有所突出，全国仍有 $667\times10^4hm^2$ 农田遭受农药污染。

(二) 农药对大气的污染

农药对大气的污染主要原因在于：喷洒农药防治作物和森林害虫时药剂微粒漂浮在空中；喷洒在作物表面的药剂的蒸发以及喷洒时药剂一部分被浮游尘埃吸附；土壤表面的农药向大气扩散；农药厂排出的废气等。在大气中悬浮的农药粒子，经雨水溶解和洗涤，最后降落于地表。因而监视雨水中的农药，是调查大气污染的有效途径之一。大多数有机磷农药的性质不及有机氯杀虫剂那样稳定，因而在空气中也较易于消失。例如，有人在塑料薄膜温室内喷洒马拉松乳剂后观察了空气中药剂浓度的变化情况，刚施药后的浓度为 2mg/m^3，20min 后已降低到 0.2mg/m^3。

日本以前使用六六六较多，因而大气中六六六的污染程度高；英、美等国使用滴滴涕（DDT）也较多，所以一般都是滴滴涕污染。

（三）农药对水体的污染

农药对水体的污染主要来自以下途径：直接向水中喷洒或撒颗粒剂防治水中害虫；由于空中喷洒防森林农田害虫的药剂降落在水面上；农田喷洒药落在灌溉水中，农药喷洒后，雨水冲洗土壤造成流失；工厂废液排入江河；在河边洗涤施药工具；从大气中直接或同雨水尘埃一起落到江河、湖泊中。一般说少量污染来自土壤雨水流失，大量污染则是由农药厂排出的废水以及施用农药和洗涤农药工具所造成。美国发现在施用有机氯农药十多年间所有的主要河流已被污染。日本东京附近各种环境水中的六六六及滴滴涕含量（ppt）见表 10-10。

表 10-10　日本东京附近各种环境水中的六六六及滴滴涕含量

检验对象	六六六					滴滴涕全量
	甲体	乙体	丙体	丁体	合计	
雨水（东京、西原）	454	220	388	171	1233	195
河水（千叶、茨城及神奈川平均值）	309	320	178	114	923	367
海水（房总海岸）	52	20	25	11	108	8
自来水（东京、西原）	27	16	8	10	61	2
地下水（千叶，茨城及神奈川平均值）	1.4	<1	16	1.4	5	<1

（引自茹至刚，1988）

从表 10-10 可见，自来水污染不及河水的 1/10，原因是自来水经过净化处理。一般通过活性碳吸附、凝聚、沉降和过滤方法处理，可以除去水中滴滴涕含量的 80%～90%（指含有 0.1～10ppm 的水），如果采用凝聚方法处理后再经砂滤，则所有的滴滴涕都将被除去。影响农药在水中残留的因素很多：农药溶解度越大消失越快，易被底泥和有机物吸收；泥浆易吸附农药，一般泥浆残留比水中高；农药对活的或死的有机质的亲和力等等。此外，温度也影响农药的溶解度和挥发性，农药在酸性溶液中一般比较稳定。

（四）农药对土壤的污染

农药对土壤的污染主要通过以下途径：对农田作物施用农药时，大部分农药落入土壤中，同时附在作物上的部分农药也因风吹雨淋落入土中；用农药处理土壤；带有农药残留的尘埃和雨水降落土壤中；使用浸种、拌种、毒谷等施药方式，将使农药直接混入土壤中。耕田（地）土壤受农药的污染程度与栽培技术和种植作物种类有关，栽培水平高的耕田的农药残留量也大。果树一般施药水平高，因而在果园土壤中污染程度也严重，例如，据英国调查，马铃薯地中滴滴涕及其代谢物含量为 0.2ppm，狄氏剂为 0.09ppm，而在果园中分别为 7.1 和 0.67ppm。加拿大谷物和根菜类栽培地，滴滴涕和代谢物含量依次为 1.4 和 1.7ppm，而果园土壤中可高达 61.8ppm。日本农用六六六较多，因而土壤中农药积累也以六六六为突出。农药在土壤中残留与各种因子的关系见表 10-11。

表 10-11　农药在土壤中残留与各种因子的关系

影响土壤残留的因子	一般情况
土壤类型	粘土中残留性 > 砂质土壤
有机质含量	含量多的 > 含量少的
土壤 pH 值	酸性 > 碱性
金属离子	含量少的 > 含量多的
通气性	好气条件 > 嫌气条件(灌水)
土壤水分	干燥 > 湿润
气候条件	低温低湿 > 高温高湿
表层植被	茂密 > 稀疏
土壤中分解微生物含量	含量少的 > 含量多的

(引自茹至刚,1988)

农药在土壤中的消失机制一般与农药的气化作用、地下渗透、氧化水解、土壤微生物的作用等因素有关,而蒸发作用是土壤残留消失的主要途径,这也成为大气中和雨水中主要残留的来源。除上述因素之外,植物,特别是像马铃薯、胡萝卜等作物,也是使土壤残留减少的原因之一。它们不仅带有比土壤更高的残留量,而且产量高。

(五) 农药对水生生物的危害

由于广泛而较大量的使用农药后,农药通过各种途径进入水体,使污染水体中的水生生物受到毒害,食物链(网)引起农药对鱼类的污染,这是目前农药对水系动物影响中较突出的一个问题。由于鱼类是人类、哺乳动物以及鸟类所需蛋白质的重要来源之一,因而这一问题就具有重大的意义。由于水系污染程度的差异,淡水鱼中的农药积累比海水鱼类为高;沿海及内海鱼类的积累浓度又比外洋鱼类高。从农药在鱼血体内分布情况来看,内脏中积累多于筋肉。

不同种类农药对水生动物的毒性是不一样的。有机磷、有机胂、有机氯、有机硫、有机汞等杀虫剂、杀菌剂以及除莠剂对淡水鱼等的毒性,可归纳成以下几个方面:

(1) 有机磷杀虫剂对一般淡水鱼毒性较小,对淡水鱼来说,其中苯硫磷毒虫畏的毒性最大;其次为 1605、稻丰散、芬硫磷、乙硫磷、乐果;敌敌畏、敌百虫毒性最小。

(2) 有机氯杀虫剂滴滴涕、六六六、艾氏剂、狄氏剂、硫丹、三氯杀螨醇等对淡水鱼有显著毒性。

(3) 氨基甲酸酯类农药,如西维因、害补威、残杀威对淡水鱼几乎无毒。

(4) 有机汞杀菌剂对淡水鱼有显著毒性。

(5) 有机胂杀菌剂对淡水鱼毒性较低。

(6) 有机硫杀菌剂对淡水鱼毒性甚高。

(7) 一般除莠剂对淡水鱼毒性不大,仅个别较毒。

(六) 农药污染对鸟类的危害

鸟类是人类防治虫害的有力助手,大部分鸟类对农业、林业有益处,食虫鸟类可以大量捕食害虫,一只猫头鹰在一个夏天可以吃掉 1000 只田鼠,相当于可保护一吨粮食免受鼠害。一只燕子在一个夏天可捕捉 50～100 万只蝇、蚊和蚜虫。鸟类在消灭害虫的同时,也消灭了一些害虫的天敌如瓢虫、赤眼蜂、蜜蜂和蜘蛛等。但益害相比,在多数鸟类中有益作用是主要的,它的益处比它的害处有时要超出几十至几百倍。

然而,农药所含的剧毒对鸟类的危害仍在继续扩大,并破坏天然生态系统的平衡,使生物群落发生改变。受农药毒害后的食虫鸟类越来越少,而危害农作物、森林树木有害虫则越来越多。在这种情况下,人类被迫大量地使用化学农药来消灭害虫,这样又毁灭大批维持生态平衡的鸟类。如果不充分重视和迅速采取相应措施,其后果将是严重的。

农药污染对鸟类的危害表现在如下几个方面:

(1) 急性中毒。指农药污染使鸟类很快死亡。1958 年以后,在欧洲各地区为保护作物种子和幼芽不遭受虫害,曾使用艾氏剂、狄氏剂、七氯化茆等杀虫剂进行拌种,有些鸟类因啄食种子而大量死亡,如野鸡和鹌鹑等个体死亡数就很大。实验室中用有机氯农药拌种饲养家鸽,引起了明显的中毒死亡,证明农药可使鸟类中毒后死亡。

(2) 慢性中毒。它可使卵壳的厚度减薄,间接地使鸟类的繁殖成活率降低,使个体死亡增加。有人对猛禽类(鹞、狗鹫等)受农药污染使卵壳薄化和破损的情况作了调查。从 1961 ~ 1966 年,对英国的英格兰岛北部与苏格兰南部的鹰进行了每巢雏鸟数量的调查,发现每巢雏鸟数量有明显的减少,每巢的雏鸟数,由原来的平均数 2.5 只降低到 1.5 只。引起雏鸟个体数减少的原因是:①亲鸟(母鸟)受污染后产卵减少。②由于污染使卵壳薄化而引起破损。③亲鸟受污染后,体内缺钙和其他营养成分而啄食自产卵壳,使卵破损。④卵被污染后孵化率降低。⑤幼鸟死亡数增多。卵壳的减薄同钙的代谢异常有直接关系,在正常情况下,钙的代谢是由性激素——雌性激素来支配的。农药滴滴涕则能提高雌性激素分解酶的作用,这样就使雌性激素被大量分解,从而引起了鸟体内钙的代谢不能充分完成,造成卵壳薄化。

(七) 农药对食品的污染

国内外均有由于大量使用残留性长的农药引起食物的污染实例。例如,日本 1964 ~ 1965 年对 216 种食品进行了调查,发现 84 种食品含有滴滴涕残留、最高值为 0.8ppm(超过日本制订的允许残留标准);45 种有狄氏剂残留,最高值为 0.14ppm(也超过日本制订的标准);37 种有六六六残留,最高值为 0.21ppm。

据调查,1966 ~ 1976 年间,我国山西全省使用六六六、滴滴涕共约九万三千多吨,占此期间农药总量的 67.5%,其中六六六农药用量最大,是造成粮油、食品、蛋类、蔬菜污染面宽、残留毒高的主要原因。食品中有机氯农药的残留,经 1976 ~ 1977 年全省 11 个地方 35 个县,抽样 689 份,六六六检出率为 94.9%。其中粮食 280 份,六六六检出率 95%。超过国家规定标准率 14.1%。残留量最高值小米 4.66ppm,超标 3.7 倍,小麦 2.58ppm,超标 1.6 倍;高粱 2.19ppm,超标 3.4 倍;玉米 1.13ppm,超标 2.8 倍。在 240 份蔬菜样品中,六六六检出率达 99.2%,残留量最高值为 0.46ppm,超标 1.3 倍;在 29 份苹果样品中,六六六检出率为 5.17%,残留量最高值达 0.57ppm,超标 1.9 倍。在 92 份食品样品中(动物油 36 份,植物油 56 份)全部检出六六六。植物油残留最高值 4.23ppm,超标 20.1 倍。动物油中残留最高值 28.56ppm,超标 6.2 倍。在 48 份鸡蛋样品中,六六六检出率 85.4%,残留量最高值 4ppm,超标 1.4 倍。

二、化肥污染

化肥污染指农田施用大量化学肥料引起的污染。农田所施用的任何种类和形态的化肥，都不可能全部被植物吸收利用。其利用率氮为30%～60%，磷为3%～25%，钾为30%～60%，其余大部淋失引起环境污染。主要污染途径是：①施用于农田的氮肥，有相当数量直接从土壤表面挥发进入大气，使大气中氮氧化物含量增加；②长期施用化学肥料，会使土壤酸化、结构破坏、土地板结、微生物区系退化并直接影响农产品的产量和质量；③施用化肥过多的土壤会使蔬菜瓜果中硝酸盐含量增加、品质变坏，化肥中的某些杂质(如磷矿石中含镉1～100ppm，含铅5～10ppm)还将造成进一步的污染；④大量化肥进入水体，使地下水及河水中氮氧化物的含量增加，影响水体水质。氮、磷含量增加还将加剧河川、湖泊、内海的富营养化。氮的流失，还使水中硝酸盐蓄积，饮用后使婴儿出现正铁血红蛋白血症；还有亚硝酸盐与仲胺在体内生成亚硝酸胺，从而引起癌变。

我国目前的化肥有效利用率仅为30%，其余大约70%都挥发进入大气或随水流入土壤和江河湖淀，造成水域富营养化，或使饮水水源硝酸盐含量超过标准。一些劣质化肥污染农田面积达$167\times10^4hm^2$。

三、农业废弃物的污染

农业废弃物包括农田和果园的废弃物如秸杆、残株、果壳等，饲养场、农产品加工废弃物等。饲养场牲畜排出的废物，一直是作为土壤肥料的来源，但有时会引起传播疾病，污染水体等危害。特别是大型饲养场集中排出废物，就会造成污染。一个拥有3万头牛的饲养场，其排出的废物相当于一个20万人口的城市。

农作物残留物处理时，往往采取焚烧的办法，但过多的集中焚烧也可产生相当严重的大气污染问题。

值得指出的是，近年来大量使用的农业塑料，对土壤物理性状有极大影响，被称为土壤的“白色污染”，全国平均残留率为20%～30%，平均每亩农田残留地膜5kg左右。

第四节　生活污染源

一、生活用煤

城市居民日常生活用的炉灶，由于人口密集，燃煤质量差，燃烧不彻底及城市自然、气候等不利因素，所产生的烟尘和二氧化碳、一氧化碳等有害气体的数量也是很可观的。有的学者认为，大气污染源有三类，除了工业(含电厂、电站)、汽车外，民用燃煤也是一个主要来源，有的地区甚至比工业所产生的污染更严重。

在我国，北方城市直接燃煤供热是造成城市大气污染的主要原因。如北京冬季采暖期达4个月，在采暖期，北京大部分地区大气污染物超标。原因是北京冬季供热以分散锅炉及小煤炉供热为主，各种分散供热耗煤达$300\times10^4t/a$左右，分散锅炉平均单台容量1.3t/h，锅炉平均热效率仅50%，造成能源浪费、环境污染。

直接燃煤是造成北京市大气污染严重的主要原因，历年监测数据表明，采暖期的大气质量不如非采暖期，而采暖期内不同时期大气质量也有差异，如采暖期一天内二氧化硫浓度呈

双峰双谷变化(图10-4)。图中二氧化硫浓度值与每日供热高峰的时间是一致的,非采暖期

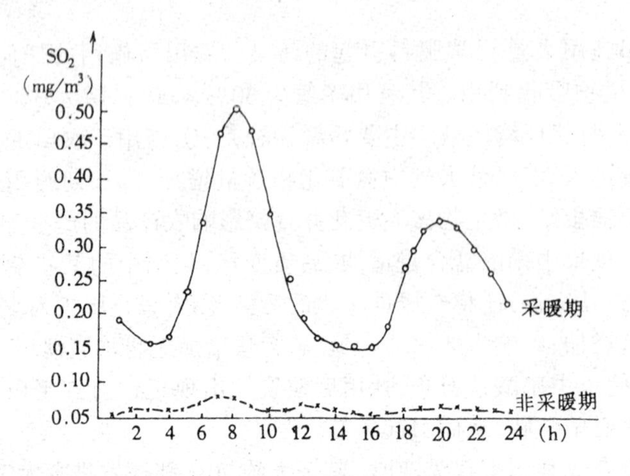

图10-4 二氧化硫平均浓度变化曲线(引自穆士敬,1993)

这种变化趋势不明显,这充分说明了燃煤特别是供暖燃煤是造成北京市大气污染的主要原因之一。从1980年环境监测数据也可看出,集中供热区与分散供热区大气中污染物浓度是不同的(见表10-12)。北京城区中宣武区污染最严重,这与宣武区单位面积燃煤量居全市之首,宣武区多以小煤炉为主供暖的情况是一致的。

表10-12　　集中供热与分散供热污染情况比较

	热电厂集中供热区		分散供热区	
	非采暖期	采暖期	非采暖期	采暖期
SO_2日平均浓度(mg/m^3)	0.02	0.09	0.04	0.27
NO_x日平均浓度(mg/m^3)	0.06	0.08	0.06	0.14
颗粒物吸着苯并(a)芘日平均浓度($\mu g/100m^3$)	0.526	1.67	1.72	4.18
颗粒物中铅的浓度($\mu g/m^3$)	0.264	0.324	0.49	0.586

(引自穆士敬,1993)

二、生活污水

生活污水除含有碳水化合物、蛋白质和氨基酸、动植物脂肪、尿素和氨、肥皂和合成洗涤剂外,还含有细菌、病毒等使人致病的微生物。这种污水会消耗接受水体的溶解氧,也会产生泡沫妨碍空气中的氧气溶于水中,使水发臭变质。未经处理的污水排入江河,致使一些直接饮用河水的地区常常大规模地流行疾病。城市下水道设施不完善,大量未经适当处理的污水排入河流、湖泊、水库,致使这些水体极度污浊。

随着社会经济的发展,城市生活污水的排放量占城市污废水排放量的比例逐年增多。以北京和上海为例,1990年北京市生活污水排放量为4.3×10^8t,占总污水量的51%,到1994年,生活污水量达5.9×10^8t,占总污废水量的62%;上海市1990年生活污水排放量为6.7×10^8t,占总污废水量的33%,到1994年,生活污水排放量为8.6×10^8t,占总污水量的42%。1994年全国城市污水排放量为303×10^8t,其中生活污水为128×10^8t,占42%,而包括生活污水在内的城市污水年处理率仅为6.7%,这对城市环境质量构成相当大的隐患。

三、生活垃圾

生活垃圾是城市垃圾的一个组成部分。它主要包括市民厨房排出的垃圾，日用品消耗的垃圾等。生活垃圾明显随着经济发展水平的提高而增加。如日本城市每人每天生活垃圾平均量1960年为514g，1968年增至815g；美国每户居民每天平均倒出的固体废弃物1920年为1.22kg，1970年为2.4kg，到1980年已增至3.6kg。

此外，发达国家由于靠刺激消费保持生产发展，所以生活垃圾泛滥更为严重。美国早在1971年城市垃圾即达1.8×10^8t，其中废汽车超过1000×10^4辆，废罐头盒约500×10^8个，废玻璃瓶约300×10^8个，废纸约3000×10^4t，还有大量的废电视机、废冰箱、废洗衣机以及废塑料制品等。

生活垃圾的成分，一般是有机垃圾多于无机垃圾。表10-13为国外六大城市的垃圾主要成分。

表10-13　国外六大城市垃圾的主要成分(%)

主要成分		巴黎(1967年)	伦敦(1966年)	西柏林(1967年)	纽约(1967年)	莫斯科(1970年)	东京(1965年)
有机垃圾	纸类	28.0	34.0	21.5	44.8	45.0	23.5
	塑料类	1.8	1.3	1.1	5.1	1.5	6.1
	厨房类	15.6	19.2	20.2	17.3	35.0	20.6
	其他	7.8	2.4	10.2	10.6	—	15.2
	小计	53.2	56.9	53.0	77.8	81.5	65.4
无机垃圾	金属类	3.9	10.6	5.2	8.0	3.5	5.1
	玻璃类	5.4	10.9	9.3	11.3	3.0	3.3
	砂土类	4.7	2.3	3.8	2.9	3.0	15.2
	其他	32.8	19.3	28.7	—	9.0	11.0
	小计	46.8	43.1	47.0	22.2	18.5	34.6

(引自《城市环境保护》，1982)

我国的生活垃圾也以每年8%～10%的速度增加，1993年达到年人均400kg。北京市1993年城市垃圾产生量为431×10^4t，年人均和日人均量分别约为530kg和1.46kg。目前，我国每年产生的生活垃圾已达到1.50×10^8t。另一方面，由于资金技术和管理等各方面的原因，我国城市垃圾的无害化处理率仅为2.3%；换言之，有97%以上的城市生活垃圾只能运往城郊长年露天堆放。

到今天，全国历年垃圾的堆存量已高达64.6×10^8t，占地$5.6\times10^4hm^2$，有200多座城市陷入垃圾的包围之中。

本章小结：

城市中的污染主要有工业污染源、交通运输污染源、农业污染源及生活污染源等。工业污染按工业类型可分成冶金工业、化学工业、石油工业、造纸工业、制革工业、纺织工业、印染工业、动力工业等；交通运输污染源包括铁路运输、市内交通、航空运输等；农业污染源包括农药污染、化肥污染、农业废弃物的污染等;生活污染源包括生活用煤、生活污水及生活垃圾等。城市各类污染具有各自的性质和特点,对城市环境具有不同的影响。掌握这些对于城市污染的控制和治理具有基础意义。

问题讨论:

1. 工业污染源一般包含哪些类型?为何说三大部门(冶金、化工、轻工)、六大企业(钢铁、炼油、火力发电、石油化工、有色冶炼和造纸厂)是工业污染比较严重的?

2. 哪些交通运输污染源对城市居民健康的影响较大?

3. 农业污染源对城市环境质量及城市居民健康有何影响?

4. 城市生活垃圾今后趋势如何?为何说"清除垃圾同供应商品同等重要(德国国家环保局长特金费语)"?

进一步阅读材料:

1. 同济大学、重庆建筑工程学院. 城市环境保护. 北京:中国建筑工业出版社,1982

2. 曲格平等. 环境科学词典.上海:上海辞书出版社,1994

3. 茹至刚. 环境保护与治理.北京:冶金工业出版社,1988

4. 穆士敬.北京市集中供热与环境效益研究.环境保护科学技术进展.北京:中国环境科学出版社,1993

5. 聂晓阳.留一个什么样的中国给未来:中国环境警示录.北京:改革出版社,1997

第十一章　城市环境综合整治

环境污染综合整治是从整体出发对环境污染问题进行综合分析，在环境质量评价、制订环境质量标准、拟定环境规划的基础上，采取防治结合、人工处理和自然净化结合等措施，以技术、经济和法制等手段，实施防治污染的最佳方案，以控制改善环境质量的措施。环境污染综合整治是近 30 多年来逐渐形成的，与单项治理相对应。从对象上来说，它综合考虑大气、水体、土壤等各种环境要素；从目标上说，它综合考虑环境、资源、经济与社会等方面；从影响因素来说，它综合考虑污染源的发生、排放、输送、治理和环境自净能力；从控制措施上，它综合考虑到工程技术措施以及法律、行政和经济手段。

第一节　城市环境综合整治概述

一、城市环境综合整治的缘起

同世界上许多国家的情形一样，我国的环境污染首先在城市显露和暴发。在环境问题中，城市环境污染较为突出。

1980 年代初期，我国城市污水排放量就占了全国污水排放总量的 80%以上，这种情况一直没有大的改变。在大气、固体废弃物污染方面，情况类似，噪声污染更是集中在城市。但城市在经济、社会发展和人口分布中，又占特殊地位：城市固定资产原值占全国的 70%，工业产值和税利占全国的 90%，能源消耗占 70%～80%。

由于以上原因，中国很早就把城市作为环境保护工作的重点。1973 年首先在城市建立了环境保护管理、科研和监测机构，随后开展了城市污染源调查和环境质量评价。1973～1978 年间，中国在城市进行了以重金属为代表的重点污染物的治理和城市燃煤锅炉改造及消烟除尘，这一阶段被称为“城市污染的点源治理阶段”。1987 年，中国政府决定对现有布点不合理、危害职工和居民健康的工厂限期转产、合并、搬迁，调整城市产业结构和改造工业技术。这一过程持续到 1984 年，被称为“工业污染综合防治阶段”。

这些措施对城市污染起了一定的控制作用，但也越来越暴露出局限性：所能治理的污染仅占城市全部污染的很小一部分，有的甚至赶不上增加的污染量。这一现象源于中国的特定历史过程：从 1950 年代初期开始的工业化进程是重工业导向型的，对城市发展采取了“先生产后生活”和“变消费城市为生产城市”的战略，导致城市基础设施严重滞后、城市功能严重失调，从而产生许多城市环境问题。由于单纯的工业污染防治逐渐反映出治理效果与应达目标之间的极不平衡，因此从 80 年代初开始中国调整了城市环境保护战略，开始实行“城市环境综合整治”的新政策。这一战略在 1985 年正式提出，它的核心思想是把城市环境看作一个受多种因素影响和控制的系统，改善城市环境必须通过城市功能区的合理规划和城市基础设施的重大改进以及对城市污染进行集中治理等多种方式来实现。

中国城市环境综合整治从 1985 年开始实施后，逐步收到了成效。1988 年，中国政府决定开展城市环境综合整治的定量考核，其目的是“为了推动城市环境综合整治的深入发展，使城市环境保护工作逐步由定性管理转向定量管理。"随后,这项工作作为一项制度从1989年起正式实行。

二、城市环境综合整治考核的内容与效果

(一) 城市环境综合整治考核的内容

城市环境综合整治定量考核制度(以下称"城考")是一项以统一的、定量化的反映环境质量和城市建设的指标体系,综合评价城市在一定时期内在环境综合整治和城市环境建设方面的进展,并确定各城市在上述方面的相对位置,从而促进城市环境质量改善的城市环境管理制度。

城考的指标体系分为环境质量、污染控制、基础设施建设三个方面,有大气环境保护、水环境保护、噪声控制、固体废物处理、城市绿化等5项内容21项指标。

城考实行分级考核,即中央政府直接考核北京、上海、天津等37个环境保护重点城市(1992年前为32个),它们是各省和自治区的省会或首府、直辖市、部分风景旅游城市和计划单列市。此外的其他城市,由各省、自治区政府考核。1992年全国考核城市已逾300座,占全国城市60%以上。

城考每年进行一次,由城市政府组织有关部门对各项指标的情况进行汇总,上报省环境保护局进行初步审查,并报国家环境保护局。国家环境保护局组织复查,核实后排出名次公布。省、自治区政府组织对当地所辖城市进行考核,并在当地公布结果。

(二) 城市环境综合整治考核的效果

从1989年到1993年,国家连续5年对37个(1992年前为32个)重点城市进行了考核,各省、自治区对300多个城市(1993年)进行了考核。

城考极大地推动了全国城市环境综合整治:城市的工业污染防治和城市基础设施建设取得了很大进展,环境管理水平明显提高;在全国工业产值持续增长的情况下,城市污染排放量没有同步增长,环境质量没有相应恶化;重点城市环境污染发展趋势有所缓解,城市环境质量某些指标基本稳定在80年代中期水平,部分城市的环境质量有所改善。1993年的一份报告指出:1992年与1989年比,国家考核城市大气总悬浮微粒年平均值从399$\mu g/m^3$降到327$\mu g/m^3$;地面水COD指数平均值从12.67mg/L下降到7.27mg/L,区域环境噪声平均值从59.45dB下降到58.04dB,城市交通干线噪声平均值从72.7dB降到71.9dB;与此同时,国家考核城市的气化率由42.32%提高到65.67%,城市热化率由14.45%提高到21.08%,城市污水处理率由7.29%提高到10.33%,民用型煤普及率由54.63%提高到68.49%;在污染控制方面,1992年与1989年相比,国家考核城市的工艺尾气达标率排放量从185.44吨/万元下降到86.19吨/万元,工业废水处理率从39.51%上升到66.9%,工业固体废物综合利用率从50.94%上升到65.56%。自1989年到1995年7年间,全国城市污水处理厂由72座增加到139座,处理能力提高了135%,城市燃气普及率由38.6%提高到68.4%,城市绿化覆盖率由17.8%提高到23.8%;供热及型煤普及率和城市水源水质达标率都有较大提高。建成烟尘控制区11333km^2,环境噪声达标区1800km^2。大气总悬浮微粒年日均值有所下降,部分城市环境质量保持稳定。

各城市人民政府通过集中供热、燃气化、型煤化、地面绿化、道路硬化和创建烟尘控制区等措施防治大气污染;采取建立饮用水源保护区、污水截流、回用、引水净化等措施综合治理

水污染；实施减量化、资源化、无害化等措施综合治理水污染；通过建设噪声达标区促进了噪声污染控制。上海、武汉、成都、西安、宁波等结合城市改造和布局调整，关闭、搬迁、治理了一批污染严重的企业。创建卫生城市活动有力地促进了城市基础设施和污染防治设施的建设。国家组织的本溪、包头大气污染治理收到较好效果。国家连续7年对37个环保重点城市进行了环境综合整治定量考核，各省、区也分别对所辖城市进行了考核，全国实行定量考核的城市已达360多个。天津、海口、苏州、大连、北京、深圳、广州、杭州、南京、石家庄等城市被评为1992～1994年全国城市环境综合整治十佳城市。

上述数字说明，我国城市环境建设中较突出的问题，如污水处理、民用能源结构等，都有了较大改善；环境质量状况相对于经济发展速度而言，是比较稳定的。城考是卓有成效的。

1989～1990年全国32个城市环境综合整治定量考核结果见表11-1。

表11-1　全国32个城市环境综合整治定量考核结果

城市	1989年		1990年		城市	1989年		1990年	
	得分	名次	得分	名次		得分	名次	得分	名次
大连	69.9	1	72.2	1	合肥	53.7	17	62.0	13
北京	66.2	2	70.1	3	成都	52.7	18	62.0	13
杭州	64.6	3	71.2	2	乌鲁木齐	52.4	19	53.2	27
天津	62.4	4	69.7	4	桂林	50.9	20	65.2	11
沈阳	61.8	5	60.9	17	长春	50.8	21	61.0	16
海口	61.4	6	65.4	7	昆明	50.7	22	55.0	24
广州	59.4	7	65.5	10	济南	49.7	23	59.4	18
武汉	58.4	8	65.8	8	呼和浩特	49.3	24	53.7	26
长沙	58.2	9	68.7	5	贵阳	48.5	25	59.0	19
南京	57.7	10	62.0	13	哈尔滨	48.2	26	54.3	25
石家庄	56.6	11	61.4	15	郑州	47.9	27	48.0	30
兰州	55.9	12	57.5	21	西安	47.4	28	62.8	14
苏州	55.4	13	65.6	9	银川	47.3	29	48.5	29
南昌	54.4	14	66.4	6	太原	44.6	30	64.5	12
上海	54.3	15	57.4	22	福州	43.4	31	58.0	20
南宁	54.1	16	55.1	23	西宁	41.3	32	51.0	28

第二节　城市大气污染综合整治

一、概述

大气污染综合整治是综合运用各种防治方法控制区域大气污染的措施。地区性污染和广域污染是由多种污染源造成的，并受该地区的地形、气象、绿化面积、能源结构、工业结构、工业布局、建筑布局、交通管理、人口密度等多种自然因素和社会因素的综合影响。大气污染物不可能集中起来进行统一处理，因此只靠单项措施解决不了区域性的大气污染问题。

实践证明,在一个特定区域内,把大气环境看作一个整体,统一规划能源结构、工业发展、城市建设布局等,综合运用各种防治污染的技术措施,合理利用环境的自净能力,才有可能有效地控制大气污染。主要措施概括起来有:①减少或防治污染物的排放。改革能源结构,采用无污染和低污染能源,对燃料进行预处理以减少燃烧时产生的污染物,改进燃烧装置和燃烧技术,以提高燃烧效率和降低有害气体排放量,节约能源和开展资源综合利用,加强企业管理,减少事故性排放,及时清理、处置废渣,减少地面粉尘。②治理排放的主要污染物。主要用各种除尘器去除烟尘和工业粉尘,用气体吸收塔处理有害气体,回收废气中的物质或使有害气体无害化。③发展植物净化。④利用大气环境的自净能力。例如,以不同地区、不同高度的大气层的空气动力学和热力学的变化规律为依据,合理确定烟囱高度,使排放的大气污染物能在大气中迅速稀释扩散。

二、城市大气污染综合整治宏观分析

所谓大气污染综合整治宏观分析就是在制定大气污染综合整治对策时,根据城市大气污染及大气环境特征,从城市生态系统出发,对影响大气质量的多种因素进行系统的综合分析。从宏观上确定大气污染综合整治的方向和重点,从而为具体制定大气污染综合整治措施提供依据。

(一) 影响城市大气质量的因素分析

城市大气质量受到多种因素的影响。在进行系统分析时,可参考大气污染源调查及评价,大气污染预测等有关内容。综合因素分析如图 11-1 所示。

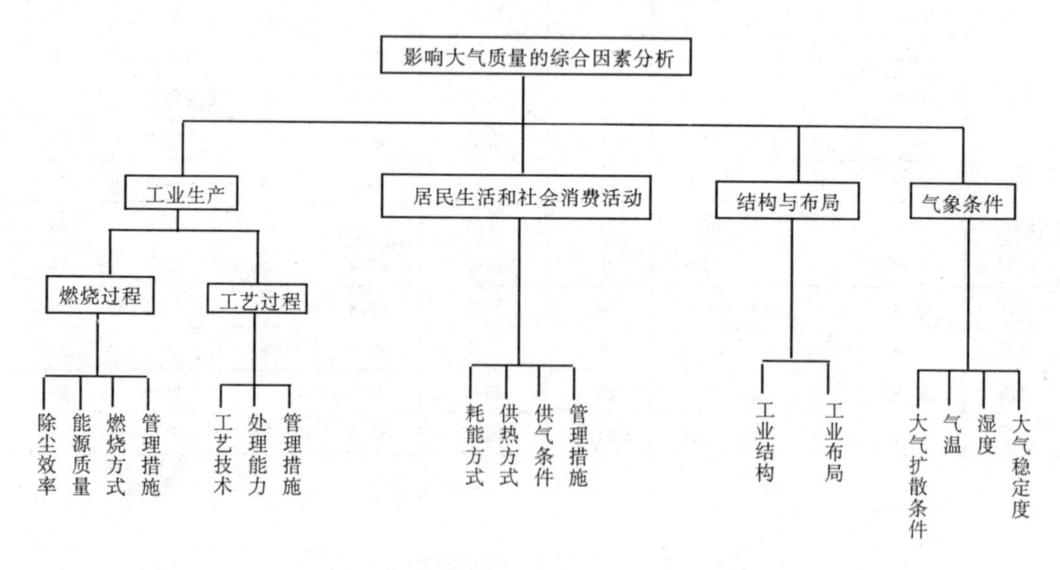

图 11-1 影响大气质量的综合因素分析(引自刘天齐等,1994)

影响因素的分析最好能做到定量。其步骤如下:

(1) 先进行类比调查,查清本市的各有关因素指标与本省、全国平均水平的差距,或与有关指标原设计能力的差距。如调查除尘效率、能源结构、净化、回收设施处理能力、型煤普及率、热化和气化率等与全省、全国平均水平的差距等。

(2) 计算各因素指标达到全省、全国平均水平,或原设计能力时,所能相应增加的污染物削减量。

(3) 计算和分析各因素指标在平均控制水平下的污染物削减量比值,从而确定主要的影响因素;或计算各因素指标在本市条件下所应达到的水平下的污染物的削减量比值,从而确定主要的影响因素。

(二) 确定大气污染综合整治的方向和重点

通过对大气质量影响因素的综合分析,可以明确影响大气质量的主要因素和目前在控制大气污染方面的薄弱环节。在此基础上,就可以根据加强薄弱环节,控制环境敏感因素的原则,确定城市大气污染综合整治的方向和重点。如果影响大气质量的主要原因是居民生活和社会消费活动(主要是面源)以及工业生产燃烧过程的降尘效率低,那么今后大气污染综合整治的方向和重点就应该从普及型煤、集中供热、煤气化、强化管理、提高除尘效率等方面考虑。如果影响大气质量的重点是气象因素和工业生产工艺过程,那么今后大气污染综合整治的方向和重点就应该从如何结合工业布局调整,合理利用大气自净能力和加强工艺技术改造,提高处理设施运行能力,强化工艺尾气治理和管理等方面考虑。

通过对大气污染综合整治方向和重点的宏观分析,可以避免制定大气污染综合整治措施中面面俱到,没有重点或抓不住重点的弊病。

三、城市大气污染综合整治措施

大气污染综合整治措施的内容非常丰富。由于各城市大气污染的特征以及大气污染综合整治的方向和重点不尽相同,因此,措施的确定具有很大的区域性,很难找到适合于一切情况的通用措施。这里仅简要介绍我国城市大气污染综合防治的一般措施。

(一) 合理利用大气环境容量

大气环境容量指在满足大气环境目标值(即能维持生态平衡及不超过人体健康阈值)的条件下,某区域大气环境所能承纳污染物的最大能力,或所能允许排放的污染物的总量。

我国有些城市大气环境容量的利用很不合理,一方面局部地区“超载”严重;另一方面相当一部分地区大气容量没有合理利用,这种现象是造成城市大气污染的原因之一。合理利用大气环境容量要做到两点:

1. 科学利用大气自净规律

就是根据大气自净规律(如稀释扩散、降水洗涤、氧化、还原等),定量(总量)、定点(地点)、定时(时间)地向大气中排放污染物,在保证大气中污染物浓度不超过要求值的前提下,合理地利用大气环境资源。在制定大气污染综合整治措施时,应首先考虑这一措施的可行性。

2. 结合调整工业布局,合理开发大气环境容量

工业布局不合理是造成大气环境容量使用不合理的直接因素。例如大气污染源在城市上风向,使得市区上空有限的环境容量过度使用,而城郊及广大农村上空的大气环境容量未被利用;再如污染源在某一小的区域内密集,必然造成局部污染严重,并可能导致污染事故的发生,因此,在合理开发大气环境容量时,应该从调整工业布局入手。

(二) 以集中控制为主,降低污染物排放量

多年的实验证明,集中控制是防治污染、改善区域环境质量的最有效的措施。我国城市中的大气污染主要是煤烟型污染,而大气污染物主要是粉尘和 SO_2。因而大气污染综合整

治措施，应以集中控制为主，并与分散治理相结合。所谓集中控制，就是从城市的整体着眼，采取宏观调控和综合防治措施。如：调整工业结构、改变能源结构；集中供热；发展无污染少污染的新能源(太阳能、风能、地热等)；以及集中加工和处理燃料，采取优质煤(或燃料)供民用的能源政策等。

对局部污染物，如：工业生产过程排放的污染物，工业粉尘、制酸及氮肥生产排放的 SO_2，NO_x，HF 等，以及汽车尾气 NO_x，CO 等，则要因地制宜采取分散防治措施。

集中控制措施的内容很多，当前我国城市大气污染集中控制主要采取改变能源结构、集中供热和建立烟尘控制区等。以下择要叙述。

1. 集中供热

城市集中供热系统由热源、热力网和热用户组成。根据热源不同，一般可分为热电厂集中供热系统(即选用热电合产的供热系统)和锅炉房集中供热系统。热电厂集中供热机组的型式不同，一般可分为四种类型：①装有背压式气轮机的供热系统，常用于工业企业的自备热电站；②装有低压或高压可调节单抽汽汽轮机的供热系统，前者常用于民用供热，后者常用于工业供气；③装有高低可调节双抽汽汽轮机的供热系统，这种系统同时可满足工业供汽和民用供热需要；④利用凝气机组经技术改造，进行低真空运行供热，就是平常说的循环水供热。锅炉房集中供热系统根据安装改造的锅炉形式不同，可分为蒸气锅炉房的集中供热系统和热水锅炉的集中供热系统。前者多用于工业生产供热，后者常用于城市的民用供热。锅炉集中供热根据供热规模的大小，还可以分为区域锅炉房和小区域大院集中锅炉房。

在我国燃料构成以煤为主的条件下，为了满足工业生产和人民生活的需要，根据节约能源和减轻大气污染的原则，有条件的城市在进行规划和建设中，都应积极发展集中供热和联片供热。特别是新建的工业区、住宅居民区和卫星城镇，今后不要再搞那种一个单位一个锅炉房的分散落后的供热方式。

近年来，我国不少城市如沈阳、抚顺、唐山等，根据节能和环境保护的要求，都计划或正在建设规模不等的城市集中供热系统。沈阳市新建的热电联产热力网，为 68 个企业事业单位和 35000 户居民供暖，每年仅采暖期可节煤 10×10^4t，节电 80×10^4kW·h，取代相当于 2t 的小锅炉 267 台，节省人力 1670 人，削减烟尘 2000t，二氧化硫 1600t。在供热区内，大气飘尘含量从超标 10 倍降到标准以下，二氧化硫降到一次允许浓度的 1/10。电厂热能利用率从 58%提高到 87%，年平均 1 度电的耗煤量从 460g 降到 330g(采暖期为 163g)。在不考虑环境效益和间接经济效益的情况下，可用 13 年的盈利收回全部投资。因此，尽量扩大联片集中供热或热电联厂供热，能有效地控制城市大气污染。实行集中供热以后，由于少烧了煤炭，就减少了污染物总的排放量。同时，由于锅炉容量较大，有条件高空排放，并采用效率较高的除尘设备，所以大气污染将在很大程度上得到改善。如北京市实行集中供热的东郊工业区，冬季采暖期的二氧化硫浓度只有 0.09mg/m^3，而采暖期分散小锅炉和小火炉取暖的市中心区(非工业区)二氧化硫浓度则高达 0.27mg/m^3，是东郊的三倍。

2. 普及型煤

英国在伦敦烟雾事件后，开始研制无烟型煤的制造工艺，以减少燃煤污染。近年来，我国一些地方也在研究型煤。就北京来说，目前的民用蜂窝煤已有相当的防污效果。据中国科学院环境化学研究所测定，燃烧时二氧化硫的排放量相当于煤含硫量小于 0.1%。这表明大部分硫都被固定在煤灰中。

机车由烧原煤改烧型煤也是国内外节能的途径之一。据国外资料表明,层燃炉、窑烧型煤,除减少二氧化硫污染外,尚可减少烟尘排放量60%~70%,减少氮氧化物10%~20%以上,并使总烃类明显减少。因此,发展型煤是控制燃煤污染的一个重要途径。

3. 煤气化

煤气是一种清洁、使用方便的能源。普及城市煤气供应是建设现代化城市的重要组成部分。它在发展生产、方便人民生活、改善环境质量等方面有着重要作用。燃料气化是当前和今后解决煤炭燃烧污染大气最有效的措施,气态燃料净化方便,燃烧最完全,是减轻大气污染较好的燃料形式。技术上比较成熟,经济上也合理。如建设一座供应25万户居民的煤气厂,每年可节煤18万吨,并可减少烟尘和二氧化硫的排放量。因此应大力发展和普及城市煤气。

发展城市煤气最主要的是要解决气源问题。什么样的气体原料适宜用做城市煤气呢?只要中等热值(低热值为$1.47\times10^7 J/m^3$以上)和毒性小的气体燃料都可以用作城市煤气。如天然气、矿井气、液化气、油制气、煤制气(包括炼焦煤气)和中等热值以上的工业余气等。加快城市煤气事业的发展,更主要的是合理利用现有气源。例如,把工业烧锅炉和可利用低值煤气的窑炉用气顶替出来。充分利用石油液化气作为城市煤气的气源也是合理的,1kg液化石油气供应城市居民使用可以替出7kg左右的煤,但作为工业燃料只能替出相当于2.5kg的煤。

近年来,不少省市和有关部门,积极推广简易煤制气发生炉加快煤气化建设,各地创造了各种各样的新型煤气发生炉,既利用了煤矸石,又可减少污染。

(三) 强化污染源治理、降低污染物排放

1. 废气治理技术原理

在我国目前的能源结构(以煤为主)、燃烧技术等条件下,很多燃烧装置不可能完全消除污染物排放,加上一些较落后的工艺技术,不进行污染源治理,就不可能彻底控制污染,因此,在注意集中控制的同时,还应强化废气污染源治理。废气治理从技术原理方面而言主要有以下几种:

(1) 溶剂吸收法

其原理,一般是溶剂能与废气发生某种化学反应而生成新的物质,从而消除废气。例如,二氧化硫废气,极易被氨水所吸收,生成亚硫酸铵和亚硫酸氢铵。这实际上是酸碱中和反应的运用。利用溶剂或溶液吸收法时,关键是两者易于发生化学反应,并且要使反应的生成物无毒害,或便于继续处置。否则,虽然废气消除了,却生成了新的污染物。

(2) 固体吸收法

这里说的固体物质,主要是指活性炭、分子筛、沸石等具有许多微孔和活性表面的固态吸附剂。当将其与废气接触时,污染物极易进入吸附剂的微孔中,被吸附在活性炭表面。其中,活性炭的应用较为广泛,效果显著。它是以木材、硬果壳、兽骨等为原料,经干馏并用过热蒸气在800~900℃高温下处理而得的,孔多且具有很大的表面积,因而吸附力极强。

分子筛是具有均一微孔而能选择性地吸附直径小于其孔径的分子的固态吸附剂。广泛说来,活性炭、沸石等也属分子筛,前者为碳型分子筛,后者系结晶的硅酸铝,它们只是比较“粗糙”些,但经济实惠,故颇受工业界欢迎。其他如微孔玻璃分子筛等,价格较高,在处理废气中往往并不经济,所以使用不普遍。

(3) 熔融盐法

以熔融状态的碱金属或碱土金属盐类吸收烟气中的氧化氮,为此法实例。此法的好处之一是,它往往有一举多得的效果。在吸收氧化氮的同时,还可去除废气中的二氧化硫。此法在某些生产中被采用,在处理废气中虽采用者少见,但为废气的治理提供了一种技术类型。

(4) 催化还原法

仍以含气态氧化物的废气为例。此法是以铂作催化剂,以甲烷或氢气等还原性气体为还原剂,使废气中的氧化氮转化为无毒无害的氮气。由于采用促进还原反应的催化剂,并在较高温度下进行,效果较好。但宜与余热利用设施配套使用,以节省能源。对于毋须在较高温度下即可进行的还原反应,采用催化还原法较为适宜。

(5) 废气除尘法

许多生产废气中,往往含有颗粒不大的粉尘,它们或具毒性,或能以飘尘形式存在,其危害不可掉以轻心。像染料厂废气中的色尘,氯乙烯生产过程中的电石粉尘,等等。

粉尘颗粒较大时,由于重力作用,通常可采用挡板、沉降等简单方法予以去除。问题是当粉尘颗粒非常小时,仅仅采用沉降法便无能为力了。目前在废气治理中被广泛采用的技术,有旋风除尘器、布袋除尘法以及静电除尘、水膜除尘法等。旋风除尘器,是应用废气在旋转状态下的离心作用,使粉尘被“甩”至除尘器内壁边缘,最终沿周边下落,被净化的气体可从上部逸出。布袋除尘,则是采用加大气体压力或使布袋外部处于真空条件下,使粉尘被阻隔于布袋内壁,而气体则从布隙中排出的一种技术。在染料、炭黑等粉尘性生产中,布袋除尘法采用最多。静电除尘,是利用电场作用下使粉尘被“捕捉”的一种技术,效率较高,但耗能较大。水膜除尘,或称水幕除尘,其道理如同普降细雨时能将大气中的尘埃洗淋下来一样,方法是使废气从装置底部上流,在装置顶部向下喷淋水雾,借以将粉尘淋下,气体从上部排出。

2. 废气治理的行业技术

(1) 二氧化硫治理技术

初步统计,目前排烟脱硫方法已有 80 余种,其中有些方法目前处于实验或半工业性试验阶段,而多数方法就其工艺原理来说是可以用于工业生产装置上脱硫,但对低浓度的二氧化硫(SO_2 含量低于 3.5%)烟气,由于处理烟气量大,浓度低,除需要较大的脱硫装置外,不仅在工程和设备方面还存在着种种技术上的困难,而且在吸附剂或吸附剂的选用和副产品的处理或利用等方面,也存在着可行性和经济性等问题。所以对低浓度 SO_2 烟气的治理,进展较为缓慢。近 20 多年来,日本、美国等国对低浓度 SO_2 烟气脱硫的研究趋势是从 60 年代以前的干法转向湿法为主,这是因为湿法脱硫效率高,并可回收硫的副产品。

排烟脱硫的主要方法如表 11-2 所示。

(2) 氮氧化物治理技术

从燃烧装置排出的氮氧化物主要以 NO 形式存在。NO 比较稳定,在一般条件下,它的氧化还原速度比较慢。排烟脱氮与排烟脱硫相似,也需要用液态或固态的吸附剂或吸收剂来吸附或吸收 NO_x,以达到脱氮的目的。NO 不与水反应,几乎不会被水或氨所吸收。如 NO 和 NO_2 是以等摩尔存在时(相当于无水亚硝酸),则容易被碱液吸收,也可被硫酸所吸收生成亚硝酰硫酸。

表 11-2　　主要排烟脱硫技术

分　类	方法名称	方　法　应　用
湿　法	氨　法	回收硫铵法，回收石膏法，回收硫磺法等
湿　法	钠　法	中和法，直接利用法，回收亚硫酸钠法，回收石膏法，回收硫法等
	钙　法	回收石膏法等
	镁　法	基里洛法，凯米克法
干　法	活性炭法	回收稀硫酸
	接触氧化法	制无水和78%的硫酸

（引自刘天齐等，1994）

由于排烟中的 NO_x 主要是 NO，因此在用吸收法脱氮之前需要将 NO 进行氧化。关于 NO 的氧化方法各国做了许多工作，如用臭氧将 NO 氧化成 NO_2 的研究工作虽然早就在进行，但是直到现在还没有很好地投入使用。此外，近年来许多国家正在开展应用活性炭作为催化剂使 NO 氧化成 NO_2 的研究。

排烟脱氮的主要方法如表 11-3 所示。

表 11-3　　主要排烟脱氮技术

方　法　名　称	方　法　应　用
非选择性催化还原法	将 NO_x 还原成 N_2，回收余热，要克服 SO_2 使催化剂中毒
选择性催化还原	① 氨选择性催化还原法 ② 硫化氢选择性催化还原法 ③ 氯-氨选择性催化还原法 ④ 一氧化碳选择性催化还原法
吸收法	① 碱液吸收法 ② 熔融盐法 ③ 硫酸吸收法 ④ 氢氧化镁吸收法

（引自刘天齐等，1994）

（3）其他有害气体治理技术

其他有害气体主要指碳氢化物、汽车尾气、硫化氢、酸雾、含氯废气以及恶臭气体等。这些有害气体的处理和 SO_2，NO_x 治理的基本原理相似，大都采用吸收或吸附法，此外还采用催化燃烧、催化氧化等无害化处理技术。

（四）发展植物净化

植物具有美化环境、调节气候、截留粉尘、吸收大气中有害气体等功能，可以在大面积的范围内，长时间地、连续地净化大气，尤其是在大气污染物影响范围广、浓度比较低的情况下，植物净化是行之有效的方法。因此，在大气污染综合整治中，结合城市绿化、选择抗污物种、发展植物净化是进一步改善大气环境质量的主要措施。

树木对二氧化硫、氯、氧化氯的抗性分类见表 11-4，表 11-5，表 11-6。

表 11-4 树木对二氧化硫的抗性分类

抗性强的树种	抗性中等树种	抗性弱的树种
银杏 针叶树:桧白、沙松、白皮松 阔叶树:加杨、健杨、小黑杨、白腊、家榆、桂香柳、京桃、臭椿、桑树、糠椴、柞树、槲栎、板栗、大叶朴、黄菠萝、刺槐、糖槭、华北卫矛、柽柳、皂角、柴穗槐、榛子、丁香、旱柳、垂柳、山杏、枣树、春榆、忍冬、接骨木、小叶杨、山杨、水腊、麻栎、夹竹桃	樟子松、子杉、钻天杨、新疆杨、青杨、小叶朴、紫椴、梓树、色木、花楷槭、水曲柳、赤杨、裂叶榆、刺榆、文冠果、锦鸡儿、雪柳、日本樱花、大叶鼠李、黄刺玫、红刺玫、木槿、国槐、山楂、山葡萄、南蛇藤、连翅、山梅花、红端木、桃叶卫矛、梾树	油松、落叶松、小钻杨、晚花杨、白桦、枫柏、毛樱桃、榆叶梅、山丁子、暴马丁香、省沽油、佛头花、核桃楸、小蘗

(引自马倩如等,1990)

表 11-5 树木对氯的抗性分类

抗性强的树种	抗性中等树种	抗性弱的树种
银杏 针叶树:杜松、沙松 阔叶树:加杨、钻天杨、青杨、健杨、垂柳、旱柳、槲栎、家榆、辽东栎、麻栎、柞树、梓树、白腊、皂角、刺槐、康椴、山杏、金鸡儿、刺玫、红刺玫、桑树、红叶卫矛、茶条槭、糖槭、华北卫矛、桂香柳、柳叶绣线菊、小蘗、京桃、叶底珠、枸杞、夹竹桃	侧柏、白皮松、紫杉、北京杨(美人杨)、新疆杨、春榆、刺槐、日本樱花、毛樱花、喻叶梅、臭椿、小叶朴、黄菠萝、枫杨、水曲柳、文冠果、色木、梾树、山楂、樟树、榛子、山梅花、大叶鼠李、南蛇藤、木槿、红瑞木连翅、接骨木、丁香	落叶松、油松、樟子松、小叶杨、山杨、晚花杨、小钻杨、紫椴、赤杨、裂叶榆、暴马丁香、大叶朴、山丁子、水榆、花叶丁香、山梨、翅卫矛、雪柳、锦带花、佛头花、石棒绣线菊、省沽油

(引自马倩如等,1990)

表 11-6 树木对氧化氯的抗性分类

抗性强的树种	抗性中等树种	抗性弱的树种
银杏 针叶树:杜松、桧柏、侧柏 阔叶树:小黑杨、青杨、白腊、家榆、京桃、山楂、黄刺玫、国槐、臭椿、红刺玫、小叶朴、糠椴、旱柳、桑树、桂香柳、柳树、茶条槭、水腊、华北卫矛、柳叶绣线菊、丁香、柽柳、麻栎	樟子松、云杉、柴杉、白皮松、晚花柳、加杨、健杨、皂角、新疆杨、刺槐、大叶朴、紫椴、梾树、刺玫、稠李、雪柳、叶底珠、南蛇藤、锦带花	落叶松、油松、小叶杨、小钻杨、钻天杨、龙须柳、山杨、山杏、山梨、山丁子、毛臻、暴马丁香、色木、榆叶梅、连翅、木槿

(引自马倩如等,1990)

第三节　城市水污染综合整治

一、概述

城市水污染综合整治是综合运用各种方法防治水体污染的措施。20 世纪 60 年代以前，水污染的防治措施基本上是在废水排放口或工厂设备出口截住废水进行处理后排入水体。随着城市污水特别是各种工业废水的增长，由于经济、技术和能源上的限制，单一的人工处理污水方法已不能从根本上解决污染问题，1960 年代以来发展了水污染的综合防治。它是人工处理和自然净化、无害化处理和综合利用、工业循环用水和区域循环用水、无废水生产工艺等措施的综合运用。主要措施有：①减少废水和污染物排放量。包括节约用水、规定用水定额、重复利用废水、废水处理后再利用、发展不用水或少用水的工艺、制定物料定额、提高物料的回收利用率、采用无废少废技术改革工艺等；②发展区域性水污染防治系统。包括制定区域性水质管理规划，合理利用自然净化能力，实行排放污染物的总量控制，污水经处理后用于灌溉农田和回用于工业，建立污水库，进行污水的有控制稀释排放等；③综合考虑水资源规划、水体用途、经济投资和自然净化能力，运用系统工程，对水污染控制进行系统优化。

二、城市水污染综合整治宏观分析

水污染综合整治宏观分析就是在制定水污染综合整治对策时，对城市取水、用水、排水及水的再用等各个环节进行系统的综合分析，根据城市的性质、特征和水文地质条件，从宏观上确定城市水污染综合整治的方向和重点，从而为具体制定水污染综合整治措施提供依据。

（一）水污染综合整治主要相关因素

主要相关因素分析如图 11-2 所示。

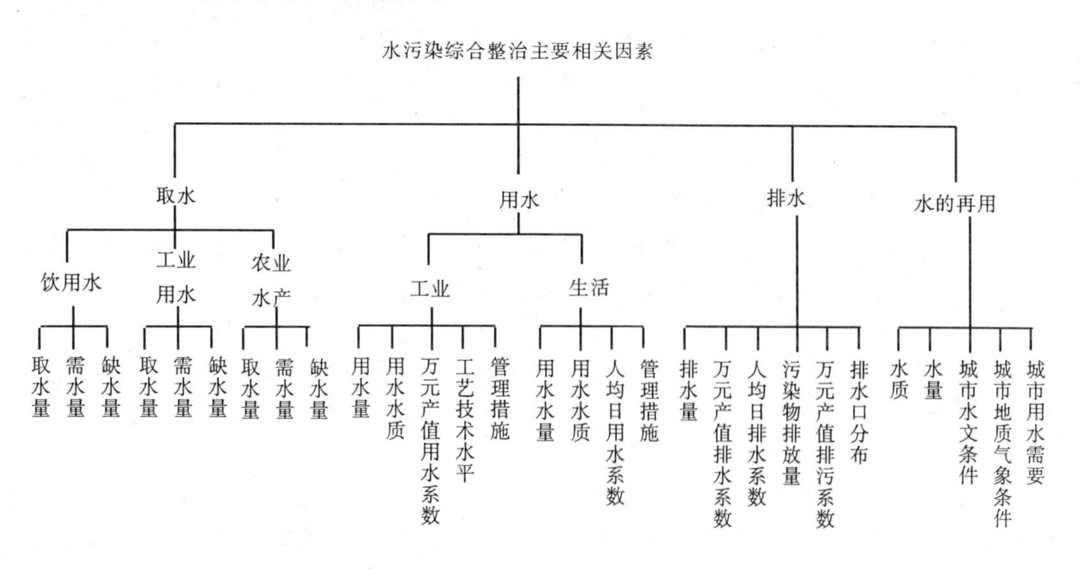

图 11-2　水污染综合整治主要相关因素(引自刘天齐等，1994)

主要相关因素的定量分析方法可参照大气污染综合整治宏观分析的有关内容。

(二) 确定水污染综合整治的方向和重点

通过主要相关因素的分析,可以明确水环境的主要问题和管理的薄弱环节,从而可从宏观上确定水污染综合整治的方向和重点。确定时要考虑以下两点:

(1) 城市水资源供需情况及矛盾所在

我国大部分城市一方面水资源缺乏,另一方面水污染和水资源浪费又相当严重。针对这种情况,在制定水污染综合整治措施时,应该充分考虑水资源的合理利用和计划利用,解决目前存在的供需矛盾(或指出解决矛盾的方向和重点)。例如供需矛盾中水质差是主要问题时,应在规划中重点考虑如何提高水质等问题。若供需矛盾中属水量不足,则应从用水的各个环节入手。一方面节约用水、计划用水;另一方面采取废水回用、资源化等。

(2) 城市工业废水和生活污水的取向分析

城市工业废水和生活污水的取向问题是水污染综合整治的核心问题。在考虑工业废水和生活污水的取向时,应从以下几个方面分析:

① 废水资源化的可行性

主要是从城市的性质(如是否缺水或严重缺水),城市的水文、地理,气象条件(如水域条件,土地条件,气温条件等),城市的经济社会条件(如投资承载力,社会需要)以及城市所处的流域条件和环境要求等,综合分析废水资源化的问题。

② 合理利用水环境容量消除污染的可行性

如果城市所处的区域为水域丰富区,如靠近大江、大河、包括近海,则可以分析合理利用水环境容量大的优势,在近期环保投资困难的情况下,分析通过调整水污染源分布和污染负荷分布,利用水体自净消除污染的可行性。

③ 正确处理厂内处理与污水集中处理的关系

污水厂内处理与污水集中处理的关系可用图 11-3 表示。

从图 11-3 中可以看出,对一些特殊污染物,如难降解有机物和重金属应以厂内处理为主,而对大多数能降解和适宜集中处理的污染物,应该以集中处理为主。目前,从改善区域环境质量和节省投资来看,集中处理是污水处理的发展方向,但也不可忽视厂内分散处理的作用。

三、城市水污染综合整治措施

水污染综合整治是指应用多种手段,采取系统分析的方法,全面控制水污染。水污染综合整治措施的内容非常丰富,这里仅介绍几种主要的措施。

(一) 合理利用水环境容量

水体遭受污染的原因有两个:一是因为水体纳污负荷分配不合理;二是因为负荷超过水体的自净能力(环境容量)。在水环境综合整治中,应该针对这两方面原因,分别采取对策。

1. 科学利用水环境容量

就是根据污染物在水体中的迁移、转化规律,综合计算和评价水体的自净能力,在保证水体目标功能的前提下,利用水环境容量消除水污染。水污染自净除了利用水体本身的稀释净化作用外,还可利用水生植物的净化作用(如人工养殖凤尾莲等)、土壤对污染物的净化作用(如污灌,土地处理系统等)等。因此,在评价和应用水环境容量时,要考虑到这些相关

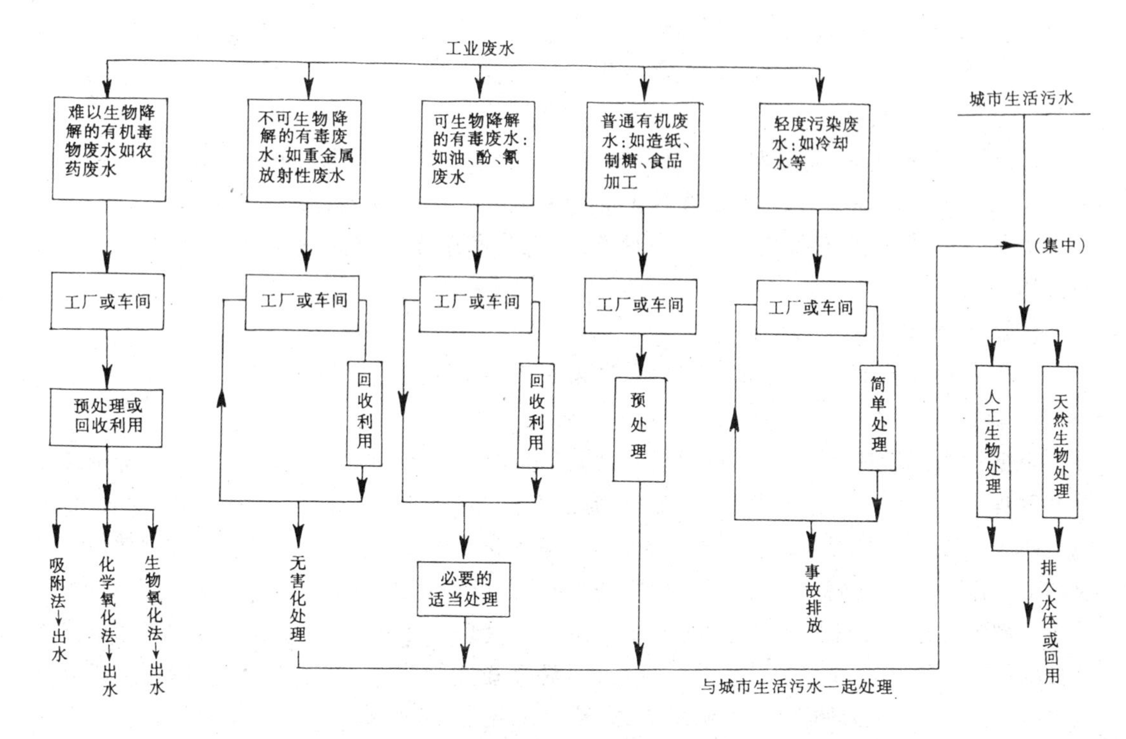

图 11-3 污水厂内处理与集中处理的关系(引自刘天齐等,1994)

因素，做到科学利用。但要注意：①不能超越容量；②要注意与区域下游地区的关系。

2. 结合调整工业布局和下水管网建设，调整污染负荷的分布

由于历史的原因，污水就近排放、盲目排放的现象相当严重，这也是造成城市地面水污染的一个重要原因，尤其是上游污水的排放，对城市地面水水质影响就更大。因此，在调整城市工业布局和城市下水管网建设中，应该充分考虑这些因素，以保证城市水污染负荷的合理分布。如将水污染排放口下移或将取水口(尤其是饮用水源取水口)上移；或将污染负荷引入环境容量较大的水体，如合理利用大江、大河、近海海域的水环境容量等。

(二) 节约用水，计划用水，大力提倡和加强废水回用

一般都认为，综合防治水污染的最有效、最合理的方法是节约用水，如组织闭路循环系统，实现废水回用。因此，全面节流、适当开源、合理调度，从各个方面采取节约用水措施，不仅关系到经济的持续、稳定发展，而且直接关系到水污染的根治。

经过妥善处理的城市污水，首先可用于农田灌溉、养鱼、养殖藻类等水生生物。其次可用作工业用水，如在电力工业、石油开采和加工工业、采矿业和金属加工工业，把处理后的废水用作冷却水、生产过程用水、油井注水、矿石加工用水、洗涤水和消防用水等。当水质不能满足某些工艺的要求时，可在厂内进行附加处理。此外，还可作为城市低质给水水源，用作不与人体直接接触的市政用水，如浇灌花草、喷泉、消防等。

对工业废水，首先要采取节流措施，即废水的循环利用。如回用造纸厂的白水，以减少洗涤水用量。煤气发生站排出的含酚废水，一般应通过处理封闭循环使用。各种设备的冷却用水都应循环使用。在某些情况下，废水可以顺序使用，即将某一设备的排水供另一设备使用。例如，锅炉水力冲灰系统可利用车间排出的没有臭味、不含挥发性物质的废水；回用

钢厂冷却水来补充烟气洗涤水;用酸性矿山废水洗煤等等。酸和碱是工业上的重要物质,需求量大。所以,碱性和酸性废水常重复使用或转供他厂使用。食品工业废水和生活污水性质类似,经妥善处理后可以肥田。

此外,发展中水道,输送处理后符合相应水质标准的处理水作为低质给水,是解决城市供水紧张的重要途径之一,日本已在这方面开展研究和建设活动。我国某些城市,尤其是缺水或严重缺水的城市,有计划地建设中水道,是充分利用废水资源,解决长期供水紧张的战略性措施。

(三) 强化水污染治理

水污染治理技术很多,下面主要介绍城市污水和工业废水处理问题。

1. 城市污水处理

根据污水流量和受纳水体对有机污染物以 BOD_5 计的允许排放负荷或浓度来确定污水的处理程度和规模。目前有些污水处理厂是二级处理厂,仅能去除可以生物降解的有机物,而不能去除难以生物降解的有机物以及氮、磷等营养性物质,处理后的污水排入水体仍会造成污染。因此,最近也有少数污水处理厂增加除氮、除磷等处理设施。在一些缺水城市,有的还小规模地采取了三级处理系统,即将经过二级处理的水进行脱氮、脱磷处理,并用活性炭吸附或反渗透法去除水中的剩余污染物,用臭氧和液氯消毒,杀灭细菌和病毒,然后将处理水送入中水道,作为冲洗厕所、喷洒街道、浇灌绿化带、防火等水源。近年来,由氧化塘(或曝气湖)、贮存湖和污水灌溉田等组成土地处理系统作三级处理是经济、有效的代用方法,在有条件的地区颇受重视并得到实际应用。

2. 工业废水处理

一些工业废水的成分和性质相当复杂,处理难度大,而且费用昂贵,必须采取综合防治措施。首先是改革生产工艺,用无毒原料取代有毒原料,以杜绝有毒废水的产生。在使用有毒原料的生产过程中,采用合理的工艺流程和设备,保证设备的妥善运行,消除逸漏、以减少有毒原料的耗用量和流失量。重金属废水、放射性废水,无机有毒废水和难以生物降解的有机有毒废水,应尽可能与其他废水分流并就地进行单独处理,要尽量采用封闭循环系统。流量大的无毒废水,如冷却水,最好在厂内经过简单处理后回用,以节省水资源消耗量,并减轻下水道和污水处理厂负荷。性质类似城市污水的工业废水可规定排入城市污水混合处理。一些能生物降解的有毒废水,如酚、氰废水,可按规定排入城市污水混合处理。一般情况下,污水处理厂的规模越大,其单位基建费和运行费越低,处理水量和水质越稳定。

(四) 排水系统的体制规划(管网组合方式)

为及时地排除城市生活污水、工业废水和天然降水,并按照最经济合理的方案,分别把不同的污水集中输送到污水处理厂或排入水体,或灌溉土地,或处理后重复使用,需要建设排水管网系统。因此必须结合本地区的自然条件和社会条件,考虑地区各分片的污水收集方式;采用各种污水的分流制(生活污水、工业废水,雨水分别建管网系统)还是合流制(各种污水合建管网系统);或两种体制适当结合的混合制;排放口位置的选择;近期建设和远期规划的结合;以及管径、坡降、管网附属构筑物,施工工程量,运行维护费等等,做出技术经济比较,以制定正确的排水系统统一规划。对于城市原有管道系统的扩建或改建,也需要结合已有设施,统一安排。

（五）水域污染综合防治工程

许多湖泊、河流、水库和近海海域受到严重的污染，不仅恶化了水环境卫生条件，而且破坏了水资源。因此，从20世纪60年代起，水域污染综合防治工程便开始发展起来。这种防治工程根据城市和工矿区沿水系分布情况，分段（河川）或分区（湖、海）调查研究它们各自的自净能力和自净规律，确定它们的污染负荷，从而确定它们对污染物的去除程度，以修建相应的处理设施。这些设施包括大规模的区域性联合污水处理厂，以及在一些自净能力小或污染超负荷的区段修建调节水库或污水库，以增加枯水期的水流量或用以贮存污水。也可修建曝气设施，增加水体的溶解氧的自净能力，或者引附近水系的水进行稀释。水系统区域内的工业用水要采取措施压缩用水量，实现循环用水，减少排污量。

（六）饮用水的污染去除

在水源被城市污水、工业废水以及大气沉降、降水、农业废水等挟带的多种多样污染物污染的情况下，传统的城市给水处理工艺，已不能满足饮用水的水质要求，需采用更加有效的处理方法。现在美国已有多座水厂用粒状活性炭滤池取代砂滤池，或者在砂滤池之后附加活性炭滤池，通过活性炭的吸附去除多种污染物，尤其是有机污染物。

（七）综合整治，整体优化

水污染综合整治的发展方向，是按功能水域实行总量控制，优化排污口分布，合理分配污染负荷，实施排污许可证制度，定期进行定量考核。如不能一步到位，可以定出规划分步实施。

要达到上述要求，必须技术措施与管理措施相结合；集中控制与分散治理相结合，各种方案合理组合，运用优化技术进行整体优化。

第四节　城市固体废物综合整治

一、固体废物处理概况

目前，我国固体废物的产生量、堆存量增长很快，固体废物的污染已成为许多城市环境污染的主要因素之一。国外许多发达国家在控制住大气污染和水污染后，开始把重点转向固体废物污染的防治。可以相信，我国固体废物的综合整治在今后一段时间内将会越来越重要，而制定固体废物综合整治规划将成为控制和解决固体废物污染的首要手段。

所谓固体废物只是相对而言的，即在特定过程或在某一方面没有使用价值，而并非在一切过程或一切方面都没有使用价值。某一过程的废物往往会成为另一过程的原料，所以有人形容固体废物是“放错地点的原料”。

固体废物可分为一般工业固体废物、有毒有害固体废物、城市垃圾及农业固体废物。这里重点讨论前三类固体废物的综合整治问题。

随着生产力的发展和人口的增加，一般工业固体废物如：煤矸石、粉煤灰、冶金渣、尾矿渣，以及生活垃圾等日益增加；而化学工业、炼油、石油化工、有色冶金、原子能工业等还产生了相当数量的有毒有害固体废物。所以，固体废物来源广且成分复杂，而防治技术又较落后，是城市环境污染综合整治的一个难点。在研究编制环境规划时，首先考虑减少产生量，然后是尽可能综合利用、资源化，暂无利用可能的进行处理和处置。表11-7和表11-8列出了几种主要固体废物的组成和国内外的处理方法概况。

表 11-7　几种主要固体废物的组成

来　源	主　要　组　成　物
采矿、选矿	废石、尾矿、金属、木、砖瓦和水泥、砂石等建筑材料
冶金、金属、结构、交通机构工业	金属、渣、砂石、模型、芯、陶瓷、涂层、管道、绝热和绝缘材料、粘结剂、污垢、木、塑料、橡胶、纸、各种建筑材料
建筑材料工业	金属、水泥、粘土、陶瓷、石膏、石棉、砂石、纸、纤维等
食品加工	肉、谷物、蔬菜、硬壳果、水果、烟草等
橡胶、皮革、塑料工业	橡胶、塑料、皮革、布、线、纤维、染料、金属等
石油化工工业	有机和无机药物、金属、塑料、橡胶、玻璃、陶瓷、沥青、柏油、毡、石棉、涂料等
电器、仪器仪表工业	金属、玻璃、木、橡胶、塑料、化学药品、研磨料、陶瓷、绝缘材料等
纺织服装业	布、纤维、金属、橡胶、塑料等
造纸、木器、印刷	刨花、锯木、碎木、化学药品、金属填料、塑料等
居民生活	食物垃圾、纸、木、布、庭院植物修剪物、金属、玻璃、塑料、陶瓷、燃料灰渣、脏土、碎砖瓦、废器具、粪便、杂品等
商业机关	食物垃圾、纸、木、布、庭院植物修剪物、金属、玻璃、塑料、陶瓷、燃料灰渣、脏土、碎砖瓦、废器具、粪便、杂品等，另有管道、碎砌体、沥青及其他建筑材料、含有易燃、易爆、腐蚀、传染及反应性、放射性废物、汽车、电器、器具等
市政维护污水处理	脏土、碎砖瓦砾、树叶、死禽畜、金属、锅炉灰渣、污泥等
农业	作物秸杆、蔬菜、水果、果树剪枝、糠秕、禽畜及人类粪便、农药等
核工业及放射性医疗等	金属、含放射性废渣、粉尘、污泥、器具及废建筑材料等

（引自刘天齐等，1994）

表 11-8 固体废物处理方法现状与发展

来　　源	中国现状	国际现状	国际发展趋势
城市垃圾	填坑、堆肥、发展无害化处理及回收沼气、废品回收等	填地、卫生填地、焚化、堆肥、海洋投弃、回收利用	压缩、高压压缩成型、填地、堆肥、化学加工、回收利用
矿业及工业废物	堆弃、填坑、综合利用、废品回收	填地、堆弃、焚化综合利用	化学加工及回收利用、综合利用
旧房拆迁及市政垃圾	堆弃、填坑、露天焚烧	堆弃、填坑、露天焚烧	焚化、回收利用、综合利用
施工垃圾	堆弃、露天焚烧	堆弃、露天焚烧	焚化、化学加工、综合利用
污水处理污泥	堆肥、制取沼气	填地、堆肥	堆肥、化学加工、综合利用
农业废弃物	堆肥、制取沼气、回耕、农村燃料、饲料和建筑材料、露天焚烧	回耕、焚化、堆弃、露天焚烧	堆肥、化学加工、综合利用
有害工业废渣和放射性废物	堆弃、隔离堆存、焚烧、化学及物理法固化、回收利用	隔离堆存、焚化、土地还原、化学及物理法固定、化学、物理、生物处理、综合利用	隔离堆存、焚化、化学固定、化学、物理、生物法处理、综合利用

(引自刘天齐等,1994)

二、一般工业固体废物综合整治措施

工业废物是多种多样的,有金属、非金属,又有无机物和有机物等。经过一定的工艺处理,可成为工业原料或能源,较废水、废气易于实现再生资源化。目前,各种工业废物已制成多种产品,如水泥、混凝土骨料、砖瓦、纤维、铸石等建筑材料;提取铁、铝、铜、铅、锌等金属和钒、铀、锗、钼、钛等稀有金属;制造肥料、土壤改良剂等。此外,还可以用于处理污水、矿山灭火,以及用作化工填料等。

通过合理的工业生产链,可以促进工业废渣的资源化,使一个企业的废渣成为另一个企业的原料。作为整个工业体系,就必然较大地提高资源的利用率和转化率,生产过程中消除污染,这是防治污染的积极办法。

由于固体废物的成分复杂,产生量大、处理难,一般投资很大,所以作为固体废物综合整治的重点就是综合利用,发展企业间的横向联系,促进固体废物重新进入生产循环系统。例如煤矸石可以作为生产硅酸盐水泥的原料(俗称"矸石水泥");在工业上,也可替代部分煤使用。又如粉煤灰也可作为水泥生产的原料,目前已被广泛应用。此外,粉煤灰还可经加工处理制造铸石产品和渣棉等。

总之,工业固体废物的综合利用前景是广阔的,作为固体废物综合整治应把重点放在综合利用上,对凡有条件综合利用的,要尽量综合利用,对目前没有条件综合利用的,要处理处置、存放,待条件成熟时再作为原料重新利用(表 11-9)。

表 11-9　　常见工业固体废物的处理处置和综合利用途径

名　　称	主　　要　　用　　途
高炉渣	制造水泥、混凝土骨料、砖瓦、砌块、墙板、渣棉、铸石、玻璃、陶瓷、肥料、土壤改良剂、过滤介质、膨胀矿渣珠、建筑防水材料、防冻材料等
钢　渣	用作钢铁炉料、填坑造地材料;制作铁路道床、筑路材料、水泥、肥料、防火材料等
赤　泥	制造水泥、砖瓦、砌块、混凝土骨料;用以炼铁,回收钛、镓、钒、铝;作为气体吸收剂、净水剂和橡胶催化剂、塑料填料、保温材料;以及用于农业
重、有色金属	制造水泥、砖瓦、砌块、筑路材料、铸石、渣棉、回收金属等
煤矸石	制造水泥、砖瓦、混凝土骨料、砌块、陶瓷、耐火材料、铸石、肥料燃料等
粉煤灰	制造水泥、砖瓦、砌块、墙板、轻混凝土骨料、筑路材料、肥料、土壤改良剂、铸石、矿棉、回收铁、铜、锗、钪等
废石膏	建筑材料
铬　渣	制造水泥、钙镁磷肥、砖瓦、铸石、玻璃着色剂、路基、石膏板填料等

(引自刘天齐等,1994)

此外,应对以废渣为原料进行加工生产的企业给予优惠政策,制定固体废物管理办法。目前国家已颁布了以废渣为原料进行生产的企业的经济优惠政策,在制定固体废物综合整治措施时,可结合国家的政策根据城市的具体特点,制定实施细则,大力提倡综合利用。

三、有毒有害固体废物的处理与处置

有毒有害固体废物指生产和生活过程中所排放的有毒、易燃、有腐蚀性的、传染疾病的、有化学反应性的固体废物。主要采取下列措施:

(一) 处理方法

1. 焚化法

废渣中有害物质的毒性如果是由物质的分子结构,而不是由所含元素造成的,这种废

渣，一般可采用焚化法分解其分子结构，如有机物经焚化转化为二氧化碳、水和灰分，以及少量含硫、氮、磷和卤毒的化合物等。这种方法效果好，占地少，对环境影响小；但是设备的操作较为复杂，费用大，还必须处理剩余的有害灰分。

2．化学处理法

化学处理法应用最普遍的是：①酸碱中和法。为了避免过量，可采用弱酸或弱碱，就地中和。②氧化还原处理法。如处理氰化物和铬酸盐应用强氧化剂和还原剂，通常要有一个避免过量的运转反应池。③沉淀化学处理法。利用沉淀作用，形成溶解度低的水合氧化物和硫化物等，减少毒性。④化学固定。常能使有害物质形成溶解度较低的物质。固定剂有水泥、沥青、硅酸盐、离子交换树脂、土壤粘合剂、脲醛以及硫磺泡沫材料等。

3．生物处理法

对各种有机物常采用生物降解法，包括：活性污泥法、滴沥池法、气化池法、氧化塘法和土地处理法等。

（二）安全存放

安全存放主要是采用掩埋法。

掩埋有害废物，必须做到安全填地。预先要进行地质和水文调查，选定合适的场地，保证不发生滤沥、渗漏等现象，不使这些废物或淋溶液体排入地下水或地面水体，也不会污染空气。对被处理的有害废物的数量、种类、存放位置等均应作出记录，避免引起各种成分间的化学反应。对淋出液要进行监测。对水溶性物质的填埋，要铺设沥青、塑料等，以防底层渗漏。安全填地的场地最好选在干旱或半干旱地区。

四、城市垃圾的综合整治

城市垃圾综合整治的主要目标是“无害化、减量化和资源化”，一般包括如下步骤。

（一）制定城市垃圾的收集和输送计划

1．垃圾的清扫

计划安排的垃圾清扫量应该不少于垃圾产生量，包括安排的人力、物力、设备、投资和运行费用等。

2．垃圾的收集

垃圾收集的容量应该与清扫量相协调。目前采用的垃圾收集容器主要有两类：一类是用容积小的（$0.1m^3$ 左右）带盖的金属或塑料桶，作为固定容器，长期周转使用。另一类是用纸袋装运，将垃圾装入纸袋，放在指定的收集地点，经过特别设计的垃圾收集车拾取装入运输车辆。还有简单的设备自动将垃圾的体积加以压缩，此法近几年已在欧美各国广为采用。用这种容器比较卫生、方便，但费用较高。

3．垃圾的运输

根据垃圾的清运率目标，安排垃圾运输工具、运输能力、运输投资和运行费用，收集、运输垃圾的主要工具是专门设计或改装的汽车，其结构形式多样，但必须要求垃圾车箱密闭，装载过程机械化，条件好的还要求装载工具有简单的压缩设备，以减少装载体积增大运输能力。

（二）制定城市垃圾的处理计划

1．垃圾卫生填地

填地处理垃圾是最广泛采用的一种方法。可利用废矿坑、粘土废坑、洼地、狭谷等，所以投资和处理成本均较低。

但是，以往广泛采取的填地方法是无计划而且不卫生的。填地场所恶臭冲天，鼠、蝇孳生繁殖，传染疾病，严重危害周围环境，受到附近居民的强烈反对。遍布美国各地12000处的填地场所，其中94%是不卫生的。日本填地场所也多是这种情况。在西欧比较注意采用有计划的卫生填地方法。

卫生填地是正在发展的处理城市垃圾的方法。其基本操作是铺上一层城市垃圾并压实后，再铺上一层土，然后逐次铺城市垃圾和土，如此形成夹层结构。这样就可以克服露天填地造成的恶臭和鼠蝇孳生问题，大大改善周围环境。同时，可有计划地将废矿坑、粘土坑等经过卫生填地，改造成公园、绿地、牧场、农田或作建筑用地。

卫生填地也存在两个问题，一是沥滤作用，一是填地层中的废物经生物分解会产生大量气体。

由于沥滤作用，表面水经过废物层而使附近的地下水和河流受到污染。控制沥滤的方法有：填地位置要远离河流、湖泊、井等水源；填地位置避免选在地下水层理上；在填地上面加一层不透水的覆盖层；加大坡度使水迅速流去并开沟以使表面水排走等等。

大量分解气体中含甲烷、二氧化碳、氮、硫化氢等。其中以甲烷、二氧化碳为主。甲烷积集会爆炸和引起火灾，而二氧化碳溶于水可成碳酸。防止大量分解气体积集的方法是设置排气口使分解气体及时逸入大气。

卫生填地涉及地质、水文、卫生、工程等许多方面，需要慎重对待，才能收到既处理了城市垃圾，又不会污染水和空气的效果。

2. 垃圾灰化

灰化是将城市垃圾在高温下燃烧，使可燃废物转变为二氧化碳和水。灰化后残灰仅为废物原体积的5%以下，从而大大减少了固体废物量。

灰化法可使废物体积减少，残灰处理比较简单，但其缺点也不少，如投资费用高，要附设防止污染空气的设备，常需更换由于高温、腐蚀气体和不完全燃烧而损坏的衬里和零件。

近年来，灰化处理的改进主要集中在如何处理城市垃圾中日益增加的大型消费品废物，满足更加严格的空气污染标准，降低灰化处理费用等等。

大型消费品废物的灰化处理，要先经过破碎过程，然后用普通灰化炉灰化，或在一特制的灰化炉中成批灰化。

流化床灰化炉已在欧洲大量采用。这种炉子采用悬浮的砂子(吹入空气而形成)作传热介质。由于燃烧物与氧接触良好，可显著减少为达到完全燃烧所需的过量空气(仅需过量5%)。这就使排出的废气量减少，从而也就大大削减了排气的处理和净化所需的设备和费用。

高温灰化炉操作于2700～3000°F，其主要优点是适于处理各种城市垃圾，可使固体废物原体积减少97%，使可燃物完全燃烧，排放的污染物减少。其缺点是需要辅助燃料和熔剂，耐火炉衬的使用寿命短，氧化氮排放量大。

为了减少灰化炉污染物的排放，还在灰化炉上安装各种净化系统，如高效洗涤器、袋式过滤器、静电沉积器等以收集一氧化碳、飘尘等污染物质。

回收灰化过程的热能用于产生蒸汽或用此蒸汽发电，是降低灰化费用的一项措施，正在引起关注。

3. 综合利用

城市垃圾的回收及综合利用日益受到重视。1970 年美国修订了原来的“固体废物处理法”，公布“资源回收法”，通过法律鼓励和支持回收利用技术的研究。日本、西欧等资源比较贫乏的国家也在开始注意回收利用。日本早在 1971 年就制定了《废弃物处理清扫法》，1992 年制定《资源回收法》，1994 年制定《资源回收再生法》；德国 1996 年年底颁布了《循环经济垃圾法》。

(1) 城市垃圾的分选

城市垃圾的分选指将混在一起的城市垃圾分离其组成成分，是回收利用所必须的预处理工序。目前主要采用手工分选的方法，效率低成本高，严重影响回收利用的开展。因此，自动化、机械化的分选技术成为能否大规模经济地发展回收利用的关键问题。目前正研究和发展的机械化和自动化分选方法，主要依据废物的物理性质(形状、大小、比重、颜色、磁性、导电性、电磁辐射吸收和放射性等)的差别。

1971 年由美国环境保护局投资 2/3，在俄亥俄州一个人口为 1 万人的小城市富兰克林建成一座新型自动化的垃圾分选厂。建筑面积 1 021m^2，操作工人 4 名，昼夜可处理垃圾 150t。目前可回收占其中 10%的金属和玻璃，35%的纤维材料。其余 40%灰化，10%填地处理，回收黑色金属卖给附近的钢厂，回收的纤维卖给纸厂。

城市垃圾送到分选厂，首先将垃圾用运输带送到水力碎浆机中，利用装在底部的旋转刀具，将垃圾粉碎，制成浆状。先将金属、玻璃、土砂和混凝土等分出，然后再通过磁性分析机和光学分选机等，使铁、铝，各种颜色的玻璃等分离。从水力碎浆机取出的浆中还含较少的无机物，通过液体旋风分离器借离心力将其中的较重材料(玻璃、金属、砂石)分出，然后再通过分粒器和选择筛，除去较粗的有机物，回收的纤维经两步脱水，送去造纸。

(2) 城市垃圾的回收

城市垃圾的回收指将城市垃圾中的废纸、废玻璃、废金属回收，从废物中分离出来的有机物，经过物理加工成为再利用的制品。纸及纸制品废物在城市垃圾中占有相当高的比重，可回收用于制造纸浆，生产质量较低的纸和纸制品。在日本，废纸的回收率接近 40%。一些稀有金属回收率比较高，美国贵金属的回收率在 75%左右，不锈钢回收率达 88%。但回收工作需要花费较多人力。

(3) 城市垃圾的转化

城市垃圾的转化指通过化学、生物化学方法将废物转化为有用物质，这是一种正在发展的新的回收利用途径。转化分化学转化和生物化学转化。化学转化包括热解、加氢、水解、氧化等，生物化学转化包括需氧消化和嫌气消化等。废热利用也是一种特殊形式的转化。

热解是在隔绝空气条件下，于 1 100～1 800°F 使有机废物分解。根据废物组成和热解条件的不同，热解产物含有碳、焦油、沥青、轻油、有机酸等，这些产物可以用作燃料，或经分离后用作化工原料。但是由于成分复杂，分离成本高，所以主要用作燃料。

热解是研究最多的一种化学转化法。热解和灰化比较起来，不但可以回收有用产品，而且因为是密封系统，对空气污染少，特别适于处理塑料和橡胶。热解一般比灰化投资较高。但是随着对空气污染控制的加强，灰化炉所附设的防止污染的设备费用日益增大。因此热解炉有可能代替大城市的灰化炉。

水解是将纤维素废物（城市垃圾中的废纸、蔬菜等植物），在酸催化下水解为糖。糖可经发酵制成酒精、柠檬酸等。水解过程是首先将废物破碎，送到分离器中进行分离。较轻的部分主要是纤维素材料，经过粉碎后进入水解反应器。在温度230℃下，加入0.4%硫酸，反应125分钟，可达到最高转化率。然后，经冷却后，用石灰石中和、过滤，产物再在32～38℃下发酵20小时，即得含酒精的水溶液，经精馏可得95%的酒精。

加氢反应可将有机废物转化为燃料油。在一氧化碳和水的存在下，在高压下加氢，反应温度380℃，从每吨垃圾（干重量）可得84加仑（约318L）低硫燃料。

氧化和燃烧不同，是一种有控制的转化法，反应温度低，不产生火焰。目前研究的较多的是湿式法，即在水存在的情况下，将垃圾中的有机物转化为碳的各种氧化物，如一氧化碳、二氧化碳、有机酸、醛等。

其他化学转化方法还有很多，如废纤维素在硫酸催化下同醋酸反应得到醋酸纤维素等。总的来说，由于技术和经济原因，化学转化还处在一个试验阶段，其中比较成熟的是热解法。

生物化学转化是通过微生物作用将废物转化为有用物质。有机废物经过需氧消化可制成类似腐殖质的肥料，亦即所说的堆肥处理。由于目前各国大量施用化肥，因而堆肥的销路成为问题。在欧洲仅有1%的城市垃圾进行堆肥处理。

典型的堆肥处理是先将废物破碎，除去金属、玻璃、塑料等成分，加上水和污泥，在140～160°F下消化4～6天，产品作肥料或土壤调节剂。

另一种生物化学转化法是嫌气消化或甲烷发酵法。是用嫌气细菌在高温无氧的条件下将有机废物转化为甲烷和二氧化碳、硫化氢等气体和固体废渣，甲烷可作燃料，固体废液可作肥料。城市垃圾综合利用产品生产流程示意图见图11-4。

(4) 热能回收

城市垃圾含有大量有机物，这些有机物在灰化处理时产生大量热能。一般城市垃圾的热值为每公斤1883.7～6279kJ。近年来，垃圾中废塑料的比重在增加，而塑料具有较高的热值。如聚丙烯为每公斤43325.1kJ，相当于石油（每公斤41860kJ），而高于煤（每公斤25116～29302kJ）。所以，回收灰化废物时放出的热能，成为国外一个比较注意的工作，用回收的热能生产蒸汽或发电，可降低灰化处理的费用。

回收灰化炉热能的最普通的方法是在灰化炉直接加上一个锅炉以生产蒸汽，或者将水管装于灰化炉壁。前法比较简单，投资需用少，但需过量（156%～200%）的空气，以防止损害耐火衬里，而后者传热效率高，仅需50%～100%的过量空气，从而减少了所需的排气净化的费用。

总之，固体废物，不管是工业废物、城市垃圾、矿业废物或农业废物正在成为日益受到重视的一个环境问题。但是，对固体废物的治理还落后于对大气和水的污染控制。治理固体废物的方法还比较陈旧落后，并且还存在许多待解决的问题。大规模的回收利用，尚处于初始阶段。

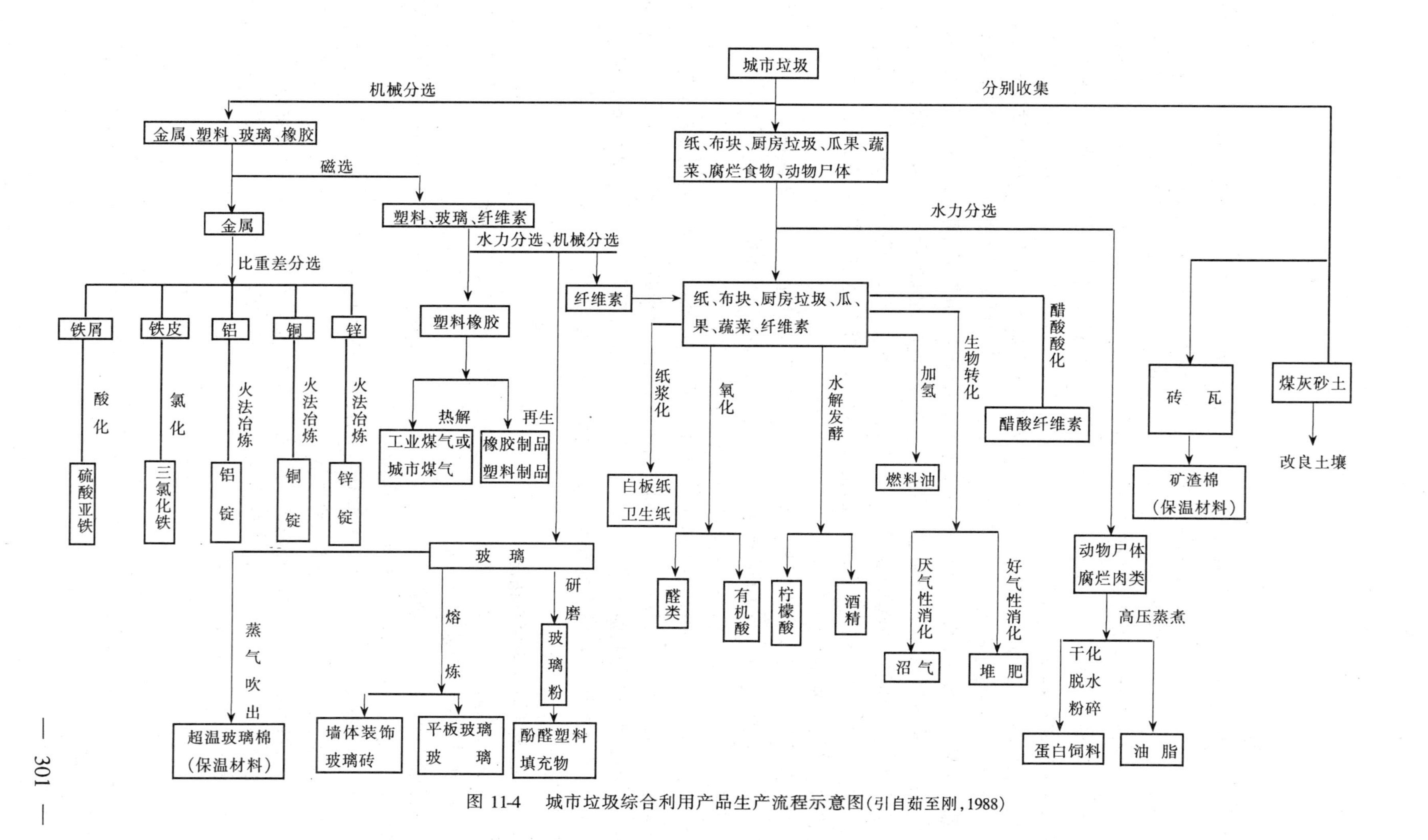

图 11-4 城市垃圾综合利用产品生产流程示意图（引自茹至刚，1988）

第五节 城市噪声污染综合整治

一、概述

噪声污染综合整治是采用综合方法控制噪声污染，以取得人们所要求的声学环境的措施。影响噪声污染的因素主要是噪声源（运转的机械设备和运输工具等）、传声途径和接受者的保护三个部分。控制噪声源的措施有两类：①改进设备结构、提高部件加工精度和装配质量、采用合理的操作方法等来降低声源的噪声发射功率；②采用吸声、隔声、减振、隔振等措施以及安装消声器等来控制声源的噪声辐射。传声途径的控制措施主要有：①增加声源离接受者的距离；②控制噪声的传播方向（或发射方向）；③建立隔声屏障或利用天然屏障；④应用吸声材料或吸声结构，使声能转变为热能；⑤在城市建设中采用合理的防噪声规划。

噪声污染是我国城市四大公害之一。尤其是近几年随着城市规模的发展，交通运输事业和娱乐事业的发展，城市噪声污染程度迅速上升，已成为我国环境污染的重要组成部分之一。据不完全统计，我国城市交通噪声的等效声级超过 70dB 的路段占 70%；城市区域噪声也很严重，有 60%的面积超过 55dB。城市工业噪声和建筑施工噪声污染也呈上升趋势，由此而引起的环境纠纷不断发生。因此，我国噪声污染，尤其是城市噪声污染综合整治所面临的形势是十分严峻的。

八届全国人大常委会第二十二次会议于 1996 年 10 月通过了《中华人民共和国环境噪声污染防治法》。至此，我国已经形成了一个相对完善的四大环境公害——大气污染、水污染、固体污染、环境噪声污染——防治的法律体系。

获得通过的环境噪声污染防治法，遵循把环境噪声污染防治从单纯的点源治理转变为整体的区域防治的原则，在城市规划和建设布局上提出明确的噪声污染防治要求；对工业设备和产品提出噪声控制要求，并将交通噪声污染控制作为重点；要求公安和环保等部门发挥作用，加强对饮食服务、娱乐场所等社会生活噪声的控制。

二、区域环境噪声控制措施

（一）制定噪声控制小区建设计划，逐步扩大噪声控制小区覆盖率

1．确定城市噪声控制小区的原则

根据控制噪声，保障居民身体健康和正常休息的原则，噪声控制小区应优先选择城市的居民区、混合区。对于以下几种情况分别考虑：

（1）人口密度过低、工业生产点与住宅房犬牙交错的现象严重、厂群矛盾激烈、治理难度很大的街道、地区，暂时不宜选做控制小区。

（2）人口密度适中、开发建设基本定型的工商业与居民住宅混合区，有一定的工厂企业或厂群矛盾户，治理有难度，但经过强化管理，基本上可以达到要求的地区，根据噪声控制小区目标要求，可做为备选区域。

（3）人口密度高、主要以居住为主的区域，应优先考虑建设噪声控制小区。

2．噪声控制小区的确定

依据上述原则，并结合噪声控制小区建设的投资，确定控制小区建设的先后顺序，并填写表 11-10。

表 11-10　　城市噪声控制小区建设先后顺序

区域名称	区域面积	区域人口数	现状噪声值 dB(A)	噪声控制值 dB(A)	小区标准要求 dB(A)	估价投资 (万元)	优先顺序
1							
2							
3							

3．根据噪声控制小区目标要求,确定规划小区建设项目

(二) 规定工厂和建筑工地与其他区域的边界噪声值,超标的要限期治理

1．对混杂在居民区的工厂

(1) 对严重扰民的噪声源,必须治理。可分别采用隔声、吸声、减振、消声等技术,无法治理的要转产或搬迁。

(2) 厂内可以通过合理调整布局解决噪声问题。如对噪声大、离居民区很近的噪声源,可迁至厂区适当位置,减少对居民区的干扰。

(3) 工厂与居民区间之间应留有一定间隔,应用间隔的绿化来防噪。工厂与居民点防噪距离的关系可以参考表 11-11。

表 11-11　　工厂与居民点防噪距离概值

声源点的噪声级 dB(A)	距居民点距离 (m)
100 ~ 110	300 ~ 500
90 ~ 100	150 ~ 300
80 ~ 90	50 ~ 150
70 ~ 80	30 ~ 100
60 ~ 70	20 ~ 50

2．对混杂在工业区的居住区

从长远规划考虑,应限制工业区中的居住区的发展,并应制定逐步将居民迁出工业区的计划。

短期内,必须在居民区四周设置绿化隔离林带,根据噪声防治的要求,选择绿化树种、绿化带宽度。

三、交通噪声综合整治措施

交通噪声综合整治措施应该由环保局会同城市规划部门、房屋开发部门、公安交通大队、车辆管理所、城市园林部门等共同制定,所确定的措施应明确对噪声控制目标的贡献大小和措施所需的资金,在优化的基础上进行决策。

目前,我国交通噪声防治的措施可参考图 11-5。

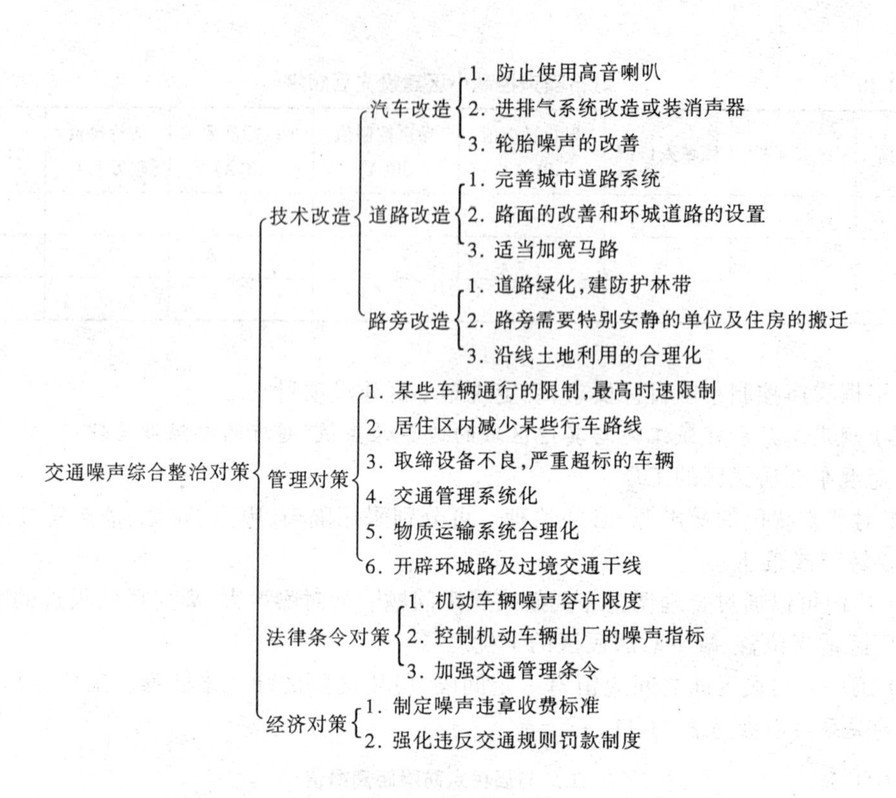

图 11-5　交通噪声综合整治对策图(引自刘天齐等,1994)

第六节　城市环境综合整治总体分析

在考虑大气、水环境、固体废物、噪声等污染综合防治时,应综合考虑它们之间的相互影响,从总体上进行分析。

一、大气降水对城市地面水的污染

在水污染综合整治中,往往把重点放在生产生活活动中向水体直接排污造成水体污染上。水污染的预测、目标的确定以及对策分析和优化决策等规划的各个环节,都很少考虑大气降水等二次污染造成的地表水污染问题。目前,我国酸雨污染比较严重,酸雨污染已开始北移,很多湖泊、水库、江河因受酸雨污染,水体 pH 值下降,直接影响水生生态系统和水质质量。在水污染综合整治规划中如忽视这一点,就很难保证水质目标的实现。因此,在水污染综合整治措施中,应考虑大气降雨对水质的影响。

二、大气污染治理工程对水体的污染

在一些大气污染治理工程中,有很多技术客观上要产生水污染,如湿式除尘器在降尘时,要产生水污染,如果不同时考虑水污染的后处理问题,就会影响水污染综合整治目标的实现。此外,在硫氧化物、氮氧化物以及其他一些大气污染物治理当中,常采用液体吸收、洗涤等湿法技术,这种技术较干法大都具有投资省、效果好等优点,如果在考虑方案时只强调大气污染物削减目标的实现,而忽视水污染的后处理问题(这些吸收液后处理往往比较困

难)就势必影响水质目标的实现。

三、固体废物的处理处置对地下水、地表水的污染

在固体废物的处理处置中,经常采用露天堆存和掩埋等方法,这些方法为实现固体废弃物的综合整治目标提供了保证。但是应该看到固体废物的堆存和掩埋对地下水和地表水存在着潜在的污染,这种潜在的污染主要通过固体废物的溶出物来实现。固体废物的溶出物比较复杂,根据固体废物的性质不同,一般含有无毒有机、有毒有机物、“三致”物、重金属(汞、镉、砷、锌、铬、铜等),如果不采取专门措施,这种渗出物的污染会直接影响地下水、地表水。例如,某铁合金厂,铬渣堆存 12×10^4t,监测分析结果表明,厂内和附近 70 多平方公里内水质中六价铬都超过饮用水标准。

渗出物对水质一旦造成影响,就很难治理,所以预防是唯一的,也是最为积极的措施,这一点必须在规划方案中体现出来。

四、固体废物的堆存对大气污染的影响

固体废物一般通过以下途径使大气受到污染:① 在适宜的温度下,由废物中有害成分的蒸发及发生化学反应而释放出有害气体污染大气;②废物中的细粒、粉末随风力扬散;③在废物运输、处理、处置和资源化过程中,产生有害气体和粉尘。

粉煤灰和尾矿堆场遇 4 级以上风力,可剥离 1 ~ 1.5cm,灰尘飞扬高度达 20 ~ 40m,在风季平均视程降低 30% ~ 40%;固体废物在焚烧处理时废物中含有的氯、氮、硫及重金属都可能变成氧化物和尘粒污染大气;煤矸石中如含硫大于 1.5%即会自燃,散发大量 SO_2,使周围大气中二氧化硫超标。因此,在固体废物堆存处置时,应充分考虑这一影响,并制定相应的预防措施。

五、水污染的处置造成的固体废物污染

在很多水处理的工程中,都含有大量的污泥及其他固体废物,这些固体废物污物种类多、含量大,往往还伴有恶臭,若不加以妥善处理,就会增加城市固体废物的污染,影响固体废物综合整治目标的实现。

六、气、水、渣处理对城市噪声的影响

在气、水、渣处理过程中,设备运转、固体废物的运输等许多环节会产生噪声污染。因此,在综合分析时,都应考虑这些因素,并采取相应的对策。

本章小结:

城市环境污染具有多源、复杂、综合的特征,因此要对其治理也必须采取多种手段及综合的措施。城市环境综合整治一般包括城市环境宏观分析、影响城市环境质量因素分析及制定城市环境综合整治措施三个方面。对城市大气污染综合整治来说,包括合理利用大气环境容量、集中控制,减少降低污染物排放量、强化污染源治理、发展植物绿化等措施。对城市水污染综合整治,一般包括合理利用水环境容量、节约用水、计划用水、废水回用、强化水污染治理、优化排水系统的体制规划、水域污染综合防治等。对城市固体废物综合整治,包

括制定一般固体废物、有毒有害固体废物及城市垃圾的收集和输送计划,制定城市垃圾的处理计划等。城市噪声污染综合整治包括制定区域噪声控制措施和交通噪声综合整治对策等。

问题讨论:

1. 如何理解城市环境综合整治的必要性?
2. 我国城市环境综合整治考核是如何进行的?作用如何?
3. 城市大气污染综合整治的要点是什么?
4. 城市水污染综合整治的要点是什么?
5. 城市固体污染综合整治的要点是什么?
6. 城市噪声污染综合整治的要点是什么?
7. 城市环境污染综合整治总体分析的主要内容是什么?

进一步阅读材料:

1. 曲格平等. 环境科学词典.上海:上海辞书出版社,1994
2. 刘天齐等. 城市环境规划规范及方法指南.北京:中国环境科学出版社,1994
3. 马倩如等.环境质量评价.北京:中国环境科学出版社,1990
4. 茹至刚. 环境保护与治理.北京:冶金工业出版社,1988
5. 夏光.中国城市环境综合整治定量考核的经验与理论研究.环境导报,1996(2).北京:《环境导报》编辑部,1996~

第十二章　城市环境质量综合评价

第一节　基本概念

一、环境质量及环境质量评价

环境质量指环境的总体或环境的某些要素对人群的生存和繁衍以及社会经济发展的适宜程度。是反映人类的具体要求而形成的对环境评定的一种概念。包括环境综合质量和各种环境要素的质量，如大气环境质量、水环境质量、土壤环境质量、生物环境质量、城市环境质量、生产环境质量、文化环境质量等。20世纪60年代，随着环境问题的出现，环境质量已日益引起人们的关注，并逐渐用环境质量的好坏来表征环境遭受污染的程度，一个区域的环境质量，是人们制定开发资源、发展经济和控制污染、保护环境具体计划和措施的主要依据。

环境质量评价指根据环境(包括污染源)调查与监测资料，应用各种评价方法对一个地区的环境质量做出的评定与估价。按环境要素，可分为单要素评价、联合评价和综合评价三种类型。单要素评价是对反映当地环境特点的多个要素，一个要素一个要素地进行评价。联合评价是对两个以上环境要素联合进行评价。例如地面水与地下水的联合评价；土壤与作物的联合评价；地面水、地下水、土壤与作物的联合评价等。联合评价可以反映污染物在当地各环境要素间的迁移、转化特征，反映各个环境要素质量的相互关系。综合评价是整体环境的质量评价，通常是在单要素评价的基础上进行。通过综合评价可以从整体上全面反映一个地区的环境质量状况。按评价的地域特征，又可分为城市的、水域的、海域的与风景游览区的环境质量评价等。

二、环境质量综合评价

人类所生活的环境，是由多种环境要素相互作用，相互影响，相互制约而形成的复杂的综合体系。人们的生活、劳动和健康都要受这些因素的影响。在复杂的综合环境体系中，各个单项环境质量对人们的生产生活活动产生复杂的综合性的影响。为了解这种影响的性质及程度所进行的评价就是所谓的环境质量综合评价。简言之，环境质量综合评价就是按照一定的目的在对一个区域的各种单要素评价的基础上，对环境质量进行总体的定性和定量的评定。

环境质量的综合评价与单项环境质量评价的主要不同点在于：综合评价是将某一环境体系，例如大至一个国家，一个行政区域或一个自然区域(如一个流域)，小的如一个城市，一个功能区(如厂矿、风景旅游区等)看成一个整体，即一个环境基本单元，在考虑它的功能的同时，突出其中某一项或某几项主要污染问题，将其与人体健康以及防治对策作为主要的研究目标，进行总体的环境质量评定。

环境质量综合评价包括现状评价和预测评价。一般现状评价包含历史状况的分析评价、现有问题及其主要矛盾所在，并提出可能的防治措施。预测评价可分为战略预测和战术预测。所谓战略预测就是将所研究的环境基本单元的发展规模，资源利用和保护等问题，从环境保护的角度提出科学依据。战术预测是在一个或数个大型工程设施或新建城市、大区建设等之前,所进行的环境影响事前评价。其一般任务是根据当地的自然条件和工程规模、性质、生产工艺水平和预计排污状况等资料,对工程将会带来的可能影响进行研究,作出预测估计,并制定尽可能完善的预防公害和环境破坏的对策。

国内外已不同程度地开展了环境质量综合评价工作。就国内而言,按评价区的不同性质和条件,可以分为以下类型:

一是以城市生活环境质量评价及防治对策为主要研究目标。这些研究的特点是:除把污染对人体、生态的影响作为一个主要方面外,还不同程度地开展了城市人口密度、居住、交通、土地利用、文化教育、社会服务设施等方面质量状况的研究工作。

二是以工矿、河流、湖泊、城市污染防治途径为主要研究评价目标,其实质是研究污染与环境要素和人体健康、生物生存之间的关系。

三是以风景区、旅游城市环境质量作为主要研究目标。除了把污染及防治做为主要内容外,特别注意到风景、旅游资源的合理保护、开发利用方面的评价。

三、城市环境质量评价

城市环境质量评价包括对城市环境质量进行单要素和总体的综合评价。城市环境质量可分为大气、水质(地面和地下水)、土壤、噪声等环境质量要素,各环境要素又包含了若干的关键污染因子(或参数)。对单要素环境质量评价常采用多因子综合评价指数进行不同等级的污染状况评价,即

$$P_j = \sum_{i=1}^{m} W_i I_i$$

或

$$P_j = \frac{1}{m}\sum_{i=1}^{m} W_i I_i$$

式中,P_j 为 j 要素的综合评价指数,I_i 为 j 要素的 i 污染因子污染指数,W_i 为 i 污染因子的权重值,m 为污染因子数目。$I_i = C_i / C_{i0}$,C_{i0}为 i 污染因子评价标准,C_i 为 i 污染因子实测浓度,权重 W_i 的确定有几种方式:①等权值法。采用 $W_i = W_{i-1} = 1$,它基于各污染因子已在污染指数中有所反映,均等考虑各污染指数;② 因子污染指数分担率法。采用下式:

$$W_i = I_i(\sum_{i=1}^{m} I_i)$$

③ 调查评分法。由污染因子社会调查和专家评定法分析确定;④其他修正型的综合评价方法等。在单要素的环境质量评价基础上,可用类似方法作出整个城市总体质量的综合评价。

第二节 评价内容与程序

一、评价内容

(一) 城市地区自然环境和社会环境背景的调查分析

城市是在自然环境的本底上建立起来的人工环境。自然环境为城市环境提供了物质基础,自然环境条件又决定了对城市污染物质的输送、稀释扩散和净化能力。显然,自然环境背景对城市环境质量有显著的制约作用。因此,在进行城市环境质量评价工作时,首先必须

对城市的自然环境背景进行调查。

自然环境背景的调查内容包括城市地区的地层组成、地质构造、岩性、水文地质、工程地质条件、环境水文地质条件、地貌形态、水文、气象、土壤、植被、珍稀动植物物种等等。

城市是人类适应生产力发展的水平,按照自己的意志和愿望,对自然环境进行了强烈改造的人工环境单元。因此,城市环境受到人们目的和愿望的作用,即作为人们目的和愿望体现的社会环境对城市环境有强烈的影响。为此,进行城市环境质量评价必须对城市的社会环境背景进行调查了解。

社会环境背景的调查内容包括城市地区的土地利用、产业结构、工业布局、主要厂矿企事业单位和居民点的分布、人口密度及其空间分布、国民经济总产值及在行业、部门间的分配、市政及公共福利设施、重要的政治、经济、文化、卫生设施及位置、环境功能区的划分、各功能区的位置、近期和远期的环境目标等等。

(二) 污染源的调查与评价

污染源是造成城市环境污染、导致城市环境质量下降的根源。为了找出城市环境质量变化的原因,确定导致城市环境污染的主要污染物,解释环境质量的时空变化,必须对污染源进行调查和评价。通过调查和评价,可以确定主要污染源和主要污染物,为评价因子的确定提供依据。

(三) 环境质量的监测和评价

即对组成城市环境的各个要素开展实地监测,根据监测结果作出评价。评价时先进行单要素的质量评价,然后再进行全环境的综合质量评价。

各要素中污染物浓度的时空分布取决于众多的因素。为了搞清污染物浓度的时空分布及其原因,在监测时,除对各要素中污染物的浓度组织实地监测外,最好对主要的影响因子也同步监测。如在进行水质监测时,除对主要水污染源的源强,对河水的流速、流量、泥沙含量等也进行同步监测;进行大气化学监测时,除对主要大气污染源的源强,对风向、风速、大气扩散能力等也进行同步监测。这样做不仅可以正确解释监测的结果,而且可以根据污染源的源强预测未来浓度的变化、验证预测模式、求取预测参数等。

(四) 环境污染生态效应的调查

环境污染生态效应指对植被、农作物、动物和人群健康的影响。可以通过社会调查、现场踏勘或实地采样化验等方法查清环境污染的生态效应,最终为划分各要素和全环境的环境质量等级提供依据。

调查了解或监测评价的内容包括植被、农作物的一般伤害症状、长势、产量、体内污染物质的含量等;对于动物、人群,则主要了解多发病,常见病,流行病,特异病症,生育状况,畸形,怪胎,体内敏感器官或组织中污染物质的含量等等。儿童对环境污染较为敏感,故儿童的生长发育和健康指标也常作为生态效应调查的内容。

(五) 环境质量研究

主要研究城市环境质量的时空变化和影响因素及污染物在城市环境各要素中的迁移转化规律和分配,建立相应的数学模式。研究环境对污染物的自净能力,确定环境容量。为制定污染物的排放标准和环境质量标准提供依据。

(六) 污染原因及危害分析

从城市规划布局、土地利用、人口数量、资源消耗、产业结构、工业选型、生产工艺与设备等宏观决策方面来寻找污染的原因,以便为彻底根治提供决策依据。

污染危害主要指环境对生态环境的破坏,对人群健康的影响,及由此造成的经济损失。通过污染危害的分析,一则可以教育人民,使人人都来关心环境,爱护环境;二则促使领导对治理早下决心,为环保治理的投资决策提供依据。

(七) 综合防治对策研究

针对城市环境质量问题应进行综合防治对策的研究。综合防治对策包括从环境区划和规划入手,调整城市的产业结构、工业布局和功能区划分,制定市政建设计划,确定环保投资比例和重点治理项目;从环境管理入手,制定有关环境保护的法令、法规,按城市功能区划分环境容量,确定各项目污染物的环境质量标准和污染物排放标准,以及控制排放、监督排放的各项具体管理办法;从环境工程入手,制定城市重点污染源的治理计划和各污染源的治理方案、经费概算和效益分析。最后,根据提出的综合防治对策进行城市环境质量预测。将预测的结果和城市环境目标相对照,如果满足目标值的要求,则综合防治对策通过,执行。否则,则要修改对策。如此往复,直到满足城市环境目标为止。

二、环境质量现状评价程序

环境质量综合评价并无一个固定的模式和程序,它因评价区域的特点,所关心的主要问题的不同而有所差异。综合国内环境质量评价的实际情况及要求,可将以下工作程序作为环境质量现状评价的参考(见图 12-1,图 12-2,图 12-3,图 12-4)。当然,针对所研究对象的具体情况与要求,工作的侧重点及工作程序可以有所调整和取舍。

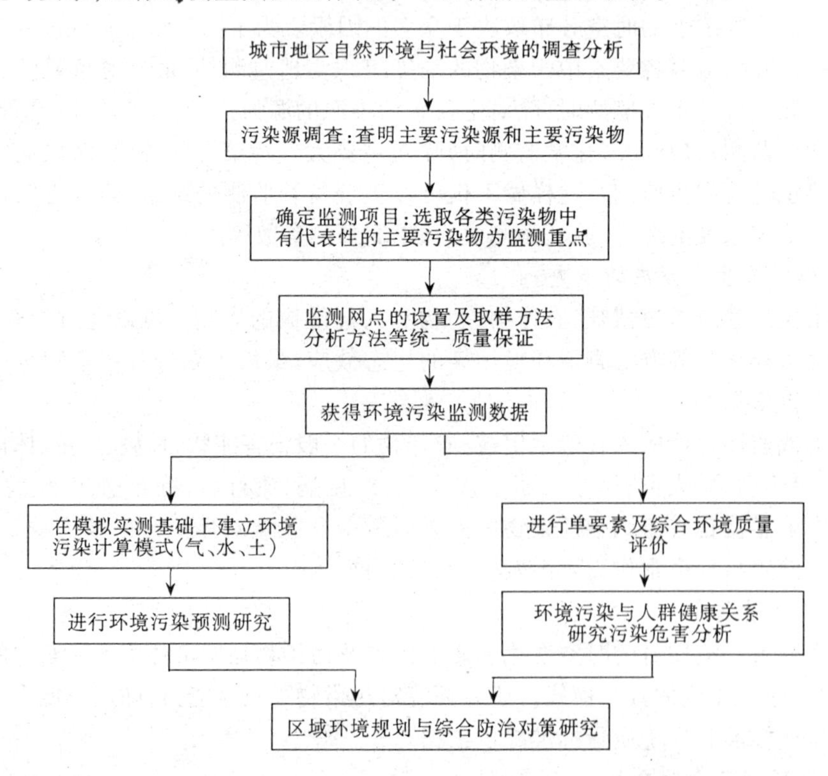

图 12-1　城市环境质量评价程序(引自郦桂芬,1989)

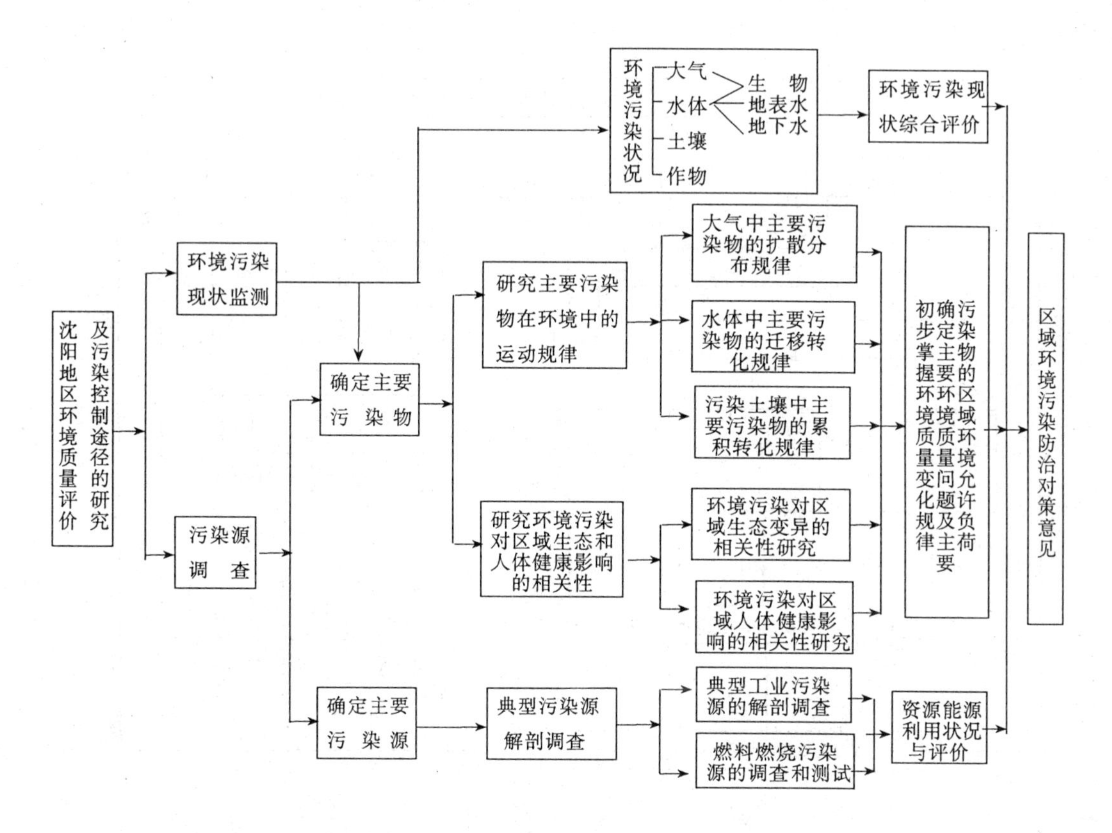

图 12-2 沈阳地区环境质量综合评价程序(引自郦桂芬,1989)

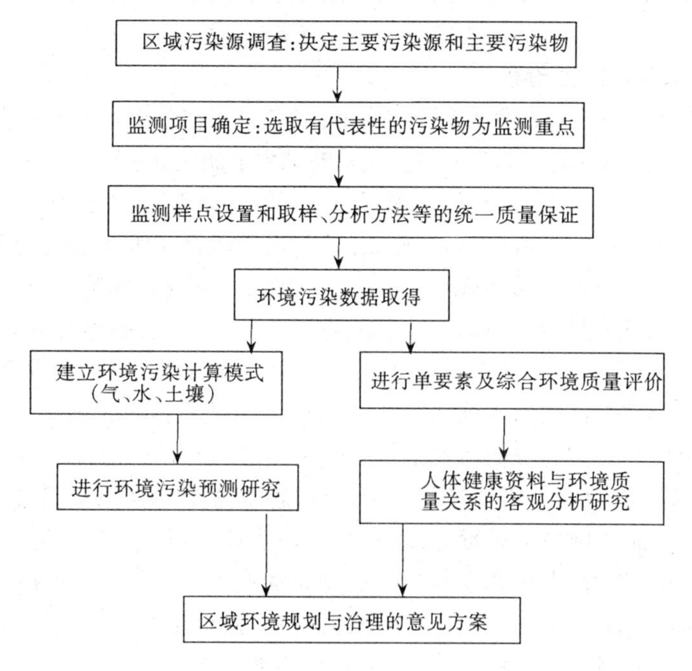

图 12-3 北京西郊环境质量综合评价程序(引自马倩如等,1990)

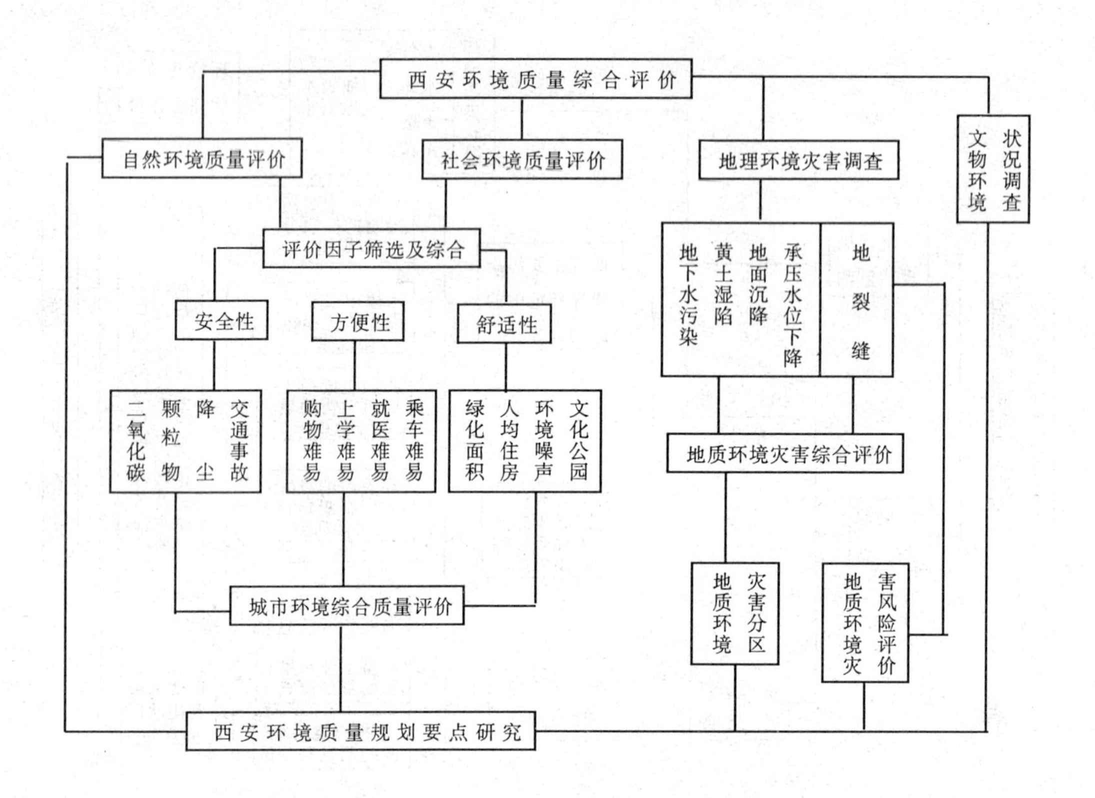

图 12-4　西安环境质量综合评价程序(引自《西安环境质量评价研究报告集》,1988)

三、环境质量综合影响评价程序

环境影响评价是在一项人类活动未开始之前,对它将来在各个不同时期所可能产生的环境影响(环境质量变化)进行的预测与评估。其目的是为全面规划、合理布局、防治污染和其他公害提供科学依据。主要内容包括分析该项目环境影响的来源,调查该项目所在地区的环境状况,定量、半定量或定性地预测该项目在施工过程、投产运行及服务期满后等阶段对环境的影响,最后在前述工作的基础上对实施与执行此项目做出全面评价和结论,并提出减少或预防环境影响的措施,有时还对建设项目的方案选择提出建议。环境影响评价由美国首先提出,并在其《国家环境政策法》中定为一项制度。中国 1979 年颁布的《中华人民共和国环境保护法(试行)》规定,在进行新建、改建和扩建工程时,必须提出对环境影响的报告书。

根据环境影响评价工作的目的与要求,其程序大致可分为三个阶段,第一阶段即预评阶段,首先确定计划建设项目是否需要进行详细评价,若不需要,就可发施工执照,直接进行开发。第二阶段是认为需要做详细评价时,开始准备初步评价报告书。即根据当地自然条件和工程规模、性质、生产工艺水平和预测排污状况等资料,提出工程将会带来的可能影响的预测估计。第三阶段是最后报告。在这一阶段,将初步评价报告书发给有关评价机关征求意见,据此作出修改,并写出最后报告书,认为无问题即发给施工执照。若还有问题,则提交环境质量委员会。图 12-5 为美国环境影响评价的过程简图,图 12-6 为我国某煤气厂工程河口厂址环境影响评价程序。

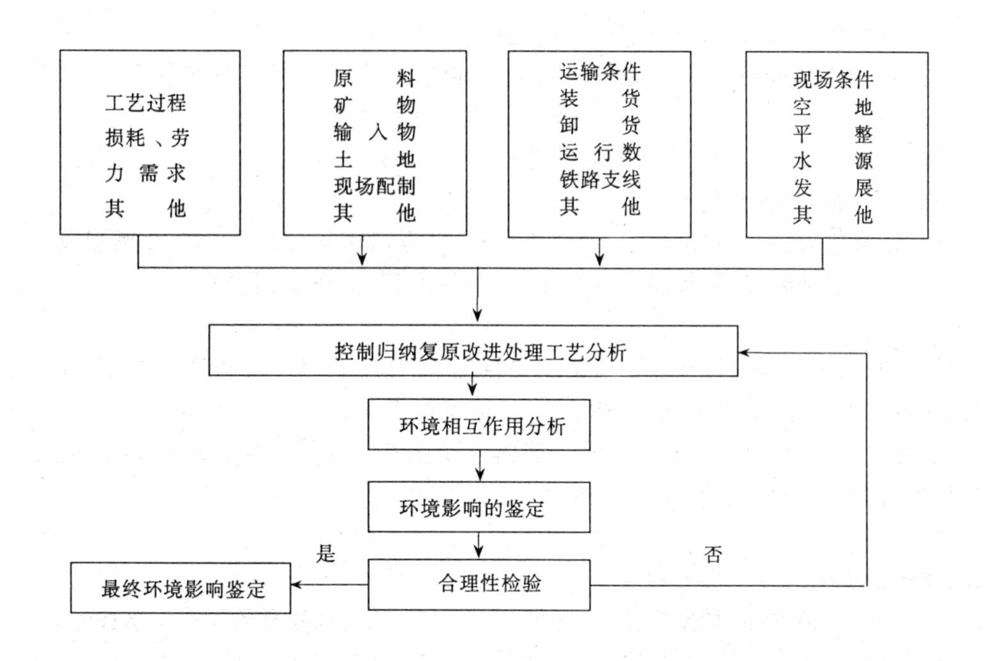

图 12-5 美国环境影响评价程序(引自《城市环境保护》),1982)

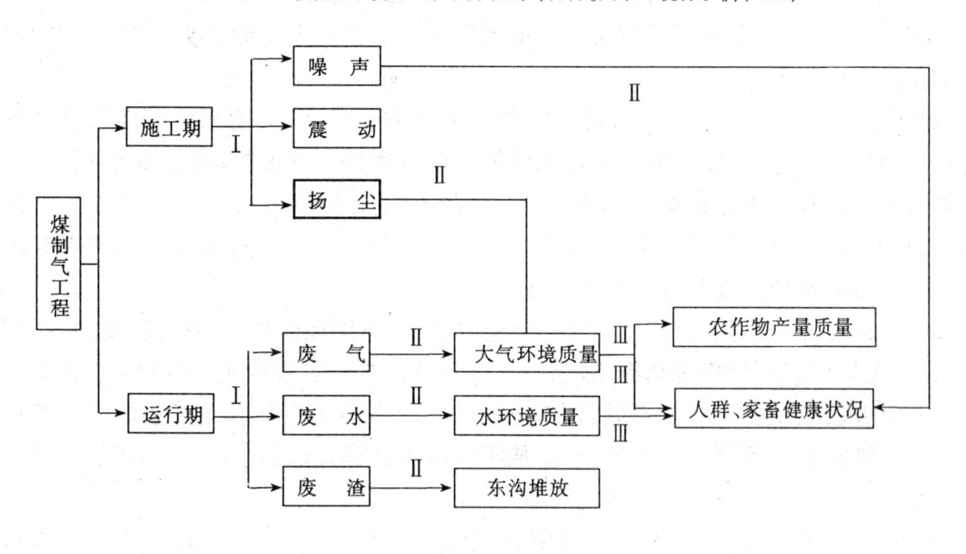

图 12-6 某煤制气工程河口厂址环境影响评价图(引自郦桂芬,1989)

注:图中Ⅰ,Ⅱ,Ⅲ为影响链的级次

第三节 评价要素与评价因子的选择

一、评价要素的选择

就一评价对象而言,环境要素是多方面的,例如大气、水体、噪声、食物、土壤、社会生活等。在进行评价要素选择时,应根据评价目的、目标及条件,以不遗漏主要评价要素为原则,使评价结果能较客观地反映评价区域的环境质量特征及规律。

如以控制污染为主要目标，则应抓住与人体健康、生存条件等有关的要素，并力求突出其中的主要问题。如北京西郊开展的环境质量评价从环境对人体健康影响这一问题出发，把大气、水、土壤和生物几个环境要素作为评价要素，并将大气、水和食物污染问题等并重，突出了当地的主要污染问题。

如以改善城市人民生活环境质量为主要目标，则应抓住与人们的生产、生活以及文化娱乐等活动有关的各种要素，例如各种社会设施、居住面积、道路交通、园林绿化、文化娱乐设施等。

若以保护、利用和开发风景旅游区为主要目标，则应抓住环境美学质量要素，例如自然景观美、建筑艺术美、人文景观美、园林艺术美、环境气氛美等诸要素。

但是，在一项综合评价中，往往兼有上述两方面或三方面的目标。此时，则应同时包含有关的环境要素，以满足评价目的与要求为原则。

二、评价因子的选择

评价因子包含多方面，如感官的、物理的、化学的、生物的、社会的等等。感官的如恶臭、浑浊物；理化的如粉尘、SO_2、重金属等；生物的如水生藻类、底栖动物等；社会的如公共交通、医疗、服务设施等。具体评价时，应抓主要的、综合性的因子。

一般来说，评价因子要根据评价的目的而选择。即基本上要能说明环境的变化规律，应考虑的基本原则如下：

(1) 根据评价的对象和目的选择。评价的对象和目的不同，要求的环境质量亦有所差异。例如对同一水体，当作为游览水体和饮用水源分别进行评价时，所选择的评价因子就不同。前者除了选择与人体健康有关的微量和痕量有毒元素外，应重点选择反映感官性状好坏的参数与影响感官性状的参数作为评价因子。后者则应主要选用与人体健康有关的参数，如大肠杆菌、水的硬度和毒理学指标等等。

(2) 根据区域生产有害污染物的排放特点选择。不同地区的工、农、商、交通、医疗等部门的结构、布局、数量、规模等均有不同，对环境释放出来的有害物质也不相同。例如一般的教育区和工业区的主要排放物不同；位于不同地区的不同工厂如水泥厂和化工厂等排放的主要有害污染物也是不同的。因此，只有从污染源中选择评价因子，才能体现这一地区环境质量优劣的真实性和改造控制环境的可靠性。

(3) 应尽量选择国家规定的监测项目。我国相继提出了一系列环境污染监测项目和标准。这些标准都是从毒性的大小，对人体健康的危害程度，以及对环境的影响情况等多方面的考虑制定的。当评价一个特定的环境时，应尽量选择国家有关监测项目和标准，不仅使评价有所规范，而且使得有关参数有标准可循，利于比较，使评价的质量准确而有效。

在有些情况下，所必须选择的评价因子并没有国家规定的标准。此时，也可根据本地区情况，以确定不同数据所反映的环境状况，定出标准。

显然，上述原则也是单项环境质量评价应加以考虑的。就综合环境质量评价而言，概括起来，选择评价因子的限制条件是：

(1) 在评价地区内，所选择的评价因子应能表达本地点环境受到的影响程度；

(2) 所选择的评价因子在评价方法上能解决定量化问题，以便解决评价函数和确定权值。

如某市环境质量综合评价中,为满足限制条件 1,采用最小限制因素法。在一个评价网格内,选择单要素环境质量评价所确定的危害程度最大的因子为评价因子。据此说明在这个评价地点,某一环境要素的质量受到这个因子的限制。表 12-1 列出了土壤要素评价结果。可以看出,按最小限制因素法,#1,#2,#3 地区都应选镉为评价因子,#4 地区应选铅为评价因子,其他污染物不能入选。

表 12-1　　某市土壤污染指数(P)

地　　点	$P_{镉}$	$P_{铅}$	$P_{铬}$	$P_{砷}$	$P_{油}$	$P_{锌}$	$P_{综}$
#1	4.79	3.49	2.11	3.17	2.08	2.17	2.96
#2	4.10	3.34	2.09	2.23	1.65	2.13	2.59
#3	3.62	3.54	2.04	1.94	1.77	2.32	2.54
#4	2.03	2.91	1.33	1.52	—	1.34	1.51

第四节　环境质量综合评价方法

一、均权评价法

采用此法进行计算时,首先要确定单一污染指数 P_i:

$$P_i = \frac{C_i}{C_{i0}} \tag{12-1}$$

式中,C_i 表示某种污染物的实测浓度值,C_{i0}为该种污染物的评价标准。这种评价标准一般采用国家规定的环境卫生标准,或者是其他有关标准。污染指数 P_i 的意义在于它表示了该种污染物质对于人体和环境的污染程度。显然,P_i 值越大,说明该污染物对人体和环境的污染越严重。

在获得 P_i 值以后,可按下式将单一污染指数相加,以求得某种环境要素,例如大气、水体或者土壤的质量指数 P_j:

$$P_j = \sum_{1}^{n} P_i \tag{12-2}$$

在各环境要素质量评价的基础上,可求出环境质量综合评价指数 P:

$$P = \sum_{1}^{k} P_j \tag{12-3}$$

即综合评价指数为各环境要素的环境质量指数的和。

在上述单一综合指数计算中,由于以环境卫生标准作为评价标准,则表明已经根据该种污染物对人体和环境的污染程度进行了简单的权重考虑。但在计算环境综合质量指数和综合评价指数时,是将不同污染物和不同的环境要素给予同等对待,并未将危害大、影响严重的污染物或要素突出。此外,由于评价标准并未按照严格的评价目的选择,同一评价目的选用了两种或多种标准系列,即使同类系列的评价标准,其制定的依据也是参差不一,所以这种方法还存在着一定的局限性。当只需粗略了解某一区域环境质量总情况时,可考虑选用此法。

例 1:如某地区环境质量评价中选择的污染要素,污染因子和采用的评价标准如表 12-2,表中同时列出了实测的各污染物浓度值,采用均权叠加法可计算该地区的环境污染综

合指数 P。

表 12-2　　　　　　　　　　某地区环境质量评价参数表

污染要素	污染因子	评价标准	实测浓度
空　气	二氧化硫	$0.15mg/m^3$	$0.23mg/m^3$
	降　尘	$8.0t/(km^2 \cdot 月)$	$9.8t/(km^2 \cdot 月)$
噪　声	室外环境噪声	50dB(A)	60dB(A)
地面水	酚	0.01mg/L	0.004mg/L
	氰	0.10mg/L	0.007mg/L
地下水	酚	0.002mg/L	0.0006mg/L
	氰	0.01mg/L	0.0001mg/L

(1) 计算单一污染指数，对表 12-2 中的污染要素和污染因子进行编号，并将其作为下标，如 P_{11}代表空气污染要素中的 SO_2(二氧化硫)污染指数，P_{12}代表降尘的污染指数，余类推，各计算值为

$$P_{11} = \frac{0.23}{0.15} = 1.53$$

$$P_{12} = \frac{9.8}{8.0} = 1.23$$

$$P_{21} = \frac{60}{50} = 1.20$$

$$P_{31} = \frac{0.004}{0.01} = 0.40$$

$$P_{32} = \frac{0.007}{0.10} = 0.07$$

$$P_{41} = \frac{0.0006}{0.002} = 0.30$$

$$P_{42} = \frac{0.001}{0.01} = 0.01$$

(2) 计算各环境要素污染指数值

$$P_1 = \sum_1^2 P_{1i} = 1.53 + 1.23 = 2.76$$

$$P_2 = P_{21} = 1.20$$

$$P_3 = \sum_1^2 P_{3i} = 0.40 + 0.07 = 0.47$$

$$P_4 = \sum_1^2 P_{4i} = 0.30 + 0.01 = 0.31$$

(3) 计算环境污染综合指数

$$P = \sum_1^4 P_j = 2.76 + 1.20 + 0.47 + 0.31 = 4.74$$

二、加权评价法

在综合评价中，所选取的环境要素和污染物对人体、生物和环境的影响程度或强度一般

是不同的。例如,空气污染和水污染都是城市的主要污染问题。但是,就城市居民来说,只要自来水不受污染,可以不饮用被污染的河水,但是呼吸受污染的空气却是难以避免的。因此,评价指数系统中必须引进权值,使评价结果较接近或符合环境质量的实际状况。

环境污染指数用下式计算:

$$P_j = \sum_{1}^{n} W_i P_i \tag{12-4}$$

式中,P_j 为污染要素质量评价指标或某地区的环境质量综合指数;P_i 为单一污染指数;W_i 为环境要素权值;n 为污染物或污染要素的数量。

利用此法计算环境质量指数的关键在于确定权值。目前,确定权值有下列几种方法:

1. 根据人民来信及主观判断分析确定。在选取了评价因子以后,可根据人民来信进行统计分析,并结合当地环境污染特点提出相对加权值。

2. 根据实际情况确定。例如,一条河流,可以根据饮用、生活和工业用水的需要量确定权值。

3. 根据环境可纳污量确定。这里所说的环境可纳污量是指环境对某种污染物可容纳的程度,即污染物开始引起环境恶化的极限。可用下式求得:

$$V_i = \frac{C_{i0} - B_i}{B_i} \tag{12-5}$$

式中,V_i 为环境纳污量的倒数,B_i 为环境本底值,权值 W_i 可用下式计算:

$$W_i = \frac{V_i}{\sum V_i} \tag{12-6}$$

此外,还可根据污染物的均值和标准值及其标准离差求权值,或者以污染面积定相对数值等。

例 2:污染要素等见表 12-2。根据人民来信和综合分析,各污染要素的权值分别为空气 60%,噪声 20%,地面水 10%,地下水 10%,可计算环境污染综合指数。

解:将例 1 计算出的 P_1, P_2, P_3, P_4 和确定的权重值代入式(12-4),即

$$\begin{aligned} P &= \sum_{1}^{4} P_i W_i \\ &= 2.76 \times 0.60 + 1.20 \times 0.20 + 0.47 \times 0.10 + 0.31 \times 0.10 \\ &= 1.97 \end{aligned}$$

例 3:某市环境质量评价中选择的污染因子、评价标准、实测浓度和确定的数值如表 12-3,可利用加权求和法计算环境污染综合指数。

解:由式(12-4),即

$$\begin{aligned} P_j &= \sum_{1}^{n} W_i P_i = \sum_{1}^{n} W_i \frac{C_i}{C_{i0}} \\ &= 10.4 \times \frac{0.07}{0.05} + 9.1 \times \frac{140}{100} + 9.8 \times \frac{21}{10} + 5.8 \times \frac{8}{10} + 9.2 \times \frac{65}{50} + 10.4 \times \frac{103}{95} \\ &= 75.71 \end{aligned}$$

表 12-3　某市环境质量评价各有关参数

污染因子	评价标准	实测值	权重值
二氧化碳	0.05ppm	0.07ppm	10.4
飘　尘	100μg/m³	140μg/m³	9.1
二氧化硫×飘尘	10ppm×μg/m³	21ppm×μg/m³	9.8
生化需氧量	10ppm	8ppm	5.8
噪　声	50dB(A)	65dB(A)	9.2
交通量强度	95	103	10.4

第五节　环境质量分级

得到环境质量评价指数以后，并不能直接判断出环境质量的好坏，还应确定环境质量分级。环境质量分级是进行环境质量判断的依据。

环境质量级别的划分方法按类型分有两类，一是综合指数分级法，二是系统聚类分析法。

一、综合指数分级法

综合指数分级法有以下几种：

1. 将综合指数与环境实际情况相对比，采取直观对比法，确定环境质量级别。采用这种方法时，一般需要计算出不同污染情况下的综合污染指数，这样才能更好地确定环境质量级别。

2. 根据污染物浓度等于环境卫生标准和污染事件出现的浓度，分别计算出污染综合指数，以此作为划分环境质量级别的指标值。

3. 根据污染物浓度超过环境卫生标准的个数，结合综合指数大小进行分级。一般情况下，常常用某一个污染物超标的综合指数作为划分清洁和污染的标准。全部污染物超标的综合指数作为污染和严重污染标准。

二、聚类分级法

聚类分级法是按照聚类分析结果对环境质量分级。聚类分析是按物以类聚原则研究事物分类的一种多元统计分析方法。对未知所属类别的 n 个观察单位，分别观察 m 个变量值，经过运算后，将 n 个观察单位或 m 个变量分成若干类，使同类的内部差别较小，而类与类之间的差别较大，比较相似的归并在同一类。方法有：①指标聚类分析。常将相关系数（$r_{ij}=l_{ij}/\sqrt{l_{ii}l_{jj}}$）大的指标归并成一类，并在这类中找出一个具有代表性的指标，这样可以缩减指标的个数，然后再进行逐步回归挑选主要因素。②样品聚类分析。用距离系数

$$D_{ij}=\sum_{k=1}^{n}|x_{ik}-x_{jk}| \tag{12-7}$$

对样品聚类，根据变量之间绝对值的最小距离得出聚类结果，用 D_{ij} 表示数据 i 和 j 之间的距离。

第六节 城市环境质量综合评价实例

一、北京西郊环境质量综合评价

北京西郊的环境质量评价是我国较早开展的环境质量评价工作之一(马倩如等,1990)。评价工作以环境污染是否对人体产生影响为主要目的,对整个地区的污染源进行调查,监测大气、地下水、地面水、土壤的污染状况,根据大量基础工作,首先进行各环境要素的质量评价,然后进行综合评价工作。

采用式(12-3),计算环境质量综合评价指数,根据评价目的,评价标准选用的是国家卫生标准。

(一) 大气环境质量评价

分析几年来的实际监测数据,可知二氧化硫、飘尘是大气的主要污染物。该地区的大气环境质量与这两种污染物的污染水平有关。因此选择二氧化硫和飘尘为污染因子。

利用式(12-2),计算环境质量分系数时,先用式(12-1)计算环境质量系数。在飘尘和二氧化硫浓度等值线分布的基础上,采用方网格法,计算各部位的大气环境质量系数值。根据各处环境质量系数的大小将环境质量分为6级(见表12-4)。

表 12-4 各环境要素环境质量分级

级别 \ 综合评价指数 P \ 要素	大气	地面水	地下水	土壤
清洁	0~0.01	<0.2	0	<0.2
微污染	0.01~0.1	0.2~0.5	0~0.5	0.2~0.5
轻污染	0.1~1	0.5~1.0	0.5~1	0.5~1
中度污染	1~4.5	1.0~5.0	1~5	>1
较重污染	4.5~10	5.0~10	5~10	
严重污染	>10	10~100		
极严重污染		>100		

(二) 地面水环境质量评价

地面水环境质量评价的具体作法与大气环境质量评价相同,选择的污染因子是酸、氰、砷、汞、铬,环境质量分级如表12-4。

(三) 地下水环境质量评价

地下水环境质量评价所选择的污染因子和环境质量系数计算方法与地面水评价相同。在地下水环境质量系数中,采用饮用水卫生标准。根据环境质量系数值的大小,将地下水的环境质量分为5级(见表12-4)。

(四) 土壤环境评价

对土壤样品的测量得知,土壤中主要污染物为酚、氰及重金属。因此选用酚、氰、镉为评价土壤环境质量的污染因子,评价标准值分别为 $C_{酚S}$ = 1mg/kg, $C_{氰S}$ = 1mg/kg, $C_{镉S}$

= 1mg/kg,其余计算过程与前述三种要素相同,土壤环境质量共分为四级(见表 12-4)。

(五) 环境质量综合评价

将已得出的大气、地面水、地下水及土壤环境质量系数按相同网格用下式综合:

$$P_{综} = P_{大气} + P_{地面水} + P_{地下水} + P_{土壤}$$

以此求得环境质量综合评价指数。

二、沈阳地区环境质量综合评价

沈阳市是我国重工业基地之一,是以机械工业为主,兼有冶金、化工、轻工、纺织、电子、建材等综合性的工业城市。因此,大量的废气、废水、废渣排入环境,使该区环境受到严重污染。

(一) 环境质量综合评价主要内容

1. 沈阳地区环境概况及主要污染源;
2. 区域性污染对生物和人体健康影响;
3. 区域质量单要素评价,分为大气、地表水、地下水、土壤及生物五个评价要素;
4. 区域环境质量综合评价。

(二) 环境质量综合评价系统(图 12-7)

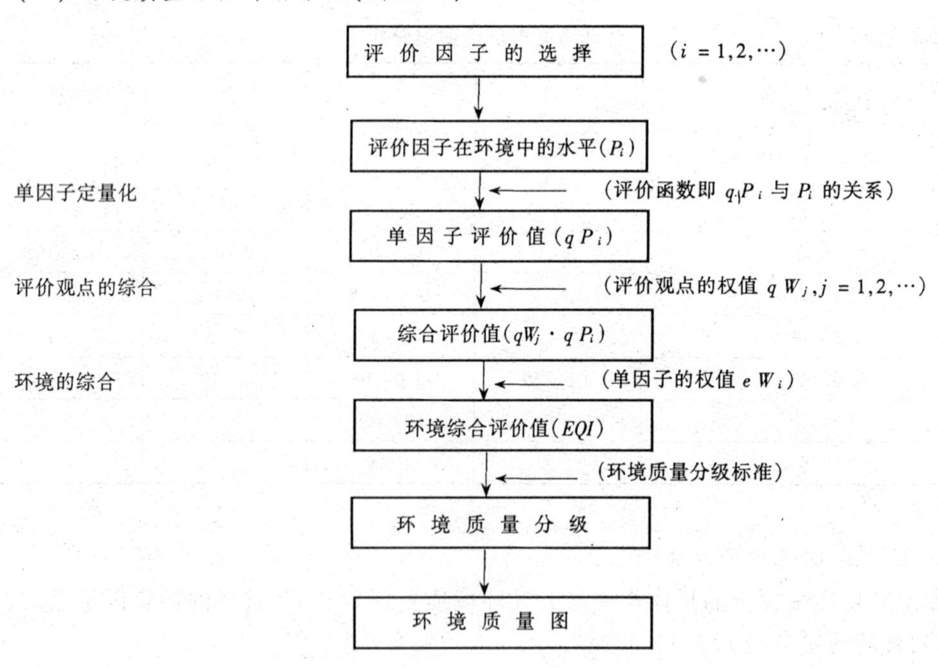

图 12-7 沈阳地区环境质量综合评价系统

(三) 评价因子选择及评价值确定原则

此评价从三个观点出发,一是对人体健康的影响;二是对生态的影响;三是对自然环境的影响。从三种观点,五个环境要素中,选出评价因子 28 个(表 12-5)。

表 12-5 环境综合评价所选的因子

环境要素	大气		地表水					地下水									
评价因子	1	2	3	4	5	6	7	8	9	10	11	12	13	14	15	16	17
评价观点	飘尘	二氧化硫	嗅阈值	镉	汞	铬	酚	COD	镉	铅	铬	亚硝酸根	硝酸根	氨	酚	胺基	氯根
人体健康	—	—	—						—		—	—	—	—	—	—	—
生态影响	—	—		—	—	—	—	—									
自然环境	—			—	—	—	—	—	—	—	—	—	—	—	—	—	—

环境要素	土壤			生物							
				粮食				木本植物		水生生物	
评价因子	18	19	20	21	22	23	24	25	26	27	28
评价观点	镉	铅	酚	镉	铅	砷	油	刺槐生长量	树叶中含铅	水生藻类	底栖动物
人体健康				—	—	—	—				
生态影响	—	—	—	—	—	—	—	—	—	—	—
自然环境	—	—	—					—	—	—	—

注:带“—”部分为相应评价观点所选择的因子。

环境质量综合评价的单因子评价尺度,在全面考虑单要素评价结果的基础上,统一定为四级,各级相对应的污染水平和单因子水平见表 12-6。

表 12-6 单因子评价值的确定原则

单因子水平(一)	单因子水平(二)	污染水平	单因子评价值
按对应的环境影响程度确定的范围	按超过环境质量标准确定的范围		
低于或者相当于本地区背景值	低于或者相当于环境质量标准	清洁	1
高于本地区背景值,低于或者相当于可见伤害症状时的平均值	介于环境质量标准 1 倍与 3 倍之间	轻污染	2
高于可见伤害症状的平均值,低于发生明显危害时的平均值	介于环境质量标准 3 倍至 5 倍之间	中度污染	3
相当于或者高于发生明显危害时的平均值	大于环境质量标准 5 倍以上	重污染	4

(四) 评价观点的综合

1. 综合评价值的计算

评价函数可以定量地从不同的观点评价单因子对环境的影响。从综合的观点看,还需进行不同评价观点的综合评价,其式如下:

$$qW_j \cdot qP_i = \frac{\sum(qW_j \cdot qP_i)}{\sum qW_j} \tag{12-8}$$

式中　$qW_j \cdot qP_i$——综合不同观点的综合评价值；

qP_i——单因子评价值；

qW_j——不同评价观点的权值。

2. 评价观点的权值

按评价因子与评价观点之间关系划分为4级：

0——评价因子与相应评价观点无直接关系；

1——评价因子与相应评价观点有直接关系；

2——评价因子与相应评价观点有直接关系，并且可以间接地给人带来影响（此种影响在本地区有所反映），或者可以直接地给人带来危害（本地区还没有反映出来）；

3——评价因子与相应评价观点有直接影响，并且直接给人带来危害（此种危害在本地区有所反映）。

按上述原则评价28个因子，所得权值见表12-7。

表中每种观点的平均值来由如下：

与人体健康观点有直接关系的为16个因子，总和为33，单因子的平均权值 $33 \div 16 = 2.06$。

与生态观点有直接关系的为18个因子，总和为22，单因子的平均权值为1.22。

与自然环境影响观点有直接关系的为26个因子，总和为26，单因子的平均权植为1。

以上三者平均权植之和为4.28，当三种观点为均权时，平均值之和应为3。按平均的比例，确定评价观点的权值 qW_j，使权值之和为3，所得评价观点的权值分别为：

$$人体健康的权值 = \frac{3}{4.28} \times 2.06 = 1.44$$

$$生态影响的权值 = \frac{3}{4.28} \times 1.22 = 0.86$$

$$自然环境影响的权值 = \frac{3}{4.28} \times 1 = 0.70$$

（五）综合评价

1. 环境综合评价值的计算

$$EQI = \frac{\sum {}_eW_i(qW_j \cdot qP_i)}{\sum {}_eW_i}$$

式中　$qW_j \cdot qP_i$——综合评价值；

${}_eW_i$——评价因子的权值；

EQI——环境综合评价值（指数）。

2. 评价因子的权值

以不同因子本身的稳定性和环境被它破坏能否恢复两个因素，来评定不同因子的分数，若按均权考虑时，分数为1，即一正号，一负号。当增加一个负号时，去掉0.5分，增加一个正号，增加0.5分。给每个因子打分，分数的总和为30.5分（见表12-8）。当均权时，总和为28分。把总和分数调整到28分时，每个因子的分数，即为评价因子的权值。例如表12-8中，大气的飘尘评分为1，对28个因子逐个评分后，总和为30.5，调整到总和为28分时，则飘尘

因子的权值（$_eW_i$）为

$$大气飘尘的权值(_eW_i)=\frac{28}{30.5}\times 1=0.92$$

表 12-7　　评价观点的权值

环境要素	评价因子		评价观点		
			人体健康	生态	自然环境
大气	飘　尘	1	3	2	1
	二氧化硫	2	3	1	0
地表水	嗅阈值	3	2	0	0
	镉	4	0	2	1
	汞	5	0	1	1
	铬	6	0	1	1
	酚	7	0	1	1
	COD	8	0	1	1
地下水	镉	9	2	0	1
	铅	10	2	0	1
	铬	11	2	0	1
	亚硝酸根	12	2	0	1
	硝 酸 根	13	1	0	1
	氨	14	2	0	1
	酚	15	2	0	1
	胺基	16	2	0	1
	氯根	17	1	0	1
土壤	镉	18	0	2	1
	铅	19	0	1	1
	酚	20	0	1	1
生物	粮食 镉	21	3	2	1
	粮食 铅	22	2	1	1
	粮食 砷	23	2	1	1
	粮食 油	24	2	1	1
	刺槐生长量	25	0	1	1
	树叶含铅	26	0	1	1
	生物藻类	27	0	1	1
	底栖动物	28	0	1	1
合　计			33	22	26
平　均			2.06	1.22	1
权　值			1.44	0.86	0.70

表 12-8　　评价因子的权值

环境要素	评 价 因 子		稳定或转化	可恢复性	评分	权值
大气	飘　尘	1	+	—	1	0.92
	二氧化硫	2	+	—	1	0.92
地表水	嗅阈值	3	—	—	0.5	0.47
	镉	4	+	+	1.5	1.37
	汞	5	+	+	1.5	1.37
	铬	6	+	+	1.5	1.37
	酚	7	—	—	0.5	0.47
	COD	8	—	—	0.5	0.47
地下水	镉	9	+	+	1.5	1.37
	铅	10	+	+	1.5	1.37
	铬	11	+	+	1.5	1.37
	亚硝酸根	12	—	+	1	0.92
	硝酸根	13	—	+	1	0.92
	氨	14	—	+	1	0.92
	酚	15	—	+	1	0.92
	胺　基	16	—	+	1	0.92
	氯　根	17	+	+	1.5	1.37
土壤	镉	18	+	+	1.5	1.37
	铅	19	+	+	1.5	1.37
	酚	20	—	—	0.5	0.47
生物	铬	21	+	+	1.5	1.37
	铅	22	+	+	1.5	1.37
	砷	23	+	+	1.5	1.37
	油	24	—	+	1	0.92
	刺槐生长量	25			0.5	0.47
	树叶中含铅	26			0.5	0.47
	水生藻类	27			0.5	0.47
	底栖动物	28			1	0.92
总　计					30.5	28.01

3. 环境综合评价值分级

按式(12-8)可算出环境综合评价值在1~4之间,故环境综合评价的分级可采用表12-6分级标准。其特点是突出了对人体健康的影响,突出了在环境中性质稳定和环境不易恢复的因素。

三、渡口市环境质量综合评价

渡口市是一个以攀枝花钢铁联合企业为主体,兼有矿山采选、煤炭、电力、建材、林业、加工、交通运输等行业的新兴工业城市。由于工业生产的迅速发展和城市人口的不断增长,大量工业和生活废弃物的排放,特别是含有钒、钛、钴、镍等20多种金属的共生矿的采选、冶炼,大量重金属进入环境,使环境受到了污染,加以渡口不利的地形、气候条件,使污染更为严重。

(一) 环境质量综合评价主要内容

1. 污染源调查评价及控制途径研究;
2. 基岩的环境背景值特征;
3. 土壤环境质量的研究;
4. 大气环境质量评价研究;
5. 水环境质量评价研究;
6. 地下水环境质量评价;
7. 环境质量生物学评价;
8. 环境噪声测试评价;
9. 有机物氯农药的污染调查;
10. 大气污染对人体健康影响的探讨;
11. 有关环境化学的研究。

(二) 综合评价的工作程序(图12-8)

(三) 大气环境质量评价

1. 监测点的设置和监测资料

全市共设监测点28个,利用常规监测资料得到日平均、季平均及年平均浓度。

2. 评价因子及评价模式

采用常规监测的SO_2、NO_x、飘尘、降尘四个项目为作为评价因子,评价模式以沈阳指数为指数基数,考虑了渡口的大气质量特点(表12-9),导出了适合渡口特点的大气质量指数(式12-9):

表12-9　　渡口市大气质量参数

参数 \ 浓度值 \ 污染物	SO_2	NO_x	飘　尘	降　尘
	mg/m^3	mg/m^3	mg/m^3	$t/(km^2·月)$
背景浓度	0.01	0.01	0.04	2
标准浓度	0.15	0.10	0.15	9
危害浓度	2.62	1.0	1.0	160

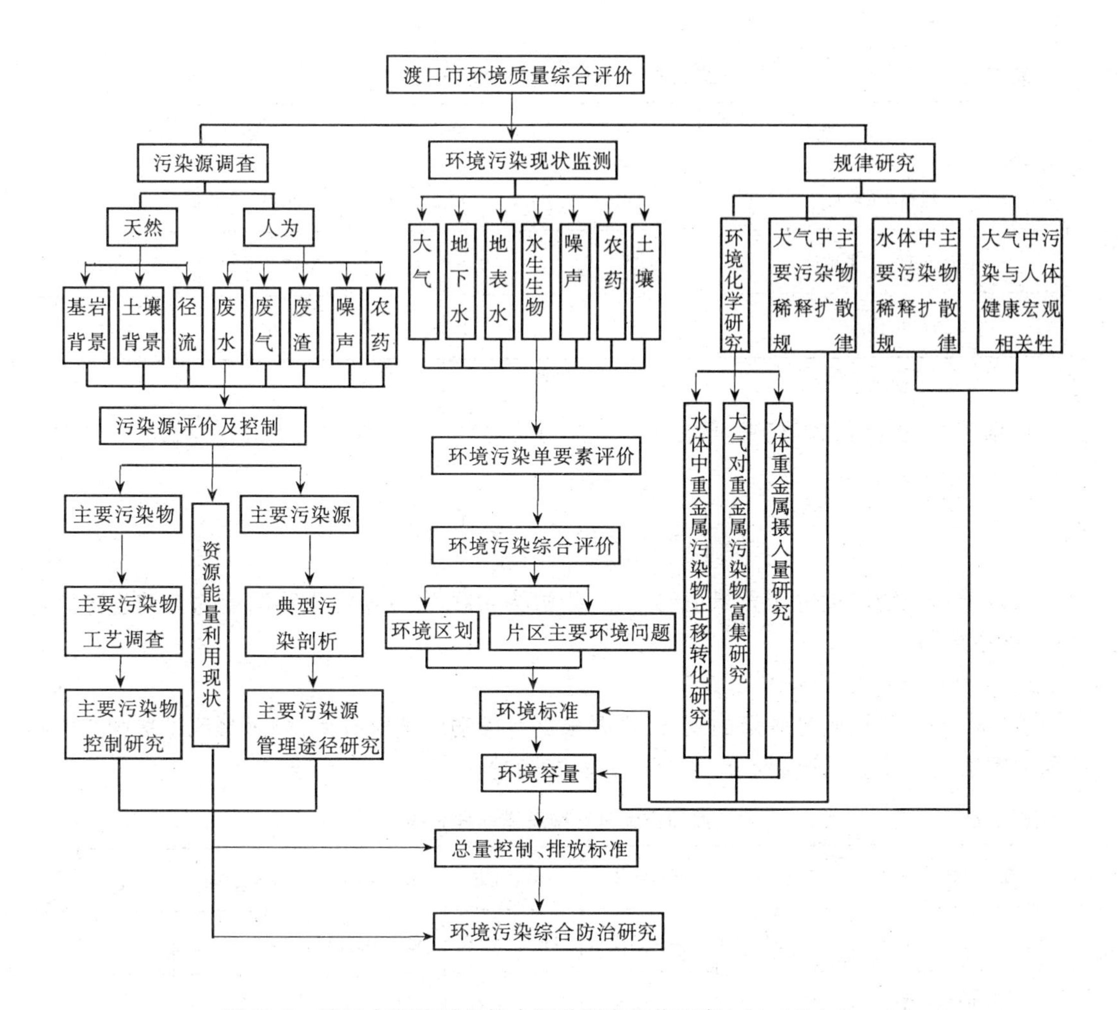

图 12-8 渡口市环境质量综合评价研究工作程序(引自马倩如等,1990)

$$I=\left(\alpha^{n/2}W_i\frac{C_i}{C_{io}}\right)^{\beta} \tag{12-9}$$

式中 α,β——参数;

i——第 i 种污染物;

n——污染物种类数;

C_i——i 种污染物浓度;

C_{io}——i 种污染物的评价标准;

W_i——i 种污染物的权重因子(见表 12-10),各种污染物权重因子由它们各自的日平均超标率和毒性大小决定,权重因子 W_i 定义为:

$$W_i=(\text{超标率})_i\cdot\left(\frac{\text{标准浓度}}{\text{危害浓度}}\right)_i \quad W_i\neq 0 \tag{12-10}$$

表 12-10　　　　渡口市四种大气污染物权重因子

污　染　物	SO_2	NO_x	飘　尘	降　尘
超标率(%)	4.6	13.3	90.9	78.9
标准浓度/危害浓度	0.15/2.62	0.10/1.0	0.15/1.0	9/160
权重因子	0.26	1.33	13.64	4.42

根据表 12-9 及表 12-10 即可求得：$\alpha = 5.23 \times 10^{-7}$，$\beta = -0.357$，由此得渡口大气质量指数：

$$I = \left[(5.23 \times 10^{-7})^{4/2} W_i \frac{C_i}{C_{io}} \right]^{-0.357}$$

当各项污染物浓度等于背景值时，渡口指数为 100，当各项污染物浓度均为明显危害浓度时，该指数为 27。

3．大气环境质量的分级

渡口市大气环境质量等级的划分，主要根据污染物的超标程度，同时参照了美国标准指数和考虑了渡口实际情况，划分为六级(见表 12-11)。

表 12-11　　　　渡口市大气环境质量标准分级

质 量 等 级	极重污染	严重污染	较重污染	中等污染	轻 污 染	清　洁
I	<34	34~43.2	43.3~52.0	52.1~65.5	65.6~77.5	>77.5
相当于四种污染物同时超标倍数	>5	5~2.5	2.5~1.5	1.5~0.8	0.8~0.5	<0.5
相当于美国 PSI 标准指数	紧张水平	紧急-警报水平	警报水平	警戒水平	大气质量标准	清　洁

（四）水环境质量评价

以金沙江渡口以及其支流组成地表水水体系统，水体质量评价根据水体的多用途、水体污染特征，对水生生物的影响，从水质相、底质相、底栖生物相几个方面进行综合评价。

1．监测断面设置及监测资料

根据沿江排污口的分布及类型，在全长 54.5km 的金沙江渡口以及支流共设置 18 个断面。采用 1979~1980 年丰、平、枯三个水期及各三次监测资料。

2．评价参数及标准

除水环境的底栖生物学评价时采用底栖动物的种群分布特点确定污染程度外，水质相采用 21 项，底质相 13 项(见表 12-12)。

表 12-12　　　　　　　　　　**水环境各相评价参数及标准**

序号	参数	评价标准（mg/L）			序号	参数	评价标准（mg/L）
		水质		底质			
		可溶	悬浮				
1	Zn	1.0	1.5	100	14	SS	50
2	Mn	0.5	0.75	650	15	F	1.0
3	Cu	0.1	0.2	57.3	16	色　度	15(度)
4	Ni	0.5	1.5	63	17	浊　度	20(度)
5	Pb	0.1	0.15	25	18	COD	8
6	Cr	0.1	0.15	170	19	DO	4.0
7	Co	1.0	3.0	29	20	pH	6.5～8.5
8	Cd	0.01	0.015	1.97	21	六六六	0.1
9	V	0.1	0.2	123			
10	Ti	0.1	0.5	42×10^3			
11	Fe	1.0	6.5	42×10^3			
12	As	0.05	0.07	10			
13	Hg	0.001		0.3			

3．评价模式及质量分极

（1）单项污染指数计算，用公式(12-1)：

$$P_i=\frac{C_i}{C_{i0}}$$

水质中 pH，DO 的污染指数分别用如下公式：

$$P_i=\frac{|C_i-S_i|}{|S_i-\bar{S}_i|} \tag{12-11}$$

$$P_i=\begin{cases}10^{\circ}\left(1-\dfrac{C_i}{S_i}\right)+\dfrac{C_i}{S_i}, & 当\ C_i<S_i\\[2ex] \dfrac{C_{\max}-C_i}{C_{\max}-S_i}, & 当\ C_i\geqslant S_i\end{cases} \tag{12-12}$$

式中　$\bar{S}_i$——pH 标准的上下限的均值；

S_i——pH 上限或下限值；

$C_{\max}$——相应温度下溶解氧的饱和值，$C_{\max}=468(31.6+T)$，T(℃)表示水温。

（2）水质分项评价模式

$$P_k=\sqrt{\frac{(P_{i\max})^2+(P_i)^2}{2}} \tag{12-13}$$

式中　P_k——水质污染指数；

$P_{i\max}$——断面最大单项污染指数；

P_i——断面单项污染指数均值。

(3) 底质分项评价模式

$$P_k = \frac{1}{n}\sum_{i=1}^{n} P_i \tag{12-14}$$

式中 n——评价参数的个数；

P_i——断面底质单项污染指数；

P_k——底质污染指数。

(4) 底栖生物分项评价方法

采用 Shanon 多样性指数、Trent 生物指数、Chandler 计算方法，相互参照，综合评价。

(5) 水环境综合评价模式

$$P_{总} = \sum_{i=1}^{n} W_i P_k \tag{12-15}$$

式中 $P_{总}$——水环境质量综合指数；

P_k——各分项质量指数；

W_i——权系数，$\sum_{i=1}^{n} W_i = 1$，并确定水质、底质、底栖各项的权系数分别为 0.6，0.2，0.2。

(6) 水环境质量分级

以污染指数为基础，定量分级见表 12-13。

表 12-13　水体质量分级标准

质量分级	分级标准				质量评价
	水质	底质	底栖生物	综合质量指数	
4	>1.25	>2.0	4.5~3.0	>1.25	重污染
3	1.25~1.0	2.0~1.2	3.0~2.0	1.25~1.0	中污染
2	1.0~0.75	1.2~1.0	2.0~1.0	1.0~0.75	轻污染
1	<0.75	<1.0	1.0~0.0	<0.75	清洁

(五) 地下水环境质量评价

1. 监测点的设置及监测资料

在区内共设采样点 34 个，用 1979~1980 年的监测数据。

2. 评价因子及评值模式

根据本地区地下水的化学特征选择了硬度、矿化度、pH 值、SO_4^-，氟化物五项作为评价因子，评价模式为

$$PL = \sum_{i=1}^{n}\left(\frac{C_i}{L_i} - 1\right) \tag{12-16}$$

当 $C_i < L_i$ 时， 设定 $C_i/L_i - 1 = 0$

式中 PL——水质指数；

C_i——i 因子实测值；

L_i——i 因子饮水标准；

n——参与评价的因子数。

3. 地下水污染等级(表 12-14)

表 12-14　地下水水质分级

级别	Ⅰ	Ⅱ	Ⅲ
水质指数	0	0~1.0	>1.0
水质	良好	较好	较差

（六）环境噪声测试评价

1. 布点方法

对于噪声源集中的工厂区，采用按等高线辐射状台阶布点法；对于居民区选择若干具有代表性的点，面积小于 250m × 250m 的选一个测点，大于 250m × 250m 的可选择若干点。

2. 数据处理

将每个测点所测 100 个数据按顺序从大到小排列，取其中第 10，50，90 分位数分别代表该测点的统计声级 L_{10}，L_{50}，L_{90}，同时按下式计算该点等效连续 A 声级（即等效声级 dBA，用于评价大部分的工业噪声和生活噪声）：

$$\mathrm{Leg} = 10\cdot\lg\left(\frac{1}{100}\sum_{i=1}^{100}10^{\ominus-1\mathrm{L}_i}\right) \tag{12-17}$$

3. 评价标准

参照国际标准 ISO-1996，根据不同的噪声剂量，划分白天和晚上的污染等级标准（表 12-15）。

表 12-15　　渡口市噪声评价标准　　（单位：dB(A)）

地　区	污染类型	白　天	晚　上
工业区	安　静	< 50	< 40
	轻污染	51 ~ 60	41 ~ 50
	中污染	61 ~ 70	51 ~ 60
	重污染	> 71	> 61
交通区	安　静	< 45	< 35
	轻污染	46 ~ 55	36 ~ 45
	中污染	56 ~ 65	46 ~ 55
	重污染	> 66	> 56

（七）水环境水生生物综合评价

1. 采样点及试验点的设置

在洗煤、焦化、造纸、选矿等排污口上、下及对照断面等处共设置 11 个采样点及试验点。

2. 研究内容

水生藻类相对总数；底栖无脊椎动物种类、数量调查；水样与沉积物中细菌含量和种群组成；鱼的现场网箱试验。

3. 评价方法

根据人工基质方法获得的水生藻类总数及与对照点比较，得到一个无量纲的相对总数；$PN = \lg N_N / \lg N_0$（N_0 为对照点藻类总数，N_i 为 i 采样点藻类总数）作为综合评价指标之一；按底栖无脊椎动物的总类，数量和 Shannon-weaver 多样性指数、Trent 生物指数、Chandler 计分作为第二个综合评价指标，然后把这两个指标进行综合，评价各江段的污染程度。

（八）土壤环境质量的研究

1. 样品采集

自海拔 1 050m 的金沙江河岸至 2 600m 的中山上部，采集 196 个土壤剖面，计 620 个层次。

2. 评价因子及评价标准

土壤污染的研究以金属为主，选定 V，Co，Ni，Cu，Pb，Zn，Hg，Cd，As，Fe，Mn11 种金属作为评价因子。由于当时国内尚无统一的土壤污染评价标准，因此对整个地区不同土类、不同母质上发育的土壤样品中的分析数据进行差异检验和富集系数检验，以区分其为背景土壤还是受污土壤。对于富集系数大于 1 的受污土壤，按下列公式推算其恢复的背景含量：

$$背景值 = \frac{实测值}{富集系数}$$

然后按土壤类型和母质分类，分别用各自的实测背景值及恢复的背景值，算出算术平均值和标准差，并以平均值加两倍标准差作为该类土壤的污染起始值。

3. 评价模式及污染等级

(1) 评价模式，分为单项污染指数和综合污染指数模式。

土壤单项污染指数按式(12-1)计算：

$$P_i = \frac{C_i}{C_{i0}}$$

土壤综合污染指数($P_{综}$)按式(12-18)计算：

$$P_{综} = \sum_{i=1}^{n}\left(\frac{C_i}{C_{i0}} - 1\right) \tag{12-18}$$

当$\frac{C_i}{C_{i0}} < 1$时，令$\frac{C_i}{C_{i0}} - 1 = 0$

C_{i0}为 i 项因子的标准。

(2) 污染等级划分

土壤单项污染分为非污染土壤及污染土壤两级。非污染土壤即评价因子含量小于按各种母质上发育的土壤平均值加两倍标准差；污染土壤即评价因子含量大于平均值加两倍标准差。

土壤综合污染分级如下：

轻污染　综合污染指数 < 1；

中污染　综合污染指数 1 ~ 2；

重污染　综合污染指数 > 2。

(九) 环境质量综合评价

1. 评价要素及参数的确定

以大气、地表水、土壤、噪声、地下水作为评价的要素。水生生物的现状则作为地表水受污染后产生的环境效应来考虑，也作为一个要素参加评价。从这些要素中确定如下各部分参数进行环境质量综合评价：

大气　SO_2，NO_x，飘尘、降尘；

地表水　pH，DO，COD，色度、浊度、氟、悬浮物总量、六六六、溶解态及悬浮的 Zn，Mn，Cu，Ni，Pb，Cr，Co，Cd，V，Ti，Fe，As，Hg；

底质　Zn，Mn，Cu，Ni，Pb，Cr，Co，Cd，V，Ti，Fe，As，Hg；

水生生物　底栖生物、藻类；

土壤　V，Co，Ni，Cu，Ni，Pb，Zn，Hg，Cd，As，Fe，Mn；

地下水　硬度、矿化度、pH，SO_4^-，氟化物；

噪声　工业噪声、交通噪声。

2. 评价范围及方法

选择人口密度大的 $180km^2$ 进行评价。

渡口市环境质量综合评价采用了最大矩阵元模糊聚类法和综合加权迭加法两种。

(1) 模糊聚类法

把评价的每个环境单元(微分面积为 $1km^2$)当作整个市区的一个模糊子集，然后将这些子集按其相似性合理地纳入各污染类型中去。

以大气、地表水、噪声、水生生物、土壤、地下水六个要素为参数建立渡口市区 180×180 的模糊矩阵 R，R 中每一矩阵之 r_{ij}是污染程度的隶属函数，由下式求出：

$$r_{ij} = \left(\sum_{k=1}^{6} V_{ik}V_{jk}\right)M^{-1} \tag{12-19}$$

当 $i=j$ 时，$r_{ij}=1$，当 $i \neq j$ 时，$r_{ij}=r_{ji}$，M 为使 $0 \leqslant r_{ij} \leqslant 1$ 的常数，V_{ik}和 V_{jk}分别表示第 i 评价单元和第 j 评价单元第 K 项污染指标的参数值。

以构造的模糊矩阵中各行(列)的最大矩阵元作为置信水平 λ_i，即

$$\lambda_{ji} = \mathop{V}_{j=1}^{180}(r_{ij}) \tag{12-20}$$

选择适当的置信水平 λ 即可把渡口市区 $180km^2$ 范围划分为四类污染等级。全市 $180km^2$ 按不同污染等级分别所占的面积见表 12-16。

重污染　λ　0.026～0.037

中污染　λ　0.020～0.025

轻污染　λ　0.014～0.019

未污染　λ　0.010～0.013

(2) 综合加权叠加法

数学模式为

$$Q_i = \sum_{i=1}^{n} W_i P_i \qquad (n=6) \tag{12-21}$$

式中　Q_i——综合评价单元 i 的评价值；

P_i——评价要素 i 的污染等级；

W_i——评价要素 i 的权值。

权值的确定，主要根据各要素对人体健康的影响和对生物的危害情况，渡口市定为大气权系数为 3，地表水及噪声系数分别为 2，土壤权系数为 1.5，水生生物权系数为 1.0，地下水权系数为 0.5。最后加权叠加得到划分的污染等级：

重污染　28～37

中污染　22～27

轻污染　15～21

未污染　10～14

全市 $180km^2$ 按不同污染等级分别所占面积见表 12-17。

表 12-16 各污染等级所占面积数(模糊聚类法)

污染类型	面　积 (km^2)	占总评价面积 (%)
重污染	16	8.9
中污染	41	22.8
轻污染	78	43.3
未污染	45	25.0
合　计	180	100

表 12-17 各污染等级所占面积(加权叠加法)

污染类型	面　积 (km^2)	占总评价面积 (%)
重污染	15	8.3
中污染	36	20.0
轻污染	84	46.7
未污染	45	25.0
合　计	180	100

从表 12-16 及表 12-17 可知两种方法结果很近似。

第七节　环境质量评价报告书的编写及制图

环境质量报告书是在调查研究和科学监测所得的大量基本数据的基础上,所编写的反映一定地区环境质量状况和改善环境质量对策的技术文件。主要内容是用大量数据资料说明环境质量状况,以及通过预测分析环境质量变化趋势,提出改善环境质量对策。通过它:① 可以弄清本地区的环境质量状况,为环境规划、防治污染、确定地方标准、开展环境科研提供依据;② 向各级政府及时报告环境质量状况,有利于推动环境保护工作;③ 通过监测数据的分析,可以了解已采取的环境保护对策的效果和存在问题,并可提出更科学的环境保护对策,同时还可以了解监测网点的状况,为建设与改进网点建设提供信息。

环境质量评价报告书是环境质量评价工作的基本成果,对于建设项目的环境影响评价,我国已明确规定由建设单位承担。建设单位有责任报告建设项目的环境影响。其报告书的编写,一般要委托由国家环保局审批的有评价资格的设计部门、科学研究部门、高等院校和环境评价公司进行。城市的环境质量评价和区域的环境质量评价涉及的范围很广,并且是国家进行城市规划和区域规划的重要组成部分,因此是由政府的环境管理部门和有关部门联合组织进行的。以上均按国家有关规定提交相应的环保主管部门审批。

一、环境质量评价报告书的主要内容

(一) 城市或区域环境质量报告书的主要内容

1. 区域地理位置及环境概况的评价

说明评价地区的地理位置,该地区的自然地理概况及经济发展情况。

2. 环境背景值的研究

说明大气、水体、土壤及生物的环境背景值及计算方法。

3. 污染源评价

(1) 污染源概念;

(2) 污染源评价程序;

(3) 污染源评价参数的选择;

(4) 污染源评价标准的选择;

(5) 评价模式及结果。

4. 环境质量现状评价
(1) 环境质量评价程序;
(2) 环境质量评价因子的选择;
(3) 环境质量评价标准的选择;
(4) 评价模式及环境质量分级。
5. 环境质量预测
(1) 环境容量的估算;
(2) 主要污染物的迁移转化与自净规律;
(3) 环境质量预测分析。
6. 环境污染的影响
(1) 对生态的影响;
(2) 对人体健康的影响;
(3) 对工、农业等方面的影响。
7. 区域环境污染综合防治
(1) 综合防治的原则;
(2) 综合防治方案的确定。
(二) 项目环境影响报告书主要内容
1. 总论
(1) 结合评价项目的特点阐述"环境影响报告书"的目的;
(2) 编制依据;
① 项目建议书内容;
② 评价大纲及其审查意见;
③ 评价委托书(合同)或任务书等。
(3) 采用标准;
(4) 控制与保护目标。
2. 建设项目概况
(1) 名称、建设性质;
(2) 地点;
(3) 建设规模(扩建项目应说明原有规模);
(4) 产品方案和主要工艺方法;
(5) 主要原料、燃料、水的用量及来源;
(6) 废水、废气、废渣、粉尘、放射性废物等的种类、排放量和排放方式;噪声、振动数值;
(7) 废弃物回收利用、综合利用和污染物处理方案、设施和主要工艺原则;
(8) 职工人数和生活区布局;
(9) 占地面积和土地利用情况;
(10) 发展规划。
3. 建设项目周围地区的环境状况调查(包括必要的测试)
(1) 地理位置(附平面图);
(2) 地形、地貌、土壤和地质情况,江、河、湖、海、水库的水文情况,气象情况;

(3) 矿藏、森林、草原、水产和野生动物、野生植物、农作物等情况；

(4) 自然保护区、风景游览区、名胜古迹、温泉、疗养区以及重要政治文化设施情况；

(5) 现有工矿企业分布情况；

(6) 生活居住区分布情况和人口密度、健康状况、地方病等情况；

(7) 大气、地面水、地下水的环境质量状况；

(8) 交通运输情况；

(9) 其他社会和经济活动污染破坏环境状况资料。

4. 建设项目对周围地区和环境近期及远期影响分析、预测(包括建设过程、投产、服务期间的正常和异常情况)

(1) 对周围地区的地质、水文、气象可能产生的影响；防范和减少这种影响的措施；

(2) 对周围地区自然资源可能产生的影响，防范和减少这种影响的措施；

(3) 对周围地区自然保护区、风景游览区、名胜古迹、疗养区等可能产生的影响，防范和减少这种影响的措施；

(4) 各种污染物最终排放量，对周围大气、水、土壤的环境质量及居民生活区的影响范围和程度；

(5) 噪声、振动、电磁波等对周围生活居民区的影响范围和程度及防治措施；

(6) 绿化措施，包括防护地带的防护林和建设区域的绿化；

(7) 环境措施的投资估算。

5. 环境监测制度建议

(1) 监测布点原则；

(2) 监测机构的设置、人员、设备等；

(3) 监测项目。

6. 环境影响经济损益简要分析

7. 结论

扼要阐述下列问题：

(1) 对环境质量的影响；

(2) 建设规模、性质、选址是否合适，是否符合环保要求；

(3) 所要采取的防治措施在技术上是否可行，经济上是否合理；

(4) 是否需要再作进一步的评价。

8. 存在的问题与建议

二、环境质量评价制图方法

环境质量评价报告书要求内容充实，条理清楚，立论正确。而借助于图可以较容易确切地表达空间分布的复杂性，而且可了解某区域环境的全貌，因此环境质量评价把图作为重要的表达工具。

环境质量评价图是环境制图(environmental mapping)的一部分，所谓环境制图是反映各种环境状况的专题地图编制工作。环境科学的专题地图主要有环境条件图、环境质量图、环境疾病图、环境质量综合评价图等。其程序分为编辑准备、编稿和编绘、整饰清绘等。编辑准备阶段主要是资料搜集和分析工作，如环境质量综合评价图的编制，必须以各种调查资料、研究资料，各种地图、航片、卫片以及自然条件综合评价、环境污染综合评价和社会经济要素评价为基础。编稿和编绘阶段主要进行分类、分级、图例设计、底图编绘、轮廓界线的确定等。整饰清绘阶段主要是清绘地图和彩色样图。编制过程如图 12-9 所示。

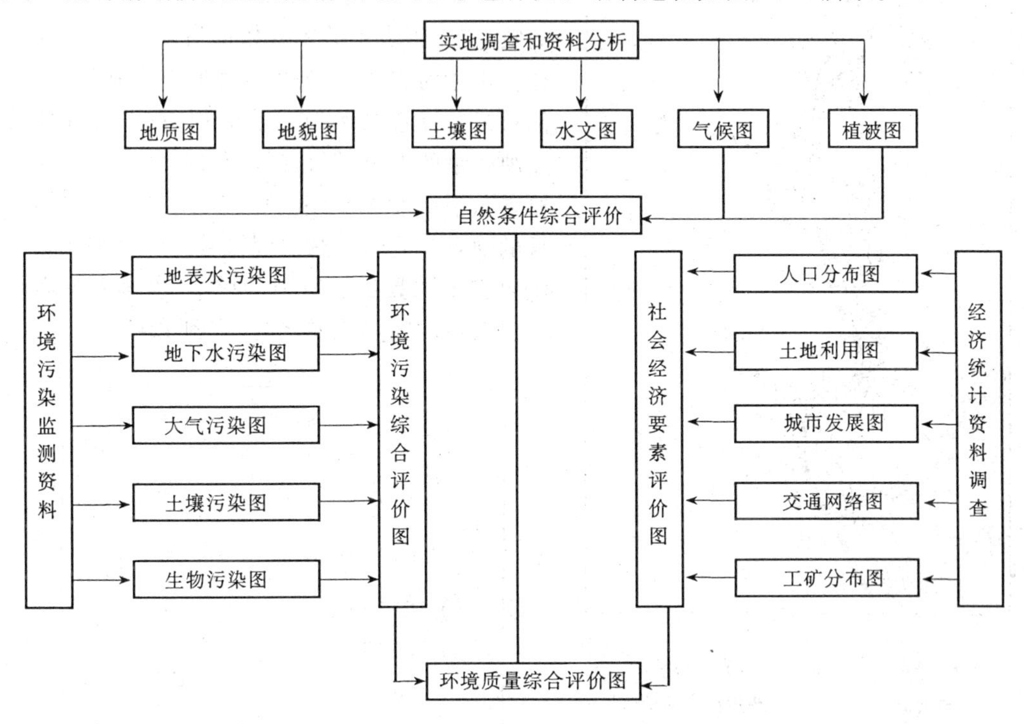

图 12-9　环境制图编制过程(引自曲格平等，1994)

从环境污染现象产生的过程来看，一般是由污染源、污染途径和污染结果三个环节构成的，它们有质量和数量、时间和空间的变化。通常在取得环境各要素的资料后，首先分析各要素分布的空间特征，然后才能用符号表达这些特征。归纳起来有三种类型的符号，即分别适合于表达点状、线状和面状现象的各种符号。例如污染源、采样点等具有点状分布的特点；污染途径则通过线状和面状形式扩散，像河流就属于线状或带状，大气扩散属于面状；而环境污染的结果则主要是面状分布的。这些符号同时也可表征空间分布的形式，点状符号适于表示不连续现象，或分散或集中现象；线状符号与面状符号表示连续现象。借助于这些符号表示的图形，可比较直观、清晰地说明问题(马倩如等，1990)。

(一) 点状表示法

点状符号能反映现象的空间位置。适于表示点状空间分布的要素，如污染源、采样点、井、泉等。点状符号表示空间分布，将地物位置标绘在地图的相应位置上，在制图上称为定位符号。点状符号一般是不按比例尺表示的符号，例如用小圆、小三角、小叉等表示点源分布(见图 12-10)。

表示质的差别时，常用不同形状的符号或不同的颜色来区分。一般有几何符号、文字符号和象形符号。几何符号有圆形、扇形、方形等，它绘制方便，易确定符号中心和数量比例关系；象形符号逼真，但占有图面的面积较大；文字符号望文生义，读图时不需要对照图例，主要多用于化学元素符号。

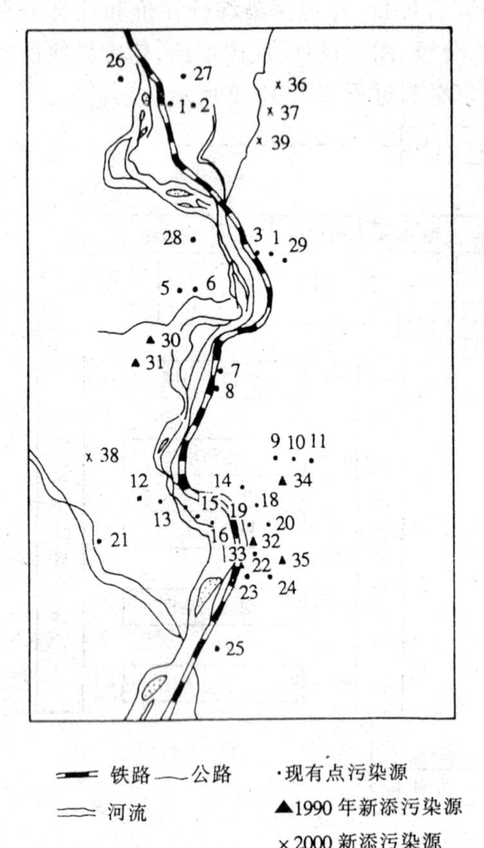

图 12-10　某矿区污染源分布图

表示数量的差别时,常用绝对比例和任意比例符号。绝对比例符号就是以圆形、方形或扇形的面积大小来表示数量指标的大小。此法的缺点是,当表示的要素数量指标相差很大时,往往由于符号过大或过小而难于绘制;任意比例符号就是以各种符号的面积,在一定程度上反映数量的大小,但它们之间的比,不等于于环境要素数量大小的比,这样可以克服绝对比例符号的缺点。同时任意比例符号可以分别代表环境要素不同数量的级别,使符号大小表示为某一定数量的间隔范围之内(见图 12-11)。

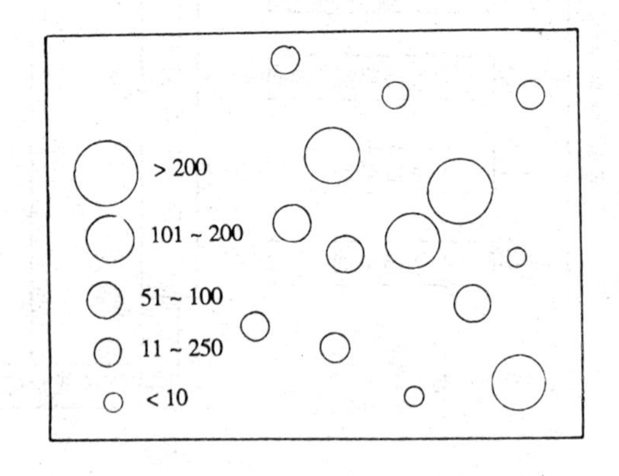

图 12-11　工业废水排放量(单位:t/d)

(二)线状表示法

线状符号是反映通过河流、渠道或铁路、公路交通等线状的排放物的传播,它以不同粗细、结构和不同颜色的线条表示现象的类别和数量的等级。用此法可以表示河流污染物的含量、污染指数、水质评价。如各河段的污染物含量或指数分级,可用不同颜色表示,也可用同种颜色的不同宽度考虑(见图 12-12),还可以用它表示铁路运输的分类、铁路、公路的交通量,污染物排放量及噪声水平(图 12-13)。

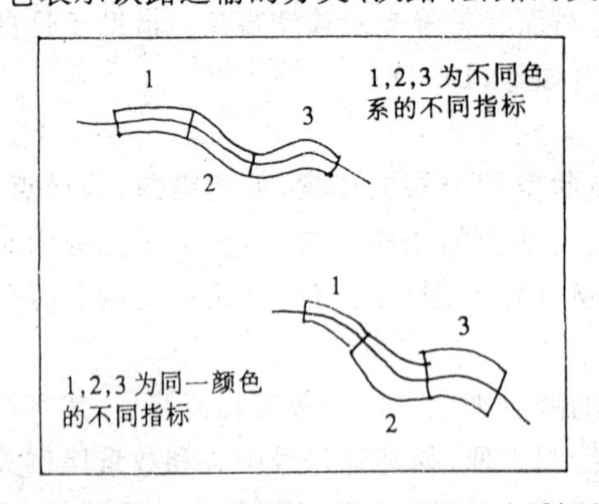

图 12-12　河流污染物含量污染指数及水质评价

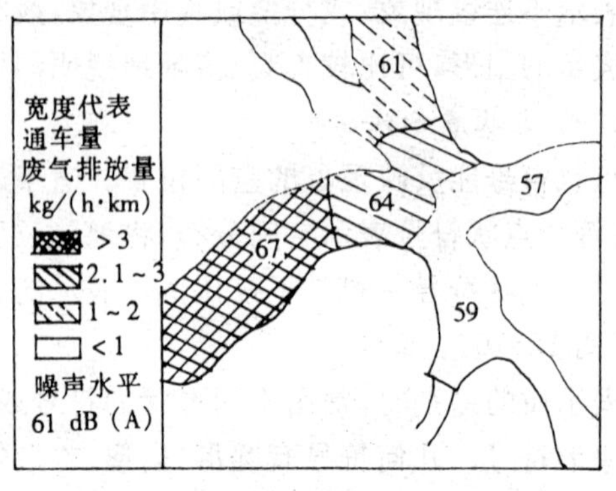

图 12-13　公路交通量废气排放量及噪声水平

（三）面状表示法

面状符号可反映要素的分布是呈面状的。如大气污染程度、地下水污染程度及土壤污染程度等的分区，或表示一定区域范围的风向和风速，还可表示土地利用现状，煤田污染程度等的分区，或表示一定区域范围的风向和风速，还可表示土地利用现状，煤田及森林的分布等。常用的表示法有质底法（底色法）、区域法（范围法）、点值法、等值线法及统计图法。

表示环境现象质的特征，常用不同线条或不同颜色来区分，以表示两种类型要素的分布。此种方法称为质底法及区域法。质底法是用来表示布满整个制图区的现象，如土壤类型、地貌类型及土地利用现状等，在图内不应出现空白区（见图 12-14）。区域法在图上有空的部分，只表示出一定的范围，如土壤的污染，在制图区内有的地区受污染，有的则不受污染。

表示环境要素数量大小常用的有点值法、等值法和统计图法。

点值法是用大小相同的点子，每点代表一定的数值，表示在地图上，如人口分布情况、地方病的分布以及稀有动物的分布等（图 12-15）。

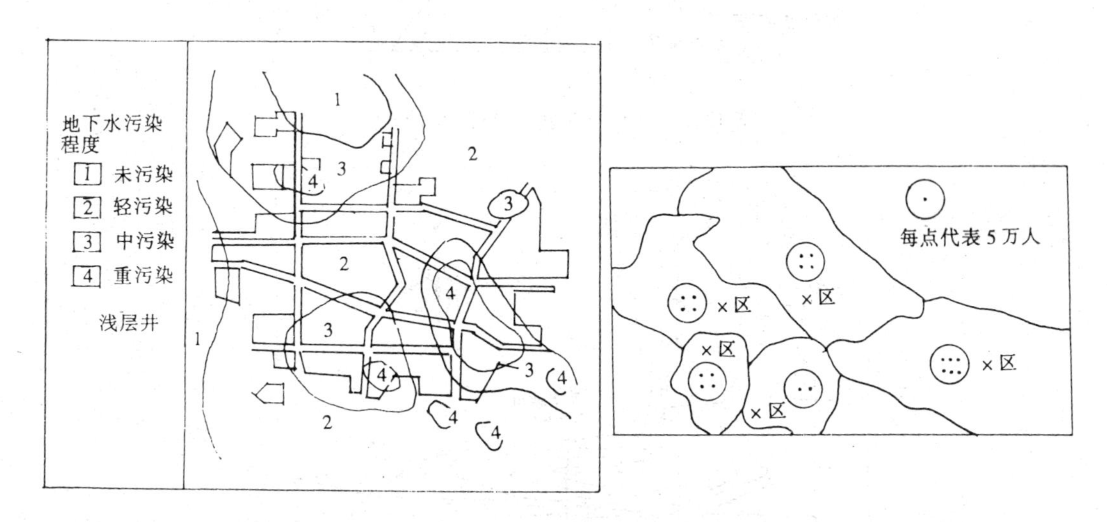

图 12-14　地下水污染程度分区　　　图 12-15　某市人口分布图（⊙每点代表 5 万人）

等值线法是由某要素数值相等各点的连线所组成的一组等值线，它表示数量的差异，以及它的连续分布和逐渐变化的现象。如自然条件方面用以表示地形、气温、降水等。在环境质量评价图中常表示大气（图 12-16）、湖泊、大型水库、海域、土壤中各种污染物的浓度或指数及噪声的等值线分布等（图 12-17），它反应出环境要素的地域分布和数量特征，是环境质量评价的基础图。

统计图法，它是以一定的统计单元为基础，将调查或统计得到的资料表示在地图上，以反映事物的质和量的差异。此法又分为图形统计法及分级统计图法。

图形统计法是用各种不同的统计图形表示现象的数量差异或动态变化，它表示的方法很多，常用的有组合柱状图，金字塔图，圆形或扇形结构图，玫瑰花图和线形曲线图等。组合柱状图用于现象的数量对比，例如表示某区域内土壤和某些农作物中的各种污染物及其污染指数（图 12-18），纵轴为污染指数，横轴分别为检出的有害物质（汞、镉、铅……）。也可表示河流、湖泊监测点上的水质污染状况（图 12-19）；环境污染对人体的影响（图 12-20）；圆形或扇形结构图只反映一定制图区内的统计资料，并不定位，用于现象的分量和总量的比例，

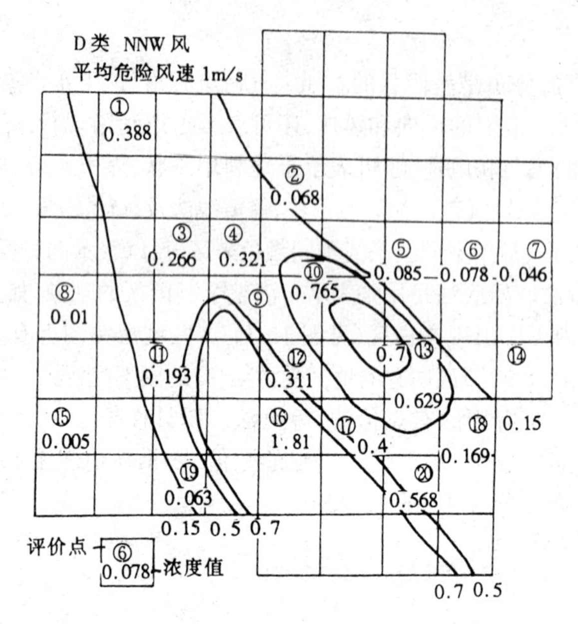

图 12-16 SO_2 浓度分布(单位 mg/m^3)

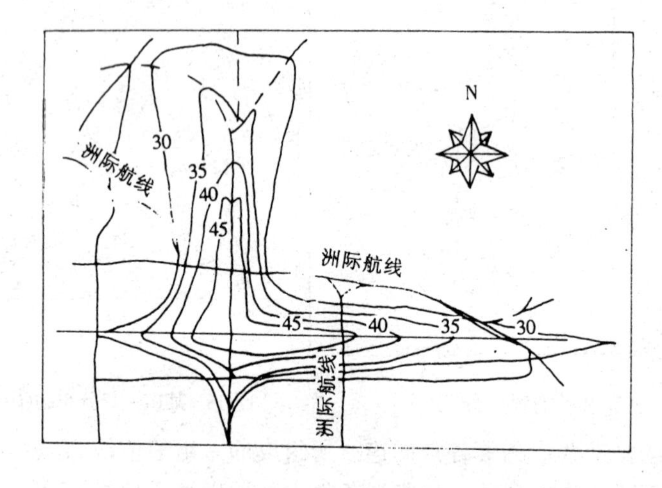

图 12-17 某国际机场 1985 年噪声暴露预报等值线图

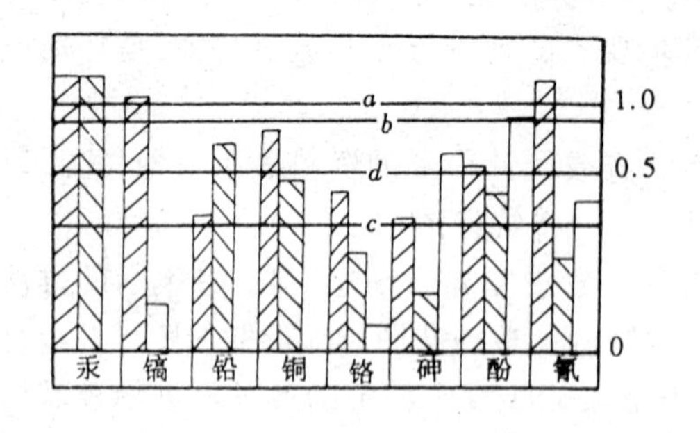

图 12-18 土壤农作物污染状况及其评价

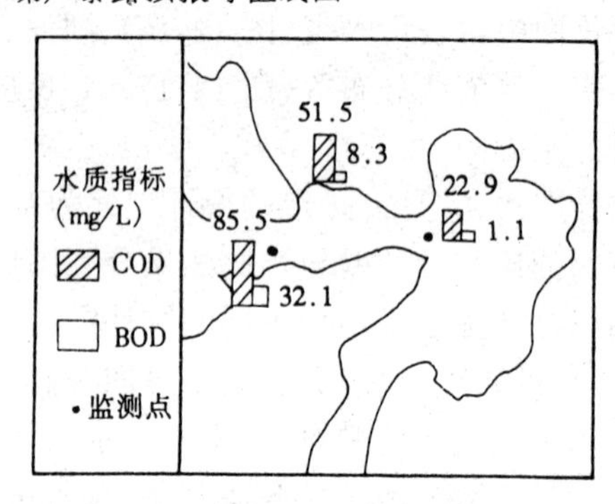

图 12-19 河流湖泊监测点上的水质污染

如大气中不同污染物质的污染负荷比(图 12-21);污水中重金属分配比(图 12-22)。玫瑰花图用于表示周期性现象数量特征,如温度、降水的变化,风向和频率以及污染系数与 SO_2 浓度关系图(图 12-23)等。线形曲线图用以表示各种现象的数量变化,如某种污染物的浓度的日变化(图12-24)及废水流量(图12-25)等,同时可以表示现象之间的相关性,如污染物浓度与某些事物的相关关系(图 12-26),污染物与死亡之间的相关关系(图 12-27)。

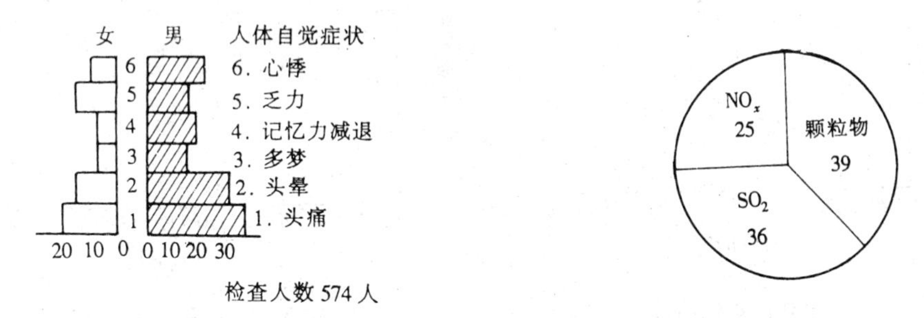

图 12-20 环境污染对人体的影响

图 12-21 不同污染物质的污染负荷比(%)

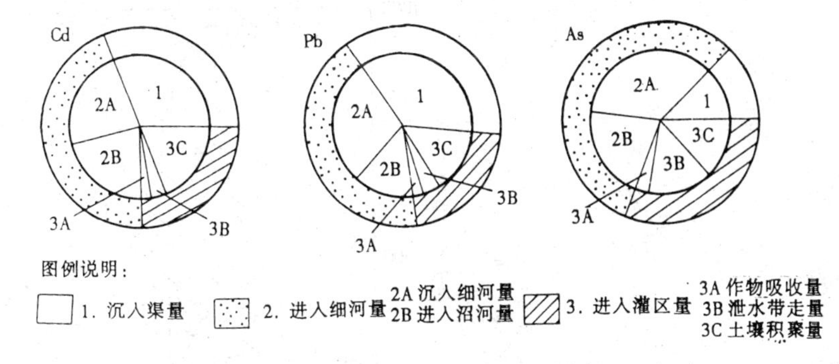

图 12-22 沈阳市西部污水中重金属分配比(%)

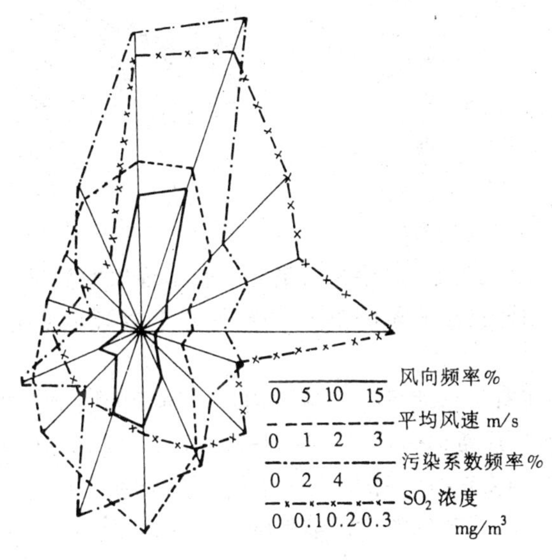

图 12-23 污染系数与 SO_2 浓度图

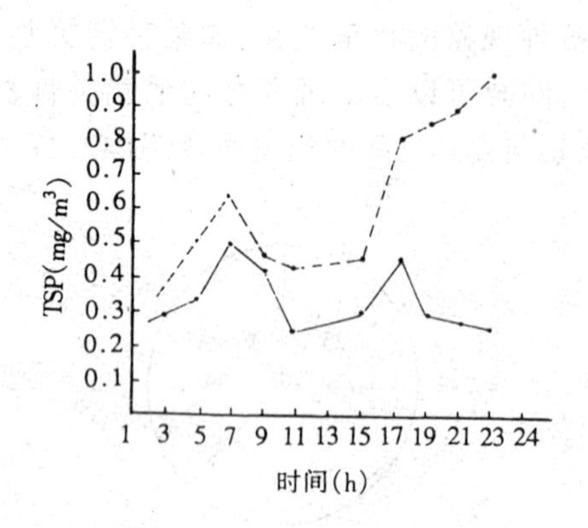

图 12-24 TSP 日变化曲线

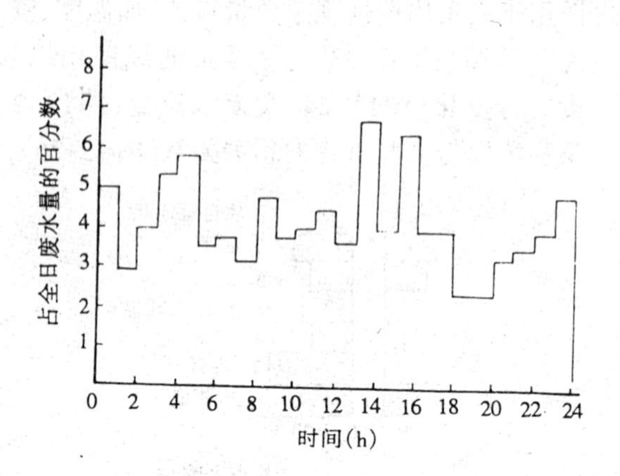

图 12-25 废水流量变化曲线

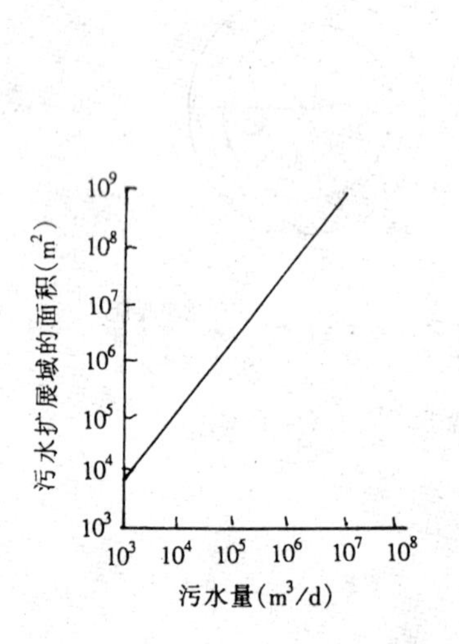

图 12-26 污水量与扩展水域的关系

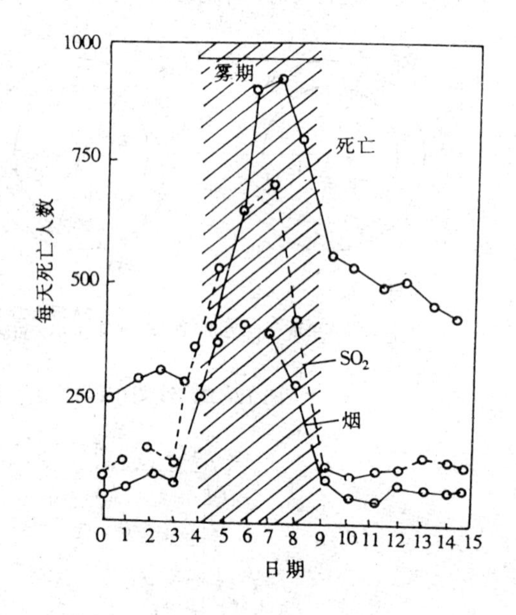

图 12-27 1952 年 12 月伦敦空气污染与死亡的关系

分级统计图以一定的统计单元为基础,用相对量分级表示现象的数量差别,适宜于编制界线不十分明确的环境图,如用网格法表示的单一污染源,单要素环境质量(图 12-28)和环境质量综合评价图(图 12-29)。

除以上三种方法外,还有一些表示一定区域内环境质量的图示方法。如西安市用 1～5 数字分别代表某环境要素的质量(1—优,2—良,3—及格,4—差,5—极差),并以数字组成了评价图(图 12-30)。同时,西安市在一张图上用不同线条分别表示历史上三个时期(年代)的某污染物的污染范围,可以清楚地看出污染程度的演变;此外,图上附有的比例尺,也能使图示表达的空间范围尺度更加准确(图 12-31)。

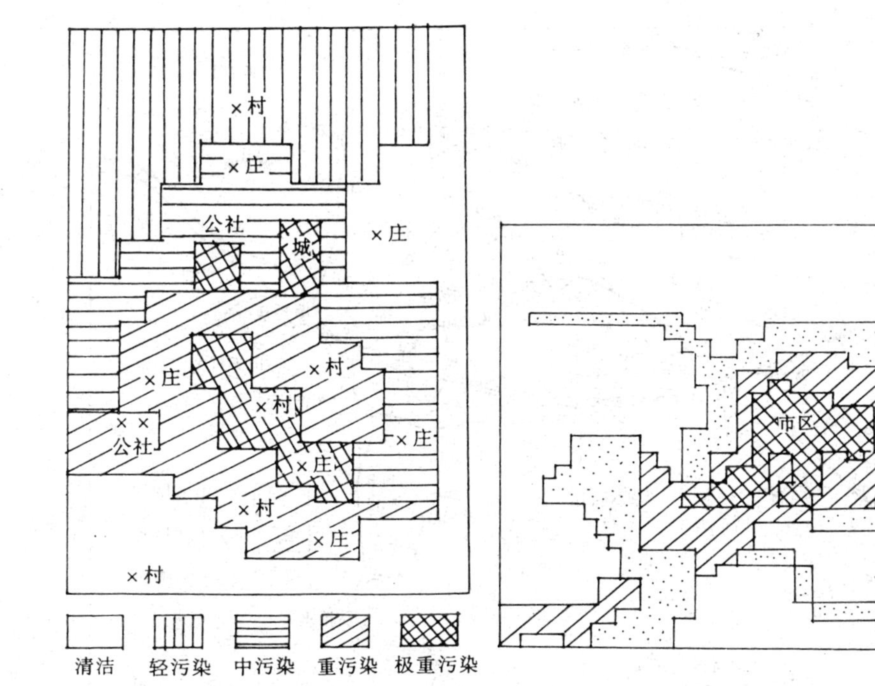

图 12-28 某矿区 2000 年大气环境质量评价图

图 12-29 沈阳地区环境质量综合评价图

	4	4																				
4	3	4													4	4	4					
4	4	3									4	4		4	4	3	4					
3	3	3	3	4	4	4	4	4	4	4	4	3	4	4	4	4	4	4	4	4	4	4
		3	4	4	4	4	4	4	4	3	4	3	3	4	3	4	4	4	4	4	3	4
		3	3	3	3	4	4	4	4	3	3	3	3	3	3	3	3	3	3	4	3	3
			4	3	3	3	3	3	3	3	3	3	3	3	3	3	3	3	4	4	3	3
			4	4	3	3	3	3	3	3	3	3	3	3	3	3	3	3	3	4	3	3
			4	4	4	4	4	4	3	3	3	3	3	3	3	3	3	3	3	4	4	4
				4	4		4	4	3	3	2	3	3	3	3	4	3	3	4			
								4	4	3	3	3	3	3	4	3	3	4				
									4	3	3	3	3	3	3	4						
									4	3	3	3	3	4								
									4	4	3	3	4									
											4	3	4									

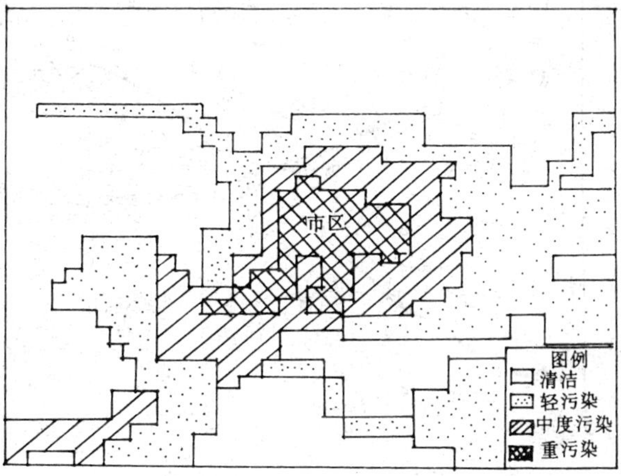

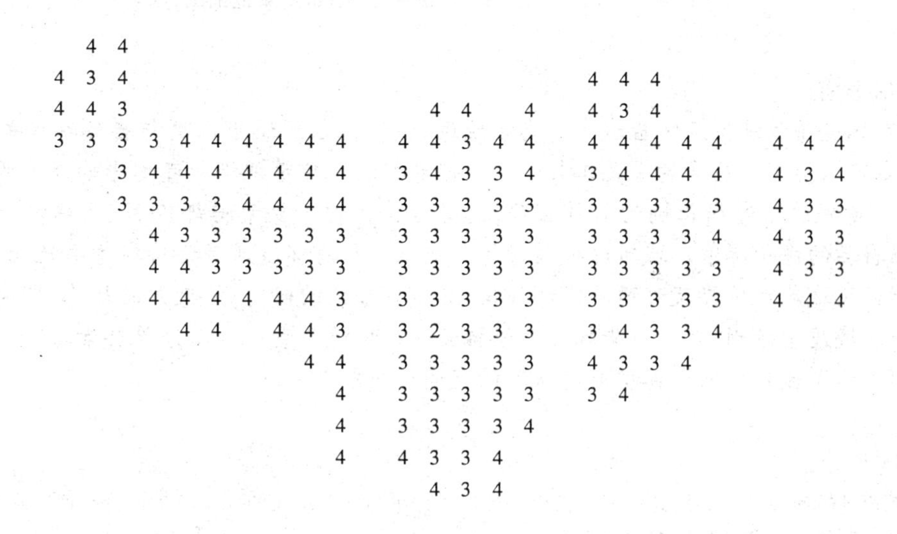

图 12-30 西安市环境质量综合评价结果

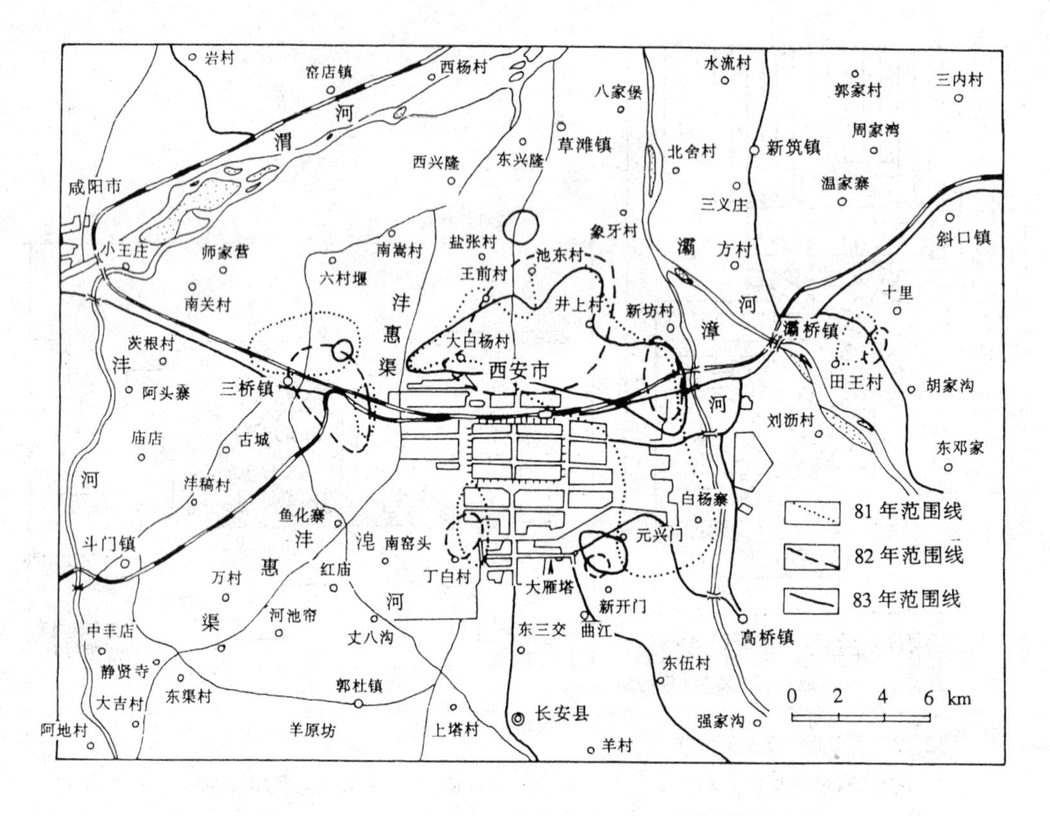

图 12-31 西安市潜水六价格 > 0.05PPm 污染范围图

本章小结:

城市环境质量评价是掌握城市生态系统运行状态、了解城市人类与自然环境关系是否协调及城市人类生存质量的重要工作。它一般包括环境质量评价和环境影响评价两类。进行环境质量评价应遵循正确的工作程序,选择恰当的评价要素与评价因子,确定合理的权重,依据科学的评价标准。城市环境质量评价成果一般有环境质量评价报告书及相关图纸。前者包括:区域地理位置及环境状况的评价;环境背景值的研究;污染源的评价;环境质量状况评价;环境质量预测;环境污染综合防治措施等。环境质量评价图分单要素与综合评价两种,分别表示了城市区域内环境质量状况的空间分布及差异。

问题讨论:

1. 城市环境质量评价的意义何在? 城市环境质量评价与一般意义的环境质量评价有何区别与特点?
2. 城市环境质量评价具体有哪些内容?
3. 城市环境质量评价要素与评价因子的确定应遵循哪些原则?
4. 城市环境质量评价分级有何意义? 如何进行?
5. 城市环境质量评价图有何作用? 有几种类型? 各自有何特点?

进一步阅读材料:

1. 曲格平主编 . 环境科学词典 . 上海辞书出版社,1994

2. 马倩如等．环境质量评价．北京:中国环境科学出版社,1990
3. 陕西省城乡建设环境保护厅．西安环境质量评价研究报告集．西安:陕西师范大学出版社,1988
4. 郦桂芬．环境质量评价．北京:中国环境科学出版社,1989
5. 同济大学、重庆建筑工程学院．城市环境保护．北京:中国建筑工业出版社,1982

第十三章　城市环境规划

环境规划是对不同地域和不同空间尺度的环境保护的未来行动进行规范化的系统筹划，是为有效地实行预期环境目标的一种综合性手段。由于环境保护的实际步骤涉及多方面已知和未知的各种因素、条件和机会，为了揭示它们之间错综复杂的关系，把其中的不确定性和随之而来的行动上的盲目性以及其他种种干扰降到最低限度，并将有限的人力、财力、物力和时间用在对实现行动目标最有效的地方和环节上去，必须依据环境规划的理论，采用多种现代规划方法和手段，把看起来千头万绪、杂乱无章的众多因素、条件和机会加以系统分析，使之成为能指导和规范环境保护行动的有序化或结构化的信息，按照需要与可能的统一、近期与远期结合、投入少产出多等准则，从多种可行方案中择优，并把它作为行动导向的轨道，分阶段地加以实施，并在实施过程中进行适时的调节，从而使环境保护的期望目标变为现实。城市环境规划是环境规划的一种类型。

第一节　我国城市环境规划的发展历程

1982 年以前，我国的城市已陆续开始制订城市环境保护计划(规划)，其主要内容是环境污染防治。所采用的程序和方法是：首先进行环境背景调查，污染源调查评价、环境质量评价，综合分析提出存在的主要环境问题及应控制的主要污染因素。在此基础上进行污染源防治途径研究，然后提出对策。进行得比较早的如北京东南郊环境质量评价及污染防治途径研究，沈阳市环境质量评价及污染防治途径研究等。到 1970 年代末 1980 年代初，制定城市环境保护规划的城市越来越多，济南市的环境保护规划就是一个典型的例子。在环境及污染源调查评价的基础上，济南市经综合分析，提出了三个主要环境问题：一是以 TSP 及 SO_2 为主要污染物的煤烟型大气污染；二是小清河南段的地表水污染；三是泉水逐渐枯竭问题。针对这三项主要问题，经分析研究，提出了 10 项对策方案。

这一时期的城市环境保护规划，实质上是污染治理规划，执行后对控制环境污染起到了一定的作用。但是，经过实践也发现了它的缺陷，主要是：环境保护与经济发展没有紧密结合起来，环境保护规划没有纳入城市的经济与社会发展规划，经济建设与环境建设没有同步规划，对经济与社会发展可能造成的环境影响也没有进行预测分析。

1982 年国务院技术经济研究中心与山西省人民政府联合成立领导小组，在各部门、中科院及高校的专家、教授支持下，制定了“山西能源重化工基地综合规划”，在我国第一次实现了经济建设(工农业)、城乡建设、社会发展(人口、教育、科技)与环境保护同步规划、综合平衡。太原市市区污染综合防治规划就是在这种情况下制定的。1982 年 12 月，城乡建设环境保护部在南京召开了环境保护工作会议，提出了“经济建设与环境建设协调发展，同步前进”的重要原则；1983 年 12 月 31 日至 1984 年 1 月 7 日，在北京召开了第二次全国环境保护会议，提出了“经济建设、城乡建设与环境建设同步规划，同步实施，同步发展”；实现“经济效益、社会效益与环境效益统一”的重要方针，为制定环境保护规划(即环境规划)指明了方向。

1984年6月，中国环境管理、经济与法学学会和太原市人民政府联合召开了“城市环境规划学术交流会”，对太原市市区污染综合防治规划的研究成果进行了鉴定，并以其为实例结合其他城市制定城市环境规划的经验和研究成果，对1982年以来的城市环境规划工作进行了总结。在会议纪要中与会专家一致认为：城市环境规划对城市环境保护工作有重要的指导作用，应与城市经济发展规划、城市建设规划紧密结合、同步制定。

1985年10月在河南洛阳市召开了城市环境保护工作会议，贯彻中共中央在经济体制改革中提出的“城市环境综合整治”，吉林市、洛阳市、杭州市作为三个试点城市。吉林市自1985年5月至1986年8月进行了城市环境综合整治规划研究，在此基础上编制了吉林市城市环境综合整治规划。随后，秦皇岛市、鄂州市等中小城市贯彻城市环境综合整治精神也制订了城市环境规划。

1988年6月，中国环境管理、经济法学学会、湖北省环保局、鄂州市人民政府在鄂州市联合召开了第二次全国城市环境规划学术交流会及鄂州市城市环境规划研究鉴定会。会议总结交流了1985年以来中小城市研究制定城市环境规划的经验和成果，并讨论了《中小城市环境规划规范(讨论稿)》。与会的专家与环境规划管理工作者认为，城市环境规划是进行城市环境综合整治的依据。吉林市在进行城市环境综合整治过程中，提出：“城市经济社会发展规划、城市建设总体规划与环境规划，是城市环境综合整治的三个支柱”；秦皇岛市提出要制定经济发展、城市建设与环境保护三位一体的综合发展规划。这表明在三个规划的关系问题上，城市环境规划的地位和作用越来越明确了。进入90年代以后，我国城市环境规划的法律地位，与国民经济和社会发展计划的关系进一步明确。

第二节　城市环境规划的层次

城市环境规划分为两个层次，一为城市环境宏观规划，二为城市环境专项规划。

一、城市环境宏观规划的内容与步骤(图13-1)

具体说，城市环境宏观规划的内容与步骤为：

(一) 城市总体发展趋势分析

根据城市的总体规划、经济社会发展规划及城市的建设与发展规划，综合分析城市的未来发展趋势，包括国民生产总值、各部门的产值、产业结构、发展规模与速度、人口规模等。

(二) 城市发展对资源的需求分析

根据城市发展的需要，分析经济发展、社会发展以及城市建设对资源的需求，包括所需资源的数量、质量、结构及资源消耗方式和计划，并在资源可供能力分析的基础上，分析资源的供需状况。

(三) 自然资源承载力分析

根据资源需求，分析资源的供需矛盾及资源开发与利用中的主要问题，包括能源承载力问题、水资源及其他主要资源的承载力问题。

(四) 主要污染物排放量及环境纳污能力分析

根据资源消耗状况，预测主要大气污染物、水污染物、固体废物的排放量以及生态环境的破坏程度。并提出城市生态环境的主要问题和主要污染物总量宏观控制要求。

（五）污染物宏观总量控制综合分析

主要是分析各部门、各行业的各类污染物总量控制所需投资及各自所占的比例，并分析占规划期国民生产总值的比例；分析居民生活和社会消费产生的污染物控制总量和总投资；综合分析总量控制所需的生产技术、治理技术及管理水平。

（六）确定总体环境目标

根据有关环境标准、环境现状与变化趋势、居民生活对环境的要求以及规划期的经济承受能力确定总体环境目标。

（七）确定城市的宏观环境与发展战略

从城市发展与环境的关系出发，提出协调发展的控制因子，反馈给城市发展系统；并根据协调发展的要求，提出城市环境与发展的宏观战略，并将这些战略贯彻到专项详细的环境规划之中。

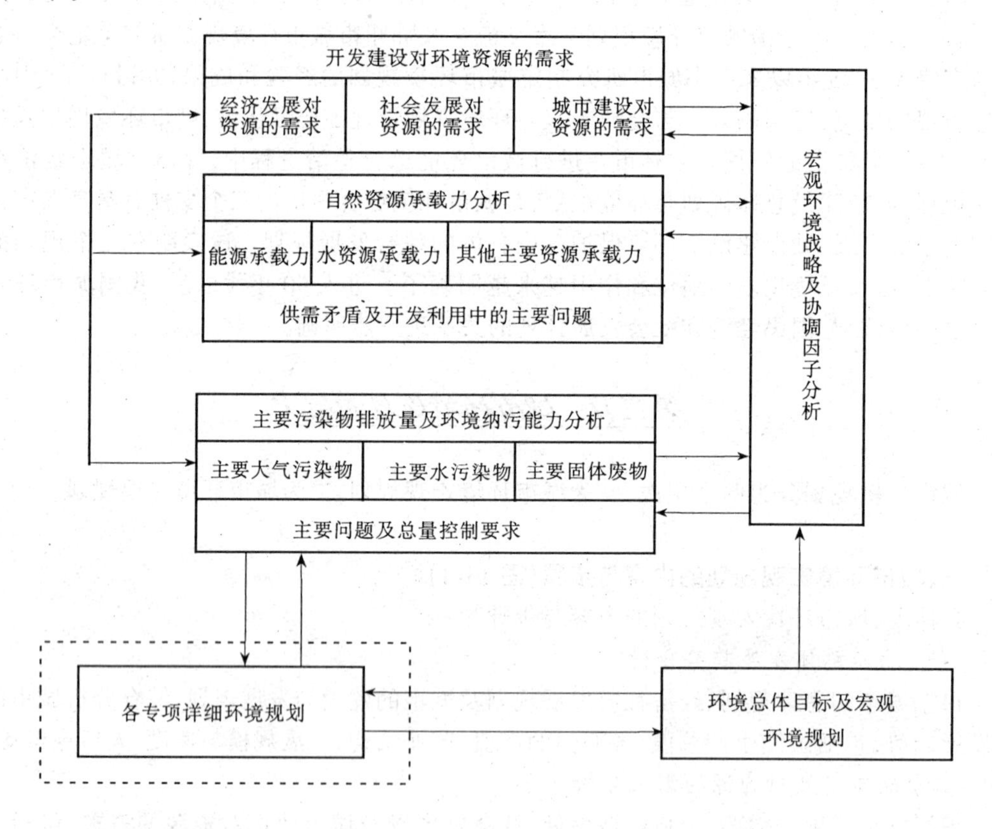

图 13-1　城市环境宏观规划结构框图(引自刘天齐等，1994)

二、城市环境专项规划的内容与步骤(图 13-2)

城市环境专项规划包括：大气环境综合整治规划、水环境综合整治规划、固体废物综合整治规划，以及生态环境保护规划。这些专项规划是在宏观规划初步确定环境目标和策略指导下，具体制定的环境综合整治措施。将宏观规划的目标要求和环境保护战略措施落实到各专项环境规划之中，如有矛盾将信息反馈给宏观环境规划，进行调整。

制定各专项详细环境综合整治规划，必须符合下列要求：

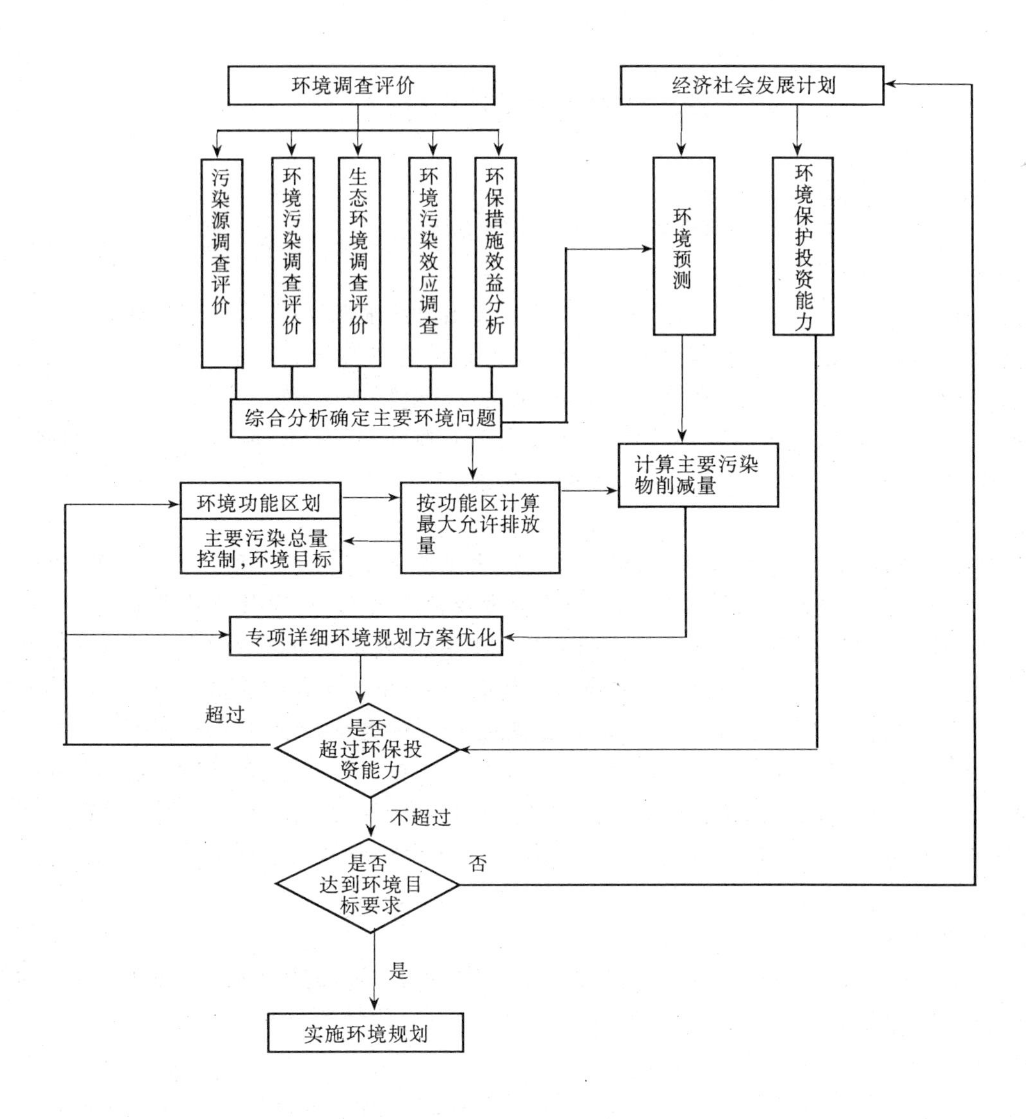

图 13-2　城市环境专项规划框图(引自刘天齐等,1994)

(1) 规划方案要体现综合整治的思想

① 全面改善城市环境质量,各部门必须统一协同工作,进行综合整治。② 从环境功能分区及功能区域的环境目标出发,综合整治环境污染,保护生态环境,重点抓改善区域环境的措施。③ 生态工程与环境工程相结合;环境管理与环境建设相结合;技术措施与管理措施相结合;集中控制与分散处理相结合。

(2) 确定的综合整治方案实施后必须能满足污染物消减量的要求,必须能满足环境目标值的要求。

(3) 各种可能的方案或方案的组合,要经综合分析达到整体优化。

(4) 各方案的实施要考虑水、气、渣等各单项污染的相互影响,防止污染的转移和二次污染的产生。

(5) 规划方案要具有可达性和可操作性,并按一定程序制订年度计划认真实施。

第三节 城市环境规划的基础工作

一、城市环境特征调查

城市环境特征调查包括自然环境特征和社会环境特征。

(一) 自然环境特征

自然环境特征调查不同于自然地理调查,需要突出自然生态环境特征,包括规划区的土地状况(地形、地质状况、土地稳定性等)、水系(城市水系的一般状况)、水文(河流的丰水流量、枯水流量、平水流量等;湖泊和水库的水量、水位及其变化规律;地下水的水位、流向及其变化规律;海湾和潮流、潮汐、扩散系数等)、气象(气温、降水量、风速、风向、日照等)、植被、矿物资源、能源及其他(例如台风、地震等特殊自然现象)。

(二) 社会环境特征

社会环境特征调查包括城市人口(数量、组成、密度及分布,静态及动态分布)、产业(城市工业的结构、布局、产品的种类及产量)、经济密度及建筑密度、交通及公共设施等。根据规划区的特点,在农、牧、渔业相当发达的情况下,还应酌情调查城市区域的农、牧、渔业的基本情况,例如农业人口数量、农田面积、各种农作物的产量、单位面积收获量、生长状况、渔业人口数量、水产品种类及产量、畜牧业人口数量、牧业饲养种类及数量、牧场面积等。

上述自然环境特征与社会环境特征的调查,主要目的在于分析城市环境调节能力(环境容量等)及易产生环境问题的薄弱环节。例如城市水环境容量小,清污比小,则容易造成污染;同样的排污量,水环境容量大,则自净能力强,有利于保持较好的水环境质量。

二、生态登记

在对城市环境特征进行科学调查的基础上,汇总分析本城市的生态特征,筛选出主要的生态因子,并登记编图。

(一) 生态因子筛选

通过对城市环境特征的调查,对大量的原始资料进行分析,根据规划区域的性质和功能,用专家咨询或效应调查分析等方法,筛选生态因子。一般城市多选取下列生态因子:土地条件、气象、绿地覆盖率、人口密度、建筑密度、能耗密度、交通量等。至于具体选用哪些项目,要结合本城市的具体情况来定。

(二) 生态登记

在规划市区(或扩大)的1:10000(或1:50000)的地图上按经纬度方向(或结合总体规划功能分区的要求)划分网格,每一网格的面积为1km^2。一个中等城市约为几十至一百个网格,逐一给网格编号,便于调查、登记和输入计算机,然后进行下列两项工作。

1. 调查登记

对所筛选出的生态因子逐个进行网格调查,并登记在调查表上(如表13-1)。

2. 生态编图

将填表所得的基础数据核实整理,将各生态因子的数据按城市情况分级,一般分为五级。如:人口密度对于一般中小城市,可做如下分级,即:<1000(人/km^2),1001~5000(人/km^2),5001~10000(人/km^2),10001~15000(人/km^2),>15000(人/km^2)。然后绘图。

表 13-1　　　　　　　　　　　　　城市生态调查表

生态因子 / 网格号	人口密度（人/km^2）	经济密度（亿元/km^2）	能耗密度 吨标煤/km^2	建筑密度（%）	绿地覆盖率（%）	土地条件（分为五级）	交通量（辆/d）	其　他
01								
02								
03								
……								
……								
备　注	Ⅰ	Ⅱ	Ⅲ	Ⅳ	Ⅴ	Ⅵ	Ⅶ	

填表说明：

Ⅰ——人口密度指按人口普查方法统计的常住人口密度。对于一些特殊网格，如商业、文化区，还应注明动态人口密度。

Ⅱ——经济密度按国民生产总值计算。

Ⅲ——能耗密度，主要调查煤耗或将各种能耗都折算为标准煤（$\times 10^4 t/km^2$ 或万吨标准煤/km^2）。

Ⅳ——建筑密度指建筑面积占该网格面积的百分比。

Ⅴ——绿地覆盖率的统计方法与园林部门相同。

Ⅵ——土地条件指可供开发利用的部分，一般可分为五级，即：很宜于开发建设；宜于开发建设；基本宜于开发建设；基本不宜于开发建设；不宜于开发建设。划分标准应与城建部门共同商定。

Ⅶ——交通量指网格内主要交通干道（或主要行车线路）平均日车流量。

三、污染源调查与评价

（一）污染源调查

污染源指产生（或排放）污染物的场所或装置。按类型分可分为天然污染源与人为污染源。编制城市环境规划主要调查人为污染源，它又可分为四类，即：工业污染源、生活污染源、农业污染源、交通污染源。在一般中小城市中主要对前两类进行调查，有些城市后两类特别是交通污染源也不可忽视。

工业污染源调查要按国家环境保护局统一要求进行；生活污染源和交通污染源的调查，可以结合各城市的具体情况进行。但是，调查所得的基础资料和数据，必须能满足环境污染预测与制订污染综合整治方案的需要。主要包括下列几方面：

1. 画出污染源分布图

污染源分布图可以按类型标在网格内（每个网格 1km^2），如：工业污染源在网格内标明工厂及大装置的位置、排放口、废气排放烟囱的高度等。但在编制城市环境规划工作中，通常按环境要素或污染因子来画分布图。如：大气污染源分布图，水污染源分布图，噪声污染源分布图等。

(1) 大气污染源分布图

在规划市区（包括近郊区）的网格图上标明大气污染源分布。烟囱高度≥40m 的高架源要逐个标出；烟囱在40m以下的锅炉、窑炉和一般小炉灶都视为面源，可划分成若干片，按片标明位置、能耗及排污量。

(2) 水污染源分布图

按水系画出排污口分布，并标明排污量及污水排放量。同时要画出主要污染源至各排污口的排水管网。

(3) 噪声污染源图

环境噪声污染源按网格标明污染源分布，并标出强度。交通噪声源要画出主要干线，标明车流量，并按类型分别统计。机场噪声源要画出机场位置，注明各种类型飞机起降次数并画出起、降航线。

2. 计算排污系数

(1) 工业污染源的排污系数

工业污染源的排污系数一般有三种类型，即：燃烧一吨煤的排污量，单位kg/t或t/t；吨产品排污量，kg/t产品或t/t产品；万元工业产值排污量，kg/万元或t/万元。调查计算排污系数，对于排污总量预测有重要作用。

① 燃煤的排污系数。调查大量锅炉燃煤量及排污量取平均值，作为一个地区的排污系数。如河北省环保部门确定，燃煤排放的SO_2，烟尘，NO_x，其排污系数分别为0.024t/t，0.0465t/t，0.00908t/t。

② 吨产品排污量。这类排污系数要分行业调查计算。如：吨钢尘排放量，吨纸COD排放量。首先调查某一行业(如造纸)的年产量(基准年或近五年)，再调查相应的主要污染物的排污量，即可计算出基准年(或近五年平均)的吨产品排污量(排污系数)。

③ 万元产值排污量。在编制城市环境规划时，经常依据工业产值的增长预测排污量的增长，所以这类排污系数比较重要。在实际应用时有下列一些形式：

a. 万元产值综合排污量(kg/万元，t/万元)。

调查统计本城市(市区)工业污染源的主要污染物，如：尘，SO_2，COD，BOD等的排放量，分别除以本城市(市区)的工业产值(万元)，计算出各主要污染物的排污系数，即为万元产值综合排污量。

b. 按行业计算排污系数(kg/万元，t/万元)。

b_1. 有条件的城市可以调查统计近十年来各行业主要污染物的万元产值排污量，研究其变化规律，并可利用所得数据建立模型。如沈阳市在进行工业污染源调查时曾建立如下的模型：

$$P = \alpha D^{\beta}$$

式中 P——主要污染物排放量(某行业)；

D——某行业的年工业产值；

α, β——系数(与行业性质及企业规模有关)。

b_2. 如无历年的统计数字，则调查计算各行业基准年(如1989年是“八五”环境规划的基准年)的万元产值排污量(A_0)

$$P_{基准年} = A_0 D_0 (基准年工业产值)$$

(2) 生活污染源的排污系数

这类排污系数多用人均日（或年）排污量表示。如：城市垃圾，1.5 ~ 2kg/（人·d）；BOD36g/（人·d）；COD60 ~ 90g/（人·d）等等。

（二）污染源的标化评价法

对污染物的潜在危害进行评价时，常采用标化评价的方法，即把各种污染物的排放量进行标化计算。这就犹如商品价值用货币进行标化，各种能源用热量进行标化一样。各种不同的污染物只有标化后才能彼此进行比较。例如：某工厂每年排放铅 1 000kg，排放汞 100kg，仅从重量来比较，铅应是主要污染物。但是，污染物的重量并不代表它对环境的潜在危害。如果依据上述判断去制定环境规划，很可能造成失误。所以要选用恰当的标化系数，对污染物的排放量进行标化计算，再分析比较。假定选用污染物三废排放标准作为标化系数，对上述例子中铅与汞的排放量进行标化计算，即可得到如下结果：

$$P_{铅} = \frac{1\,000}{1} = 1\,000\text{kg} \qquad (标)$$

$$P_{汞} = \frac{100}{0.05} = 2\,000\text{kg} \qquad (标)$$

可以明显地看出 100kg 汞的潜在危害大于 1 000kg 铅的潜在危害。由此可以看出标化评价的作用。

标化评价因所选的评价系数不同而各异，下面介绍等标污染负荷法：

1．j 污染源 i 污染物的等标污染负荷（P_{ji}）定义为

$$P_{ji} = \frac{m_{ji}}{* C_{i0}}$$

式中　m_{ji}——j 污染源 i 污染物年（或日）排放量（t 或 kg）；

$* C_{i0}$——i 污染物的排放标准数值（无量纲）；

P_{ji}——等标污染负荷吨（标）或公斤（标）。

注：P_{ji}（等标污染负荷）也等于：$\frac{污染物实测平均浓度}{该污染物的排放标准}$ × 该污染物的介质数量，其意义与上式相同。

2．j 污染源的等标污染负荷（P_n）是其所排各种污染物等标污染负荷之和：

$$P_n = \sum_{i=1}^{n} P_{ji} = \sum_{i=1}^{n} \frac{m_{ji}}{* C_{i0}}$$

3．本城市整个市区的 i 污染物等标污染负荷（P_i）：

$$P_i = \frac{m_i}{C_{i0}}$$

式中，m_i 为全市区 i 污染物排放总量。

四、环境质量现状评价

环境质量现状评价是对城市目前的大气、水体及固体废物、噪声等的污染现状作出评价，确定城市环境的主要问题，画出污染分布图。污染分布图有几种画法，一是分别单独画某种污染物（如 SO_2，TSP，NO_x 等）的浓度分布图（画网格图）。也可以用画等值线的方法作图。还有一种画法是按 SO_2，TSP，NO_x 等污染物的综合影响画污染分布图，二者都需要进行环境污染现状评价。

1．确定环境污染评价参数

在选择评价参数时,要根据本城市(或地区)的环境特征和污染现状,选择量大、面广、对本城市(或地区)的环境污染有决定性影响的污染物作为评价参数。如我国城市大气污染普遍是煤烟型污染,为说明大气污染状况而进行大气环境质量评价时,则可选 TSP,SO_2,NO_x 三个评价参数(或只选前两个)。如果某城市机动车辆较多,燃煤而低空排放的污染源也较多,则可考虑选用 TSP,SO_2,NO_x,CO,O_3 等五个评价参数。总之,要因地制宜,从实际出发。

2. 计算环境污染综合指数(以大气污染为例)

(1) 环境污染分指数

在环境质量指数系统中,一般都存在一个基本结构单元 I_i,其目的在于确定不同的污染造成的环境影响。其办法是将环境中污染物质含量转换成无量纲表征污染程度的数值:

$$I_i = \frac{C_i}{S_i}$$

式中 I_i——某污染物的污染分指数;

C_i——某污染物的实测浓度;

S_i——某污染物的评价标准(选环境浓度标准)。

C_i 的数值是监测站测出的实测数据,最好是取近几年的实测数据的平均值,若没有近几年的数据,则取基准年的数据。

S_i 的值可以根据本规划区的要求选用相应的标准浓度。如大气一般选用二级标准;水体则选 GB3838-88 规定的三类水体标准。

(2) 计算环境污染综合指数

以大气污染评价为例,在计算出 TSP,SO_2,NO_x 的分指数(I_v,I_s,I_n)以后,选择适当模型计算大气污染综合指数(AQI)。下列方法可供选择:

① 直接叠加

$$AQI = \sum_{i=1}^{n} I_i = I_v + I_s + I_n \qquad (n = 3)$$

② 加权叠加(或求均值)

$$AQI = \sum_{i=1}^{n} W_i I_i \text{ 或 } AQI = \frac{1}{n}\sum_{i=1}^{n} W_i I_i$$

式中,W_i 为权值。

③ 大气质量综合指数 I_i(姚志麒指数)

$$IT = \sqrt{XY} = \sqrt{I_{i\max}\frac{1}{K}\sum_{i=1}^{K} I_i}$$

式中 $X = \frac{C_i}{S_i}$中的最大值(max);

$Y = \frac{C_i}{S_i}$中的平均值;

K——所选择评价参数的个数。

这种综合指数的特点是在所选参数中,对某一种环境浓度突出高的污染物(如 TSP)的影响,给以充分考虑,这比较符合我国城市(特别是北方中小城市)的情况,所以常选用这种模型。如秦皇岛市山海关区选 TSP,SO_2,NO_x 为评价参数,用 1989 年的监测值,计算出 I_i 等,见表(13-2)。

表 13-2　　秦皇岛市山海关区大气污染评价

监测点名称	C_i(mg/m^3)		$I_i=\frac{C_i}{C_{i0}}$	I_r	污染分级	
	项　目	值			分　级	排　序
消 防 队	SO_2	0.054	0.90	1.20	中污染	4
	NO_x	0.035	0.35			
	TSP	0.465	1.55			
南 门 外	SO_2	0.059	0.98	1.56	中污染	1
	NO_x	0.049	0.49			
	TSP	0.620	2.07			
第 一 关	SO_2	0.059	0.98	1.30	中污染	3
	NO_x	0.034	0.34			
	TSP	0.505	1.68			
山 桥 外	SO_2	0.049	0.82	1.45	中污染	2
	NO_x	0.037	0.37			
	TSP	0.593	1.98			

(引自刘天齐等,1994)

评价标准采用大气质量二级标准,I_r 分级如表 13-3;

表 13-3　　大气质量综合指数分级

P_r 值	<0.6	0.6~1.0	1.1~1.9	2.0~2.8	>2.8
分级描述	清洁	轻污染	中度污染	重污染	严重污染

由评价可知,山海关大气总的看来属中度污染,主要污染因子为总悬浮微粒,超标 0.82 倍。各监测点污染由重到轻的顺序是:南门外,山桥外,第一关,消防队。

(3) 画出大气综合污染分布图

根据大气污染综合指数分级可以画出综合污染分布图。

3. 环境质量(污染综合指数)分级应注意的问题

环境质量分级一般是按一定的指标对环境质量指数范围进行分级,在单一指数或较简单的指数系统中,指数与环境的关系密切,分级也较容易。但当参数选择较多、综合指数较复杂时,环境质量分级也愈困难,主要是对指数可能产生的变化幅度及指数与环境效应的相关性缺乏深入的研究。在实际工作中,首先要掌握污染状况变化的历史资料,弄清指数变化与污染状况变化的相关性。先确定出未受污染、重污染(质量坏),严重污染(危险)等几个突出的污染级别与相应的指数范围,然后再根据评价结果作具体分级。要做好环境质量分级,必须从实际出发,掌握大量的历史观测资料。

五、环境污染破坏效应调查

(一) 人体效应调查

环境的污染和破坏往往都直接或间接地威胁和损害城市居民的身体健康。但环境污染的人体效应是个很复杂的问题,受多种因素影响。如:进入人体的途径不同效应也不同,通过呼吸空气、饮水、进食、皮肤接触、神经感应等多种途径影响人体,其后果当然也不可能一样。即使同样的污染物(或污染因素),同样的含量水平(或强度),因环境背景不同,人群的耐受力不同,对人体的影响(或损害)也不同。至于居民的生活习惯,工作及职业习惯,活动规律也是污染人体效应的影响因素。所以,调查分析环境污染的人体效应,既十分必要,任务又很艰巨。

这项调查研究首先是搞清环境污染与人体效应的相关关系,再进一步深入研究直接的因果关系及定量关系。一般是先搞清其相关关系,再逐步研究解决环境污染与人体效应的因果关系。

1. 环境污染与人体效应的相关关系

一般的做法是(以大气污染为例):调查城市规划区呼吸系统疾病发病率、残废率及其分布,与大气污染分布图对照分析,找出相关关系。或是重污染、严重污染区的发病率、死亡率与清洁对照区分析比较找出相关关系。

2. 因果关系与定量关系

通过调查研究找出大气污染与人群健康的因果关系。如:找出飘尘(或 TSP)与呼吸系统疾病发病率的直接因果关系和建立定量化模型。即超过某一浓度值(大气质量二级或三级标准)以后,呼吸系统疾病率就一定会增高,而飘尘(或 TSP)环境浓度增大的数量与呼吸系统疾病增大的数量能用数学模型加以描述。解决这类问题需依靠环境医学专家,进行长期深入的调查研究,排除各种干扰因素,进行标化计算、分析评价,才能得出正确结论。

(二) 经济效应调查

经济效应调查就是要找出环境污染或生态的破坏所带来的经济损失。分直接经济损失与间接经济损失。

所谓直接经济损失,即因污染破坏直接造成的现实可见的经济损失。如:某我国城市地下水的硬度在建国初期为 13 度,而现在高硬区已达到了 40 度。由于水质硬度大幅度增加,在多方面都造成了较大的经济损失。高压锅炉用水必须软化,这就需要耗费大量的离子交换树脂,并需安装水质软化设备,为此每年需要多花 5 000 万 ~ 1 亿元人民币,这就是直接经济损失;因水质硬化给印染、漂洗行业带来了经济损失;因水质硬化使得居民生活区,企、事业机关及生活区的茶炉、取暖锅炉也要相应增加水质软化装置,或清洗锅炉的次数,这就需要增加运转费用,而且缩短了锅炉的寿命;因水质硬度增加,连居民常用的洗衣粉、肥皂都多消耗一部分……。所有这些,就是因水质发生不良变化而造成的直接经济损失。

再如,煤矿或其他矿藏的开采破坏了地表和地下水,破坏了矿区植被,因而耕地减少,森林草场资源减少,由于地下水受破坏又增加了打井的开支……,这些也是生态破坏造成的直接经济损失。

间接经济损失,一般是指因环境受到污染或生态受到破坏所造成的环境资源价值的贬值。比如某个湖泊,本来可以游泳、养鱼、提供水源、收获大量水产……,但由于受到污染,变成了“死湖”,其使用价值及经济价值便会随之降低,这种损失不可能通过直接计算而得到结果,这就叫间接损失。再如某个旅游区,若其景观、植被、大气质量、水源等受到严重污染和破坏,不能再作为旅游区了,那么该地区就会因此而“贬值”,这也是间接经济损失。

环境污染和生态破坏所造成的经济损失很难精确地确定,对此国际上目前也还没有公认的方法,现在大多采用估算的方法。计算时可以把损害的各个因素,包括物品、生态、人体健康等各个方面罗列出来，一个一个地分别估算，其总和即为损失总额。以大气污染造成的直接经济损失为例，其总损失和各分项损失，可用下式表达：

$\sum A$(总损失) = A_1(居民损失) + A_2(城市公用事业损失) + A_3(工业损失) + A_4(农业损失) + A_5(林业损失) + A_6(其他损失)

每一类具体损失的计算，又分成若干个小项。比如，对居民损失，包括房屋粉刷维修费用的额外增加，为避害而搬迁的费用，洗涤次数增加，医疗费增加等等。有的计算时，需确定各自不同的数学关系式和不同的污染物浓度与不同的污染物的指数。例如污染对居民健康的危害，首先要确定环境污染程度与发病率之间的关系，才能估算污染造成人体健康的经济损失。

间接损失难于直接计算，一般采用换算的办法。如由于噪声或大气污染等原因造成了某城市或某旅游区的环境贬值，或由于水污染造成了水库的贬值，这都是环境质量下降造成的。若把该地区或淡水库的环境质量恢复到原有水平，需要投入多少资金，这项需要投入的资金数就相当于“贬值”的数量，即间接损失。

第四节　城市环境预测

环境预测是人们运用未来学的理论、方法和大量信息，对人类生态系统的未来行为与状态作出趋势判断或量值推算。环境预测的有效性，取决于以下条件：① 预测者对特定国家、地区的经济-社会发展与环境之间的相互作用规律的认识程度；② 与环境有关的和环境本身的、过去及现状信息的可靠性和信息量的多少；③ 经济-社会发展计划编制的有效性和一系列比较数据的可靠性；④ 适合的预测方法选择和多种预测方法之间的相互补充，预测结果的校正和模拟检验。预测结果的可信度，常常与预测时间长度和预测对象的复杂程度呈正相关。

一、城市环境预测的依据

城市环境预测是在城市生态理论指导下，通过对城市环境的历史、现状、信息等资料的分析研究，探索出社会经济发展与城市环境之间的关系和变化规律，并运用这种变化规律，采用科学的方法估计城市实施社会经济发展规划(计划)后，可能产生的环境影响，以便对环境质量状况和环境的发展趋势做出中长期的判断，为环境规划决策提供科学依据，达到调控和指导建设行为，避免重大失误。由于一个城市的环境质量与城市的社会经济发展密切相关，往往把城市的总体发展战略和社会经济发展规划(经济发展目标)作为环境预测的主要依据。如工业产值、农业产值、各主要行业产品产量、人口、城市发展建设规模、交通及其他行业的发展规划等，具体说，有如下依据：

1. 城市环境质量评价是环境预测的基础工作

通过环境质量评价及评价结论，探讨社会经济发展与环境之间的内在关系和变化规律，采用预测技术，预测在实施经济、社会发展规划(计划)后，对环境可能产生的影响。

2. 城市经济、社会发展规划中各个水平年的发展目标是进行环境预测的主要依据

经济发展与环境状况之间变化存在着一定的相关性。利用这种相关性的原则，当社会经济发展到某个水平年的时候，就可以对未来的环境状况作出相应的预测。若没有这些方

面的信息资料，就无法做出科学的环境预测。

3. 城市建设发展规划为环境预测提供必要的数据资料

城市集中供热、发展型煤、煤气、污水处理厂、绿化等环境建设，直接关系到未来环境质量状况，这些数据资料都是环境预测不可缺少的组成部分。

4. 此外，城市总体发展战略和发展目标、交通运输等有关资料都是环境预测的依据。

二、城市环境预测程序

城市环境预测是一项多层次的活动，各层次之间的预测任务既有区别，又有联系。其中，污染预测是在综合分析经济发展规划的基础上，预测城市废水、废气、废渣和各污染物排放总量。城市总量控制预测是环境污染预测的基础，为环境污染预测提供背景资料。进行环境预测，一般要经过三个阶段。准备阶段包括明确预测目的、确定环境预测的期限、搜集环境预测所必需的数据和资料等；综合分析阶段包括分析数据资料、选择预测方法、修改或建立预测模型、模型检验等；实施预测阶级包括实施预测、误差分析和提交预测结果等。图13-3是环境预测的一般程序示意图。

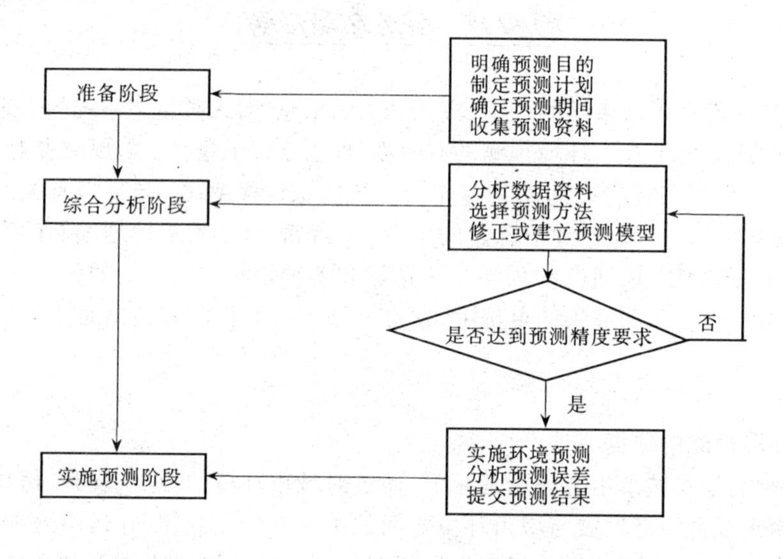

图13-3 城市环境预测的一般程序(引自刘天齐等,1994)

三、城市环境预测层次

城市环境预测主要是预测城市实施社会经济发展规划(计划)后对城市环境可能造成的影响。一般可从两方面入手。一是宏观预测，就是从宏观的角度去预测城市实施经济社会发展规划而产生的环境影响。主要是排放总量预测。具体做法是在环境特征调查的基础上，找出主要环境问题，确定主要污染物，并加以分析，找出与主要污染物有关的各种因素，通过数学处理求出它们之间的关系，选择预测模型，并反复加以检验和修正，最后进行环境预测。例如对某一城市由于能源燃烧而产生的大气污染(二氧化硫、尘等)进行预测时，从全市工业总产值、生产燃煤、生活用煤增长入手，考虑各种有关因素，用数学方法(如弹性系数、统计回归等)求出全市的总排放量及万元产值综合能耗(或单位产品能耗)以及万元产值排污系数。微观预测主要是将各行业(部门)分解为若干子系统,逐行业、逐企业地确定各自的排放系数及变化规律,分别预测各行业(部门)、各子系统的环境影响。具体做法通常是进行城市总量(宏观)预测,然后将总量分解到各行业(微观)及主要污染源单位。宏观预测和微观预测都可以采用经济模型、统计模型等进行。

四、城市环境预测方法

城市环境质量状况的总体预测是一个十分复杂的问题。国内外目前尚未见到用于城市环境预测的通用理论模型,甚至针对一个城市的专用理论模型也未见过。这是由于城市是一个复杂的人工系统,系统内部各种因素的变化规律以及它们之间的关系,目前还难以用明确的数学式表达,对系统中的各种自然因素和社会因素的变化规律更是如此。这样就给建立环境预测的理论模型带来了极大的困难。此外,城市生态系统中的物质流、能量流和信息流的规律也还没有被人们明确揭示出来,区域间的差异颇大,性质和功能也不同。因此,对一个城市的环境预测来说,一般还都是采用经验模型来进行。特别是广泛地采用了统计模型。统计模型也有很多种类,这里仅对环境预测常用的几个主要模型作一介绍(刘天齐等,1994)。

1. 污染物浓度预测

采用简单概略性预测方法(比例法)进行污染物浓度预测:

$$\frac{C_0}{G_0}=\frac{C_1}{G_1} \tag{13-1}$$

式中 C_0,C_1——不同时间(年)污染物在环境中的浓度(mg/m^3);

G_0,G_1——不同时间(年)该类污染物排放量(t/a 或 $\times10^4$t/a)。

由上式得:

$$C_1=\frac{C_0}{G_0}G_1,令\frac{C_0}{G_0}=k$$

则上式变成 $C_1=kG_1$,值得注意的是若对 k 值(k 为比例系数)进行修正,预测方程 $C_1=kG_1$ 还是比较理想的。

例:某市根据 1982~1986 年 SO_2 排放量监测数据,求平均 k 值$\left(k=\frac{1}{n}\sum_{i=1}^{n}\frac{C_i}{C_o}\right)$为 0.0063,预测到 1995 年、2000 年 SO_2 排放量分别为 15×10^4t 和 20×10^4t 时,预测的 SO_2 浓度(mg/m^3)见表 13-4 所示。

表 13-4　　1982~2000 年 SO_2 排放量及浓度

年	1982	1983	1984	1985	1986	平均	1995*	2000*
SO_2 排放量($\times10^4$t)	8.0	8.5	9.0	9.7	10.5		15	20
SO_2 监测浓度(mg/m^3)	0.05	0.055	0.06	0.061	0.061		0.0945	0.126
$k=\frac{C_i}{G_i}$	0.0062	0.0065	0.0067	0.0063	0.0058	0.0063		

* 表中 1995 年、2000 年为预测值。

从表 13-4 中可知,1995 年、2000 年 SO_2 浓度分别达到 0.0945mg/m^3,0.126mg/m^3,若不采

取任何措施，就已超过大气环境质量二级标准（年日均值 0.06mg/m^3）。

2. 回归预测

回归预测是以相关原理为基础的预测方法。由于预测对象受某些因素的影响，这一因素的变化将导致预测对象的变化。回归预测的基本思路是分析研究预测对象与有关因素的相互关系，用适当的回归预测模型表达出来，然后再根据数学模型预测未来的环境状况。

（1）一元线性回归预测

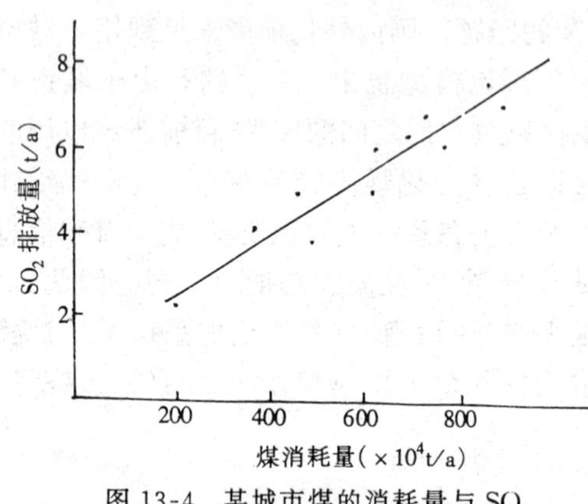

图 13-4　某城市煤的消耗量与 SO_2 排放量相关图

影响事物变化的方向和程度的因素是多方面的，若其中有一个因素是基本的、起决定作用，而用自变量与因变量之间的数据分布（可以用散点图或其他数学方法加以确定）呈线性趋势，那么就可以运用一元线性回归方程进行预测。如大气中 SO_2 的污染主要来自燃料的燃烧，特别是煤的燃烧。若把一个城市的燃料的消耗量在坐标纸上标成一张分布图，可以看出二者是一个近似的直线关系，如图 13-4 所示。

一元线性回归预测模型的数学表达式是一元线性方程，其特点是预测对象主要受一个相关因素的影响，且两者呈线性相关系。因此，我们可以用下列方程来表达两者之间的关系：

$$y=a+bx$$

上式称为二氧化硫的排放量（y）对煤的消耗量（x）的一元线性回归方程。b 为回归系数，它表示当 x 增加一个单位时，y 的平均增长量。从方程中可以看出只要有了 a 和 b 的数值，便可以根据 x 的取值来估计 y 值。

如某种污染物与某种产品产量存在着相关关系，具体数据如下表 13-5 所示。

表 13-5　　某污染物与产品产量表

序　号	年　度	某种产品产量 x （$\times 10^4$t）	某种污染物排放量 y （t）
1	1973	11.6	10.4
2	1974	12.9	11.5
3	1975	13.7	12.4
4	1976	14.6	13.1
5	1977	14.4	13.2
6	1978	16.5	14.5
7	1979	18.2	15.8
8	1980	19.8	17.2

可得一元回归预测方程：$y=\bar{a}+\bar{b}x=1.22+0.808x$，$R$（相关系数）$=0.997$。在假设置信度$a=0.05$的情况下，查$R_{0.05}=0.707$，$R=0.997>R_{0.05}(0.707)$，因此相关程度很好，可利

用这一方程预测。当产量达到 $21 \times 10^4 t$ 时($x = 21$),预测污染物的排放量 $y = 1.22 + 0.808 \times 21 = 18.19(t)$。

又如,某疗养区的正西方向有一工业空气污染源,经过多次的监测和试验得出 13 对数据。根据这些数据求疗养区的污染物浓度 C 与工业污染源源强 P 的线性关系。数据见表 13-6 所示。

表 13-6　　污染源强与污染物浓度关系表

序　号	源强(P)(t/d)	污染物浓度(C)(ppm)
1	41	4
2	120	16
3	301	37
4	81	10
5	250	31
6	104	14
7	50	8
8	269	36
9	241	30
10	139	20
11	208	26
12	154	19
13	180	23

$$a = \bar{y} - \bar{b}x = 0.679$$

P 与 C 的线性回归方程为

$$C = 0.679 + 0.124x$$

根据上式即可求出一定源强下的污染物浓度,方法与上例相同。

(2) 多元线性回归预测

多元回归同一元回归原理是一样的,只是正规方程组的阶数增多了,给求解带来了一些困难,因此一般多用电子计算机求解。在进行环境预测时,常常会遇到一个变量同时受几个或几十个自变量影响的情况。例如,大气中某种污染物质的浓度不仅与源强有关,同时,风向、风速、气温、气压和大气稳定度等因素都影响大气中某污染物的浓度。在这种情况下,若经过数据分析,确定自变量与因变量之间存在着线性关系(可用全相关系数法和偏相关系数法等加以确定),可以用多元回归分析的方法进行预测。

用统计模型进行宏观的环境预测是常用的方法,但不是万能的,也不是在任何情况下都能适用的。特别是使用线性回归模型时,首先应对变量之间的关系进行分析,在所有对因变量有影响的自变量中挑选出一个或若干个对因变量影响最大的自变量作为模型的参数,然后再根据这些参数去修正或调整模型(对于非线性回归模型则要对变量进行数学处理使之线性化)。因此,在使用统计模型进行预测时,一是要注意变量的选择是否合适,二是要注意模型的形式是否恰当。若不注意这两点，建立起的模型在使用时必然会不准确，甚至把我们引入歧路。由于统计模型属于经验模型，即“黑箱”模型的一种形式，它对于系统内部的变化规律和变化过程不加考虑，因此会给预测带来一些偏差，有时甚至出现较大的偏差。在使用时一定要加以注意。尽管统计模型有它自己的弱点，但在环境预测理论模型未建立或不完善的情况下，仍不失为一种有力的工具。除了用回归分析进行预测外，还有相关分析、判断分析、聚类分析等方法。在基础数据、资料缺乏的情况下，采取经验推断和数学工具结合方法也能获得较满意的预测结果。

第五节　城市环境区划

环境区划(environmental zoning)是根据特定区域环境系统的结构特征及其空间分异规律，结合自然生态系统和社会经济发展的实际条件，按照一定的准则和指标体系把该区域的环境空间划分为若干不同的地域单元的一项综合性的环境分类活动。它可为多种环境规划工作提供基本依据。区划的基本准则包括：区域在自然地理上的空间差异性、人类生态系统的稳定度、经济与科技文化的发展水平和现有的行政区域划分。区划的空间层次及工作程序是：首先要进行区域的自然及社会环境现状调查，分析评价它们对人类生态系统的影响，根据区域气象和气候条件，按大陆度和干燥度等指标划分为不同的环境地带和环境区；再根据不同地区的自然条件，按地形高度、降水量、径流深度、土壤风化程度和地面水的pH值等指标，将它们划分为不同的环境亚区；最后，按工农业生产、土地利用、环境污染、行政管辖范围等社会经济及环境条件，把环境亚区再细分为不同的环境小区。

城市环境区划是科学地进行城市环境功能分区的前提和依据。其基本方法是根据对城市各区域(或网格)的不同用地方式(如工业用地、居住用地、港口用地、商业用地等)进行适宜度分析，选择土地的最佳利用方式，为城市布局和环境功能分区提供科学依据。环境区划不同于环境功能分区，对同一块土地，区划的结果可能有几种不同的适宜用途，经综合分析确定其最佳利用方式。

一、环境区划的原则

1. 环境区划必须保证居民的生产和生活要求

在所有要素中，居民的生活需要是第一位的。因此，在环境区划中要避免城市工业污染给居住区带来的危害；同时又保证工业区与居住区的适当联系，此外还应考虑居民的商业活动、娱乐活动等。

2. 环境区划要有利于经济和城市的发展

环境区划要给城市发展、经济建设留有足够的土地和空间，并充分利用交通条件、物质条件等。

3. 环境区划要从生态环境着眼，合理利用城市的环境容量

城市工业污染的一个重要原因是布局不合理，污染源密度分布不合理，各功能区混杂。这种状况使得城市有限的环境容量一方面在局部地区处于超负荷状态；另一方面在其他地区又得不到合理利用。因此，在区划中应充分考虑这一点，实现环境资源的合理利用。

二、环境区划的方法

环境区划有多种方法,下面介绍其中的两种(刘天齐等,1994)。

(一) 土地开发度评价

土地开发度评价是70年代日本茨城县土地利用规划中提出的概念,目的是考察土地利用的可能性(土地条件)和现有的土地利用状况之间的平衡情况。用下式表达:

$$S=\frac{L}{U}$$

式中 S——土地开发度综合评价值;

L——土地条件等级;

U——土地利用现状等级。

1. 土地条件等级 L

土地条件等级是根据土地的自然地理特征和土地利用目标来确定的。在城建部门一般将土地等级分为三类,即:

第一类　指用地的自然环境条件比较优越,能适应城市各项建设的需要,一般不需或只需稍加整治即可用于建设的用地。

第二类　指需要采取一定的工程措施,改善条件后才能用于建设的用地。

第三类　指不适于修建的用地。由于现代工程技术的发展,绝对不适于修建的土地很少存在。这里是指必须经过特殊的工程措施处理后才能用以建设的用地。

在土地开发评价中,可以参照这种方法来确定土地条件等级。但在确定土地条件等级中应注意本地的具体特点;同时,类别的多少也要视环境条件的复杂程度和规划的要求来定。

表13-7,表13-8是秦皇岛市、鄂州市在土地开发度评价中所采用的土地条件划分等级,可做为参考。

表13-7　秦皇岛市土地分类等级

序　号	土　地　类　型	土　地　等　级
0	水　　面	0
1	风积与海浪堆积细沙	1
2	淤泥质亚沙土	
3	海积沉积物区	2
4	细沙亚粒土区	3
5	堆积物区	
6	砾石区	4
7	冲击平原区	
8	风化残丘区	5
9	风化花岗岩区	

表 13-8　　鄂州市土地分类等级

分　类	土　地　条　件	土　地　等　级
Ⅰ	倾斜大的山坡地	1
Ⅱ	较平坦的长江倾斜阶地	2
Ⅲ	湖滨低平地	3
Ⅳ	具起伏的较宽阔的台地	4

2. 土地利用现状(状况)等级 U

土地利用状况一般按人口密度来划分,另外还可以采用经济密度来划分。结合我国的实际情况,建议采用人口密度来划分。

城市的规模、性质不同,划分的标准也不同,因此划分时要因地制宜。我国马鞍山市、秦皇岛市的划分方法,可作为参考(见表 13-9,表 13-10)。

表 13-9　　马鞍山市土地利用状况等级

人口密度(人/km^2)	土地利用状况等级	土地利用程度评分
<500	1	1
501~1 000	2	2
1 001~5 000	3	3
5 001~10 000	4	4
>10 000	5	5

表 13-10　　秦皇岛市土地利用状况等级

人口密度(人/km^2)	土地利用程度分级	评　分
0	0	1
1~1 000	1	2
1 001~3 000	2	3
3 001~7 000	3	4
7 001~10 000	4	5
10 001~15 000	5	6
15 001~20 000	6	7
>20 000	7	8

3. 平衡点的选择

平衡点的选择是土地开发度评价中的一个技术关键。所谓平衡点是指土地条件等级与该块土地的实际利用状况相协调。例如日本某地区将平衡点选择为 $S=1.5$,即表示土地条件等级是土地利用现状等级的 1.5 倍时,该块土地开发适宜(或最佳开发)。当 $S>1.5$ 时,即表示该块土地开发不足(即还有开发的潜力);当 $S<1.5$ 时,表示该块土地处于过度开发状态。

如何确定平衡值 S 呢？原则上讲，当 $S=1.0$ 时，土地开发条件与开发现状相协调，此时土地开发处于平衡状态。但是，实际工作中，往往是做不到的。由于我国土地资源，尤其是城市的土地资源非常宝贵。因此，希望有限的土地资源能够得到最大程度的开发，鉴于这种情况，建议平衡值 S 应接近 1。例如秦皇岛市、马鞍山市选取的平衡值 $S=1.0$。如果城市的土地资源比较丰富，城市人口的面积比较协调，可定 $S>1.0$。

例如，某城市土地条件等级为 5(最好的土地)，经论证认为最佳人口密度为 15 000 ~ 20 000 人/km^2，即 $U=4$，那么，平衡值 S 可定为：

$$S=\frac{5}{4}=1.25$$

实际工作中，具体情况比较复杂，因此，平衡点实际上可确定为一个区间，如 $S=1.25$ 时，可确定平衡值区间为 1.15 ~ 1.35。

考虑到土地利用现状是用人口密度来标定的。这样，不同用途的土地，都用同一人口密度来衡量其开发程度就会出现偏离实际情况的现象。因此，在确定较合理的平衡值 S 时，可针对不同类型的土地分别确定。这样一种由人为确定的相对较理想的 S 值称为 $S_{平}$。对于高级别土地，土地条件较好，最适人口密度可大一些，即 $S_{平}$ 小一些；对低级别土地，土地条件差，最适人口密度自然应小一些，此时 $S_{平}$ 可大一些。例如，针对五类土地可确定五个平衡值 $S_{平}$(表 13-11)。

表 13-11

土地类别	5	4	3	2	1
$S_{平}$	1.25	1.33	1.50	2.0	—

4. 土地开发度评价

(1) 确定城市每个网格的土地类型，土地条件等级 L；

(2) 确定城市每个网格的土地利用现状，土地利用现状等级 U；

(3) 计算评价值 S；

(4) 由所得 S 值和该类土地的平衡点 $S_{平}$ 相比较，得出该网格土地开发评价结论。可分为三种情况：

$S>S_{平}$，表示该网格开发不足；

$S=S_{平}$，表示该网开发平衡；

$S<S_{平}$，表示该网格开发过度。

将评价结论列表，并分别计算三种状态的百分比。

(5) 用三种颜色分别代表开发不足、开发平衡、开发过度，将总的评价结果绘于城市地图上，供城市土地开发与土地区划参考。

(二) 生态适宜度分析

生态适宜度分析是在城市生态登记的基础上，寻求城市最佳土地利用方式的方法，进行生态适宜度分析时，一定要首先弄清土地何种用途的生态适宜度。例如对同一地块，由于地势低洼，终年积水，对养殖业来说，该地块是适宜的，可是对建筑业来说，就不适宜了。

目前生态适宜度分析的方法还不太成熟，下面简要介绍这种方法：

1. 生态适宜度分析的方法和步骤

(1) 选择生态因子(参数)

生态适宜度分析是对土地的特定用途的适宜性评价。当土地的用途确定后,如何才能评价该块土地适宜性呢?其方法是选择能够准确或比较准确描述(影响)该种用途的生态因子,通过多种生态子因子的评价,得出综合评价值。因此,生态因子的选择是否合适,直接影响到生态适宜度分析的结果。

不同土地用途,所选择的生态因子不同。下面是几个城市选择生态因子的实例,可供参考,见表 13-12。

表 13-12　鄂州市生态因子选择表

土 地 用 途	生　态　因　子
工业用地	人工与自然特征、气象因子(风向)、大气环境质量、土地利用评价值
居住用地	大气质量指数、土地利用评价值、环境噪声、绿地覆盖面积

马鞍山市的工业用地及居住用地生态因子和鄂州市的情况基本相同,邵武市在居住用地的生态因子中,没有选环境噪声,而是增加了一个扰民度因子;秦皇岛市是个港口城市,因此在生态适这宜度分析中专门增设了港口用地适宜度分析,所选择的生态因子共六个,即海拔高度、地表水、气象条件(风向)、承压力、距海岸线距离及土地利用现状等。

四平市在生态因子的选择上,考虑的比较全面,如图 13-5 所示。

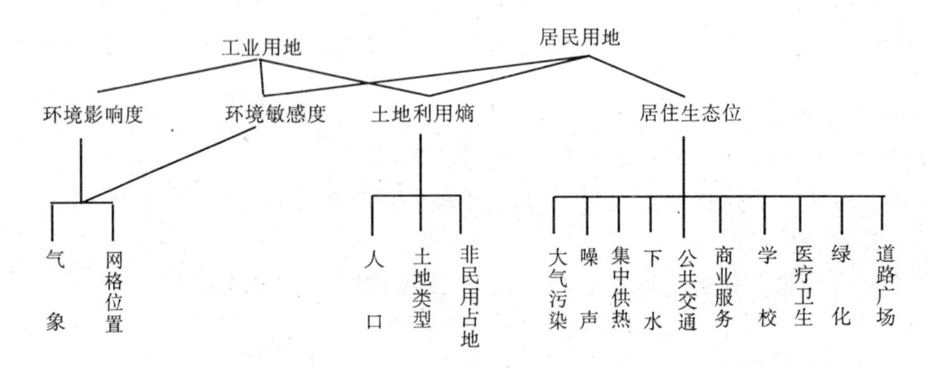

图 13-5　四平市生态因子选择

图中环境敏感度表示某网格大气环境受全市各网格排放源影响的大小,其值愈大,说明该区大气环境愈易受污染。大气环境敏感度等于所有网格对该网格的污染物浓度贡献系数之和。

环境影响度表示某网格对全市各网格大气环境质量总影响的大小,其值愈大,说明该网格对全市各网格大气环境质量影响程度愈大。大气环境影响度等于该网格对所有网格的污染物浓度贡献系数之和。

土地利用熵是评价土地开发利用是否适当的综合指标,可参考土地开发评价值。

生态因子的选择没有规律可循,但必须遵循一条最基本的原则,这就是生态因子必须是对所确定的土地利用目的影响最大的因素。

(2) 单因子分级评分

对特种土地利用目的所选择的生态因子在综合分析前,首先必须进行单因子分级评分。单因子分级一般可分为五级,即:很不适宜、不适宜、基本适宜、适宜、很适宜;也可分为三级,即:不适宜、基本适宜、适宜。进行单因子分级评分可以从下面几个方面考虑:

① 该生态因子对给定土地利用目的的生态作用及影响程度

如人口密度对工业用地的影响很敏感,在对人口密度进行分级评分时,就应充分考虑到这一特点,把工业用地的不适宜人口密度标准定得高一点,即人口密度应尽量小。

② 城市生态的基本特征

在进行单因子评分时,要充分考虑城市大环境的特征,各类用地的单因子分级要体现城市的生态特色。如风景旅游城市对风景旅游适宜度分析的各单因子,其适宜的标准应尽量严。

单因子分级评分没有完全一致的方法,同样的土地利用方式,城市的性质不同,单因子分级评分的标准也不同,因此,应做到因地制宜。

下面是几个城市单因子分级评分的实例,可供参考(见表 13-13,表 13-14,表 13-15)。

应该说明的是单因子分级评分中,应保证单因子分级的连续性,不可出现间断点。如对大气质量指数,很不适宜为 >1.5,不适宜为 $1.0\sim1.4$,基本适宜为 $0.5\sim0.9$,适宜为 $0.4\sim0.3$,很适宜为 <0.2。这种分级就不连续,出现了很多间断点,如当大气质量指数 $0.9<I<1.0$,$0.4<I<0.5$,$0.2<I<0.3$ 时,都找不到合适的评价描述。正确的分级方法应该是连续的,如很不适宜的为 $I>1.5$,不适宜为 $1.0<I\leqslant1.5$,基本适宜为 $0.5<I\leqslant1.0$,适宜为 $0.3<I\leqslant0.5$,很适宜为 $I\leqslant0.3$。这样,任意的 I 值都能找到准确的评价描述。

表 13-13 某市单因子分级评分

单因子 \ 指标 \ 评价描述 \ 分级 \ 适宜度值	1	2	3
分级	三	二	一
评价描述	不适宜	基本适宜	适宜
位置	重点文物保护单位、园林、政府机关	居民、一般单位、学校、医院	空旷地、工业、交通用地
风向	上风向	中间	下风向
大气质量指数	>1.3	0.9~1.2	<0.89
土地利用综合评价值	<1.0	1.0~1.5	>1.5

表 13-14　某市居住用地单因子分级评分

评价因子指标 \ 评价描述						
适宜度值	1		2		3	
分级	三		二		一	
评价描述	不 适 宜		基本适宜		适　宜	
环境噪声分贝(A)	>60		50~60	51~55	46~50	≤45
绿地覆盖率(%)	<5%	5%~10%	>10%	<30%	≥30%	
大气质量指数	>1.3		0.9~1.2		<0.89	
土地利用综合评价值	<0.66		1.0~1.5		>1.5	

表 13-15　邵武市居住用地单因子分级评分

评价因子指标 \ 评价描述					
适宜度值	1	3	5	7	9
分级	五	四	三	二	一
评价描述	很不适宜	不适宜	基本适宜	适　宜	很适宜
土地条件	很　差	较　差	一　般	良　好	很　好
扰民程度	严重扰民	较扰民	扰　民	不太扰民	不扰民
绿化覆盖率(%)	<10%	10%~20%	20%~30%	30%~40%	≥40%
大气质量指数	>1.5	1.0~1.5	0.49~1.0	0.4~0.49	≤0.4
风向位置	下风向	偏下风向	中　间	偏上风向	上风向

(3) 生态适宜度分析

在各单因子分级评分的基础上,进行各种用地形式的综合适宜度分析。由单因子生态适宜度计算综合适宜度的方法有两种:

① 直接叠加

$$B_{ij} = \sum_{i=1}^{n} B_{isj}$$

式中　i——网格编号(或地块编号);

j——土地利用方式编号(或用地类型编号);

s——影响 j 种土地利用方式的生态因子编号;

n——影响 j 种土地利用方式的生态因子总数;

B_{isj}——土地利用方式为 j 的第 i 个网格的第 s 个生态因子适宜度评价值(单因子评

价值)；

B_{ij}——第 i 个网格,利用方式为 j 时的综合评价值(j 种利用方式的生态适宜度)。

这种直接叠加方法应用的条件是各生态因子对土地的特定利用方式的影响程度基本相近。在我国城市生态规划中,直接叠加法应用得较为广泛。

② 加权叠加

当各种生态因子对土地的特种利用方式的影响程度相差很明显时,就不能直接叠加求综合适宜度了,必须应用加权叠加法,对影响大的因子赋予较大的权值。计算公式如下：

$$B_{ij} = \sum_{s=1}^{n} W_s B_{isj} / \sum_{s=1}^{n} W_s$$

式中,W_s 为 s 因子对 j 种土地利用方式的权值。其他符号与 前面的直接叠加式相同。

例如,四平市生态规划中,对一类二类工业用地适宜度评价时,在环境敏感度、环境影响度、土地利用熵等三项因子中,认为环境影响度对这两类工业布局最为重要。因此,取权值为 2,其余因子权值为 1,然后求综合适宜度。

(4) 综合适宜度分级

综合适宜度有两种分级方法：

① 分三级

根据综合适宜度的计算值分为不适宜、基本适宜、适宜三类。

例如,在评价居住用地时,选取四个因子,四个单因子适宜度也分为三级,第一级为适宜,评价值为 3;第二级为基本适宜,评价值为 2;第三级为不适宜,评价值为 1。如果采用直接叠加法求综合评价值,那么四个因子均为适宜时,综合评价当然也为适宜,即第一级。其评价值为 $4 \times 3 = 12$,这就是综合适宜度为适宜的上限。

如何确定基本适宜的上限呢？一般方法是在四个单因子中,如果有两个是适宜,两个是基本适宜,其综合评价值可以认为是基本适宜的上限,即综合评价值 $3 + 3 + 2 + 2 = 10$ 时,为基本适宜的上限。

同样,对不适宜的上限,可以理解为四个因子中,两个因子不适宜,两个因子基本适宜,其综合评价值 $2 + 2 + 1 + 1 = 6$ 时,为不适宜的上限。

综上所述,对四个因子直接叠加求综合适宜度时,可参考下面的分级方法：

综合评价值	评价描述
$10 < B \leqslant 14$	适宜
$6 < B \leqslant 10$	基本适宜
$B \leqslant 6$	不适宜

综合适宜度分级要根据评价单因子的个数而定,对于四种因子以外的其他方法,也可参考这种方法。其基本原则是基本适宜的上限应该是半数或略高于半数的单因子处于适宜,剩余因子处于基本适宜。其他依此类推。

② 分五级

目前对综合适宜度大多数城市都采用五级分法,即很不适宜、不适宜、基本适宜、适宜、很适宜等五级。

综合适宜度的分级值与三级分法的情况类似,对四个单因子的情况,五级分法如下：

综合评价值	评价描述

$18 < B \leqslant 20$	很适宜
$14 < B \leqslant 18$	适宜
$10 < B \leqslant 14$	基本适宜
$6 < B \leqslant 10$	不适宜
$B \leqslant 6$	很不适宜

以上叙述的是综合适宜度的一般分级方法，具体到某地区时，应该充分考虑当地的条件，灵活应用。对加权叠加求综合适宜度评价值的情况，应在综合适宜度分级中，考虑各单因子权值的大小进行分级。

2. 工业用地生态适宜度分析

(1) 选择生态因子

在工业用地生态适宜度分析中，通常可选择人工与自然特征、气象因子(风向)、大气环境质量指数、土地利用现状评价等因子。此外，也可根据城市用地的具体情况，选择其他因子。

(2) 单因子分级评价

以马鞍山市工业用地适宜度分析为例，该市单因子分级评分如表 13-16 所示。

表 13-16　　马鞍山市工业用地单因子分级评分

评价因子 \ 评价描述 \ 分级	1	2	3	4	5
	很不适宜	不适宜	基本适宜	适宜	很适宜
人工与自然特征(位置)	文物保护、公园、政府、机关、湖泊水源地	居民区、学校、医院	商业区、非污染型工业及一般单位	较空旷地、轻污染型工业	空旷地、重污染型工业
气象因子(风向)	上风向	偏上风向	中间	偏下	下风向
大气质量指数	小于0.4	0.41～0.59	0.60～0.80	0.81～1.0	大于1.0
土地利用评价值	小于0.6	0.7～0.9	1.0	1.1～1.9	大于2.0

(3) 单因子的综合

依据各单因子对工业用地影响程度的差异，分别选择直接叠加或加权叠加求综合评价值。一般选用直接叠加法。

(4) 工业用地适宜度分析

先确定工业用地适宜度分级表，可分三级或五级。方法与前面叙述的相同。

以综合适宜度评价值和分级表为依据，评价各网格(地块)的工业用地适宜度，并填写表 13-17。

表 13-17　　工业用地适宜度综合评价表

网格号	单因子评价值				工业用地适宜度评价值	评价描述
	位置	风向	大气质量	土地利用评价值		

最后将评价结果绘成图。图的形式如图 13-6 所示。

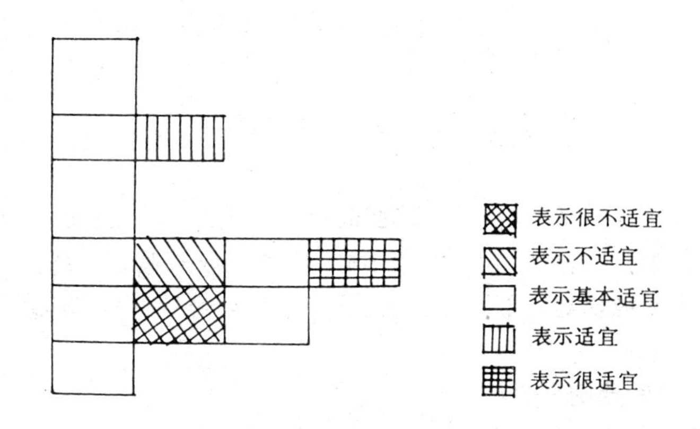

图 13-6　工业用地适宜度评价图(引自刘天齐等,1994)

3. 居住用地、港口用地及其他用地生态适宜度分析

其方法和工业用地适宜度分析相似,主要差别在于不同用地选择的生态因子不同,生态单因子的分级评分标准也不同。如大气质量指数对工业用地适宜范围可能是 0.8～1.0,而对居住用地的适宜度范围则可能为 1.2～1.4,即标准应严一些。

(三) 环境区划

1. 环境区划的依据

(1) 土地开发度评价结果。

(2) 生态适宜度分析结果。

2. 环境区划的方法

(1) 以城市规划图为底图,以 $1km^2$ 为一个网格,画出城市土地开发度评价图(图 13-7)及生态适宜度分析图(见图 13-6)。并汇集城市总体规划关于土地利用的安排,以及经济发展的要求。

(2) 综合分析土地开发度评价图和生态适宜度分析图

分析时,将开发过度区连成片,开发不足区连成片,宜工业用地连成片,宜居住用地、宜港口用地、宜商业用地分别连成片。分析中,应充分考虑以下几点:

① 等级高的用地形式优先考虑。

② 各类用地形式的最高等级值相同时,则优先考虑与现状相近的土地利用方式。

(3) 上述两项因素,再与资源、交通等因素综合分析,确定城市区划草图。征询经济、城建等部门的意见后,绘出城市环境区划图,提出各种土地利用方式的优先开发顺序。

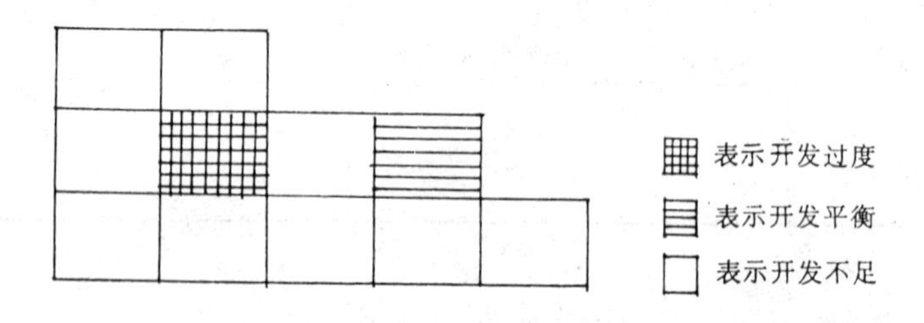

图 13-7 土地开发度评价图(引自刘天齐等,1994)

第六节 城市环境功能分区

环境功能分区是实施城市环境分区管理和污染物总量控制的基础和前提。其要点是以区域环境质量的改善为目的,依区域功能的不同,分别采取对策。因此,划分城市环境功能区是研究和编制城市环境规划的重要内容,也是实施环境规划,强化环境管理的基础。

一、环境功能分区的原则

1. 以城市生态环境特征为基础

划分功能区首先要考虑城市的性质、特征,分析城市目前各区的主要功能、主要问题以及城市发展的总体布局。此外,功能分区必须有利于城市生态环境建设,使城市内的环境容量得以合理利用,做到各区域污染物的排放总量在整个市区内合理分布。

2. 以城市环境区划为依据

城市环境功能区划根据城市土地开发现状评价以及各种用地适宜度分析,已绘制出了城市用地的理想分布,这一结论无疑是城市环境功能分区的一个最重要的依据。

3. 必须满足城市经济发展和居民生活的基本要求

城市环境保护的根本目的在于维护居民的生产和生活环境,实现城市经济社会的持续、稳定、协调发展。因此,在划分功能区时,应有利于城市经济社会发展,给城市工商业的发展留有足够的空间,并能充分利用现有的交通运输条件,在尽可能满足各类工业对环境的不同要求的同时,功能区划分必须有利于居民的生活,避免工业生产给居民带来的危害,还要保持居民区与工业区的必要联系,以方便市民的生活。

4. 必须满足国家有关的标准、法规及规定的要求

国家对城市的一些特殊区域,如风景区、名胜古迹、疗养区、居民生活区等都有一些特殊的规定,划分功能区时,应不与国家的统一要求相违背。

5. 分析和评价城市各区域的现有功能,以及改变现有功能的可能性

要分析现有功能是否合理、功能是否明确以及保持或改变现有功能的可能性等。

6. 同一功能区承担多种功能时,以最高功能或主要功能的要求为准

城市中,往往出现同一功能区同时存在几种功能的情况,原则上应该以最高功能为准。例如,对水源地,如果同时承担有饮用水、工业用水、农业灌溉用水等几种功能时,应该以饮

用水水源地的有关标准来要求。当然,在实现最高功能有很大困难时,根据具体情况,可以以主要功能为准,但对最高功能要有妥善的保护措施。如混杂在工业区内的居民生活区,要设置保护林带,并限制其进一步发展,在条件成熟时加以调整。

二、城市环境功能分区的方法

1. 对比分析城市环境区划图、城市总体规划图、城市现状图

对比分析以上三个图时,还要考虑城市是否存在重点保护区域,如饮用水源取水口、文物古迹、著名风景名胜等,如果有,应该在每一张图上标明。

2. 对比分析城市大气污染源、水污染源排放量密度图,环境噪声、固体废物堆放分布图,并标明城市气候特征。

在分析以上各图时,还应该标明城市总体和城市经济社会发展规划中可能要建设的新污染源分布情况,如新建造纸厂及其他工业企业的分布。

3. 对比分析城市静态人口密度分布图、城市主要区域动态人口密度分布图、城市交通量分布图以及现有建筑密度分布图

综合分析以上因素,分别绘制城市经济社会发展所要求的功能分区图,以及城市生态环境保护所要求的功能分区图,如果两者不相矛盾,即可确定城市环境功能分区的初始方案图;如果两者发生矛盾,就应进行综合平衡,并提请有关方面讨论,广泛征求意见。

4. 论证并确定城市环境功能分区初始方案图

城市环境功能分区的初始方案图确定后,要专门组织有关方面的专家、城市规划部门以及其他有关部门进行反复论证,确定最后的环境功能分区图。

三、城市环境功能分区内容

(一)城市用地环境功能分区

城市用地环境功能区一般分为工业区、居民区、商业娱乐区、风景旅游区等。其中工业区还可细分为化工区、机械工业区、轻工区、重工业区等。此外,城市还可根据需要设置重点保护区,如饮用水源取水口、一级二级保护区、文物古迹区等。

用地功能区确定后,应在城市规划图上标明城市用地环境功能分区图,供环境规划和环境管理使用。

(二)大气环境功能分区

大气环境功能分区主要是以城市用地环境功能分区为依据,根据城市气象特征和国家大气环境质量的要求,将城市大气环境划分成不同的功能区域。其划分过程如下:

1. 根据用地环境功能分区的结果,列出各区域应执行的大气环境质量标准;
2. 绘制城市主要大气污染物浓度分布图以及大气环境质量现状图;
3. 分析评价主要大气污染源对城市各区域的影响大小(可对污染源的影响大小排队);
4. 预测各规划年城市各区域大气环境质量变化情况;
5. 划分大气环境功能区,如表13-18所示。

表 13-18　　大气环境功能区划分

功能区	范　　围	执行大气质量标准
一类区	自然保护区，风景游览区，名胜、疗养区	一级
二类区	规划居民区，商业、交通、居民混合区，文化区，名胜古迹及广大农村	二级
三类区	工业区及城市交通枢纽、干线	三级
备　注	凡位于二类区内的工业企业，应执行二级标准，凡位于三类区内的非规划居民区可执行三级标准（应设置隔离带）	

（三）声学环境功能分区

主要是根据环境功能分区的结果以及《中华人民共和国城市区域环境噪声标准》（GB3096-82）适用区域的定义来划分声学环境功能区。

声学环境功能分区如表 13-19 所示。

表 13-19　　城市声学环境功能分区

区　　域	范　　围	执行标准 dB(A)	
		昼间	夜间
特殊文教区	特别需要安静的住宅区	45	35
居民、文教区	纯居民区、文教、机关区	50	40
一类混合区	一般商业与居民混合区	55	45
二类混合区 中心区	工业、商业、少量交通与居民混合区，商业集中的繁华地区	60	50
工业集中区	规划明确确定的工业区	65	55
交通干线道路两侧	车流量每小时 100 辆以上的道路两侧	70	55

（四）水环境功能区的划分

水环境功能区划分是实现水资源综合开发、合理利用、积极保护、科学管理的基础；是根据保护目标、水环境的承受能力确定重点保护功能区、强化目标管理的体现，它不同于水资源规划中的水利区划，也不同于国土整治中的水域功能划分，它是环境保护部门为实现分类管理，根据功能区保护的必要性和可行性，在水域众多功能区中体现重点保护政策而划分的水环境功能区。

1. 水环境功能区划分的原则

划分水环境功能区的原则可结合城市水资源保护情况及社会经济发展需要，因地制宜。一般可从以下几个方面考虑：

(1) 饮水水源重点保护

在 GB3838-88《地面水环境质量标准》中，水域划分为五类，其中饮用水源地为优先保护对象。在划分水环境功能区时，如果出现功能混杂时，应优先考虑饮用水源地，水环境的其他功能应该首先服从饮用的功能。

(2) 统筹考虑、合理组合

水环境功能区划分应该从整个流域的总体进行考虑，局部服从整体，同时在划分功能断面时，要注意上、下游功能组合的合理性，不能产生矛盾。例如，上游为Ⅳ类水体，下游若定为Ⅲ类水体，则必须根据实际计算论述这种划分方法的科学性。否则，下游水体功能就可能定得太高，难以实现。

(3) 和城市布局相结合，综合考虑水污染源(或排放口)的分布

水环境功能区划分必须与陆上的工业布局相适应，对工业区集中、排放口密集的水域，其功能就不能定得太高。实际划分中，对于支流与主流的汇水区，可允许一定范围的混合区，混合区的功能应低于河流的整体功能。

(4) 合理利用水环境容量

由于历史的原因，我国大部分城市在工业建设中，布局不合理现象十分严重，工业企业一直存在着水污染物就近排放、盲目排放的现象，这使得本来就有限的水环境容量得不到充分利用。在水环境功能区划分中，应该根据容量要求，鼓励分散的、科学的排放。限制或禁止密集式排放。

(5) 经济技术约束

在水环境功能区划分中，存在着有关部门及上下游之间矛盾的水域，应充分考虑经济技术的约束，研究目标是否可达，对污染负荷削减费用、给水处理费用、季节调控费用等，作多方案比较，通过分步到位的实施方案解决功能区目标的实施问题。

(6) 便于管理、目标可行

水环境功能区划分要有利于强化水环境质量管理和水污染综合整治，尤其是要兼顾水污染物排放许可证制度的试行和推广。此外，各功能所定目标要可达。

2. 水环境功能区划分的方法

(1) 水环境现行功能调查

主要是调查城市各水域，包括湖泊、河流、水库、近岸海域的现行功能，如饮用水、游泳用水、渔业养殖用水、工业用水、娱乐、景观用水及农业灌溉用水等。并结合水质监测结果分析现状功能是否能够达到。

现行功能的调查分析，可以根据水域的季节变化，如丰水期、枯水期、平水期的水文条件变化分别进行。现状调查评价结果绘于城市水域分布图上。图中包括：① 城市主要水域分布；②水域排污口强度及分布；③水污染源及排放途径分布。

(2) 预测各水域纳污量及水质

可参考表13-20进行分析。

表13-20　　各水域纳污量及水质预测汇总表

水域名称	现行功能	规划年纳污量			规划年水质		
		丰水期	枯水期	平水期	丰水期	枯水期	平水期

(引自刘天齐等，1994)

(3) 划分水环境功能区,并论证其可行性

综合分析城市水环境现状、经济社会发展需要以及水污染预测结果,形成水环境功能区划分草案,结合功能划分的可行性分析,组织有关部门进行全面衡量、综合分析、重点考虑以下几个问题:

① 改变功能、调整功能、利用混合区是否可行,是否可能造成不可挽回的环境影响。

② 提高水环境质量与加强给水量和开采量两条途径的费用效益分析。

③ 各专业用水区的水质是否有了更有效的保护。

④ 通过工程措施和排污许可证制度能否保证污染物削减方案的分期实施。

⑤ 削减污染物治理方案的经济承载能力和分期实施计划。

⑥ 将环境保护目标与负荷分配目标落实于环境综合整治定量考核和目标责任制。

在综合分析、广泛征求意见的基础上,确定水区域功能,并填写表 13-21。

表 13-21　　　　水环境功能区划分

控制单元		功能区编号	功能区范围	某规划年功能	
区　域	单元编号			指定功能	水质类别

(引自刘天齐等,1994)

第七节　城市环境规划指标体系

一、城市环境规划指标体系概述

所谓指标体系是指描述、评价某种事物的可量度参数的集合。环境保护规划指标体系是环境规划工作的基础,也是环境综合整治的主要依据。环境规划指标体系是由一系列相互联系、相互独立、相互补充的环境规划指标所构成的有机整体。在实际进行环境规划时,由于规划的目的、要求、范围、内容等不同,所要求建立的环境规划指标体系也不相同。

环境规划指标体系除了与城市或区域的性质以及规划本身要求有关外,还随着经济社会的发展而变化。在我国目前的条件下,生态环境保护的重点是污染防治,因此,环境规划指标体系中污染防治指标必然占主导地位;而生态建设指标在目前条件下,只能居次要地位。但随着经济社会的发展和污染问题的不断解决,生态建设会越来越重要,生态建设方面

的指标必然会不断加强。因此,环境规划指标体系是针对一定的经济社会发展水平和环境质量水平而言,不存在永恒不变的环境规划指标体系。

环境规划指标体系中,指标的数目应适宜,在满足能完全描述规划要求的前提下,指标应尽量少;当然,指标也不宜太少,因为指标太少就很难保证环境规划的可行性和环境决策的科学性。

从内容上看,有数量方面的指标、质量方面的指标和管理方面的指标;从控制标准来划分,有总量控制指标和浓度控制指标;从层次和结构上看,有综合性指标和单项指标;从范围上看,有宏观指标和微观指标;从地位和作用上看,有决策指标、评价指标和考核指标。环境规划指标体系的内容应体现环境管理的运行机制;体现环境保护的战略目标、方向、重点、投资及效益以及环境保护的方针和政策等。所以,环境规划指标体系是一个多层次、多单元的复杂问题。

二、城市环境规划指标体系

指标体系主要用以表示环境规划的各级目标,并对各类规划措施进行定量化和抽象化的描述,在某种程度上它反映出规划的基本思想和内容以及城市存在的主要环境问题。因此,指标体系是规划工作的重要内容。

指标体系结构见图 13-8,指标体系具体内容见表 13-22。

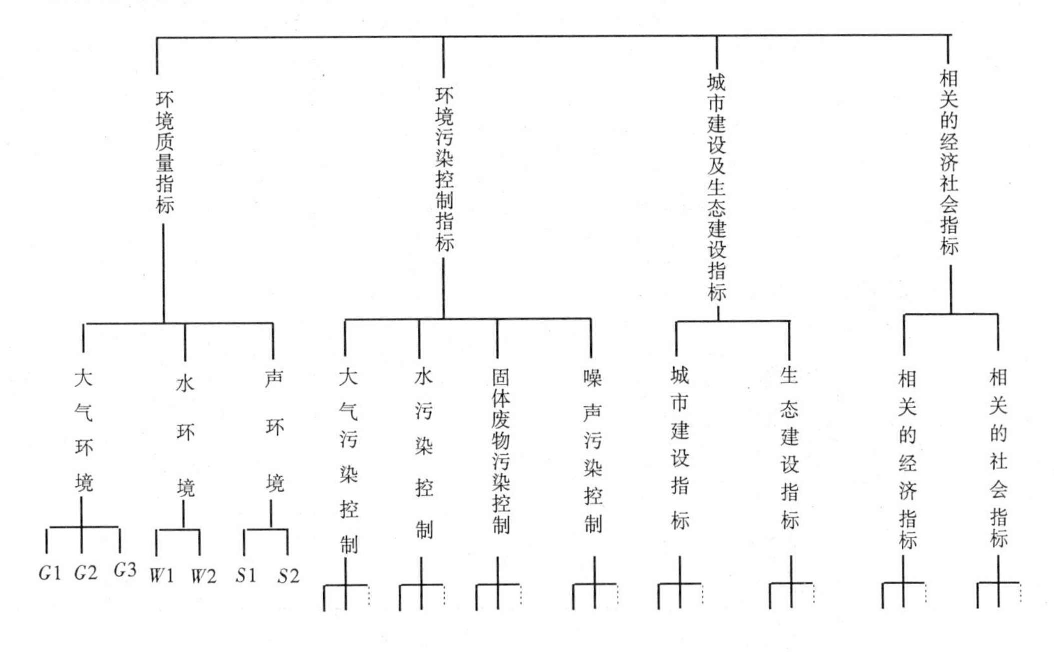

图 13-8　城市环境规划指标体系框图(引自刘天齐等,1994)

表 13-22　　城市环境规划指标体系

分类（一）(1)	分类（二）(2)	分项指标名称指标 (3)	适用范围 宏观规划 (4)	专项规划 (5)	环境区划 (6)	综合分析 (7)
环境质量指标	大气环境	TSP 年日平均值 (mg/m^3)	√	√		√
		二氧化硫年日平均值 (mg/m^3)	√	√		√
	水环境	城市地表水 COD 平均值 (mg/L)	√	√		√
		饮用水源水质达标率 (%)	√	√		√
	声环境 dB(A)	交通干线噪声平均值		√		√
		功能区环境噪声达标率		√		√
污染物总量控制指标（污染物控制指标）	大气污染物排放量指标 (t/a)	燃煤烟尘排放量	√	√		√
		燃料燃烧 SO_2 排放量	√	√		√
		工业粉尘排放量	√	√		√
		工业生产 SO_2 排放量	√	√		√
		燃料燃烧废气排放量		√		
		工业生产废气排放量		√		
	水污染物排放量指标 (t/a)	废水排放总量	√	√		√
		工业废水排放总量	√	√		√
		生活废水排放总量	√	√		√
		工业生产 COD 排放量	√	√		√
		生活废水 COD 排放量	√	√		√
	固体废物排放量指标 (t/a)	城市生活垃圾排放量	√	√		√
		工业固体废物排放量	√	√		√
		(分类列出工业固体废物排放量)	√	√		√
	大气污染治理指标 (%)	烟尘控制区覆盖率		√		√
		汽车尾气达标率		√		√
		工业生产尾气达标率		√		√
		城市气化率		√		√
		城市热化率		√		√
		民用型煤普及率		√		√

续表 13-22

分类（一）(1)	分类（二）(2)	分项指标名称指标 (3)	适用范围			
			宏观规划 (4)	专项规划 (5)	环境区划 (6)	综合分析 (7)
污染控制指标	水污染治理指标	工业废水处理率 (%)		√		√
		工业废水排放达标率 (%)		√		√
		万元产值工业废水排放量年平均递减率(%)		√		√
		城市污水处理率 (%)		√		√
		COD 去除量 (t/a)	√	√		√
	噪声治理指标 (%)	交通干线噪声达标率		√		√
		噪声控制小区覆盖率		√		√
		企业厂区噪声达标率		√		√
	固体废物治理指标 (%)	工业固体废物综合利用率		√		√
		工业固体废物处理率		√		√
		生活垃圾处理及利用率		√		√
城市建设及生态建设指标	城市建设指标	建筑密度 (%)		√	√	
		人均居住面积 (m^2/人)		√	√	
		下水道普及率 (%)		√	√	
		适宜布局率		√	√	
	生态建设指标	城市人均公共绿地 (m^2/人)		√	√	√
		绿地覆盖率 (%)		√	√	√
		过度开发率 (%)		√	√	
相关的经济社会指标	相关的经济指标	GNP 或国民收入 (亿元)	√			
		工业总产值 (亿元)	√	√		
		各行业产值 (亿元)	√	√		
		经济密度 (亿元/km^2)	√		√	√
		万元产值综合能耗 (t/万元)	√	√	√	√
		万元产值耗水量 (t/万元)	√	√	√	√
		能耗密度 ($\times 10^4 t/km^2$)	√			√
		人均耗煤量 (t/人·a)	√	√		√
		人均生活耗水量 (L/人·d)	√	√		√
		城市可用水资源总量 ($\times 10^4 t/a$)	√			√
		主要污染部门耗水量 ($\times 10^4 t/a$)	√	√		√
		工业用水重复利用率 (%)	√			√
	相关的社会指标	人口总量、分区人口数 (万人)	√	√		
		人口密度及分布 (万人/km^2)			√	
		人口结构指标				√
		人口自然增长率 (%)	√	√		√
		人口机械增长率 (%)	√	√		√
		……				

（引自刘天齐等，1994）

第八节 城市环境目标及可达性分析

环境规划指标体系建立以后,确定了城市环境保护和生态建设的控制因素、控制重点;但是还应确定环境保护和生态建设的控制水平,这就是环境目标。

一、环境目标的类型和层次

环境目标可以根据规划管理工作的要求,按照国家或地方的统一部署,分为不同的类型和层次。

(一) 以目标的高低划分

环境目标按目标的高低可以划分为三个层次,即低目标、中目标和高目标。低目标是对环境保护工作的最低要求,是城市的生产生活活动及城市经济社会发展对环境的最低要求,是必须要达到的目标。中目标是对环保工作的一般要求,是城市的经济社会活动,包括居民生活对环境达到基本舒适的要求。中目标应该是城市通过一定的手段,经过努力能够实现的目标,也是一般要求的目标。高目标是对环保工作的严要求,是城市经济社会活动、居民生活活动对环境的要求达到舒适的目标。一般来讲,实现高目标困难很大,但是,应该把高目标作为环保工作努力的一个方向,一个总的奋斗目标。

(二) 从时间上划分

环境目标从时间上可划分短期目标、中期目标和长期目标,或者分为年度目标、五年目标、十年甚至十五年、二十年目标等。十年以上的长期目标,有时也称为设想。短期目标要求目标准确、具体,不能模棱两可,要定量。中期目标一般包括内容具体的定量指标,又包括一些定性的宏观要求。长期目标是对环保工作在一个历史时期的总的宏观要求或设想,是制定短期和中期目标的依据。

(三) 从空间上划分

环境目标从空间上可划分为国家环境目标、省市自治区环境目标、地市县环境目标以及大经济区、流域、海域环境目标等。若从城市来划分,可分为城市总的环境目标,城市各功能区的环境目标。城市总的环境目标是对城市环保工作的总安排,是城市的性质功能决定的。各功能区的环境目标是根据各功能区的性质、功能要求确定的,是总目标的具体体现和落实。

(四) 从行业上划分

环境目标从行业上可分为工业部门、交通部门、农业部门、建设部门等。对城市而言,工业部门是重点,还应进行细分,如冶金、纺织印染部门、轻工部门等部门环境目标。国家对部分污染重的行业,有一个总的目标要求,这些目标要求可做为城市环境目标的参考。

(五) 从环境规划指标体系划分

环境目标从环境规划指标体系上一般可分为环境质量目标、环境建设目标、污染控制和环境管理目标等。也可分为环境质量目标、环境影响总量目标和环境治理手段目标。其中环境质量目标是最高层次的目标。因为在实际工作中我们采取的一切措施的目的都是为实现和保持良好的环境质量。环境质量是衡量环保工作成效的最低指标,当然这里的“环境质量”是广义的,它包括生态环境的质量,而且环境质量目标本身也自成体系,可以由不同功能区的环境质量目标体系构成。第二层次的环境目标是实现第一层次目标的充分必要手段，这就是环境污染和生态破坏因子的总量目标，因为只要环境污染与生态破坏因子的总量能在一定的时空范围内得到控制，那么一定时间范围内的环境质量就能得到保证。环境污染与生态破坏因子即环境影响因子的总量，可以按区域和部门直接到单位逐级进行分解，以便分工负责。环境影响因子总量目标与环境质量目标存在着客观的联系，其原因就是在一定时空条件下，环境影响因子总量目标与环境质量目标存在着客观的联系，其原因就是在一定时空条件下，环境容纳或承载环境影响因子的总量是一定的，而不是无限的，环境质量随环境影响因子总量的变化而变化。显然，能够直接控制影响环境影响因子总量的主要措施手段的指标构成了第三层的环境目标，常见的有科技手段、法律手段、行政手段、经济手段、宣传教育手段等等，可称为环境治理手段目标。

实际规划中，常常是将以上讨论的各种类型、各层次的目标结合在一起，分成时间限额，按城市总体和城市各功能区确定城市环境规划的目标体系。

二、确定环境目标的方法

（一）经验判断法

经验判断法主要是根据国家和地方环境目标要求及城市的性质功能，结合环境污染预测结果和目前的环境污染治理和管理水平确定城市总的环境目标及各功能区的环境目标。

经验判断法确定环境目标的程序一般是先按城市的性质功能定一个应该达到的标准，然后计算达到标准所应完成的污染物削减总量，并分析总量削减的经济技术可行性和时间期限的可行性，然后反过来调整、修改和完善环境目标。通过反复平衡，综合分析，得到城市以及各区域不同时间间隔以及不同程度的环境目标(如高、中、低目标)。

（二）最佳控制水平确定法

环境污染对城市的经济社会发展以及人群健康造成影响，这种影响可用污染损失费用来表示。环境质量标准越低，控制费用越小，但污染损失越大；反之，环境质量改善得越好，要求的控制费用越大，污染损失必须越小。因此，从整体优化的思想出发，必然能寻找到城市环境污染的最佳控制水平。

要确定最佳控制水平，必须首先确定污染损失函数和污染控制费用函数。

(1) 污染损失函数

污染损失函数主要是建立不同程度的污染所对应的损失费用关系。这里关键是计算损失费用。由于目前的环境经济分析技术的限制以及环境问题本身的复杂性，污染损失费用计算起来比较困难，有些可以定量，有些难于定量，在计算中常常包括许多不确定因素。实际计算中可采用定量、半定量、定性相结合的方法。一般可从以下几个方面估算：

① 环境污染对生产性资源的损失费用。如污染使水体使用价值的丧失，污染造成原材料腐蚀，农作物减产等，可大体上估算。

② 环境污染对人群健康的损失费用。一般可根据环境污染影响人群的发病率和过早死亡率，使劳动生产率下降或丧失劳动力所造成的经济损失进行估算。

③ 环境污染对游览娱乐方面的影响。

当然，全面准确地计算污染损失是困难的，各城市可根据本地污染的特点，抓主要因素进行估算。

例如,马鞍山市在考核大气污染的损失时,针对该市以重工业为主的特点,主要计算污染对人群健康的影响。通过对污染程度与人体呼吸系统发病率的对应关系,预测出不同控制目标下,各呼吸系统的发病率以及由此而引起的经济损失。

污染损失估算出来后,即可绘制损失曲线,如图 13-9 所示。

(2) 污染控制投资函数

污染控制投资函数主要是建立不同污染控制程度所对应的投资关系。和污染损失曲线相比,污染控制投资曲线较易获得。目前我国在一些单项污染处理投资费用方面有不少经验参数,一些处理设备也有单位污染物处理的投资费用,这些参数可以作为绘制污染控制投资曲线的参考。污染控制投资曲线的形式如图 13-10 所示。

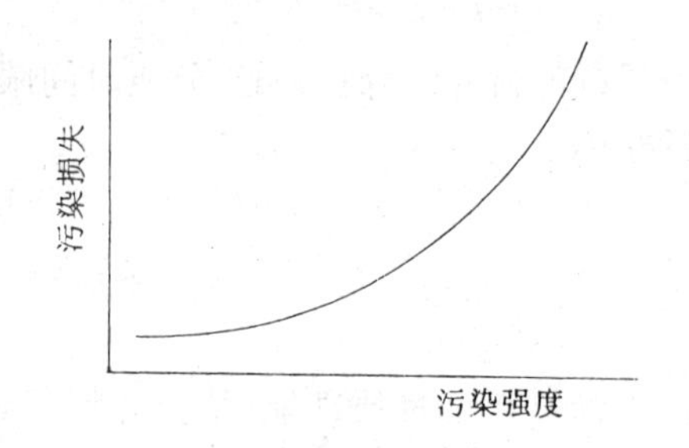

图 13-9 污染损失曲线
(引自刘天齐等,1994)

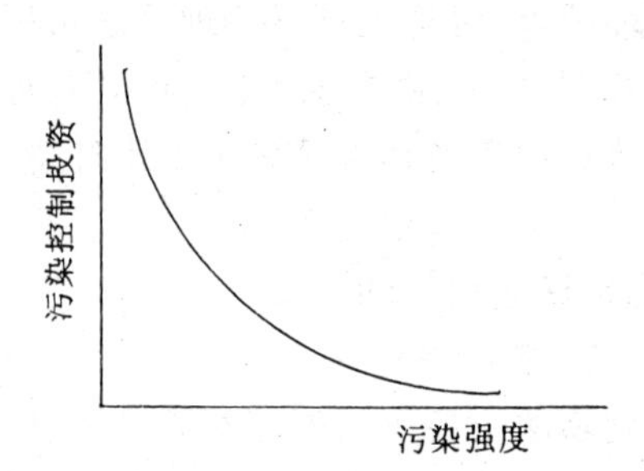

图 13-10 污染控制投资曲线
(引自刘天齐等,1994)

将图 13-9,图 13-10 绘于同一坐标体系中,如图 13-11 所示。

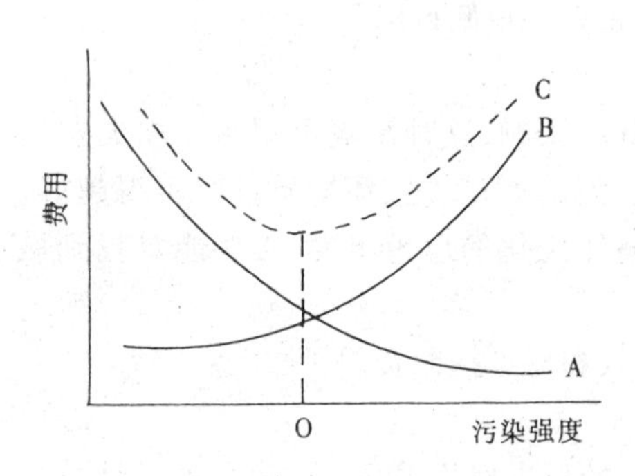

图 13-11 污染控制投资和污染损失综合分析
(引自刘天齐等,1994)

图中曲线 A 表示污染控制投资;曲线 B 表示污染损失;曲线 C 表示费用,它是曲线 A 与曲线 B 的直接叠加。图中的横轴“污染强度”可用由高到低的一系列环境目标来表示。污染强度越大,表示环境目标越低。图中 0 点即为最佳控制水平,也就是最佳控制目标。

此外,最佳控制水平还可采用其他方法确定,如采用数学规划法。

三、环境目标的可达性分析

初步确定环境目标后,要从客观上、从发展与环境的关系协调出发,论证目标是否可达。只有从整体上认为目标可达之后,才能将目标分解,落实到具体污染源、具体区域、具体环境工程项目和措施。因此,从总体上定性或半定量论述目标可达性是非常重要的。论证目标可达性一般从以下几个方面考虑:

(一) 从投资分析环境目标的可达性

环境目标确定以后,污染物的总量削减指标以及环境污染控制和环境建设的指标就确定了。根据完成这些指标的总投资,可以算出总的环保投资,然后与同时期的国民生产总值进行比较。根据我国的国情,环保投资应占同时期国民生产总值的 1%,对污染严重的城市,应高于1%。如果计算得到的环保投资超过国民生产总值的2%以上,则可认为目标定得高了一些,应适当调整;如果目标定得不高则应从发展方式的重新选择、发展速度的调整出发,控制污染。如果达到目标的环保投资占同期民生产总值的0.5%以下,说明目标定得低了一些,或者发展速度太慢,可以提高环境目标或增大发展速度。

在根据环保投资占同期国民生产总值的比例论述目标可达性时,一定要结合具体的工业结构而言,因为不同的工业结构,环保投资比例相同时,环境效益会出现明显的差异。

(二)从环境管理技术和污染防治技术的提高分析目标的可达性

根据我国的基本国情,尤其是"六五"以来,环境管理的经验和教训,"八五"以后,我国环境管理将以全面推行五项新制度为核心,使我国的环境管理上新台阶。五项新制度的实施,标志着我国环境管理发展到了一个新的水平,也标志着我国环境管理发展到了由定性转向定量,由点源治理转向区域综合防治的新阶段。环境管理技术的提高必将进一步促进强化环境管理,为环境目标的实施提供保证。

随着科学技术的发展,许多污染治理技术也在发展,生产的工艺技术在不断更新,不远的将来会逐渐淘汰一大批高消耗、低效益的生产设备。一些新技术的普及必将为环境目标的实现提供技术保证。

(三)从污染负荷削减的可行性分析环境目标的可达性

在分析总量削减的可行性时,可以先调查目前本市污染物削减的平均水平,在此基础上,分析目前削减的潜力及挖掘潜力的可能性,然后粗略地分析今后的一定时期内可能增加的污染负荷的削减能力。综合以上分析,即可比较污染物总量负荷削减能力和目标要求的削减能力。如果总量削减能力大于目标削减量,一方面说明目标可能定得太低,另一方面说明目标可达;如果总量削减能力小于目标削减量,一方面说明目标可能定得太高,另一方面说明在不重新增加污染负荷削减能力的条件下,目标难以实现。

(四)从国家环保战略分析环境目标的可达性

国家的宏观环保战略对城市环境目标的可达性具有深远的影响。1996年8月举行的第四次全国环境保护会议宣布:为实现《国家环境保护"九五"计划和2010年远景目标》,将实施和推行《污染物排放总量控制计划》和《跨世纪绿色工程规划》。其中,《污染物排放总量控制计划》将相当程度上影响城市环境目标的制定及实施。以往我国采取的是依照污染物浓度排放标准来控制污染。由于经济快速增长,就某一地区或某一行业而言,即使所有污染源普遍达标排放,污染物总量仍将继续增加,污染加剧的趋势仍不可避免。实行总量控制,采取排放浓度标准与排放总量指标相结合的方式来控制污染物排放,就能有效地遏制环境问题加剧的趋势。实施这项计划,要求新、改、扩建项目和技术改造项目在投产使用时,除了排放的污染物必须达到国家和地方排放标准(浓度)外,首先,在经济比较发达、污染严重、环境敏感等地区,在达标条件下所增加的污染物排放总量,要在本企业或本地区等量削减,做到"增产不增污",甚至"增产减污",从而有效地控制本地区污染负荷的增加。这就要求必须提高建设项目的技术起点,采用能耗物耗小、污染物排放量少的清洁生产工艺。这样做,既有利于保护环境,又能提高经济增长的质量,促进经济增长方式的转变。

第九节　城市环境综合整治

城市环境综合整治措施是实施城市环境目标的具体步骤。这部分内容见第十一章。

本章小结:

城市环境规划是环境规划的一种类型,它分宏观规划和微观规划两个层次。城市环境规划包括如下步骤与内容:① 基础工作(城市环境特征调查、生态登记、污染源调查与评价、环境质量现状评价、环境污染效应调查);② 城市环境预测;③ 城市环境区划;④城市环境功能分区;⑤ 城市环境规划指标体系;⑥ 城市环境规划目标;⑦ 城市环境综合整治措施等。城市环境规划是系统研究分析城市环境质量现状、针对性地提出治理城市环境污染和改善城市环境质量措施的一项工作,对于提高城市环境效益具有重大的意义。必须指出,城市环境规划应与城市社会经济发展规划与城市规划密切结合,相互协调,这样才能取得城市社会、经济、环境的长期可持续发展。

问题讨论:

1. 城市环境宏观规划与专项规划的内容与程序分别有什么内容?
2. 如何理解“等标污染负荷”? 这一概念有何意义?
3. 城市环境预测的依据、程序与方法有哪些?
4. 何为城市环境区划? 其内容与步骤有哪些?
5. 何为土地开发度? 如何进行土地开发度的评价?
6. 何为城市环境功能分区? 如何与城市规划相协调?
7. 何为城市环境规划指标体系? 如何与城市社会经济指标体系相协调?

进一步阅读材料:

1. 曲格平主编．环境科学辞典．上海:上海辞书出版社,1994
2. 刘天齐等．城市环境规划规范及方法指南．北京:中国环境科学出版社,1994
3. 夏光．中国城市环境综合整治定量考核的经济与理论研究．环境导报,1996(2),北京:《环境导报》编辑部,1996~

参考文献

[1] 茹至刚．环境保护与治理．北京:冶金工业出版社,1988
[2] 同济大学,重庆建筑工程学院．城市环境保护．北京:中国建筑工业出版社,1982
[3] 潘纪一．人口生态学．上海:复旦大学出版社,1988
[4] 刘天齐,孔繁德,刘常海等．城市环境规划规范及方法指南．北京:中国环境科学出版社,1994
[5] 马倩如,程声通等．环境质量评价．北京:中国环境科学出版社,1990
[6] 北京市环境保护科学研究所．环境保护科学技术新进展．北京:中国建筑工业出版社,1993
[7] 鲁明中．中国环境生态学——中国人口、经济与生态环境关系初探．北京:气象出版社,1994
[8] 刘文、张书义．环境与我们．上海:上海科学技术教育出版社,1995
[9] 金岚,王振堂,朱秀丽,张月娥,盛连喜．环境生态学．北京:高等教育出版社,1992
[10] 曲格平主编．环境科学词典．上海:上海辞书出版社,1994
[11] 何强,井文涌,王翊亭．环境学导论．北京:清华大学出版社,1994
[12] 郑师章,吴千红,王海波,陶芸．普通生态学——原理和应用．上海:复旦大学出版社,1994
[13] 杨培芳．信息与我们．上海:上海科学技术教育出版社,1995
[14] 陶永祥,李坤宝．生态与我们．上海:上海科学技术教育出版社,1995
[15] 周密,王华东,张义生．环境容量．长春:东北师范大学出版社,1987
[16] 姚炎祥．环境保护辩证法．北京:中国环境科学出版社,1993
[17] 丁鸿富,虞富洋,陈平．社会生态学．杭州:浙江教育出版社,1987
[18] 陈敏章．生态文化与文明前景．武汉:武汉出版社,1995
[19] 于志熙．城市生态学．北京:林业出版社,1992
[20] 崔凤军、茹江、徐云麟．城市生态学基本原理的探讨．城市环境与城市生态,1994(4)．北京:中国环境科学出版社,1993~
[21] 丁健．关于生态城市的理论思考．城市经济研究,1995(10)．上海:《城市经济研究》编辑部,1995~
[22] 王祥荣．上海浦东新区持续发展的环境评价及生态规划．城市规划汇刊,1995(5)．上海:《城市规划汇刊》编辑部,1995~
[23] 陈涛．试论生态规划．城市环境与城市生态,1991(2)．北京:中国环境科学出版社,1991~
[24] 王发曾．城市生态系统的综合评价及调控．城市环境与城市生态,1991(2)．北京:中国环境科学出版社,1991~
[25] 蔡正邦．面对环境现状探索我国生态环境的发展．生态与环境．北京:《生态与环境》编辑部,第17卷第1期
[26] 郭方．我国沿海生态环境问题与对策探讨．环境科学进展,1994(6)．北京:《环境科学

进展》编辑部,1994～
[27] 胡鞍钢．人口增长、经济增长、技术变化与环境变迁——中国现代环境变迁(1952～1990)．生态学杂志,1993(2)．北京:《生态学杂志》编辑部,1993～
[28] 曹磊．全球十大环境问题．环境科学．北京:《环境科学》编辑部,第16卷
[29] 吴兆录．生态学的发展阶段及其特点．生态学杂志,1994(5)．北京:《生态学杂志》编辑部,1994～
[30] (美)彼特·布劳著．王春光、谢圣赞译．不平等和异质性．北京:中国社会科学出版社,1991
[31] 蔡来兴等．上海:创建新的国际经济中心城市．上海:上海人民出版社,1995
[32] 复旦发展研究院．上海发展报告——跨世纪的上海经济．上海:复旦大学出版社,1995
[33] 中国统计年鉴各期．北京:中国统计出版社
[34] 吴峙山、赵彤润．城市生态系统初步探讨．环境科学理论研讨会论文集(第一集)．北京:中国环境科学出版社,1984
[35] 康瑜瑾、李征．用生态学观点指导城市规划．环境保护．北京:《环境保护》编辑部,1996/8
[36] 郑光磊．论城市生态系统与城市规划．环境科学理论研讨会论文集(第一集)．北京:中国环境科学出版社,1984
[37] 马武定．21世纪城市的文化功能．城市规划汇刊,1998(1)．上海:《城市规划汇刊》编辑部,1998～
[38] Charles.G.Wade.能源与环境变化．刘煜宗等译．北京:科学出版社,1983
[39] 国家环保局．中国环境状况公报(1995)．环境保护,1996(6)．北京:《环境保护》编辑部,1996～
[40] 国家环保局．中国环境状况公报(1996)．环境保护,1997(6)．北京:《环境保护》编辑部,1997～
[41] 张宇星．城镇生态空间发展与规划理论．华中建筑,1995(3)．武汉:《华中建筑》编辑部,1995～
[42] 阮仪三主编．城市建设与规划基础理论．天津:天津科学技术出版社,1994
[43] 王金南,段宁,杨金田,唐宗武．中国九十年代环境污染控制战略．环境科学进展,1993(2)．北京:《环境科学进展》编辑部,1993～．
[44] 穆士敬．北京市集中供热与环境效益研究．环境保护科学技术进展．北京:中国建筑工业出版社,1993
[45] 聂晓阳．留一个什么样的中国给未来:中国环境警示录．北京:改革出版社,1997
[46] 陈国新．环境科学基础．上海:复旦大学出版社,1993
[47] 郦桂芬．环境质量评价．北京:中国环境科学出版社,1989
[48] 余正荣．生态智慧论．北京:中国社会科学出版社,1996
[49] 北京工业大学化学与环境工程系环境工程教研室．城市生态系统与城市环境规划．吉林:《环境管理》编辑部,1984
[50] 王发曾．城市生态系统基本理论问题辩析．城市规划汇刊．上海:《城市规划汇刊》编辑部,1997/1

[51] 余文涛．环境与能源．北京:科学出版社,1981
[52] 乌家培．信息与经济．北京:清华大学出版社,1993
[53] 沈永林．上海市推行清洁生产的政策与展望．上海环境科学,1997(10)．上海:《上海环境科学》编辑部,1997～
[54] 徐渝．重庆的能源利用与大气污染．上海环境科学,1997(10)．上海:《上海环境科学》编辑部,1997～
[55] 吴次芳,丁敏．城市土地生态规划探讨——以杭州为例．生态经济,1996(5)．北京:《生态经济》编辑部,1996～
[56] 陕西省城市建设环境保护厅．西安环境质量评价的研究．西安:陕西师范大学出版社,1988
[57] 夏光．中国城市环境综合整治定量考核的经济与理论研究．环境导报,1996(2),北京:《环境导报》编辑部,1996～
[58] 俞孔坚,李迪华．城乡与区域规划的景观生态模式．国外城市规划,1997(3)．北京:《国外城市规划》编辑部,1997～
[59] 沈清基,李迅,城市环境容量研究．城市规划,1985(2)．北京:《城市规划》编辑部,1985～
[60] 沈清基．城市人口容量探讨．同济大学学报．上海:《同济大学学报》编辑部,1994年增刊
[61] 沈清基．关于城市发展理论的思考——兼论中国城市发展的若干问题．城市规划,1995(4)．北京:《城市规划》编辑部,1995～
[62] 沈清基．旧城更新与生态建设．城市规划,1996(5)．北京:《城市规划》编辑部,1996～
[63] 沈清基．城市可持续发展理论与城市生态建设．城市规划汇刊,1996(5)．上海:《城市规划汇刊》编辑部,1996～
[64] 沈清基．城市生态系统特征探讨．华中建筑,1997(1)．武汉:《华中建筑》编辑部,1997～

附录:城市环境标准

一、大气质量标准

1. 大气环境质量标准(GB3095-82),见表1。

表1　　大气环境质量标准

污染物名称	浓度限值 (mg/m^3)			
	取值时间	一级标准	二级标准	三级标准
总悬浮微粒	日平均①	0.15	0.30	0.50
	任何一次②	0.30	1.00	1.50
飘　尘	日平均	0.05	0.15	0.25
	任何一次	0.15	0.50	0.70
二氧化硫	年日平均③	0.02	0.06	0.10
	日平均	0.05	0.15	0.25
	任何一次	0.15	0.50	0.70
氮氧化物	日平均	0.05	0.10	0.15
	任何一次	0.10	0.15	0.30
一氧化碳	日平均	4.00	4.00	6.00
	任何一次	10.00	10.00	20.00
光化学氧化剂 (O_3)	1h平均	0.12	0.16	0.20

注:①“日平均”为任何一日的平均浓度不许超过的限值。
②“任何一次”为任何一次采样测定不许超过的浓度限值。不同污染物“任何一次”采样时间见有关规定。
③“年日平均”为任何一年的日平均浓度均值不许超过的限值。

2. 十三类有害物质的排放标准(GBJ4-73),见表2。

表2　　13类有害物质的排放标准

序号	有害物质名称	排放有害物企业	排放标准		
			排气筒高度 (m)	排放量 (kg/h)	排放浓度 (mg/m^3)
1	二氧化硫	电站	30	82	
			45	170	
			60	310	
			80	650	
			100	1 200	
			120	1 700	
			150	2 400	
		冶金	30	52	
			45	91	

续表

序号	有害物质名称	排放有害物企业	排放标准		
			排气筒高度（m）	排放量（kg/h）	排放浓度（mg/m³）
			60	140	
			80	230	
			100	450	
			120	670	
		化工	30	34	
			45	66	
			60	110	
			80	190	
			100	280	
2	二氧化碳	轻工	20	5.1	
			40	15	
			60	30	
			80	51	
			100	76	
			120	110	
3	硫化氢	化工、轻工	20	1.3	
			40	3.8	
			60	7.6	
			80	13	
			100	19	
			120	27	
4	氟化物	化工	30	1.8	
			50	4.1	
	（换算成 F）	冶金	120	24	
5	氮氧化物（换算成 NO_2）	化工	20	12	
			40	37	
			60	86	
			80	160	
			100	230	
6	氯	化工、冶金	20	2.8	
			30	5.1	
			50	12	
		冶金	80	27	
			100	41	

续表

序号	有害物质名称	排放有害物企业	排放标准		
			排气筒高度（m）	排放量（kg/h）	排放浓度（mg/m³）
7	氯化氢	化工、冶金	20	1.4	
			30	2.5	
			50	5.9	
		冶金	80	14	
			100	20	
8	一氧化碳	化工、冶金	30	160	
			60	620	
			100	1 700	
9	硫酸（雾）	化工	30～45		260
			60～80		600
10	铅	冶金	100		34
			120		47
11	汞	轻工	20		0.01
			30		0.02
12	铍化物（换算成 Be）		45～80		0.015
13	烟尘及生产性粉尘	电站（煤粉）	30	82	
			45	170	
			60	310	
			80	650	
			100	1 200	
			120	1 700	
			150	2 400	
		工业及采暖锅炉			200
		炼钢电炉			200
		炼钢转炉			
	烟尘及生产性粉尘	（小于 12t）			200
		（大于 12t）			150
		水泥			150

3. 居住区大气中有害物质的最高允许浓度（TJ36-79），见表 3。

表 3　　居住区大气中有害物质的最高容许浓度

编号	物质名称	最高允许浓度(mg/m^3)	
		一　次	日平均
1	一氧化碳	3.00	1.00
2	乙　醛	0.01	
3	二甲苯	0.30	
4	二氧化硫	0.50	0.15
5	二氧化碳	0.04	
6	五氧化二磷	0.15	0.05
7	丙烯腈		0.05
8	丙烯醛	0.10	
9	丙　酮	0.80	
10	甲基对硫磷(甲基 E605)	0.01	
11	甲　醇	3.00	1.00
12	甲　醛	0.05	
13	汞		0.0003
14	吡　啶	0.08	0.80
15	苯	2.40	0.80
16	苯乙烯	0.01	
17	苯　胺	0.10	0.03
18	环氧氯丙烷	0.20	
19	氟化物(换算成 F)	0.02	0.007
20	氨	0.20	
21	氧化氮(换算成 NO_2)	0.15	
22	砷化物(换算成 As)		0.003
23	敌百虫	0.10	
24	酚	0.02	
25	硫化氢	0.01	
26	硫　酸	0.30	0.10
27	硝基苯	0.01	
28	铅及其无机化合物(换算成 Pb)		0.0007
29	氯	0.10	0.03
30	氯丁二烯	0.10	
31	氯化氢	0.05	0.015
32	铬(六价)	0.0015	

续表

编号	物质名称	最高允许浓度(mg/m^3)	
		一　次	日平均
33	锰及其化合物(换算成 MnO_2)		0.01
34	飘　尘	0.50	0.15

注:① 一次最高允许浓度,指任何一次测定结果的最大容许值。
② 日平均最高允许浓度,指任何一日的平均浓度的最大容许值。
③ 本表所列各项有害物质的检验方法应按卫生部批准的现行《大气监测检验方法》执行。
④ 灰尘自然沉降量,可在当地清洁区实测数值的基础上增加 3~5g/(km^2·月)。

4. 车间空气中有害物质的最高允许浓度(TJ36-79)。
5. 锅炉大气污染物排放标准(GB13271-91)。
6. 恶臭污染物排放标准(GB14554-93)。
7. 轻型汽车排气污染物排放标准(GB14761-93)。
8. 车用汽油机排放污染物排放标准(GB14761.2-93)。
9. 汽油车燃油蒸发污染物排放标准(GB14761.3-93)。
10. 汽车曲轴箱污染物排放标准(GB14761.4-93)。
11. 汽油车怠速污染物排放标准(GB14761.5-93)。
12. 柴油车自由加速烟度排放标准(GB14761.6-93)。
13. 汽车柴油机全负荷烟度排放标准(GB14761.7-93)。

二、水质标准

1. 生活饮用水卫生标准(TJ20-76)见表 4。

表 4　生活饮用水卫生标准

编号	项　目	标　准	编号	项　目	标　准
	感官性状指标:				
1	色	色度不超过 15 度,并不得呈现其他异色	14	氰化物	不超过 0.05mg/L
2	浑浊度	不超过 5 度	15	砷	不超过 0.04mg/L
3	臭和味	不得有异臭、异味	16	硒	不超过 0.01mg/L
4	肉眼可见物	不得含有	17	汞	不超过 0.001mg/L
	化学指标:		18	镉	不超过 0.01mg/L
5	pH 值	6.5~8.5	19	铬(六价)	不超过 0.05mg/L
6	总硬度(以 CaO 计)	不超过 250mg/L	20	铅	不超过 0.1mg/L
7	铁	不超过 0.3mg/L		细菌学指标:	
8	锰	不超过 0.1mg/L	21	细菌总数	1ml 水中不超过 100 个
9	铜	不超过 1.0mg/L	22	大肠菌群	1L 水中不超过 3 个
10	锌	不超过 10mg/L	23	游离性余氯	在接触 30min 后应不低于 0.3mg/L,集中式给水除出厂水应符合上述要外,管网末梢水不低于 0.05mg/L
11	挥发酚类	不超过 0.002mg/L			
12	阴离子合成洗涤剂	不超过 0.3mg/L			
	毒理学指标:				
13	氟化物	不超过 1.0mg/L,适宜浓度 0.5~1.0mg/L			

注:分散式给水的水质,其毒理学指标应符合本条规定,其他指标如暂时达不到水质标准时,有关部门应发动群众,积极开展爱国卫生运动,改善环境卫生,采取 行之有效的饮水净化措施,不断提高给水水质。

2. 地面水水质卫生要求(TJ36-79),见表 5。

表 5　　地面水水质卫生要求

指　标	卫　生　要　求
悬浮物质色、臭、味	含有大量悬浮物质的工业废水，不得直接排入地面水，不得呈现工业废水和生活污水所特有颜色异臭或异味
漂浮物质	水面上不得出现比较明显的油膜和浮沫
pH 值	6.5～8.5
生化需氧量(五日 20℃)	不超过 3～4mg/L
溶解氧	不低于 4mg/L(东北地区渔业水体应不低于 5mg/L)
有害物质	不超过表 6 规定的最高容许浓度
病原体	含有病原体的工业废水和医院污水，必须经过处理和严格消毒彻底消灭病原体后方准排入地面水

3. 地面水中有害物质的最高允许浓度(TJ36-79)，见表 6。

表 6　　地面水中有害物质的最高容许浓度

编号	物质名称	最高容许浓度(mg/L)	编号	物质名称	最高容许浓度(mg/L)
1	乙　腈	5.0	29	松节油	0.2
2	乙　醛	0.05	30	苯	2.5
3	二氧化碳	2.0	31	苯乙烯	0.3
4	二硝基苯	0.5	32	苯　胺	0.1
5	二硝基氯苯	0.5	33	苦味酸	0.5
6	二氯苯	0.02	34	氟化物	1.0
7	丁基黄原酸盐	0.005	35	活性氯	不得检出(按地面水需氧量计算)
8	三氯苯	0.02			
9	三硝甲基苯	0.5	36	按发酚类	0.01
10	马拉硫磷(40～49)	0.25	37	砷	0.04
11	己内酰胺	按地面水中生化需氧量计算	38	钼	0.5
			39	铅	0.1
12	六六六	0.02	40	钴	1.0
13	六氯苯	0.05	41	铍	0.002
14	内吸磷(E059)	0.03	42	硒	0.01
15	水合肼	0.01	43	铬：三价铬	0.5
16	四乙基铅	不得检出		六价铬	0.05
17	四氯苯	0.02	44	铜	0.1
18	石油(包括煤油汽油)	0.3	45	锌	1.0
19	甲基对硫磷(甲基 E605)	0.02	46	硫化物	不得检出(按地面水溶解氧计算)
20	甲　醛	0.5			
21	丙烯腈	2.0	47	氰化物	0.05
22	丙烯醛	0.1	48	氯　苯	0.02
23	对硫磷(E605)	0.003	49	硝基氯苯	0.05
24	乐　果	0.08	50	锑	0.05
25	异丙苯	0.25	51	滴滴涕	0.2
26	汞	0.001	52	镍	0.5
27	吡　啶	0.2	53	镉	0.01
28	钒	0.1			

注：① 表 5 和表 6 所列各列指标和有害物质的检验方法，应按卫生部批准的现行《地面水水质监测检验方法》执行。

② 最近用水点是指排出口下游最近的：城镇、工业企业集中式给水取水点上游 1000m 断面处，或农村生活用水集中取水点。

③ 在城镇、工业企业集中式给水取水点的上游 1000m 及下游 100m 的范围内，不得排入工业废水和生活污水。

④ 地面水的流量应按最枯流量或 95%保证率的最旱年最旱月的平均小时流量计算，污水按排出时最高小时流量计算。

4. 地面水环境质量标准(GB3838-88),见表7。

表7 **地面水环境质量标准(单位:mg/L)**

序号	分类 标准值 参数		Ⅰ类	Ⅱ类	Ⅲ类	Ⅳ类	Ⅴ类
	基本要求		所有水体不应有非自然原因所导致的下述物质: a. 凡能沉淀而形成令人厌恶的沉积物; b. 漂浮物,诸如碎片、浮渣、油类或其他的一些引起感官不快的物质; c. 产生令人厌恶的色、臭、味或浑浊度的; d. 对人类、动物或植物有损害、毒性或不良生理反应的; e. 易滋生令人厌恶的水生生物的				
1	水温℃		人为造成的环境水温变化应限制在: 夏季周平均最大温升≤1 冬季周平均最大温升≤2				
2	pH值		6.5~8.5				6~9
3	硫酸盐①(SO_4计)	≤	250以下	250	250	25	250
4	氯化物①(以Cl^-计)	≤	250以下	250	250	250	250
5	溶解性铁①	≤	0.3以下	0.3	0.5	0.5	1.0
6	总锰①	≤	0.1以下	0.1	0.1	0.5	1.0
7	总铜①	≤	0.01以下	1.0(渔0.01)	1.0(渔0.01)	1.0	1.0
8	总锌①	≤	0.05	1.0(渔0.1)	1.0(渔0.1)	2.0	2.0
9	硝酸盐(以N计)	≤	10以下	10	20	20	25
10	亚硝酸盐(以N计)	≤	0.06	0.1	0.15	1.0	1.0
11	非离子氨	≤	0.02	0.02	0.02	0.2	0.2
12	凯氏氮	≤	0.5	0.5	1	2	2
13	总磷(以P计)	≤	0.02	0.1 (湖、库0.025)	0.1 (湖、库0.025)	0.2	0.2
14	高锰酸盐指数	≤	2	4	6	8	10
15	溶解氧	≥	饱和率90%	6	5	3	2
16	化学需氧量(COD_{Cr})	≤	15以下	15以下	15	20	25
17	生化需氧量(BOD_5)	≤	3以下	3	4	6	10
18	氟化物(以F计)	≤	1.0以下	1.0	1.0	1.5	1.5
19	硒(四价)	≤	0.01以下	0.01	0.01	0.02	0.02
20	总砷	≤	0.05	0.05	0.05	0.1	0.1
21	总汞②	≤	0.00005	0.00005	0.0001	0.001	0.001
22	总镉③	≤	0.001	0.005	0.005	0.005	0.01
23	铬(六价)	≤	0.01	0.05	0.05	0.05	0.1
24	总铅②	≤	0.01	0.05	0.05	0.05	0.1
25	总氰化物	≤	0.005	0.05(渔0.005)	0.2(渔0.005)	0.2	0.2
26	挥发酚②	≤	0.002	0.002	0.005	0.01	0.1
27	石油类②(石油醚萃取)	≤	0.05	0.05	0.05	0.5	1.0

续表

序号	分类 / 标准值 / 参数	Ⅰ类	Ⅱ类	Ⅲ类	Ⅳ类	Ⅴ类
28	阴离子表面活性剂 ≤	0.2 以下	0.2	0.2	0.3	0.3
29	总大肠菌群③(个/L) ≤			10000		
30	苯并(a)芘③(μg/L) ≤	0.0025	0.0025	0.0025		

注:① 允许根据地方水域背景值特征做适当调整的项目;

② 规定分析检测方法的最低检出限,达不到基准要求;

③ 试行标准。

5. 农田灌溉水质标准(GB5084-92)
6. 海水水质标准(GB3097-82)
7. 渔业水质标准(GB11607-89)
8. 污水综合排放标准(GB8978-88)

三、噪声

1. 城市区域噪声标准(GB3096-93),见表 8。

表 8　城市区域噪声标准(单位:等效声级, dB A)

类　　别	昼　　间	夜　　间
0	50	40
1	55	45
2	60	50
3	65	55
4	70	55

注:适用区域如下:

① 0 类标准适用于疗养区、高级别墅区、高级宾馆区等特别需要安静的区域,位于城郊和乡村的这一类区域分别按严于 0 类标准 5dB 执行。

② 1 类标准适用于居住区、文教机关为主的区域,乡村居住环境可参照执行该类标准。

③ 2 类标准适用于居住、商业、工业混杂区。

④ 3 类标准适用于工业区。

⑤ 4 类标准适用于城市中的道路、交通干线道路两侧区域,穿越城区的内河航道两侧区域。穿越城区的铁路主、次干线两侧区域的背景噪声(指不通过列车时的噪声水平)限值也执行该类标准。

⑥ 监测方法按 GB/T4623 执行

2. 城市区域环境噪声标准,见表 9。

表 9

适用区域	白天等效声级(dBA)	夜间等效声级(dBA)
特殊住宅区	45	35
居民、文教区	50	40
一类混合区	55	45
商业中心区、二类混合区	60	50
工业集中区	65	55
交通干线两侧	70	55

3. 中国工业企业噪声卫生标准,见表 10。

表 10

每日工作时数(h)	现有企业(dBA)	新建企业(dBA)
8	90	85
4	93	88
2	96	91
1	99	94

4. 机场周围飞机噪声标准(GB9660-88)
5. 工业企业厂界噪声标准(GB12348-90)
6. 厂界噪声测量方法(GB12349-90)
7. 机动车辆允许噪声标准(GB1495-79)

四、其他标准

1. 城镇垃圾农用控制标准(GB8172-87)
2. 电磁辐射防护规定(GB8702-88)
3. 辐射防护规定(GB8703-88)
4. 放射性废物分类标准(GB9133-88)
5. 城市区域环境振动标准(GB10070-88)